高校核心课程学习指导丛书

沙　毅 / 编著

流体力学
学习指导与习题解析

LIUTI LIXUE
XUEXI ZHIDAO YU XITI JIEXI

中国科学技术大学出版社

内 容 简 介

本书是高等院校流体力学(含水力学)学习及考研指导书,可作为流体力学课程教学参考书。为帮助学生巩固所学理论,提高分析问题和解决问题的能力,培养科学思维能力和严肃认真的科学作风,根据课程教学基本要求并参考硕士研究生入学考试特点,作者编写了本辅助教材。内容包括:流体物理性质与基本概念,流体静力学,流体运动学,流体动力学基础,量纲分析和相似理论,流动阻力与损失,边界层、绕流和缝隙流,孔口出流、射流和水击,明渠流、堰流与渗流,可压缩流体一维流动。

本书适合开设流体力学及水力学课程的各专业学生阅读,是一本难得的教学参考书,具有独立性、全面性和系统性,可作为本科教育课程学习及硕士学位研究生入学考试复习的指导书;对于相关专业同等学力考试、自学考试、资格考试等的考生具有参考价值;也可作为相关教师教学和各类工程技术人员自学流体力学、水力学的参考书。

图书在版编目(CIP)数据

流体力学学习指导与习题解析/沙毅编著.—合肥:中国科学技术大学出版社,2019.8
ISBN 978-7-312-04623-0

Ⅰ.流… Ⅱ.沙… Ⅲ.流体力学—高等学校—教学参考资料 Ⅳ.O35

中国版本图书馆 CIP 数据核字(2019)第 001744 号

出版 中国科学技术大学出版社
安徽省合肥市金寨路 96 号,230026
http://press.ustc.edu.cn
https://zgkxjsdxcbs.tmall.com
印刷 安徽省瑞隆印务有限公司
发行 中国科学技术大学出版社
经销 全国新华书店
开本 787 mm×1092 mm 1/16
印张 24
字数 614 千
版次 2019 年 8 月第 1 版
印次 2019 年 8 月第 1 次印刷
定价 56.00 元

前　言

“请君莫奏前朝曲，听唱新翻杨柳枝。”这是唐代诗人刘禹锡——一位历史上改革派人物的伟大心声。何谓伟大？伟大就是敢于担当，勇于奉献；伟大就是“高楼万丈平地起，盘龙卧虎高山顶”。伟大的时代需要伟大的事业相辉映，而伟大的事业往往是“山重水复疑无路，柳暗花明又一村”。

流体力学是一门建立在实验、理论和计算三大支柱上的高度理论化、工程应用性强的课程，是机械、能源、化工、动力、建筑、生物、航天等专业重要的专业基础课或基础理论课之一。德国等西方发达国家普遍将流体力学作为工科类、理科力学类及相关专业本科教育的必修课。流体力学最大的特点是理论性强、抽象概念多、数学公式的演绎推导难。因此，借助于习题的思考和演练是帮助学生加深理解和掌握课堂教学内容的有效方法之一，也是培养学生实践能力的一条重要途径。

俗话说：“难者不会，会者不难。”为了使流体力学的学习者不再感到学习困难，教学者不再感到教学困难，那就要求师者和学者开阔眼界，勤学苦练，理论联系实际，扩大学习的空间，做到熟能生巧，从容自信。为此，作者编著了这部辅助教材，其宗旨是加深对于概念的理解，切合实际，让流体力学更加接地气、受欢迎，帮助读者做到真正学会流体力学，获得真才实学。在借鉴和学习前人同类书籍之长的基础上，结合流体力学教学和近年来研究生入学考试的实际情况，本书着重体现了下列几方面的特点：

一是基本内容面宽量大，适应性强，为读者学好流体力学提供了一条有效的求索途径。本书以作者编著的机械类教材《流体力学》（中国科学技术大学出版社 2016 年出版）为基本脉络，扩大了基本内容的知识面。同时，为适应水力学等专业读者的需要，增加了第 9 章“明渠流、堰流与渗流”等内容。题型选择在保证共性基本内容的前提下，力求涵盖流体力学所涉及的各个领域，以满足不同专业读者的学习要求。

二是形成流体力学完整、全面的教学试题库，以适应流体力学学科发展的各类考试的需要。学习一般分为三个步骤：知识积累；建立科学思维模式；确立终极目标。知识积累目前最主要的检验方式就是考试，主要有课程考试和研究生入学考试等。本书改善单一计算题或以计算题为主的选题模式，结合实际考试，增加了大量的思考题。

三是帮助读者掌握科学的学习方法，确立正确的思维理念。习题训练向来是一个重要的学习环节，也是理解和掌握基本理论的一个重要过程。本书力求体现典型化、通用化和系统化以及理论体系的完备性、全面性，知识结构的连续性、统一性和逻辑性完美结合，使学习者得到一个完整的流体力学知识体系，从中获得知识创新的启发和灵能感。

四是以众多的案例为基础，绝大部分习题来自工程实际。案例以具体习题的形式让读者了解流体力学在工程实际和生活中的作用、功效及经济价值，从而使读者知道流体力学能干什么、怎么干和干出的结果，提高学习兴趣和积极性。

应该说明的是，本书的解题仅供参考，并非唯一答案。读者的思想不应囿于本书，应该尽可能开阔思路，提出新的见解。读书学习向来是仁者见仁，智者见智，本书意在抛砖引玉，引导读者百尺竿头更进一步。

本书笔者在自己多年学习、研究和探索的基础上，秉承孜孜以求、尽善尽美的编写理念成书，得到浙江省高等教育教学改革项目（jg2015117）的支持，在此表示感谢！限于作者学识和水平，书中疏漏和不足之处在所难免，恳请读者批评指正。

让学生从对知识的被动接受变为对知识的主动探索，这是教学的目的所在。发展是硬道理，创新是关键。流体力学的发展需要不断实践和探索，任重道远，只有努力开拓进取，方可迎来更加美好的未来。“长江后浪推前浪，世上今人胜古人。”愿流体力学的学人们携手勤勉，共同奋斗，与时俱进，咬定青山不放松，在通往成功巅峰的崎岖道路上高歌猛进，心想事成。沧海茫茫两眼泪，一叶舟漂万里疆。祝愿流体力学新人茁壮，英才辈出！

沙　毅

2018 年 10 月于杭州

目　　录

第1章　流体物理性质与基本概念

1.1　学习指导

1.1.1　连续介质模型

气体和液体统称流体。流体力学是以流体为研究对象的力学，是研究流体平衡和运动规律的一门科学，是力学的一个重要分支。

地球上的物质存在的主要形式有固体、液体和气体。流体最基本的特征是在切应力作用下，会发生连续变形，因此流体可看作连续介质。

流体与固体是物质的不同表现形式。固体有一定的体积和一定的形状；液体有一定的体积而无一定的形状；气体既无一定的体积也无一定的形状。

流体在力学性能上表现出两个基本特点：第一，流体不能承受拉力，因而流体内部不存在抵抗拉伸变形的拉应力；第二，液体在宏观平衡状态下不能承受剪切力，任何微小的剪切力都会导致流体连续变形、平衡破坏、产生流动。流体的这两个特点简称为流体的易流动性，易流动性既是流体命名的由来，也是流体区别于固体的根本标志。

通常把流体中任意小的一个微元部分叫做流体微团，当流体微团的体积无限缩小并以某一坐标点为极限时，流体微团就成为处在这个坐标点上的一个流体质点，它在任何瞬时都应该具有一定的物理量，如质量、密度、压强、流速等。

连续介质模型：将真正的流体看成是由无限多流体质点所组成的稠密而无间隙的连续介质，也叫做流体连续性或稠密性的基本假设。流体质点的一切物理量必然都是坐标与时间(x,y,z,t)变量的单值、连续、可微函数，从而形成各种物理量的标量场和矢量场（也称为流场）。

1.1.2　量纲和单位及作用在流体上的力

1. 量纲和单位

量纲也称为因次，是流体或流动特性的定性表示。单位则是某类特性的定量表示，即某类特性的大小。

在国际单位制中，规定了7个基本单位，分别是长度、质量、时间、电流、热力学温度、物质的量和发光强度，它们的单位名称和符号见表1.1。其他物理量的单位可以通过基本单位推导得出，称为导出单位。流体力学中常用的基本单位和导出单位见表1.2。

表1.1　国际单位制的基本单位

量的名称	单位名称	单位符号
长度	米	m
质量	千克	kg

(续)表 1.1

量的名称	单位名称	单位符号
时间	秒	s
电流	安[培]	A
热力学温度	开[尔文]	K
物质的量	摩[尔]	mol
发光强度	坎[德拉]	cd

表 1.2 流体力学的常用单位

类别	物理量	符号	单位名称	国际单位制		量纲
				中文符号	国际代号	
基本单位	长度	l, L	米	米	m	L
	质量	m	千克	千克	kg	M
	时间	t, T	秒	秒	s	T
	热力学温度	T	开[尔文]	开	K	Θ
导出单位	角度	θ	弧度	弧度	rad	
	力、压力	F	牛[顿]	牛	N	MLT^{-2}
	压强	p	帕[斯卡]	帕	Pa	$ML^{-1}T^{-2}$
	切应力	τ	帕[斯卡]	帕	Pa	$ML^{-1}T^{-2}$
	表面张力	σ	牛[顿]每米	牛/米	N/m	MT^{-2}
	力矩	T, M	牛[顿]米	牛·米	N·m	ML^2T^{-2}
	动量	p	牛[顿]每秒	牛顿·秒	N·s	MLT^{-1}
	动力黏度	μ	帕[斯卡]秒	帕·秒	Pa·s	$ML^{-1}T^{-1}$
	运动黏度	ν	平方米每秒	米²/秒	m^2/s	L^2T^{-1}
	密度	ρ	千克每立方米	千克/米³	kg/m^3	ML^{-3}
	功(能)	E, W, Q	焦[耳]	焦	J	ML^2T^{-2}
	功率	P	瓦[特]	瓦	W	ML^2T^{-3}
	面积	A	平方米	米²	m^2	L^2
	体积	V	立方米	米³	m^3	L^3
	速度	v	米每秒	米/秒	m/s	LT^{-1}
	角速度	ω	弧度每秒	弧度/秒	rad/s	T^{-1}
	加速度	a	米每二次方秒	米/秒²	m/s^2	LT^{-2}
	摄氏温度	t	摄氏度	度	℃	Θ
	体积流量	q_v	立方米每秒	米³/秒	m^3/s	L^3T^{-1}

每一种量纲对应有不同的单位，比如长度、速度、力等在不同的单位制中具有不同的单

位，但是对应同一个量纲的不同单位具有相同的性质，比如不同单位制中的长度单位都具有长度的性质，都表示物体的长度。

2. 作用在流体上的力

任何物体的平衡和运动都是受力作用的结果。在流体力学的研究中，常常自流体内取出一个分离体作为研究对象，如图 1.1 所示体积为 V、界面为 S 的分离体。作用在流体分离体上的力可分为表面力和质量力两大类。

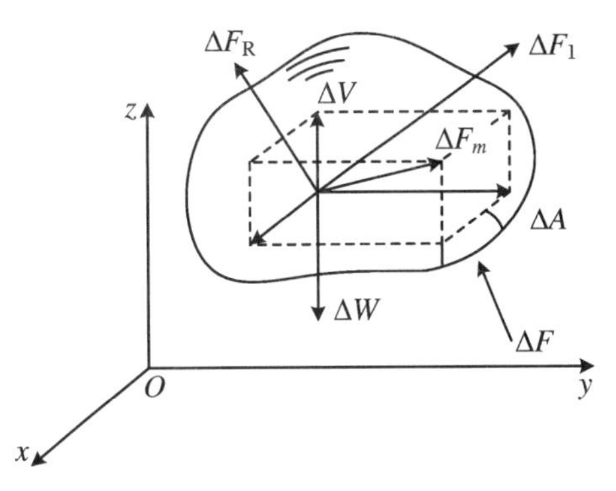

图 1.1 作用在流体上的力

处于某种力场中的流体，其所有质点均会受到与质量成正比的力的作用，这个力称为质量力，也叫体积力。如重力就是在力学中常见的质量力，它是由重力场施加的。

在流体力学中，常采用单位质量力作为分析质量力的基础。单位质量力是指单位质量的流体所受到的质量力。设单位质量力 $\boldsymbol{f}$ 在直角坐标系中三个坐标轴 x、y、z 方向的分量分别为 f_x、f_y、f_z，则 $\boldsymbol{f}$ 的表达式为

$$\boldsymbol{f} = f_x\boldsymbol{i} + f_y\boldsymbol{j} + f_z\boldsymbol{k} \tag{1.1}$$

如果微团（微元）极限趋于一点，则作用在流体质点上的质量力

$$\mathrm{d}\boldsymbol{F}_m = \mathrm{d}m \cdot \boldsymbol{a}_m = \mathrm{d}m(f_x\boldsymbol{i} + f_y\boldsymbol{j} + f_z\boldsymbol{k}) \tag{1.2}$$

表面力亦称面积力，是指作用在所研究流体外表面上与表面积大小成正比的力。单位面积上的表面力称为应力，应力分为切向应力（切应力）和法向应力。切应力 τ 是流体相对运动时因黏性内摩擦而产生的，静止流体中不存在切向应力，只有法向应力作用。流体几乎不能承受拉力，只能承受压力，所以静止流体中的法向应力只能沿着流体表面的内法线方向，称为压力，其单位面积上的压力，即法向应力，称为压强 p。当 $\Delta A \to 0$ 时，流体微团极限成为某一个坐标 (x, y, z) 点上的流体质点，则平均流体静压强的极限称为一点的流体静压强。

$$p = \lim_{\Delta A \to 0} \frac{\Delta F}{\Delta A} = \frac{\mathrm{d}F}{\mathrm{d}A} \tag{1.3}$$

有限表面 A 上的流体静压力矢量为

$$\boldsymbol{F} = -\int_A p\mathrm{d}A\boldsymbol{n} \tag{1.4}$$

式中，$-\boldsymbol{n}$ 说明流体静压力的方向是沿受压面的内法线方向；$p\mathrm{d}A$ 说明流体静压力的大小是用微元面积乘以面上任何一点的流体静压强。

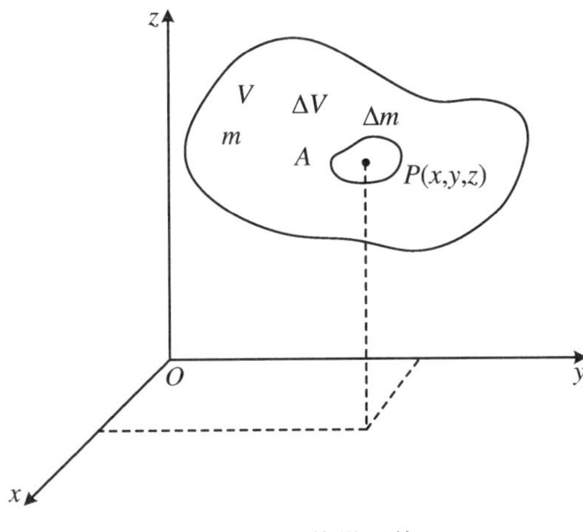

图 1.2 流体微元体

1.1.3 流体的物理性质

1. 流体密度

如图 1.2，在流体中任取一个流体微团 A，其微元体积为 ΔV，微元质量为 Δm。当微元无限小且趋近 $P(x, y, z)$ 点而成为一个质点时，定义一点上流体密度为

$$\rho = \lim_{\Delta V \to 0} \frac{\Delta m}{\Delta V} = \frac{\mathrm{d}m}{\mathrm{d}V} \tag{1.5}$$

不同点上的 ρ 由各点的温度、压强状况决定。如果流体是均质的，则流体密度为

$$\rho = \frac{m}{V} \tag{1.6}$$

式中，m 为流的质量，单位：kg；V 为流体体积，单位：m^3。

均质流体指在空间上质量分布是均匀的，但流体密度仍然是可以随温度和压强而变化的。4 ℃蒸馏水的密度 $\rho_w = 1\ 000$ kg/m，则流体相对密度为

$$d = \frac{m}{m_w} = \frac{\rho}{\rho_w} \tag{1.7}$$

表 1.3 中列出 $p = 101\ 325$ Pa 条件下水、原油、空气相对密度随温度的变化。表 1.4 中列出 $p = 101\ 325$ Pa 条件下 20 ℃时常见气体的物理性质。表 1.5 中列出 $p = 101\ 325$ Pa 条件下常见液体的物理性质。

表 1.3　$p = 101\ 325$ Pa 条件下水、原油、空气相对密度随温度的变化

温度(℃)	0	5	10	15	20
水	0.9998	1.000	0.9997	0.9991	0.9982
原油	0.8693	0.8662	0.8631	0.8600	0.8569
空气	1.293×10^{-3}	1.273×10^{-3}	1.248×10^{-3}	1.226×10^{-3}	1.205×10^{-3}
温度(℃)	25	30	40	50	60
水	0.9970	0.9957	0.9922	0.9880	0.9832
原油	0.8538	0.8507	0.8445	0.8383	0.8321
空气	1.185×10^{-3}	1.165×10^{-3}	1.128×10^{-3}	1.098×10^{-3}	1.060×10^{-3}
温度(℃)	70	80	90	100	
水	0.9779	0.9718	0.9653	0.9584	
原油	0.8259	0.8196	0.8136	0.8074	
空气	1.029×10^{-3}	1.000×10^{-3}	0.973×10^{-3}	0.946×10^{-3}	

表 1.4　常用气体的物理性质(101 325 Pa，20 ℃)

气体	摩尔质量 M(g)	气体常数 R_g [J/(kg·K)]	定压比热容 C_p [J/(kg·K)]	定容比热容 C_v [J/(kg·K)]	密度 ρ(kg/m^3)	动力黏度 μ(Pa·s)	运动黏度 ν(m^2/s)	绝热指数 γ
空气	28.96	287.0	1005	717.2	1.205	0.180×10^{-4}	14.9×10^{-6}	1.400
沼气	16.04	518.3	2191	167.2	0.668	0.134×10^{-4}	20.0×10^{-6}	1.310
一氧化碳	28.01	296.5	1 032	734.7	1.16	0.182×10^{-4}	15.7×10^{-6}	1.404
二氧化碳	44.01	188.9	815	621.2	1.84	0.148×10^{-4}	8.0×10^{-6}	1.304
氢	2.02	4 124.0	14 180	10 060.0	0.083 9	0.090×10^{-4}	107.0×10^{-6}	1.410
氮	28.01	296.2	1032	734.8	1.16	0.176×10^{-4}	15.2×10^{-6}	1.404
氧	32.00	259.8	6 600	471.1	1.33	0.200×10^{-4}	15.0×10^{-6}	1.401
氦	4.003	2 007.0	5 192	3 115	0.166	0.197×10^{-4}	118.0×10^{-6}	1.667

表 1.5　常用液体的物理性质(101 325 Pa)

液体	温度 t(℃)	相对密度 d	密度 ρ (kg/m³)	压缩率 κ_T(Pa⁻¹)	体积模量 K(MPa)	动力黏度 μ(Pa·s)	运动黏度 ν(m²/s)	汽化压强 p_v[Pa(绝对)]	表面张力 σ(N/m)
蒸馏水	4	1	1 000	0.458×10^{-9}	2.06	1.52×10^{-3}	1.52×10^{-6}	870	0.075
苯	20	0.895	895	0.97×10^{-9}	1.03	0.65×10^{-3}	0.73×10^{-6}	10 000	0.029
四氯化碳	20	1.588	1588	0.91×10^{-9}	1.10	0.97×10^{-3}	0.61×10^{-6}	12100	0.027
原油	20	0.856	856	–	–	7.2×10^{-3}	8.4×10^{-6}	–	0.03
汽油	20	0.678	678	–	–	0.29×10^{-3}	0.43×10^{-6}	55 000	–
甘油	20	1.258	1 258	0.23×10^{-9}	4.35	$1\,490\times10^{-3}$	$1\,184\times10^{-6}$	0.014	0.063
煤油	20	0.808	808	–	–	1.92×10^{-3}	2.4×10^{-6}	3 200	0.025
汞	20	13.59	13 590	0.038×10^{-9}	26.2	1.63×10^{-3}	0.12×10^{-5}	0.17	0.51
润滑油	20	0.918	918	–	–	440×10^{-3}	479×10^{-6}	–	–
水	20	0.998	998	0.46×10^{-9}	2.18	1.00×10^{-3}	1.00×10^{-6}	2 340	0.073
海水	20	1.025	1025	0.43×10^{-9}	2.336	1.08×10^{-3}	1.05×10^{-6}	2 300	0.074
酒精	20	0.789	789	1.1×10^{-9}	0.895 8	1.19×10^{-3}	1.5×10^{-6}	5 900	0.022
辛烷	20	0.702	702	1.15×10^{-9}	0.866 6	0.547×10^{-3}	0.78×10^{-6}	14 000	0.022
松节油	20	0.862	862	0.88×10^{-9}	1.137	1.49×10^{-3}	1.73×10^{-6}	5 100	0.027
蓖麻油	20	0.960	960	0.53×10^{-9}	1.876	0.961×10^{-3}	1.00×10^{-6}	–	–
亚麻仁油	20	0.942	942	0.57×10^{-9}	1.762	0.455×10^{-3}	0.48×10^{-6}	–	–
液氢	−257	0.072	72	–	–	0.021×10^{-3}	0.29×10^{-6}	21 400	0.025
液氧	−195	1.206	1 206	–	–	82×10^{-3}	68×10^{-6}	21 400	0.015

2. 流体的压缩性和膨胀性

如图 1.3 所示，V 是流体在压强为 p、温度为 T 时的初始体积，当压强不变、温度增加到 $T+\Delta T$ 时，流体体积膨胀到 $V+\Delta V$。体积相对变化量 $V/\Delta V$ 与 ΔT 比值的极限称为流体的体膨胀系数，用 α_V 表示，即

$$\alpha_V=\lim_{\Delta T\to0}\frac{\Delta V/V}{\Delta T}=\lim_{\Delta T\to0}\frac{\Delta V}{\Delta T\cdot V}=\frac{1}{V}\frac{\mathrm{d}V}{\mathrm{d}T}=\frac{1}{V}\frac{\mathrm{d}V}{\mathrm{d}t}\tag{1.8}$$

式中，α_V 的单位符号是 K^{-1}。

如图 1.4 所示，在温度为 T、压强为 p 时，流体的体积为 V；当温度不变，压强增大到 $p+\Delta p$时，流体体积减少到 $V-\Delta V$。体积相对变化量 $-\Delta V/V$ 与 Δp 比值的极限称为流体的等温压缩率，用 κ_T 表示，即

$$\kappa_T=\lim_{\Delta p\to0}\frac{-\Delta V/V}{\Delta p}=\lim_{\Delta p\to0}\left(-\frac{1}{V}\frac{\Delta V}{\Delta p}\right)=-\frac{1}{V}\frac{\mathrm{d}V}{\mathrm{d}p}\tag{1.9}$$

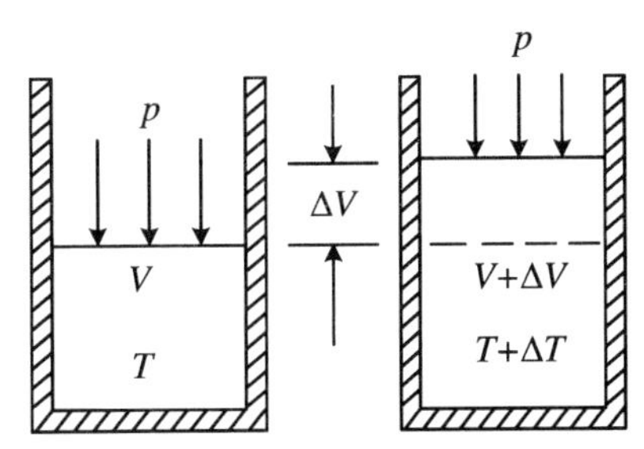

图 1.3　流体在定压下的体积膨胀

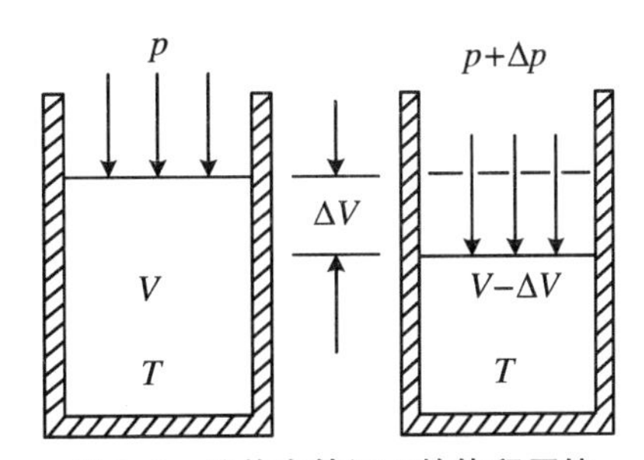

图 1.4　流体在等温下的体积压缩

式中,κ_T 的单位符号是 Pa^{-1},流体等温压缩率的物理意义是,当温度不变时,每增加单位压强所产生的流体体积相对变化率。

在工程上也常用 κ_T 的倒数来表示压缩性,κ_T 的倒数用 K 表示,称作流体的体积模量,即

$$K = \frac{1}{\kappa_T} = \lim_{\Delta V \to 0} \frac{\Delta p}{-\Delta V / V} = -V \lim_{\Delta V \to 0} \frac{\Delta p}{\Delta V} = -V \frac{\mathrm{d}p}{\mathrm{d}V} \tag{1.10}$$

式中,K 的单位符号是 Pa。K 的物理意义是:当温度不变时,每产生一个单位体积相对变化率所需要的压强变化量。K 值越大(κ_T 越小)表示流体越不容易压缩。

3. 不可压缩流体的概念

为了研究问题的方便,规定等温压缩率和体膨胀系数完全为零的流体叫作不可压缩流体。这种流体受压体积不减小,受热体积不膨胀,因而其密度、相对密度均为恒定常数。

1.1.4 流体的黏性

1. 黏性的概念

流体本身阻滞其质点相对滑动的性质称为流体的黏性。黏性是流体的一种属性。

2. 牛顿内摩擦定律

牛顿对图 1.5 所示的流动进行实验研究,发现推动上板的外力 F 与上板运动速度 v_0 及摩擦面积 A 成正比,与两板之间的微小距离 δ 成反比,比例常数 μ 与充入两板之间的流体种类及其温度、压强状况有关。

$$F = \mu \frac{v_0}{\delta} A \tag{1.11}$$

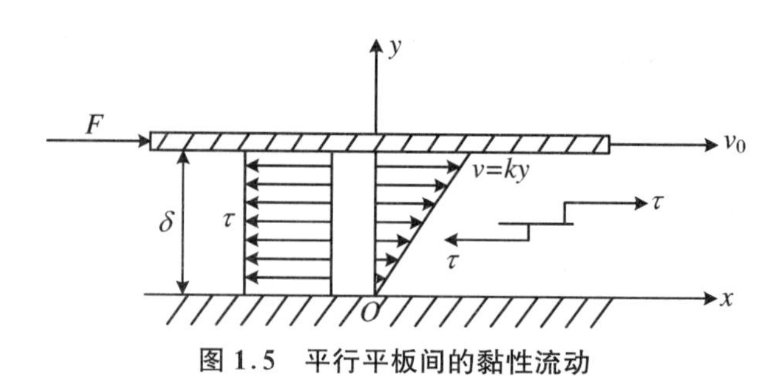

图 1.5 平行平板间的黏性流动

克服摩擦维持上板以匀速 v_0 运动所需要的摩擦功率为

$$P = Fv_0 = \mu \frac{v_0^2}{\delta} A \tag{1.12}$$

流体中的切应力为

$$\tau = \frac{F}{A} = \mu \frac{v_0}{\delta} = \mu \frac{\mathrm{d}v}{\mathrm{d}y} \tag{1.13}$$

式中,v_0/δ 代表沿速度的垂直方向每单位长度上的速度变化率,一般称为速度梯度。式(1.13)称为牛顿黏性公式,也称牛顿内摩擦定律。

比例常数 μ 表征了流体抵抗变形的能力,代表在单位速度梯度这样一个统一的标准之下有不同大小的切应力,因而也就有不同的黏性,即能反映流体黏性的大小,称为流体的动力黏度,或简称为黏度。

工程上还常用动力黏度 μ 与液体密度 ρ 的比值来表示黏性,称为流体的运动黏度 ν。

$$\nu = \frac{\mu}{\rho} \tag{1.14}$$

3. 牛顿流体与非牛顿流体

凡遵守牛顿内摩擦定律的流体称为牛顿流体,反之称为非牛顿流体。

4. 黏度的变化规律

液体黏度变化规律可用指数形式表达：

$$\mu = \mu_0 e^{\alpha p - \lambda(t - t_0)} \tag{1.15}$$

式中，μ_0 是温度为 t_0（可取 $t_0 = 0$ ℃，15 ℃或 20 ℃等已知常温）、计示压强为零时的液体动力黏度；μ 是温度为 t ℃、计示压强为 p 时的液体动力黏度；α 是压强升高时反映液体黏度增加快慢程度的一个指数，一般称为液体的黏压指数；λ 是温度升高时反映液体黏度降低快慢程度的一个指数，一般称为液体的黏温指数。

单独考虑压强或温度的影响时，可将式(1.15)分解为

$$\mu = \mu_0 e^{\alpha p} \tag{1.16}$$

和

$$\mu = \mu_0 e^{-\lambda(t - t_0)} \tag{1.17}$$

压力不变，t ℃时水的动力黏度 μ 可用下式近似计算：

$$\mu = \frac{\mu_0}{1 + 0.03368t + 0.000221t^2} \tag{1.18}$$

式中，μ_0 为水在 0 ℃时的动力黏度，$\mu_0 = 1.792 \times 10^{-3}$ Pa·s。

压力不变，不同温度时的气体动力黏度 μ 可用下式计算：

$$\mu = \mu_0 \frac{273 + B}{T + B}\left(\frac{T}{273}\right)^{1.5} \tag{1.19}$$

式中，μ_0 为气体在 0 ℃时的动力黏度，$\mu_0 = 1.710 \times 10^{-5}$ Pa·s；T 为气体热力学温度 K；B 为温度校正常数 K，空气 $B = 124$ K。

在表 1.6 中给出常压下不同温度时水、空气的黏度数值。

表 1.6　常压下不同温度时水、空气的黏度数值

温度 t(℃)	水		空气	
	μ(Pa·s)	ν(m^2/s)	μ(Pa·s)	ν(m^2/s)
0	1.792×10^{-3}	1.792×10^{-6}	0.0172×10^{-3}	13.7×10^{-6}
10	1.308×10^{-3}	1.308×10^{-6}	0.0178×10^{-3}	14.7×10^{-6}
20	1.005×10^{-3}	1.007×10^{-6}	0.0183×10^{-3}	15.7×10^{-6}
30	0.801×10^{-3}	0.804×10^{-6}	0.0187×10^{-3}	16.6×10^{-6}
40	0.656×10^{-3}	0.661×10^{-6}	0.0192×10^{-3}	17.6×10^{-6}
50	0.549×10^{-3}	0.556×10^{-6}	0.0196×10^{-3}	18.6×10^{-6}
60	0.469×10^{-3}	0.477×10^{-6}	0.0201×10^{-3}	19.6×10^{-6}
70	0.406×10^{-3}	0.415×10^{-6}	0.0204×10^{-3}	20.6×10^{-6}
80	0.357×10^{-3}	0.367×10^{-6}	0.0210×10^{-3}	21.7×10^{-6}
90	0.317×10^{-3}	0.328×10^{-6}	0.0216×10^{-3}	22.9×10^{-6}
100	0.284×10^{-3}	0.296×10^{-6}	0.0218×10^{-3}	23.6×10^{-6}

5. 理想流体的模型

理想流体是流体力学中的一个重要假设模型。假定不存在黏性，即其黏度 $\mu = \nu = 0$ 的流体为理想流体或无黏性流体。

这种流体在运动时不仅内部不存在摩擦力而且在它与固体接触的边界上也不存在摩擦力。理想流体虽然事实上并不存在，但这种理论模型具有重大的理论和实际价值。

1.1.5 流体的表面张力与汽化压强

1. 液体表面张力与毛细管现象

液体表面任意两相邻之间，与其分界线垂直且沿液体表面的单位长度分界线上相互作用的拉力，称为表面张力，用符号 σ 表示，其单位为 N/m。其计算式为

$$\sigma = \frac{F_T}{l} \tag{1.20}$$

式中，F_T 为作用于液体表面分界线上的张力，单位是 N；l 为液体分界线长度，单位是 m。常见液体的表面张力见表 1.7。

表 1.7 常用液体的表面张力

液体名称	表面张力 σ(N/m)	液体名称	表面张力 σ(N/m)
水(0 ℃)	0.0756	酒精	0.0223
水(20 ℃)	0.0728	原油	0.0233～0.0379
水(50 ℃)	0.0679	10% 盐水	0.0754
四氯化碳	0.0267	水银，在空气中	0.0476
煤油	0.0233～0.0321	水银，在水中	0.0373
润滑油	0.0350～0.0379	苯	0.0289

一个与表面张力有关的自然现象称为毛细现象。毛细管(横截面积很小的细管)与连通毛细管的大容器间存在液面不等高的现象，称为毛细管现象，简称毛细现象。液面差 h 称为毛细高度，毛细管中液面与固壁的夹角 α 称为接触角。毛细高度计算式为

$$h = \frac{4\sigma\cos\alpha}{gd(\rho - \rho_s)} \tag{1.21}$$

式中，d 为毛细管直径；g 为重力加速度；ρ 液体本身的密度；ρ_s 液体所接触的流体的密度。

2. 液体的汽化压强与空化

固体、液体、气体是物质的三种普通形态，在不同温度、压强之下它们也可以互相转化。图 1.6 所示是纯净物质的三态界限示意图，一组确定的(p, T)在图中用一点表示，OAB 与 AC 线划分出固、液、气三态范围。如果 p、T 变化，则坐标点发生移动，一旦越过区域界线，则物态即发生转化。

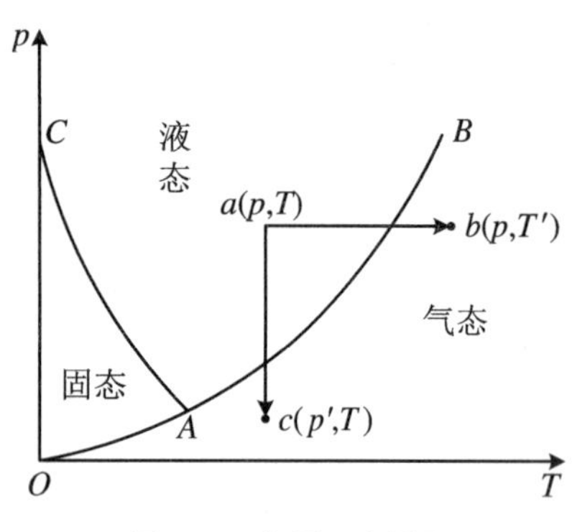

图 1.6 物质三态界限

流体力学上常见的是液态向气态的转化。这种转化有两种途径：当压强 p 不变，而 T 增加到 T' 时，沿 ab 直线方向越过 AB 界线，这种现象叫作沸腾；或者当温度 T 不变，而 p 降低到 p' 时，沿 ac 直线方向越过 AB 界线，这种现象叫作汽化。

AB 界线上各点的温度和压强用 T_v、p_v 表示。T_v 称为沸点，它随着压强降低而降低；p_v 称为汽化压强，汽化压强也随着温度降低而降低。水在不同温度的汽化压强 p_v 与不同压强下的沸点温度 T_v 的对应关系列于表 1.8 中。

表 1.8　水的汽化压强(绝对)与沸点温度的对应表

温度 t(℃)	100	80	60	40	20	10	0	沸点温度 T_v(℃)
汽化压强 p_v(Pa)	101300	47400	20000	7400	2340	1230	615	压强 p(Pa)

【注】 温度-汽化压强与沸点温度-压强变化规律相同,但概念有别。

水的沸腾是蒸汽机的工作原理,而液体的汽化也会产生一种叫空化的物理现象,继而引发会对流道材料产生破坏作用的汽蚀现象。液体内局部压力降低时,液体内部或液固交界面上的蒸汽或气体空穴(空泡)的形成、发展和溃灭的过程,称为空化。运动物体或相对运动物体受到空化冲击后表面出现的变形和材料剥蚀现象,称为汽蚀,别称空蚀。

1.2 习题解析

1.2.1 选择、判断与填空

1. 下列有关流体的描述中错误的是(　　)。

A. 流体既无一定的体积,也无一定的形状

B. 在任意微小剪切持续作用下流体会发生连续变形

C. 流体具有黏性、可压缩性、易流动性

D. 黏性是流体抵抗流体层间相对运动的一种属性

答案:A

2. 与牛顿内摩擦定律有关的因素是(　　)。

A. 流体的压强、速度、动力黏性系数

B. 流体的切应力、动力黏性系数、角变形率

C. 流体的法向应力、温度、动力黏性系数

D. 流体的压强、动力黏性系数、线变形率

答案:B

3. 下列关于黏性系数的描述正确的是(　　)。

A. 温度变化,气体黏性系数随之变化,而液体黏性系数则保持不变

B. 流体动力黏性系数等于流动黏性系数与密度的比

C. 运动黏性系数大的流体,动力黏性系数也大

D. 运动黏性系数的单位为 m^2/s

答案:D

4. 牛顿内摩擦定律 $\tau=\mu\dfrac{dv}{dy}$中的$\dfrac{dv}{dy}$为运动流体的(　　)。

A. 拉伸变形　　B. 压缩变形　　C. 剪切变形　　D. 剪切变形速率

答案:D

5. 按连续介质的概念,流体质点是指(　　)。

A. 流体的分子

B. 流体内的固体颗粒

C. 几何的点

D. 几何尺寸同流动空间相比是极小量,又含有大量分子的微元体

答案:D

6. 水力学的基本原理也同样适用于气体的条件是(　　)。

A. 气体不可压缩　B. 气体连续　C. 气体无黏滞性　D. 气体无表面张力

答案:A

7. 下面关于流体黏性的说法中,不正确的是(　　)。

A. 黏性是流体的固有属性

B. 黏性是运动状态下,流体有抵抗剪切变形速率能力的量度

C. 流体的黏性具有传递运动和阻滞运动的双重性

D. 流体的黏度随温度的升高而增大

答案:D

8. 作用在流体上的力有两大类:一类是表面力,另一类是(　　)。

A. 质量力　B. 万有引力　C. 分子引力　D. 黏性力

答案:A

9. 平衡流体的切应力 $\tau=$(　　)。

A. 0　B. $\mu\frac{dv}{dy}$　C. $\rho l^2\left(\frac{dv}{dy}\right)^2$　D. $\mu\frac{dv}{dy}+\rho l^2\left(\frac{dv}{dy}\right)^2$

答案:A

10. 实际流体的切应力 $\tau=$(　　)。

A. 0　B. $\mu\frac{dv}{dy}$　C. $\rho l^2\left(\frac{dv}{dy}\right)^2$　D. $\mu\frac{dv}{dy}+\rho l^2\left(\frac{dv}{dy}\right)^2$

答案:D

11. 理想流体的切应力 $\tau=$(　　)。

A. 0　B. $\mu\frac{dv}{dy}$　C. $\rho l^2\left(\frac{dv}{dy}\right)^2$　D. $\mu\frac{dv}{dy}+\rho l^2\left(\frac{dv}{dy}\right)^2$

答案:A

12. 在压强低于大气压时,液体的表面力只能分解为(　　)。

A. 压力　B. 拉力

C. 压力和剪切应力　D. 拉力和剪切应力

答案:C

13. 已知动力黏度 μ 的单位为 Pa·s,则其量纲 $\dim\mu=$(　　)。

A. MLT^{-1}　B. $ML^{-1}T$　C. $M^{-1}LT$　D. $ML^{-1}T^{-1}$

答案:D

14. 连续介质的含义是(　　)。

A. 流体质点间有空隙　B. 流体质点间无空隙

C. 质量在空间连续分布　D. 密度处处相同

答案:B; C

15. 交通土建工程施工中的新搅拌的建筑沙浆属于(　　)。

A. 牛顿流体　B. 非牛顿流体　C. 理想流体　D. 无黏流体

答案:B

16. 单位质量力的国际单位是(　　)。

A. N　B. Pa　C. m/s　D. m/s^2

答案:D

17. 理想流体是指(　　)。
A. 忽略密度变化的流体　B. 忽略温度变化的流体
C. 忽略黏性变化的流体　D. 忽略黏性的流体
答案:D
18. 影响水的运动黏性系数的主要因素为(　　)。
A. 水的温度　B. 水的容量　C. 当地气压　D. 水的流速
答案:A
19. 理想流体是一种(　　)的流体。
A. 不考虑惯性力　B. 静止时理想流体内部压力相等
C. 运动时没有摩擦力　D. 运动时理想流体内部压力相等
答案:C
20. 气体在(　　)情况下,可以作为不可压缩流体处理。
A. 所有　B. 没有　C. 高速　D. 低速
答案:D
21. 若某液体的密度变化率 $d\rho/\rho=1\%$,则其体积变化率 $dV/V=$(　　)。
A. 1%　B. −1%　C. 1‰　D. −1‰
答案:B
22. 牛顿内摩擦力的大小与流体的(　　)成正比。
A. 速度　B. 角变形　C. 角变形速率　D.压力
答案:C
23. 下列物理量中,单位可能为 N/m^2 的物理量为(　　)。
A. 运动黏性系数(运动黏度)　B. 体积模量
C. 流量模数　D. 单位质量力
答案:B
24. 牛顿液体的黏性切应力与(　　)成正比。
A. 运动黏度　B. 动力黏度　C. 速度梯度　D. 速度水头
答案:B; C
25. 等加速直线运动容器内液体的等压面为(　　)。
A. 水平面　B. 斜平面　C. 抛物面　D. 双曲面
答案:D
26. 水的动力黏度随温度的升高而(　　)。
A. 减小　B. 不变　C. 增大　D. 不定
答案:A
27. 下列关于水流流向的说法中,不正确的有(　　)。
A. 水一定是从高处向低处流
B. 水一定是从流速大处向流速小处流
C. 水一定是从压强大处向压强小处流
D. 水一定是从测压管水头高处向测压管水头低处流
E. 水一定是从机械能大处向机械能小处流
答案:A; B; C; D

28. 下列物理量中，单位有可能为 m^2/s 的系数为(　　)。

A. 运动黏性系数　B. 动力黏性系数　C. 体积弹性系数　D. 体积压缩系数

答案：A

29. 判断题：流体的黏性大小与流体的种类无关。

答案：错。解析：流体的种类是影响流体的黏性大小的一个重要因素。

30. 判断题：液体的切应力与剪切变形成正比。

答案：错

31. 判断题：理想流体与实际流体的区别仅在于，理想流体不具有黏性。

答案：错。理想流体和实际流体的区别中不考虑理想流体的黏性是一部分，但绝不是仅此唯一特性，还有很多方面的差异。

32. 判断题：体积弹性系数 K 值越大，液体越容易压缩。

答案：错

33. 判断题：液体流层之间的内摩擦力与液体所受的压力有关。

答案：错。由牛顿内摩擦定律 $\tau=\mu\frac{dv}{dy}$，公式中相关的元素不包括液体受到的压力，可见液体流层之间的内摩擦力与液体所承受的压力无关。

34. 判断题：液体的内摩擦力的大小与液体压强的大小无关。

答案：对

35. 判断题：对于液体而言，质量力与液体体积成正比，故质量力又称为体积力。

答案：对

36. 判断题：液体的黏滞性只在流动时才表现出来。

答案：对

37. 根据牛顿内摩擦定律，当流体黏度一定时，影响流体的切应力的因素是________。

答案：速度梯度

38. 理想液体与实际液体最主要的区别在于____________。

答案：理想液体不考虑液体的黏性

39. 在能量方程中内能与动能的转换机制是____________和____________。

答案：黏性摩擦；膨胀(或压缩)

40. 简单剪切流动中，黏性切应力符合牛顿内摩擦定律，即 $\tau=$____________。

答案：$\mu\frac{dv}{dy}$

41. 流体力学中把微小特征体内含有足够多分子数并具有确定的____________的分子集合称为流体质点。

答案：宏观统计特性

42. 流体的切应力与____________有关，而固体的切应力与____________有关。

答案：剪切变形速率；剪切变形大小

43. 相对压强是以____________为基准起算的压强。

答案：当地大气压 p_a

44. 黏性流体静止时____________(有，无)切应力，因为____________。理想流体运动时____________(有，无)切应力，因为____________。

答案：无；无速度梯度；无；无黏性

45. 黏性作用与__________是流动分离的两个必要条件。

答案：存在逆压梯度

46. 理想流体是指__________。

答案：忽略了黏性力的流体

47. 静水压强的特性为__________。

答案：静水压强的方向垂直指向作用面；同一点不同方向上的静水压强大小相等

48. 流体黏度的表示方法有__________黏度、__________黏度和__________黏度。

答案：动力；运动；相对

49. 作用在流体上的力分为__________和__________两种。

答案：质量力；表面力

50. 气体的黏性随温度的增加而________。液体的黏性随温度的增加而________。

答案：增加；减小

51. 两个圆筒同心地套在一起，其长度为 300 mm，内筒直径为 200 mm，外筒直径为 210 mm，两筒间充满密度为 900 kg/m^3，运动黏性系数 $\nu=0.260\times10^{-3}\ m^2/s$ 的液体，现内筒以角速度 $\omega=10\ rad/s$ 匀速转动，则所需的转矩为__________。

答案：0.822 N·m

52. 如图 1.7 所示的滑动轴承，直径 $d=60\ mm$，长度 $L=140\ mm$，间隙 $\delta=0.3\ mm$。间隙中充满了运动黏性系数 $\nu=35.28\times10^{-6}\ m^2/s$，密度 $\rho=890\ kg/m^3$ 的润滑油。如果轴的转速 $n=500\ r/min$，则轴表面摩擦阻力 $F_f=$________，所消耗的功率 $P=$________。

答案：4.33 N；6.8 W

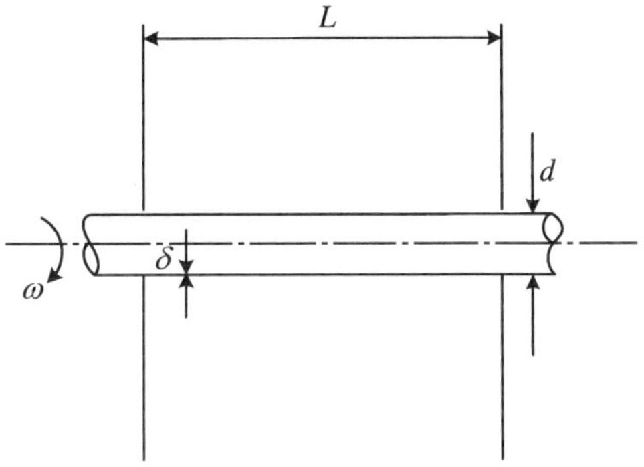

L d δ ω

图 1.7

53. 断面单位总水头的沿程变化规律 $\frac{dH}{ds}=0$，则该液体为______液体。

答案：理想

54. 液体的温度越高，黏性系数值越_____气体温度越高，黏性系数值越_____。

答案：低；高

1.2.2 思考简答

1. 名词解释：连续介质模型。

答案：在流体力学的研究中，将实际由分子组成的结构用流体微元代替。流体微元有足够数量的分子，连续充满它所占据的空间，这就是连续介质模型。

2. 名词解释：连续介质假设。

答案：连续介质假设的主要内容是，不考虑流体的离散分子结构状态，而把流体当作连续介质来处理，即把离散分子构成的实际流体看作是无数流体质点没有空隙连续分布而构成的。

3. 名词解释:流体动力黏度和运动黏度。

答案:动力黏度是指单位速度梯度时内摩擦力的大小,计算式为 $\mu=\frac{\tau}{\mathrm{d}v/\mathrm{d}y}$;运动黏度是指动力黏度和流体密度的比值,计算式为 $\nu=\frac{\mu}{\rho}$。

4. 名词解释:不可压缩液体。

答案:在运动过程中密度不发生变化的液体称为不可压缩液体。

5. 名词解释:理想流体和牛顿流体。

答案:不考虑流体黏性,认为流体黏性可以略去的流体为理想流体;流体中质点的应力和变形速度间的关系满足广义牛顿公式的流体称为牛顿(黏性)流体,如水和空气。

6. 何谓流体?

答案:液体和气体统称为流体。流体具有易流动性,即流体在剪切力的作用下将发生连续不断的变形运动。

7. 什么是流体的易流动性?

答案:流体在静止时不能承受剪切力以抵抗剪切变形,只有在运动状态下,当流体质点有相对位移时,才能抵抗剪切变形,这种性质即为流体的易流动性。

8. 简述流体的特性及连续介质假说。

答案:流体的特性主要有:易流动性,只受压力,不受拉力和切力,没有固定形状。

从微观上讲,流体由分子组成,分子间有间隙,是不连续的,但流体力学是研究流体的宏观机械运动,通常把流体看成由无数连续分布的流体微团(或流体质点)所组成的连续介质,假设流体质点紧密接触,彼此间无任何间隙。这就是连续介质模型。

9. 什么是流体的连续介质模型? 它在流体力学中有何作用?

答案:连续介质模型的基本内容是:流体连续地无空隙地充满它所占据的空间,在那里到处都具有流体的一切属性。采用了这一假定之后,可用连续充满流动空间的流体质点代替大量的离散的分子,这样就可借助场的方法加以研究,也就可用数学分析这一有力工具来研究流体运动。

10. 何谓流体连续介质模型?

答案:以流体微元这一模型来代替实际由分子组成的结构,流体微元具有足够数量的分子,连续充满它所占据的空间,彼此间无间隙,这就是连续介质模型。

11. 流体力学研究中为什么要引入连续介质假设。

答案:引入连续介质假设可将流体的各物理量看作是空间坐标(x,y,z)和时间 t 的连续函数,从而可以引用连续函数的解析方法等数学工具来研究流体的平衡和运动规律。

12. 阐述黏性及黏性的表示方法

答案:黏性是施加于流体的应力和由此产生的变形速率以一定的关系联系起来的流体的一种宏观属性,表现为流体的内摩擦。黏性的表示方法包括动力(绝对)黏度、相对黏度、运动黏度。

13. 为什么水通常被视为不可压缩流体?

答案:因为水的体积模量为 2 MPa,在压强变化不大时,水的体积变化很小,可忽略不计,所以通常可把水视为不可压缩流体。

14. 试述牛顿内摩擦定律。

答案：流体的内摩擦力与其速度梯度$\frac{dv}{dy}$成正比，与其液层的接触面积 A 成正比，与流体的性质有关，而与接触面积的压力无关，即 $F=\mu A\frac{dv}{dy}$。

15. 理想流体有无能量损失？为什么？

答案：无。因为理想流体动力黏度 $\mu=0$，没有切应力。

16. 流体的黏度与哪些因素有关？它们随温度如何变化？

答案：流体的种类、温度、压强；液体黏度随温度升高而减小，气体黏度随温度升高而增大。

17. 牛顿流体的 τ 与$\frac{dv}{dy}$成正比，那么 τ 与$\frac{dv}{dy}$成正比的流体一定是牛顿流体吗？

答案：不一定，因为宾汉塑性流体的 τ 与$\frac{dv}{dy}$成正比，但曲线不通过原点。

18. 气体的动力黏性系数如何随温度变化？为什么？

答案：温度升高，气体的动力黏性系数变大；温度下降，气体的动力黏性系数变小。这是因为，产生黏性的原因是流体的分子内聚力以及分子之间的动量交换。气体的分子内聚力比较小，气体的黏性取决于分子间的动量交换。温度越高，分子间动量交换越剧烈，动力黏性系数增大，温度越低，动力黏性系数就越小。

19. 试述流体的黏性以及它对流体流动的影响。

答案：流体在流动时，具有抵抗剪切变形能力的性质即为黏性。当某流层对其相邻流层发生相对位移而引起剪切变形时，流体流层间的内摩擦力就是这一性质的表现。

20. 简述作用在流体上的质量力和表面力。

答案：质量力作用于流体的每一个质点上，与流体的质量成正比，例如重力、惯性力。表面力作用于流体表面上，与受作用的流体的表面积成正比，例如压力。

21. 分析液流阻力产生的原因。

答案：液流质点间的摩擦所表现的黏性力，以及液流质点间的碰撞所表现的惯性力是产生流动阻力的根本原因。

22. 能否用运动黏性系数比较两种流体黏度的大小？

答案：不能。流体的黏度取决于它的动力黏性系数。

23. 流体能否达到完全真空状态？若不能，则最大真空度为多少？

答案：不能，最大真空度等于大气压强与汽化压强的差值。

24. 在高原上煮鸡蛋为什么须给锅加盖？

答案：高原上，压强低，水不到 100 ℃就会沸腾，鸡蛋煮不熟，所以须加盖。

25. 液体和气体的黏度随温度变化的趋势是否相同？为什么？

答案：不相同。液体黏性随温度升高而降低，因为对于液体，分子间吸引力是决定性因素；气体黏性随温度升高而升高，因为对于气体，分子间热运动产生动量交换是决定性因素。

26. 测压管的工作流体分别为水和水银，若测压管的读数为 h_1，毛细高度为 h_2，则该点的测压管实际高度为多少？

答案：水为 h_1-h_2；水银为 h_1+h_2

27. 为什么测压管的管径通常不能小于 1 cm？

答案：如管的内经过小，就会引起毛细现象，毛细管内液面上升或下降的高度较大，从而引起过大的误差。

28. 两种不相同的液体放入同一容器，密度大的处于上层还是密度小的处于上层？

答案：由于受到浮力作用，密度小的液体总是在密度大的液体的上层。

29. 一块毛巾，一头搭在脸盆内的水中，一头在脸盆外，过了一段时间后，脸盆外的台子上湿了一大块，为什么？

答案：毛细现象。

30. 试简述水轮机叶片空蚀的原因？

答案：低压处产生气泡，形成空化，气泡随水流到高压处破灭，产生冲击力，剥蚀叶片，形成空蚀。

31. 为什么荷叶上的露珠总是呈球形？

答案：表面张力的作用。

32. 自来水水龙头突然开启或关闭时，水是否为不可压缩流体？为什么？

答案：为可压缩流体。因为此时引起水龙头附近处的压强变化，且变幅较大。

1.2.3 应用解析

1. 整桶机油质量 300 kg，油桶直径 0.6 m，高 1.2 m，试求机器油的密度。

解 $\rho=\dfrac{m}{V}$；$V=0.339\ \mathrm{m^3}$；$\rho=\dfrac{300}{0.339}=884.194\ \mathrm{kg/m^3}$①

2. 如图(题 1.2 图)所示，发动机冷却水系统的总容量(包括水箱、水泵、管道、气缸水套等)为 200 L。20 ℃的冷却水经过发动机后变为 80 ℃，假如没有风扇降温，试问水箱上部需要空出多大容积才能保证水不外溢？(已知水的体[膨]胀系数的平均值为 $\alpha_V=5\times10^{-4}\ ℃^{-1}$)

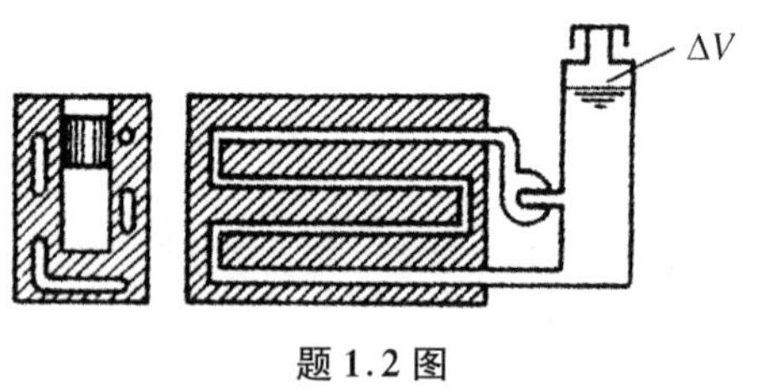

题 1.2 图

解 $\alpha_V=\dfrac{1}{V}\cdot\dfrac{\Delta V}{\Delta t}$

$$\Delta V=\alpha_V\cdot V\cdot\Delta t=\alpha_V\cdot(V_0-\Delta V)\cdot\Delta t$$

$$\Delta V=\alpha_V\cdot V_0\cdot\Delta t-\alpha_V\cdot\Delta V\cdot\Delta t$$

$$\Delta V=\frac{\alpha_V\cdot V_0\cdot\Delta t}{1+\alpha_V\cdot\Delta t}=\frac{5\times10^{-4}\times0.2\times60}{1+5\times10^{-4}\times60}=5.825\times10^{-3}\ \mathrm{m^3}=5.825\ \mathrm{L}$$

3. 如图(题 1.3 图)所示，为了检查液压油缸的密封性，需要进行水压试验，试验前先将 $l=1.5\ \mathrm{m}$，$d=0.2\ \mathrm{m}$ 的油缸用水全部充满，然后再开动试压泵向油缸供水加压，直到压强增加 20 MPa，不出故障为止。假定水的压缩率的平均值 $\kappa=0.5\times10^{-9}\ \mathrm{Pa^{-1}}$，忽略油缸变形，试问试验过程中，通过试压泵向液压缸又供应了多少水？

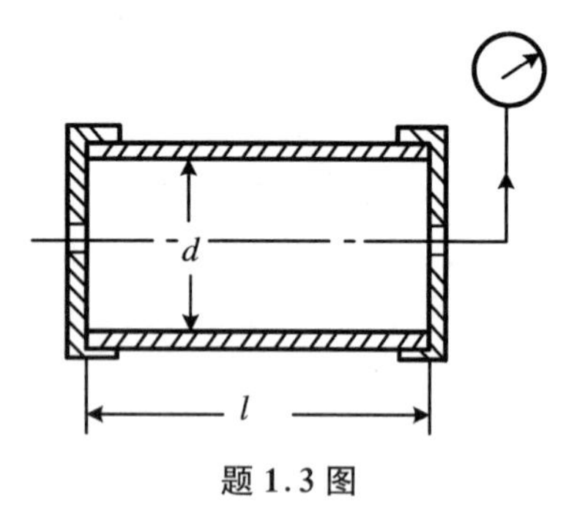

题 1.3 图

解 $\kappa_T=\dfrac{1}{V}\cdot\dfrac{\Delta V}{\Delta p}$；原体积 $V=V_0+\Delta V$；$V_0=\dfrac{\pi d^2}{4}l=0.047\ \mathrm{m^3}$

① 为避免版面繁冗，本书除特殊标注外，只在计算结果中给出计量单位且不加括号，运算过程中的计量单位一律省略。

$$\Delta V = \kappa_T \cdot V \cdot \Delta p = \kappa_T \cdot \Delta p \cdot (V_0 + \Delta V) = \kappa_T \cdot \Delta p \cdot V_0 + \kappa_T \cdot \Delta p \cdot \Delta V$$

$$\Delta V = \frac{\kappa_T \cdot \Delta p \cdot V_0}{1 - \kappa_T \cdot \Delta p} = \frac{0.5 \times 10^{-9} \times 20 \times 10^6 \times 0.047}{1 - 0.5 \times 10^{-9} \times 20 \times 10^6} = \frac{0.047 \times 10^{-2}}{1 - 0.01}$$

$$= 0.475 \times 10^{-3}\ \mathrm{m^3} = 0.475\ \mathrm{L}$$

4. 如图(题 1.4 图)所示,一重力循环室内采暖系统。膨胀水箱用于容纳由于温度升高而膨胀出的多余水。若系统内水的总体积 $V = 10\ \mathrm{m^3}$,水的温度最大升高 55 ℃,水的体膨胀系数 $\alpha_V = 0.0005\ \mathrm{K^{-1}}$。求膨胀水箱的最小容积。

解　由 $\alpha_V = \lim\limits_{\Delta T \to 0} \dfrac{\Delta V / V}{\Delta T}$,有

$$\Delta V = \alpha_V V \Delta T = 0.0005 \times 10 \times 55 = 0.275\ \mathrm{m^3}$$

所以膨胀水箱的最小容积为 $0.275\ \mathrm{m^3}$。

5. 如图(题 1.5 图)所示,在 $\delta = 40$ mm 的两平行壁面之间充满动力黏度 $\mu = 0.7\ \mathrm{Pa \cdot s}$ 的液体,在液体中有一边长为 $a = 60$ mm 的薄板以 $v_0 = 15$ m/s 的速度沿薄板所在平面内运动,假设沿铅直方向的速度分布是直线规律。

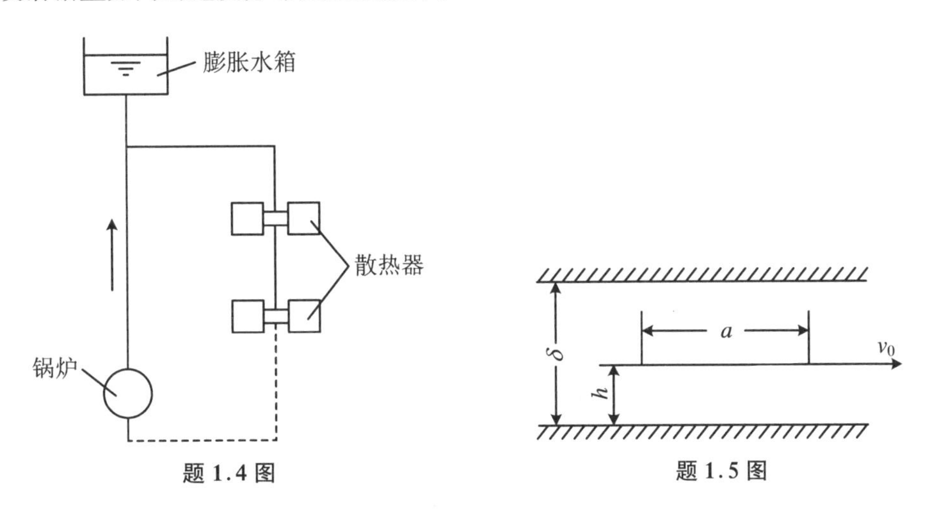

题 1.4 图　　题 1.5 图

(1) 当 $h = 10$ mm 时,求薄板运动的液体阻力。

(2) 如果 h 可变,问 h 为多大时,薄板运动阻力最小? 最小阻力为多大?

解　(1)牛顿内摩擦定律,薄板所受摩擦力

$$F = \mu \frac{v_0}{\delta} A$$

平板上、下两面所受总摩擦力

$$F_{总} = \mu v_0 A \left(\frac{1}{\delta_1} + \frac{1}{\delta_2} \right) = \mu v_0 A \left(\frac{1}{\delta - h} + \frac{1}{h} \right)$$

其中

$$A = 0.06^2 = 0.0036\ \mathrm{m^2}$$

则

$$F_{总} = 0.7 \times 15 \times 0.0036 \times \left(\frac{1}{0.030} + \frac{1}{0.010} \right) = 5.04\ \mathrm{N}$$

(2) 当 h 可变时,对 $F = \mu \dfrac{v_0}{h} A + \mu \dfrac{v_0}{\delta - h} A$ 求导数:

$$\frac{\mathrm{d}F}{\mathrm{d}h} = \mu \cdot v_0 \cdot A \cdot \delta \frac{\mathrm{d}}{\mathrm{d}h}\left(\frac{1}{h\delta - h^2}\right) = \mu v_0 A\delta\left(\frac{2h - \delta}{(\delta h - h^2)^2}\right)$$

令$\frac{\mathrm{d}F}{\mathrm{d}h}=0$,则 $2h-\delta=0$,$h=\frac{\delta}{2}$时有极小值。此时

$$F = \mu v_0 A\left(\frac{1}{0.02} + \frac{1}{0.02}\right);\quad F_{\min} = 0.7 \times 15 \times 0.0036 \times 100 = 3.78\ \mathrm{N}$$

当 $h=\frac{\delta}{2}=20\ \mathrm{mm}$ 时,薄板运动阻力最小,且最小阻力

$$F_{\min} = 3.78\ \mathrm{N}$$

6. 如图(题 1.6 图)所示,水轮轴径 $d=0.36\ \mathrm{m}$,轴承长度 $l=1\ \mathrm{m}$,同心缝隙 $\delta=0.23\ \mathrm{mm}$,润滑油动力黏度 $\mu=0.072\ \mathrm{Pa\cdot s}$,试求水轮机转速 $n=200\ \mathrm{r/min}$ 时,消耗于轴承上的摩擦功率。

解 $P=Fv_0=\mu\frac{A}{\delta}v_0^2$, $A=\pi dl$, $v_0=\frac{\pi dn}{60}$

$$P = \mu\frac{\pi dl}{3600\delta}\pi^2 d^2 n^2 = \frac{\mu\pi^3 d^3 n^2 l}{3600\delta} = \frac{0.072 \times \pi^3 \times 0.36^3 \times 200^2 \times 1}{3600 \times 0.23 \times 10^{-3}} = 5031.753\ \mathrm{W}$$
$$= 5.032\ \mathrm{kW}$$

7. 如图(题 1.7 图)所示,一油缸及其中滑动栓塞,尺寸 $D=120.2\ \mathrm{mm}$,$d=119.8\ \mathrm{mm}$,$L=160\ \mathrm{mm}$,间隙内充满 $\mu=0.065\ \mathrm{Pa\cdot s}$ 的润滑油,若施加活塞以 $F=10\ \mathrm{N}$ 的拉力,试问活塞匀速运动时的速度是多少?

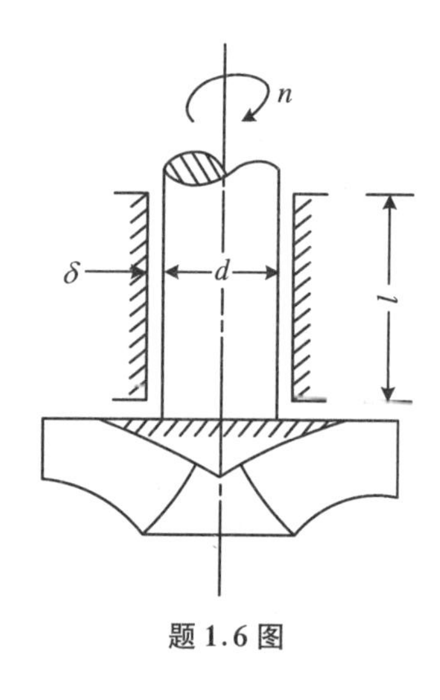

题 1.6 图

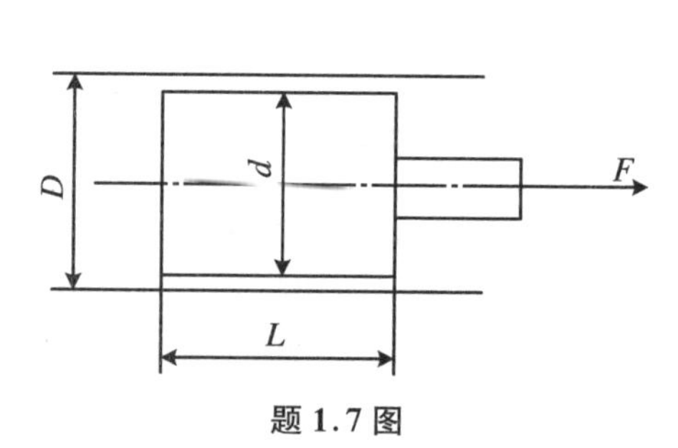

题 1.7 图

解 根据牛顿内摩擦定律,$\tau=\frac{F}{A}=\mu\frac{\mathrm{d}v}{\mathrm{d}y}=\mu\frac{v}{\delta}$,则 $v=\frac{\delta F}{\mu A}$,其中

$$\delta = \frac{1}{2}(D - d) = \frac{1}{2} \times (120.2 - 119.8) = 0.2\ \mathrm{mm}$$

$$A = \pi dL = 3.14 \times 0.1198 \times 0.16 = 0.0602\ \mathrm{m}^2$$

代入得

$$v = \frac{\delta F}{\mu A} = \frac{0.2 \times 10^{-3} \times 10}{0.065 \times 0.0602} = 0.51\ \mathrm{m/s}$$

8. 如图(题 1.8 图)所示,倾角 $\theta=25^\circ$ 的斜面涂有厚度 $\delta=0.5\ \mathrm{mm}$ 的润滑油。一块重量未知,底面积 $A=0.02\ \mathrm{m}^2$ 的木板沿此斜面以等速度 $v=0.2\ \mathrm{m/s}$ 下滑。如果在板上加一

个重量 $W_1 = 5$ N 的重物，则下滑速度为 $v_1 = 0.6$ m/s。试求润滑油的动力黏度 μ。

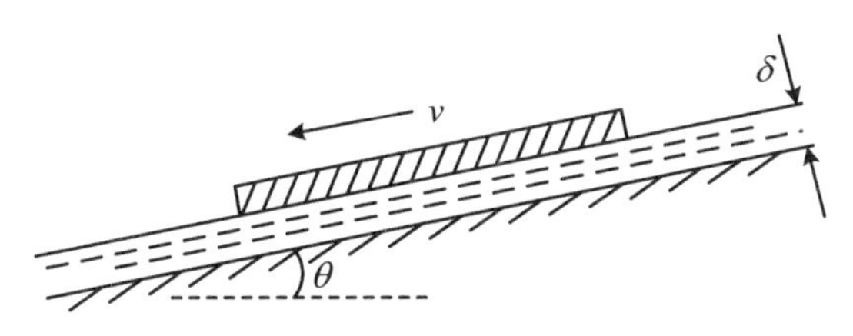

题 1.8 图

解　板面受到的黏性切应力为 $\tau = \mu v/\delta$，当物体作匀速运动时，外力和为 0。设板自重为 W，则

$$W\sin\theta = \mu\frac{v}{\delta}A$$

加上重物 W_1 时，

$$(W + W_1)\sin\theta = \mu\frac{v_1}{\delta}A$$

两式相减得

$$W_1\sin\theta = \mu\frac{v_1 - v}{\delta}A$$

以 W_1, θ, v_1, v, A 的值以及 $\delta = 0.5\times10^{-3}$ m 代入，解得

$$\mu = 0.1321\ \text{Pa·s}$$

9. 有两个同心圆筒，长 $L = 300$ mm，间隙 $\delta = 10$ mm，间隙内充有密度 $\rho = 900$ kg/m^3、运动黏度 $\nu = 0.26\times10^{-3}$ m^2/s 的油，内筒直径 $d = 200$ mm，它以角速度 $\omega = 10$ rad/s 转动，求施加于内筒的转矩 T。

解　内筒的线速度为 ωr，内筒表面的黏性切应力为 $\tau = \mu\omega r/\delta$，内筒表面积为 $2\pi rL$，因此，黏性力对转轴的力矩等于外力矩 T，即

$$T = \mu\frac{\omega r}{\delta}2\pi rLr$$

以 $\mu = \rho\nu = 0.234$ Pa·s，$\omega = 10$ rad/s，$\delta = 10^{-2}$ m，$r = d/2 = 0.1$ m，$L = 0.3$ m 代入，得 $T = 0.4411$ N·m。

如果我们再计算出外筒受到的黏性力的力矩，就会发现，内外筒受到的力矩并不相等。仿照上面计算，外筒受到的力矩为

$$T = \mu\frac{\omega r}{\delta}2\pi(r + \delta)L(r + \delta) = 0.5337\ \text{N·m}$$

事实上，内外筒的力矩应该相等。产生上面的误差的原因在于油液的速度并不是严格的线性分布。

10. 如图(题 1.10 图)所示，黏度测量仪由内外两个同心圆筒组成，两筒的间隙充满油液。外筒与转轴连接，其半径为 r_2，旋转角速度为 ω。内筒悬挂于一金属丝下，金属丝上所受的力矩 T 可以通过扭转角的值确定。外筒与内筒底面间隙为 a，内筒高 H。试推出油液动力黏度 μ 的计算式。

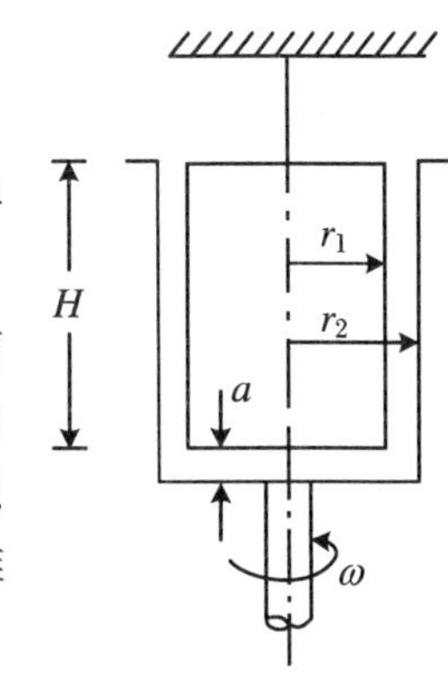

题 1.10 图

解　内筒侧面的黏性切应力为 $\tau = \mu\omega r_2/\delta$，这里的 $\delta = r_2 - r_1$，黏性力对转轴的力矩为

$$T_1 = \mu \frac{\omega r_2}{\delta} 2\pi r_1 H r_1$$

在内筒底面上，距离转轴 r 处的黏性切应力为 $\tau = \mu\omega r/a$，显然 τ 的值是变化的，值得注意的是内筒是静止的，虽然开始时它会发生转动，但当扭转一个角度之后，金属丝的扭矩与黏性力矩平衡时，内筒就不再发生转动。而 ωr 是外筒的线速度。内筒的底面受到的黏性力对于转轴的力矩是

$$T_2 = \int_0^{r_1} \mu \frac{\omega r}{a} 2\pi r^2 \mathrm{d}r = \frac{1}{2}\mu \frac{\omega}{a}\pi r_1^4$$

显然，$T = T_1 + T_2$，因此

$$\mu = \frac{T}{\frac{\omega}{a}\pi r_1^4\left[\frac{1}{2} + \frac{2ar_2 H}{r_1^2(r_2 - r_1)}\right]}$$

11. 测压管用玻璃管制成。水的表面张力 $\sigma = 0.0728$ N/m，接触角 $\theta = 8^\circ$，如果要求毛细水柱高度不超过 5 mm，玻璃管的内径应为多少？

解　由于 $h = \frac{4\sigma\cos\theta}{\rho g d} \leqslant 5\times10^{-3}$ m，因此

$$d = \frac{4\sigma\cos\theta}{\rho g h} \geqslant 5.88\times10^{-3}\ \mathrm{m}$$

12. 煮沸开水时，有一个气泡的直径为 $d = 0.05$ mm，试求气泡内外的压强差。

解　水的表面张力 $\sigma = 0.0728$ N/m，气泡的半径 $R = 0.025\ \mathrm{mm} = 2.5\times10^{-5}$ m，因此

$$p - p_0 = \frac{2\sigma}{R} = 5824\ \mathrm{Pa}$$

13. 如图(题 1.13 图)所示，一个圆柱体沿管道内壁下滑。圆柱体直径 $d = 100$ mm，长度 $L = 300$ mm，自重 $W = 10$ N。管道直径 $D = 101$ mm，倾角 $\theta = 45^\circ$，内壁涂有润滑油。测得圆柱体下滑速度为 $v = 0.23$ m/s，求润滑油的动力黏度 μ。

解　圆柱体表面的黏性切应力为

$$\tau = \mu \frac{v}{\delta}$$

黏性力与重力在斜面上的分量相等，即 $W\sin\theta = \mu \frac{v}{\delta}\pi d L$，于是

$$\mu = \frac{W\delta\sin\theta}{\pi d L v} = 0.1631\ \mathrm{Pa\cdot s}$$

14. 如图(题 1.14 图)所示，半球体半径为 R，它绕竖轴旋转的角速度为 ω，半球体与凹槽间隙为 δ，槽面涂有润滑油，试推证所需的旋转力矩为

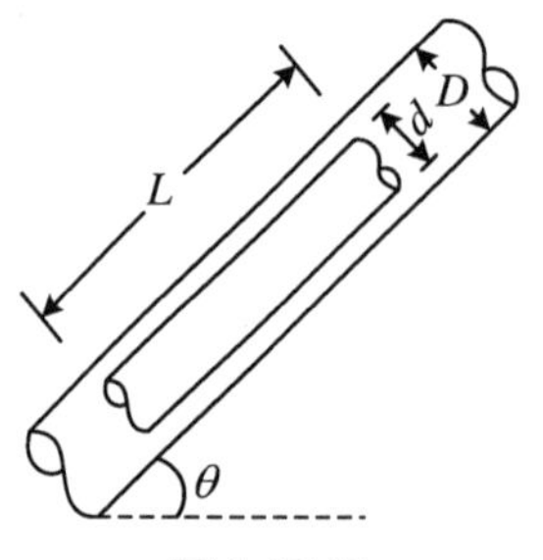

题 1.13 图

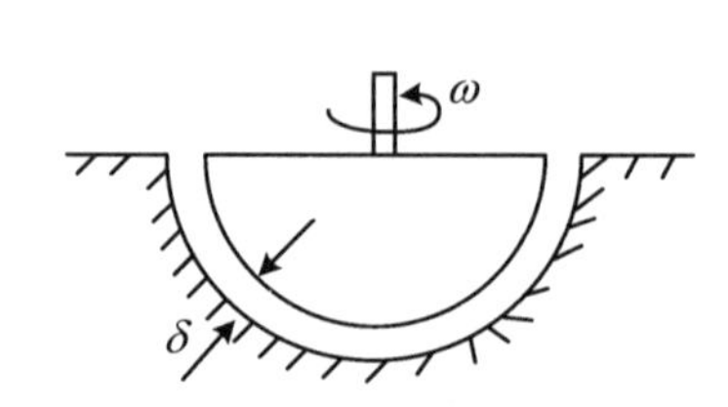

题 1.14 图

$$T = \frac{4}{3}\pi R^4 \frac{\mu\omega}{\delta}$$

证明
$$\tau = \mu \frac{\omega R}{\delta}\sin\theta$$

式中,$R\sin\theta$ 是球面上的点到转轴的距离。

$$T = \iint_A \tau R\sin\theta \mathrm{d}A$$

将 $\mathrm{d}A = 2\pi R\sin\theta R\mathrm{d}\theta$ 以及 τ 的表达式代入上式,得

$$T = 2\pi R^4 \frac{\mu\omega}{\delta}\int_0^{\pi/2}\sin^3\theta\mathrm{d}\theta$$

因为
$$\int_0^{\frac{\pi}{2}}\sin^3\theta\mathrm{d}\theta = -\int_0^{\frac{\pi}{2}}(1-\cos^2\theta)\mathrm{d}\cos\theta = \frac{2}{3}$$

所以
$$T = \frac{4}{3}\pi R^4 \frac{\mu\omega}{\delta}$$

15. 如图(题1.15图)所示,相距 $a = 2$ mm 的两块平板插入水中,水的表面张力 $\sigma = 0.0725$ N/m,接触角 $\theta = 8^\circ$,求两板之间的毛细水柱高 h。

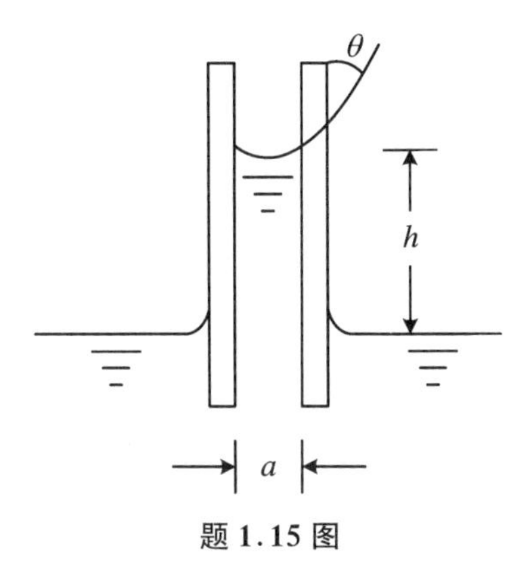

题1.15图

解　水柱重量被表面张力所平衡,设垂直于纸面的宽度为单位1,则有

$$\rho gha = 2\sigma\cos\theta$$

$$h = \frac{2\sigma\cos\theta}{\rho ga} = 7.32\times10^{-3}\ \mathrm{m}$$

16. 如图(题1.16图)所示,气缸内壁的直径 $D = 10$ cm,活塞的直径 $d = 9.96$ cm,活塞的长度 $L = 10$ cm,活塞与气缸之间充满了 $\mu = 0.1$ Pa·s 的润滑油,若活塞以 $v = 1$ m/s 的速度往复运动,求活塞受到的黏性力。

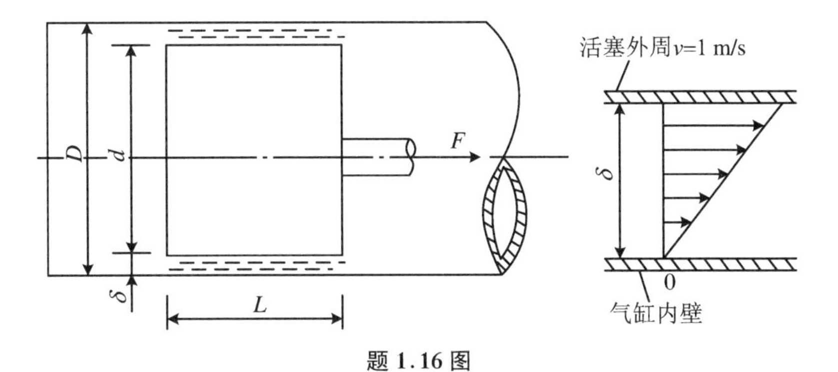

题1.16图

解　因为活塞与气缸壁之间的间隙 δ 很小,所以其间油层的速度分布可视为直线分布,故

$$\frac{\mathrm{d}v}{\mathrm{d}y} = \frac{v-0}{\delta} = \frac{1}{0.5\times(10-9.96)\times10^{-2}} = 5\times10^3\ 1/\mathrm{s}$$

又因为
$$A = \pi dL = \pi\times0.0996\times10\times10^{-2} = 0.03\ \mathrm{m}^2$$

所以 $$F = \mu A \frac{\mathrm{d}v}{\mathrm{d}y} = 0.1 \times 0.03 \times 5 \times 10^3 = 15\ \mathrm{N}$$

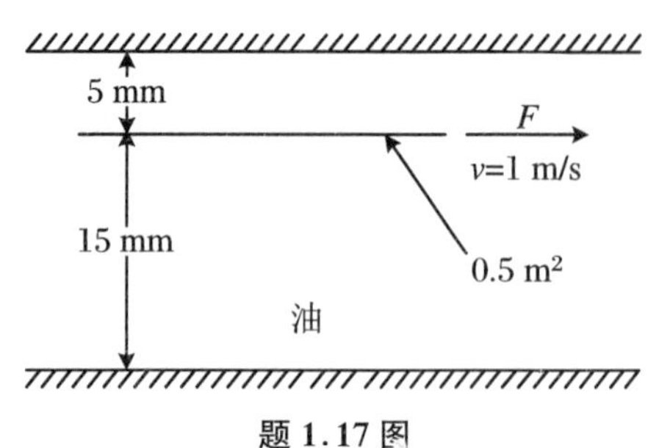

题 1.17 图

17. 如图(题 1.17 图)所示,在两块相距 20 mm 的平板间充满动力黏度为 0.065 (N·s)/m² 的油,如果以 1 m/s 速度拉动距上平板 5 mm,面积为 0.5 m² 的薄板(不计厚度),求需要的拉力。

解 由题意可知:

$$\tau = \mu \frac{\mathrm{d}v}{\mathrm{d}y} \approx \mu \frac{v}{\delta}$$

平板上侧摩擦切应力为

$$\tau_{上} = 0.065 \times \frac{1}{0.005} = 13.00\ \mathrm{N/m^2}$$

平板下侧摩擦切应力为

$$\tau_{下} = 0.065 \times \frac{1}{0.015} = 4.33\ \mathrm{N/m^2}$$

则拉力为

$$F = (\tau_{上} + \tau_{下})A = (13.00 + 4.33) \times 0.5 = 8.665\ \mathrm{N}$$

18. 在 1 大气压下,温度为 0 ℃时,某气体的密度为 0.9 kg/m³,求 500 ℃时该气体的密度。

解 当压力一定时,温度与密度成反比,即 $\rho_1 T_1 = \rho_2 T_2$,故

$$\rho_2 = \frac{\rho_1 T_1}{T_2} = \frac{0.9 \times (0 + 273)}{500 + 273} = 0.318\ \mathrm{kg/m^3}$$

所以该气体在 500 ℃时的密度为 0.318 kg/m³。

19. 在相同温度下 $\mu_{水} > \mu_{空气}$,试论证在 20 ℃时,水和空气相比,哪种流体易于流动(用具体数据说明)。

解 在 20 ℃时:$\rho_{水} = 998.2\ \mathrm{kg/m^3}$;$\rho_{空气} = 1.205\ \mathrm{kg/m^3}$;$\mu_{水} = 1.002 \times 10^{-3}\ \mathrm{Pa \cdot s}$;$\mu_{空气} = 1.81 \times 10^{-5}\ \mathrm{Pa \cdot s}$;$\nu_{水} = 1.003 \times 10^{-6}\ \mathrm{m^2/s}$;$\nu_{空气} = 15.0 \times 10^{-6}\ \mathrm{m^2/s}$,所以

$$\frac{\mu_{水}}{\mu_{空气}} = \frac{1.002 \times 10^{-3}}{1.81 \times 10^{-5}} = 55.34\ 倍$$

因为 $$\frac{\rho_{水}}{\rho_{空气}} = \frac{998.2}{1.205} = 828.38\ 倍$$

而 $$\frac{\nu_{空气}}{\nu_{水}} = \frac{15.0 \times 10^{-6}}{1.003 \times 10^{-6}} = 14.96\ 倍$$

所以有结论:在相同温度下,$\nu_{空气} > \nu_{水}$,空气与水相比较,空气不易于流动。

20. 如图(题 1.20 图)所示,一圆锥形体绕其铅直中心轴等速旋转,锥体与固壁间距离为 $\delta = 1$ mm,全部为润滑油充满,其动力黏性系数 $\mu = 0.1\ \mathrm{Pa \cdot s}$,当旋转速度为 $\omega = 16\ \mathrm{s^{-1}}$,锥体半径 $R = 0.3$ m,高 $H = 0.5$ m。求作用于圆锥体上的阻力矩 T。

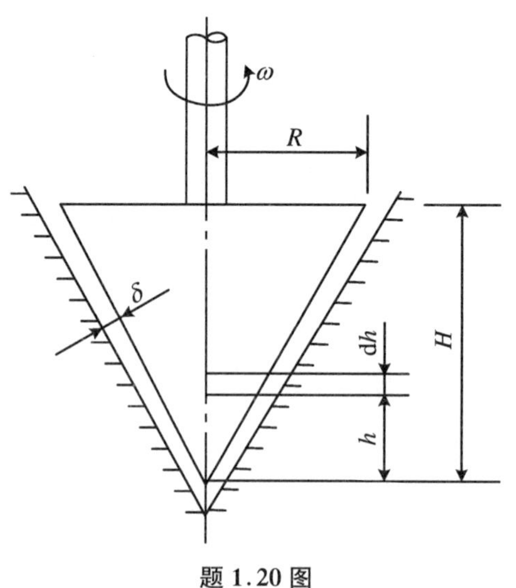

题 1.20 图

解　此题属于牛顿内摩擦定律的应用。该题的特点是作用半径 r，液体和固壁接触面积 A 及锥体旋转线速度 v 都随锥体高度变化而变化，应逐一找出其变化规律并贯彻用物理方法解题的思想。

如图所示，阻力矩的微元表达式

$$\mathrm{d}T = \tau \cdot \mathrm{d}A \cdot r = \mu \frac{\mathrm{d}v}{\mathrm{d}y} \cdot \mathrm{d}A \cdot r \tag{1}$$

锥体半径 r 的变化规律

$$r = h \cdot \tan\theta \tag{2}$$

对应微元高度 $\mathrm{d}h$ 范围内的 $\mathrm{d}A$ 表达式

$$\mathrm{d}A = 2\pi r \cdot \frac{\mathrm{d}h}{\cos\theta} = 2\pi \cdot h\tan\theta \frac{\mathrm{d}h}{\cos\theta} \tag{3}$$

因为液层很薄，认为其间速度梯度为线性关系，即

$$\frac{\mathrm{d}v}{\mathrm{d}y} = \frac{v}{\delta} = \frac{\omega r}{\delta} = \frac{\omega}{\delta} \cdot h\tan\theta \tag{4}$$

式中，$\tan\theta = R/H = 0.3/0.5 = 0.6$；$\theta = 31^\circ$；$\cos\theta = 0.857$，把式(2)，(3)，(4)代入式(1)并整理得

$$\mathrm{d}T = \mu \frac{\mathrm{d}v}{\mathrm{d}y} \cdot \mathrm{d}A \cdot r = \mu \cdot \frac{\omega}{\delta} \cdot 2\pi \cdot \tan^3\theta \cdot \frac{1}{\cos\theta} h^3 \mathrm{d}h \tag{5}$$

对式(5)积分，求总力矩

$$T = \int \mathrm{d}T = 2\pi\mu \frac{\omega}{\delta} \cdot \frac{\tan^3\theta}{\cos\theta} \int_0^H h^3 \mathrm{d}h = \frac{\pi\mu\omega}{2\delta} \cdot \frac{\tan^3\theta}{\cos\theta} H^4$$

$$= \frac{3.14 \times 0.1 \times 16 \times 0.6^3}{2 \times 0.001 \times 0.857} \times 0.5^4 = 39.6\ \mathrm{N \cdot m}$$

21. 如图(题1.21图)所示的旋转圆筒黏度计，外筒固定，内筒由同步电机带动旋转。内外筒间充入实验液体如图所示。已知内筒半径 $r_1 = 1.93$ cm，外筒半径 $r_2 = 2$ cm，内筒高 $h = 7$ cm。实验测得内筒转速 $n = 10$ r/min，转轴上扭矩 $T = 0.0045$ N·m。试求该实验液体的黏度。

解　充入内外筒间隙的实验液体，在内筒带动下作圆周运动。因间隙很小，速度近似直线分布，不计内筒端面的影响，内筒壁的切应力为

$$\tau = \mu \frac{\mathrm{d}v}{\mathrm{d}y} = \mu \frac{\omega r_1}{\delta}$$

式中　$\omega = \dfrac{2\pi n}{60}, \delta = r_2 - r_1$

扭矩　$T = \tau A r_1 = \tau \cdot 2\pi r_1 h \cdot r_1$.

解得　$\mu = \dfrac{15T\delta}{\pi^2 r_1^3 hn} = 0.952\ \mathrm{Pa \cdot s}$

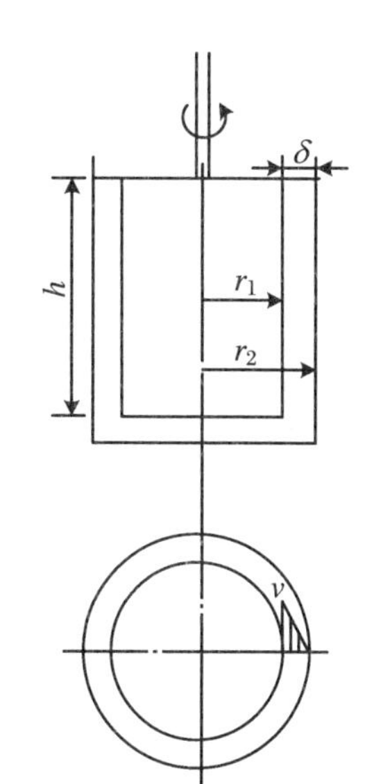

题1.21图

22. 试求水在等温状态下，将体积缩小5/1000时所需要的压强增量。

解　$\Delta p = -\dfrac{\Delta V}{V}K = \dfrac{5}{1000} \times 2.0 \times 10^9 = 10^7$ Pa

23. 如图(题1.23图)所示，上下两平行圆盘的直径为 d，两盘

之间的间隙为 δ，间隙中流体的动力黏度为 μ，若下盘不动，上盘以角速度 ω 旋转，不计空气摩擦力。试求所需力矩 T 的表达式。

解 假设两盘之间流体的速度为直线分布，上盘半径 r 处的切向应力为

$$\tau = \mu \frac{v}{\delta} = \frac{\mu r \omega}{\delta}$$

所需力矩为

$$T = \int_0^{\frac{d}{2}} (\tau \times 2\pi r \mathrm{d}r) r = \frac{2\pi\mu\omega}{\delta}\int_0^{\frac{d}{2}} r^3 \mathrm{d}r = \frac{\pi\mu\omega d^4}{32\delta}$$

24. 如图(题 1.24 图)所示，转轴直径 $d=0.36$ m，轴承长度 $l=1$ m，轴与轴承之间的缝隙 $\delta=0.2$ mm，其中充满动力黏度 $\mu=0.72$ Pa·s 的油，轴的转速 $n=200$ r/min。试求克服油的黏性阻力所消耗的功率。

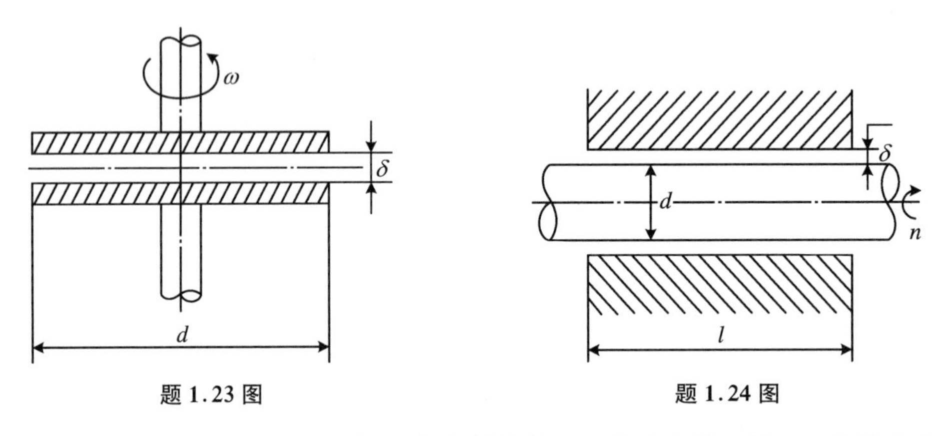

题 1.23 图　　　　题 1.24 图

解 油层与轴承接触面上的速度为零，与轴接触面上的速度等于轴面上的线速度

$$v = \omega r = r\frac{\pi n}{30} = 0.18 \times \frac{\pi \times 200}{30} = 3.77 \text{ m/s}$$

设油层在缝隙内的速度为直线分布，即$\dfrac{\mathrm{d}v_x}{\mathrm{d}y} = \dfrac{v}{\delta}$，则轴表面上的切向力

$$F_t = \tau A = \mu \frac{v}{\delta}(\pi d l) = 0.72 \times \frac{3.77}{2 \times 10^{-4}} \times (\pi \times 0.36 \times 1) = 1.535 \times 10^4 \text{ N}$$

克服摩擦所消耗的功率为

$$P = F_t v = 1.535 \times 10^4 \times 3.77 = 5.79 \times 10^4 \text{ W} = 57.9 \text{ kW}$$

第2章　流体静力学

2.1　学习指导

2.1.1　流体的静压强

流体静力学研究平衡流体的力学规律及其在工程技术上的应用。平衡包括两种：一种是流体对地球无相对运动，即处于静止状态；另一种是流体对运动容器无相对运动，也称为相对静止。前者称为重力场中的流体平衡，后者称为流体的相对平衡。

静止流体中一点 A 上的压强

$$p = \lim_{\Delta A \to 0} \frac{\Delta F}{\Delta A} = \frac{dF}{dA} \tag{2.1}$$

帕斯卡定律：不可压缩静止流体中的任一点受外力产生压力增量，只要不破坏流体的平衡，此压力增量会大小不变地迅速传递到静止流体各点。

在静止流体中，压强在一点的任何方向上都是相等的。流体静压强是各向同性的，它与受压面的方位无关，它的大小可以由质点所在的坐标位置确定。压强是标量函数。

2.1.2　重力场中的平衡流体

1. 流体平衡微分方程式

$$\left.\begin{aligned} f_x - \frac{1}{\rho}\frac{\partial p}{\partial x} &= 0 \\ f_y - \frac{1}{\rho}\frac{\partial p}{\partial y} &= 0 \\ f_z - \frac{1}{\rho}\frac{\partial p}{\partial z} &= 0 \end{aligned}\right\} \tag{2.2}$$

$$dp = \rho(f_x dx + f_y dy + f_z dz) \tag{2.3}$$

等压面的微分方程式

$$f_x dx + f_y dy + f_z dz = 0 \tag{2.4}$$

2. 重力场中连续、均质、不可压缩流体静压强基本公式

$$z + \frac{p}{\rho g} = C \tag{2.5}$$

式中，z 和 p 分别代表平衡流体中任何一点的铅直坐标及静压强，C 是可以由边界条件确定的积分常数。

如图 2.1 所示上端敞口通大气的盛液容器，流体中任一点 M 的压强为

$$p_M = p_a + \rho g h$$

式中，h 为 M 点的淹没深度，即 M 点离自由液面的距离；p_a 为大气压强。

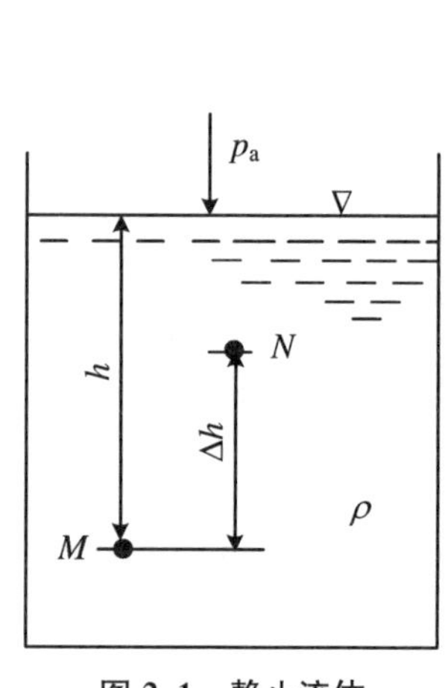

图 2.1 静止流体

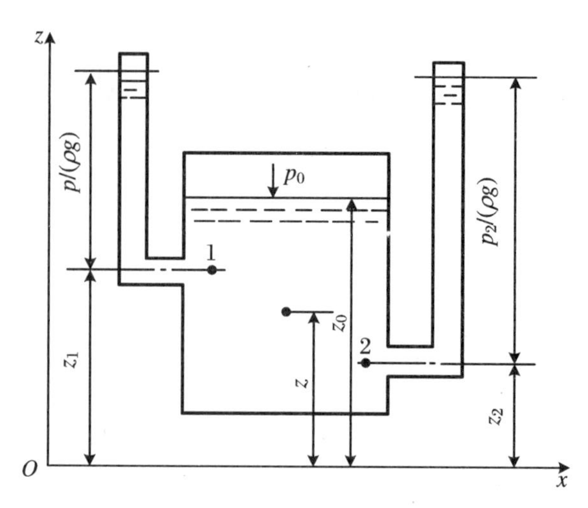

图 2.2 连通器静压强分布

流体中任意两点的压强关系为

$$p_M = p_N + \rho g \Delta h$$

式中，Δh 为 M、N 点的淹没深差。

如图 2.2 连通器所示，1、2 两点之间的压强差可表达为

$$p_2 - p_1 = \rho g(z_1 - z_2)$$

或

$$\frac{p_1}{\rho g} + z_1 = \frac{p_2}{\rho g} + z_2 \tag{2.6}$$

式(2.6)称为流体或水静力学基本公式，其中 z 表示点的位置高度，$p/(\rho g)$ 称为压强高度。基本公式又可叙述为：在静止流体中，每个点的位置高度 z 和该点的压强高度 $p/(\rho g)$ 两者之和是一常数。

3. 压强的计算基准与单位

绝对压强、相对压强与真空度的关系如图 2.3 所示。

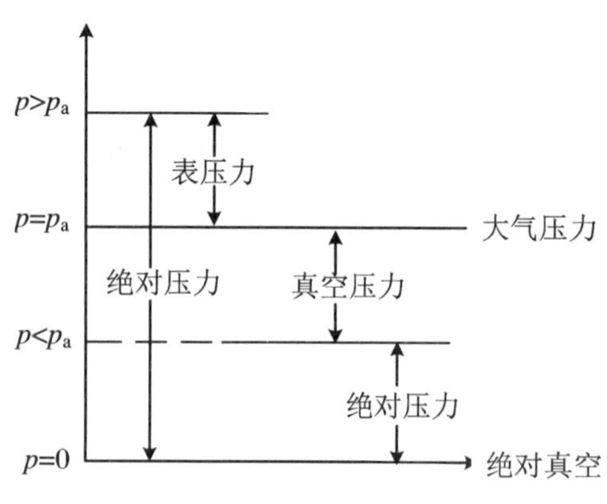

图 2.3 绝对压强、计示压强与真空度

当 $p > p_a$ 时，有：绝对压强 = 当地大气压 + 计示压强；计示压强 = 绝对压强 − 当地大气压。当 $p < p_a$ 时，有：绝对压强 = 当地大气压 − 真空度；真空度 = 当地大气压 − 绝对压强。

当地大气压在不同地区之间差别较大、不同季节也有差别。实际应用中一般都近似以标准大气压作为计示压强和真空度的起点，海平面的标准大气压为 $p_a = 101.33$ kPa（绝对压强）。

压强法定单位以应力单位帕斯卡(Pa)表

示，$1\ Pa=1\ N/m^2$，1 bar（巴）[1] $=10^5\ Pa=0.1\ MPa$，$1\ MPa=10^6\ Pa$。1 bar = 0.987 atm，即1 bar近似等于1标准大气压，故而有时也称1 bar为1大气压。目前标准压力表都以MPa（兆帕）为计量单位。

常用的有液柱高单位，因为 $h=p/(\rho g)$，将应力单位的压强除以 ρg 即为该压强的液柱高度，测压计中常用水或汞作为工作介质，因此液柱高单位有米水柱（mH_2O）、毫米汞柱（mmHg）等。

大气压单位，标准大气压（atm）是根据北纬45°海平面上15 ℃时测定的数值。1标准大气压（atm）= 760 mmHg = 1.01325 bar = 1.01325×10^5 Pa。此外，在工程上为便于计算常用工程大气压为计量单位。1工程大气压 = 98100 Pa = 0.981×10^5 Pa。

2.1.3 静止流体对壁面的作用力

1. 平面壁上压力的计算

如图2.4储液容器平面斜壁，静止流体对平面壁的作用力为

$$F=\int_A \rho gh\,\mathrm{d}A==\rho g\int_A h\,\mathrm{d}A=\rho g\sin\alpha\int_A y\,\mathrm{d}A=\rho g\sin\alpha y_C A=\rho gh_C A \tag{2.7}$$

式中，$\int_A y\,\mathrm{d}A=y_C A$ 为受压面面积 A 对 x 轴的静矩，h_C 表示 A 面形心 C 的深度。作用在某一平面壁 A 上的总压力 F 等于该面积 A 和它形心上的相对压强 ρgh_C 二者的乘积。

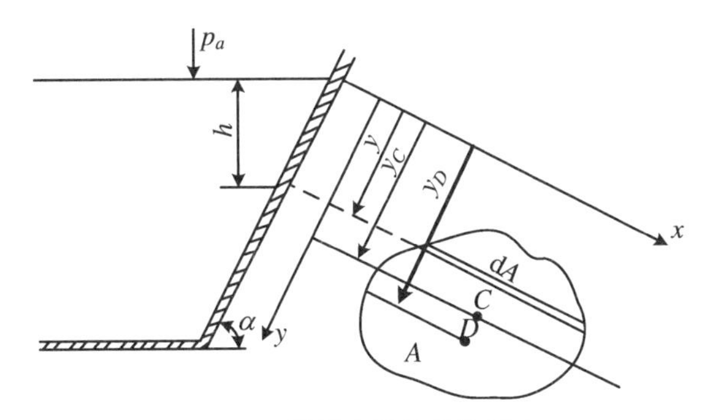

图2.4 平面上的流体静压力

压力合力的作用点（又称"压力中心"），该中心 D 到 x 轴的距离 y_D 计算公式为

$$y_D=\frac{\int_A y\,\mathrm{d}F}{F}=\frac{\rho g\sin\alpha\int_A y^2\,\mathrm{d}A}{\rho g\sin\alpha y_C A}=\frac{\int_A y^2\,\mathrm{d}A}{y_C A} \tag{2.8}$$

式中，积分式 $\int_A y^2\,\mathrm{d}A$ 为 A 面对 x 轴的惯性矩 I_x。

A 面对 C 轴的惯性矩为 I_C，I_x 和 I_C 平行惯性矩，换轴公式为

$$I_x=I_C+y_C^2 A \tag{2.9}$$

---

① bar（巴）、atm（标准气压）、kgf/m^2（千克力每平方米）、Torr（托）、at（工程大气压）、mmH_2O（毫米水柱）、mmHg（毫米汞柱）等均为非法定计量单位，由于工程上的习惯，本书仍有使用，其换算因数：1 atm = 101325 Pa，1 Torr = 133.3224 Pa，1 kgf/m^2 = 9.80665 Pa，1 at = 98066.5 Pa（准确值），1 mmH_2O = 10^{-4} at = 9.80665 Pa（准确值），1 mmHg = 13.5951 mmH_2O = 133.322 Pa，1 bar = 10^5 Pa.

式中，y_C 是两条平行轴之间的距离。于是

$$y_D = \frac{I_x}{y_C A} = \frac{I_C}{y_C A} + y_C \tag{2.10}$$

对于一些形状规则的面，惯性矩 I_C 可以在工程手册中查到，这些有规则的面都具有对称线，压力中心就可在对称线上确定下来。工程上常用的几何平面图形的惯性矩 I_C，形心坐标 y_C 及图形面积 A 列于表 2.1 中。

表 2.1　几何平面图形的 I_C、y_C 及 A 值

平面图形	图形顶点到形心的距离 y_C	对于通过形心而与对称轴垂直的 C 轴的惯性矩 I_C	面积 A
矩形	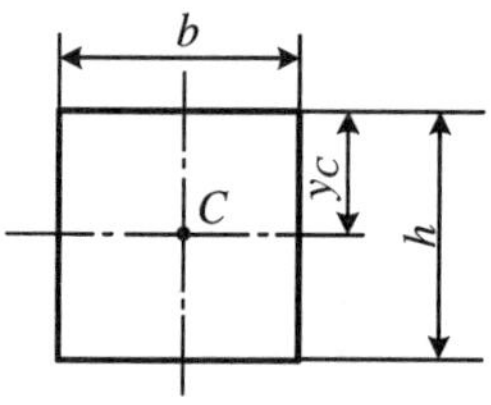 $\frac{h}{2}$	$\frac{bh^3}{12}$	bh
三角形	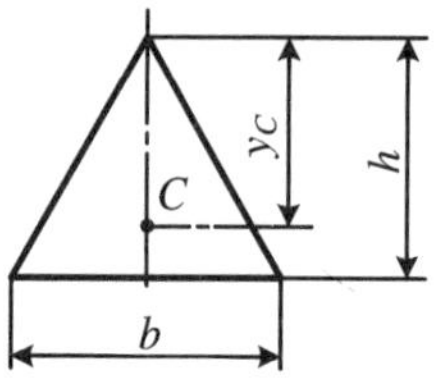 $\frac{2h}{3}$	$\frac{bh^3}{36}$	$\frac{bh}{2}$
梯形	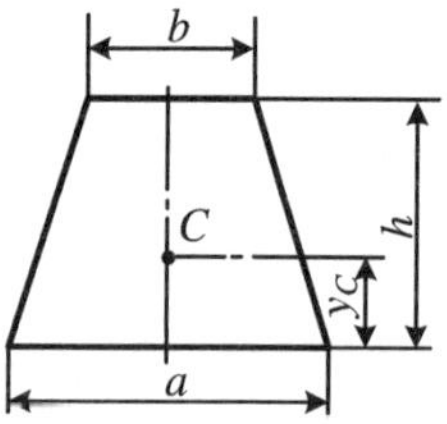 $\frac{h(a+2b)}{3(a+b)}$	$\frac{h^3(a^2+4ab+b^2)}{36(a+b)}$	$\frac{h(a+b)}{2}$
圆形	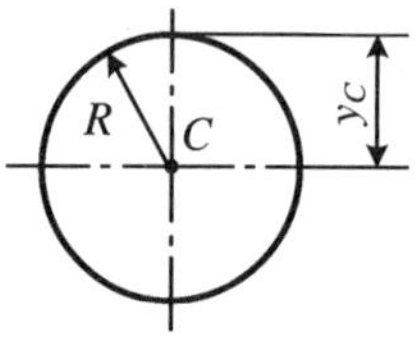 R	$\frac{\pi R^4}{4}$	πR^2
半圆形	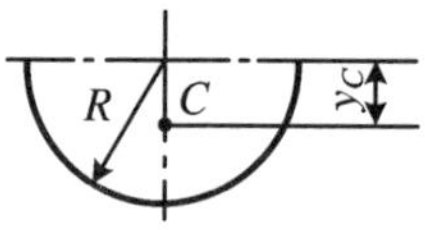 $\frac{4R}{3\pi}$	$\frac{(9\pi^2-64)R^4}{72\pi}$	$\frac{\pi R^2}{2}$
环形	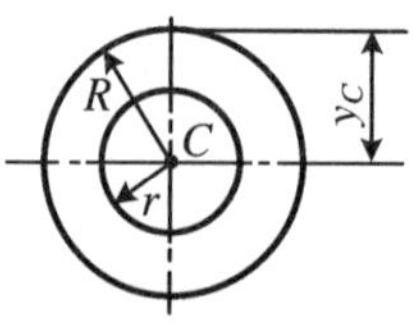 R	$\frac{\pi(R^4-r^4)}{4}$	$\pi(R^2-r^2)$

2. 曲面壁上压力的计算

如图 2.5 开口容器曲面壁，容器内盛液体，外面是大气。取液体自由面作为 xOy 坐标面，

z 轴铅直向下。$\mathrm{d}A$ 为自由面以下深度 h 曲面上任一微元面积，面上承受压力为 $\mathrm{d}F=\rho gh\,\mathrm{d}A$，压力方向是 $\mathrm{d}A$ 面的法线方向。设 α 表示微元面积 $\mathrm{d}A$ 法线与水平线 x 轴夹角，β、γ（图中未画出）表示与 y 轴和 z 轴夹角。$\mathrm{d}A$ 面在三个坐标平面上的投影分别是：$\mathrm{d}A_x=\mathrm{d}A\cos\alpha$；$\mathrm{d}A_y=\mathrm{d}A\cos\beta$；$\mathrm{d}A_z=\mathrm{d}A\cos\gamma$。$\mathrm{d}F$ 在坐标轴方向上三个分量为：$\mathrm{d}F_x=\mathrm{d}F\cos\alpha=\rho gh\,\mathrm{d}A\cos\alpha=\rho gh\,\mathrm{d}A_x$；$\mathrm{d}F_y=\mathrm{d}F\cos\beta=\rho gh\,\mathrm{d}A\cos\beta=\rho gh\,\mathrm{d}A_y$；$\mathrm{d}F_z=\mathrm{d}F\cos\gamma=\rho gh\,\mathrm{d}A\cos\gamma=\mathrm{d}F\sin\alpha=\rho gh\,\mathrm{d}A\sin\alpha=\rho gh\,\mathrm{d}A_z$。$A$ 面上总压力三个分量是：$F_x=\rho g\int h\mathrm{d}A_x$；$F_y=\rho g\int h\mathrm{d}A_y$；$F_z=\rho g\int h\mathrm{d}A_z$。曲面壁上压力 F 的三个分量通式为

$$\left.\begin{aligned}F_x&=\int_{A_x}p\mathrm{d}A_x=\rho g\int_{A_x}z\mathrm{d}A_x=\rho gz_CA_x\\F_y&=\int_{A_y}p\mathrm{d}A_y=\rho g\int_{A_y}z\mathrm{d}A_y=\rho gz_CA_y\\F_z&=\int_{A_z}p\mathrm{d}A_z=\rho g\int_{A_z}z\mathrm{d}A_z=\rho gV\end{aligned}\right\}\tag{2.11}$$

式中，ρgz_C 为投影面 A_x 或 A_y 的形心（中心）处的计示压强，V 表示从曲面 A 的周界向上引伸以至自由面如此构成的一个容积，称为压力体体积，ρgV 为压力体液体的重量。

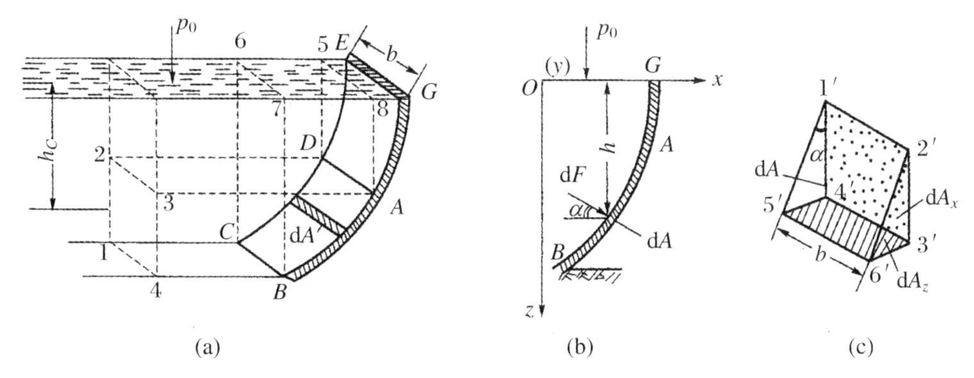

图2.5　曲面壁上的流体静压力

对于形状不规则的曲面，三个压力分量一般并不通过一共同点，因此不一定合成一个单力。对于规则曲面如果三个分力能交于一点，则可以求出作用在曲面 A 上的静压力的大小为

$$F=\sqrt{F_x^2+F_y^2+F_z^2}\tag{2.12}$$

静压力的方向可由下列三个方向余弦确定

$$\cos\alpha=\frac{F_x}{F},\quad\cos\beta=\frac{F_y}{F},\quad\cos\gamma=\frac{F_z}{F}\tag{2.13}$$

静压力的矢量作用线与曲面 A 的交点称为压力中心，在壁面具体形状给定之后，作用在壁面上的静压力和压力中心都是容易确定的。

3. 浮力原理

液体中物体的位置分为3种；物体的密度大于液体时，物体沉没到液体的底部，物体称为沉体；物体的密度等于液体，物体将潜入液体的任何位置，物体称为潜体；物体的密度小于液体，物体漂浮在液体的表面，物体称为浮体。液体作用在潜体和浮体上的作用力（总压力）叫做浮力，浮力的作用点叫做浮心。

如图 2.6 所示，体积为 V 的固体完全沉没在静止液体中，则成为有封闭曲面的潜体。潜体所受到的水平分压力 F_{y1} 与 F_{y2} 大小相等方向相反而且作用在同一条直线上，因而整个潜体水平方向的流体静压力为 0。

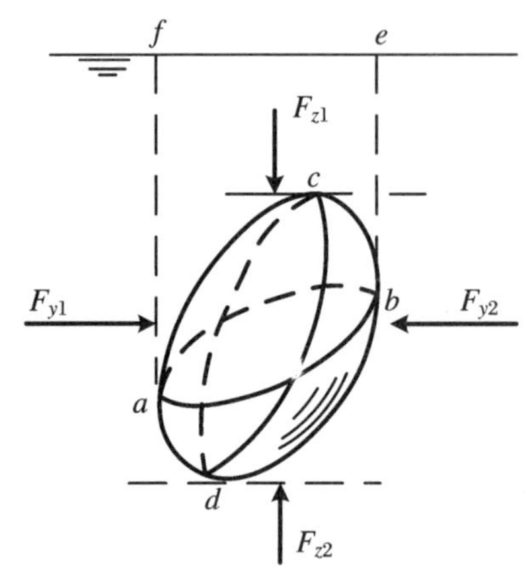

图 2.6　潜体上的流体静压力

潜体上半部曲面 acb 上的铅直分压力方向向下，大小等于压力体 $acbef$ 的液重，下半部曲面 adb 上的铅直分压力方向向上，大小等于压力体 $adbef$ 的液重，整个潜体铅直方向的流体静压力大小为

$$F_z = F_{z2} - F_{z1} = \rho g(V_{adbef} - V_{acbef}) = \rho g V \tag{2.14}$$

式中，V 为潜体的体积，F_z 方向向上，压力中心也就是潜体的形心。

对于部分沉没在液体中，部分露在液面上的所谓浮体，上述结论同样适用，只不过压力体体积 V 不是物体全部，而是沉没在液体中的那部分体积。

作用在潜体或浮体上的铅直向上的流体静压力通称为浮力，这就证明了物理上著名的阿基米德原理：作用在潜体或浮体上的浮力或者说物体在液体中所减轻的重力等于它所排开的同体积的液重。

2.1.4　流体的相对平衡

1. 容器作等加速直线运动的液体相对平衡

如图 2.7(a)所示，盛有液体的容器沿着与水平基面成 α 角的斜面向上以匀加速度 a 作直线运动。将运动坐标系取在容器上，并使坐标原点在自由液面上，y 轴垂直于纸面，z 轴垂直于斜面，x 平行于斜面。

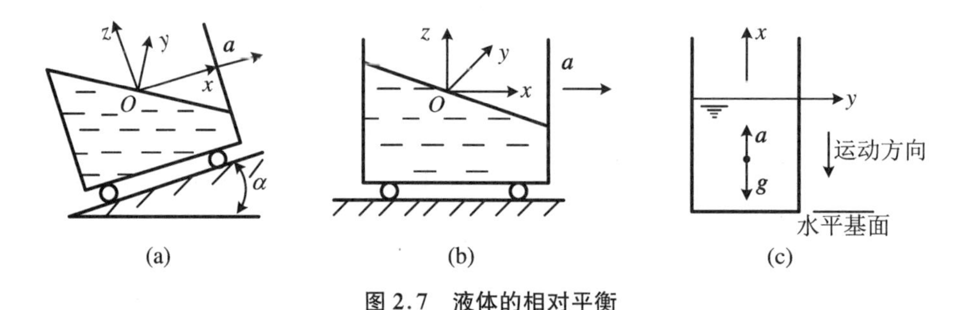

图 2.7　液体的相对平衡

由图 2.7(a)可得单位质量分力为

$$\left.\begin{aligned} f_x &= -a - g\sin\alpha \\ f_y &= 0 \\ f_z &= -g\cos\alpha \end{aligned}\right\} \tag{2.15}$$

将式(2.15)代入压强微分公式(2.3)，即得全微分方程为

$$\mathrm{d}p = -\rho[(a + g\sin\alpha)\mathrm{d}x + g\cos\alpha\mathrm{d}z]$$

则液面方程为

$$p = p_a - \rho(a + g\sin\alpha)x - \rho g\cos\alpha \cdot z \tag{2.16}$$

对于等压面 $\mathrm{d}p=0$，即：$g\cos\alpha\mathrm{d}z=-(a+g\sin\alpha)\mathrm{d}x$，故

$$\frac{\mathrm{d}z}{\mathrm{d}x}=-\frac{a+g\sin\alpha}{g\cos\alpha} \tag{2.17}$$

$\dfrac{\mathrm{d}z}{\mathrm{d}y}$是等压面的斜率，因为 a，g，α 都是常数，故液面倾斜角是一定的，这说明等压面（包括自由表面）是与水平基面成一倾斜角的一族平行平面，这族平面必然与单位质量力 a_m 的方向互相垂直。

当斜面角度 α 变为 0 时，如图 2.7(b)所示，即可得出容器水平匀加速直线运动的流体静压强的分布规律。

$$p=p_a-\rho ax-\rho gz \tag{2.18}$$

斜面角度 $\alpha=90^\circ$，即容器沿铅直方向向下作匀加速运动，如图 2.7(c)所示，由式(2.16)可得其等压面方程为

$$p=p_a+\rho(a-g)x \tag{2.19}$$

2. 容器绕定轴旋转运动的液体相对平衡

如图 2.8 所示，内盛匀质液体的圆柱形容器绕定轴旋转，并带动其中液体一起旋转。启动瞬时，液体被甩向外周，当回转运动达到稳定时，液体和容器像连成整体般地以等角速度 ω 旋转，此时自由面呈一凹陷的旋转曲面。

在如图 $Oxyz$ 坐标系中，在流体中任意选取一微团，质量为 $\mathrm{d}m$。作用在这微团上的质量力有重力 $\mathrm{d}m\cdot\boldsymbol{g}$ 和虚构的离心惯性力 $\mathrm{d}m\omega^2\boldsymbol{r}$，因此单位质量力：$\boldsymbol{a}_m=f_x\boldsymbol{i}+f_y\boldsymbol{j}+f_z\boldsymbol{k}=g+\omega^2\boldsymbol{r}$。单位质量力分别为

$$\left.\begin{aligned} f_x&=\omega^2x\\ f_y&=\omega^2y\\ f_z&=-g\end{aligned}\right\} \tag{2.20}$$

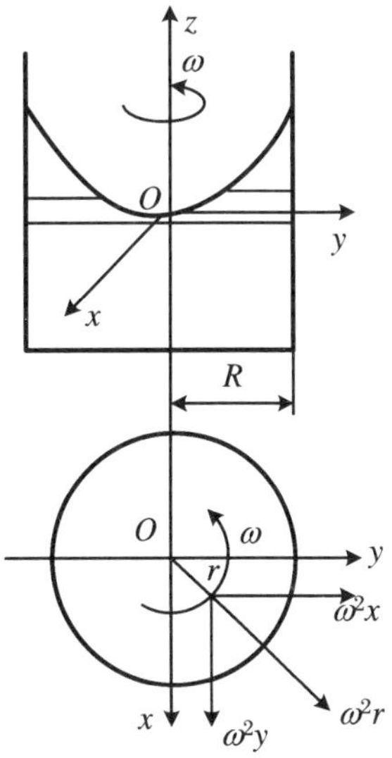

将式(2.20)代入等压面微分方程式(2.4)，即得

$$\omega^2x\mathrm{d}x+\omega^2y\mathrm{d}y-g\mathrm{d}z=0$$

作不定积分得

$$\frac{\omega^2x^2}{2}+\frac{\omega^2y^2}{2}-gz=C$$

即

$$\frac{\omega^2r^2}{2}-gz=C \tag{2.21}$$

图 2.8　容器等角速度旋转

这说明等压面是绕 z 轴的一族旋转抛物面。

根据边界条件，可得自由表面上的积分常数，故自由表面上的方程式为

$$\frac{\omega^2r^2}{2}-gz=0\quad 或\quad z=\frac{\omega^2r^2}{2g} \tag{2.22}$$

将式(2.20)代入压强微分公式(2.3)中，即得全微分方程为

$$\mathrm{d}p=\rho(\omega^2x\mathrm{d}x+\omega^2y\mathrm{d}y-g\mathrm{d}z)$$

作不定积分得

$$p=\rho\left(\frac{\omega^2x^2}{2}+\frac{\omega^2y^2}{2}-gz\right)+C=\rho\left(\frac{\omega^2r^2}{2}-gz\right)+C \tag{2.23}$$

针对下面的两种情况求积分常数 C：

(1) 容器为密闭，液面上的压强为 p_0。则边界条件为：在抛物面顶点有：$r=0,z=0,p=p_0$，于是得，$C=p_0$，代入式(2.23)可得

$$p = p_0 + \rho\left(\frac{\omega^2 r^2}{2} - gz\right) \tag{2.24}$$

(2) 容器盛满液体，上盖中心通大气。则边界条件为：$r=0,z=0,p=p_a$，于是得，$C=p_a$，代入式(2.23)可得

$$p = p_a + \rho\left(\frac{\omega^2 r^2}{2} - gz\right) \tag{2.25}$$

2.2 习题解析

2.2.1 选择、判断与填空

1. 比较重力场(质量力只有重力)中，水和水银所受的单位质量力 $f_{水}$ 和 $f_{汞}$ 的大小。(　　)

A. $f_{水}<f_{汞}$　　B. $f_{水}>f_{汞}$　　C. $f_{水}=f_{汞}$　　D. 不一定

答案：C

2. 当某点处存在真空时，该点的(　　)。

A. 绝对压强为正值　　B. 相对压强为正值

C. 绝对压强为负值　　D. 相对压强为负值

答案：D

3. 关于压强的3种表示方法，以下说法正确的是(　　)。

A. 绝对压强等于相对压强减去当地大气压强

B. 绝对压强等于相对压强加上当地大气压强

C. 真空度等于当地大气压强减去绝对压强

D. 当地大气压强等于绝对压强减去真空度

答案：B；C

4. 液体某点的绝对压强为58 kPa(当地大气压强 $p_a=98000\ \text{N/m}^2$)，则该点的相对压强为(　　)。

A. 156 kPa　　B. 40 kPa　　C. −58 kPa　　D. −40 kPa

答案：D。计算如下：$58000-98000=-40000\ (\text{Pa})$

5. 液体某点的真空压强为58 kPa(当地大气压强 $p_a=98000\ \text{N/m}^2$)，则该点的相对压强为(　　)。

A. 138 kPa　　B. 40 kPa　　C. −58 kPa　　D. 156 kPa

答案：C。计算如下：$|-58|=58\ (\text{kPa})$

6. 静止液体中同一点各方向的压力中(　　)。

A. 数值相等　　B. 数值不等

C. 仅水平方向数值相等　　D. 铅直方向数值最大

答案：A

7. 液体某点的真空压强为 58 kPa（当地大气压强 $p_a = 98000\ N/m^2$），则该点的绝对压强为（　　）。

A. 156 kPa　　B. 40 kPa　　C. −58 kPa　　D. −40 kPa

答案：B。计算如下：98000 − 58000 = 40000 (Pa)

8. 下列论述错误的是（　　）。

A. 静止液体中任一点处各个方向的静水压强大小都相等

B. 静水压力只存在液体和与之接触的固体边壁之间

C. 实际液体的动水压强特性与理想液体不同

D. 质量力只有重力的液体，其等压面为水平面

答案：B

9. 下列论述正确的为（　　）。

A. 液体的黏度随温度的减小而减小

B. 静水压力属于质量力

C. 相对平衡液体中的等压面可以是倾斜平面或曲面

D. 急变流过水断面的测压管水头相等

答案：C

10. 金属压力表的读数值是（　　）

A. 绝对压强　　B. 相对压强

C. 绝对压强加当地大气压　　D. 相对压强加当地大气压

答案：B

11. 某点的真空度为 65000 Pa，同高程的大气压为 0.1 MPa，该点的绝对压强是（　　）。

A. 65000 Pa　　B. 55000 Pa　　C. 35000 Pa　　D. 165000 Pa

答案：C。计算如下：$0.1 \times 10^6 - 65000 = 35000$ (Pa)

12. 如图 2.9 所示的密闭容器上装有 U 形水银测压计，其中 1、2、3 点位于同一水平面上，其压强关系为（　　）。

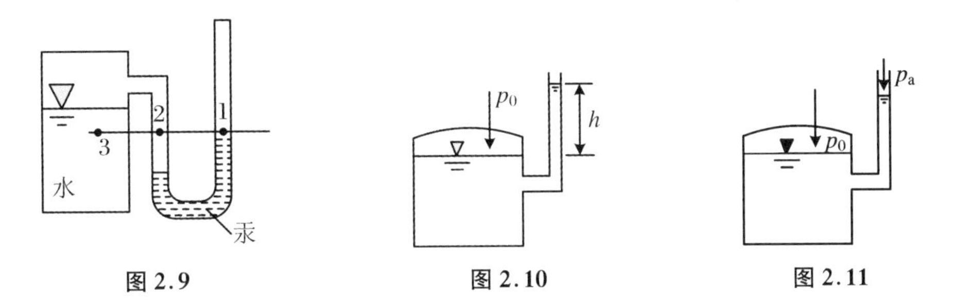

图 2.9　　图 2.10　　图 2.11

A. $p_1 = p_2 = p_3$　　B. $p_1 > p_2 > p_3$　　C. $p_1 < p_2 < p_3$　　D. $p_2 < p_1 < p_3$

答案：C

13. 如图 2.10 所示的密封容器，若已知测压管高出液面 $h = 1.5$ m，用水柱高表示液面相对压强 p_0 为（　　）。容器盛的液体是汽油。($\rho = 750\ kg/m^3$)

A. 1.500 mH_2O　　B. 1.125 mH_2O　　C. 2.000 mH_2O　　D. 11.500 mH_2O

答案：B

14. 如图 2.11 所示水头分布，压强关系为（　　）。

A. $p_0 = p_a$　　B. $p_0 > p_a$　　C. $p_0 < p_a$　　D. 无法判断

答案:B

15. 金属测压计的读数为(　　)。

A. 绝对压强 p'　　B. 相对压强 p　　C. 真空压强 p_v　　D. 当地大气压 p_a

答案:B

16. 下列关于压力体的说法中,正确的有(　　)。

A. 当压力体和液体在曲面的同侧时,为实压力体,P_z 方向向下

B. 当压力体和液体在曲面的同侧时,为虚压力体,P_z 方向向上

C. 当压力体和液体在曲面的异侧时,为实压力体,P_z 方向向下

D. 当压力体和液体在曲面的异侧时,为虚压力体,P_z 方向向上

E. 当压力体和液体在曲面的异侧时,为虚压力体,P_z 方向向右

答案:A; D

17. 重力作用下的流体静压强微分方程为 $\mathrm{d}p$ = (　　)。

A. $-\rho \mathrm{d}z$　　B. $-g\mathrm{d}z$　　C. $-\rho g\mathrm{d}z$　　D. 0

答案:C

18. 1 工程大气压 = (　　)。

A. 98 kPa　　B. 10 mH_2O　　C. 101.3 kPa　　D. 760 mmHg

答案:A; B

19. 平衡流体的等压面方程为(　　)。

A. $f_x - f_y - f_z = 0$　　B. $f_x + f_y + f_z = 0$

C. $f_x\mathrm{d}x - f_y\mathrm{d}y - f_z\mathrm{d}z = 0$　　D. $f_x\mathrm{d}x + f_y\mathrm{d}y + f_z\mathrm{d}z = 0$

答案:D

20. 一圆桶中盛有水,静止时重力势相等的面和当圆桶以等角速度绕中心轴旋转时,压强相等的面分别为(　　)。

A. 水平面、斜面　　B. 斜面、水平面

C. 抛物面、水平面　　D. 水平面、抛物面

答案:D

21. 在重力场中,相对于坐标系静止的所有液体的等压面必是(　　)。

A. 水平面　　B. 铅垂面

C. 与总质量力平行的面　　D. 与总质量力垂直的面

答案:D

22. 静止液体中存在(　　)。

A. 压应力和拉应力　　B. 压应力和切应力

C. 压应力　　D. 切应力

答案:C

23. 有一水泵装置,其吸水管中某点的真空压强水头等于 3 m 水柱高,当地大气压为 1 工程大气压,其相应的相对压强水头等于(　　)。

A. 3 m 水柱高　　B. −7 m 水柱高　　C. −3 m 水柱高　　D. 以上答案都不对

答案:C

24. 总水头与测压水头的差值等于（　　）水头。

A. 位置　　B. 压强　　C. 速度　　D. 损失

答案：C

25. 绝对压强 p、相对压强 p_g、真空压强 p_v、当地大气压 p_a 之间的关系是（　　）。

A. $p = p_g + p_v$　　B. $p_g = p + p_a$　　C. $p_v = p_a - p$　　D. $p_g = p_v + p_a$

答案：C

26. 静止液体作用在曲面上的静水总压力的水平分力 $F_x = p_C A_x = \rho g h_C A_x$，式中的（　　）。

A. p_C 为受压面形心处的绝对压强　　B. p_C 为压力中心处的相对压强

C. A_x 为受压曲面的面积　　D. A_x 为受压曲面在铅垂面上的投影面积

答案：D

27. 一密闭容器内下部为水，上部为空气，液面下 4.2 m 处测压管高度为 2.2 m，设当地大气压为 1 工程大气压，则容器内绝对压强为几米水柱？（　　）

A. 2 m　　B. 1 m　　C. 8 m　　D. −2 m

答案：C

28. 两层静止液体，上层为油（密度为 ρ_1），下层为水（密度为 ρ_2），两层液体深度相同，皆为 h。水油分界面的相对压强与水底面相对压强的比值为（　　）。

A. $\rho_1/(\rho_1+\rho_2)$　　B. $\rho_2/(\rho_1+\rho_2)$　　C. ρ_1/ρ_2　　D. ρ_2/ρ_1

答案：A

29. 任意形状平面壁上静水压力的大小等于（　　）处静水压强乘以受压面的面积。

A. 受压面的中心　　B. 受压面的重心　　C. 受压面的形心　　D. 受压面的垂心

答案：C

30. 浮体的稳定性条件是（　　）。

A. 浮体的定倾半径必须小于浮心与形心的偏心距

B. 浮体的定倾半径必须大于浮心与形心的偏心距

C. 浮体的定倾半径必须小于浮心与重心的偏心距

D. 浮体的定倾半径必须大于浮心与重心的偏心距

答案：D

31. 二向曲面上的静水总压力的作用点（　　）。

A. 通过静水总压力的水平分力与铅直分力的交点

B. 通过二向曲面上的形心点

C. 就是静水总压力的水平分力与铅直分力的交点

D. 就是二向曲面上的形心点

答案：A

32. 判断题：当作用面的面积相等时静水总压力的大小也相等。

答案：错

33. 判断题：静止流体一般能承受拉、压、弯、剪、扭。

答案：错。静止流体只能承受压力。

34. 判断题：任一点静水压强的大小和受压面方向有关。

答案：错。二者无关，同一水平位置向任何方向的压强是一样大的。

35. 判断题:在相对静止的同种、连通、均质液体中,等压面就是水平面。

答案:错

36. 判断题:相对静止流体的自由液面一定是水平面。

答案:错。如管口出流时自由液面是抛物面。

37. 判断题:当液体中发生真空时,其绝对压强必小于1大气压强。

答案:对

38. 判断题:流体只有在运动时才有黏性,静止时没有黏性。

答案:错

39. 判断题:当液体中发生真空时,其相对压强必小于零。

答案:对

40. 判断题:基准面可以任意选取。

答案:对

41. 判断题:压强水头的大小与基准面的选取无关。

答案:对

42. 判断题:静水压强大小与作用面的方向无关。

答案:对

43. 判断题:不论平面在静止液体内如何放置,其静水总压力的作用点永远在平面形心之下。

答案:错。根据公式 $y_D=\frac{I_C}{y_CA}+y_C$,通常情况下,$\frac{I_C}{y_CA}>0$,则 $y_D>y_C$,即压力中心 D 点在受压面积的形心点以下;但存在特殊情况,即受压面和压力方向垂直时,静水压强在受压面上均匀分布,此时压力中心 D 与形心 C 重合。

44. 判断题:平面所受静水总压力的压力中心就是受力面的形心。

答案:错。比如对于铅直或倾斜放置的挡水平面,由于平面的上面压强较小,下面压强较大,平面所受静水总压力的压力中心会低于受压面的形心。然而只有当平面水平放置时,压力中心才会与受力面的形心重合。

45. 判断题:如果容器相对地球没有运动,则重力场中两种液体的交界面不但是等压面而且又必然是水平面。

答案:对

46. 判断题:如图2.12所示两种液体盛在同一容器中,且 $\rho_1<\rho_2$,在容器侧壁装了两根测压管,试问图中所标明的测压管中水位对否?

答案:对

47. 判断题:如图2.13所示水深相差 h 的 A、B 两点均位于箱内静水中,连接两点的U形水银压差计的液面高差 h_m,试问下述三个值 h_m 哪一个正确?

(1) $\frac{p_A-p_B}{\rho_m}$;

(2) $\frac{p_A-p_B}{g(\rho_m-\rho)}$;

(3) 0。

答案:(3)正确;因为压差计所测压差为两测点的测压管水头差。

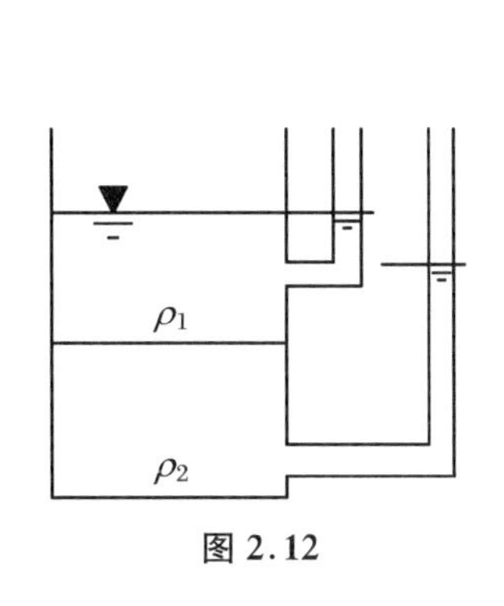

图 2.12

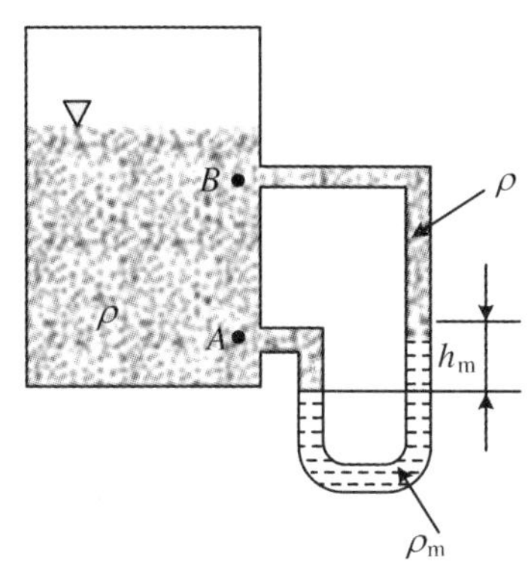

图 2.13

48. 判断题:如图 2.14 所示浸没在水中一侧挡水的三种形状的平面物体,面积相同,形心处的水深相等。问:受到的静水总压力是否相等? 压力中心的水深位置是否相同?

答案:相同; 不相同

49. 判断题:如图 2.15 所示静力奇象,同种液体且深度相同,分别盛在 4 个形状不同但底面积相同的容器中,试问容器底平面所受总压力是否相同?

答案:相同

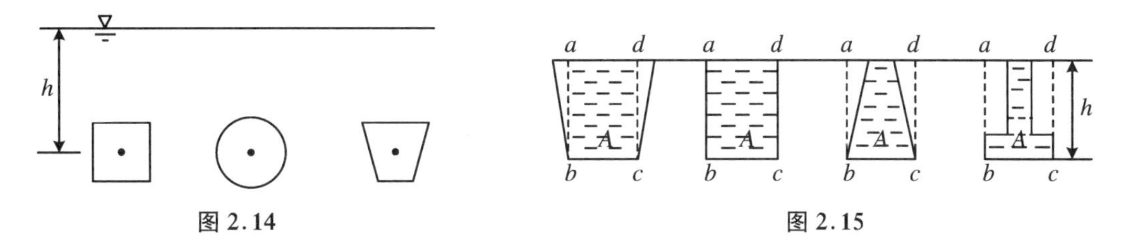

图 2.14　　图 2.15

50. 判断题:定常均匀流过流断面上的动水压强近似按静水压强分布,即 $z+p/(\rho g)\approx C$。

答案:错。定常均匀流过流断面上的动水压强严格按静水压强分布,即 $z+p/(\rho g)=C$。

51. 判断题:在工程流体力学中,单位质量力是指作用在单位重量流体上的质量力。

答案:错。在工程流体力学中,单位质量力是指作用在单位质量流体上的质量力。

52. 在静止流体中,表面力的方向是沿作用面的________方向。

答案:内法线

53. 某潜艇在海面下 20 m 深处以 16 km/h 的速度航行,设海水的密度为 1026 kg/m^3,则潜艇前驻点处的压强为________。

答案:211.2 kPa

54. 等压面是水平面的条件是________,________。

答案:相对静止;只受重力作用

55. 处于相对平衡的液体中,等压面与________力正交。

答案:质量

56. 密闭容器内液面下某点绝对压强为 68 kN/m^2,当地大气压强为 98 kN/m^2,则该点的相对压强 $p=$________,真空压强 $p_v=$________。

答案：$-30\ kN/m^2$；$30\ kN/m^2$

57. 理想液体在同一点上各方向的动水压强数值是__________的。实际液体中的动水压强为在同一点上沿三个正交方向的动水压强的__________。

答案：相等；算术平均值，即 $p=\frac{1}{3}(p_{xx}+p_{yy}+p_{zz})$

58. 等压面是__________的面，在重力场条件下，等压面是__________面。

答案：各点压强相等；水平

59. 在有压管流的管壁上开一小孔，如果没有液体从小孔流出，且向孔内吸气，这说明小孔内液体的相对压强__________零（填写大于、等于或小于）；如在小孔处装一测压管，则管中液面将__________（填写高于、等于或低于）小孔的位置。

答案：小于；低于

60. 有一水泵装置，其吸水管中某点的绝对压强水头为 6 m 水柱高，当地大气压为 1 工程大气压，其相应的真空压强值等于__________水柱高。

答案：4 m

61. 一球体放在静止水中，其处于较深或较浅位置时，受到水的铅垂方向的作用力__________。（"相等"或"不相等"）

答案：相等

62. 液体平衡微分方程的积分条件是__________。

答案：质量力有势

63. 水泵进口真空计的读数为 $p_v=4\ kN/m^2$，则该处的相对压强为 $p_r=$__________，绝对压强 $p_{abs}=$__________。

答案：$-4\ kPa$；$97.325\ kPa$

64. 煤气管上某点的压强为 100 mm 水柱，相当于__________ N/m^2。

答案：980.7

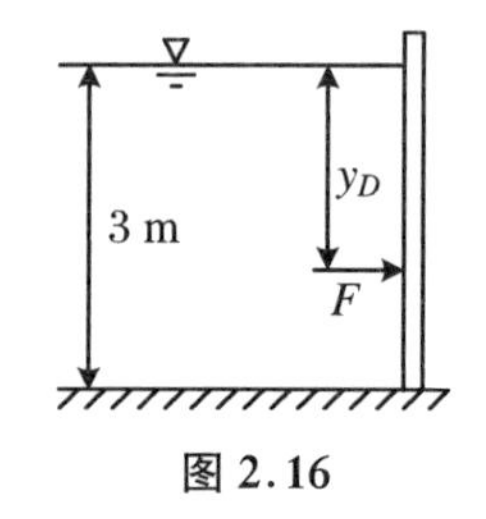

图 2.16

65. 如图 2.16 所示垂直放置的矩形平板挡水，水深 $h=3$ m，静水总压力 F 的作用点到水面的距离 $y_D=$__________。

答案：$\frac{2}{3}h=2$ m

2.2.2 思考简答

1. 名词解释：相对压强。

答案：以当地大气压 p_a 为零点来计量的压强，称为相对压强。

2. 名词解释：真空压强。

答案：绝对压力小于当地大气压时，当地大气压与绝对压力的差值即为真空压强。

3. 简述平衡流体中的应力特征。

答案：(1) 方向性。平衡流体中的应力垂直指向受压面；(2) 大小性。平衡流体中任一点的压强大小与作用方位无关，即 $p=f(x,y,z)$。

4. 什么叫流体静压强？它的主要特性是什么？

答案：流体静压强 $p=\lim\limits_{\Delta A\to 0}\frac{\Delta F}{\Delta A}$，其主要特征：(1) 流体静止时不能承受拉力和切力，其方

向只能沿作用面内法线方向;(2) 任一点流体静压强大小与作用面方向无关,只与流点的位置有关。

5. 压强的表示方法有哪些?

答案:压强的表示方法有绝对压强、计示压强(相对压强、表压强)、真空度。

6. 当液面的计示压强不为零时,曲面对应的压力体能否以液面为顶面?

答案:不能。此时压力体顶面高度应等于液面高度加上表面压强的液柱高度。

7. 静力学基本方程 $z+\frac{p}{\rho g}=C$ 及其各项的物理意义是什么?

答案:$z+\frac{p}{\rho g}=C$ 是流体力学基本方程式的一种形式,即静止流体中,不论在哪一点,$z+\frac{p}{\rho g}$总是一个常数。该方程式中,z 是该点位置相对于基准面的高度,称为位置水头;$\frac{p}{\rho g}$是该点在压强作用下沿测压管能上升的高度,称为压强水头;$z+\frac{p}{\rho g}$表示测压管水面相对于基准面的高度,称为测压管水头。

8. 简要说明液体的相对平衡。

答案:液体即使相对地球(或者相对研究的参考系)是运动的,但液体质点之间或者流体质点与容器之间却是相互静止没有相对位移,这就是液体的相对平衡。

9. 什么是等压面?试分别写出绝对静止液体中的等压面方程和等角速度旋转圆筒中液体的等压面方程。

答案:等压面是指压强相等的点构成的面,即 $\mathrm{d}p=0$;绝对静止液体中的等压面方程:$z=C$(常数);等角速度旋转圆筒中液体的等压面方程:$z=\frac{\omega^2 r^2}{2g}+C$(常数)。

10. 写出液体等压面是水平面的条件。

答案:液体处于静止状态,作用于液体上的质量力只有重力。

11. 相对平衡的流体的等压面是否为水平面?为什么?什么条件下的等压面是水平面?

答案:不一定,因为相对平衡的流体存在惯性力,质量力只有重力作用下平衡流体的等压面是水平面。

12. 什么是等压面?等压面的条件是什么?

答案:等压面是指流体中压强相等的各点所组成的面。只有重力作用下的等压面应满足的条件是:静止、连通、连续均质流体、同一水平面。

13. 仅有重力作用的静止流体的单位质量力为多少?(坐标轴 z 与铅垂方向一致,并竖直向上。)

答案:$f_x=f_y=0$; $f_z=-g$。

14. 若人所能承受的最大压力为1.274 MPa(相对压强),则潜水员的极限潜水深度应为多少?

答案:130 m

15. 在传统实验中,为什么常用水银作U形测压管的工作流体?

答案:(1) 压缩性小;(2) 汽化压强低;(3) 密度大

16. 为什么虹吸管能将水输送到一定的高度？

答案：因为虹吸管内出现了真空。

17. 正常人的血压是收缩压 100～120 mmHg，舒张压 60～90 mmHg，用国际单位制表示是多少帕(Pa)？

答案：13328～15993.6 Pa(收缩压)； 7996.8～11995.2 Pa(舒张压)

18. 在静止流体中，各点的测压管水头是否相等？在流动流体中是否相等？

答案：相等；均匀流、渐变流中同一断面上各点测压管水头相等，急变流中不相等。

19. 静止的流体受到哪几种力的作用？

答案：重力与压应力，无法承受剪切力。

20. 运动中的理想流体受到哪几种力的作用？

答案：重力、惯性力、压应力，因为无黏性，故无剪切力。

21. 运动中的流体受到哪几种力的作用？

答案：重力、惯性力、压应力、剪切力。

22. 浮体的平衡稳定条件是什么？当 $\rho < e$ 和 $\rho = e$ 时，浮体各处于什么状态？

答案：重心在定倾中心之下；不稳定平衡、随遇平衡。

23. 试问如图 2.17 所示中 A、B、C、D 点的测压管高度，测压管水头。(D 点闸门关闭，以 D 点所在的水平面为基准面)

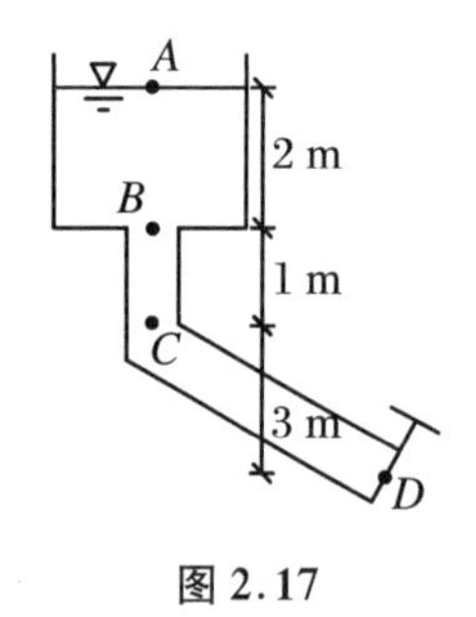

图 2.17

答案：

	测压管高度	测压管水头
A	0 m	6 m
B	2 m	6 m
C	3 m	6 m
D	6 m	6 m

24. 潜体的平衡稳定条件是什么？它有哪几种平衡形式？

答案：重力 G 和浮力 F_Z 大小相等，且重心在浮心之下。潜体平衡的三种情况：(1) 随遇平衡：重心 C 与浮心 D 重合；(2) 稳定平衡：重心 C 在浮心 D 之下；(3) 不稳定平衡：重心 C 在浮心 D 之上.

25. 如图 2.18 所示，问 A，B，C，D 四点的压强是否相等？为什么？

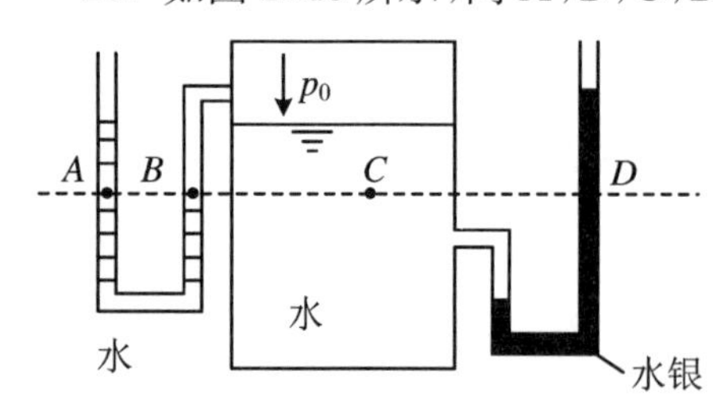

图 2.18

答案：A 和 B 是位于静止的，连续的，同一液体内部的，同一水平面上的两点，所以 $A-B$ 为等压面，A，B 两点的压强值相等。

B，C 两点位于同一水平面上，但 B，C 两点并不是连续的，所以 $B-C$ 不是等压面，B，C 两点压强值不相等。

C，D 两点位于同一水平面上，但 C，D 两点不是同种液体内部的两点，所以 $C-D$ 不是等压面，C，D 两点压强值不相等。

B，D 两点位于同一水平面上，但是 B，D 两点既不连续，也不位于同种液体内部，因此 $B-D$ 不是等压面，B，D 两点的压强值不相等。

2.2.3　应用解析

1. 如图(题2.1图)所示,用U形管水银压差计测量水管 A、B 两点的压强差。已知两测点的高差 $\Delta z = 0.4\ \text{m}$,压差计的读数(值) $h_p = 0.2\ \text{m}$。试求 A、B 两点的压强差和测压管水头差。

解　设高度 h,作等压面 MN,由 $p_N = p_M$,则

$$p_A + \rho g(\Delta z + h + h_p) = p_B + \rho g h + \rho_p g h_p$$

压强差

$$p_A - p_B = (\rho_p - \rho) g h_p - \rho g \Delta z = 20.78\ \text{kPa}$$

测压管水头差,由前式知

$$p_A - p_B = (\rho_p - \rho) g h_p - \rho g (z_A - z_B)$$

整理得

$$\left(z_A + \frac{p_A}{\rho g}\right) - \left(z_B + \frac{p_B}{\rho g}\right) = \left(\frac{\rho_p}{\rho} - 1\right) h_p = 12.6 h_p = 2.52\ \text{m}$$

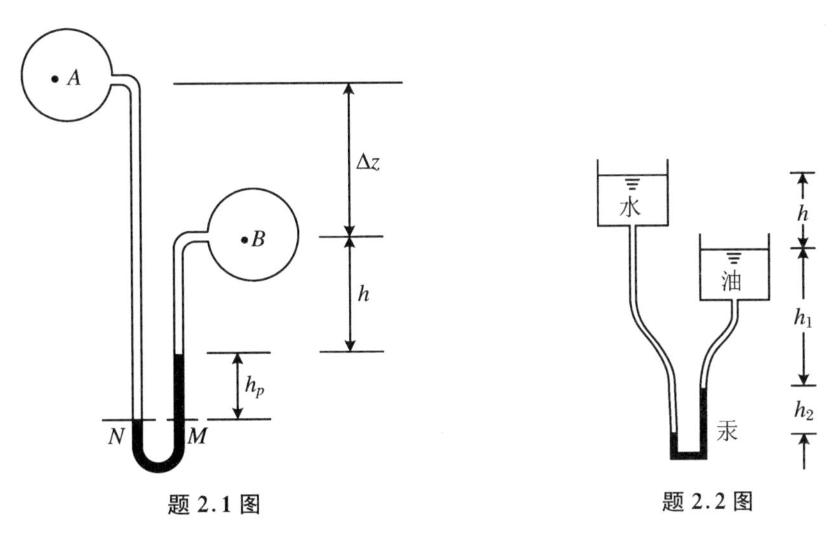

题2.1图　　　　题2.2图

2. 用如图(题2.2图)所示装置测量油的密度,已知 $h = 74\ \text{mm}$, $h_1 = 152\ \text{mm}$, $h_2 = 8\ \text{mm}$,求油的密度。

解　设油密度为 ρ_1,汞密度为 ρ_2,水密度为 ρ,大气压为 p_a,则

$$p_a + \rho g(h + h_1 + h_2) - \rho_2 g h_2 = p_a + \rho_1 g h_1$$

即

$$h + h_1 + h_2 - \frac{\rho_2}{\rho} h_2 = \frac{\rho_1}{\rho} h_1$$

代入已知数据,计算得

$$\frac{\rho_1}{\rho} = 0.82368, \quad \rho_1 = 823.68\ \text{kg/m}^3$$

3. 如图(题2.3图)所示,已知 $h_1 = 20\ \text{mm}$, $h_2 = 240\ \text{mm}$, $h_3 = 220\ \text{mm}$,求水深 H。

解　设水和水银的密度分别为 ρ 和 ρ',当地大气压为 p_a,则

$$p_0 = p_a + \rho' g h_1$$

$$p_0 + \rho g(H + h_2) - \rho' g h_3 = p_a$$

两式相减,化简后算得

$$H=\frac{\rho'}{\rho}(h_3-h_1)-h_2=2.48\ \mathrm{m}$$

4. 如图(题 2.4 图)所示,在汽油箱上装三种测压仪表,已知 $a=0.6$ m,$b=1.3$ m,各液体标高均以 m 计。汽油相对密度为 0.7,汞相对密度为 13.6,空气相对密度近似为零。试求金属压强表上的读数及侧压管高度 H。

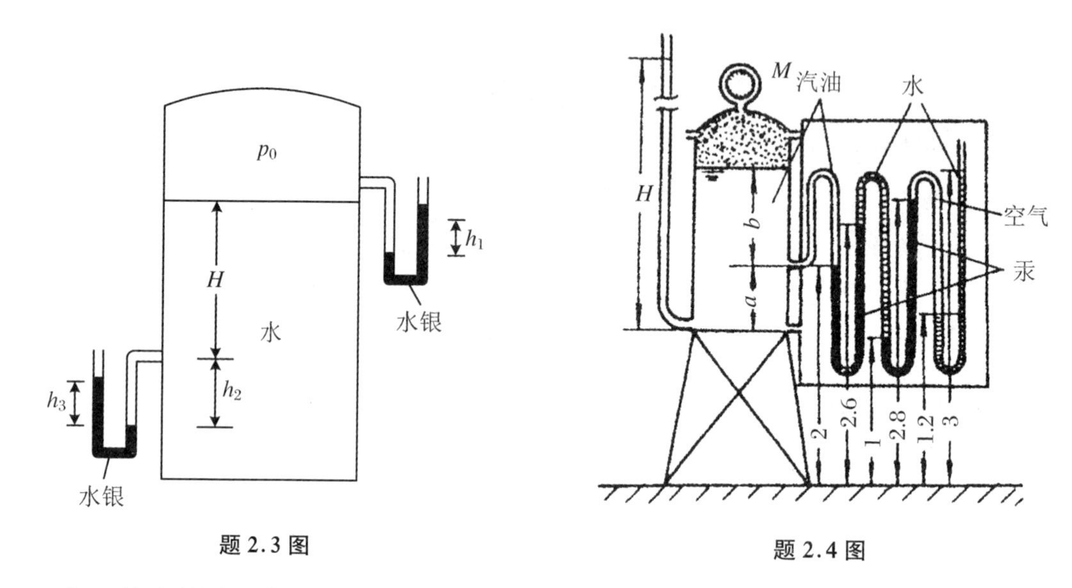

题 2.3 图　　　　题 2.4 图

解　从多管测压计的最右端开始运用压强计算公式逐段向左推演,可以得到多管测压计左端与汽油箱衔接点上的表压强。

$$\begin{aligned}p&=\rho_w g(3-1.2)+g\rho_{Hg}(2.8-1)-\rho_w g(2.6-1)+g\rho_{Hg}(2.6-2)\\&=9810\times(1.8-1.6)+13.6\times9810\times(1.8+0.6)=3.22\times10^5\ \mathrm{Pa}\end{aligned}$$

在汽油箱中再运用压强计算公式,可得金属压力表上的表压强为

$$p_M=p-g\rho_{oil}b=3.22\times10^5-700\times9810\times1.3=3.131\times10^5\ \mathrm{Pa}=313.1\ \mathrm{kPa}$$

左端测压管的高度为

$$H=\frac{p+g\rho_{oil}a}{g\rho_{oil}}=\frac{p}{g\rho_{oil}}+a=\frac{3.22\times10^5}{0.7\times9810}+0.6=47.5\ \mathrm{m}$$

5. 液体的静压式是 $z+\frac{p}{\rho g}=C$。某容器盛有两种互不混杂的液体,上、下层液体密度分别为 ρ_1 和 ρ_2,静压式的常数 C 分别记为 C_1,C_2,设上层液体比下层液体轻,$\rho_1<\rho_2$,求证:$C_1>C_2$。

证明　上、下层液体的静压式是

$$z+\frac{p}{\rho_1 g}=C_1,\quad z+\frac{p}{\rho_2 g}=C_2$$

设两层液体分界面的高程为 z_0,压强为 p_0,则

$$z_0+\frac{p_0}{\rho_1 g}=C_1,\quad z_0+\frac{p_0}{\rho_2 g}=C_2$$

两式相减得

$$C_1 - C_2 = \frac{p_0}{g}\left(\frac{1}{\rho_1} - \frac{1}{\rho_2}\right)$$

由于 $\rho_1 < \rho_2$，因此 $C_1 > C_2$。

6. 如图(题2.6图)所示差动式压力计，两水银柱高度差 $y = 0.36\ \text{m}$，其他液体为水，A、B 两容器高差 $z = 1\ \text{m}$，求 A、B 两容器中心处的压强差。

解　取较低的水银面为基准面，则有

$$p_A = \rho_{水银} g y + p_B$$

代入数据得

$$p_A - p_B = 34.65\ \text{kPa}$$

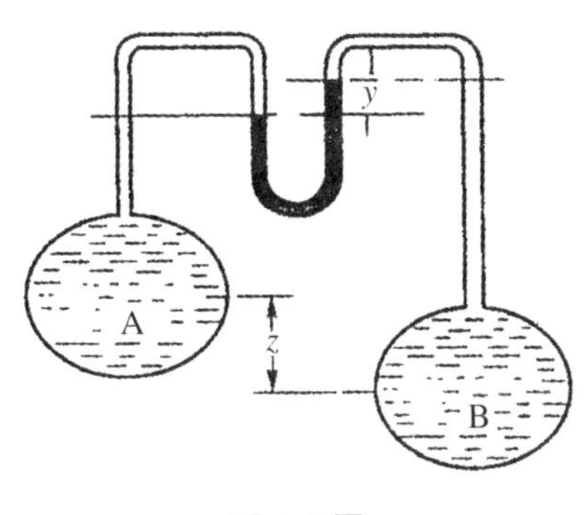

题2.6图

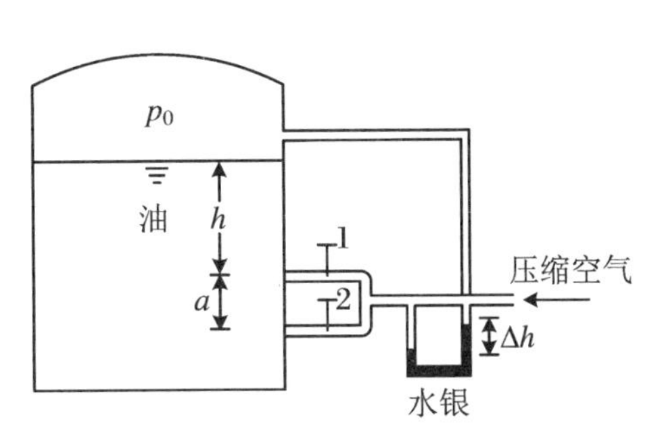

题2.7图

7. 用如图(题2.7图)所示气压式液面计测量封闭油箱中液面高程 h。打开阀门1，调整压缩空气的压强，使气泡开始在油箱中逸出，记下U形水银压差计的读数 $\Delta h_1 = 150\ \text{mm}$，然后关闭阀门1，打开阀门2，同样操作，测得 $\Delta h_2 = 210\ \text{mm}$。已知 $a = 1\ \text{m}$，求深度 h 及油的密度 ρ。

解　设水银密度为 ρ_1。打开阀门1时，设压缩空气压强为 p_1，考虑水银压差计两边液面的压差以及油箱液面和排气口的压差，有

$$p_1 - p_0 = \rho_1 g \Delta h_1 = \rho g h$$

同样，打开阀门2时，有

$$p_2 - p_0 = \rho_1 g \Delta h_2 = \rho g (h + a)$$

两式相减并化简，得

$$\rho_1 g (\Delta h_2 - \Delta h_1) = \rho g a$$

代入已知数据，得

$$\rho = 0.06\rho_1 = 816\ \text{kg/m}^3$$

则

$$h = \frac{\rho_1}{\rho}\Delta h_1 = 2.5\ \text{m}$$

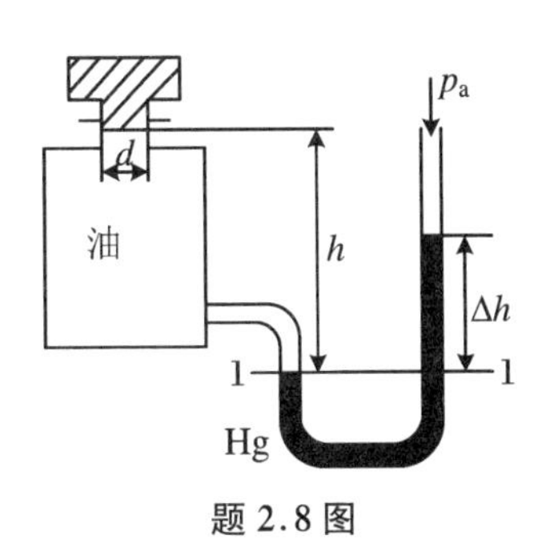

题2.8图

8. 如图(题2.8图)所示，活塞直径 $d = 35\ \text{mm}$，重量 $W = 15\ \text{N}$。油的密度 $\rho_1 = 920\ \text{kg/m}^3$，水银的密度 $\rho_2 = 13600\ \text{kg/m}^3$。若不计活塞的摩擦和油的泄露，当活塞底面和U形管中水银液面的高度差 $h = 0.7\ \text{m}$ 时，试求U形管中两水银面的高度差。

解 活塞重量使其底面产生的压强为

$$p = \frac{4W}{\pi d^2} = \frac{4 \times 15}{\pi \times 0.035^2} = 15590 \text{ Pa}$$

在等压面 1－1 上：

$$p + \rho_1 gh = \rho_2 g\Delta h$$

$$\Delta h = \frac{p}{\rho_2 g} + \frac{\rho_1}{\rho_2}h = \frac{15590}{13600 \times 9.807} + \frac{920}{13600} \times 0.70 = 0.1642 \text{ m}$$

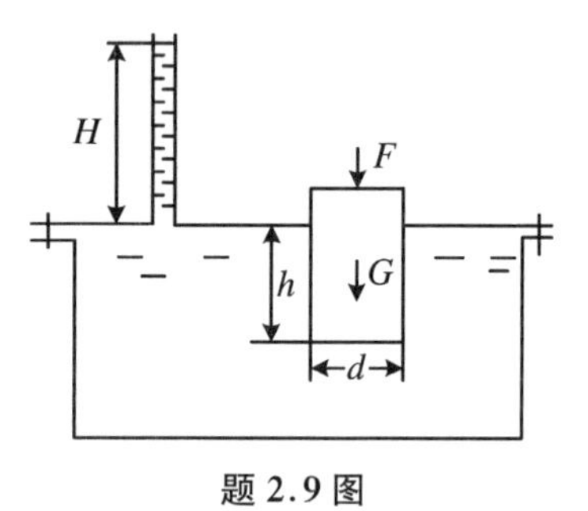

题 2.9 图

9. 如图(题 2.9 图)所示,有一直径 $d = 12$ cm 的圆柱体,其质量 $m = 5$ kg,在力 $F = 100$ N的作用下,当淹没深度 $h = 0.5$ m 时,处于静止状态,求测压管中水柱的高度 H。

解 对圆柱体进行受力平衡分析:$F + G = N$,则圆柱体底部压强 $p = \dfrac{N}{A}$。由 $H + h = \dfrac{p}{\rho_水 g}$可得

$$H = 0.85 \text{ m}$$

10. 如图(题 2.10 图)所示,差动滑阀上有直径为$D_1 = 22$ mm 及 $D_2 = 20$ mm 的两个相连的活塞,大活塞上的弹簧预紧力使油路切断。已知弹簧刚度为 $K = 8$ N/mm,弹簧预紧压缩长度为 10 mm,试求接通油路所需的油压压强。

解 接通油路需要液体作用在柱塞上的总压力克服弹簧的预紧力,即

$$F = p\frac{\pi}{4}(D_1^2 - D_2^2) = Kl$$

于是

$$p = \frac{4Kl}{\pi(D_1^2 - D_2^2)} = \frac{4 \times 8 \times 10}{\pi(22^2 - 20^2) \times 10^{-6}}$$
$$= 12.13 \times 10^5 \text{ Pa} = 1213 \text{ kPa}$$

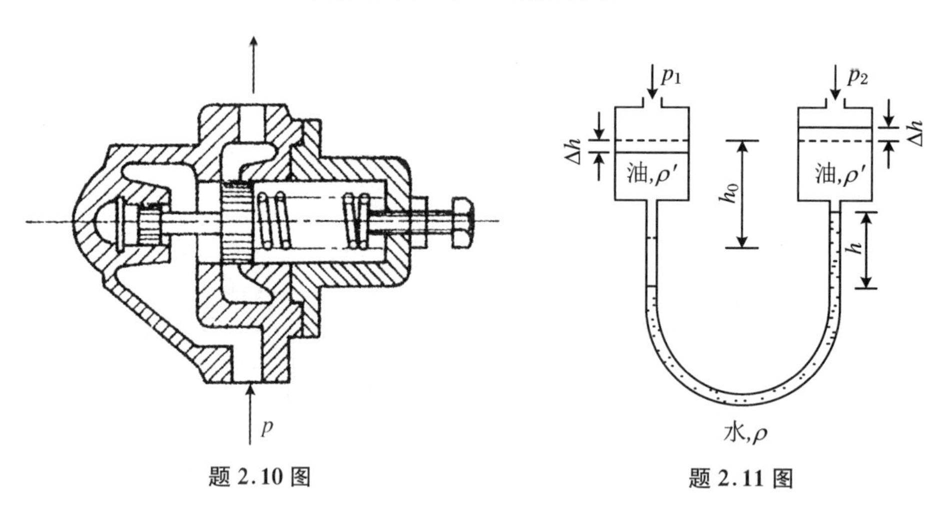

题 2.10 图　　　　题 2.11 图

11. 如图(题 2.11 图)所示测量气体压差的双杯式微压计,上部盛油,密度为 $\rho' = 850$ kg/m^3,下部盛水,密度为 $\rho = 1000$ kg/m^3。两个圆杯的直径都是 $D = 30$ mm,连通管的直径 $d = 5$ mm,当 $p_1 = p_2$ 时,两边直管中的水面平齐。当 $p_1 > p_2$ 时,测得两边的直管的水面高差为 $h = 20$ mm,试求此时两杯口所接压强的差值 $p_1 - p_2$。

解　当 $p_1=p_2$ 时，设杯子的油液面与连通管的水面高差为 h_0；当 $p_1>p_2$ 时，左杯的油液面下降 Δh，右杯的油液面上升 Δh。由液体静力学基本方程式，得

$$p_1+\rho' g\left(h_0-\Delta h+\frac{h}{2}\right)=p_2+\rho' g\left(h_0+\Delta h-\frac{h}{2}\right)+\rho g h$$

由于 $\frac{\pi D^2}{4}\Delta h=\frac{\pi d^2}{4}\frac{h}{2}$，因此

$$p_1-p_2=\rho g h+\rho' g(2\Delta h-h)=\rho g h-\rho' g h\left[1-\left(\frac{d}{D}\right)^2\right]$$

代入数据，得

$$p_1-p_2=34.05\ \mathrm{Pa}$$

12. 如图（题 2.12 图）所示 U 形管测量水池的水深 H。已知 $h=20$ cm，$\Delta h=15$ cm，水的密度 $\rho=1000\ \mathrm{kg/m^3}$，水银密度 $\rho'=13600\ \mathrm{kg/m^3}$。

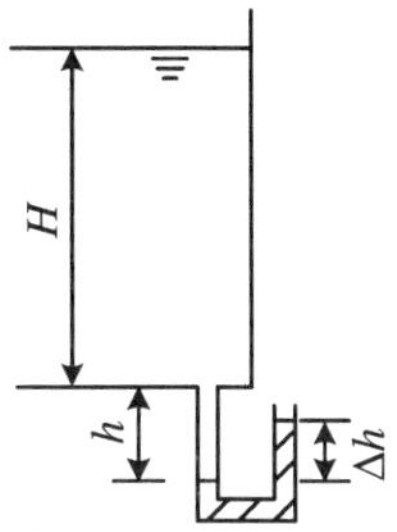

题 2.12 图

解　由液体静力学基本方程，可得左管水银面的压强

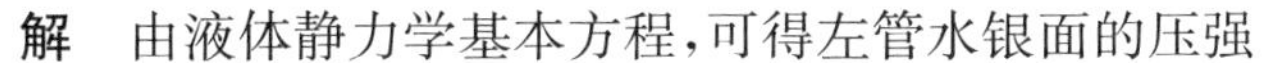

$$p_a+\rho g(h+H)=p_a+\rho' g\Delta h$$

整理上式，得水池的水深

$$H=\frac{\rho'}{\rho}\Delta h-h=184\ \mathrm{cm}$$

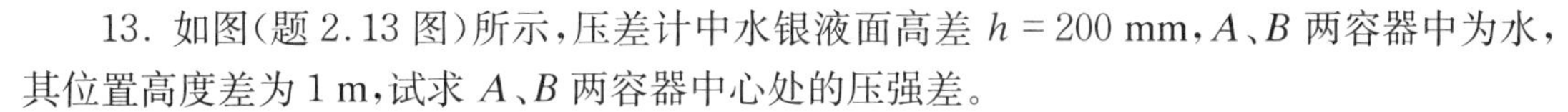

13. 如图（题 2.13 图）所示，压差计中水银液面高差 $h=200$ mm，A、B 两容器中为水，其位置高度差为 1 m，试求 A、B 两容器中心处的压强差。

解　1、2、4 三点在等压面上，所以

$$p_1=p_2=p_5+\rho_{水银} g h$$

1、3 两点在等压面上，所以

$$p_A=p_1+\rho_{水} g h_1=p_5+\rho_{水银} g h+\rho_{水} g h_1$$

由 5、6 两点在等压面，有

$$p_B=p_5+(h+h_1+1)\rho_{水} g$$

由以上两式，可得

$$\begin{aligned}p_A-p_B&=\rho_{水银} g h-(h+1)\rho_{水} g\\&=[0.2\times 133.326-(0.2+1)\times 9.807]\times 10^3=14.897\ \mathrm{kPa}\end{aligned}$$

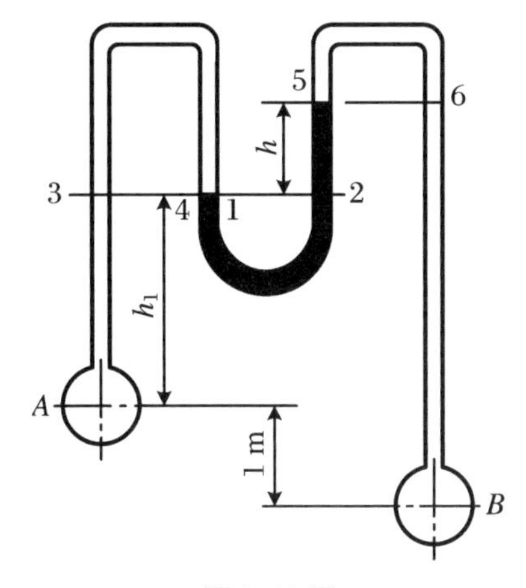

题 2.13 图

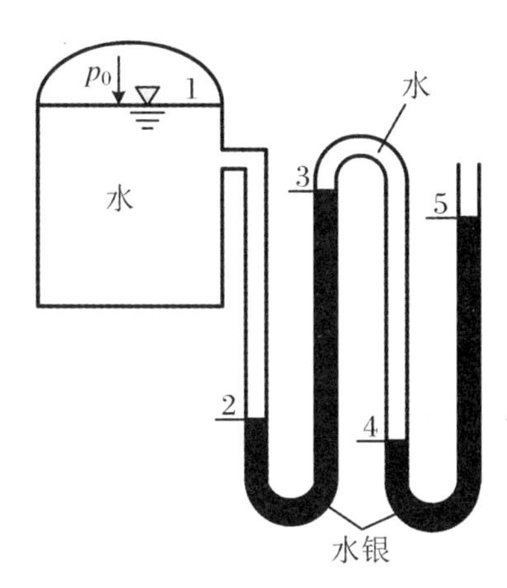

题 2.14 图

14. 如图(题 2.14 图)所示，用多管水银测压计测量容器液面上气体的压强。已知各点标高分别为：$z_1=3\ \mathrm{m}$，$z_2=1.4\ \mathrm{m}$，$z_3=2.5\ \mathrm{m}$，$z_4=1.2\ \mathrm{m}$，$z_5=2.3\ \mathrm{m}$。求液面压强 p_0。

解 根据静力学基本方程式和等压面性质，有

$$p_4 = p_5 + \rho_{水银} g(z_5 - z_4)$$
$$p_3 = p_4 + \rho_{水}\, g(z_4 - z_3)$$
$$p_2 = p_3 + \rho_{水银} g(z_3 - z_2)$$
$$p_0 = p_1 = p_2 + \rho_{水}\, g(z_2 - z_1)$$

联立上式，得

$$\begin{aligned} p_0 &= p_5 + \rho_{水银} g(z_5 - z_4) + \rho_{水}\, g(z_4 - z_3) + \rho_{水银} g(z_3 - z_2) + \rho_{水}\, g(z_2 - z_1) \\ &= [0 + 133.326\times(2.3 - 1.2 + 2.5 - 1.4) + 9.807\times(1.2 - 2.5 + 1.4 - 3.0)]\times 10^3 \\ &= 265\ \mathrm{kPa} \end{aligned}$$

15. 如图(题 2.15 图)所示一种酒精和水银双液测压计，当细管上端接通大气时，酒精液面高度读数为零。当酒精液面下降 $h=30\ \mathrm{mm}$时，求细管上端的相对压强 $p-p_0$。已知：$d_1=5\ \mathrm{mm}$，$d_2=20\ \mathrm{mm}$，$d_3=50\ \mathrm{mm}$，酒精密度为 $800\ \mathrm{kg/m^3}$。

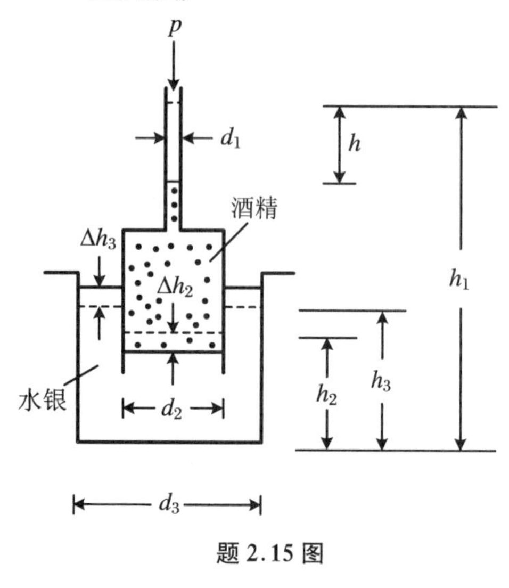

题 2.15 图

解 设酒精和水银密度分别为 ρ_1 和 ρ_2。当 $p=p_a$ 时，液面用虚线表示，各液面高度分别记为 h_1，h_2，h_3，考虑此时酒精、水银分界面的压强，则有

$$p_a + \rho_1 g(h_1 - h_2) = p_a + \rho_2 g(h_3 - h_2) \tag{1}$$

当 $p>p_a$ 时，细管液面下降 h，酒精水银分界面下降 Δh_2，水银面则上升 Δh_3。考虑此时酒精水银分界面的压强，则

$$p + \rho_1 g(h_1 - h_2 - h + \Delta h_2) = p_a + \rho_2 g(h_3 - h_2 + \Delta h_2 + \Delta h_3) \tag{2}$$

考虑到移动的液体体积相等，则

$$h\frac{\pi d_1^2}{4} = \Delta h_2 \frac{\pi d_2^2}{4} = \Delta h_3\left(\frac{\pi d_3^2}{4} - \frac{\pi d_2^2}{4}\right) \tag{3}$$

将式(2)减去式(1)，并利用式(3)，经过化简，并代入已知数据，得

$$\begin{aligned} p_1 - p_a &= \rho_2 g(\Delta h_2 + \Delta h_3) + \rho_1 g(h - \Delta h_2) \\ &= \rho_2 gh\left[\left(\frac{d_1}{d_2}\right)^2 + \frac{d_1^2}{d_3^2 - d_1^2}\right] + \rho_1 gh\left[1 - \left(\frac{d_1}{d_2}\right)^2\right] = 518.32\ \mathrm{Pa} \end{aligned}$$

16. 如图(题 2.16 图)所示，用一个复式测压计(双 U 形管)测量 A、B 两点的压差。已知 $h_1=600\ \mathrm{mm}$，$h_2=250\ \mathrm{mm}$，$h_3=200\ \mathrm{mm}$，$h_4=300\ \mathrm{mm}$，$h_5=500\ \mathrm{mm}$，$\rho_1=1000\ \mathrm{kg/m^3}$，$\rho_2=772.7\ \mathrm{kg/m^3}$，$\rho_3=13.6\times10^3\ \mathrm{kg/m^3}$。求 A、B 两点的压差。

解 图中 1-1、2-2、3-3 均为等压面，应用静力学基本方程式，可得以下关系

$$p_1 = p_A + \rho_1 gh_1$$
$$p_2 = p_1 - \rho_3 gh_2$$
$$p_3 = p_2 + \rho_2 gh_3$$
$$p_4 = p_3 - \rho_3 gh_4$$

$$p_B = p_4 - \rho_1 g(h_5 - h_4)$$

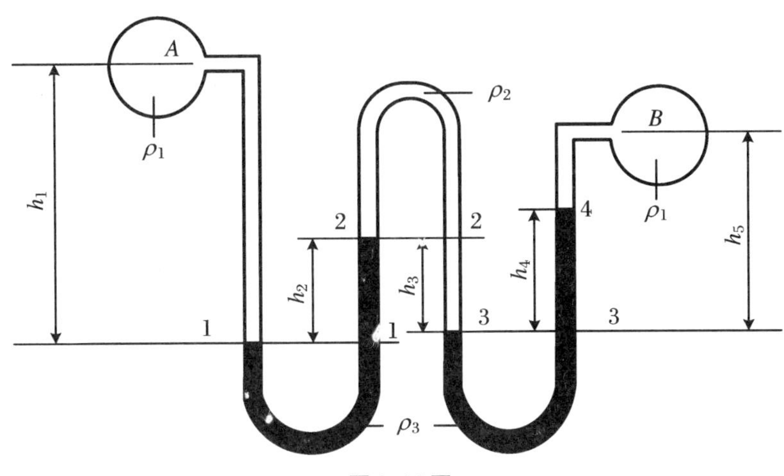

题 2.16 图

联立求解上述各式，得

$$p_A - p_B = \rho_1 g(h_5 - h_4) + \rho_3 gh_4 - \rho_2 gh_3 + \rho_3 gh_2 - \rho_1 gh_1$$
$$= [9.81 \times 1000 \times (0.5 - 0.3) + 9.81 \times 13.6 \times 10^3 \times 0.3 - 9.81 \times 772.7 \times 0.2 + 9.81 \times 13.6 \times 10^3 \times 0.25 - 9.81 \times 1000 \times 0.6] = 67876 \text{ Pa}$$

17. 如图(题2.17图)所示，有一圆形滚门，长1 m(垂直图面方向)，直径 D = 4 m。两侧有水，上游水深4 m，下游水深2 m，求作用在门上的总压力大小。

解 分左右两部分计算。

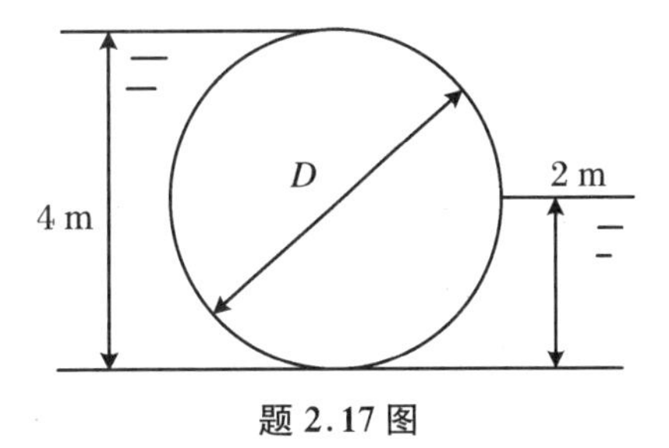

题 2.17 图

(1) 左部分：

水平分力

$$F_{x1} = \rho gh_{c1} A_{x1} = 9800 \times 2 \times (4 \times 1) = 78400 \text{ N}$$

垂直分力

$$F_{z1} = \rho gV = 9800 \times 1 \times (0.5 \times 3.14 \times 16 \div 4) = 61544 \text{ N}$$

则合力

$$F_1 = \sqrt{F_{x1}^2 + F_{z1}^2} = 99670 \text{ N}$$

(2) 右部分：

水平分力

$$F_{x2} = 9800 \times 1 \times 2 \times 1 = 19600 \text{ N}$$

垂直分力

$$F_{z2} = 30772 \text{ N}$$

则合力

$$F_2 = \sqrt{F_{x2}^2 + F_{z2}^2} = 36484 \text{ N}$$

(3) 总压力：

总水平分力

$$F_x = 78400 - 19600 = 58800 \text{ N}$$

总垂直分力

$$F_z = 61544 + 30772 = 92316 \text{ N}$$

则合力

$$F = \sqrt{F_x^2 + F_z^2} = 109452 \text{ N}$$

18. 如图(题 2.18 图)所示,两圆筒用管子连接,内充水银。第一个圆筒直径 $d_1 = 45$ cm,活塞上受力 $F_1 = 3197$ N,密封气体的计示压强 $p_e = 9810$ Pa;第二圆筒直径 $d_2 = 30$ cm,活塞上受力 $F_2 = 4945.5$ N,开口通大气。若不计活塞质量,试求平衡状态时两活塞的高度差 h。(已知水银密度 $\rho = 13600$ kg/m³)

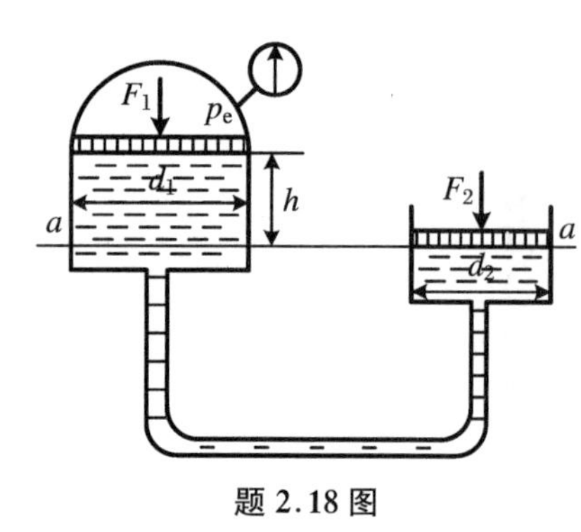

题 2.18 图

解 在 F_1、F_2 作用下,活塞底面产生的压强分别为

$$p_1 = \frac{4F_1}{\pi d_1^2} = \frac{4 \times 3197}{\pi \times 0.45^2} = 20101 \text{ Pa}$$

$$p_2 = \frac{4F_2}{\pi d_2^2} = \frac{4 \times 4945.5}{\pi \times 0.3^2} = 69964 \text{ Pa}$$

图中 $a-a$ 为等压面,第一圆筒上部是计示压强,第二圆筒上部的大气压强便可不必计入,故有

$$p_e + p_1 + \rho g h = p_2$$

$$h = \frac{p_2 - p_e - p_1}{\rho g} = \frac{69964 - 9810 - 20101}{13600 \times 9.807} = 0.3003 \text{ m}$$

19. 如图(题 2.19 图)所示,一个有盖的圆柱形容器,底半径 $R = 2$ m,容器内充满水,顶盖上距中心为 r_0 处开一个小孔通大气,容器绕其主轴作等角速度旋转。试问当 r_0 为多少时,顶盖所受的水的总压力为零。

解 当水随容器作等角速度旋转时,顶盖受液体压力和大气压力共同作用,其合力为 0。

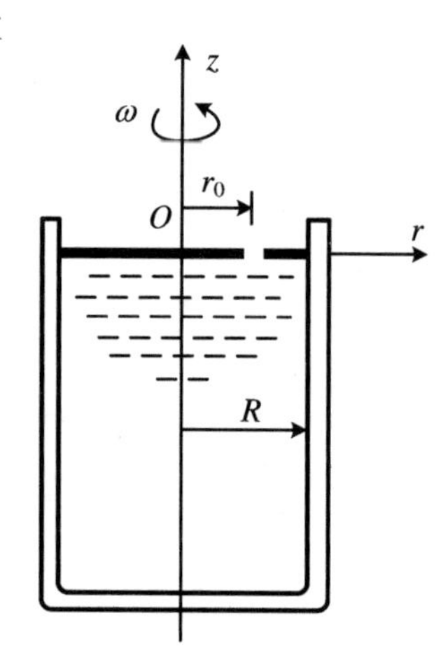

题 2.19 图

液体作等加速度旋转时,压强分布为

$$p = \rho g\left(\frac{\omega^2 r^2}{2g} - z\right) + C$$

式中,积分常数 C 由边界条件确定,设坐标原点放在顶盖中心,则当 $r = r_0, z = 0$ 时,$p = p_a$(当地大气压),于是

$$p - p_a = \rho g\left[\frac{\omega^2}{2g}(r^2 - r_0^2) - z\right]$$

在顶盖下表面,$z = 0$,此时压强为

$$p - p_a = \frac{1}{2}\rho\omega^2(r^2 - r_0^2)$$

顶盖下表面受到的液体压强是 p,上表面受到的大气压强是 p_a,总的压力为零,即

$$\int_0^R (p - p_a) 2\pi r \mathrm{d}r = \frac{1}{2}\rho\omega^2\int_0^R (r^2 - r_0^2) 2\pi r \mathrm{d}r = 0$$

式中,R 是顶盖半径。解此积分式,得

$$r_0^2 = \frac{1}{2}R^2, \quad r_0 = \frac{R}{\sqrt{2}} = \sqrt{2} = 1.414 \text{ m}$$

20. 如图(题 2.20 图)所示,潜艇内的汞气压计读数 $h_1 = 800$ mmHg,多管汞差压计读数 $h_2 = 500$ mmHg,海平面上汞气压计读数为 760 mmHg,海水密度为 1025 kg/m^3,试求潜艇在海面下的深度 H。

解　潜艇中绝对压强为 $p_0 = \rho_汞 gh_1$,潜艇外绝对压强为

$$p = p_0 + \rho_汞 g2h_2 = \rho_汞(h_1 + 2h_2)g$$

$$H = \frac{p - p_a}{\rho_水 g} = \frac{\rho_汞 g(h_1 + 2h_2)}{\rho_水 g} - \frac{p_a}{\rho_水 g}$$

$$p_a = 13.6 \times 9810 \times 0.76 \text{ Pa}$$

$$H = \frac{13.6 \times 9810 \times (0.8 + 2 \times 0.50 - 0.76)}{1025 \times 9.81}$$

$$= 13.799 \text{ m} \approx 13.8 \text{ m}$$

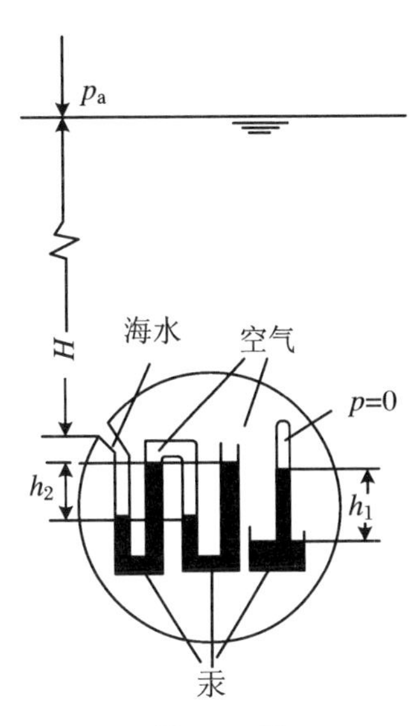

题 2.20 图

21. 如图(题 2.21 图)所示某工地用压力水箱供水,水箱封闭后,打入压缩空气。水箱上部压力表的表压为 140 kPa(相对压强),如在自由液面下深度 $h = 2$ m 的 A 点处接一测压管与水箱相连。试求 A 点的压强,该点压强能使测压管水位上升多少(h_p)?

解　求 A 点的压强,根据气体静压强的基本方程,作用在液面上的压强 p_0 等于压力表的表压 140 kPa,即 $p_0 =$ 140 kPa,则

$$p_A = p_0 + \rho gh = 140 \times 10^3 + 9.807 \times 2 \times 10^3 = 159.6 \text{ kPa}$$

求测压管高度 h_p,取等压面 $N-N$,得

$$p_A = p_{A'} = \rho gh_p = 159.6 \text{ kPa}$$

则

$$h_p = \frac{p_A}{\rho g} = \frac{159.6}{9.807} = 16.3 \text{ m}$$

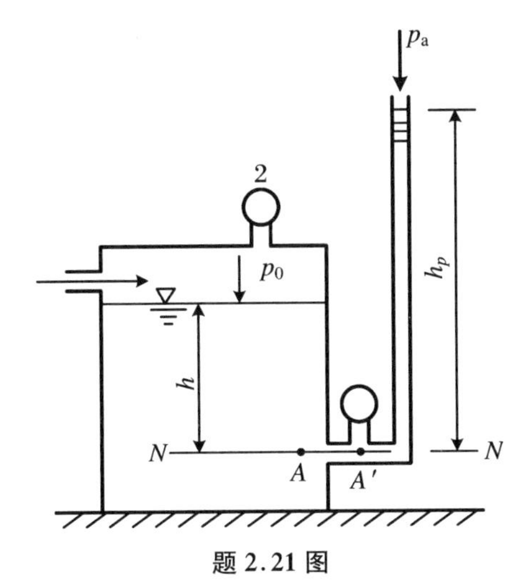

题 2.21 图

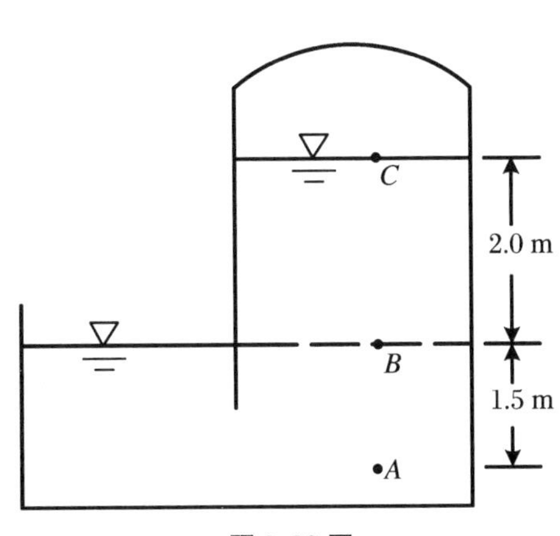

题 2.22 图

22. 如图(题 2.22 图)所示立置在水池中的密封罩,试求罩内 A、B、C 三点的压强。

解 已知开口一侧水面压强是大气压,因水平面是等压面,B 点的压强以相对压强计之,即 $p_B=0$。

A 点压强

$$p_A = p_B + \rho g h_{AB} = \rho g h_{AB} = 1000 \times 9.8 \times 1.5 = 14700\ \text{Pa}$$

C 点压强

$$p_C = p_B - \rho g h_{BC} = -\rho g h_{BC} = -1000 \times 9.8 \times 2 = -19600\ \text{Pa}$$

C 点真空度

$$p_v = -p_C = 19600\ \text{Pa}$$

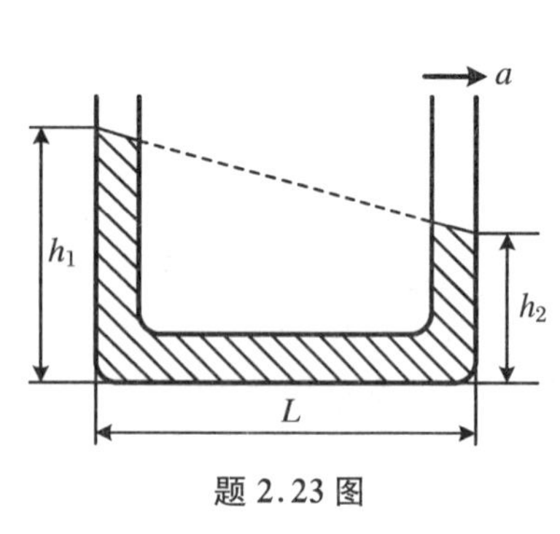

题 2.23 图

23. 如图(题 2.23 图)所示,汽车上有一与水平运动方向平行放置的内充液体的 U 形管。已知长度 $L=0.5$ m,加速度 $a=0.5\ \text{m/s}^2$。试求 U 形管外侧的液面高度差。

解 U 形管内液面倾斜角的正切值为

$$\tan\alpha = \frac{a}{g} = \frac{h_1-h_2}{L} = \frac{\Delta h}{L}$$

故 U 形管外侧液面高度差

$$\Delta h = \frac{a}{g}L = \frac{0.5}{9.807} \times 0.5 = 0.0255\ \text{m}$$

24. 如图(题 2.24 图)所示,求水作用于容器 AB 面上的静压强的大小和方向,已知 $h=1$ m,$p_0=150$ kPa。

解

$$p = p_0 + \rho g h = (150 + 9.807) \times 10^3 = 159.807\ \text{kPa}$$

压强的方向铅直向上。

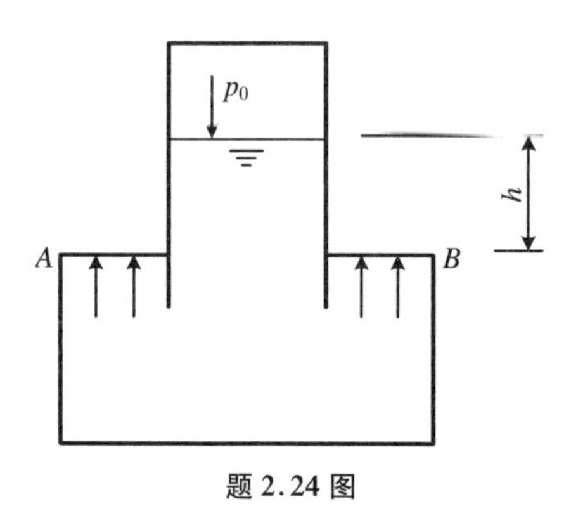

题 2.24 图

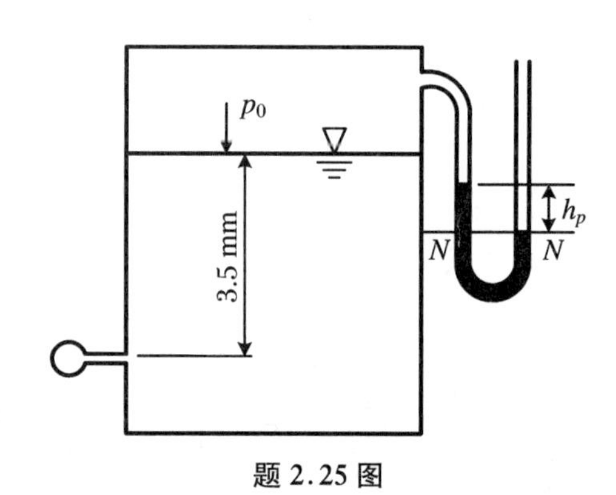

题 2.25 图

25. 如图(题 2.25 图)所示密闭容器,侧壁上方装有 U 形管水银测压计,读值 $h_p=20$ cm。试求安装在水面下 3.5 m 处的压力表读值。

解 U 形管测压计的右支管开口通大气,液面相对压强 $p_N=0$,$N-N$ 平面为等压面,容器内水面压强

$$p_0 = 0 - \rho_{\text{Hg}} g h_p = -13.6 \times 9.8 \times 0.2 = -26.66\ \text{kPa}$$

压力表读数

$$p = p_0 + \rho g h = -26.66 + 1 \times 9.8 \times 3.5 = 7.64\ \text{kPa}$$

26. 如图(题 2.26 图)所示挡水弧形闸门,已知 $R = 2$ m,$\theta = 30^\circ$,$h = 5$ m,试求单位宽度所受的静水总压力的大小。

解　水平方向的总压力等于 EB 面上的水压力。铅直方向的总压力对应的压力体为 $CABEDC$,有

$$F_x = \rho g\left(h - \frac{1}{2}R\sin\theta\right)R\sin\theta = 44127 \text{ N}$$

$$F_z = \rho g\left[(h - R\sin\theta)R(1-\cos\theta) + \frac{\theta}{360}\pi R^2 - \frac{1}{2}R^2\sin\theta\cos\theta\right] = 12287 \text{ N}$$

故

$$F = \sqrt{F_x^2 + F_z^2} = 45806 \text{ N}$$

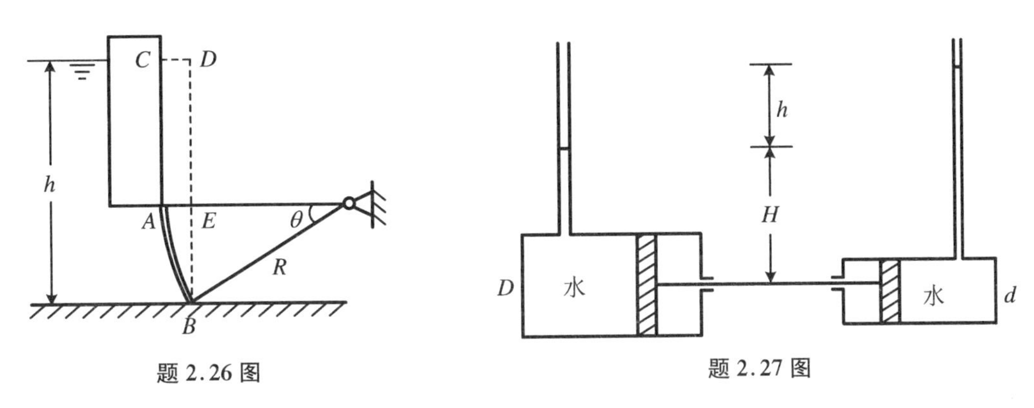

题 2.26 图　　题 2.27 图

27. 如图(题 2.27 图)所示水力变压器,大活塞直径为 D,小活塞直径为 d,两个测压管直径相同,液体均为水。活塞处于平衡状态时,左测压管与活塞连杆高差为 H,左右测压管液面高差为 h,试求 h 和 H 的关系。此时,如果将体积为 V 的水加入左测压管内,试求活塞向右移动的距离 x。

解　初始时,$\rho g H\dfrac{\pi D^2}{4} = \rho g(H+h)\dfrac{\pi d^2}{4}$;加入液体后,左管液面升高 Δh_1,右管液面升高 Δh_2,活塞向右位移 x,设左、右管半径为 r,则

$$V = \pi r^2 \Delta h_1 + \frac{\pi D^2}{4}x, \quad \pi r^2 \Delta h_2 = \frac{\pi d^2}{4}x$$

$$\rho g(H + \Delta h_1)\frac{\pi D^2}{4} = \rho g(H + h + \Delta h_2)\frac{\pi d^2}{4}$$

得

$$x = V\frac{1}{[1 + (d/D)^4]\pi D^2/4}$$

28. 如图(题 2.28 图)所示,液体转速计由一个直径为 d_1 的圆筒、活塞盖以及与其连通的直径为 d_2 的两支竖直支管构成。转速计内装液体,竖管距离立轴的距离为 R,当转速为 ω 时,活塞比静止时的高度下降了 h,试证明:

$$h = \frac{\omega^2}{2g}\frac{R^2 - d_1^2/8}{1 + \dfrac{1}{2}(d_1/d_2)^2}$$

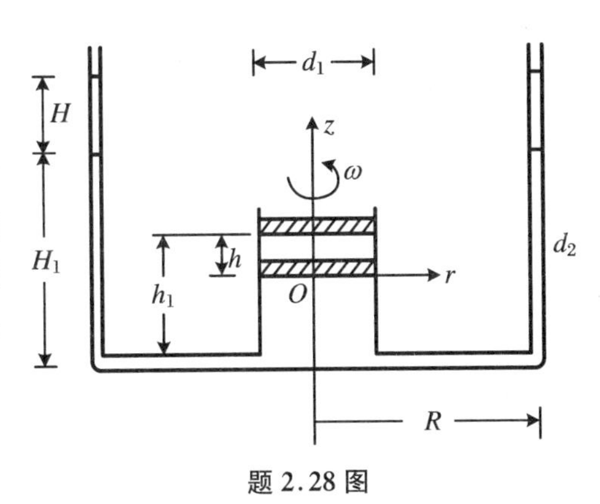

题 2.28 图

解 活塞盖具有重量,系统没有旋转时,盖子处在一个平衡位置。旋转时,盖子下降,竖管液面上升。

当系统静止时,活塞盖如实线所示,其高度为 h_1,竖管的液面高度设为 H_1。此时,液体总压力等于盖子重量,设为 W,则

$$W = \rho g(H_1 - h_1)\frac{\pi d_1^2}{4}$$

旋转时,活塞盖下降高度为 h,两支竖管的液面上升高度为 H。

液体压强分布的通式为

$$p = \rho g\left(\frac{\omega^2 r^2}{2g} - z\right) + C$$

将坐标原点放在活塞盖下表面的中心,并根据竖管的液面参数确定上式的积分常数 C。当 $r = R$, $z = H_1 - h_1 + H + h$ 时,$p = p_a$,故

$$p_a = \rho g\left[\frac{\omega^2 R^2}{2g} - (H_1 - h_1 + H + h)\right] + C$$

因此,液体压强分布为

$$p - p_a = \rho g\left[\frac{\omega^2 R^2}{2g}(r^2 - R^2) - z + (H_1 - h_1 + H + h)\right] \tag{1}$$

旋转时,液体压力、大气压力的合力应等于盖子重量,即

$$W = \int_0^{d_1/2}(p - p_a)\big|_{z=0} 2\pi r\mathrm{d}r \tag{2}$$

由式(1)得到盖子下表面的相对压强为

$$(p - p_a)_{z=0} = \rho g\left[\frac{\omega^2}{2g}(r^2 - R^2) + (H_1 - h_1 + H + h)\right]$$

代入式(2),并进行积分,得到

$$W = \rho g\left\{\frac{\omega^2}{2g}\left[\frac{1}{4}\left(\frac{d_1}{2}\right)^4 - \frac{1}{2}\left(\frac{d_1}{2}\right)^2 R\right] + \frac{1}{2}\left(\frac{d_1}{2}\right)^2(H_1 - h_1 + H + h)\right\}2\pi$$

将 $W = \rho g(H_1 - h_1)\frac{\pi d_1^2}{4}$ 代入上式并化简,得

$$\frac{\omega^2}{2g}\left(\frac{d_1^2}{8} - R^2\right) + H + h = 0 \tag{3}$$

由图可知,活塞盖挤走的液体都进入两支竖管,因此

$$2H\frac{\pi d_2^2}{4} = h\frac{\pi d_1^2}{4}$$

代入式(3)得到

$$h = \frac{\omega^2}{2g}\frac{R^2 - d_1^2/8}{1 + \frac{1}{2}(d_1/d_2)^2}$$

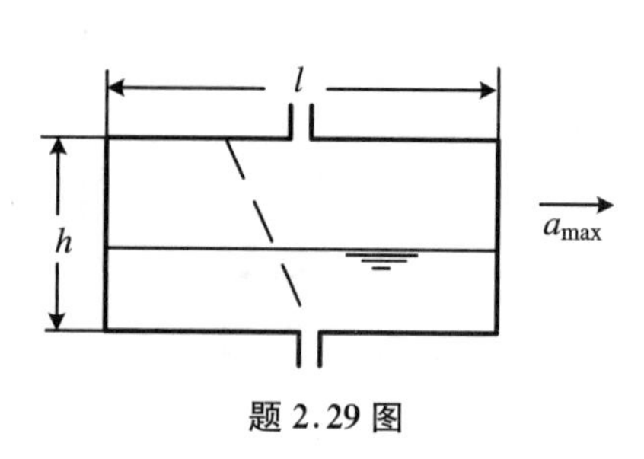

题 2.29 图

29. 如图(题 2.29 图)所示,飞机油箱的尺寸为:高 $h = 0.4$ m,长 $l = 0.6$ m,宽 $b = 0.4$ m,箱内装油占油箱体积的 1/3,出油口在底部中心处,试求使油面处于出油口中心时的水平飞行的极限加速度 a_{max}(此时箱内油量仍为 1/3)。

解 飞机水平加速时,自由面倾斜。当自由表面

处于出口油中心时，无法供油，视为水平加速度的极限值 a_{max}。一种是油面最高点在顶盖上，形成一个梯形；另一种是形成一个三角形，最高点在侧壁上。

(1) S 为三角形，体积

$$V_{\Delta max} = \frac{1}{2} \times \frac{l}{2} hb = \frac{1}{4} lhb < \frac{1}{3} lhb$$

不可能在侧壁上。

(2) S 为梯形，设梯形上边长为 c 体积

$$V_{梯形} = \frac{1}{2}\left(c + \frac{l}{2}\right) hb = \frac{1}{3} lhb, \quad c = \frac{l}{6}$$

$$\tan\theta = \frac{a_{max}}{g} = \frac{h}{\frac{l}{2} - \frac{l}{6}} = \frac{3h}{l}, \quad \theta \text{ 为油面倾斜面}$$

所以

$$a_{max} = \frac{3hg}{l} = \frac{3 \times 0.4 \times 9.81}{0.6} = 19.62 \text{ m/s}^2$$

30. 如图(题 2.30 图)所示测定运动加速度的 U 形管，已知 $l = 0.3$ m，$h = 0.2$ m，求加速度 a 的值。

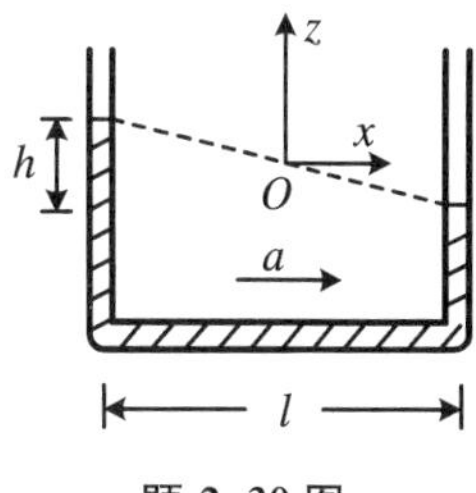

题 2.30 图

解　流体静止时，等压面的方程式为

$$f_x dx + f_y dy + f_z dz = 0$$

重力和惯性力都属于质量力。质量力和等压面分别为

$$f_x = -a, \quad f_z = -g$$

$$-a dx - g dz = 0$$

积分上式得等压面方程

$$ax + gz = C$$

这是一组斜平面方程式，如果坐标原点放在自由面上，如图中虚线所示，则自由面方程为

$$z = -\frac{a}{g}x$$

当 $x = l/2$ 时，$z = -h/2$，代入上式，得

$$a = \frac{h}{l}g = \frac{2}{3}g = 6.5373 \text{ m/s}^2$$

31. 如图(题 2.31 图)所示，容器截面积是矩形。左侧是一块矩形堵板，高为 H，下端有铰轴，右侧在半高处有一个测压管，如果堵板不会自动翻转，则 h 应小于何值？

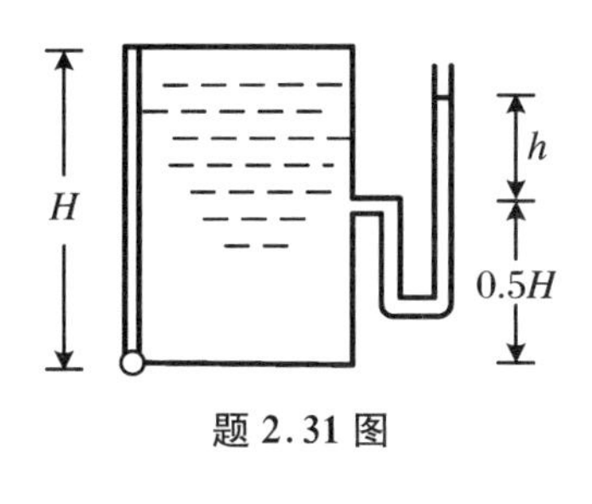

题 2.31 图

解　设 y 轴铅直向上，其起点放在左板半高处，则力矩

$$T = \int_{-H/2}^{H/2} \rho g(h - y)\left(\frac{H}{2} + y\right) B dy < 0$$

解得

$$h < \frac{H}{6}$$

32. 如图(题 2.32 图)所示一台锅炉水位计。锅筒中的压力为 $p_0 = 10.89 \times 10^6$ Pa，水位计中的水温 $t = 260$ ℃，水位计读数 $h_2 = 35$ cm，试求锅筒内实际水位及相对误差(已知压力为 $p_0 = 10.89 \times 10^6$ Pa 时，饱和水的密度 $\rho_1 = 673$ kg/m^3；$t = 260$ ℃时的未饱和水的密度为

$\rho_2 = 785\ kg/m^3$)。

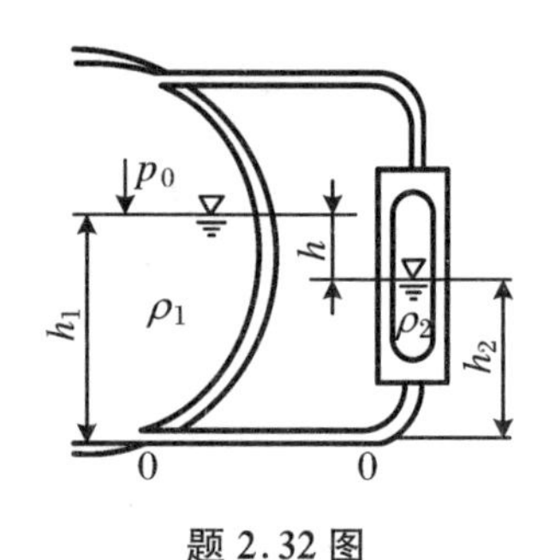

题 2.32 图

解 锅筒与水位计相连，液面上压强相等，列 0－0 等压面方程为

$$p_0 + \rho_1 g h_1 = p_0 + \rho_2 g h_2$$

$$h_1 = h_2 \frac{\rho_2}{\rho_1} = \frac{35 \times 785}{673} = 40.8\ \text{cm}$$

水位计的相对误差为

$$\varepsilon = \frac{40.8 - 35}{40.8} \times 100\% = 14.21\%$$

33. 如图（题 2.33 图）所示一盛水容器，已知平壁 $AB = CD = 2.5\ m$，BC 及 AD 为半个圆柱体，半径 $R = 1\ m$，自由表面处压强为 1 大气压，高度 $H = 3\ m$，试分别计算作用在单位长度上 AB 面、BC 面和 CD 面所受到的静水总压力。

解 由题意可知，AB 面所受到的静水总压力竖直向上，有

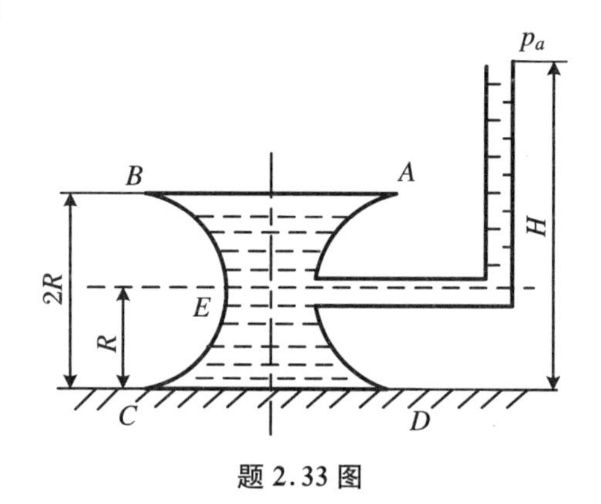

题 2.33 图

$$p_{AB} = \rho g h_C \cdot A_{AB} = \rho g (H - 2R) \cdot A_{AB}$$
$$= 9800 \times (3 - 2) \times 2.5 \times 1 = 24500\ \text{N}$$

CD 面所受到的静水总压力竖直向下，有

$$p_{CD} = \rho g h_C \cdot A_{CD} = \rho g H \cdot A_{CD}$$
$$= 9800 \times 3 \times 2.5 \times 1 = 73500\ \text{N}$$

BC 面所受到的静水总压力的水平分力 p_{BC_x}，其方向向左，故

$$p_{BC_x} = \rho g h_C \cdot A_{BC_x} = \rho g (H - R) \times 2R \times 1$$
$$= 9800 \times (3 - 1) \times 2 \times 1 = 39200\ \text{N}$$

BC 面所受到的静水总压力的垂直分力 p_{BC_z}，其方向向上，故

$$p_{BC_z} = \rho g V = \rho g \frac{\pi R^2}{2} \times 1 = 9800 \times \frac{\pi^2 \times 1^2}{2} \times 1 = 15386\ \text{N}$$

则可得

$$p_{BC} = \sqrt{{p_{BC_x}}^2 + {p_{BC_z}}^2} = \sqrt{39200^2 + 15386^2} = 42111\ \text{N}$$

34. 如图（题 2.34 图）所示，一个漏斗倒扣在桌面上，已知 $h = 120\ mm$，$d = 140\ mm$，自重 $W = 20\ N$。试求充水高度 H 为多少时，水压力将把漏斗举起而引起水从漏斗口与桌面的间隙泄出？

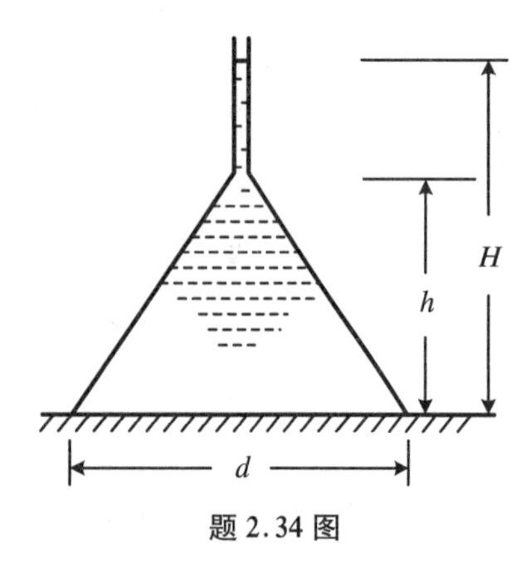

题 2.34 图

解 利用压力体进行计算，略去竖管体积，则

$$W = \rho g V = \rho g \frac{\pi d^2}{4} \left(H - \frac{1}{3} h \right)$$

$$H = 0.1725\ \text{m}$$

35. 如图（题 2.35 图）所示，底面积为 $b \times b = 0.2\ m \times 0.2\ m$ 的方口容器，自重 $G = 40\ N$，静止时装水高度 $h = 0.15\ m$，设容器在荷重 $W = 200\ N$ 的作用下沿平面滑动，容器底与平面之间的摩擦系数 $f = 0.3$，试求保证水不能溢出的容器最小高度。

解　解题的关键在于求出加速度 a。如果已知加速度，就可以确定容器里水面的斜率。考虑水、容器和重物的运动。系统的质量 m 和外力 F 分别为

$$m = \rho b^2 h + \frac{G + W}{g}$$

$$F = W - f(G + \rho g b^2 h)$$

因此，系统的加速度为

$$a = \frac{F}{m} = \frac{W - f(G + \rho g b^2 h)}{\rho g b^2 h + G + W} g$$

代入数据，计算得

$$a = 5.5898\ \mathrm{m/s^2}$$

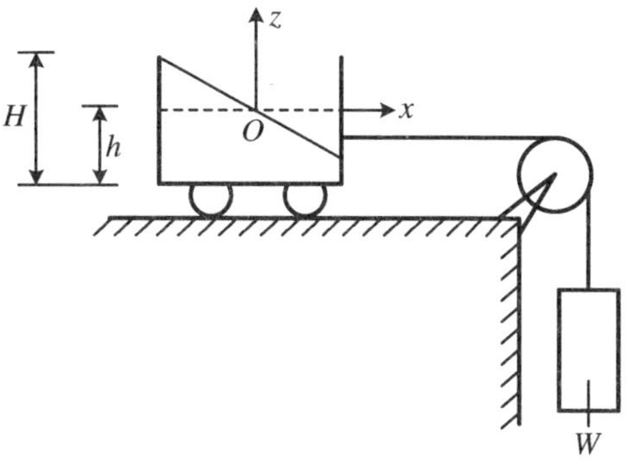

题 2.35 图

容器内液面的方程式为

$$z = -\frac{a}{g} x$$

坐标原点放在水面(斜面)的中心点，由图可见，当 $x = -b/2$ 时，$z = H - h$，代入上式，得

$$H = h + \frac{ab}{2g} = 0.207\ \mathrm{m}$$

可见，为使水不能溢出，容器最小高度应为 0.207 m。

36．如图(题 2.36 图)所示，半径为 R 的密闭球形容器，充满密度为 ρ 的液体，该容器绕铅垂轴以角速度 ω 旋转，试求最大压强作用点的坐标。

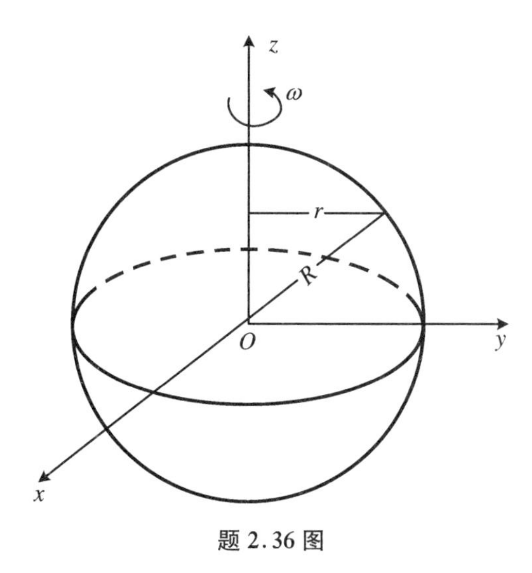

题 2.36 图

解　$\mathrm{d}p = \rho(f_x \mathrm{d}x + f_y \mathrm{d}y + f_z \mathrm{d}z)$

质量力 $f_x = \omega^2 x, f_y = \omega^2 y, f_z = -g$，代入上式，积分得

$$p = \rho\left(\frac{\omega^2 r^2}{2} - gz\right) + c$$

设球心压强为 p_0，则 $x = y = z = 0, p = p_0$，得：$c = p_0$；球壁上 $r^2 = R^2 - z^2$，代入上式，得

$$p = p_0 + \rho\left[\frac{\omega^2(R^2 - z^2)}{2} - gz\right]$$

令 $\dfrac{\mathrm{d}p}{\mathrm{d}z} = 0$，则 $\dfrac{\omega^2}{2}(-2z) - g = 0$，得

$$z = -\frac{g}{\omega^2}, \quad r = \sqrt{R^2 - \frac{g^2}{\omega^4}}$$

即最大压强作用点在 $z = -\dfrac{g}{\omega^2}, r = \sqrt{R^2 - \dfrac{g^2}{\omega^4}}$ 的圆周线上。

37．如图(题 2.37 图)所示，水压机小活塞面积 $A_1 = 5\ \mathrm{cm}^2$，大活塞面积 $A_2 = 1\ \mathrm{m}^2$，杠杆臂长 $a = 50\ \mathrm{cm}, b = 5\ \mathrm{cm}$，高度差 $h = 1\ \mathrm{m}$，当施力 $F = 98\ \mathrm{N}$ 时，求大活塞所受的水静压力 F'。

解　设小活塞所受的压力为 F_1，由杠杆原理，有

$$F_1 b = Fa$$

$$F_1 = \frac{a}{b}F = \left(\frac{50}{5} \times 98\right) = 980\ \text{N}$$

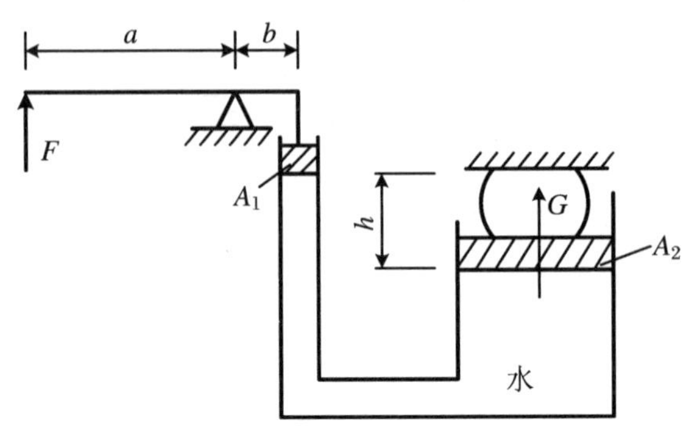

题 2.37 图

又设小活塞单位面积上所受的压力为 p_1，则

$$p_1 = \frac{F_1}{A_1} = \frac{980}{5 \times 10^{-4}} = 1960\ \text{kPa}$$

由静压强分布规律得到大活塞所受水静压强为

$$p_2 = p_1 + \rho gh = (1960 + 9.807 \times 1) \times 10^3 = 1969.807\ \text{kPa}$$

因此，大活塞所受水静压力

$$F' = p_2 A_2 = 1969.807 \times 1 = 1969.807\ \text{kN}$$

38. 如图(题 2.38 图)所示，盛水容器底部有一个半径 $r = 2.5$ cm 的圆形孔口，该孔口用半径 $R = 4$ cm、自重 $W = 2.452$ N 的圆球封闭。已知水深 $H = 20$ cm，试求升起球体所需的拉力 F。

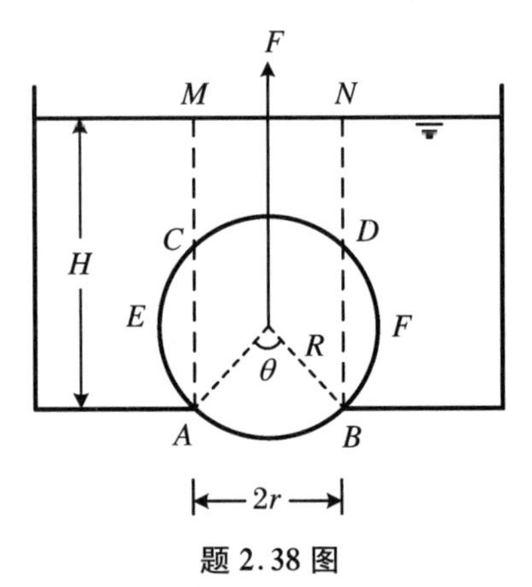

题 2.38 图

解　用压力体求铅直方向的静水总压力 F_z：

$$F_z = \rho g(V_{CAE} + V_{DBF}) - \rho g V_{MCDN}$$

$$= \rho g(V_{CAE} + V_{DBF} - V_{MABN} + V_{CABD})$$

$$= \rho g\left(\frac{4}{3}\pi R^3 - V_{MABN}\right)$$

$$V_{MABN} = \pi r^2 H + \frac{\theta}{360^\circ} \cdot \frac{4}{3}\pi R^3 - \frac{1}{3}\pi r^2 R\cos\frac{\theta}{2}$$

由于 $\sin\frac{\theta}{2}=\frac{r}{R}=\frac{5}{8}$,因此

$$\theta = 77.6344^\circ,\quad V_{MABN} = 4.299\times10^{-4}\ \text{m}^3$$

$$\frac{4}{3}\pi R^3 = 2.681\times10^{-4}\ \text{m}^3,\quad F_z = -1.587\ \text{N}$$

$$F + F_z - W = 0,\quad F = W - F_z = 4.039\ \text{N}$$

39. 如图(题2.39图)所示,油罐车是一个圆柱形容器,长度 $L=5$ m,两头的截面是圆,半径为 $R=0.6$ m,车顶有进油管,油面比容器顶高出 $h=0.3$ m,油的密度 $\rho=800$ kg/m^3,设此油罐车以加速度 $a=1.5$ m/s^2 启动,试求油车两端的截面 A 和 B 所受到的油的总压力。

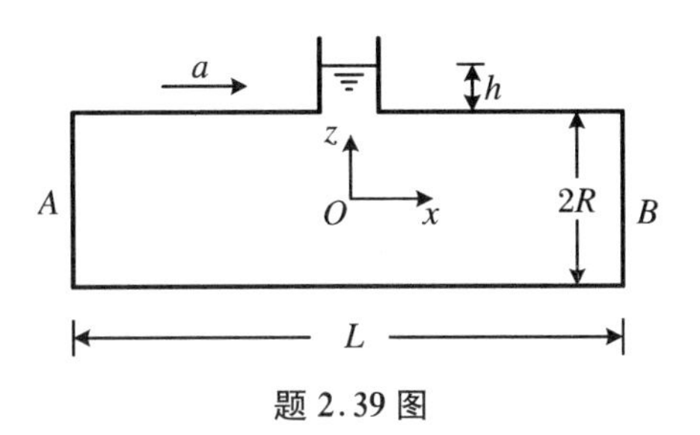

题2.39图

解　液体随容器作直线加速度运动时,液体的压强分布式为

$$p = -\rho(ax+gz)+C$$

将坐标原点放在中心,如图所示,则当 $x=0,z=R+h$ 时,$p=p_a$(当地大气压),即

$$p_a = -\rho g(R+h)+C$$

消去积分常数 C 后,得

$$p-p_a = -\rho[ax+g(z-R-h)]$$

在截面 A,$x=-L/2$,压强分布为

$$p-p_a = -\rho\left[-\frac{1}{2}aL+g(z-R-h)\right]$$

压强沿 z 轴线性分布,作用在截面 A 上的总压力等于其形心压强乘以面积,故

$$F_A = \rho\left[\frac{1}{2}aL+g(R+h)\right]\pi R^2$$

同理,截面 B 的总压力为

$$F_B = \rho\left[-\frac{1}{2}aL+g(R+h)\right]\pi R^2$$

代人数据.得

$$F_A = 11378\ \text{N},\quad F_B = 4592\ \text{N}$$

从本题的解答还可以看到这样一种情况,当 $g(R+h)=\frac{1}{2}aL$ 时,截面 B 的总压力为0,这时,截面 A 的总压力为 $F_A=\rho\pi R^2La$。由于 πR^2L 是油的体积,$\rho\pi R^2L$ 就是油的质量 m,因而 $F_A=ma$ 表示截面A 的压力全部用于油的加速度运动。

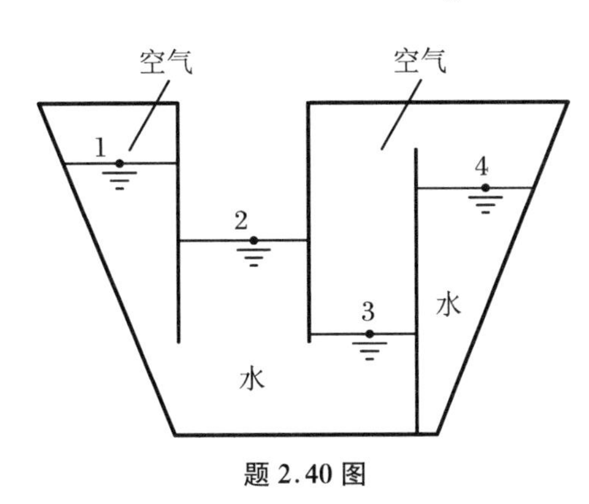

题2.40图

40. 如图(题2.40图)所示,求容器中1、2、3、4点的相对压强。已知:$z_1=1.5$ m,$z_2=1.0$ m,$z_3=0.5$ m,$z_4=1.2$ m,容器中的液体为水。

解 因为 2 点与外界大气相通，所以 $p_2=0$；根据静力学基本方程式，有

$$p_1 = p_2 - \rho g(z_1 - z_2) = [0 - 9.807 \times (1.5 - 1.0) \times 10^3] = -4903.5\ \text{Pa} = -4.904\ \text{kPa}$$

同理，有

$$p_3 = p_2 - \rho g(z_3 - z_2) = [0 - 9.807 \times (0.5 - 1.0) \times 10^3] = 4903.5\ \text{Pa} = 4.904\ \text{kPa}$$

又因为 3、4 两点位于同一气体空间内，因此

$$p_4 = p_3 == 4.904\ \text{kPa}$$

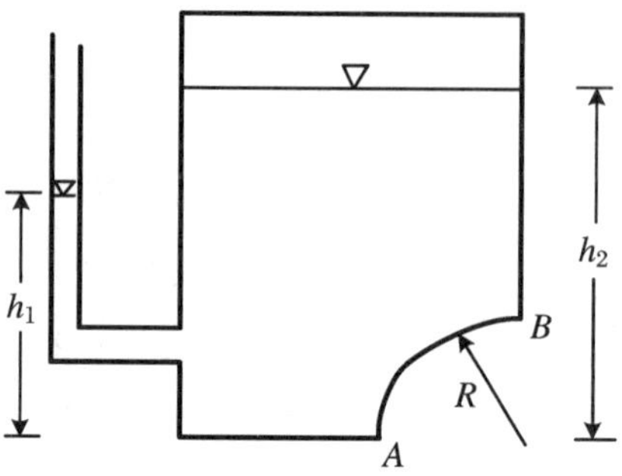

41. 如图（题 2.41 图）所示，一个封闭水箱，下面有一 1/4 圆柱曲面 AB，宽为 2 m（垂直于纸面方向），半径 $R=1$ m，$h_1=2$ m，$h_2=3$ m，计算曲面 AB 所受静水总压力的大小、方向和作用点。

题 2.41 图

解 由题意可知，水平分力为

$$F_x = \rho g h_{cx} A_x = 1000 \times 9.8 \times 1.5 \times 2 \times 1 = 29400\ \text{N} = 29.4\ \text{kN}$$

垂直分力为

$$F_z = \rho g V = 1000 \times 9.8 \times \left(2 \times 1 \times 2 - 2 \times \frac{\pi}{4} \times 1^2\right) = 23806.2\ \text{N} = 23.806\ \text{kN}$$

则合力为

$$F = \sqrt{F_x^2 + F_z^2} = \sqrt{29.4^2 + 23.8^2} = 37.83\ \text{kN}$$

力的方向与 x 方向的夹角为

$$\theta = \arctan\frac{F_z}{F_x} = \arctan\frac{23.806}{29.4} = \arctan 0.8097 = 39.0^\circ$$

作用点距水箱底部距离

$$e = R\sin\theta = 1 \times \sin 39.0^\circ = 0.629\ \text{m}$$

42. 如图[题 2.42 图(a)]所示封闭容器中盛水，在液面下侧壁上开 0.5 m×0.6 m 的矩形孔，孔上装一平板闸门防止水泄漏。若水面上的绝对压强 $p_0=117.7$ kPa，当地大气压强 $p_a=101.3$ kPa，求作用于闸门上的水静压力及其作用点。

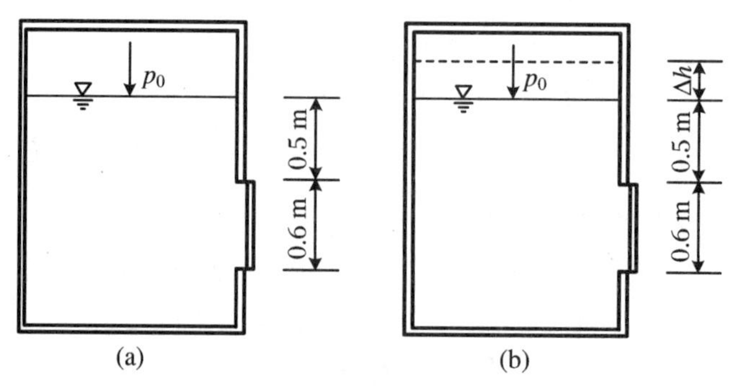

题 2.42 图

解 作虚拟液面如题 2.42 图(b)所示，

$$\Delta h = \frac{p_0 - p_a}{\rho g} = \frac{117.7 - 101.3}{9.807} = 1.67\ \text{m}$$

$$h'_C = h_C + \Delta h = 0.5 + 0.3 + 1.67 = 2.47\ \text{m}$$

静压力

$$F = \rho g h'_C A = 9.807 \times 2.47 \times 0.5 \times 0.6 \times 10^3 = 7.27\ \text{kN}$$

由于 $\alpha = 90^\circ$，所以 $y'_C = h'_C = 2.47$ m，作用点

$$h'_D = y'_D = y'_C + \frac{I_C}{y'_C A} = 2.47 + \frac{\frac{1}{12} \times 0.5 \times 0.6^3}{2.47 \times 0.5 \times 0.6} = 2.48\ \text{m}$$

$$\Delta L = h'_D - h'_C = 2.48 - 2.47 = 0.01\ \text{m}$$

作用点在形心下 0.01 m，并位于闸门对称轴上。

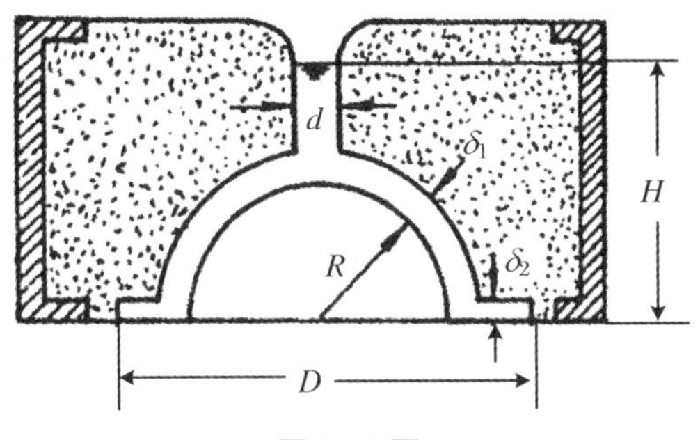

题 2.43 图

43. 如图(题 2.43 图)所示，为一用于熔化铁水(相对密度为 7)铸造带凸缘的半球形零件。已知 $H = 0.5$ m，$D = 0.8$ m，$R = 0.3$ m，$d = 0.05$ m，$\delta_1 = 0.02$，$\delta_2 = 0.05$ m，试求铁水作用在沙箱上的力。

解　作用在沙箱上的铁水压力铅直向上，其大小等于压力体的液重

$$F = \rho g V = \rho g \left\{ \frac{\pi}{4} D^2 H - \frac{2}{3}\pi (R + \delta_1)^3 - \frac{\pi}{4}\left[\frac{D^2}{4} - (R + \delta_1)^2\right]\delta_2 - \frac{\pi}{4} d^2 (H - R - \delta_2) \right\}$$

$$= 7 \times 9810 \times \left\{ \frac{\pi}{4} \times 0.8^2 \times 0.5 - \frac{2}{3}\pi (0.3 + 0.02)^3 - \frac{\pi}{4}\left[\frac{0.8^2}{4} - (0.3 + 0.02)^2\right] \times 0.05 - \frac{\pi}{4} \times 0.05^2 (0.5 - 0.3 - 0.02) \right\}$$

$$= 12366\ \text{N} = 12.366\ \text{kN}$$

F 方向向上。

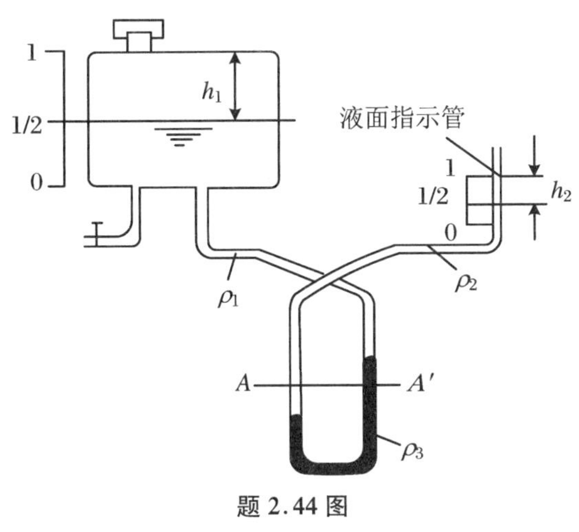

题 2.44 图

44. 如图(题 2.44 图)所示，油箱液面指示器的功能是：在较短尺寸的液面指示管上成比例地指出油箱中液体的下降情况。在图示的三液交叉式 U 形管中，装有汽油 ρ_1、汞 ρ_3 和水 ρ_2，汽油装满时，U 形管中的汞面为 $A - A'$，液面指示管中的水位在刻度 1 处。当油箱液面下降 h_1 时，指示管中液面下降 h_2，试导出 h_2 与 h_1 的比例关系式。

解　油箱装满，油箱液面至 $A - A'$ 面为 H_1，刻度 1 到 $A - A'$ 面为 H_2，则

$$\rho_1 g H_1 = \rho_2 g H_2, \quad \rho_1 H_1 = \rho_2 H_2$$

列平衡方程以 $A - A'$ 为准，有

$$g\rho_1 (H_1 - h_1 - h_2) + g\rho_3 2h_2 = \rho_2 g H_2$$

$$\rho_1 (H_1 - h_1 - h_2) + 2h_2 \rho_3 = \rho_2 H_2$$

$$\rho_1 (h_1 + h_2) = 2h_2 \rho_3$$

解得

$$h_2 = \frac{\rho_1}{2\rho_3 - \rho_1} h_1$$

45. 如图(题 2.45 图)所示为测量风管内气体压强的装置。已知 U 形管显示的水柱高度 $h = 100$ mm,求风管内壁气体的压强值。

解 取 1 - 2 等压面,忽略测压管内气柱高度产生的压强,则有

$$p = \rho_{水} gh = 9.807 \times 0.10 \times 10^3 = 980.7 \text{ Pa}$$

即风管内壁气体压强为 980.7 Pa。

46. 如图(题 2.46 图)所示,单向阀弹簧刚度为 $K = 6$ N/mm,预压缩量为 $x = 5$ mm,钢球直径 $D = 24$ mm,入口管道直径 $d = 10$ mm,钢球相对密度是 7,试求接通油路所需要的压强 p。

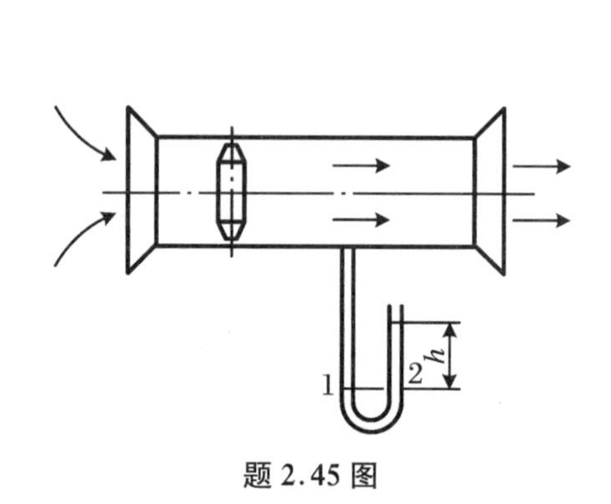

题 2.45 图

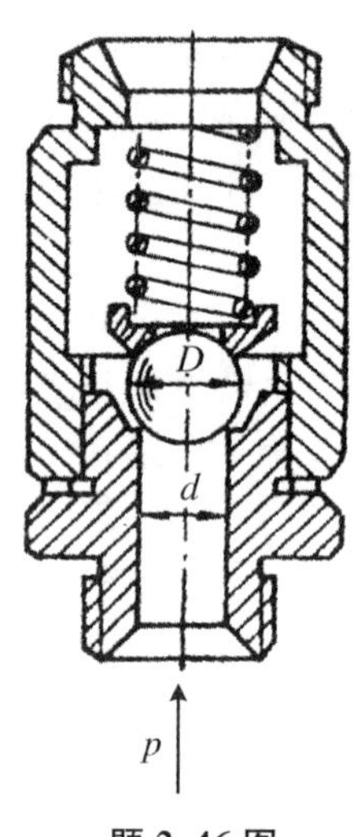

题 2.46 图

解 接通油路,则液体压力 F 需要克服钢球自重和弹簧预紧力,需要的液体压强是

$$p = \frac{4F}{\pi d^2} = \frac{4}{\pi d^2}(W + Kx) = \frac{4}{\pi d^2}\left(\rho g \frac{4\pi}{3}R^3 + Kx\right)$$

$$= \frac{4}{\pi \times 0.01^2}\left(7 \times 9810 \times \frac{4\pi}{3} \times 0.012^3 + 6 \times 5\right) = 388300 \text{ Pa} - 388.3 \text{ kPa}$$

【讨论】 如果忽略钢球自重,则

$$p = \frac{4}{\pi d^2}(Kx) = \frac{4}{\pi d^2} \times 6 \times 5 = 382000 \text{ Pa} = 382.0 \text{ kPa}$$

注:高压油路一般均不必算钢球自重,因为它所起的作用通常是比较小的。

47. 如图(题 2.47 图)所示,角速度测量仪为一内盛液体的 U 形开口玻璃管绕一条立轴旋转。两支立管到旋转轴的距离分别为 R_1 和 R_2,测得两支立管的液柱高度分别为 h_1 和 h_2,若 $R_1 = 0.20$ m,$R_2 = 0.08$ m,$h_1 = 0.21$ m,$h_2 = 0.15$,求旋转角速度 ω 的值。

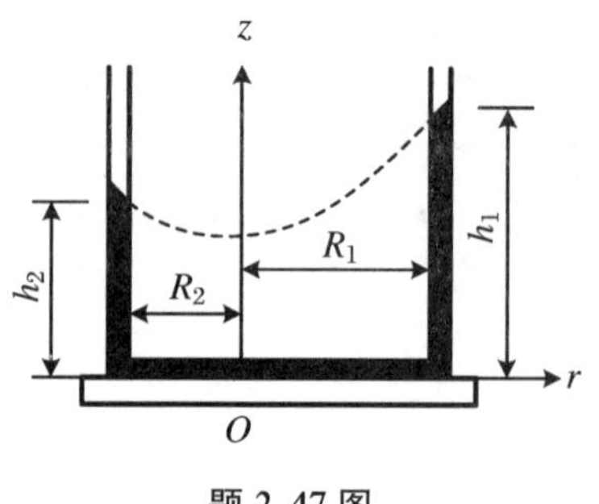

题 2.47 图

解 两支立管的液面都位于同一个等压面上,其压强为当地大气压,液面方程为

$$z = \frac{\omega^2 r^2}{2g} + C$$

式中,常数 C 由边界条件确定。将坐标原点放置在横管

轴线上，则有

$$h_1 = \frac{\omega^2 R_1^2}{2g} + C, \quad h_2 = \frac{\omega^2 R_2^2}{2g} + C$$

消去 C，得 $\omega = \sqrt{\dfrac{2g(h_1 - h_2)}{R_1^2 - R_2^2}}$，将已知数据代入，得

$$\omega = \sqrt{\frac{2 \times 9.807(0.21 - 0.15)}{0.2^2 - 0.08^2}} = 5.9179 \text{ rad/s}$$

48. 如图(题2.48图)所示，水箱用锥台塞子封堵出水口，塞子通过绳子与浮子相连。已知 $R = 0.14$ m，$r_1 = 0.08$ m，$r_2 = 0.05$ m，$h = 0.06$ m，$l = 0.3$ m，不计塞子和浮子自重，欲使塞子开启，水深 H 应为多少？

解　塞子的压力体如题2.48图所示。利用圆锥台体积的公式，得到塞子受到的铅直方向总水压力(以朝上为正)为

$$F_1 = \rho g\left[\frac{1}{3}\pi h(r_1^2 + r_2^2 + r_1 r_2) - \pi r_2^2 H\right]$$

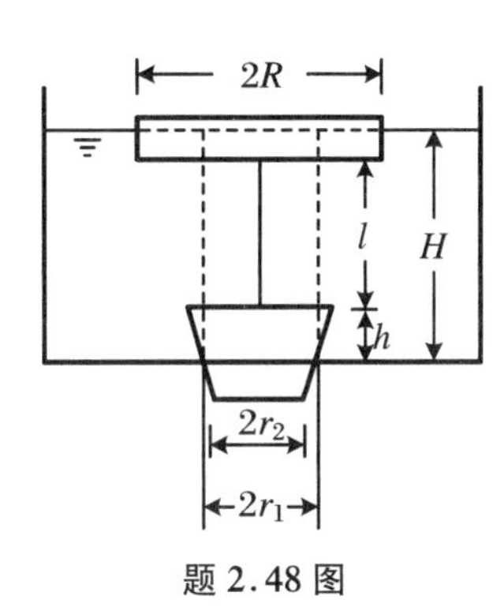

题2.48图

浮子受到的浮力为

$$F_2 = \rho g \pi R^2 (H - l - h)$$

塞子借助浮力开启，有 $F_1 + F_2 \geqslant 0$，即

$$H > \frac{R^2(h + l) - \dfrac{1}{3}h(r_1^2 + r_2^2 + r_1 r_2)}{R^2 - r_2^2}$$

代入数据，得

$$H > 0.3975 \text{ m}$$

49. 如图(题2.49图)所示，一块平板矩形闸门可绕铰轴 A 转动。已知 $\theta = 60^\circ$，$H = 6$ m，$h = 2$ m，$h_1 = 1.5$ m，不计闸门自重以及摩擦力，求开启单位宽度 $b = 1$ m(垂直纸面)的闸门所需的提升力 F_T。

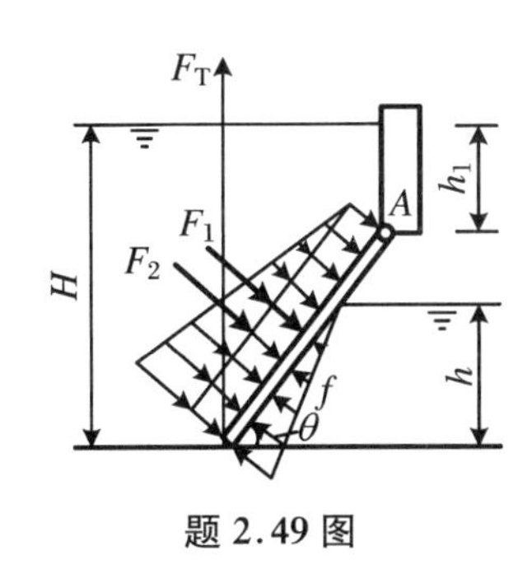

题2.49图

解　平板左边，挡水长度为

$$L = \frac{H - h_1}{\sin\theta}$$

左边的静水压强分布可分解为均布荷载和三角形分布荷载。其中均布荷载所产生的总压力为

$$F_1 = \rho g h_1 L b$$

F_1 的作用点到铰轴 A 的距离为 $L/2$。三角形分布荷载所产生的总压力为

$$F_2 = \frac{1}{2}\rho g(H - h_1)Lb$$

F_2 的作用点到铰轴 A 的距离为 $2L/3$。

平板右边，挡水长度 $l = h/\sin\theta$，总水压力为

$$F_f = \frac{1}{2}\rho g h l b$$

合力 F_f 的作用点到平板下缘的距离为 $l/3$。

开启闸门时，拉力 F_T 对铰轴 A 的力矩等于总水压力对 A 的力矩，即

$$F_T L\cos\theta = \frac{1}{2}F_1 L + \frac{2}{3}F_2 L - F_f\left(L - \frac{1}{3}l\right)$$

$$F_T\cos\theta = \frac{1}{2}F_1 + \frac{2}{3}F_2 - F_f\left(1 - \frac{l}{3L}\right)$$

代入数据，得

$$F_1 = 76438\ \text{N}, F_2 = 114657\ \text{N}, F_f = 22648\ \text{N}, F_T = 190729\ \text{N}$$

50. 如图(题2.50图)所示，矩形平板一侧挡水，与水平面夹角 $\alpha = 30°$，平板上边与水平面齐平，水深 $h = 3$ m，平板宽 $b = 5$ m。试求作用在平板上的静水总压力。

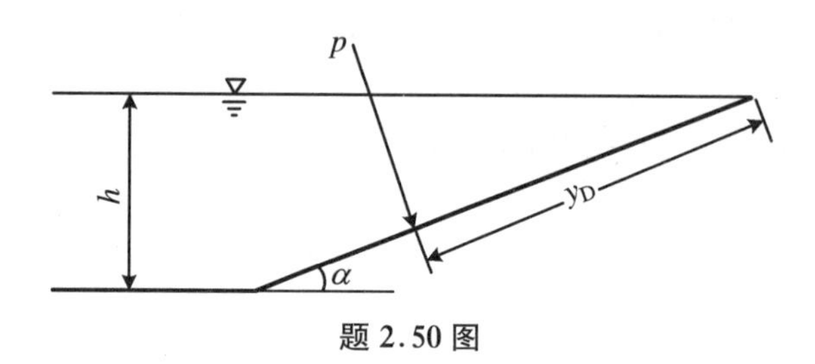

题 2.50 图

解 总压力的大小为

$$F = p_C A = \rho g h_C A = \rho g \frac{h}{2} b \frac{h}{\sin\alpha} = \rho g b h^2 = 441\ \text{kN}$$

方向为受压面内法线方向，作用点为

$$y_D = y_C + \frac{I_C}{y_C A} = \frac{l}{2} + \frac{\dfrac{bl^3}{12}}{\dfrac{l}{2}\times bl} = \frac{2}{3}l = \frac{2}{3}\frac{h}{\sin 30^\circ} = 4\ \text{m}$$

51. 如图(题2.51图)所示，制动轮内腔直径 $D_1 = 0.8$ m，高 $H = 0.2$ m，上盖开口 $D_2 = 0.5$ m，当制动轮绕垂直轴的转速超过规定极限值时，内腔的水形成左半边部所示的抛物面，液体对制动轮上下盖产生足够的压力差，推轮向下，使轮与刹车带接触而产生制动作用。现规定极限转速为 $n = 120$ r/min。试求：

(1) 自由液面与下盖接触处的半径 r；

(2) 液体对上、下盖的压力及向下的压力差；

(3) 刹车后，轮内腔中的液位高度 h。

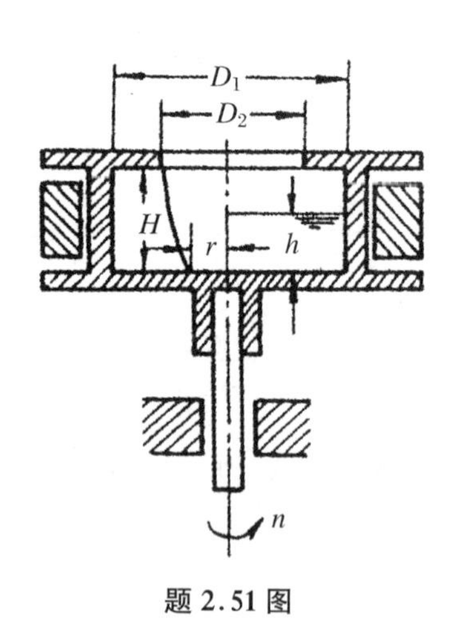

题 2.51 图

解 (1)求 r 需要知道旋转抛物面顶点的位置。为此先算出受 D_2 限制而能产生的最大超高是

$$y = \frac{\omega^2 R_2^2}{2g} = \frac{\pi^2\times 120^2\times 0.25^2}{30^2\times 2\times 9.81} = 0.503\ \text{m}$$

抛物面顶点在底盖之下的距离是

$$h_0 = y - H = 0.503 - 0.2 = 0.303\ \text{m}$$

于是

$$r = \sqrt{\frac{2gh_0}{\omega^2}} = \frac{30}{\pi\times 120}\sqrt{2\times 9.81\times 0.303} = 0.194\ \text{m}$$

（2）以过抛物面顶点的平面为基准，则顶盖各点的 z 坐标就是最大超高 y，即 $z=y$。于是用 $p=\rho g\left(\frac{\omega^2 r^2}{2g}-z\right)$ 公式可求旋转液体对上盖的作用力为

$$F_1=\rho g\int_{R_2}^{R_1}\left(\frac{\omega^2 r^2}{2g}-y\right)2\pi r\mathrm{d}r=\rho g\left[\frac{\pi^3 n^2}{30^2\times 4g}(R_1^4-R_2^4)-\pi y(R_1^2-R_2^2)\right]$$

代入数值得

$$F_1=9810\left[\frac{\pi^3\times 120^2}{30^2\times 4\times 9.81}(0.4^4-0.25^4)-\pi\times 0.503\times(0.4^2-0.25^2)\right]=1173.13\ \mathrm{N}$$

因为下盖距抛物面顶点的坐标为 $z=h_0$，故下盖受到的液体压力是

$$F_2=\rho g\int_{r}^{R_1}\left(\frac{\omega^2 r^2}{2g}-h_0\right)2\pi r\mathrm{d}r=\rho g\left[\frac{\pi^3 n^2}{30^2\times 4g}(R_1^4-r^4)-\pi h_0(R_1^2-r^2)\right]$$

代入数值得

$$F_2=9810\left[\frac{\pi^3\times 120^2}{30^2\times 4\times 9.81}(0.4^4-0.194^4)-\pi\times 0.303\times(0.4^2-0.194^2)\right]=1856.71\ \mathrm{N}$$

上、下盖的压力差就是推动制动轮的轴向力，其大小为

$$F=F_2-F_1=1856.71-1173.13=683.58\ \mathrm{N}$$

（3）制动停止后，轮内腔的液面高度 h 可根据体积守恒原则求出

$$V=\pi R_1^2 h=\int_r^{R_2}\frac{\omega^2 r^2}{2g}2\pi r\mathrm{d}r-h_0\pi(R_2^2-r^2)+H\pi(R_1^2-R_2^2)$$

$$=\frac{\omega^2\pi}{4g}(R_2^4-r^4)-h_0\pi(R_2^2-r^2)+H\pi(R_1^2-R_2^2)$$

液位高度

$$h=\frac{1}{R_1^2}\left[\frac{\omega^2}{4g}(R_2^4-r^4)-h_0(R_2^2-r^2)+H(R_1^2-R_2^2)\right]$$

$$=\frac{1}{0.4^2}\left[\frac{\pi^2\times 120^2}{30^2\times 4\times 9.81}(0.25^4-0.194^4)\right.$$

$$\left.-0.303\times(0.25^2-0.194^2)+0.2\times(0.4^2-0.25^2)\right]$$

$$=0.1374\ \mathrm{m}$$

52. 如图（题 2.52 图）所示，一个圆柱形桶，高为 h，底面直径为 d，桶内盛有 1/3 体积的油，2/3 体积的水。若将此桶以等角速度 ω 绕其轴线旋转，试求当 ω 达到多大值时，桶内的油全部抛出桶外？

解　当油全部被抛出时，桶内只剩下水，其体积等于圆桶体积的 2/3，水面为旋转抛物面，如图所示。设水面最低点到桶底的高度为 h_0。由高等数学知识知，旋转抛物面所围的体积等于同高圆柱体体积的一半，因此 $h_0=h/3$。将坐标原点放置在液面最低点，则液面方程为

$$z=\frac{\omega^2 r^2}{2g}$$

液面的最高点到达桶口，当 $r=d/2$ 时，$z=2h/3$，因此

$$\omega=\frac{4\sqrt{gh/3}}{d}$$

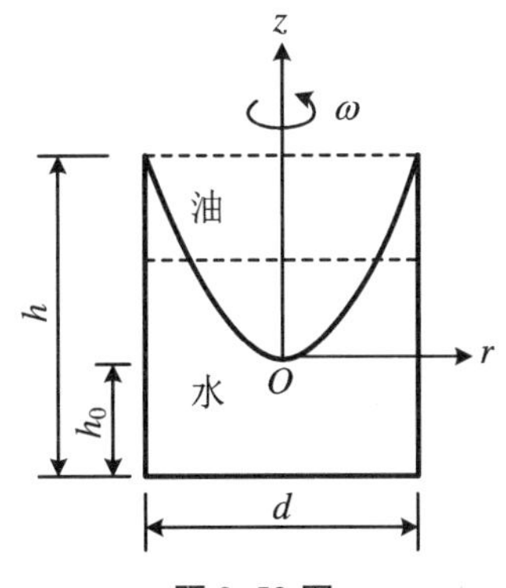

题 2.52 图

53. 如图（题 2.53 图）所示，一个密封的圆柱形容器，高

$H=0.9\text{ m}$,地面直径 $D=0.8\text{ m}$,内盛深 $h=0.6\text{ m}$ 的水,其余空间充满油。试求当容器绕其中心轴的旋转角速度 ω 是多少时,油面正好接触到圆柱体底面?

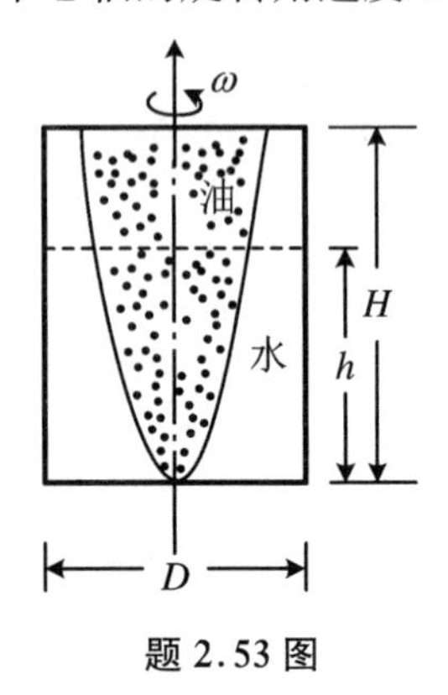

题 2.53 图

解 油面与顶面的交线的圆的直径设为 d,则

$$\frac{1}{2}\frac{\pi d^2}{4}H=\frac{\pi D^2}{4}(H-h)$$

$$d=D\sqrt{2(1-h/H)}=0.8165D=0.6532\text{ m}$$

$$H=\frac{\omega^2}{2g}\left(\frac{d}{2}\right)^2,\omega=12.8638\text{ rad/s}$$

54. 如图(题 2.54 图)所示,一个圆柱形容器,下底封闭,上盖中心有一通气孔口(通大气),容器高 H,底半径 R,静止时水深 h_0($h_0>0.5H$),设容器以等角速度 ω 旋转。试求液面最低点到底面的高差 h 与角速度 ω 的函数关系。

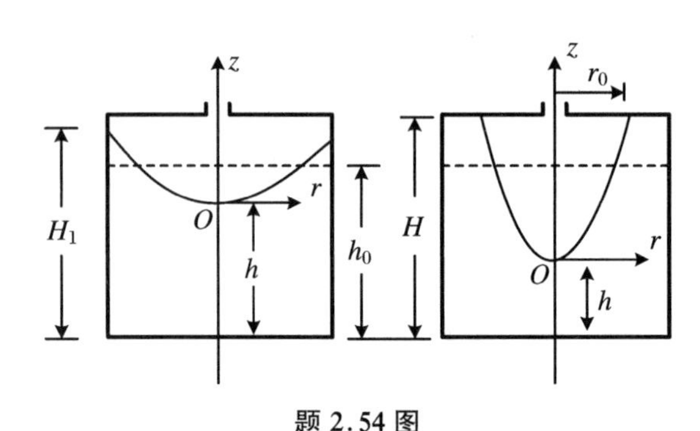

题 2.54 图

解 当角速度 ω 比较小的时候,液面与上盖不接触,侧面与液面交点的高度设为 H_1,如图所示。由于旋转抛物面所围体积等于同圆柱体体积的一半,因此

$$\frac{1}{2}(H_1-h)=H_1-h_0\quad\text{或}\quad H_1=2h_0-h$$

将坐标原点定在液面最低点,则液面方程为

$$z=\frac{\omega^2r^2}{2g}$$

当 $r=R$ 时,$z=H_1-h$,因此

$$H_1-h=\frac{\omega^2R^2}{2g}$$

以 $H_1=2h_0-h$ 代入并化简,得

$$h=h_0-\frac{\omega^2R^2}{4g}$$

由于上式的适用范围是 $H_1<H$,因此

$$\omega\leqslant\frac{\sqrt{4g(H-h_0)}}{R}$$

当 ω 比较大的时候,液面与上盖接触,设交点与转轴的距离为 r_0,则

$$\frac{1}{2}\pi r_0^2(H-h)=\pi R^2(H-h_0)$$

又因为 $H-h=\dfrac{\omega^2r_0^2}{2g}$,消去参数 r_0,化简得

$$h = H - \omega R\sqrt{\frac{H - h_0}{g}}$$

综合以上分析,得到

$$h = h_0 - \frac{\omega^2 R^2}{4g}$$

当 $\omega \leqslant \frac{\sqrt{4g(H-h_0)}}{R}$ 时

$$h = H - \omega R\sqrt{\frac{H - h_0}{g}}$$

当 $\omega \geqslant \frac{\sqrt{4g(H-h_0)}}{R}$ 时,可以将上面表达式写成量纲形式,即

$$\frac{h}{H} = \frac{h_0}{H} - \left(\frac{\omega}{\omega_0}\right)^2\left(1 - \frac{h_0}{H}\right), \omega \leqslant \omega_0$$

$$\frac{h}{H} = 1 - 2\left(\frac{\omega}{\omega_0}\right)\left(1 - \frac{h_0}{H}\right), \omega \geqslant \omega_0$$

式中,$\omega = \frac{\sqrt{4g(H-h_0)}}{R}$。

55. 如图(题 2.55 图)所示为一航标灯模型,灯座是一个浮在水面上的均质圆柱体,高度 $H = 0.5$ m,底半径 $R = 0.6$ m,自重 $W' = 1500$ N,航灯重 $W = 500$ N,用竖杆架在灯座上,高度设为 z。若要求浮体稳定,则 z 的最大值应为多少?

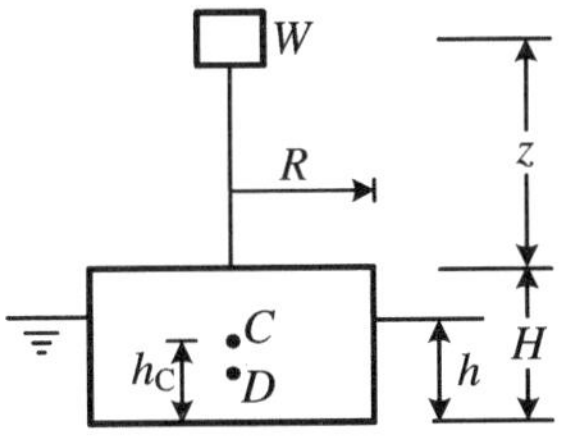

题 2.55 图

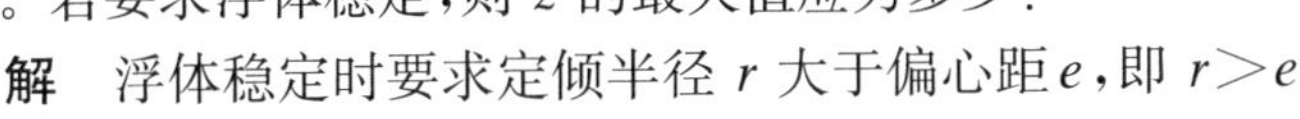

解　浮体稳定时要求定倾半径 r 大于偏心距 e,即 $r > e$

先求定倾半径 $r = J/V$,浮体所排开的水的体积 V 可根据吃水深度 h 计算,面积惯性矩用下式计算:

$$J = \frac{1}{4}\pi R^4, \quad \rho g \pi R^2 h = W' + W, \quad h = \frac{W' + W}{\rho g \pi R^2} = 0.1803 \text{ m}$$

$$r = \frac{J}{V} = \frac{\frac{1}{4}\pi R^4}{\pi R^2 h} = \frac{R^2}{4h} = 0.4992 \text{ m}$$

再求偏心距 e,它等于重心与浮心的距离。设浮体的重心为 C,它到圆柱体下表面的距离设为 h_C,则 $e = h_C - \frac{1}{2}h$。h_C 按下式计算

$$(W' + W)h_C = \frac{1}{2}W'H + W(H + z)$$

根据浮体稳定的要求,$r > e = h_C - \frac{1}{2}h$,有

$$h_C < r + \frac{1}{2}h, \quad \frac{1}{W' + W}\left[\frac{1}{2}W'H + W(H + z)\right] < r + \frac{1}{2}h$$

化简得

$$z < \left(\frac{W'}{W} + 1\right)\left(r + \frac{1}{2}h\right) - \frac{W'}{2W}H - H$$

r, h 的值已经算出,代入其他数据,得

$$z < 1.1074 \text{ m}$$

56. 如图(题2.56图)所示,露天敷设的输水钢管,直径 $D=1.5\ \text{m}$,管壁厚 $\delta=6\ \text{mm}$,钢管的许用应力 $[\sigma]=150\ \text{MPa}$,弹性模量 $E=21\times10^{10}\ \text{Pa}$,除内水压力外,不考虑其他载荷及敷设情况。试求:

(1) 该管道允许的最大内水压强;

(2) 保持弹性稳定,管内允许的最大真空度。

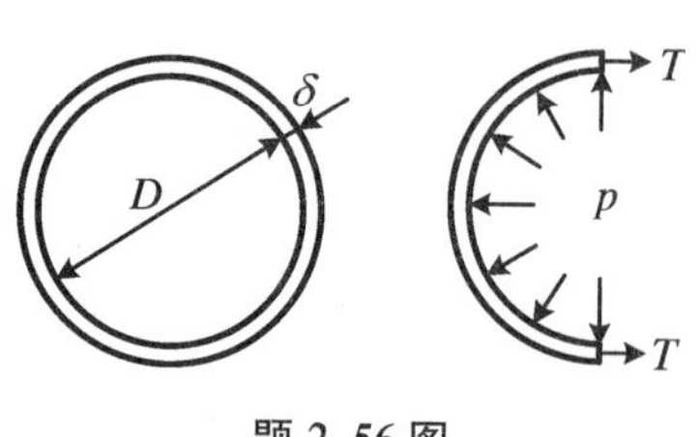

题 2.56 图

解 (1) 按薄壁圆筒环向应力计算,取 1 m 长管段,沿直径平面剖分为两半,以其中的一半为隔离体,不计管内水重量对压强的影响,作用在管壁上的总压力

$$F = p_C A_x = p\cdot D\cdot 1$$

总压力 F 与管壁截面的张力相平衡,故

$$F = 2T = 2\sigma\delta$$

由以上关系得到,允许的最大内水压强

$$p_{\max} = \frac{2[\sigma]\delta}{D} = \frac{2\times150\times6\times10^{-3}}{1.5} = 1.2\ \text{MPa}$$

或

$$\frac{p_{\max}}{\rho g} = \frac{1.2\times10^6}{9.8\times10^3} = 122.45\ \text{mH}_2\text{O}$$

(2) 用结构力学的方法,由无限长圆管均匀受外压力的稳定条件,导出临界外压力

$$\Delta F_{\text{cr}} = 2E\left(\frac{\delta}{D}\right)^3$$

保持弹性稳定,管内允许的最大真空度

$$p_{\max} = \Delta F_{\text{cr}} = 2\times21\times10^{10}\left(\frac{6}{1500}\right)^3 = 2.69\times10^4\ \text{Pa}$$

或

$$\frac{p_{v\max}}{\rho g} = \frac{2.69\times10^4}{9.8\times10^3} = 2.74\ \text{mH}_2\text{O}$$

57. 如图(题2.57图)所示,贮水器的壁面上有三个半球形的盖子,已知 $d=0.5\ \text{m}$,$h=1.5\ \text{m}$,$H=2.5\ \text{m}$。试求作用在每个盖子上的总压力

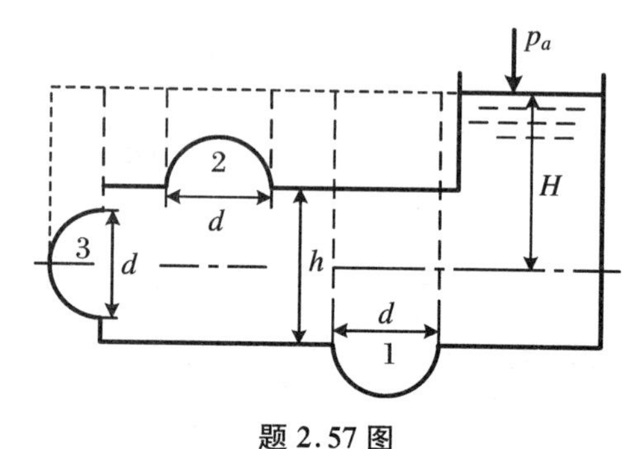

题 2.57 图

解 由于作用在底盖上的压强左右对称,其总压力的水平分力为 0,垂直分力方向向下,大小为

$$F_{Pz1} = \rho g V_{P1} = \rho g\left[\frac{\pi d^2}{4}\left(H+\frac{h}{2}\right)+\frac{\pi d^3}{12}\right]$$

$$= 9807\times\left[\frac{\pi\times0.5^2}{4}\times(2.5+0.75)+\frac{\pi\times0.5^3}{12}\right] = 6579\ \text{N}$$

顶盖上的总压力的水平分力为零,垂直分力方向向上,大小为

$$F_{Pz2} = \rho g V_{P2} = \rho g\left[\frac{\pi d^2}{4}\left(H-\frac{h}{2}\right)-\frac{\pi d^3}{12}\right]$$

$$= 9807\times\left[\frac{\pi\times0.5^2}{4}\times(2.5-0.75)-\frac{\pi\times0.5^3}{12}\right] = 3049\ \text{N}$$

侧盖上总压力的水平分力为

$$F_{Px3}=\rho g h_{Cx}A_x=\rho g H\times\frac{\pi d^2}{4}=9807\times2.5\times\frac{\pi\times0.5^2}{4}=4814\ \mathrm{N}$$

侧盖上总压力的垂直分力应为作用在半球的上半部和下半部垂直分力的合力，即半球体积水的重量

$$F_{Pz3}=\rho g\times\frac{\pi d^3}{12}=9807\times\frac{\pi\times0.5^3}{12}=321\ \mathrm{N}$$

故侧盖上的总压力

$$F_{P3}=\sqrt{F_{Px3}^2+F_{Pz3}^2}=\sqrt{4814^2+321^2}=4825\ \mathrm{N}$$

$$\theta=\arctan\frac{F_{Px3}}{F_{pz3}}=\arctan\frac{4814}{321}=86.2^\circ$$

由于总压力的作用线与球面垂直，所以它一定通过球心。

58. 如图(题2.58图)所示，水车沿直线等加速度行驶，水箱长 $l=3$ m，高 $H=1.8$ m，盛水深 $h=1.2$ m。试求确保水不溢出，加速度的允许值。

解　选坐标系(非惯性坐标系)$Oxyz$，O 点置于静止时液面的中心点，Oz 轴向上，则

$$dp=\rho(f_x dx+f_y dy+f_z dz)$$

质量力 $f_x=-a$，$f_y=0$，$f_z=-g$，代入上式积分，得

$$p=\rho(-ax-gz)+C$$

由边界条件，$x=0$，$z=0$，$p=p_a$，得 $C=p_a$，则

$$p=p_a+\rho(-ax-gz)$$

令 $p=p_a$，得自由液面方程

$$z_s=-\frac{a}{g}x_s$$

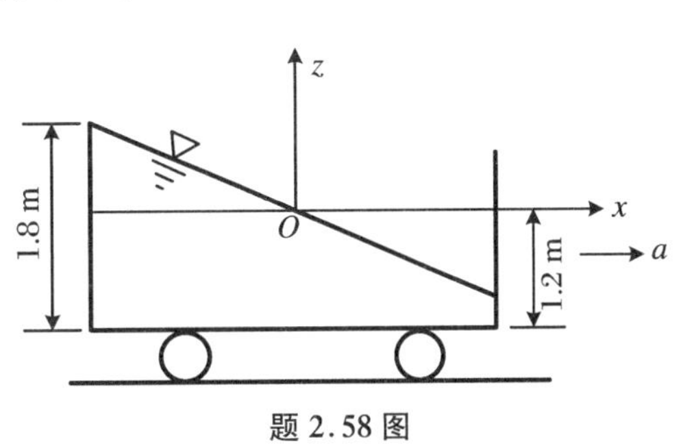

题2.58图

使水不溢出，$z_s\leqslant H-h=0.6$ m，代入上式，解得

$$a\leqslant-\frac{gz_s}{x_s}=-\frac{9.8\times0.6}{-1.5}=3.92\ \mathrm{m/s^2}$$

59. 如图(题2.59图)所示，圆筒形容器的直径 $d=300$ mm，高 $H=500$ mm，容器内水深 $h_1=300$ mm，容器绕中心轴等角速旋转。试确定：

(1) 水正好不溢出时的转速 n_1；

(2) 旋转抛物液面的顶点恰好触及底部时的转速 n_2；

(3) 容器停止旋转后静水的深度 h_2。

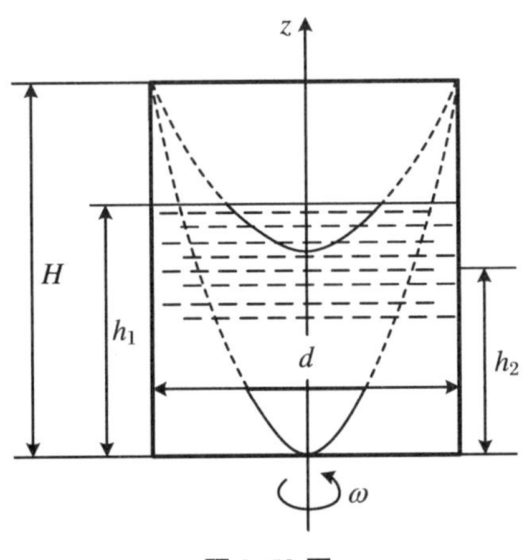

题2.59图

解　设当水恰好触及容器口时，容器以转速 n_1 旋转。此时，自由液面为一旋转抛物面，其包容的体积则为容器原来无水部分的体积，所以有

$$\frac{\pi}{4}d^2(H-h_1)=\frac{1}{2}\frac{\pi}{4}d^2z_s$$

其中，$z_s = r^2\omega_1^2/(2g) = d^2\omega_1^2/(8g)$，代入上式，得

$$\omega_1 = \sqrt{\frac{16g(H-h_1)}{d^2}} = \sqrt{\frac{16\times 9.807\times(0.5-0.3)}{0.3^2}} = 18.67\ \mathrm{rad/s}$$

$$n_1 = 30\omega_1/\pi = \frac{30\times 18.67}{\pi} = 178.3\ \mathrm{r/min}$$

当自由液面形成的抛物面恰好触及容器底部时，抛物面所包容的体积正好为容器体积的一半，此时

$$z_s = H = \frac{d^2\omega^2}{8g},\quad \omega^2 = \sqrt{\frac{8gH}{d^2}} = \sqrt{\frac{8\times 9.807\times 0.5}{0.3^2}} = 20.88\ \mathrm{rad/s}$$

$$n_2 = 30\omega_2/\pi = \frac{30\times 20.88}{\pi} = 199.4\ \mathrm{r/min}$$

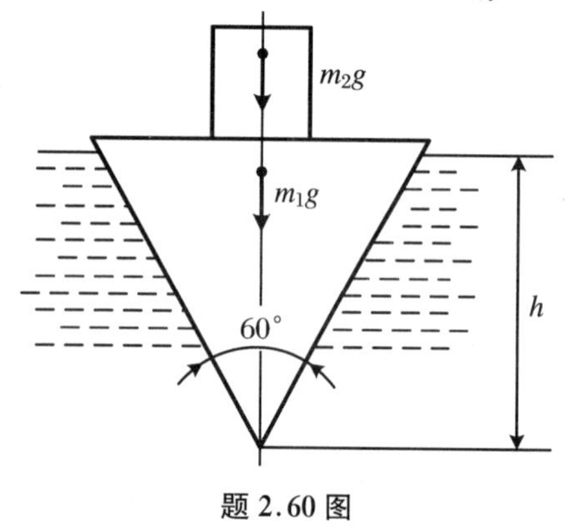

题 2.60 图

当容器停止转动时，容器中水的深度为

$$h_2 = H/2 = 0.5/2 = 0.25\ \mathrm{m}$$

60. 如图(题 2.60 图)所示，一锥形浮体的锥顶角为 60 °，质量为 $m_1 = 300$ kg，放在密度 $\rho = 1025\ \mathrm{kg/m^3}$ 的海水中，浮体上放置质量 $m_2 = 55$ kg 的航标灯。试求浮体的淹没深度 h。

解 锥体的淹没体积为

$$V_p = \pi(h\tan 30^\circ)^2 h/3 = 0.3491h^3$$

由于浮体的浮力与浮体和航标灯的重力平衡，故有

$$\rho g V_p = \rho g\times 0.3491h^3 = (m_1+m_2)g$$

$$h = \left(\frac{m_1+m_2}{0.3491\rho}\right)^{1/3} = \left(\frac{300+55}{0.3491\times 1025}\right)^{1/3} = 0.9974\ \mathrm{m}$$

61. 如图(题 2.61 图)所示，一个开口的圆柱形容器，高为 H，底面半径为 R，旋转前盛满水，现以等角速度 ω 绕其铅直轴旋转。

(1) 证明液体随容器作等角速度旋转时，液体的自由面是旋转抛物面；

(2) 当容器停止旋转时，剩余的水的深度仅为$\frac{1}{e}H(e\geqslant 2)$，求 ω 的值。

解 (1) 流体静止时，等压面方程的一般形式为

$$f_x\mathrm{d}x + f_y\mathrm{d}y + f_z\mathrm{d}z = 0$$

液体随容器作等角速度旋转时，在重力和惯性力的联合作用下保持相对静止，即液体相对于容器没有发生运动。

现设 x、y 轴在水平面上，z 轴铅直向上且与容器轴线重合。此坐标系随容器一起旋转，液体对此运动坐标系没有发生运动。

液体作等角速度 ω 旋转时，出现向心加速度，其值为 $a_r = \omega^2 r$，方向指向转轴，如图所示，式中，r 是极坐标值。

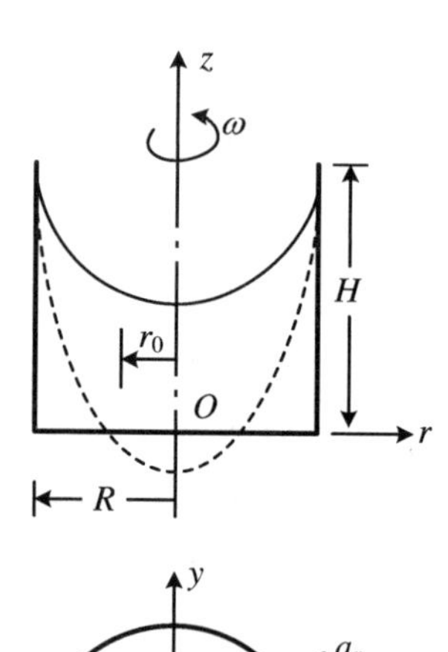

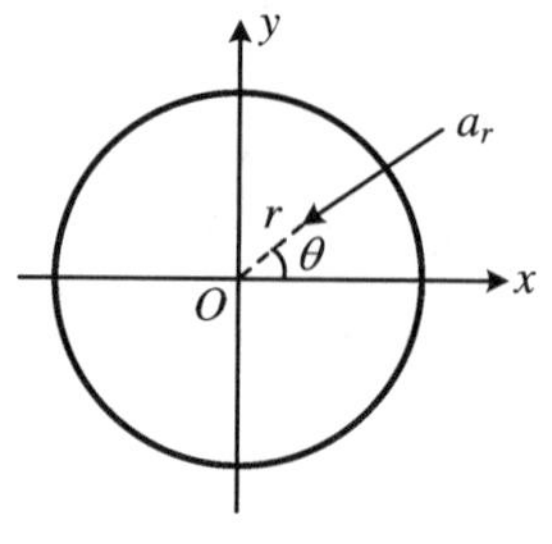

题 2.61 图

单位质量流体受到的惯性力的大小就是 a_r，方向与向心加速度相反，即离心力。可以写出质量力的表达式为

$$f_x = \omega^2 r\cos\theta,\quad f_y = \omega^2 r\sin\theta,\quad f_z = -g$$

等压面微分方程为

$$\omega^2(x\mathrm{d}x + y\mathrm{d}y) - g\mathrm{d}z = 0$$

积分得

$$\frac{1}{2}\omega^2(x^2 + y^2) - gz = C$$

或者用极坐标表示为

$$z = \frac{\omega^2 r^2}{2g} + C \tag{1}$$

液体表面(自由面)也是等压面，因为在表面上，压强就等于大气压 p_a，由此可见，自由面是一个旋转抛物面。

(2) 静止时容器盛满水，旋转时，必有部分液体溢出，当角速度不太大时，液体表面形状如图中实线所示，而 ω 较大时，液面则如虚线所示。此时，液面曲线与容器底交于 $r = r_0$ 处，因此，式(1)的积分常数 C 就可以确定了，$r = r_0$ 时，$z = 0$，即 $C = -\dfrac{\omega^2 r_0^2}{2g}$。由此得液面方程为

$$z = \frac{\omega^2}{2g}(r^2 - r_0^2)$$

据题意，液体的体积应为$\dfrac{1}{e}\pi R^2 H$，即

$$\frac{1}{e}\pi R^2 H = \int_{r_0}^{R} 2\pi rz\mathrm{d}r$$

将 z 的表达式代入，积分得

$$\frac{1}{e}\pi R^2 H = \frac{1}{2}\pi\frac{\omega^2}{2g}(R^2 - r_0^2)^2 \tag{2}$$

由于液体溢出，液面曲线必然经过容器开口的边缘，即 $r = R$ 时，$z = H$，因而

$$H = \frac{\omega^2}{2g}(R^2 - r_0^2) \tag{3}$$

式(2)可化为

$$\frac{1}{e}R^2 = \frac{1}{2}(R^2 - r_0^2)$$

由此得到液面与底面的交点：$r_0 = R\sqrt{1-2/e}$，代回式(3)，得到角速度为

$$\omega = \frac{\sqrt{egH}}{R}$$

$e = 2$ 时，即剩余的水深为 $H/2$ 时，$r_0 = 0$，也就是说液面最低点在容器底面中心。

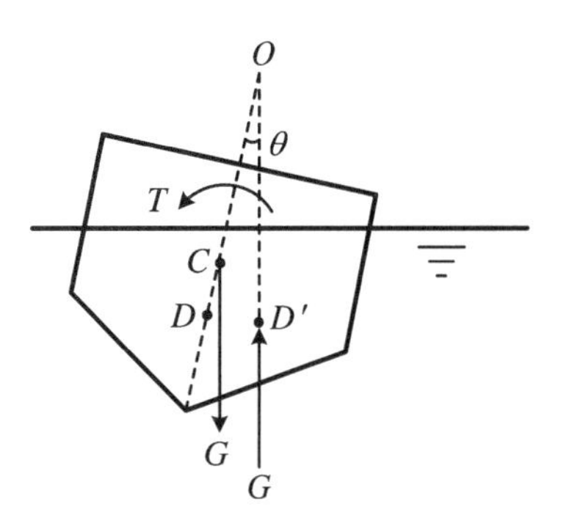

题 2.62 图

62. 如图(题 2.62 图)所示，一个浮体浮于水面，若浮体自重为 G，定倾半径为 γ，偏心距为 e。当它受到一个力矩 T 的作用时，将发生 θ 角度的倾斜。要求：

(1) 试证明力矩 $T=G(\gamma-e)\sin\theta$；

(2) 若将此浮体换成一平底驳船，驳船长 $L=6\ \mathrm{m}$，宽 $B=3\ \mathrm{m}$，吃水深度 $h=0.9\ \mathrm{m}$，驳船重心距离船底的高度为 $h_D=0.7\ \mathrm{m}$。驳船受力矩 T 作用后倾斜角度 $\theta=4°42'$，试求此力矩。

解 (1) 如图所示，设浮体的形心是 C，浮心是 D，当浮体没有受到力矩作用时，CD 在铅垂线上。当有力矩作用时，形心 C 的位置没有发生变化，但由于浮体发生倾斜，浮体被浸没的体积发生变化，浮心移至 D'，浮力仍然等于浮体自重 G，形心 C 与浮心 D' 不在一条铅垂线上。设过浮心 D' 的铅垂线与浮轴 CD 的交点为 O，由图看出，$OC=OD-CD=\gamma-e$，浮体倾斜后静止下来，因此

$$T=G(\gamma-e)\sin\theta$$

(2) 驳船自重 $G=\rho gV$，力矩 T 按下式计算

$$T=\rho gV(\gamma-e)\sin\theta$$

现计算被淹体积 V 和偏心距 e

$$V=BLh,\quad e=h_D-\frac{1}{2}h$$

计算浮面的面积惯性矩时，要注意到驳船力矩作用时是绕长轴转动的，因此

$$J=\frac{1}{12}LB^3$$

代入数据，分别计算得

$$V=16.2\ \mathrm{m}^3$$
$$\gamma=J/V=516\ \mathrm{m}$$
$$e=0.25\ \mathrm{m}$$
$$T=7593\ \mathrm{N\cdot m}$$

第3章 流体运动学

3.1 学习指导

3.1.1 流体运动的基本概念

流体运动学研究流体的运动规律，即描述流体运动的方法，质点运动的速度、加速度变化和所遵循的规律。

1. 研究流体运动的两种方法

理论力学以受力后不变形的刚体为研究对象。材料力学以各向同性产生微小变形的弹性固体为研究对象。流体力学则以无固定形状的流体为研究对象。流体中每个质点都受周围各质点的影响，运动互相制约，但又约束得不像刚体那样紧密，互相之间有自由程和相对位移，因此流体运动较为复杂。

流体质点在空间运动具有确定的物理量，诸如流体质点的位移、速度、加速度、密度、压强、动量、动能等，统称为流动参数。在运动过程中，这些物理量会发生变化，就要进行描述及研究变化规律。描述流体运动也就是要表达这些流动参数在各个不同空间位置上随时间连续变化的规律。流体力学解决这种问题分为拉格朗日法和欧拉法。

2. 拉格朗日方法

拉格朗日方法着眼于研究流体质点，就是采用理论力学中描述质点和质点系运动的方法。质点初始坐标(a,b,c)与时间变量t共同表达质点的运动规律，(a,b,c,t)叫作拉格朗日变数。流体质点运动坐标的表达式

$$\left.\begin{aligned} x &= x(a,b,c,t) \\ y &= y(a,b,c,t) \\ z &= z(a,b,c,t) \end{aligned}\right\} \tag{3.1}$$

运动坐标对时间t求导可得质点速度和加速度表达式

$$\left.\begin{aligned} v_x &= \frac{\mathrm{d}x}{\mathrm{d}t} = v_x(a,b,c,t) \\ v_y &= \frac{\mathrm{d}y}{\mathrm{d}t} = v_y(a,b,c,t) \\ v_z &= \frac{\mathrm{d}z}{\mathrm{d}t} = v_z(a,b,c,t) \end{aligned}\right\} \tag{3.2}$$

运动速度对时间t再求导可得质点加速度表达式

$$\left.\begin{aligned} a_x &= \frac{\mathrm{d}^2 x}{\mathrm{d}t^2} = \frac{\mathrm{d}v_x}{\mathrm{d}t} = a_x(a,b,c,t) \\ a_y &= \frac{\mathrm{d}^2 y}{\mathrm{d}t^2} = \frac{\mathrm{d}v_y}{\mathrm{d}t} = a_y(a,b,c,t) \\ a_z &= \frac{\mathrm{d}^2 z}{\mathrm{d}t^2} = \frac{\mathrm{d}v_z}{\mathrm{d}t} = a_z(a,b,c,t) \end{aligned}\right\} \tag{3.3}$$

同样流体质点的密度 ρ、压力 p 和温度 T 也是拉格朗日变数(a,b,c,t)的函数

$$\left.\begin{aligned} \rho &= \rho(a,b,c,t) \\ p &= p(a,b,c,t) \\ T &= T(a,b,c,t) \end{aligned}\right\} \tag{3.4}$$

在这些表达式中,拉格朗日变数(a,b,c,t)是各自独立的,质点的初始坐标(a,b,c)与时间 t 无关。拉格朗日方法不仅适用于观察起始坐标(a,b,c)不变的某一个质点,也适用于观察(a,b,c)连续变化的整个流体控制体。

3. 欧拉方法

流体流动的空间称为流场。流场中,每一空间点上有流体质点占据,并都对应着确定的表征流体质点运动的物理量,从而形成速度、压力、密度、温度等矢量场或标量场。欧拉方法以数学场论为基础、着眼于用质点的空间坐标(x,y,z)与时间变量 t 来表达流场中的流体运动规律,(x,y,z,t)叫作欧拉变数。欧拉方法适用于流体运动的特点,在流体力学上获得广泛应用。

欧拉变数(x,y,z,t)不是各自独立的,空间位置 x,y,z 与时间变量 t 有关。任何一个流体质点位置变量 x,y,z 都是时间 t 的函数,即

$$\left.\begin{aligned} x &= x(t) \\ y &= y(t) \\ z &= z(t) \end{aligned}\right\} \tag{3.5}$$

欧拉法速度场、压力场、密度场和温度场表达式为

$$\left.\begin{aligned} v_x &= v_x(x,y,z,t) = v_x[x(t),y(t),z(t),t] \\ v_y &= v_y(x,y,z,t) = v_y[x(t),y(t),z(t),t] \\ v_z &= v_z(x,y,z,t) = v_z[x(t),y(t),z(t),t] \end{aligned}\right\} \tag{3.6}$$

或

$$\boldsymbol{v} = \boldsymbol{v}(x,y,z,t) = \boldsymbol{v}[x(t),y(t),z(t),t]$$

及

$$\left.\begin{aligned} p &= p(x,y,z,t) = p[x(t),y(t),z(t),t] \\ \rho &= \rho(x,y,z,t) = \rho[x(t),y(t),z(t),t] \\ T &= T(x,y,z,t) = T[x(t),y(t),z(t),t] \end{aligned}\right\} \tag{3.7}$$

4. 流体运动的质点导数

携带某个物理量 $W=W(x,y,z,t)$的流体质点在流场中运动,其质点导数为

$$\frac{\mathrm{d}W}{\mathrm{d}t} = \frac{\partial W}{\partial x}\frac{\mathrm{d}x}{\mathrm{d}t} + \frac{\partial W}{\partial y}\frac{\mathrm{d}y}{\mathrm{d}t} + \frac{\partial W}{\partial z}\frac{\mathrm{d}z}{\mathrm{d}t} + \frac{\partial W}{\partial t} \tag{3.8}$$

因为位移对时间的导数就是质点的速度,即

$$\frac{\mathrm{d}x}{\mathrm{d}t} = v_x, \quad \frac{\mathrm{d}y}{\mathrm{d}t} = v_y, \quad \frac{\mathrm{d}z}{\mathrm{d}t} = v_z \tag{3.9}$$

故物理量 W 的导数又可写成

$$\frac{\mathrm{d}W}{\mathrm{d}t} = v_x\frac{\partial W}{\partial x} + v_y\frac{\partial W}{\partial y} + v_z\frac{\partial W}{\partial z} + \frac{\partial W}{\partial t} \tag{3.10}$$

或

$$\frac{\mathrm{d}W}{\mathrm{d}t} = (\boldsymbol{v}\cdot\nabla)W + \frac{\partial W}{\partial t} \tag{3.11}$$

式中，$\nabla = \boldsymbol{i}\frac{\partial}{\partial x}+\boldsymbol{j}\frac{\partial}{\partial y}+\boldsymbol{k}\frac{\partial}{\partial z}$称为哈密顿算子。其中 $v_x\frac{\partial W}{\partial x}+v_y\frac{\partial W}{\partial y}+v_z\frac{\partial W}{\partial z}$部分称为位变导数或迁移导数；$\frac{\partial W}{\partial t}$部分称为时变导数、当地导数或局部导数。

质点的物理量 W 可以是压强、密度，也可以是流体运动的加速度，即

$$\frac{\mathrm{d}p}{\mathrm{d}t}=v_x\frac{\partial p}{\partial x}+v_y\frac{\partial p}{\partial y}+v_z\frac{\partial p}{\partial z}+\frac{\partial p}{\partial t}=(\boldsymbol{v}\cdot\nabla)p+\frac{\partial p}{\partial t} \tag{3.12}$$

$$\frac{\mathrm{d}\rho}{\mathrm{d}t}=v_x\frac{\partial \rho}{\partial x}+v_y\frac{\partial \rho}{\partial y}+v_z\frac{\partial \rho}{\partial z}+\frac{\partial \rho}{\partial t}=(\boldsymbol{v}\cdot\nabla)\rho+\frac{\partial \rho}{\partial t} \tag{3.13}$$

$$\left.\begin{aligned}
a_x&=\frac{\mathrm{d}v_x}{\mathrm{d}t}=v_x\frac{\partial v_x}{\partial x}+v_y\frac{\partial v_x}{\partial y}+v_z\frac{\partial v_x}{\partial z}+\frac{\partial v_x}{\partial t}=(\boldsymbol{v}\cdot\nabla)v_x+\frac{\partial v_x}{\partial t}\\
a_y&=\frac{\mathrm{d}v_y}{\mathrm{d}t}=v_x\frac{\partial v_y}{\partial x}+v_y\frac{\partial v_y}{\partial y}+v_z\frac{\partial v_y}{\partial z}+\frac{\partial v_y}{\partial t}=(\boldsymbol{v}\cdot\nabla)v_y+\frac{\partial v_y}{\partial t}\\
a_z&=\frac{\mathrm{d}v_z}{\mathrm{d}t}=v_x\frac{\partial v_z}{\partial x}+v_y\frac{\partial v_z}{\partial y}+v_z\frac{\partial v_z}{\partial z}+\frac{\partial v_z}{\partial t}=(\boldsymbol{v}\cdot\nabla)v_z+\frac{\partial v_z}{\partial t}
\end{aligned}\right\} \tag{3.14}$$

式(3.14)也可以写成：

$$\boldsymbol{a}=\frac{\mathrm{d}\boldsymbol{v}}{\mathrm{d}t}=(\boldsymbol{v}\cdot\nabla)\boldsymbol{v}+\frac{\partial \boldsymbol{v}}{\partial t} \tag{3.15}$$

5. 定常流动和均匀流动

流体运动过程中，若各空间点上对应的物理量不随时间而变化，则称此流动为定常流动或恒定流动，此时的流场称为定常场。定常流场中的速度、压强、密度、温度等物理量的分布与时间 t 无关，时变导数为 0，即

$$\frac{\partial W}{\partial t}=\frac{\partial v}{\partial t}=\frac{\partial p}{\partial t}=\frac{\partial \rho}{\partial t}=\frac{\partial T}{\partial t}=\cdots=0 \tag{3.16}$$

此时物理量具有对时间的不变性，物理参数只是空间点坐标的函数。

$$\left.\begin{aligned}
v&=v(x,y,z)\\
\rho&=\rho(x,y,z)\\
p&=p(x,y,z)
\end{aligned}\right\} \tag{3.17}$$

流体运动过程中，若所有物理量皆不依赖于空间坐标，则称此流动为均匀流动，此时的流场称为均匀场。此时物理量具有对空间的不变性，流场中的速度、压强、密度、温度等物理量均与空间坐标无关，即

$$\frac{\partial W}{\partial x}=\frac{\partial W}{\partial y}=\frac{\partial W}{\partial z}=\frac{\partial v}{\partial x}=\frac{\partial v}{\partial y}=\frac{\partial v}{\partial z}=\frac{\partial p}{\partial x}=\frac{\partial p}{\partial y}=\frac{\partial p}{\partial z}=\cdots=0 \tag{3.18}$$

6. 一维、二维和三维流动

在描述流动的欧拉法中，如果流动参数与 3 个空间坐标有关，即 $W=W(x,y,z,t)$，则称其为三维流动(或三元流动)。其速度场表达式为

$$\boldsymbol{v}=v_x(x,y,z,t)\boldsymbol{i}+v_y(x,y,z,t)\boldsymbol{j}+v_z(x,y,z,t)\boldsymbol{k} \tag{3.19}$$

如果流动参数与两个空间坐标有关，即 $W=W(x,y,t)$，则称其为二维流动(或二元流动)。二维流动是平面流动，其速度场表达式为

$$\boldsymbol{v}=v_x(x,y,t)\boldsymbol{i}+v_y(x,y,t)\boldsymbol{j} \tag{3.20}$$

如果流动参数只与一个空间坐标有关，即 $W=W(x,t)$，则称其为一维流动(或一元流

动）。其速度场表达式为

$$\boldsymbol{v} = v_x(x,t)\boldsymbol{i} \tag{3.21}$$

7. 迹线与流线

所谓迹线，就是流体质点在运动时的轨迹线。迹线微分方程为

$$\frac{\mathrm{d}x}{v_x} = \frac{\mathrm{d}y}{v_y} = \frac{\mathrm{d}z}{v_z} = \mathrm{d}t \tag{3.22}$$

或

$$\frac{\mathrm{d}x}{v_x(x,y,z,t)} = \frac{\mathrm{d}y}{v_y(x,y,z,t)} = \frac{\mathrm{d}z}{v_z(x,y,z,t)} = \mathrm{d}t \tag{3.23}$$

流线是流场中的瞬时光滑曲线，曲线上各点的切线方向与该点的瞬时速度方向一致。其矢量表示法为

$$\boldsymbol{v} \times \mathrm{d}\boldsymbol{s} = \begin{vmatrix} \boldsymbol{i} & \boldsymbol{j} & \boldsymbol{k} \\ v_x & v_y & v_z \\ \mathrm{d}x & \mathrm{d}y & \mathrm{d}z \end{vmatrix} = \boldsymbol{0} \tag{3.24}$$

投影形式为

$$\frac{\mathrm{d}x}{v_x(x,y,z,t)} = \frac{\mathrm{d}y}{v_y(x,y,z,t)} = \frac{\mathrm{d}z}{v_z(x,y,z,t)} \tag{3.25}$$

定常流动时，流线与迹线重合。流场中除驻点和奇点外，流线不能相交，不能突然转折。

3.1.2 连续性方程

1. 流管与流束

在流场中任意取出一个有流体从中通过的封闭曲线，过封闭曲线上的每个点作适当长度的流线，这无数流线组成的曲面称为流面，这个管状曲面通常称为流管，流管内部的全部流体叫作流束。封闭曲线取在管道内壁周线上，则流束就是充满管道内部的全部流体，这种情况通常称为总流。流管连同两侧的断面组成一个流管控制体，与速度方向相互垂直的断面称为过流断面。

单位时间内流体通过某一控制面的流体量称为流量。如果控制面是过流断面，故其流量表达式如下：

在微团流束上

$$\mathrm{d}q_v = v\mathrm{d}A \tag{3.26}$$

在平面截面上

$$q_v = \int_A v\mathrm{d}A = vA \tag{3.27}$$

在曲面截面上

$$q_v = \iint_A v\mathrm{d}A = vA \tag{3.28}$$

管中平均速度

$$\bar{v} = \frac{q_v}{A} \tag{3.29}$$

2. 连续性方程式

定常流动连续性方程为

$$\oiint_A \rho v \cdot dA = 0 \tag{3.30}$$

不可压缩定常流动连续性方程为

$$\oiint_A v \cdot dA = 0 \tag{3.31}$$

一维定常流动连续方程式为

$$\rho_1 \bar{v}_1 A_1 = \rho_2 \bar{v}_2 A_2 \tag{3.32}$$

一维定常不可压缩流动连续方程式为

$$\bar{v}_1 A_1 = \bar{v}_2 A_2 \tag{3.33}$$

式(3.32)和式(3.33)中的 $\rho_1 \bar{v}_1$、$\rho_2 \bar{v}_2$ 均为过流面上的平均值。

直角坐标系三维流动连续方程式

$$\frac{\partial(\rho v_x)}{\partial x} + \frac{\partial(\rho v_y)}{\partial y} + \frac{\partial(\rho v_z)}{\partial z} + \frac{\partial \rho}{\partial t} = 0 \tag{3.34}$$

三维定常流动连续方程式

$$\frac{\partial(\rho v_x)}{\partial x} + \frac{\partial(\rho v_y)}{\partial y} + \frac{\partial(\rho v_z)}{\partial z} = 0 \tag{3.35}$$

三维定常不可压缩流动简化为

$$\frac{\partial v_x}{\partial x} + \frac{\partial v_y}{\partial y} + \frac{\partial v_z}{\partial z} = 0 \tag{3.36}$$

3.1.3　黏性流体的两种流动状态

1. 流态与雷诺实验

实际黏性流体质点的运动会出现两种不同的流动状态，一种是所有流体质点作定向有规则的运动，称为层流状态；另一种是作无规则不定向的混杂运动，称为湍流或紊流。

雷诺实验揭示了重要的流体流动机理，由层流向过渡状态转变的临界速度称为上临界速度，用符号 v_c'表示；将由过渡状态向层流转变的临界速度称为下临界速度，用符号 v_c 表示。实验发现，上临界速度的大小不稳定，而下临界速度则比较稳定；由过渡状态到层流状态转变的下临界速度比由层流向过渡状态转变的上临界速度要小。层流和湍流的速度场如下：

$$\boldsymbol{v} = v_x \boldsymbol{i} \quad \text{（层流）}$$

$$\boldsymbol{v} = v_x \boldsymbol{i} + v_y \boldsymbol{j} + v_z \boldsymbol{k} \quad \text{（湍流）}$$

2. 雷诺数与流态判别

雷诺发现，黏性流体流动是层流还是湍流与流速 v、密度 ρ、动力黏度 μ、管道的特征尺寸 L(圆管流动时为管径 d)有关，无量纲准则数 $\rho vL/\mu$ 即雷诺数 Re 可以用来判断流动的状态，运动黏度 $\nu=\mu/\rho$，则雷诺数为

$$Re = \frac{\rho vL}{\mu} = \frac{vL}{\nu} \tag{3.37}$$

对于圆管

$$Re = \frac{\rho vd}{\mu} = \frac{vd}{\nu} \tag{3.38}$$

上临界雷诺数 Re_c' 和下临界雷诺数 Re_c 分别表示为

$$Re_c' = \frac{\rho v_c' d}{\mu} = \frac{v_c' d}{\nu} \tag{3.39}$$

$$Re_c = \frac{\rho v_c d}{\mu} = \frac{v_c d}{\nu} \tag{3.40}$$

对于圆管流动雷诺实验测定：$Re_c' = 13800 \sim 40000$；$Re_c = 2320$。上临界雷诺数的大小很不稳定，下临界雷诺数则相对稳定。一般利用下临界雷诺数 Re_c 来判断流动的状态，即

当 $Re_c < 2320$ 时，管中流动为层流；

当 $Re_c > 2320$ 时，管中流动为湍流。

3. 非圆截面直管流动雷诺数

非圆截面直管水力直径

$$d_H = 4\frac{A}{x} \tag{3.41}$$

式中，A 为过流断面面积；x 为断面 A 上被流体湿润的固壁周线长，称为湿周。

相应的雷诺数为

$$Re = \frac{v d_H}{\nu} \tag{3.42}$$

不同形状过流断面水力直径 d_H、雷诺数计算和临界雷诺数可由表 3.1 查取。

表 3.1 不同形状过流断面水力直径 d_H

管道断面形状	正方形	正三角形	同心缝隙	偏心缝隙
$Re = \frac{v}{\nu} d_H$	$\frac{v}{\nu} a$	$\frac{v}{\nu}\frac{a}{\sqrt{3}}$	$\frac{v}{\nu} 2\delta$	$\frac{v}{\nu}(D-d)$
Re_c	2070	1930	1100	1000

3.1.4 流体微团的运动分析

三维流动的连续方程式提供了为使流体呈现连续状态时质点速度各分量之间所必须保持的关系，但并没有说明在这种关系支配之下的质点速度究竟可能包含一些什么样的运动成分。刚体的一般运动可以分解为平移和转动之和。流体运动要比刚体运动复杂，因为它除了平移和转动外，还有变形运动。

流体相对线变形速度 θ 为

$$\left.\begin{aligned} \theta_{xx} &= \frac{\partial v_x}{\partial x} \\ \theta_{yy} &= \frac{\partial v_y}{\partial y} \\ \theta_{zz} &= \frac{\partial v_z}{\partial z} \end{aligned}\right\} \tag{3.43}$$

纯剪变形角速度 ε 为

$$
\left.\begin{aligned}
\varepsilon_{xy} &= \varepsilon_{yx} = \frac{1}{2}\left(\frac{\partial v_x}{\partial y} + \frac{\partial v_y}{\partial x}\right)\\
\varepsilon_{yz} &= \varepsilon_{zy} = \frac{1}{2}\left(\frac{\partial v_y}{\partial z} + \frac{\partial v_z}{\partial y}\right)\\
\varepsilon_{zx} &= \varepsilon_{xz} = \frac{1}{2}\left(\frac{\partial v_z}{\partial x} + \frac{\partial v_x}{\partial z}\right)
\end{aligned}\right\} \tag{3.44}
$$

旋转角速度 ω 为

$$
\left.\begin{aligned}
\omega_x &= \frac{1}{2}\left(\frac{\partial v_z}{\partial y} - \frac{\partial v_y}{\partial z}\right)\\
\omega_y &= \frac{1}{2}\left(\frac{\partial v_x}{\partial z} - \frac{\partial v_z}{\partial x}\right)\\
\omega_z &= \frac{1}{2}\left(\frac{\partial v_y}{\partial x} - \frac{\partial v_x}{\partial y}\right)
\end{aligned}\right\} \tag{3.45}
$$

质点三个方向速度分量(式)为

$$
\left.\begin{aligned}
v'_x &= v_x + \theta_{xx}\mathrm{d}x + \varepsilon_{xy}\mathrm{d}y + \varepsilon_{xz}\mathrm{d}z + \omega_y\mathrm{d}z - \omega_z\mathrm{d}y\\
v'_y &= v_y + \theta_{yy}\mathrm{d}y + \varepsilon_{yz}\mathrm{d}z + \varepsilon_{yx}\mathrm{d}x + \omega_z\mathrm{d}x - \omega_x\mathrm{d}z\\
v'_z &= v_z + \theta_{zz}\mathrm{d}z + \varepsilon_{zx}\mathrm{d}x + \varepsilon_{zy}\mathrm{d}y + \omega_x\mathrm{d}y - \omega_y\mathrm{d}x
\end{aligned}\right\} \tag{3.46}
$$

这就是流体微团的速度分解公式,也称亥姆霍兹速度分解定理。这说明:一般情况下,流体微团运动是由平移、变形(包括直线变形与剪切变形)、旋转三种运动所构成。

3.1.5　理想流体的旋涡流动

1. 理想流体旋涡流场

按照流场中每一个流体微团是否旋转可以将流动分为两大类:无旋运动和有旋运动。不存在旋涡的流动,称为无旋运动,又称为位势流动或有势流动。

流体在运动中,它的微小单元只有平动或变形,但不发生旋转运动,即流体质点不绕其自身任意轴转动,称为无旋运动。对于无旋流,旋转角速度为零,即 $\omega_x = \omega_y = \omega_z = 0$。均匀流动是无旋流动。

涡线是涡旋场中这样的一条曲线,在某一瞬时,该曲线上每一点的切线方向和该点的涡旋方向相同。涡线微分方程为

$$
\frac{\mathrm{d}x}{\omega_x} = \frac{\mathrm{d}y}{\omega_y} = \frac{\mathrm{d}z}{\omega_z} \tag{3.47}
$$

在某一瞬时,在涡旋场中任取一条封闭曲线(不是涡线),过曲线上的每一点作涡线,这些涡线所组成的管状曲面称为涡管。涡管中作旋转运动的流体称为涡束。如果垂直于涡线的截面积为 $\mathrm{d}A$,则通过涡管的任意有限面积 A 的涡通量为

$$
J = \int_A (\boldsymbol{\omega} \cdot \boldsymbol{n})\mathrm{d}A \tag{3.48}
$$

式中,$\boldsymbol{n}$ 为截面积的单位法向矢量。涡通量表示涡束的旋涡强度。

如图 3.1 所示,假设某一瞬时 t,在流动空间中取任意曲线 AB,在 AB 曲线上的 M 点处取微团线段 $\boldsymbol{dl}$,M 点速度为 $\boldsymbol{v}$,$\boldsymbol{v}$ 与 $\boldsymbol{dl}$ 夹角为 α,则称

$$
\mathrm{d}\Gamma = \boldsymbol{v} \cdot \mathrm{d}\boldsymbol{l} = v\mathrm{d}l\cos\alpha = v_l\mathrm{d}l
$$

为沿线段 $\mathrm{d}l$ 的速度环量。

沿 AB 曲线的速度环量为

$$\Gamma_{AB}=\int_A^B v\cos\alpha\,\mathrm{d}l$$

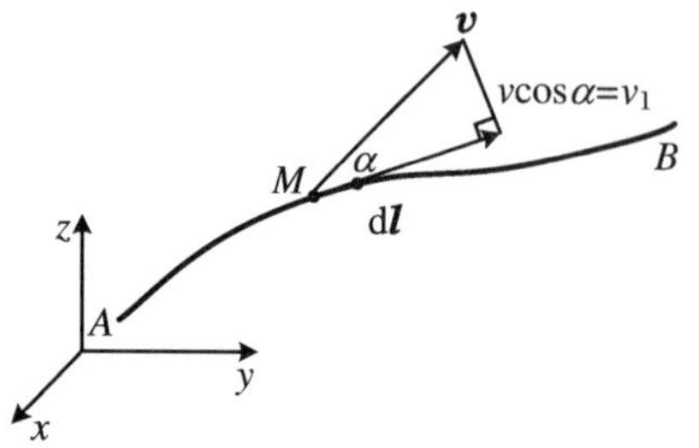

沿任意封闭曲线 L 的速度环量为

$$\Gamma_L=\int_L \boldsymbol{v}\cdot\mathrm{d}\boldsymbol{l}=\int_L v\cos\alpha\,\mathrm{d}l$$

如果 $\mathrm{d}x$,$\mathrm{d}y$ 和 $\mathrm{d}z$ 为 $\mathrm{d}\boldsymbol{l}$ 在坐标轴上的投影,则

$$\boldsymbol{v}\cdot\mathrm{d}\boldsymbol{l}=v_x\mathrm{d}x+v_y\mathrm{d}y+v_z\mathrm{d}z$$

所以

$$\Gamma_{AB}=\int_A^B v_x\mathrm{d}x+v_y\mathrm{d}y+v_z\mathrm{d}z \tag{3.49}$$

$$\Gamma_L=\int_L v_x\mathrm{d}x+v_y\mathrm{d}y+v_z\mathrm{d}z \tag{3.50}$$

图 3.1 速度环量

速度环量是标量,规定积分方向取逆时针方向,速度方向与积分路线方向相同(或成锐角)为正,相反为负。

2. 理想流体旋涡运动基本定理

斯托克斯定理:沿任意封闭曲线 L 的速度环量,等于穿过该曲线所包围的面积的涡通量的两倍,即

$$\Gamma_L=2J \tag{3.51}$$

有旋流动空间既是速度场,又是旋涡场,斯托克斯定理建立了这两个场之间的关系,将涡通量和速度环量联系起来,给出了通过速度环量求解涡通量的方法。如果封闭曲线 L 上所有点的速度与该点切线垂直,那么沿封闭曲线 L 的速度环量为零。在无旋流动中,沿任何封闭周线的速度环量为零。斯托克斯定理适用于单连通域,对复连通域要进行一些变换。

汤姆逊定理:在有势的质量力的作用下,理想的正压流体中沿任意封闭曲线的速度环量不随时间而变化,即

$$\frac{\mathrm{d}\Gamma}{\mathrm{d}t}=0 \tag{3.52}$$

在有势的质量力的作用下,在理想的不可压缩流体中,如果开始时没有旋涡,旋涡就不可能在流动过程中产生;或者相反,即若初始有旋涡,则旋涡将始终保持下去,不会消失。如果流体从静止状态开始运动,由于某种原因产生旋涡,则在该瞬时必然产生一个环量大小相等、方向相反的旋涡,并且保持环量为零。只有存在黏性的实际流体,旋涡才会产生和消失。汤姆逊定理不适应实际黏性流体,或适应黏性影响较小,时间较短的实际流体。

3.1.6 平面势流

平面流动(或二维流动)是指对任一时刻,流场中各点的流体速度都平行于某一固定平面的流动,并且流场中诸如速度、压强、密度等物理量在流动平面的垂直方向上没有变化。即所有决定运动的函数仅与两个坐标及时间有关。如果这种流动是有势的,即流体微团本身没有旋转运动,则这种流动称为平面有势流动,简称平面势流。

1. 速度势函数

无旋流动中旋转角速度 $\omega=0$,不可压缩流体连续性方程$\nabla\times\boldsymbol{v}=\boldsymbol{0}$,故有

$$\left.\begin{aligned}\omega_x &= \frac{1}{2}\left(\frac{\partial v_z}{\partial y} - \frac{\partial v_y}{\partial z}\right) = 0 \\ \omega_y &= \frac{1}{2}\left(\frac{\partial v_x}{\partial z} - \frac{\partial v_z}{\partial x}\right) = 0 \\ \omega_z &= \frac{1}{2}\left(\frac{\partial v_y}{\partial x} - \frac{\partial v_x}{\partial y}\right) = 0\end{aligned}\right\} \tag{3.53}$$

或

$$\left.\begin{aligned}\frac{\partial v_y}{\partial x} &= \frac{\partial v_x}{\partial y} \\ \frac{\partial v_x}{\partial z} &= \frac{\partial v_z}{\partial x} \\ \frac{\partial v_z}{\partial y} &= \frac{\partial v_y}{\partial z}\end{aligned}\right\} \tag{3.54}$$

速度势函数全微分定义

$$\mathrm{d}\varphi = \frac{\partial \varphi}{\partial x}\mathrm{d}x + \frac{\partial \varphi}{\partial y}\mathrm{d}y + \frac{\partial \varphi}{\partial z}\mathrm{d}z = v_x \mathrm{d}x + v_y \mathrm{d}y + v_z \mathrm{d}z \tag{3.55}$$

所以

$$\left.\begin{aligned}v_x &= \frac{\partial \varphi}{\partial x} \\ v_y &= \frac{\partial \varphi}{\partial y} \\ v_z &= \frac{\partial \varphi}{\partial z}\end{aligned}\right\} \tag{3.56}$$

矢量形式

$$\boldsymbol{v} = \nabla \varphi \tag{3.57}$$

$$\nabla^2 \varphi = 0 \tag{3.58}$$

式中，$\nabla^2 = \nabla \cdot \nabla$，称为拉普拉斯算子；式(3.58)称为拉普拉斯方程。

在直角坐标系中，拉普拉斯方程的形式为

$$\frac{\partial^2 \varphi}{\partial x^2} + \frac{\partial^2 \varphi}{\partial y^2} + \frac{\partial^2 \varphi}{\partial z^2} = 0 \tag{3.59}$$

称满足拉普拉斯方程的流动为有势流动，反过来说就是理想的、不可压缩的、无旋的流场受拉普拉斯方程支配。无旋流动也称为有势流动。

重力场中平衡流体的力势函数为

$$W = gz \tag{3.60}$$

因为在力学上，mgz 代表质量为 m 的物体在基准面以上高度为 z 时的位置势能，因而质量力势函数 $W = gz$ 的物理意义是单位质量($m = 1$)流体在基准面以上高度为 z 时所具有的位置势能。

2. 流函数

流函数为常数的线就是流线。势函数的出发点是无旋流动，而流函数的出发点是更广阔的连续性方程。能恒满足连续性方程的函数称为流函数。不可压缩平面流动连续方程式为

$$\frac{\partial v_x}{\partial x} = -\frac{\partial v_y}{\partial y}$$

流函数 $\Psi(x,y)$的全微分形式

$$d\Psi = v_x dy - v_y dx = \frac{\partial \Psi}{\partial x}dx + \frac{\partial \Psi}{\partial y}dy \tag{3.61}$$

$$v_x = \frac{\partial \Psi}{\partial y}, \quad v_y = -\frac{\partial \Psi}{\partial x} \tag{3.62}$$

则流函数 Ψ 自动满足连续方程

$$\frac{\partial v_x}{\partial x} + \frac{\partial v_y}{\partial y} = \frac{\partial}{\partial x}\left(\frac{\partial \Psi}{\partial y}\right) + \frac{\partial}{\partial y}\left(-\frac{\partial \Psi}{\partial x}\right) = 0$$

流函数与势函数具有下列性质：

(1) 流函数值相等 $\Psi = C$，$d\Psi = 0$，流函数等值线方程 $v_x dy - v_y dx = 0$，即

$$\frac{dx}{v_x} = \frac{dy}{v_y}$$

上式为平面流动的流线方程。

(2) 两条流线间流动的流体流量等于这两条流线的流函数值之差，即

$$q = \int_{\Psi_1}^{\Psi_2} d\Psi = \Psi_2 - \Psi_1$$

(3) 平面无旋流动的等流函数线(流线)与等势线正交。

(4) 平面无旋流动的流函数满足拉普拉斯方程，是调和函数，满足

$$\frac{\partial^2 \Psi}{\partial^2 x} + \frac{\partial^2 \Psi}{\partial^2 y} = 0$$

且满足

$$\begin{cases} \dfrac{\partial \varphi}{\partial x} = \dfrac{\partial \Psi}{\partial y} \\ \dfrac{\partial \varphi}{\partial y} = -\dfrac{\partial \Psi}{\partial x} \end{cases}$$

即流函数与势函数互为共轭函数。流函数从满足不可压缩流体平面流动的连续方程出发而定义，因此适用于无旋和有旋流动，在无旋条件下满足拉氏方程。势函数从满足无旋条件出发而定义，因此只适用于势流，在不可压缩流体条件下满足拉氏方程。

3.2 习题解析

3.2.1 选择、判断与填空

1. 下列有关迹线和流线的描述中，正确的是(   )。

A. 任意状况下，流线和迹线都不重合

B. 不同时刻流线的形状、位置不会发生变化，且与迹线重合

C. 不可压缩流动情况下，流线的疏密可以反映出流速(度)的相对大小

D. 在风向及风速变化的天气观察到的从烟囱里冒出的烟是流线

答案：C

2. 从本质上讲，湍流应属于(   )。

A. 定常流　　B. 非定常流　　C. 均匀流　　D. 定常非均匀流

答案：B

3. 在运动流体中,方程$\dfrac{p}{\rho g}+z=C$(　　)。

A. 完全不适用　　B. 只适用于渐变流的垂直断面

C. 只适用于沿流线　　D. 只适用于急变流的垂直断面

答案:B

4. 在不同粒径的泥沙颗粒中,起动流速和止动流速的量值相差最大的是(　　)。

A. 粉沙　　B. 黏粒　　C. 砾石　　D. 以上都不是

答案:B

5. 下列水流中,时变(当地)加速度为 0 是(　　)。

A. 定常流　　B. 均匀流　　C. 层流　　D. 一元流

答案:A

6. 流线与流线(　　)。

A. 可以相交,也可以相切　　B. 可以相交,但不可以相切

C. 可以相切,但不可以相交　　D. 不可以相交,也不可以相切

答案:C

7. 在定常流中,水流的(　　)为 0。

A. 迁移加速度　　B. 当地加速度　　C. 切应力　　D. 速度

答案:B

8. 理想不可压缩液体定常流动,当质量力仅为重力时(　　)。

A. 整个流场内各点的总水头相等　　B. 同一流线上的各点总水头相等

C. 同一流线上总水头沿程减小　　D. 同一流线上总水头沿程增加

答案:B

9. 流线(　　)。

A. 在定常流中是固定不变的　　B. 只存在于均匀流中

C. 总是与质点的运动轨迹重合　　D. 是与速度分量正交的线

答案:A

10. 已知不可压缩流体的断面流速分布为 $v_x=f(y,z)$,$v_y=v_z=0$,则该流动属于(　　)。

A. 定常流　　B. 非定常流　　C. 一维流　　D. 二维流

E. 三维流

答案:A; D

11. 在不可压缩流体的管流中,如果管流两个截面的直径比为 $d_1/d_2=3$,则相应的雷诺数之比为 $Re_1/Re_2=$(　　)。

A. 9　　B. 3　　C. 1/9　　D. 1/3

答案:D

12. 定常流的定义是(　　)。

A. 各过流断面的速度分布相同

B. 流动随时间按一定规律变化

C. 流场中任意空间点的运动要素不随时间变化

D. 各过流断面压强相同

答案:C

13. 均匀流的总水头线与测压管水头线的关系是(　　)。

A. 互相平行的直线　　B. 互相平行的曲线

C. 互不平行的直线　　D. 互不平行的曲线

答案:A

14. 当水流的平均纵向流速大于起动流速时,泥沙颗粒从床面起动;当流速小于止动流速时,颗粒从运动转为静止,其中起动流速总是(　　)止动流速。

A. 大于　　B. 约等于　　C. 小于　　D. 不确定

答案:A

15. 某变径管的雷诺数之比 $Re_1 : Re_2 = 1 : 2$,则其管径之比 $d_1 : d_2$ 为(　　)。

A. 2∶1　　B. 1∶1　　C. 1∶2　　D. 1∶4

答案:A

16. 缓变流断面的水力特性(　　)。

A. 质量力只有惯性力　　B. $z+\dfrac{p}{\rho g}=$常数

C. $z+\dfrac{p}{\rho g}+\dfrac{v^2}{2g}=$常数　　D. $p=$常数

答案:B

17. 在受到剪切力作用而运动的黏性流体中取一特定的系统,则该系统(　　)。

A. 与外界一定存在质量交换

B. 是欧拉方法下的概念

C. 形状、大小均随流体质点的运动而变化

D. 一般来说是固定不动的

答案:C

18. 断面单位能量 E_s 随水深 h 的变化规律是(　　)。

A. E_s 存在极大值　　B. E_s 存在极小值

C. E_s 随 h 增加而单调增加　　D. E_s 随 h 增加而单调减小

答案:B

19. 速度势函数 φ 存在的条件是(　　)。

A. 定常流动　　B. 不可压缩流体　　C. 无旋流动　　D. 二维流动

答案:C

20. 下列流动中,一定存在势函数的流动是(　　)。

A. 流体质点的迹线为直线的流动

B. 流体质点的迹线为圆的流动

C. 任一流体微团的旋转角度速度为零的流动

D. 定常流动

答案:C

21. 定常平面不可压缩流场中,通过两点间连线的体积流量等于(　　)值的差值。

A. 速度势函数　　B. 速度　　C. 压强　　D. 流函数

答案:D

22. 平面不可压缩流场中的流网是由(　　)构成的。

A. 流线和迹线　　B. 流线和等势线　　C. 流线和等压线　　D. 等势线和等压线

答案:B

23. 理想液体定常有势流动,当质量力仅为重力时(　　)。

A. 整个流场内各点 $z+\frac{p}{\rho g}+\frac{v^2}{2g}$ 相等　　B. 仅沿同一流线上 $z+\frac{p}{\rho g}+\frac{v^2}{2g}$ 相等

C. 任意两点间 $z+\frac{p}{\rho g}+\frac{v^2}{2g}$ 都不相等　　D. 流场内各点 $\frac{p}{\rho g}$ 相等

答案:A

24. 判断题:均匀流流场内的压强分布规律与静水压强分布规律相同。

答案:错。流动液体的压强分布都应该遵循伯努利方程,并不和静水压强分布完全相同。

25. 判断题:用欧拉法描述流体运动,质点加速度等于时变加速度和位变加速度之和。

答案:对

26. 判断题:迹线是描述同一个液体质点在流场中运动时的速度方向的曲线。

答案:错。解析:不是,流线才是描述液体速度方向的,迹线描述的是质点的运动轨迹。

27. 判断题:急变流不可能是均匀流。

答案:对

28. 判断题:定常流是指流场内任意两点间的流速矢量相等。

答案:错

29. 判断题:流线为直线的流动也有可能是有旋流动。

答案:对

30. 判断题:根据牛顿内摩擦定律,液体流层间发生相对运动时,液体所受到的黏性内摩擦切应力与流体微团角变形成正比。

答案:错。根据牛顿内摩擦定律,液体流层间发生相对运动时,液体所受到的黏性内摩擦切应力与流体微团的角变形率(单位时间的角变形)成正比。

31. 判断题:在有压管流中,临界雷诺数与管径和流速无关,仅与液体种类有关。

答案:错。临界雷诺数不仅与管径和流速有关,也与液体种类有关。

32. 判断题:飞机在静止的大气中作等速直线飞行,从飞机上观察,其周围的气流流动为定常流动。

答案:对。飞机在静止的大气中做等速直线飞行,从飞机上观察,周围的气流以相同恒定的速度向反方向流动,但当有类似于卡门涡街的绕流时,局部会出现非定常流现象。

33. 判断题:不可压缩流体连续性微分方程 $\frac{\partial v_x}{\partial x}+\frac{\partial v_y}{\partial y}+\frac{\partial v_z}{\partial z}=0$ 只能用于定常流。

答案:错。不可压缩流体连续性微分方程 $\frac{\partial v_x}{\partial x}+\frac{\partial v_y}{\partial y}+\frac{\partial v_z}{\partial z}=0$ 可以用于任何不可压缩流体。

34. 描述液体运动的两种方法分别为____________、____________。

答案:拉格朗日法;欧拉法

35. 运动要素随__________而变化的液流称为二维(元)流。运动要素随__________而变化的液流称为非定常流。

答案:2 个坐标变量;时间

36. 定常流是各空间点上的运动参数都不随____________变化的流动。

答案:时间

37. 流体质点加速度 = 当地加速度 + 迁移加速度,其中当地加速度是由于流场的____________引起的;迁移加速度是由于流场的____________引起的。

答案:非定常性;不均匀性

38. 直角坐标系下的流线方程为:________________________。当流动__________时流线和迹线相同。

答案:$\frac{dx}{v_x}=\frac{dy}{v_y}=\frac{dz}{v_z}$;定常

39. 描述流体运动的方法有两种:一是以流体质点为对象的____________法;二是以流动参数的时空分布为对象的____________法。

答案:拉格朗日;欧拉

40. 在渐变流过流断面上,压强分布规律的表达式为____________。

答案:$z+\frac{p}{\rho g}=\text{const}$

41. 将水流的运动定义为均匀流、非均匀流是基于描述水流运动的____________方法,当____________ = 0 时水流的运动是均匀流。

答案:欧拉;位变加速度

42. 定常流动的____________加速度为零,均匀流动的____________加速度为零。

答案:当地;迁移

43. 雷诺试验揭示了液体存在______和____________两种流态,并可用____________来判别液流的流态。

答案:层流;湍流(紊流);下临界雷诺数

44. 渐变流流线的特征是____________________。

答案:同一流线上各流体质点的总水头值相等

45. 从湍流过渡到层流时的雷诺数称为____________雷诺数。从层流过渡到湍流时的雷诺数称为____________雷诺数。

答案:下临界;上临界

46. 当液流为____________时,流线与迹线重合。

答案:定常流

47. 某变径管两断面的雷诺数之比为 1/4,则其管径之比为____________。

答案:4∶1

48. 平面不可压缩流体的流动存在流函数的条件是流速 v_x 和 v_y 满足____________。(提示:连续方程)

答案:连续方程$\frac{\partial v_x}{\partial x}+\frac{\partial v_y}{\partial y}=0$

49. 液体质点运动的基本形式包含平移、旋转、____________和____________。

答案:线变形;角变形

50. 雷诺数的物理意义是＿＿＿＿＿＿＿＿＿＿。

答案：表征惯性力与黏性力的比值

51. 流体质点的运动基本形式有＿＿＿＿＿＿、＿＿＿＿＿＿和＿＿＿＿＿＿。

答案：平移；变形；旋转

52. 1883 年，英国科学家雷诺发现了通道内流动存在两种流态：＿＿＿＿和＿＿＿＿。

答案：层流；湍流(紊流)

53. 存在速度势函数的条件是流动为＿＿＿＿＿＿流动。

答案：无旋

3.2.2　思考简答

1. 名词解释：拉格朗日观点和欧拉观点。

答案：(1) 在描述流体运动时，着眼于流点的运动状况的流动描述方法(或观点)即为拉格朗日观点。例如用河流中随波漂流的浮标来观察河水的运动；跟踪台风来观察台风路径；气象学上用小球测风得到小球的运动轨迹，然后根据几何方法得出风向、风速等均为拉格朗日观点。

拉格朗日观点特点是，着眼于流体质点，设法描述出每个流体质点自始至终的运动规律，即它们的位置随时间变化的规律。知道了每个流点的运动规律，整个流体运动的状况也就知道了。

(2) 欧拉观点在描述流体运动时，其着眼点不在运动流点上，而是在任意空间固定点上来考察流动状况。如固定的测风仪器测风，洋面上固定的浮标站等。

欧拉观点的特点是着眼于空间，设法在空间中的每一点上描述出流体运动的变化状况。如果每一点的流体运动都知道了，则整个流体的运动状况也清楚了。

2. 名词解释：流线与迹线。

答案：流线是某瞬时流场中的一条空间曲线，该瞬时曲线上的点的速度与该曲线相切。迹线则是指流体微元的运动轨迹。

3. 名词解释：均质不可压缩流体。

答案：不计压缩性和热胀性，密度可视为常数的流体。

4. 名词解释：系统、控制体。

答案：系统是一团流体质点的集合，它始终包含着相同的流体质点，而且具有相同确定的质量。控制体是指流场中某一确定的空间区域，这个区域的周界称为控制面。控制体的形状和位置相对于所选定的坐标系统是固定不变的，它所包含的流体的量可能时刻改变。

5. 名词解释：层流、湍流(紊流)。

答案：层流是指定向有规律的定常流动；湍流是指不定向混杂的流动。

6. 名词解释：层流。

答案：流体呈层状流动，各流层互不掺混，流层间服从牛顿内摩擦定律。

7. 名词解释：均匀流与缓变流。

答案：均匀流是指流场中在任意给定的瞬时，任意点的速度矢量完全一致；缓变流是指流线间夹角很小的流动。

8. 名词解释：均匀流。

答案：位变导数为零的流场中的流动称为均匀流。

9. 名词解释:定常与非定常流动。

答案:流体运动的运动参数在每一时刻都不随时间发生变化,则这种流动为定常流动。流体运动的参数在每一时刻都随时间发生变化,则这种流动为非定常流动。

10. 名词解释:流管与流线。

答案:流线仅一条线,流管由经过空间一条封闭曲线各点的众多流线构成一个假想的管道。

11. 名词解释:有旋流动、无旋流动。

答案:流体微团的旋转角速度不等于零的流动称为有旋运动;流体微团的旋转角速度等于零的流动称为无旋流动。

12. 简述研究流体运动的两种方法及它们的主要区别。

答案:研究流体运动的方法主要有两种:① 拉格朗日法。把流体质点作为研究对象,跟踪一个质点,描述它运动的历史过程,并把足够多的质点运动情况综合起来,可以了解整个流体的运动;② 欧拉法。主要研究流场中的空间点,观察质点流经每个空间上运动要素随时间变化的规律,把足够多的空间点综合起来得出整个流体运动的规律。

13. 欧拉法、拉格朗日方法各以什么作为其研究对象?对于工程来说,哪种方法是可行的?

答案:欧拉法以流场为研究对象,拉格朗日方法以流体质点为研究对象。在工程中,欧拉法是可行的。

14. 试述流体运动的拉格朗日法和欧拉法各自的特点。

答案:(1) 拉格朗日法。物理概念直观,较易理解,表达式为 $X=X(a,b,c,t)$;应用困难,需求出 x、y、z,数学上困难;工程实用性差,工程问题中并不需要知道质点运动的轨迹,以及沿轨道的速度变化。

(2) 欧拉法。研究多时刻流场内固定空间点上所引起经过的质点的运动情况。同一时刻上,不同空间点有不同的质点通过;同一空间点,不同时刻也有不同的质点通过。

15. 简述定常流动和非定常流动的区别,结合工程实例说明。

答案:流场中流动参数不随时间变化的流动称为定常流动,否则为非定常流动,并且与参考坐标系的选择有关。例如,船在静止的水流中缓慢等速直线行驶,在岸上的人看来(坐标系选在岸上),船周围的水流是非定常的。但在船上的人看来(坐标系选在船上),船周围的水流则是定常的,这相当于船不动,水以与船同样大小的速度从远处向船流过来。

16. 简述工程流体力学中的缓变流断面及引入的目的。

答案:在缓变流断面,流线间夹角很小,近似平行。流线曲率半径很大,近似直线流动。引入缓变流断面的目的是忽略由于速度的变化而产生的惯性力。

17. 在描述流动时常用到流线,迹线和脉线等概念。试问陨石下坠时在天空划过的白线是什么线?烟囱里冒出的烟是什么线?

答案:陨石下坠时在天空划过的白线是迹线,烟囱里冒出来的烟是脉线。

18. 流线、迹线各有何性质?什么是色线?色线有些什么作用?

答案:流线的性质:① 同一时刻的不同流线,不能相交;② 流线不能是折线,而是一条光滑的曲线;③ 流线簇的疏密反映了速度的大小(流线密集的地方流速大,稀疏的地方流速小)。色线又称脉线,是源于一点的很多流体质点在同一瞬时的连线。色线可用于流动显示,在定常流动时,色线就代表了流线与迹线。

19. 简述流线、迹线及其主要区别。

答案:把某一质点在连续时间过程内所占据的空间位置连成线,就是迹线,迹线就是流体质点在一段时间内运动的轨迹线,一般用拉格朗日法研究。流线在某一瞬时在流场中绘出的曲线,在这条曲线上所有质点的速度矢量都和该曲线相切,一般用欧拉法研究。

20. 定常流、均匀流等各有什么特点?

答案:定常流是指各运动要素不随时间变化而变化,定常流时流线与迹线重合,且时变加速度等于0。均匀流是指流速不随空间变化而变化,均匀流时位变加速度等于0。

21. 实际水流中存在流线吗? 引入流线概念的意义何在?

答案:不存在。引入流线概念是为了便于分析流体的流动,确定流体流动趋势。

22. 实际流体区别于理想流体有何特点? 理想流体的运动微分方程与实际流体的运动微分方程有何联系?

答案:实际流体具有黏性,存在切应力;实际流体的运动微分方程中等式的左边比理想流体运动微分方程增加了由于黏性而产生的切应力这一项。

23. “只有当过水断面上各点的实际流速均相等时,水流才是均匀流”,该说法是否正确? 为什么?

答案:不对。均匀流是指流速的大小与方向沿程不发生改变,并非对同一过水断面上的各点流速而言。

24. 连续性微分方程有哪几种形式? 不可压缩流体的连续性微分方程说明了什么问题?

答案:一般形式,定常流,不可压缩流;质量守恒。

25. 简述层流与湍流。

答案:(1) 层流:流体质点平行向前推进,各层之间无掺混。主要以黏性力为主,表现为质点的摩擦和变形。

湍流:单个流体质点无规则的运动,不断掺混、碰撞,整体以平均速度向前推进。主要以惯性力为主,表现为质点的撞击和混掺。

26. 雷诺数与哪些因数有关? 其物理意义是什么? 当管道流量一定时,随管径的加大,雷诺数是增大还是减小?

答案:雷诺数与流体的黏度、流速及水流的边界形状有关。Re = 惯性力/黏滞力,$Re = \frac{\rho vd}{\mu} = \frac{vd}{\nu}$。随 d 加大,雷诺数 Re 减小。

27. 为什么用下临界雷诺数,而不用上临界雷诺数作为层流与湍流的判别准则?

答案:上临界雷诺数不稳定,而下临界雷诺数较稳定,只与水流的过水断面形状有关。

28. 当管流的直径由小变大时,其下临界雷诺数如何变化?

答案:不变,Re_c 只取决于水流边界形状,即水流的过水断面形状。

29. 流动满足质量守恒的表达式是什么? 不可压缩流体的方程被简化成什么形式?

答案:流体流动中满足质量守恒的表达式为$\frac{\partial p}{\partial t} + \nabla \cdot (\rho \boldsymbol{v}) = 0$;对于不可压缩流体流动,简化为$\nabla \cdot \boldsymbol{v} = 0$。

30. 简要回答流体微团运动的基本形式有哪几种。

答案：主要有平移运动、线变形运动、角变形运动、转动运动（平移线变形＋转动）等几种形式。

31. 试述物质导数（又称随体导数）和当地导数的定义，并阐述两者的联系。

答案：物质导数是研究流体随体运动的物理量的时间变化率，数学描述为$\frac{\mathrm{d}}{\mathrm{d}t}$或$\left.\frac{\partial}{\partial t}\right|_{a,b,c}$。当地导数是指欧拉描述空间中空间点上的物理量随时间的变化率，数学描述为$\frac{\partial}{\partial t}$，两者间的关系为$\frac{\mathrm{d}}{\mathrm{d}t}=\frac{\partial}{\partial t}+(\boldsymbol{v}\cdot\nabla)v$。

32. 简述质量力、表面力的作用面及大小。

答案：质量力作用于流体每一质点上，大小与作用的流体质量成正比；表面力作用于流体表面上，大小与受作用的流体表面积成正比。

33. 黏性流体在圆管中的层流流动是有旋流动还是无旋流动？

答案：由于$\frac{\mathrm{d}v}{\mathrm{d}y}\neq 0$，因此流动有旋。

34. 黏性流有可能是无旋流吗？为什么？

答案：可能；会发生在黏性可忽略的情况下。例如，水和空气，静止时是无旋的，由于它们的黏滞性很小，当它们由静止过渡到运动时，在短距离内可以认为是无旋运动。又如，水从水库或大小水箱流入容器时，可认为是无旋流动。再如，在很宽的矩形顺坡渠道中，在距渠壁较远的纵剖面上，液体质点也可以认为是无旋流。

35. 什么是有旋流、无旋流？它们各有什么特点？

答案：有旋流：质点具有绕自身任意轴旋转的角转速，ω_x、ω_y、ω_z 中至少有一个不等于0。无旋流：质点不具有绕自身任意轴旋转的角转速，即 $\omega_x=\omega_y=\omega_z=0$。

36. 分别写出恒定平面势流中流函数 Ψ、势函数 φ 与流速 v_x 和 v_y 的关系式。

答案：$\mathrm{d}\varphi=v_x\mathrm{d}x+v_y\mathrm{d}y$；$\mathrm{d}\Psi=v_x\mathrm{d}y-v_y\mathrm{d}x$

37. 欧拉运动微分方程组在势流条件下的积分形式的应用与沿流线的积分有何不同？

答案：形式完全相同，但含义不一样。势流条件下积分形式是针对理想流体的定常有势流动中的任何质点，而不局限于同一流线。它不适用于有旋流。沿流线积分形式是针对理想流体定常流流动中同一条流线的质点。它适用于有旋流。

38. 流函数有哪些物理意义？

答案：流函数等值线就是流线。不可压缩流体的平面流动中，任意两条流线的流函数之差等于这两条流线间所通过的单位宽度流量。

39. 流函数、势函数的存在条件各是什么？它们是否都满足拉普拉斯方程形式？

答案：流函数存在条件是不可压缩平面流；势函数存在条件是有势流；若是不可压缩平面势流则均满足拉普拉斯方程形式。

40. 什么是流网？流网有些什么性质？有哪些应用？

答案：流网（Flow Net）：不可压缩流体平面流动中，在流体质点没有旋转速度的情况下，流线族与等势线族构成的正交网格。流网的性质：等势线与等流函数线处处正交；流网中每一网格的边长之比等于势函数 φ 和流函数 Ψ 的增值之比（$\Delta\varphi/\Delta\Psi$），若取$\Delta\varphi=\Delta\Psi$，则流网网格为正方形网格。流网原理已广泛用于理想流体势流中的速度场、压强场求解，如土坝渗流等。

3.2.3　应用解析

1. 如图(题 3.1 图)所示,直径为 d 的柱塞以速度 $V=50\ \mathrm{mm/s}$ 挤入一个同轴油缸(直径为 D),如果 $d=0.9D$,试求环形间隙处油液的流出速度 v。

解　单位时间内,柱塞挤入油缸的体积为 $V\pi d^2/4$,与此同时从油缸挤出的油体积为 $v\pi(D^2-d^2)/4$,显然,这两个体积应该相等,即

$$v\pi(D^2-d^2)/4=V\pi d^2/4$$

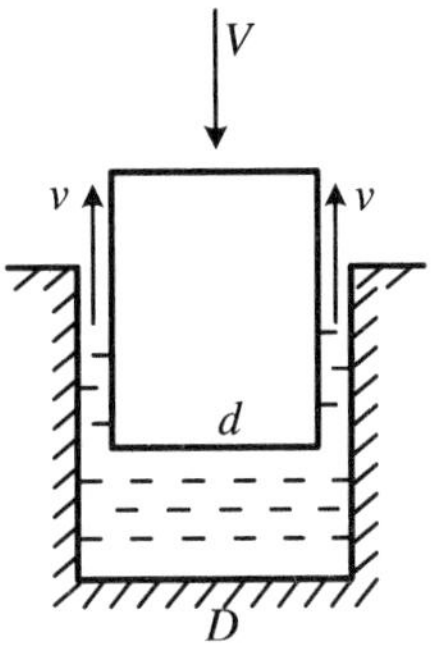

将上式化简并代入已知数据得

$$v=\frac{(d/D)^2}{1-(d/D)^2}V=213.16\ \mathrm{mm/s}$$

题 3.1 图

2. 已知平面流动的速度分布为

$$v_r=\left(1-\frac{1}{r^2}\right)\cos\theta,\quad v_\theta=-\left(1+\frac{1}{r^2}\right)\sin\theta$$

试计算点(0,1)处的加速度。

解　先将极坐标的速度分量换算成直角坐标的速度,然后再求直角坐标中的加速度。

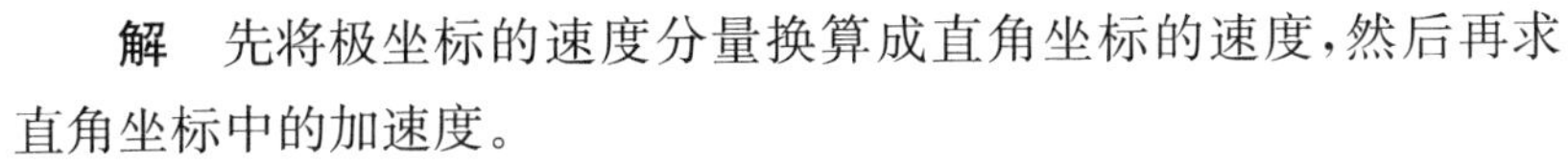

$$v_x=v_r\cos\theta-v_\theta\sin\theta=1+\frac{1}{r^2}(\sin^2\theta-\cos^2\theta)$$

$$v_y=v_r\sin\theta+v_\theta\cos\theta=-\frac{1}{r^2}2\sin\theta\cos\theta$$

将 $r^2=x^2+y^2$,$\sin\theta=y/r$,$\cos\theta=x/r$ 代入,得

$$v_x=1+\frac{y^2-x^2}{(x^2+y^2)^2},\quad v_y=-\frac{2xy}{(x^2+y^2)^2}$$

由加速度计算式,有

$$a_x=v_x\frac{\partial v_x}{\partial x}+v_y\frac{\partial v_x}{\partial y},\quad a_y=v_x\frac{\partial v_y}{\partial x}+v_y\frac{\partial v_y}{\partial y}$$

在点(0,1)处,有

$$v_x(0,1)=2,\quad v_y(0,1)=0$$

$$\frac{\partial v_x}{\partial x}=\left.\frac{2x(x^2-3y^2)}{(x^2+y^2)^3}\right|_{(0,1)}=0$$

$$\frac{\partial v_y}{\partial x}=\left.\frac{2y(3x^2-y^2)}{(x^2+y^2)^2}\right|_{(0,1)}=-2$$

算得

$$a_x=0,\quad a_y=-4$$

3. 已知平面流动的 $v_x=3x\ \mathrm{m/s}$,$v_y=3y\ \mathrm{m/s}$。试确定坐标为(8,6)点上流体的加速度。

解　由流体的加速度计算式

$$a_x=\frac{\mathrm{d}v_x}{\mathrm{d}t}=\frac{\partial v_x}{\partial t}+v_x\frac{\partial v_x}{\partial x}+v_y\frac{\partial v_x}{\partial y}=0+3x\times3+0=9x=9\times8=72\ \mathrm{m/s^2}$$

$$a_y=\frac{\mathrm{d}v_y}{\mathrm{d}t}=\frac{\partial v_y}{\partial t}+v_x\frac{\partial v_y}{\partial x}+v_y\frac{\partial v_y}{\partial y}=0+0+3y\times3=9y=9\times6=54\ \mathrm{m/s^2}$$

该点上流体的加速度

$$a = (a_x{}^2 + a_y{}^2)^{1/2} = (72^2 + 54^2)^{1/2} = 90\ \mathrm{m/s^2}$$

4. 已知流体质点的位置由拉格朗日变数表示为

$$x = ab\cos\frac{a(t)}{a^2 + b^2} \tag{1}$$

$$y = a^2 b^2 \sin^2\frac{a(t)}{a^2 + b^2} \tag{2}$$

式中，$a(t)$为时间的某一函数，求质点的迹线。

解 将(1)式平方，并与(2)式相加得

$$x^2 + y = a^2 b^2 \cos^2\frac{a(t)}{a^2 + b^2} + a^2 b^2 \sin^2\frac{a(t)}{a^2 + b^2}$$

或

$$y = a^2 b^2 - x^2$$

这表明流体质点的迹线是一抛物线。

5. 已知 $v_x = yzt, v_y = xzt, v_z = 0$，求 $t = 1$ s 时，质点(x, y, z)在(1,2,1)处的加速度。

解

$$a_x = \frac{\mathrm{d}v_x}{\mathrm{d}t} = \frac{\partial v_x}{\partial t} + v_x\frac{\partial v_x}{\partial x} + v_y\frac{\partial v_x}{\partial y} + v_z\frac{\partial v_x}{\partial z} = yz + (zxt)zt$$

$$a_y = \frac{\mathrm{d}v_y}{\mathrm{d}t} = \frac{\partial v_y}{\partial t} + v_x\frac{\partial v_y}{\partial x} + v_y\frac{\partial v_y}{\partial y} + v_z\frac{\partial v_y}{\partial z} = xz + (zyt)zt$$

$$a_z = \frac{\mathrm{d}v_z}{\mathrm{d}t} = \frac{\partial v_z}{\partial t} + v_x\frac{\partial v_z}{\partial x} + v_y\frac{\partial v_z}{\partial y} + v_z\frac{\partial v_z}{\partial z} = 0$$

将 $t = 1$ s 及坐标(1,2,1)代入上面各式，得

$$a_x = 3\ \mathrm{m/s^2}$$

$$a_y = 3\ \mathrm{m/s^2}$$

$$a_z - 0\ \mathrm{m/s^2}$$

$$a = \sqrt{a_x^2 + a_y^2 + a_z^2} = 3\sqrt{2}\ \mathrm{m/s^2}$$

6. 已知一非定常二维速度场的欧拉描述在直角坐标系中给出为

$$\boldsymbol{v} = e^{xt}\boldsymbol{i} + e^{yt}\boldsymbol{j}$$

试确定流体微团在位置(1,2)，$t = 2$ 时加速度。

解 已知二维速度场知

$$v_x = e^{xt},\quad v_y = e^{yt}$$

$$a_x = \frac{\mathrm{d}v_x}{\mathrm{d}t} = v_x\frac{\partial v_x}{\partial x} + v_y\frac{\partial v_x}{\partial y} + \frac{\partial v_x}{\partial t} = xe^{xt} + e^{xt} \times te^{xt} + e^{yt} = e^{xt}(x + te^{xt})$$

当 $x = 1, y = 2, t = 2$ 时

$$a_x = e^2(1 + 2e^2)$$

$$a_y = \frac{\mathrm{d}v_y}{\mathrm{d}t} = v_x\frac{\partial v_y}{\partial x} + v_y\frac{\partial v_y}{\partial y} + \frac{\partial v_y}{\partial t} = ye^{yt} + e^{xt} \times 0 + e^{yt} \times te^{yt} = e^{yt}(y + te^{yt})$$

当 $x = 1, y = 2, t = 2$ 时

$$a_y = e^4(2 + 2e^4) = 2e^4(1 + e^4)$$

所以全加速度 $\boldsymbol{a}$ 为

$$\boldsymbol{a} = [e^2(1+2e^2)]\boldsymbol{i} + [2e^4(1+e^4)]\boldsymbol{j}$$

7. 设流场的速度分布为 $v_x = 4t - \dfrac{2y}{x^2+y^2}, v_y = \dfrac{2x}{x^2+y^2}$。试确定：

(1) 流场的当地加速度；

(2) $t=0$ 时，在 $x=1, y=1$ 点上流体质点的加速度。

解 (1) 由题意得加速度：

$$\frac{\partial v_x}{\partial t} = 4, \quad \frac{\partial v_y}{\partial t} = 0$$

(2) 由流场中的加速度计算公式得：

$$a_x = \frac{\mathrm{d}v_x}{\mathrm{d}t} = \frac{\partial v_x}{\partial t} + \frac{\partial v_x}{\partial x}v_x + \frac{\partial v_x}{\partial y}v_y = 3$$

$$a_y = \frac{\mathrm{d}v_y}{\mathrm{d}t} = \frac{\partial v_y}{\partial t} + \frac{\partial v_y}{\partial x}v_x + \frac{\partial v_y}{\partial y}v_y = -1$$

8. 已知用拉格朗日变数表示流速场为

$$\left.\begin{aligned} v_x &= (a+1)e^t - 1 \\ v_y &= (b+1)e^t - 1 \end{aligned}\right\}$$

式中，a, b 是 $t=0$ 时流体质点的直角坐标值。试求：

(1) $t=2$ 时，流体中质点的分布规律；

(2) $a=1, b=2$ 时，这个质点的运动规律；

(3) 加速度场。

解 (1) 把已知速度代入速度计算公式有：

$$v_x = \mathrm{d}x/\mathrm{d}t = (a+1)e^t - 1$$

$$v_y = \mathrm{d}y/\mathrm{d}t = (b+1)e^t - 1$$

积分上式得

$$\begin{aligned} x &= \int[(a+1)e^t - 1]\mathrm{d}t = (a+1)e^t - t + c_1 \\ y &= \int[(b+1)e^t - 1]\mathrm{d}t = (b+1)e^t - t + c_2 \end{aligned} \tag{1}$$

代入条件：$t=0$ 时，$x=a, y=b$，求出积分常数 c_1, c_2

$$\begin{cases} a = (a+1)e^0 + c_1 \\ b = (b+1)e^0 + c_2 \end{cases}$$

于是 $c_1 = -1, c_2 = -1$。

代入式(1)得各流体质点的一般分布规律为

$$\left.\begin{aligned} x &= (a+1)e^t - t - 1 \\ y &= (b+1)e^t - t - 1 \end{aligned}\right\} \tag{2}$$

(1) 当 $t=2$ 时的流场中质点的分布规律为：

$$\begin{cases} x = (a+1)e^2 - 3 \\ y = (b+1)e^2 - 3 \end{cases}$$

(2) 把 $a=1, b=2$ 的质点运动规律，代入式(2)得

$$\begin{cases} x = 2e^2 - t - 1 \\ y = 3e^2 - t - 1 \end{cases}$$

(3) 求加速度场：

$$a_x = \mathrm{d}v_x/\mathrm{d}t = \frac{\partial[(a+1)e^t - 1]}{\partial t} = (a+1)e^t$$

$$a_y = \mathrm{d}v_y/\mathrm{d}t = \frac{\partial[(b+1)e^t - 1]}{\partial t} = (b+1)e^t$$

综上所述，如果能够逐一地了解所有流体质点的速度、加速度规律，就可以对整个流体的运动过程和情况得出全面的了解。

9. 已知速度场 $v_x = 2x$，$v_y = -2y$，$v_z = 0$，试求流体质点的加速度及流场中(1,1)点的加速度。

解 根据加速度计算式

$$a_x = \frac{\mathrm{d}v_x}{\mathrm{d}t} = v_x\frac{\partial v_x}{\partial x} + v_y\frac{\partial v_x}{\partial y} + v_z\frac{\partial v_x}{\partial z} + \frac{\partial v_x}{\partial t}$$
$$= (2x)\times 2 + (-2y)\times 0 + 0\times 0 + 0 = 4x$$

$$a_y = \frac{\mathrm{d}v_y}{\mathrm{d}t} = v_x\frac{\partial v_y}{\partial x} + v_y\frac{\partial v_y}{\partial y} + v_z\frac{\partial v_y}{\partial z} + \frac{\partial v_y}{\partial t}$$
$$= (2x)\times 0 + (-2y)\times(-2) + 0\times 0 + 0 = 4y$$

$$a_z = \frac{\mathrm{d}v_y}{\mathrm{d}t} = v_x\frac{\partial v_z}{\partial x} + v_y\frac{\partial v_z}{\partial y} + v_z\frac{\partial v_z}{\partial z} + \frac{\partial v_z}{\partial t}$$
$$= (2x)\times 0 + (-2y)\times 0 + 0\times 0 + 0 = 0$$

故流体质点的加速度为

$$\boldsymbol{a} = 4x\boldsymbol{i} + 4y\boldsymbol{j}$$

流场中(1,1)点的加速度为

$$\boldsymbol{a} = 4\boldsymbol{i} + 4\boldsymbol{j}$$

10. 二维不可压缩流场中

$$v_x = 5x^3,\quad v_y = -15x^2y$$

试求($x = 1$ m，$y = 2$ m)点上的速度和加速度。

解

$$v = \sqrt{v_x^2 + v_y^2} = \sqrt{(5x^3)^2 + (-15x^2y)^2} = \sqrt{25 + 960} = 30.41\ \mathrm{m/s}$$

$$a_x = \frac{\mathrm{d}v_x}{\mathrm{d}t} = v_x\frac{\partial v_x}{\partial x} + v_y\frac{\partial v_x}{\partial y} + \frac{\partial v_x}{\partial t} = 5x^3 + 15x^2 + 0 = 75\ \mathrm{m/s^2}$$

$$a_y = \frac{\mathrm{d}v_y}{\mathrm{d}t} = v_x\frac{\partial v_y}{\partial x} + v_y\frac{\partial v_y}{\partial y} + \frac{\partial v_y}{\partial t} = 5x^3\times(-30xy) + (-15x^2y)\times(-15x^2)$$
$$= 5\times(-60) + (-30)\times(-15) = 150\ \mathrm{m/s^2}$$

$$a = \sqrt{a^2{}_x + a^2{}_y} = \sqrt{75^2 + 150^2} = 167.71\ \mathrm{m/s^2}$$

11. 已知流场的速度为：$v_x = 2ky$，$v_y = 2ky$，$v_z = -4kz$。式中，k 为常数，试求通过(1,0,1)点的流线方程。

解 流线方程为$\dfrac{\mathrm{d}x}{v_x} = \dfrac{\mathrm{d}y}{v_y} = \dfrac{\mathrm{d}z}{v_z}$，代入函数得$\dfrac{\mathrm{d}x}{2kx} = \dfrac{\mathrm{d}y}{2ky} = \dfrac{\mathrm{d}z}{-4kz}$，分别积分得

$$\frac{1}{2k}\ln x = \frac{1}{2k}\ln y + C_1,\quad \frac{1}{2k}\ln x = -\frac{1}{4k}\ln z + C_2$$

$$\ln x = \ln y + \ln C_1,\quad x = Cy \quad 或 \quad y = Cx$$

$x=1, y=0$ 代入，得 $C_1=0, y=0$，故

$$\ln x = -\frac{1}{2}\ln z + \ln C_2, \quad x = \frac{C_2}{\sqrt{z}}$$

用 $x=1, z=1$ 代入，得 $C_2=1$，故

$$x = \frac{1}{\sqrt{z}} \quad 或 \quad z = \frac{1}{x^2}$$

12. 如图(题3.12图)所示，已知二维流动的速度场为 $\boldsymbol{v}=(V_0/l)(x\boldsymbol{i}-y\boldsymbol{j})$，见图(a)，式中，$V_0$ 和 l 为常数，试求流线的方程。

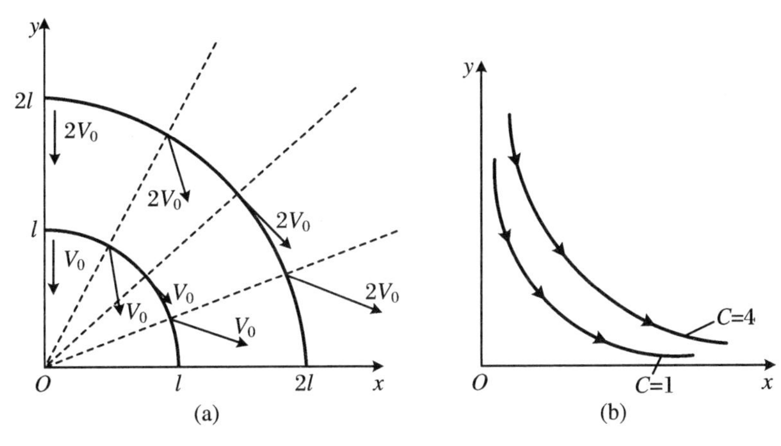

题3.12图

解 根据题意

$$v_x = (V_0/l)x; \quad v_y = -(V_0/l)y$$

代入流线方程

$$\frac{\mathrm{d}x}{v_x(x,y,z,t)} = \frac{\mathrm{d}y}{v_y(x,y,z,t)} = \frac{\mathrm{d}z}{v_z(x,y,z,t)}$$

得到

$$\frac{\mathrm{d}x}{(V_0/l)x} = \frac{\mathrm{d}y}{-(V_0/l)y}$$

两边积分，得

$$\ln y = -\ln x + C'$$

于是，得到流线方程为

$$xy = C$$

可见，流线为双曲线，如题3.12图(b)所示。

13. 给定拉格朗日位移描述式：

$$x = a\exp(-2t/k), \quad y = b\exp(t/k), \quad z = c\exp(t/k)$$

试求欧拉速度场。其中，k 是常数，(a,b,c,t) 是拉格朗日变数。

解 速度的拉格朗日表达式

$$\begin{cases} v_x = \mathrm{d}x/\mathrm{d}t = \dfrac{-2a}{k}\exp(-2t/k) \\ v_y = \mathrm{d}y/\mathrm{d}t = \dfrac{b}{k}\exp(t/k) \\ v_z = \mathrm{d}z/\mathrm{d}t = \dfrac{c}{k}\exp(t/k) \end{cases}$$

通过反演式求位移表达式：

$$a = x\exp(2t/k),\quad b = y\exp(-t/k),\quad c = z\exp(-t/k)$$

把 a,b,c 代入速度表达式，则有

$$v_x = -\frac{2}{k}x;\quad v_y = \frac{1}{k}y;\quad v_z = \frac{1}{k}z$$

14. 已知速度场 $\boldsymbol{v} = x^2y\boldsymbol{i} - 3y\boldsymbol{j} + 2z^2\boldsymbol{k}$，试确定(3,2,1)处的加速度。

解 由题意可知利用欧拉法描述运动，根据加速度的公式得 x 方向的加速度

$$a_x = \frac{\partial v_x}{\partial t} + \frac{\partial v_x}{\partial x}v_x + \frac{\partial v_x}{\partial y}v_y + \frac{\partial v_x}{\partial z}v_z = 0 + (x^2y)(2xy) + (-3y)(x^2) + 0$$

$$= 2x^3y^2 - 3x^2y = 27$$

同理可得 y 方向和 z 方向的加速度

$$a_y = \frac{\partial v_y}{\partial t} + \frac{\partial v_y}{\partial x}v_x + \frac{\partial v_y}{\partial y}v_y + \frac{\partial v_y}{\partial z}v_z = 0 + 0 + (-3y)(-3) + 0 = 9$$

$$a_z = 2z^2(4z) = 8z^2 = 64$$

所以有

$$\boldsymbol{a} = 27\boldsymbol{i} + 9\boldsymbol{j} + 64\boldsymbol{k}$$

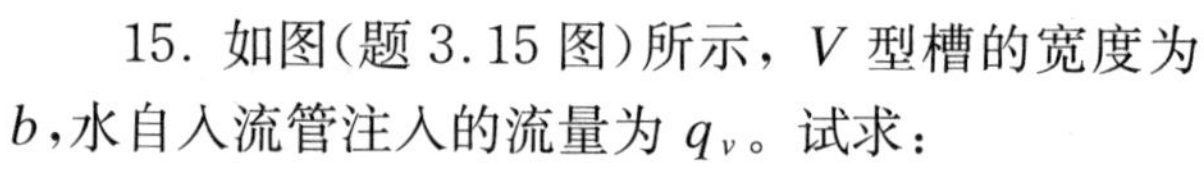

题 3.15 图

15. 如图(题 3.15 图)所示，V 型槽的宽度为 b，水自入流管注入的流量为 q_v。试求：

(1) 导出 $\mathrm{d}h/\mathrm{d}t$；

(2) 液面高度 h_1，升至 h_2 所需的时间。

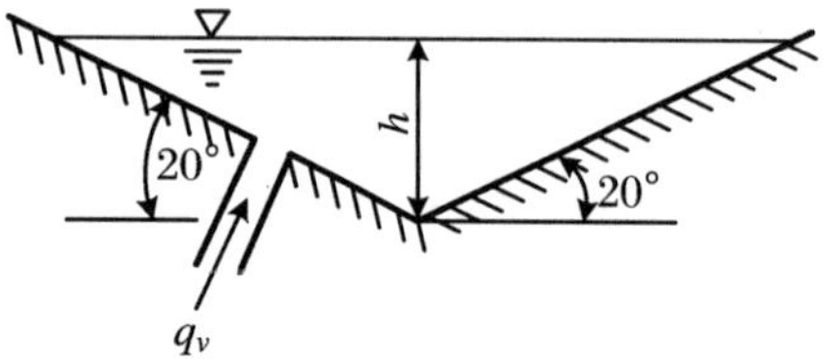

解 由于 $A\dfrac{\mathrm{d}h}{\mathrm{d}t} = q_v$，则

$$\frac{\mathrm{d}h}{\mathrm{d}t} = \frac{q_v}{A} = \frac{q_v}{(h\cdot\cot 20^\circ)\cdot h\cdot b}$$

从而得

$$\Delta t = \int_{t_1}^{t_2}\mathrm{d}t = C\int_{h_1}^{h_2}h^2\mathrm{d}h = C\cdot\frac{1}{3}[h^3]_{h_1}^{h_2} = \frac{C}{3}(h_2^3 - h_1^3)$$

式中，$C = \dfrac{b\cdot\cot 20^\circ}{q_v}$。

16. 已知速度场 $v_x = ax, v_y = -ay, v_z = 0$，式中 $y \geqslant 0$，a 为常数。试求：

(1) 流线方程；

(2) 迹线方程。

解 由 $v_z = 0$ 及 $y \geqslant 0$，可知流动限于 xOy 平面的上半平面。

(1) 由流线的微分方程式：

$$\frac{\mathrm{d}x}{ax} = \frac{\mathrm{d}y}{-ay}$$

积分得

$$\ln x = -\ln y + \ln c \quad \Rightarrow \quad xy = c$$

流线是一族等轴双曲线。

流线的走向由速度场给出，可取流线上任一点的速度方向来判定。已知速度场 $v_x = ax, v_y = -ay$：在第一象限($x>0, y>0$) $v_x>0$ 朝 x 轴正方向，$v_y<0$ 朝 y 轴负方向；在第二象限($x<0, y>0$) $v_x<0$ 朝 x 轴负方向，$v_y<0$ 沿 y 轴负方向；在 y 轴上($x=0, y>0$) $v_x=0, v_y<0$ 沿 y 轴负方向，指向 O 点。根据以上分析，按流线方程 $xy=c$，便可绘出题3.16流线图。

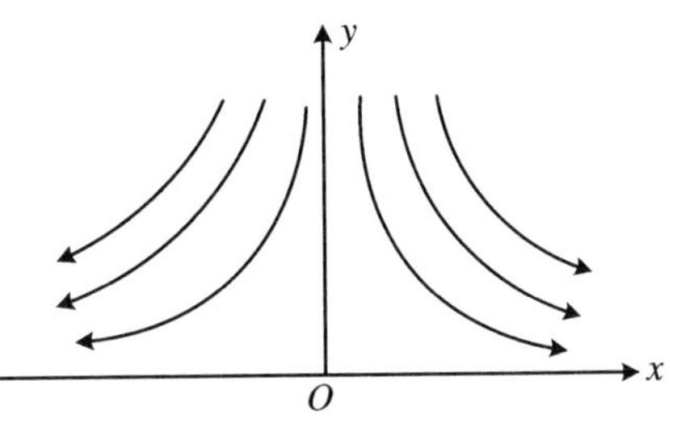

题3.16图

如将 x 轴看成平板，该流线图表示均匀平行流动受平板阻挡时，驻点附近的流动图形。

(2) 由迹线的微分方程式

$$\mathrm{d}x/ax = -\mathrm{d}y/ay = \mathrm{d}t$$

积分得迹线方程

$$\begin{cases} x = c_1\exp(at) \\ y = c_2\exp(-at) \end{cases}$$

改写上式

$$xy = c_1c_2\exp(at - at) = c_1c_2 = c$$

与流线方程相同，表明定常流动流线和迹线在几何上一致，两者相重合。

17. 已知直角坐标系中的速度场

$$\begin{cases} v_x = x + t \\ v_y = y + t \end{cases} \tag{1}$$

试求：(1) 一般的迹线方程，令 $t=0$，时的坐标值为 a, b；

(2) 在 $t=1$ 时刻过(1,2)点的质点的迹线；

(3) 在 $t=1$ 时刻过(1,2)点的流线；

(4) 以拉格朗日变数表示的速度分布 $v=v(a,b,t)$。

解 (1)利用迹线微分方程，将 v_x, v_y 代入得

$$\frac{\mathrm{d}x}{\mathrm{d}t} = x + t$$

$$\frac{\mathrm{d}y}{\mathrm{d}t} = y + t$$

积分得

$$\begin{cases} x = c_1\mathrm{e}^t - t - 1 \\ y = c_2\mathrm{e}^t - t - 1 \end{cases} \tag{2}$$

式中，c_1, c_2 为积分常数。利用 $t=0$ 时的条件：$x=a, y=b$ 可得

$$c_1 = a + 1$$

$$c_2 = b + 1$$

代入式(2)得迹线方程

$$\begin{cases} x = (a+1)\mathrm{e}^t - t - 1 \\ y = (b+1)\mathrm{e}^t - t - 1 \end{cases} \tag{3}$$

(2) 将条件 $t=1, x=1, y=2$ 代入迹线方程式(3),定出表征该质点的拉格朗日变数 a、b 为

$$a=\frac{3}{\mathrm{e}}-1, \quad b=\frac{4}{\mathrm{e}}-1$$

于是过该点的质点的迹线方程可写成

$$x=3\mathrm{e}^{t-1}-t-1$$
$$y=4\mathrm{e}^{t-1}-t-1$$

(3) 将 v_x, v_y 代入流线微分方程得 v_x, v_y 后再代入流线微分方程,得

$$\frac{\mathrm{d}x}{x+t}=\frac{\mathrm{d}y}{y+t}$$

两边积分,得

$$\ln(x+t)=\ln(y+t)+\ln c$$

即

$$x+t=c(y+t) \tag{4}$$

此为一般流线方程。将条件 $t=1$, $x=1$, $y=2$ 代入上式,可得常数

$$c=2/3$$

因此在 $t=1$ 时刻,过该点的流线方程可写成

$$x=\frac{2}{3}y-\frac{1}{3}$$

(4) 求拉格朗日变数的速度分布可以有两种途径:

其一:直接对迹线方程(3)求导,得

$$v_x=\frac{\partial x}{\partial t}=(a+1)\mathrm{e}^t-1$$

$$v_y=\frac{\partial y}{\partial t}=(b+1)\mathrm{e}^t-1$$

其二:把迹线方程(3)当做一种变换,直接代入以欧拉变数表示的速度分布式(1)式,可得

$$v_x=x+t=(a+1)\mathrm{e}^t-t-1+t=(a+1)\mathrm{e}^t-1$$
$$v_y=y+t=(b+1)\mathrm{e}^t-t-1+t=(b+1)\mathrm{e}^t-1$$

这两种方法所得的结果完全一样。

18. 已知一个稳定二维流场的速度分布如下:

$$v_x=x/(t-3), \quad v_y=y+2$$

试求流线方程和迹线方程。

解 (1) 流线方程

将已知条件代入流线方程,得到

$$\frac{(t-3)\mathrm{d}x}{x}=\frac{\mathrm{d}y}{y+2}$$

两边积分,得

$$(t-3)\ln x=\ln(y+2)+C'$$

将此方程加以整理,得到流线方程

$$x^{t-3}=C(y+2)$$

式中，$C=\ln C'$。

注　在求流线方程的过程中，时间 t 当作参数来处理。

(2) 迹线方程

将已知条件代入迹线方程，得到

$$\begin{cases} dx = \left(\dfrac{x}{t-3}\right)dt \\ dy = (y+2)dt \end{cases}$$

对于上述两个方程分别积分，得

$$\begin{cases} \ln x = \ln(t-3) + \ln C_1 \\ \ln(y+2) = t + \ln C_2 \end{cases}$$

于是有

$$\begin{cases} x = C_1(t-3) \\ y = C_2 e^{t-2} \end{cases}$$

整理后得到迹线方程

$$y = C_2 e^{\frac{x}{C_1}+3} - 2$$

注　在求迹线方程的过程中，时间 t 为积分变量。

19．已知一不可压缩流体空间流动速度分量为 $v_x = x^2 + y^2 + x + y + z$，$v_y = y^2 + 2yz$。试用连续性方程推出 v_z 的表达式。

解　$\dfrac{\partial v_x}{\partial x} = \dfrac{\partial}{\partial x}(x^2 + y^2 + x + y + z) = 2x+1$；　$\dfrac{\partial v_y}{\partial y} = \dfrac{\partial}{\partial y}(y^2 + 2yz) = 2y + 2z$

由连续性方程$\dfrac{\partial v_x}{\partial x} + \dfrac{\partial v_y}{\partial y} + \dfrac{\partial v_z}{\partial z} = 0$，$\dfrac{\partial v_z}{\partial z} = -\left(\dfrac{\partial v_x}{\partial x} + \dfrac{\partial v_y}{\partial y}\right) = -(2x+1+2y+2z)$，积分可得 v_z 的表达式为

$$\frac{\partial v_z}{\partial z} = -\left(\frac{\partial v_x}{\partial x} + \frac{\partial v_y}{\partial y}\right) = -2(x+y+z)-1$$

$$v_z = \int[-2(x+y+z)-1]dz = -2z(x+y) - z^2 - z + c$$

20．试推导平面流动中，极坐标形式的连续性方程：

$$\frac{\partial \rho}{\partial t} + \frac{1}{r}\left[\frac{\partial(\rho r v_r)}{\partial r} + \frac{\partial(\rho v_\theta)}{\partial \theta}\right] = 0$$

解　由积分形式的连续性方程，得

$$\int_\tau \frac{\partial \rho}{\partial t}d\tau + \oint_A \rho v_n dA = 0$$

可以导出微分形式的方程。

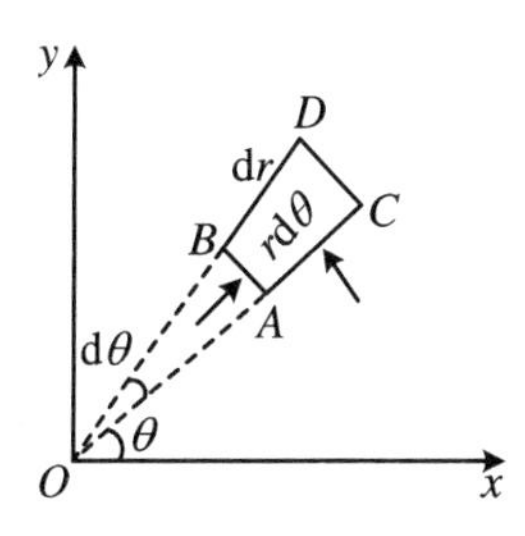

题3.20图

如题3.20图所示，设 A 点的极坐标是(r,θ)，该点的径向速度为 v_r，切向速度为 v_θ。现作微元体 $ABCD$，其中弧 AB 之长为 $rd\theta$，AC 之长为 dr。从 AB 边流入的质量为$\rho v_r r d\theta$；从 CD 边流出的质量为$\rho v_r r d\theta + \dfrac{\partial(\rho v_r r d\theta)}{\partial r}dr$，径向纯流出的质量等于 DC 边流出的质量减去BA 边流入的质量：

$$\rho v_r r\mathrm{d}\theta - \frac{\partial(\rho v_r r\mathrm{d}\theta)}{\partial r}\mathrm{d}r - \rho v_r r\mathrm{d}\theta = \frac{\partial(\rho r v_r)}{\partial r}\mathrm{d}\theta\mathrm{d}r$$

同理,从 AC 边流入的质量和从 BD 边流出的质量分别是

$$\rho v_\theta \mathrm{d}r \quad 和 \quad \rho v_\theta \mathrm{d}r + \frac{\partial(\rho v_\theta \mathrm{d}r)}{\partial\theta}\mathrm{d}\theta$$

切向的纯流出质量为

$$\frac{\partial(\rho v_\theta)}{\partial\theta}\mathrm{d}\theta\mathrm{d}r$$

封闭表面 $ABCD$ 的纯流出质量为

$$\oint_A \rho v_n \mathrm{d}A = \left[\frac{\partial(\rho r v_r)}{\partial r} + \frac{\partial(\rho v_\theta)}{\partial\theta}\right]\mathrm{d}\theta\mathrm{d}r$$

另一方面,$ABCD$ 的体积为 $r\mathrm{d}\theta\mathrm{d}r$(垂直纸面的宽度为单位 1),因密度变化而引起的质量增量为

$$\int_\tau \frac{\partial\rho}{\partial t}\mathrm{d}\tau = \frac{\partial\rho}{\partial t}r\mathrm{d}\theta\mathrm{d}r$$

因此,连续性方程为

$$\frac{\partial\rho}{\partial t} + \frac{1}{r}\left[\frac{\partial(\rho r v_r)}{\partial r} + \frac{\partial(\rho v_\theta)}{\partial\theta}\right] = 0$$

特别地,当密度 ρ 为常数时,上式可化为

$$\frac{\partial(r v_r)}{\partial r} + \frac{\partial v_\theta}{\partial\theta} = 0$$

21. 已知速度场 $\boldsymbol{v} = (4y-6x)t\boldsymbol{i} + (6y-9x)t\boldsymbol{j}$。试问:

(1) $t=2$ s 时,在(2,4)点的加速度是多少?

(2) 流动是定常流还是非定常流?

(3) 流动是均匀流还是非均匀流?

解 (1)
$$\begin{aligned}a_x &= \frac{\mathrm{d}v_x}{\mathrm{d}t} = \frac{\partial v_x}{\partial t} + v_x\frac{\partial v_x}{\partial x} + v_y\frac{\partial v_x}{\partial y}\\ &= (4y-6x) + (4y-6x)t(-6t) + (6y-9x)t(4t)\\ &= (4y-6x)(1-6t^2+6t^2)\end{aligned}$$

以 $t=2$ s,$x=2$,$y=4$,代入上式,得

$$a_x = 4\ \mathrm{m/s^2}$$

同理得 $a_y = 6\ \mathrm{m/s^2}$,故

$$a = \sqrt{a_x^2 + a_y^2} = 7.21\ \mathrm{m/s^2}$$

(2) 因速度场随时间变化,或由时变导数

$$\frac{\partial\boldsymbol{v}}{\partial t} = \frac{\partial v_x}{\partial t}\boldsymbol{i} + \frac{\partial v_y}{\partial t}\boldsymbol{j} = (4y-6x)\boldsymbol{i} + (6y-9x)\boldsymbol{j} \neq 0$$

此流动为非定常流。

(3) 由位变导数计算式

$$(\boldsymbol{v}\cdot\nabla)\boldsymbol{v} = \left(v_x\frac{\partial v_x}{\partial x} + v_y\frac{\partial v_x}{\partial y}\right)\boldsymbol{i} + \left(v_x\frac{\partial v_y}{\partial x} + v_y\frac{\partial v_y}{\partial y}\right)\boldsymbol{j} = 0$$

则此流动为均匀流。

22. 体积 $V=0.05\ \mathrm{m^3}$ 的压力容器内盛有绝对压强 800 kPa、温度 15 ℃的空气，空气从一截面面积 $A=65\ \mathrm{mm^2}$ 的阀门流出，初始时空气流过阀门的速度 $v=5.18\ \mathrm{m/s}$，密度 $\rho=6.13\ \mathrm{kg/m^3}$。假设容器内的流体参数是均匀的，试确定初始时刻容器内密度的瞬时变化率。

解　如图(题 3.22 图)所示，选取图中虚线所包容的体积为控制体，并有初始时刻控制体内的流体作为流体系统。由于容器内流动参数都是均匀的，可以把密度 ρ 从连续方程第一项的积分号中提出，故有

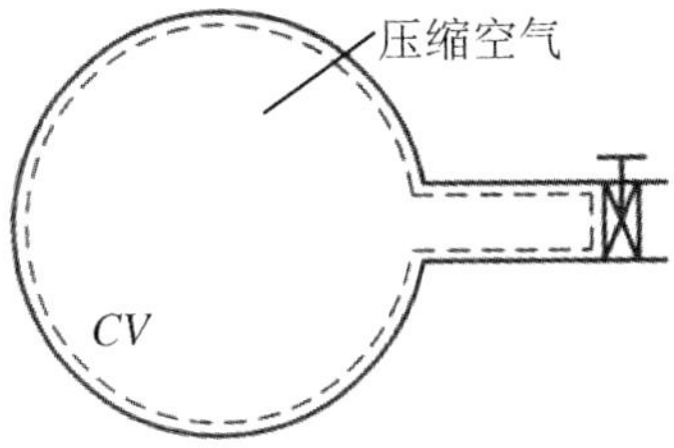

$$\frac{\partial}{\partial t}\iiint_{CV}\rho\mathrm{d}A=\frac{\partial}{\partial t}(\rho V)=V\frac{\partial\rho}{\partial t}$$

题 3.22 图

连续方程第二项积分成为

$$\iint_A\rho v\mathrm{d}A=\rho v\iint_A\mathrm{d}A=\rho vA$$

将以上两式代入连续方程，得

$$\frac{\partial\rho}{\partial t}=-\frac{\rho vA}{V}=\frac{6.13\times5.18\times65\times10^{-6}}{0.05}=-0.0413\ \mathrm{kg/(m^3\cdot s)}$$

负号说明，压力容器中流体密度在减小。

23. 如图(题 3.23 图)所示，已知半径为 r_0 得圆管中，过流断面上的流速分布为 $v=v_{\max}(y/r_0)^{1/7}$，式中 $v_{\max}$是断面轴线上最大流速，y 为距管壁的距离。试求：

(1) 通过的流量和断面平均流速；

(2) 过流断面上，速度等于平均流速的点距管壁的距离。

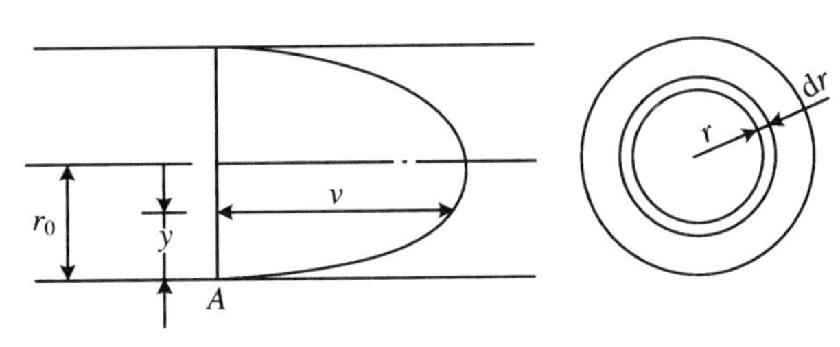

题 3.23 图

解　(1) 在过流断面 $r=r_0-y$ 处，取环形微元面积，$\mathrm{d}A=2\pi r\mathrm{d}r$，环面上各点的流速 v 相等，管中流量为

$$q_v=\int_A v\mathrm{d}A=\int_{r_0}^{0}v_{\max}\left(\frac{y}{r_0}\right)^{1/7}2\pi(r_0-y)\mathrm{d}(r_0-y)$$

$$=\frac{2\pi v_{\max}}{r_0^{1/7}}\int_0^{r_0}(r_0-y)y^{1/7}\mathrm{d}y=\frac{49}{60}\pi r_0{}^2v_{\max}$$

断面平均流速

$$\bar{v}=\frac{q_v}{A}=\frac{49}{60}v_{\max}$$

(2) 依题意，令 $v_{\max}\left(\dfrac{y}{r_0}\right)^{1/7}=\left(\dfrac{49}{60}\right)v_{\max}$，则

$$\frac{y}{r_0} = \left(\frac{49}{60}\right)^7 = 0.242, \quad y = 0.242r_0$$

24. 写出下列特殊情况的连续性微分方程：

(1) yz 平面之定常可压缩流体；

(2) 在 xz 平面上之非定常不可压缩流体；

(3) 仅在 y 方向之非定常可压缩流体；

(4) 在平面极坐标上之定常可压缩流体。

解 (1) $\dfrac{\partial(\rho v_y)}{\partial y} + \dfrac{\partial(\rho v_z)}{\partial z} = 0$

(2) $\dfrac{\partial v_x}{\partial x} + \dfrac{\partial v_z}{\partial z} + \dfrac{\partial \rho}{\partial t} = 0$

(3) $\dfrac{\partial(\rho v_y)}{\partial y} + \dfrac{\partial \rho}{\partial t} = 0$

(4) $\dfrac{1}{r}\dfrac{\partial(\rho r v_r)}{\partial r} + \dfrac{1}{r}\dfrac{\partial(\rho v_\theta)}{\partial \theta} = 0$ 或 $\dfrac{\partial(\rho r v_r)}{\partial r} + \dfrac{\partial(\rho v_\theta)}{\partial \theta} = 0$

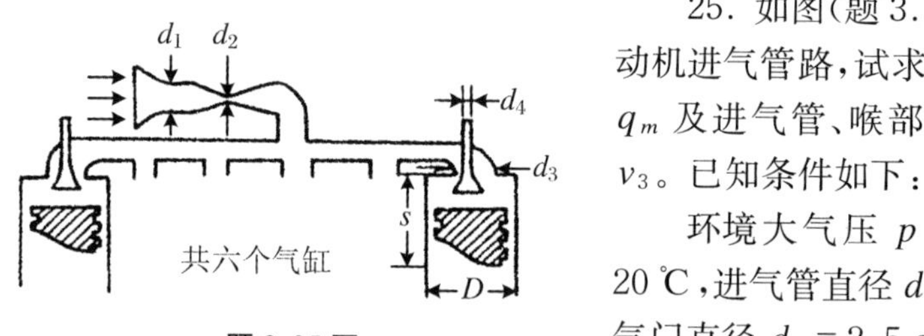

题 3.25 图

25. 如图（题 3.25 图）所示四冲程六缸汽油发动机进气管路，试求进入发动机的空气质量流量 q_m 及进气管、喉部、气门处的气流速度 v_1、v_2、v_3。已知条件如下：

环境大气压 $p = 101300$ Pa，环境气温 $t = 20$ ℃，进气管直径 $d_1 = 6$ cm，喉部直径 $d_2 = 3$ cm，气门直径 $d_3 = 2.5$ cm，气门杆直径 $d_4 = 0.8$ cm，气缸直径 $D = 10$ cm，活塞冲程 $s = 12$ cm，发动机曲轴转速 $n = 2500$ r/min，由于进排气重叠，实际进气量与理论容积之比称为充气系数，充气系数 $\eta_v = 0.8$，四冲程发动机每两转，六缸各吸气一次，据此计算理论容积。

解 六个气缸的总容积为 $6 \times \frac{\pi}{4}D^2 s$，每两转，六个缸各吸气一次，放进发动机的总理论容积是：

$$6 \times \frac{\pi}{4}D^2 s \times \frac{n}{2 \times 60}$$

考虑到重叠，每秒钟进入发动机的实际空气体积为

$$q_v = 6 \times \frac{\pi}{4}D^2 s \times \frac{n}{2 \times 60}\eta_v = 6 \times \frac{\pi}{4} \times 0.1^2 \times 0.12 \times \frac{2500}{2 \times 60} \times 0.8 = 0.094 \text{ m}^3/\text{s}$$

空气密度 $\rho = 1.205$ kg/m^3，则

$$q_m = \rho q_v = 1.205 \times 0.094 = 0.1133 \text{ kg/s}$$

$$v_1 = \frac{4q_v}{\pi {d_1}^2} = \frac{4 \times 0.094}{\pi \times 0.06^2} = 33.25 \text{ m/s}$$

$$v_2 = \frac{4q_v}{\pi {d_2}^2} = \frac{4 \times 0.094}{\pi \times 0.03^2} = 132.98 \text{ m/s}$$

$$v_3 = \frac{4q_v}{\pi({d_3}^2 - {d_4}^2)} = \frac{4 \times 0.094}{6\pi \times (0.025^2 - 0.008^2)} = 35.56 \text{ m/s}$$

26. 已知速度场 $\boldsymbol{v}=(yz+t)\boldsymbol{i}+(xz+t)\boldsymbol{j}+xy\boldsymbol{k}$，试求在 $t=2$ 时刻空间点(1,2,3)处的加速度。

解　由流线上加速度公式得：

$$\boldsymbol{a}=\frac{\mathrm{d}\boldsymbol{v}}{\mathrm{d}t}=\frac{\partial \boldsymbol{v}}{\partial t}+\boldsymbol{v}\cdot\nabla\boldsymbol{v}$$

于是各方向的加速度表达式分别为

$$a_x=\frac{\partial v_x}{\partial t}+\boldsymbol{v}\cdot\nabla v_x=1+xz^2+xy^2+zt$$

$$a_y=\frac{\partial v_y}{\partial t}+\boldsymbol{v}\cdot\nabla v_y=1+yz^2+x^2y+zt$$

$$a_z=\frac{\partial v_z}{\partial t}+\boldsymbol{v}\cdot\nabla v_z=2y^2+2x^2+yt+xt$$

代入数据，在 $t=2$ 时刻空间点(1,2,3)处加速度为$\begin{cases}a_x=20\\a_y=27\\a_z=21\end{cases}$，即

$$\boldsymbol{a}=20\boldsymbol{i}+27\boldsymbol{j}+21\boldsymbol{k}$$

27. 已知直角坐标系中的流速场 $v_x=x+t$，$v_y=-y+t$，$v_z=0$。试求 $t=0$ 时过 $M(-1,-1)$点的流线及迹线。

解　根据流线公式$\dfrac{\mathrm{d}x}{v_x}=\dfrac{\mathrm{d}y}{v_y}$，可得$\dfrac{\mathrm{d}x}{x+t}=\dfrac{\mathrm{d}y}{-y+t}$，两边积分得

$$\ln(x+t)=-\ln(y-t)+C\quad(C\text{ 为积分常数})$$

化简得

$$\ln(x+t)(y-t)=C_1$$

所以有

$$(x+t)(y-t)=C_2$$

由于 $t=0$ 则 $xy=C_2$，又因为流线过点$(-1,-1)$，于是得：$C_2=1$，所以流线为：$xy=1$，迹线方程满足

$$\frac{\mathrm{d}x}{v_x}=\frac{\mathrm{d}y}{v_y}=\mathrm{d}t,\quad 即\quad \frac{\mathrm{d}x}{x+t}=\frac{\mathrm{d}y}{-y+t}=\mathrm{d}t$$

积分得$\begin{cases}x+t=\mathrm{e}^t+C_3\\-y+t=\mathrm{e}^t+C_4\end{cases}$；代入数据得$\begin{cases}C_3=-2\\C_4=0\end{cases}$；故

$$\begin{cases}x+t=\mathrm{e}^t-2 & (1)\\-y+t=\mathrm{e}^t & (2)\end{cases}$$

式(1)减式(2)消去参量 t 得迹线方程：

$$x+y=-2$$

28. 如图(题 3.28 图)所示不可压缩流体流过不透水的平板，流入速度是均匀的，为 U_0，而出口流速呈抛物线分布，即 $v=U_0(y/\delta)^2$，若抛物线在 $y=\delta$ 处的值为最大，$v_{\max}=U_0$，平板垂直纸面宽度为 b。试求流过上层控制面的流量 q_v。

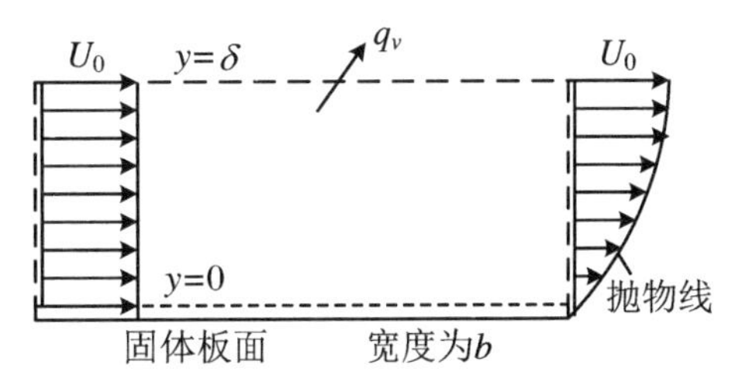

题 3.28 图

解　应用不可压缩流体定常流连续性方程

$$\int_A \rho(\boldsymbol{v}\cdot\boldsymbol{n})\mathrm{d}A = 0$$

有

$$\int_0^\delta bU_0\mathrm{d}y = \int_0^\delta bv\mathrm{d}y + q_v = \int_0^\delta bU_0\left(\frac{y}{\delta}\right)^2\mathrm{d}y + q_v$$

$$bU_0\delta = \frac{1}{3}bU_0\delta + q_v$$

$$q_v = \frac{2}{3}bU_0\delta$$

注 本题的解题思路是在定常流条件下，应用不可压缩流体质量守恒原理。

29. 如图(题3.29图)所示定常水流流过该种装置，有效截面 A_1、A_3 和 A_4 上的流速方向如图所示。已知截面 $A_1 = 0.0186\ \mathrm{m}^2$，$A_2 = 0.0465\ \mathrm{m}^2$，$A_3 = A_4 = 0.0372\ \mathrm{m}^2$，通过 A_3 的质量流量 $q_{m3} = 3400\ \mathrm{kg/h}$，通过 A_4 的体积流量 $q_{v4} = 1.7\ \mathrm{m^3/h}$，截面 A_1 上的流速 $v_1 = 0.5\ \mathrm{m/s}$，水的密度 $\rho = 1000\ \mathrm{kg/m^3}$。假设进出口截面上的流动参数是均匀的，试求通过 A_2 的质量流量和流速。

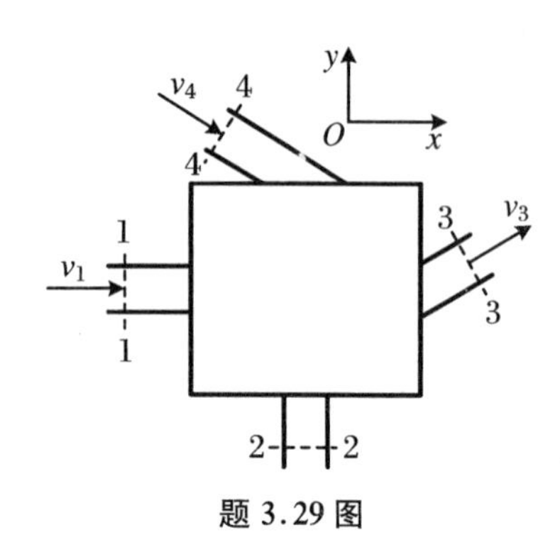

题3.29图

解 以各有效截面和容器壁面所包容的体积为控制体。由于流体系统内的质量守恒，流动又是定常的，故由连续方程得

$$\iint_A \rho\boldsymbol{v}\cdot\mathrm{d}\boldsymbol{A} = \iint_{A_1}\rho\boldsymbol{v}\cdot\mathrm{d}\boldsymbol{A} + \iint_{A_2}\rho\boldsymbol{v}\cdot\mathrm{d}\boldsymbol{A} + \iint_{A_3}\rho\boldsymbol{v}\cdot\mathrm{d}\boldsymbol{A} + \iint_{A_4}\rho\boldsymbol{v}\cdot\mathrm{d}\boldsymbol{A} = 0$$

其中

$$\iint_{A_1}\rho\boldsymbol{v}\cdot\mathrm{d}\boldsymbol{A} = -\iint_{A_1}\rho v\mathrm{d}A = -\rho v_1A_1 = -1000\times0.5\times0.0186 = -9.3\ \mathrm{kg/s}$$

$$\iint_{A_3}\rho\boldsymbol{v}\cdot\mathrm{d}\boldsymbol{A} = \iint_{A_3}\rho v\mathrm{d}A = \rho v_3A_3 = q_{m3} = 3400\ \mathrm{kg/h} = 0.944\ \mathrm{kg/s}$$

$$\iint_{A_4}\rho\boldsymbol{v}\cdot\mathrm{d}\boldsymbol{A} = -\iint_{A_4}\rho v\mathrm{d}A = -\rho v_4A_4 = -\rho q_{v4} = 1000\times1.7\div3600 = -0.472\ \mathrm{kg/s}$$

代入原式，可得通过 A_2 的质量流量为

$$q_{m2} = \rho v_2A_2 = \iint_{A_2}\rho\boldsymbol{v}\cdot\mathrm{d}\boldsymbol{A} = -\left(\iint_{A_1}\rho\boldsymbol{v}\cdot\mathrm{d}\boldsymbol{A} + \iint_{A_3}\rho\boldsymbol{v}\cdot\mathrm{d}\boldsymbol{A} + \iint_{A_4}\rho\boldsymbol{v}\cdot\mathrm{d}\boldsymbol{A}\right)$$

$$= -(-9.3 + 0.944 - 0.472) = 8.828\ \mathrm{kg/s}$$

正值说明，v_2 的方向与截面 A_2 外法线的方向一致，为出流。出流速度为

$$v_2 = \frac{8.828}{1000\times0.0465} = 0.178\ \mathrm{m/s}$$

30. 已知速度场 $v_x = a$，$v_y = bt$，$v_z = 0$。试求：

(1) 流线方程及 $t = 0, t = 1, t = 2$ 时的流线图；

(2) 迹线方程及 $t = 0$ 时过(0,0)点的迹线。

解 (1)由流线的微分方程式 $\mathrm{d}x/a = \mathrm{d}y/bt$(其中 t 是参变量)，积分得

$$ay = btx + C$$

或

$$y = (bt/a)x + C$$

所得流线方程是直线方程，不同时刻（$t=0,t=1,t=2$）的流线图是三组不同斜率的直线族，如题 3.30 图所示。

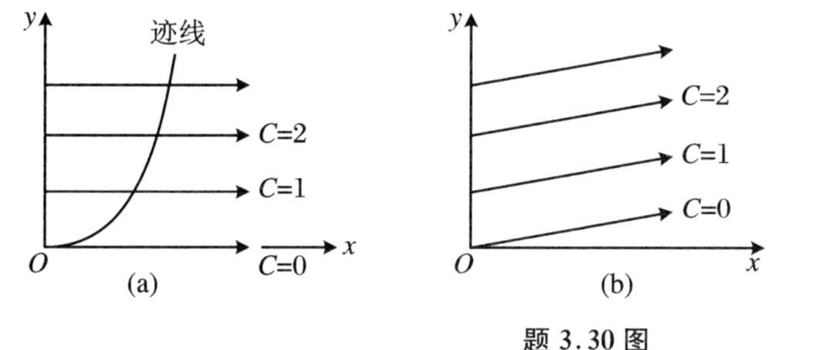

题 3.30 图

(2) 由迹线的微分方程式 $\mathrm{d}x/a=\mathrm{d}y/bt=\mathrm{d}t$，即 $\mathrm{d}x=a\mathrm{d}t,\mathrm{d}y=bt\mathrm{d}t$，其中，$t$ 是自变量，积分得

$$\begin{cases} x = at + C_1 \\ y = b\dfrac{t^2}{2} + C_2 \end{cases}$$

由 $t=0,x=0,y=0$，确定积分常数 $C_1=0,C_2=0$ 消去时间变量 t，得 $t=0$ 时，过(0,0)点的迹线方程

$$y = \frac{b}{2a^2}x^2$$

此迹线是抛物线。本题 v_y 是时间 t 的函数，流动是非定常流，流线和迹线不重合，如题 3.30 图(a)所示。

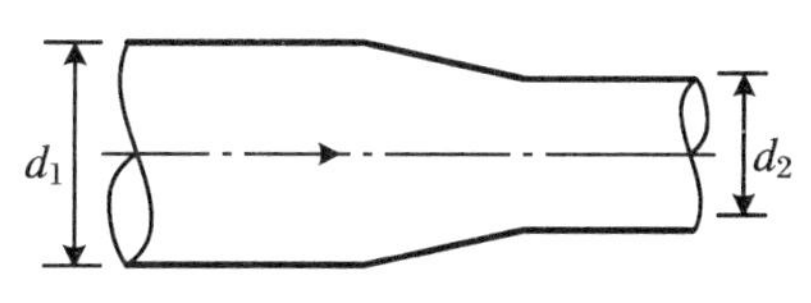

题 3.31 图

31. 如图（题 3.31 图）所示变直径水管，已知粗管直径 $d_1=200$ mm，断面平均流速 $v_1=0.8$ m/s，细管直径 $d_2=100$ mm，试求细管管段的断面平均流速。

解　由流体总流连续性方程 $v_1A_1=v_2A_2$ 得

$$v_2 = v_1\frac{A_1}{A_2} = v_1\left(\frac{d_1}{d_2}\right)^2 = 3.2\ \mathrm{m/s}$$

32. 已知不可压缩流场在 x 方向的速度分量为 $v_x=a(x^2-y^2)$，z 方向的速度分量为 $v_z=b$，a 和 b 均为常数，试根据连续方程求 y 方向的速度分量。

解　因为流体不可压缩，由连续性方程有：

$$\frac{\partial v_x}{\partial x} + \frac{\partial v_y}{\partial y} + \frac{\partial v_z}{\partial z} = 0$$

由已知可得$\dfrac{\partial v_x}{\partial x}=2ax$，$\dfrac{\partial v_z}{\partial z}=0$，因此有$\dfrac{\partial v_y}{\partial y}=-2ax$，积分得

$$v_y = -2axy + C$$

其中，C 为常数。

33. 已知流速场 $v_x=Cx/(x^2+y^2)$，$v_y=Cy/(x^2+y^2)$，$v_z=0$ 。其中，C 为常数，求流线方程。

解　由流线方程得

$$\frac{\mathrm{d}x}{\dfrac{Cx}{x^2+y^2}}=\frac{\mathrm{d}y}{\dfrac{Cy}{x^2+y^2}}$$

即$\dfrac{\mathrm{d}x}{x}=\dfrac{\mathrm{d}y}{y}$,积分得

$$\ln x+\ln C_1=\ln y$$

则

$$y=C_1x$$

此外,由 $v_z=0$,得 $\mathrm{d}z=0$,则

$$z=C_2$$

因此,此流线场为 xOy 平面上一簇通过原点的直线(如题3.33图所示)。这种流动称为平面点源流动($C>0$ 时),或平面点汇流动($C<0$ 时)。

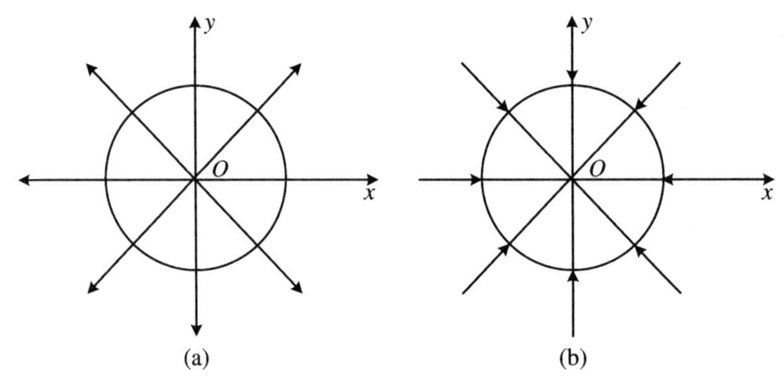

题 3.33 图

34. 某段自来水管,其管径 $d=100$ mm,管中流速 $v=1.0$ m/s,水的温度为 10 ℃,试判明管中水流形态。

解 在温度为 10 ℃时,水的运动黏性系数 $\nu=1.308\times10^{-6}$ m²/s,管中水流的雷诺数为

$$Re=\frac{vd}{\nu}=\frac{1\times0.1}{1.308\times10^{-6}}=76452.6$$

$$Re>Re_c=2320$$

因此管中水流处在湍流形态。

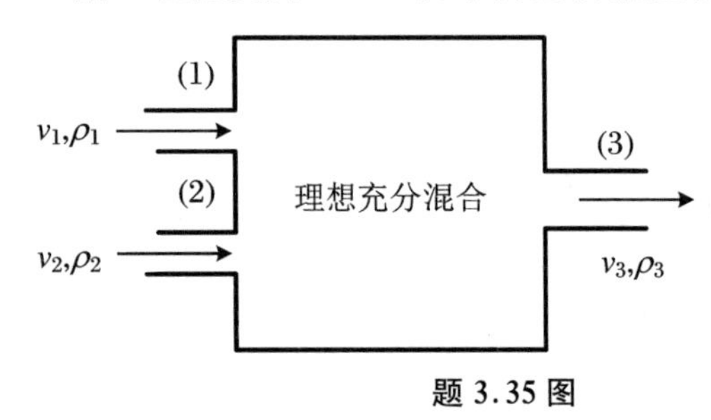

题 3.35 图

35. 如图(题3.35图)所示,导管(1)和(2)直径为 2 cm,$d_3=3$ cm。酒精(相对密度 $S=0.79$)自导管(1)流入,流速为 8 m/s。而水自导管(2)流入,流速为 12 m/s。若此两种不可压缩流体在容器内作充分的混合,试求导管(3)出口流速 v_3 和密度 ρ_3。

解 由不可压缩流体连续原理求 v_3:

由 $q_{v1}+q_{v2}=q_{v3}$,可推出 $v_1A_1+v_2A_2=v_3A_3$,故有

$$\frac{\pi d_1^2}{4}v_1+\frac{\pi d_2^2}{4}v_2=\frac{\pi d_3^2}{4}v_3$$

即

$$\frac{\pi\times0.02^2\times8}{4}+\frac{\pi\times0.02^2\times12}{4}=\frac{\pi\times0.03^2}{4}v_3$$

解得

$$v_3 = 8.89\ \text{m/s}$$

由质量守恒原理求 ρ_3：

$$\rho_3 = \frac{\rho_1 q_{v1} + \rho_2 q_{v2}}{q_{v3}}$$

$$S_3 = \frac{S_1 q_{v1} + S_2 q_{v2}}{q_{v3}} = \frac{\dfrac{0.79 \times \pi \times 0.02^2 \times 8}{4} + \dfrac{1 \times \pi \times 0.02^2 \times 12}{4}}{\dfrac{\pi}{4} \times 0.03^2 \times 8.89} = 0.916$$

所以混合后的不可压缩流体密度为

$$\rho_3 = S_3 \rho_{水} = 0.916 \times 1000 = 916\ \text{kg/m}^2$$

36. 已知水通过一直径为 0.1 m 的圆管并以 0.4 m/s 的速度流动，水的运动黏度为 $1 \times 10^{-6}\ \text{m}^2/\text{s}$，试问该流动是层流还是湍流？

解　将已知的参数代入雷诺数计算公式，得

$$Re = \frac{\rho v d}{\mu} = \frac{vd}{\nu} = \frac{0.4 \times 0.1}{1 \times 10^{-6}} = 40000 > 2320$$

所以，流动为湍流。

37. 不可压缩流体平面连续流动，其速度分布为 $v_y = y^2 - y - x$，假定 $x = 0$ 时，$v_x = 0$，试求 v_x。

解　将 $v_y = y^2 - y - x$ 代入计算公式，得

$$\frac{\partial v_x}{\partial x} + 2y - 1 = 0$$

对 x 积分得

$$v_x = (1 - 2y)x + f(y)$$

根据边界条件 $x = 0$ 时，$v_x = 0$，代入上式，得 $f(y) = 0$。所以

$$v_x = (1 - 2y)x = x - 2xy$$

38. 给定两个流场：① $\boldsymbol{v}_1 = (-y)\boldsymbol{i} + x\boldsymbol{j} + 0\boldsymbol{k}$；② $\boldsymbol{v}_2 = \left(\frac{-y}{x^2 + y^2}\right)\boldsymbol{i} + \left(\frac{x}{x^2 + y^2}\right)\boldsymbol{j} + 0\boldsymbol{k}$。试求：

(1) 两个流场的迹线；

(2) 两个流场微团旋转角速度。

解　(1)因为两个流场都是平面定常流场，流线与迹线重合，所以求出 xOy 面上的流线也就是迹线方程。应用流线微分方程 $\frac{\mathrm{d}x}{v_x} = \frac{\mathrm{d}y}{v_y}$，所以有 $\frac{\mathrm{d}x}{-y} = \frac{\mathrm{d}y}{x}$，又

$$\frac{\mathrm{d}x}{\dfrac{-y}{x^2 + y^2}} = \frac{\mathrm{d}y}{\dfrac{x}{x^2 + y^2}}$$

两个流场得到相同的流线微分方程，即

$$\frac{\mathrm{d}x}{-y} = \frac{\mathrm{d}y}{x}$$

上式两边积分，得

$$x^2 + y^2 = C$$

上式说明,两个流场的流体微团迹线都是同心圆,也就是说任一流体微团都做圆周运动。

(2) 利用微团旋转角速度公式求旋转角速度:

对于流场①,已知 $v_x=-y, v_y=x, v_z=0$,故有

$$\omega_x=\frac{1}{2}\left(\frac{\partial v_z}{\partial y}-\frac{\partial v_y}{\partial z}\right)=0, \qquad \omega_y=\frac{1}{2}\left(\frac{\partial v_x}{\partial z}-\frac{\partial v_z}{\partial x}\right)=0$$

$$\omega_z=\frac{1}{2}\left(\frac{\partial v_y}{\partial x}-\frac{\partial v_x}{\partial y}\right)=\frac{1}{2}[1-(-1)]=1$$

所以 $\omega_1\neq 0$,该流动是有旋流动。

对于流场②,已知 $v_x=\frac{-y}{x^2+y^2}, v_y=\frac{x}{x^2+y^2}, v_z=0$,故有

$$\omega_x=\frac{1}{2}\left(\frac{\partial v_z}{\partial y}-\frac{\partial v_y}{\partial z}\right)=0, \qquad \omega_y=\frac{1}{2}\left(\frac{\partial v_x}{\partial z}-\frac{\partial v_z}{\partial x}\right)=0$$

$$\omega_z=\frac{1}{2}\left(\frac{\partial v_y}{\partial x}-\frac{\partial v_x}{\partial y}\right)=\frac{1}{2}\left[\frac{y^2-x^2}{(x^2+y^2)^2}-\frac{y^2-x^2}{(x^2+y^2)^2}\right]=0$$

所以 $\omega_2=0$,该流动是无旋流动。

讨论 虽然两个流场的流体质点都做圆周运动,但对于流场①,流体微团的旋转角速度处处为1,也就是说流体微团在作圆周运动的同时还有自转;对于流场②,流体微团的旋转角速度处处为零,也就是说流体微团只作圆周运动而没有自转。

为了形象地解释这两个流场,我们可以把流体微团做上标记,用来考察流体微团在运动过程中是否有"自转",即是否存在旋转角速度。如图(题3.38图)所示:流场①流体微团作圆周运动的同时以旋转运动的方式绕微团中心转动(矩形的黑色标记随着微团转动);流场②流体微团只有圆周平移运动,而自身没有转动。

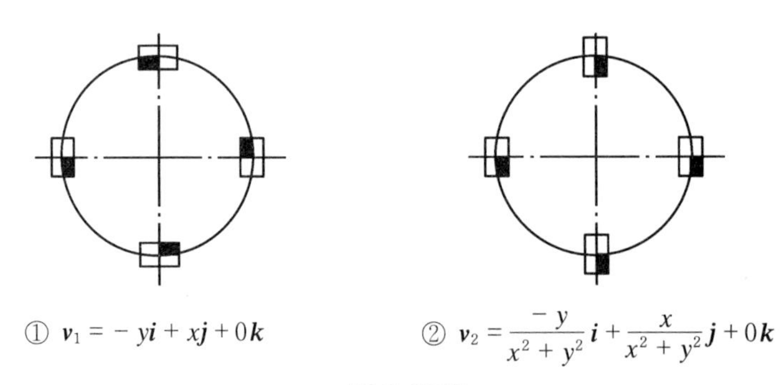

题3.38图

39. 用直径 $d=25$ mm 的管道输送30 ℃的空气,试问管内保持层流的最大流速是多少?

解 30 ℃时空气的运动黏性系数 $\nu=16.6\times10^{-6}$ m²/s,最大流速就是临界流速,由于

$$Re_c=\frac{v_c d}{\nu}=2320$$

得

$$v_c=\frac{Re_c\nu}{d}=\frac{2320\times16.6\times10^{-6}}{0.025}=1.541\ \text{m/s}$$

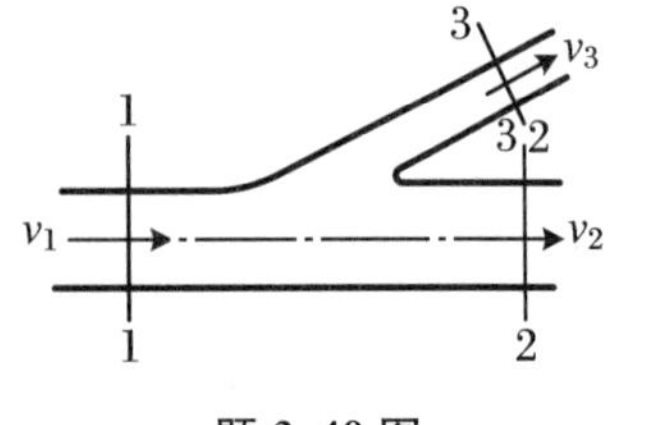

题3.40图

40. 如图(题3.40图)所示输水管经三通管分流。已知管径 $d_1=d_2=200$ mm, $d_3=100$ mm,断面平均流速 $v_1=3$ m/s, $v_2=2$ m/s,试求断面平均流速 v_3。

解　流入和流出三通管的流量相等,即

$$q_{v1} = q_{v2} + q_{v3}$$
$$v_1A_1 = v_2A_2 + v_3A_3$$
$$v_3 = (v_1 - v_2)\left(\frac{d_1}{d_3}\right)^2 = 4\ \text{m/s}$$

41. 已知速度场 $v_x = Cx^2yz$,$v_y = y^2z - Cxy^2z$,其中,C 为常数。试求坐标 z 方向的速度分量 v_z。

解　此流动为不可压缩流体三维流动,故有

$$\frac{\partial v_x}{\partial x} = 2Cxyz$$
$$\frac{\partial v_y}{\partial y} = 2yz - 2Cxyz$$

两式相加,并由不可压缩流体连续性微分方程式得

$$\frac{\partial v_z}{\partial z} = -\left(\frac{\partial v_x}{\partial x} + \frac{\partial v_y}{\partial y}\right) = -2yz$$

上式两边积分,得

$$v_z = -yz^2 + f(x,y)$$

$f(x,y)$是 x,y 的任意函数,满足连续性微分方程的 v_z可有无数个。最简单的情况取$f(x,y)=0$,即

$$v_z = -yz^2$$

42. 已知二维流场的速度分布为 $v_x = -6y$,$v_y = -8x$,试求绕圆 $x^2 + y^2 = R^2$ 的速度环量。

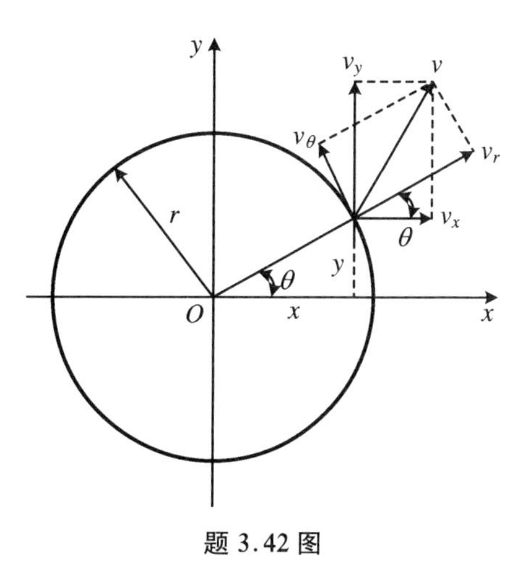

解　此题用极坐标求解比较方便,取坐标系如图(题3.42图)所示。坐标变换为 $x = r\cos\theta$, $y = r\sin\theta$,速度变换为 $v_r = v_x\cos\theta + v_y\sin\theta$, $v_\theta = v_y\cos\theta - v_x\sin\theta$,则 $v_\theta = 8r\cos^2\theta + 6r\sin^2\theta$,故

y
v_y
v
v_θ
v_r
r
v_x
θ
y
θ
O
x
x

题 3.42 图

$$\Gamma = \int_0^{2\pi}(8r\cos^2\theta + 6r\sin^2\theta)r\mathrm{d}\theta = 2r^2\int_0^{2\pi}(4\cos^2\theta + 3\sin^2\theta)\mathrm{d}\theta$$
$$= 12\pi r^2 + 2r^2\int_0^{2\pi}\cos^2\theta\mathrm{d}\theta = 14\pi r^2$$

43. 可压缩流体在变截面管道中流动,试推导连续性方程

$$\frac{\partial\rho}{\partial t} + \frac{1}{A}\frac{\partial(\rho vA)}{\partial x} = 0$$

式中,A 是截面面积;v 是截面平均流速;x 是沿管轴线的坐标。

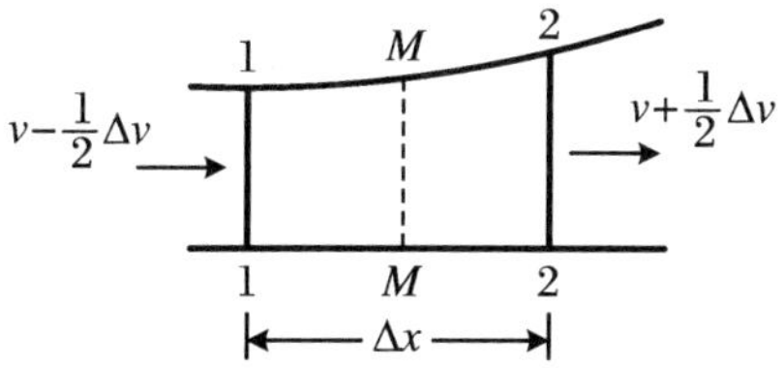

1
M
2
$v-\frac{1}{2}\Delta v$
$v+\frac{1}{2}\Delta v$
1
M
2
Δx

题 3.43 图

解　在管流中取一个微元控制体,如题3.43图所示,长度为 Δx,设 $M-M$ 截面的密度、速度、面积分别为 ρ, v, A,则截面1-1和2-2的密度、速度、面积分别为

1-1截面:

$$\rho-\frac{1}{2}\Delta\rho,\quad v-\frac{1}{2}\Delta v,\quad A-\frac{1}{2}\Delta A$$

2-2 截面：

$$\rho+\frac{1}{2}\Delta\rho,\quad v+\frac{1}{2}\Delta v,\quad A+\frac{1}{2}\Delta A$$

连续性方程各项的表达式：

$$\int_\tau \frac{\partial\rho}{\partial t}\mathrm{d}\tau=\frac{\partial\rho}{\partial t}A\Delta x$$

$$\oint_A \rho v_n \mathrm{d}A=-\left(\rho-\frac{1}{2}\Delta\rho\right)\left(v-\frac{1}{2}\Delta v\right)\left(A-\frac{1}{2}\Delta A\right)+\left(\rho+\frac{1}{2}\Delta\rho\right)\left(v+\frac{1}{2}\Delta v\right)\left(A+\frac{1}{2}\Delta A\right)$$

$$=\rho(v\Delta A+A\Delta v)+vA\Delta\rho+\frac{1}{4}\Delta\rho\Delta v\Delta A$$

由于$\int_\tau \frac{\partial\rho}{\partial t}d\tau+\oint_A \rho v_n \mathrm{d}A=0$，因此

$$A\frac{\partial\rho}{\partial t}+\rho\left(v\frac{\Delta A}{\Delta x}+A\frac{\Delta v}{\Delta x}\right)+vA\frac{\Delta\rho}{\Delta x}+\frac{1}{4}\Delta\rho\Delta v\frac{\Delta A}{\Delta x}=0$$

当 $\Delta x\to 0$ 时，Δv，ΔA，$\Delta\rho$ 也趋向于 0，因此

$$A\frac{\partial\rho}{\partial t}+\rho\left(v\frac{\partial A}{\partial x}+A\frac{\partial v}{\partial x}\right)+vA\frac{\partial\rho}{\partial x}=0$$

整理得

$$\frac{\partial\rho}{\partial t}+\frac{1}{A}\frac{\partial(\rho vA)}{\partial x}=0$$

44. 对于 $v_x=2xy$，$v_y=a^2+x^2-y^2$ 的平面流动，a 为常数，试分析判断：

(1) 是定常流还是非定常流？

(2) 是均匀流还是非均匀流？

(3) 是有旋流还是无旋流？

解 (1) v_x、v_y 仅与 x、y 有关，而与 t 无关，故为定常流。

(2) $a_x=\dfrac{\mathrm{d}v_x}{\mathrm{d}x}=\dfrac{\partial v_x}{\partial t}+v_x\dfrac{\partial v_x}{\partial x}+v_y\dfrac{\partial v_x}{\partial y}+v_z\dfrac{\partial v_x}{\partial z}=2(a^2x+x^2+x^2y)\neq 0$

$a_y=\dfrac{\mathrm{d}v_y}{\mathrm{d}y}=\dfrac{\partial v_y}{\partial t}+v_x\dfrac{\partial v_y}{\partial x}+v_y\dfrac{\partial v_y}{\partial y}+v_z\dfrac{\partial v_y}{\partial z}=2(xy^2-a^2y+y^3)\neq 0$

因此可判为非均匀流。

(3) $\omega_z=\dfrac{1}{2}\left(\dfrac{\partial v_y}{\partial x}-\dfrac{\partial v_x}{\partial y}\right)=\dfrac{1}{2}(2x-2y)=0$，易知 ω_x、ω_y 均为 0。

因此可判为无旋流。

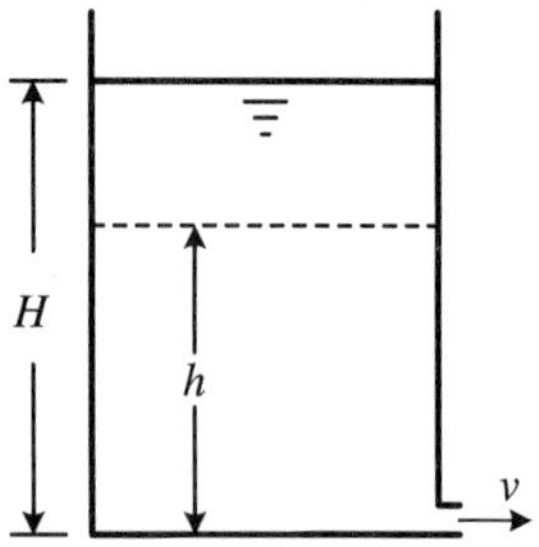

45. 如图(题 3.45 图)所示，一个圆柱形水池，水深 $H=3$ m，池底面直径 $D=5$ m，在池底侧壁开设一个直径 $d=0.5$ m 的孔口，水从孔口流出时，水池液面逐渐下降。试求水池中的水全部泄空所经历的时间 T。

题 3.45 图

解 设在时刻 t，池中水位是 $h(t)$，显然，出流速度为 $v=\sqrt{2gh}$。连续性方程为

$$v_0 \frac{\pi D^2}{4} = v \frac{\pi d^2}{4} \tag{1}$$

式中，v_0 是水池液面下降的速度，即

$$v_0 = -\frac{dh}{dt} \tag{2}$$

式(2)代入式(1)并积分，得

$$\int_0^T dt = -\left(\frac{D}{d}\right)^2 \int_H^0 \frac{dh}{\sqrt{2gh}}$$

$$T = \left(\frac{D}{d}\right)^2 \frac{2\sqrt{H}}{\sqrt{2g}}$$

代入数据得到水池的泄空时间 $T = 78.22$ s。

46. 不可压缩流体作平面流动，x 方向的速度为 $v_x = e^{-x}\cosh y + 1$，如果 $y = 0$ 时，$v_y = 0$，试由连续性方程求速度 v_y 的表达式。

解　将速度 v_x 的表达式代入连续性方程，得

$$\frac{\partial v_y}{\partial y} = -\frac{\partial v_x}{\partial x} = e^{-x}\cosh y$$

上式两边对 y 积分，得

$$v_y = e^{-x}\sinh y + f(x)$$

由于 $y = 0$ 时恒有 $v_y = 0$，因此，

$$f(x) \equiv 0, \quad v_y = e^{-x}\sinh y$$

47. 已知速度场

$$\left.\begin{aligned} v_x &= \frac{1}{\rho}(y^2 - x^2) \\ v_y &= \frac{1}{\rho}(2xy) \\ v_z &= \frac{1}{\rho}(-2tz) \\ \rho &= t^2 \end{aligned}\right\}$$

试问流动是否满足连续性条件。

解　此流动为可压缩流体，非定常流动，所以可利用连续性微分方程一般式计算。

$$\frac{\partial \rho}{\partial t} = 2t$$

$$\frac{\partial(\rho v_x)}{\partial x} = \frac{\partial}{\partial x}(y^2 - x^2) = -2x$$

$$\frac{\partial(\rho v_y)}{\partial y} = \frac{\partial}{\partial y}(2xy) = 2x$$

$$\frac{\partial(\rho v_z)}{\partial z} = \frac{\partial}{\partial z}(-2tz) = -2t$$

将以上各项代入连续方程

$$\frac{\partial \rho}{\partial t} + \frac{\partial(\rho v_x)}{\partial x} + \frac{\partial(\rho v_y)}{\partial y} + \frac{\partial(\rho)}{\partial z} = 2t - 2x + 2x - 2t = 0$$

此流动满足连续性条件，流动可能出现。

48. 给定流速场 $v_x = x^2 y + y^2, v_y = x^2 - y^2 x, v_z = 0$，问：

(1) 是否同时存在流函数和势函数？

(2) 如存在，求出其具体形式。

解 (1) 流函数是由不可压缩流体平面流动连续性微分方程引入的，故可通过计算该流场是否满足该方程来判断是否存在流函数。

$$\frac{\partial v_x}{\partial x} + \frac{\partial v_y}{\partial y} = 2xy - 2xy = 0$$

即该流场满足连续性微分方程，故存在流函数。

势函数是由不可压缩流体无旋流动引入的，故可通过计算其是否满足 $\omega = 0$ 来判断是否存在势函数。平面流动唯一存在的角流速度分量只有 ω_z，故有

$$\omega_z = \frac{1}{2}\left(\frac{\partial v_y}{\partial x} - \frac{\partial v_x}{\partial y}\right) = \frac{1}{2}(2x - y^2 - x^2 - 2y) \neq 0$$

所以不存在势函数。

(2) 求流函数。由

$$v_x = \frac{\partial \Psi}{\partial y} = x^2 y + y^2$$

积分得

$$\Psi = \frac{x^2 y^2}{2} + \frac{y^3}{3} + f(x)$$

又

$$v_y = -\frac{\partial \Psi}{\partial x} = -xy^2 - f'(x)$$

对比已知流速：$v_y = x^2 - y^2 x$，得

$$f'(x) = -x^2$$

两边积分，得 $f(x) = -\frac{x^3}{3} + C$，则

$$\Psi = \frac{x^2 y^2}{2} + \frac{y^3}{3} - \frac{x^3}{3} + C$$

因常数 C 不影响流场的速度分布，故一般省略不写，故

$$\Psi = \frac{x^2 y^2}{2} + \frac{y^3}{3} - \frac{x^3}{3}$$

49. 试证明均匀流的流速环量等于零。

证明 流体以等速度 v_0 水平方向流动，首先求沿题3.49图(a)所示的矩形封闭流线的速度环量：

$$\Gamma_{12341} = \Gamma_{12} + \Gamma_{23} + \Gamma_{34} + \Gamma_{41} = bv_0 + 0 - bv_0 + 0 = 0$$

其次求沿题3.49图(b)所示圆周的速度环量

$$\Gamma_K = \oint_K v_0 \cos\alpha \, ds = \int_0^{2\pi} v_0 \cos\alpha \cdot r d\theta = v_0 r \int_0^{2\pi} \cos a \, d\theta$$
$$= v_0 r \int_0^{2\pi} \cos(90^\circ + \theta) d\theta = 0$$

其中，θ 为圆的半径 r 与水平方向的夹角。

同样可证,均匀流沿任何其他封闭曲线的速度环流也等于零。

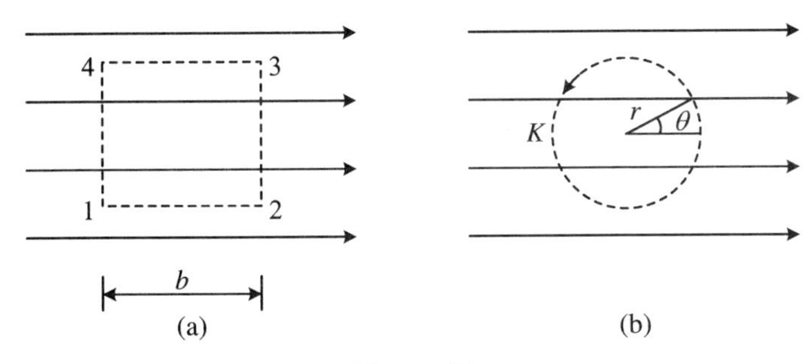

题3.49图

50. 距台风中心8000 m处的风速为13.33 m/s,气压表读数为98200 Pa,假设流场为自由涡诱导流动,试求距台风中心800 m处的风速和风压。

解 自由涡的强度是

$$\Gamma = \boldsymbol{v} \cdot 2\pi \boldsymbol{r} = C(\text{常数})$$

即 $\boldsymbol{v} \cdot \boldsymbol{r} = \dfrac{\Gamma}{2\pi} = C$(常数)。

已知 $r_0 = 8000$ m处的 $v_0 = 13.33$ m/s,则 $r = 800$ m的速度为

$$v = \frac{v_0 r_0}{r} = 133.3 \text{ m/s}$$

由伯努利方程得

$$p = p_0 + \frac{\rho}{2}(v_0^2 - v^2) = 98200 + \frac{1}{2} \times 1.29 \times (13.33^2 - 133.3^2) = 86853 \text{ Pa}$$

51. 已知理想流体的速度分布为 $v_x = a\sqrt{y^2 + z^2}$, $v_y = v_z = 0$,试求涡线方程以及沿封闭周线 $x^2 + y^2 = b^2(z = 0)$的速度环量,其中 a, b 为常数。

解 由已知条件可求得涡量的三个分量分别为

$$\omega_x = \frac{\partial v_z}{\partial y} - \frac{\partial v_y}{\partial z} = 0$$

$$\omega_y = \frac{\partial v_x}{\partial z} - \frac{\partial v_z}{\partial x} = \frac{az}{(y^2 + z^2)^{1/2}}$$

$$\omega_z = \frac{\partial v_y}{\partial x} - \frac{\partial v_x}{\partial y} = -\frac{az}{(y^2 + z^2)^{1/2}}$$

代入涡线微分方程并整理,得

$$\mathrm{d}x/0 = \mathrm{d}y/z = -\mathrm{d}z/y$$

积分后得涡线方程

$$\begin{cases} y^2 + z^2 = C_1 \\ x = C_2 \end{cases}$$

由于封闭周线所在平面流体微团的涡量为 $\omega_x = \omega_y = 0$, $\omega_z = -a$,故由斯托克斯定理得速度环量

$$\Gamma = \iint_A \boldsymbol{\omega} \cdot \mathrm{d}\boldsymbol{A} = \iint_A \omega_z \mathrm{d}A = \omega_z A = -\pi a b^2$$

52. 设某一平面流动的流函数为 $\Psi(x,y,t)=-\sqrt{3}x+y$，试求：

(1) 该流动的速度分量；

(2) 通过点 $A(1,0)$ 和点 $B(2,\sqrt{3})$ 的连接线 AB 的流量 q_{vAB}。

解 (1) 流动的速度分量：

$$v_x = \frac{\partial \Psi}{\partial y} = -\frac{\partial}{\partial y}(\sqrt{3}x + y) = 1\ \text{m/s}$$

$$v_y = -\frac{\partial \Psi}{\partial x} = -\frac{\partial}{\partial x}(-\sqrt{3}x + y) = \sqrt{3}\ \text{m/s}$$

即流场中所有各点处的速度大小相等，方向相同。

$$v = \sqrt{v_x^2 + v_y^2} = \sqrt{1+3} = 2\ \text{m/s}$$

$$\alpha = \arctan\left(\frac{v_y}{v_x}\right) = \arctan\left(\frac{\sqrt{3}}{1}\right) = 60^\circ$$

所以流线为与 x 轴呈 60° 夹角的平行线族，如图(题 3.52 图)所示。

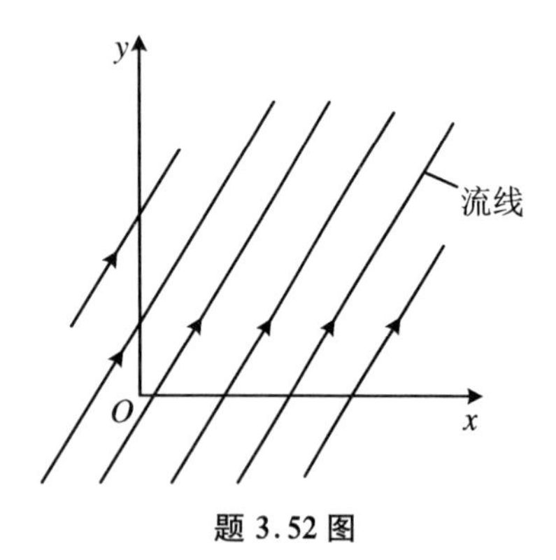

题 3.52 图

(2) 通过 AB 的流量应等于 A 与 B 两点处的流函数的差，即

$$q_{vAB} = \Psi_B - \Psi_A$$

$$\Psi_B = -\sqrt{3}x_B + y_B = (-\sqrt{3}\times 2 + \sqrt{3}) = -\sqrt{3}\ \text{m}^3/\text{s}$$

$$\Psi_A = -\sqrt{3}x_A + y_A = (-\sqrt{3}\times 1 - 0) = -\sqrt{3}\ \text{m}^3/\text{s}$$

所以

$$q_{vAB} = [-\sqrt{3} - (-\sqrt{3})] = 0$$

即通过 AB 连线的流量为 0(实际上 AB 在同一条流线上)。

53. 已知理想不可压缩流体平面无旋流动的速度势为 $\varphi = a(x^2 - y^2)$。

(1) 求流场的速度分布，并找出驻点的位置；

(2) 求流函数 $\Psi(x,y)$，并画出等势线和等流函数线；

(3) 若驻点的压强为 p_0，求平面 xOy 上的压强分布。

解 (1) $v_x = \dfrac{\partial \varphi}{\partial x} = 2ax$，$v_y = \dfrac{\partial \varphi}{\partial y} = -2ay$，驻点处 $v=0$，即 $v_x=0$，$v_y=0$，故 $x=0$，$y=0$。即驻点 $S(0,0)$ 为坐标原点。

(2) 由 $v_x = \dfrac{\partial \Psi}{\partial y} = 2ax$，积分得 $\Psi = 2axy + f(x)$，则 $v_y = -\dfrac{\partial \Psi}{\partial x} = -2ay + f'(x)$，对比已知流速 $v_y = -2ay$，得 $f'(x)=0$，故 $f(x)=C$，则 $\Psi = 2axy + C$，略去 C，得

$$\Psi = 2axy$$

等势线

$$\varphi = a(x^2 - y^2) = C'_1$$

$$x^2 - y^2 = C_1$$

它是以坐标轴的等分角线为渐近线的一组双曲线。

等流函数线

$$\Psi = 2axy = C'_2$$

$$xy = C_2$$

它是以两个坐标轴为渐近线的双曲线族。

等势线与等流函数线如图(题3.53图)所示,实线为流线,虚线为等势线,由于流线与物体表面可以互换,故如将 $\Psi = 0$ 的流线的一部分即图中 x, y 的正轴换成固体壁面,则 $\varphi = a(x^2 - y^2)$ 和 $\Psi = 2axy$ 就可描述直角壁面内流体的流动。

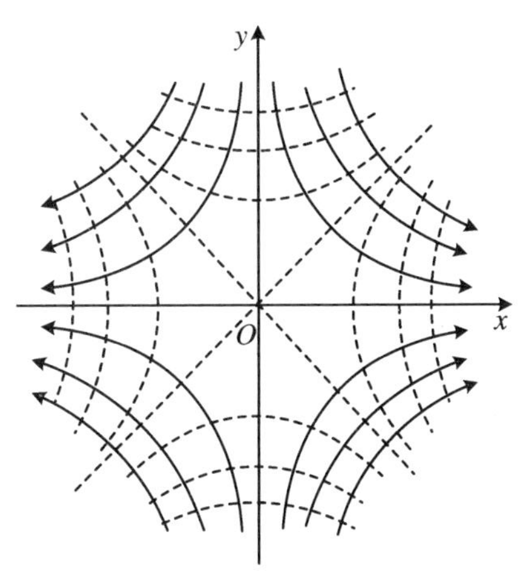

题 3.53 图

将 $x = r\cos\theta, y = r\sin\theta$ 代入 φ 和 Ψ,则用柱坐标表示的速度势函数和流函数为

$$\varphi = a(r^2\cos^2\theta - r^2\sin^2\theta) = ar^2\cos 2\theta$$

$$\Psi = 2a\cos\theta \cdot r\sin\theta = ar^2\sin 2\theta$$

(3) 列 xOy 平面内任意一点与驻点的能量方程,由驻点处 $v = 0, p = p_0$,有

$$p_0 + 0 = p + \frac{\rho}{2}(v_x^2 + v_y^2) = p + \frac{\rho}{2}(4a^2x^2 + 4a^2y^2)$$

故有

$$p = p_0 - 2a^2\rho r^2$$

54. 已知某二维不可压缩流场的速度分布为 $v_x = x^2 + 4x - y^2, v_y = -2xy - 4y$。试确定:

(1) 流动是否连续?

(2) 流动是否有旋?

(3) 速度为零的驻点位置;

(4) 速度势函数 φ 和流函数 Ψ。

解 (1) 由连续方程得

$$\frac{\partial v_x}{\partial x} + \frac{\partial v_y}{\partial y} = 2x + 4 - 2x - 4 = 0$$

判断可知流动连续。

(2) 由于

$$\frac{\partial v_x}{\partial y} = -2y = \frac{\partial v_y}{\partial x}$$

故流场无旋。

(3) 由驻点 $v_x = 0, v_y = 0$,有

$$\begin{cases} x^2 + 4x - y^2 = 0 \\ -2xy - 4y = 0 \end{cases}$$

解方程得驻点为

$$\begin{cases} x_1 = 0 \\ y_1 = 0 \end{cases}; \qquad \begin{cases} x_2 = -4 \\ y_2 = 0 \end{cases}$$

(4) 由速度势函数定义 $\frac{\partial \varphi}{\partial x} = v_x = x^2 + 4x - y^2$,积分得

$$\varphi = \frac{1}{3}x^3 + 2x^2 - y^2 x + f(y)$$

又由 $v_y = -2xy - 4y$，$v_y = \frac{\partial \varphi}{\partial y} = -2xy + f'(y)$，得 $f'(y) = -4y$ 及 $y = -2y^2 + C$，令 $C = 0$，得速度势函数为

$$\varphi = \frac{1}{3}x^3 + 2x^2 - y^2 x - 2y^2$$

由流函数定义得

$$\frac{\partial \Psi}{\partial y} = v_x = x^2 + 4x - y^2$$

积分得

$$\Psi = x^2 y + 4xy - \frac{1}{3}y^3 + f(x)$$

$$\frac{\partial \Psi}{\partial x} = 2xy + 4y + f'(x)$$

又

$$\frac{\partial \Psi}{\partial x} = -v_y = 2xy + 4y$$

得

$$f'(x) = 0$$

即

$$f(x) = C$$

令 $C = 0$，得流函数为

$$\Psi = x^2 y + 4xy - \frac{1}{3}y^3$$

55. 二维不可压缩流体的速度分布假定为

$$\begin{cases} v_x = \mathrm{e}^{-x}\cosh y \\ v_y = \mathrm{e}^{-x}\sinh y \end{cases}$$

试判断这种流动是否可能。

解 用不可压缩流体的连续性方程验证。

因为

$$\frac{\partial v_x}{\partial x} = -\mathrm{e}^{-x}\cosh y$$

$$\frac{\partial v_y}{\partial y} = -\mathrm{e}^{-x}\sinh y$$

$$\frac{\partial v_x}{\partial x} + \frac{\partial v_y}{\partial y} = -\mathrm{e}^{-x}\cosh y + \mathrm{e}^{-x}\sinh y = 0$$

满足二维不可压缩流体的连续性方程，这种流动可能。

56. 如图(题 3.56 图)所示，断面为矩形的送风通道，通过 a、b、c、d 四个 200 mm×200 mm的送风口向室内输送冷空气。风道截面尺寸如图中所示(单位 mm)，若每个送风口的流速均为 5 m/s，求通过 $B-B$、$C-C$、$D-D$ 断面上的风量和风速。

解 每个送风口的送风量为

$$q_V = 0.2 \times 0.2 \times 5 = 0.2\ \mathrm{m^3/s}$$

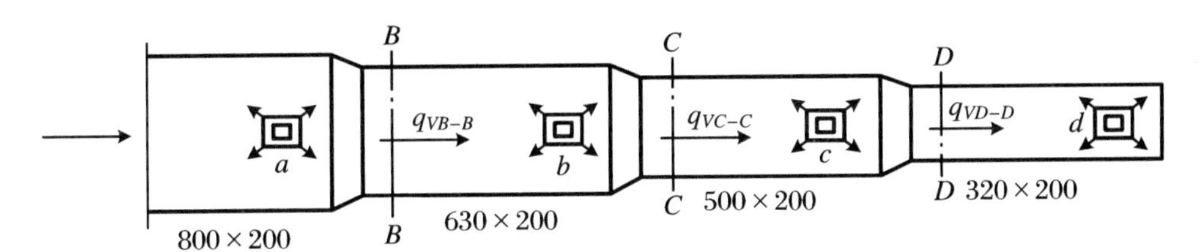

题 3.56 图

根据分流连续性方程，有

$$q_{VD-D} = q_V = 0.2\ \mathrm{m^3/s}$$

$$q_{VC-C} = 2q_V = 2 \times 0.2 = 0.4\ \mathrm{m^3/s}$$

$$q_{VB-B} = 3q_V = 3 \times 0.2 = 0.6\ \mathrm{m^3/s}$$

根据流速与流量间的关系，有

$$v_{D-D} = \frac{q_V}{A} = \frac{0.2}{0.32 \times 0.2} = 3.13\ \mathrm{m/s}$$

$$v_{C-C} = \frac{2q_V}{A} = \frac{0.4}{0.2 \times 0.5} = 4.00\ \mathrm{m/s}$$

$$v_{B-B} = \frac{3q_V}{A} = \frac{0.6}{0.2 \times 0.63} = 4.76\ \mathrm{m/s}$$

57. 在二元涡量场中，已知圆心在坐标原点、半径 $r = 0.2$ m 的圆区域内流体的涡通量 $J = 0.8\pi\ \mathrm{m^2/s}$。若流体微团在半径 r 处的速度分量 v_θ 为常数，它的值是多少？

解　由斯托克斯定理得

$$\int_0^{2\pi} v_\theta r \mathrm{d}\theta = 2\pi r v_\theta = J$$

$$v_\theta = \frac{J}{2\pi r} = \frac{0.8\pi}{2\pi \times 0.2} = 2\ \mathrm{m/s}$$

58. 平面流动的速度分布为 $v_x = x^2 y$，$v_y = xy^2$，验证：任一点的速度和加速度的方向相同。

解

$$a_x = v_x \frac{\partial v_x}{\partial x} + v_y \frac{\partial v_x}{\partial y} = 3x^3 y^2$$

$$a_y = v_x \frac{\partial v_y}{\partial x} + v_y \frac{\partial v_y}{\partial y} = 3x^2 y^3$$

因$\dfrac{a_y}{a_x} = \dfrac{y}{x}$，$\dfrac{v_y}{v_x} = \dfrac{y}{x}$，故加速度和速度方向相同。

59. 若已知一定常平面流动的速度分布为 $v_x = -4y$，$v_y = -4x + 1$。试问：

(1) 该流动是否为势流？若是，求出速度势函数；

(2) 该流动是否存在流函数？若存在，求出流函数。

解　(1)因为 $\omega_z = \dfrac{1}{2}\left(\dfrac{\partial v_y}{\partial x} - \dfrac{\partial v_x}{\partial y}\right) = \dfrac{1}{2}[-4-(-4)] = 0$，是势流流动，存在速度势函

数;由势函数定义:$\frac{\partial \varphi}{\partial x} = v_x = -4y$, $\frac{\partial \varphi}{\partial y} = v_y = -4x+1$,积分得

$$\varphi = \int \frac{\partial \varphi}{\partial x} dx + f(y) = \int(-4y)dx + f(y) = -4xy + f(y)$$

又因为$\frac{\partial \varphi}{\partial y} = -4x + f(y) = -4x + 1$,得 $f(y) = y + C$,故可得速度势函数为

$$\varphi = -4xy + y + C \quad (C\text{ 为常数})$$

(2) 因为$\frac{\partial v_x}{\partial x} + \frac{\partial v_y}{\partial y} = 0 + 0 = 0$,满足连续方程,故流动存在流函数,由流函数定义:$\frac{\partial \Psi}{\partial x} = -v_y = 4x - 1$,$\frac{\partial \Psi}{\partial y} = v_x = -4y$,积分得

$$\Psi = \int \frac{\partial \Psi}{\partial x} dx + f(y) = \int(4x - 1)dx + f(y) = 2x^2 - x + f(y)$$

又因为$\frac{\partial \Psi}{\partial y} = f(y)' = -4y = v_x$,得 $f(y) = 2y^2 + C$,于是可得出流函数为

$$\Psi = 2x^2 - x + 2y^2 + C \quad (C\text{ 为常数})$$

60. 不可压缩流体平面势流的速度势 $\varphi = xy$,试求速度分量和流函数。

解 将速度势代入势函数计算式,得速度分量

$$v_x = \frac{\partial \varphi}{\partial x} = y, \quad v_y = \frac{\partial \varphi}{\partial y} = x$$

将速度分量代入流函数计算,得

$$\frac{\partial \Psi}{\partial y} = y, \quad -\frac{\partial \Psi}{\partial x} = x \tag{1}$$

将式(1)的第一式对 y 积分,得 Ψ

$$\Psi = \frac{1}{2} y^2 + f(x) \tag{2}$$

式(2)对 x 求偏导数,并将式(1)的第二式代入,得

$$\frac{\partial \Psi}{\partial x} = f_x{}'(x) = -x$$

上式对 x 积分,得

$$f(x) = -\frac{1}{2}x^2 + C$$

代入式(2),得流函数

$$\Psi = \frac{1}{2}(y^2 - x^2) + C$$

61. 已知一个二维流动的流场的速度为 $\boldsymbol{v} = 4xy\boldsymbol{i} + 2(x^2 - y^2)\boldsymbol{j}$,试问这个流动是否是无旋流动?

解 根据题意

$$v_x = 4xy; \quad v_y = 2(x^2 - y^2); \quad v_z = 0$$

代入计算公式,得

$$\omega_x = 0; \quad \omega_y = 0; \quad \omega_z = \frac{1}{2}(4x - 4x) = 0$$

即

$$\boldsymbol{\omega} = \omega_x \boldsymbol{i} + \omega_y \boldsymbol{j} + \omega_z \boldsymbol{k} = 0$$

所以，此流动为无旋流动。

62．给定直角坐标系中速度场为

$$\boldsymbol{v} = (x^2 y + y^2)\boldsymbol{i} + (x^2 - xy^2)\boldsymbol{j} + 0\boldsymbol{k}$$

试求线变形率和剪切角变形；并判断该流场是否为不可压缩流场。

解　(1) 首先求线变形率。由题意知速度场各分速度如下：

$$v_x = x^2 y + y^2;\quad v_y = x^2 - xy^2;\quad v_z = 0$$

$$\theta_{xx} = \frac{\partial v_x}{\partial x} = 2xy;\quad \theta_{yy} = \frac{\partial v_y}{\partial y} = -2xy;\quad \theta_{zz} = 0$$

(2) 求剪切角变形率

$$\varepsilon_{xy} = \varepsilon_{yx} = \frac{1}{2}\left(\frac{\partial v_x}{\partial y} + \frac{\partial v_y}{\partial x}\right) = \frac{x^2 + 2y}{2} + \frac{2x - y^2}{2} = \frac{x^2 - y^2}{2} + x + y$$

$$\varepsilon_{yz} = \varepsilon_{zy} = \frac{1}{2}\left(\frac{\partial v_y}{\partial z} + \frac{\partial v_z}{\partial y}\right) = 0$$

$$\varepsilon_{zx} = \varepsilon_{xz} = \frac{1}{2}\left(\frac{\partial v_z}{\partial x} + \frac{\partial v_x}{\partial z}\right) = 0$$

(3) 判别流场是否为不可压缩，代入不可压缩连续方程，有

$$\frac{\partial v_x}{\partial x} + \frac{\partial v_y}{\partial y} + \frac{\partial v_z}{\partial z} = 2xy - 2xy = 0$$

所以该流场为不可压缩流场。

63．如图(题3.63图)所示，风速 $U_0 = 12$ m/s(强风)的水平风，吹过高度 $H = 300$ m，形状接近钝头曲线型的山坡，试用势流来描述此流动。

解　依照水平风吹过山坡的流动图形，可近似用半个半体($y \geqslant 0$)绕流来描述。已知半体绕流的势函数和流函数由等速均匀流和点源叠加得出

$$\varphi = U_0 r\cos\theta + \frac{q}{2\pi}\ln r$$

$$\Psi = U_0 r\sin\theta + \frac{q}{2\pi}\theta$$

速度场

$$v_r = \frac{\partial\varphi}{\partial r} = U_0\cos\theta + \frac{q}{2\pi r}$$

$$v_\theta = \frac{1}{r}\frac{\partial\varphi}{\partial\theta} = -U_0\sin\theta$$

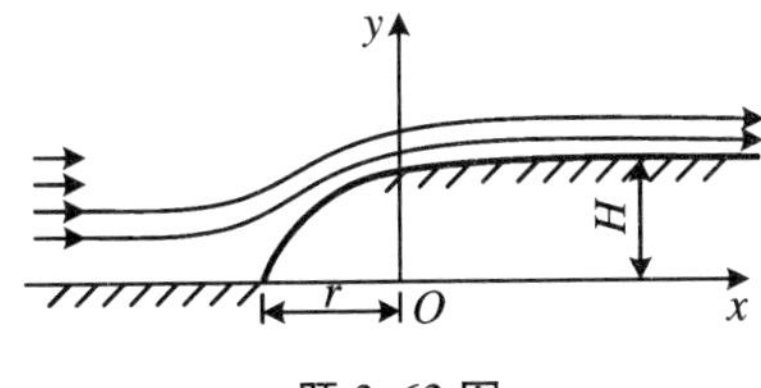

题 3.63 图

按边界条件，确定驻点坐标 r_s 和源流强度 q。

山坡起升点(坡脚)是驻点，由 $v_r = 0$，$v_\theta = 0$，解得驻点坐标 $\theta = \pi$，$r_s = \dfrac{q}{2\pi U_0}$，将 $\theta = \pi$ 代入流函数式得驻点的流函数 $\Psi = \dfrac{q}{2}$，则过驻点的流线(绕流边界线)方程

$$U_0 r\sin\theta + \frac{q}{2\pi}\theta = \frac{q}{2}$$

山坡顶面趋向平面，绕流边界线 $\theta \to 0$ ，$r \to \infty$ ，$r\sin\theta = y = H$ ，代入上式 $U_0 H = \frac{q}{2}$，得出源流强度

$$q = 2U_0 H = 2 \times 12 \times 300 = 7200\ \mathrm{m^2/s}$$

驻点坐标

$$\theta = \pi, \quad r_s = \frac{q}{2\pi U_0} = 95.54\ \mathrm{m}$$

将 U_0，q 代回前式得势函数和流函数

$$\varphi = 12r\cos\theta + 1146.5\ln r$$

$$\Psi = 12r\sin\theta + 1146.5\theta$$

速度场

$$v_r = \frac{\partial \varphi}{\partial r} = 12\cos\theta + 1146.5\frac{1}{r}$$

$$v_\theta = \frac{1}{r}\frac{\partial \varphi}{\partial \theta} = -12\sin\theta$$

64. 已知平面不可压缩流体流动的流速为 $v_x = x^2 + 2x - 4y$，$v_y = -2xy - 2y$。

(1) 检查流动是否连续；

(2) 检查流动是否有旋；

(3) 求流场驻点位置；

(4) 求流函数。

解 (1)由题意可知

$$\frac{\partial v_x}{\partial x} = 2x + 2; \quad \frac{\partial v_y}{\partial y} = -2x - 2$$

有

$$\frac{\partial v_x}{\partial x} + \frac{\partial v_y}{\partial y} = 2x + 2 - 2x - 2 = 0$$

满足连续性方程。

(2) 由题意可知

$$\frac{\partial v_y}{\partial x} = -2y; \quad \frac{\partial v_x}{\partial y} = -4$$

有

$$\omega_z = \frac{1}{2}\left(\frac{\partial v_y}{\partial x} - \frac{\partial v_x}{\partial y}\right) = -y + 2 \neq 0$$

可见流动为有旋流动，故不存在势函数，满足连续方程只存在流函数。

(3) 驻点条件

$$v_x = x^2 + 2x - 4y = x(x+2) - 4y = 0$$

$$v_y = -2xy - 2y = -2y(x+1) = 0$$

由 $y = 0$ 代入解得 $x = 0, x = -2$；由 $x = -1$ 代入解得 $y = -\frac{1}{4}$，解得驻点为如下三点：

$$(0,0); \quad (-2,0); \quad \left(-1, -\frac{1}{4}\right)$$

(4) 由题意可知：$\dfrac{\partial \Psi}{\partial y} = v_x = x^2 + 2x - 4y$，因此积分有

$$\Psi = x^2 y + 2xy - 2y^2 + f(x)；\quad \frac{\partial \Psi}{\partial x} = - v_y = 2xy + 2y + f(x)' = 2xy + 2y$$

所以有 $f(x)' = 0, f(x) = C$。令其为 0，则可得流函数为

$$\Psi = x^2 y + 2xy - 2y^2$$

65. 已知平面势流的势函数 $\varphi = 4(x^2 - y^2)$，试求速度和流函数。

解　由速度势函数的定义，得 x, y 方向的速度分量分别为

$$v_x = \frac{\partial \varphi}{\partial x} = 8x$$

$$v_y = \frac{\partial \varphi}{\partial y} = -8y$$

合速度为 $v = \sqrt{v_x^2 + v_y^2} = 8\sqrt{x^2 + y^2}$，且速度 v 与水平方向的夹角为

$$\theta = \arctan \frac{v_y}{v_x} = \arctan\left(-\frac{y}{x}\right)$$

又由 $\dfrac{\partial \Psi}{\partial y} = v_x = 8x$，积分得 $\Psi = 8xy + f(x)$，故

$$\frac{\partial \Psi}{\partial x} = 8y + f'(x) = - v_y = 8y$$

得 $f'(x) = 0$，即 $f(x) = C$，于是有

$$\Psi = 8xy + C$$

式中，C 为任意常数，它的大小不会影响流动图形，因此可令 $C = 0$，得

$$\Psi = 8xy$$

故流线为一组双曲线。

66. 试求均匀直线流与点源叠加后的流动。已知 x 方向流速为 U 的均匀直线的势函数和流函数分别为

$$\begin{cases} \varphi_1 = Ux = Ur\cos\theta \\ \Psi_1 = Uy = Ur\sin\theta \end{cases}$$

置于坐标原点强度为 $q/(2\pi)$ 的点源的势函数和流函数分别为

$$\begin{cases} \varphi_2 = \dfrac{q}{2\pi}\ln\sqrt{x^2 + y^2} = \dfrac{q}{2\pi}\ln r \\ \Psi_2 = \dfrac{q}{2\pi}\arctan\left(\dfrac{y}{x}\right) = \dfrac{q}{2\pi}\theta \end{cases}$$

解　叠加后的流动为

$$\begin{cases} \varphi = \varphi_1 + \varphi_2 = Ux + \dfrac{q}{2\pi}\ln\sqrt{x^2 + y^2} = Ur\cos\theta + \dfrac{q}{2\pi}\ln r \\ \Psi = \Psi_1 + \Psi_2 = Uy + \dfrac{q}{2\pi}\arctan\left(\dfrac{y}{x}\right) = Ur\sin\theta + \dfrac{q}{2\pi}\theta \end{cases}$$

流速场为

$$\begin{cases} v_x = \dfrac{\partial \varphi}{\partial x} = U + \dfrac{q}{2\pi}\dfrac{x}{x^2 + y^2} = U + \dfrac{q}{2\pi}\dfrac{\cos\theta}{r} \\ v_y = \dfrac{\partial \varphi}{\partial y} = \dfrac{q}{2\pi}\dfrac{y}{x^2 + y^2} = \dfrac{q}{2\pi}\dfrac{\sin\theta}{r} \end{cases}$$

驻点(流速为0处)s 的坐标为$\theta_s = \pi, r_s = \dfrac{q}{2\pi U}$,将驻点坐标代入流函数计算式,可得通过驻点的流线方程为

$$r = \frac{q}{2\pi U}\frac{\pi - \theta}{\sin\theta}, \quad 或 \quad y = \frac{q}{2\pi U}(\pi - \theta) = \frac{q}{2\pi U}\left(\pi - \arctan\frac{y}{x}\right)$$

从上式可以看出,当 $x\to\infty$($\theta\to 0$)时,$r\to\infty$,$y\to q/(2U)$,即通过驻点的流线以 $y = q/(2U)$为渐近线。

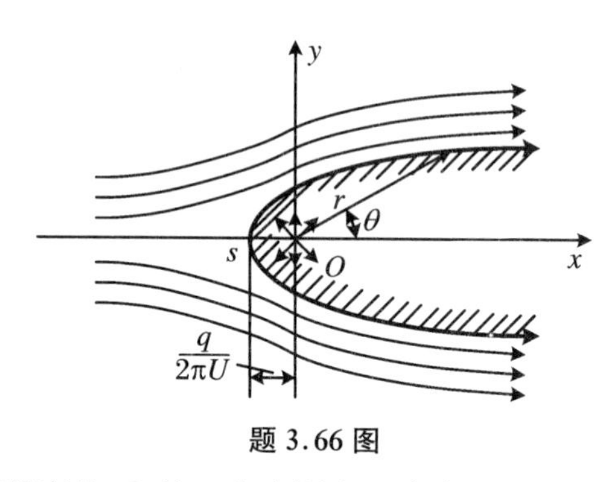

题 3.66 图

通过驻点的流线将流场分为两个部分,如题3.66图所示。由均匀直线流引起的流动均在这条流线之外,而由点源引起的流动均在这条直线内。设想将通过驻点的这条流线内的流动区域“固化”,则这种固化体的形状相当于桥墩、闸墩的前半部,通常称为半体。故均匀直线流和点源的叠加表示了半体的绕流,叠加后的势函数和流函数就是半体绕流的解。

67. x 轴上的两点$(a,0)$和$(-a,0)$分别放置强度为 Q 的一个点源和一个点汇。试证明叠加后组合流动的流函数为

$$\Psi = \frac{Q}{2\pi}\arctan\frac{2ay}{x^2 + y^2 - a^2}$$

证明 $W(z) = \dfrac{Q}{2\pi}[\ln(z - a) - \ln(z + a)]$

令 $z - a = r_1 e^{i\theta_1}, z + a = r_2 e^{i\theta_2}$,则

$$r_1 = \sqrt{(x-a)^2 + y^2}, \quad \tan\theta_1 = \frac{y}{x - a}$$

$$r_2 = \sqrt{(x+a)^2 + y^2}, \quad \tan\theta_2 = \frac{y}{x + a}$$

$$W(z) = \frac{Q}{2\pi}[\ln r_1 - \ln r_2 + i(\theta_1 - \theta_2)]$$

$$\Psi = \frac{Q}{2\pi}(\theta_1 - \theta_2)$$

$$\tan(\theta_1 - \theta_2) = \frac{\tan\theta_1 - \tan\theta_2}{1 + \tan\theta_1\tan\theta_2} = \frac{2ay}{x^2 + y^2 - a^2}$$

$$\Psi = \frac{Q}{2\pi}\arctan\frac{2ay}{x^2 + y^2 - a^2}$$

第4章　流体动力学基础

4.1 学习指导

4.1.1 流体运动微分方程

1. 理想流体运动微分方程

由牛顿第二定律,理想流体运动微分方程为

$$\left.\begin{aligned} f_x - \frac{1}{\rho}\frac{\partial p}{\partial x} &= \frac{\mathrm{d}v_x}{\mathrm{d}t} \\ f_y - \frac{1}{\rho}\frac{\partial p}{\partial y} &= \frac{\mathrm{d}v_y}{\mathrm{d}t} \\ f_z - \frac{1}{\rho}\frac{\partial p}{\partial z} &= \frac{\mathrm{d}v_z}{\mathrm{d}t} \end{aligned}\right\} \tag{4.1}$$

将加速度项展开成欧拉法表达式

$$\left.\begin{aligned} f_x - \frac{1}{\rho}\frac{\partial p}{\partial x} &= \frac{\partial v_x}{\partial t} + v_x\frac{\partial v_x}{\partial x} + v_y\frac{\partial v_x}{\partial y} + v_z\frac{\partial v_x}{\partial z} = \frac{\mathrm{d}v_x}{\mathrm{d}t} \\ f_y - \frac{1}{\rho}\frac{\partial p}{\partial y} &= \frac{\partial v_y}{\partial t} + v_x\frac{\partial v_y}{\partial x} + v_y\frac{\partial v_y}{\partial y} + v_z\frac{\partial v_y}{\partial z} = \frac{\mathrm{d}v_y}{\mathrm{d}t} \\ f_z - \frac{1}{\rho}\frac{\partial p}{\partial z} &= \frac{\partial v_z}{\partial t} + v_x\frac{\partial v_z}{\partial x} + v_y\frac{\partial v_z}{\partial y} + v_z\frac{\partial v_z}{\partial z} = \frac{\mathrm{d}v_z}{\mathrm{d}t} \end{aligned}\right\} \tag{4.2}$$

用矢量表示

$$\boldsymbol{f} - \frac{1}{\rho}\nabla p = \frac{\partial \boldsymbol{v}}{\partial t} + (\boldsymbol{v}\cdot\nabla)\boldsymbol{v} \tag{4.3}$$

式(4.3)即理想流体运动微分方程式,又称欧拉运动微分方程式。式(4.3)是牛顿第二定律的流体力学表达式,是控制理想流体运动的基本方程式。该方程对于定常流或非定常流,对于不可压缩流体或可压缩流体都适用。对于平衡(静止)流体,只受质量力、压应力的作用,运动方程简化为欧拉平衡微分方程

$$\boldsymbol{f} - \frac{1}{\rho}\nabla p = 0$$

2. 实际黏性流体运动微分方程(纳维—斯托克斯方程式)

$$\left.\begin{aligned} f_x - \frac{1}{\rho}\frac{\partial p}{\partial x} + \nu\nabla^2 v_x &= \frac{\partial v_x}{\partial t} + v_x\frac{\partial v_x}{\partial x} + v_y\frac{\partial v_x}{\partial y} + v_z\frac{\partial v_x}{\partial z} = \frac{\mathrm{d}v_x}{\mathrm{d}t} \\ f_y - \frac{1}{\rho}\frac{\partial p}{\partial y} + \nu\nabla^2 v_y &= \frac{\partial v_y}{\partial t} + v_x\frac{\partial v_y}{\partial x} + v_y\frac{\partial v_y}{\partial y} + v_z\frac{\partial v_y}{\partial z} = \frac{\mathrm{d}v_y}{\mathrm{d}t} \\ f_z - \frac{1}{\rho}\frac{\partial p}{\partial z} + \nu\nabla^2 v_z &= \frac{\partial v_z}{\partial t} + v_x\frac{\partial v_z}{\partial x} + v_y\frac{\partial v_z}{\partial y} + v_z\frac{\partial v_z}{\partial z} = \frac{\mathrm{d}v_z}{\mathrm{d}t} \end{aligned}\right\} \tag{4.4}$$

式(4.4)即为黏性流体运动微分方程，又称为纳维—斯托克斯方程，简写为 N－S 方程，用向量表示

$$\boldsymbol{f}-\frac{1}{\rho}\nabla p+\nu\nabla^{2}\boldsymbol{v}=\frac{\partial\boldsymbol{v}}{\partial t}+\boldsymbol{v}(\boldsymbol{v}\cdot\nabla)=\frac{\mathrm{d}\boldsymbol{v}}{\mathrm{d}t}\tag{4.5}$$

其中拉普拉斯算子为

$$\nabla^{2}=\frac{\partial^{2}}{\partial x^{2}}+\frac{\partial^{2}}{\partial y^{2}}+\frac{\partial^{2}}{\partial z^{2}}\tag{4.6}$$

推导过程中假定了动力黏度 μ 为常数，因此对于非等温的流动问题，式(4.5)的结果就出现近似的情况，液体介质尤为明显。N－S 方程表示作用在单位质量流体上的质量力、表面力(压力和黏性力)和惯性力相平衡。

4.1.2 伯努利能量方程

流体具备三种形式的能量，即动能、位置势能和压力势能，而且这三种形式的能量之间可以互相转化。自然界的流体均以这三种、或者三种之二、或者三种之一形式的能量而存在。

1. 流线上的伯努利方程

实际流体，在定常流动、重力场、不可压缩条件下，在流线上任意两点之间成立的伯努利方程式

$$z+\frac{p}{\rho g}+\frac{v^{2}}{2g}+\frac{1}{g}\int f\mathrm{d}s=C\tag{4.7}$$

或对于流线上任意两点，亦可写成

$$z_{1}+\frac{p_{1}}{\rho g}+\frac{v_{1}^{2}}{2g}=z_{2}+\frac{p_{2}}{\rho g}+\frac{v_{2}^{2}}{2g}+\frac{1}{g}\int_{1}^{2}f\mathrm{d}s\tag{4.8}$$

如果是理想流体，其他条件不变，则式(4.7)和式(4.8)变成下面的所谓理想流体伯努利方程式

$$z+\frac{p}{\rho g}+\frac{v^{2}}{2g}=C\tag{4.9}$$

或

$$z_{1}+\frac{p_{1}}{\rho g}+\frac{v_{1}^{2}}{2g}=z_{2}+\frac{p_{2}}{\rho g}+\frac{v_{2}^{2}}{2g}\tag{4.10}$$

如果流动速度为零，则由伯努利方程式又可得出平衡(静止)流体的静力学基本方程式

$$z+\frac{p}{\rho g}=C$$

伯努利方程式各项物理意义如下：z 表示单位重力流体的位能，或简称位置水头；$\frac{p}{\rho g}$ 表示单位重力流体的压能，或简称压强水头；$\frac{v^{2}}{2g}$ 表示单位重力流体的动能，也简称速度水头；$\frac{1}{g}\int_{1}^{2}f\mathrm{d}s$ 代表单位重力流体沿流线从1点流动到2点克服黏性阻力所做的功，或损失的能量。

2. 总流上的伯努利方程

总流上 1、2 两个过流断面伯努利方程

$$z_1 + \frac{p_1}{\rho g} + \frac{\alpha \bar{v}_1^2}{2g} = z_2 + \frac{p_2}{\rho g} + \frac{\alpha \bar{v}_2^2}{2g} + h_f \tag{4.11}$$

式中，$h_f = \dfrac{\frac{1}{g}\int_1^2 f\mathrm{d}s \cdot \rho g \mathrm{d}q_v}{\rho g q_v}$ 代表总流上 1、2 两个过流断面之间单位重力流体的平均能量损失。工程实际中的湍流运动动能修正系数 $\alpha \approx 1$，圆管层流运动中 $\alpha = 2$。则常用的总流伯努利方程形式为

$$z_1 + \frac{p_1}{\rho g} + \frac{v_1^2}{2g} = z_2 + \frac{p_2}{\rho g} + \frac{v_2^2}{2g} + h_f \tag{4.12}$$

伯努利方程使用的条件是：① 不可压缩流体定常流；② 质量力只有重力；③ 所取过流断面为渐变流断面；④ 两断面间无分流和汇流；⑤ 两端面间无能量的输入或支出；⑥ 不存在相对运动。

伯努利方程使用的注意事项是：① 方程中 z_1、z_2 的基准面可任选，但必须选择同一基准面，一般使 $z \geqslant 0$；② 两端面必须取在缓变流段中，在两端面之间流动是否为缓变流，则无关系；③ 方程中的压强 p_1 和 p_2，即可用绝对压强，也可用相对压强，但等式两边的标准必须一致；④ 当 $h_f = 0$ 时，方程变为理想流体总流的伯努利方程；⑤ 对于水罐、水池等，液面上速度近似为零。

3. 绝热和等熵气流的伯努利方程

不可逆绝热气流伯努利方程式为

$$\frac{\gamma}{\gamma - 1}\frac{p}{\rho} + \frac{v^2}{2} + \int f\mathrm{d}s = C \tag{4.13}$$

等熵（可逆绝热）气流伯努利方程式为

$$\frac{\gamma}{\gamma - 1}\frac{p}{\rho} + \frac{v^2}{2} = C \tag{4.14}$$

从机械能守恒的观点来看，可逆和不可逆绝热是有区别的，但是如果从包括机械能和热能在内的总能量守恒观点来看，这两者并无区别。

4. 有能量变化的伯努利方程

当两过流断面间有水泵、风机等被动机，如图 4.1 所示；或有水轮机、汽轮机等原动机时，如图 4.2 所示，则存在机械能的输入或输出。如水力机械为水泵，则叶轮对水流做功，使水流的能量增加；若水力机械为水轮机，则水流对水轮机做功，从而使水流能量减少。

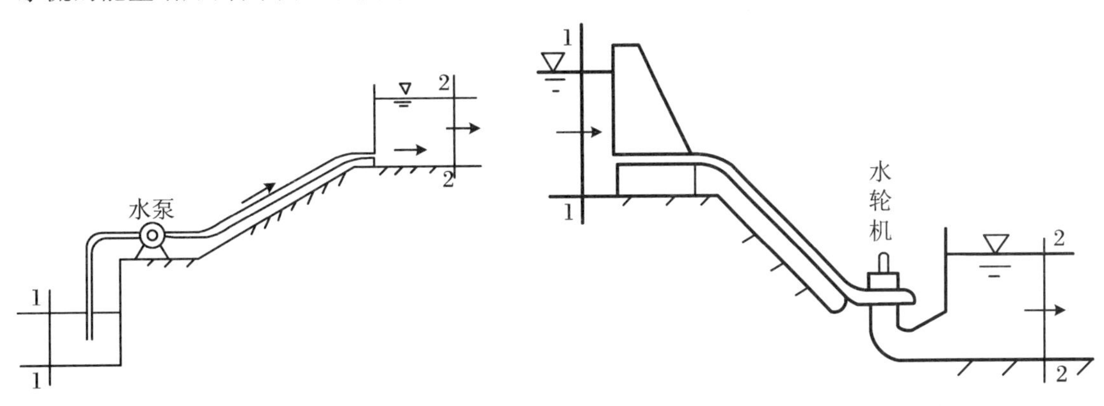

图 4.1　水泵能量输入总流　　图 4.2　水轮机能量输出总流

根据能量守恒原理，计入单位重量流体流经流体机械获得或失去的机械能，有能量变化的伯努利方程为

$$z_1 + \frac{p_1}{\rho g} + \frac{v_1^2}{2g} \pm H = z_2 + \frac{p_2}{\rho g} + \frac{v_2^2}{2g} + h_f \tag{4.15}$$

式中，“±”：水轮机等原动机给流体输出能量，则选负号；水泵等被动机吸收流体的能量，则选正号。H 表示单位重量流体通过水泵等被动流体机械获得的机械能，称为水泵扬程；或是单位重量流体给予水轮机等原动流体机械的机械能，又称为水轮机的作用水头。

5. 有流量变化的伯努利方程

如图 4.3 所示，对于两断面间有分流的流动，设想 1－1 断面的来流，分为两股（以虚线划分），分别通过 2－2、3－3 断面。下式近似成立

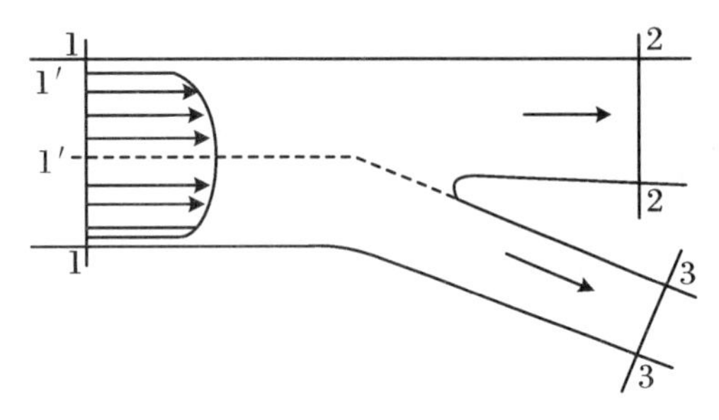

图 4.3 沿程分流

$$z_1 + \frac{p_1}{\rho g} + \frac{v_1^2}{2g} = z_2 + \frac{p_2}{\rho g} + \frac{v_2^2}{2g} + h_{f1-2} \tag{4.16}$$

$$z_1 + \frac{p_1}{\rho g} + \frac{v_1^2}{2g} = z_3 + \frac{p_3}{\rho g} + \frac{v_3^2}{2g} + h_{f1-3} \tag{4.17}$$

式中，h_{f1-2}、h_{f1-3}为平均每单位重量的流体从 1 断面运动到 2、3 断面的能量损失。

同时，总流的连续性方程应当修改成

$$q_{v1} = q_{v2} + q_{v3} \tag{4.18}$$

若是汇流，即设想 1－1、2－2 断面的来流，合为 3－3 断面，同理可推导出伯努利方程：

$$z_1 + \frac{p_1}{\rho g} + \frac{v_1^2}{2g} = z_3 + \frac{p_3}{\rho g} + \frac{v_3^2}{2g} + h_{f1-3} \tag{4.19}$$

$$z_2 + \frac{p_2}{\rho g} + \frac{v_2^2}{2g} = z_3 + \frac{p_3}{\rho g} + \frac{v_3^2}{2g} + h_{f2-3} \tag{4.20}$$

6. 非定常总流伯努利方程

黏性不可压缩流体非定常流沿流线的伯努利方程为

$$z_1 + \frac{p_1}{\rho g} + \frac{v_1^2}{2g} = z_2 + \frac{p_2}{\rho g} + \frac{v_2^2}{2g} + h'_f + \frac{1}{g}\int_1^2 \frac{\partial v}{\partial t}\mathrm{d}s \tag{4.21}$$

式中，h'_f为非定常流的水头损失。

黏性流体非定常总流伯努利方程为

$$z_1 + \frac{p_1}{\rho g} + \frac{\alpha_1 \bar{v}_1^2}{2g} = z_2 + \frac{p_2}{\rho g} + \frac{\alpha_2 \bar{v}_2^2}{2g} + h_f + h_w \tag{4.22}$$

式中，h_f 为非定常总流的水头损失，可近似按定常均匀流计算，速度随时间变化越大，其结果越不准确；h_w 为单位重量流体的惯性水头，$h_w = \frac{1}{g}\int_1^2 \beta \frac{\partial \bar{v}}{\partial t}\mathrm{d}s$，当$\frac{\partial \bar{v}}{\partial t} > 0$，$h_w > 0$时，可视为特殊的水头损失，即惯性水头损失；当$\frac{\partial \bar{v}}{\partial t} < 0$，$h_w < 0$时，可视为一种附加能量，称为附加惯性水头。

4.1.3　动量方程和动量矩方程

流体动量方程是自然界动量守恒定律在流体运动中的具体表达式，反映了流体动量变化与作用力之间的关系。

1. 积分形式动量方程

$$\sum F = \frac{\partial}{\partial t}\iiint_V \rho v \mathrm{d}V + \oiint_A \rho v(\boldsymbol{v}\cdot \mathrm{d}\boldsymbol{A}) \tag{4.23}$$

式中，$\sum F$ 是作用在控制体内质点系上的所有外力的矢量和，它既包括控制体外部流体及固体对控制体内流体的作用力（这种力可能是压力也可能是摩擦力），也包括控制体内流体的重力或惯性力（因为这种质量力也是外力）；$\frac{\partial}{\partial t}\iiint_V \rho v \mathrm{d}V$ 是控制体内流体动量对时间的变化率，当控制体固定而且是定常流动时，这一项必然为零，此项是由于控制体内流体动量随时间变化而产生的一种力；$\oiint_A \rho v(\boldsymbol{v}\cdot \mathrm{d}\boldsymbol{A})$ 是单位时间内通过所有控制表面的动量代数和，即单位时间内控制体流出动量与流入动量之差，此项是由于通过控制体流出动量与流入动量不等而产生的一种力。

2. 一维流动动量方程

定常不可压缩一维流的流管如图4.4所示，把流线方向取为自然坐标 s 的正向，取如图中虚线所示的流管为控制体，则总控制表面中只有 A_1、A_2 两个过流断面上有动量交换。这两个过流断面上的平均速度为 $\boldsymbol{v}_1$、$\boldsymbol{v}_2$，式(4.23)可简化为

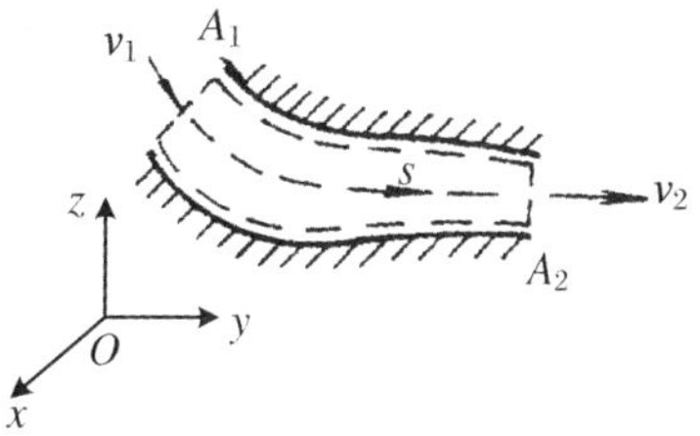

$$\begin{aligned}\sum \boldsymbol{F}_s &= \oiint \rho v(\boldsymbol{v}\cdot \mathrm{d}\boldsymbol{A}) = \int_{A_2}\rho v_2 v_2 \mathrm{d}A - \int_{A_1}\rho v_1 v_1 \mathrm{d}A \\ &= \beta\rho q_v(v_2 - v_1) \approx \rho q_v(v_2 - v_1)\end{aligned} \tag{4.24}$$

图4.4　一维流动

它在三个坐标轴上的投影式为

$$\left.\begin{aligned}\sum F_x &= \beta\rho q_v(v_{2x} - v_{1x}) \approx \rho q_v(v_{2x} - v_{1x}) \\ \sum F_y &= \beta\rho q_v(v_{2y} - v_{1y}) \approx \rho q_v(v_{2y} - v_{1y}) \\ \sum F_z &= \beta\rho q_v(v_{2z} - v_{1z}) \approx \rho q_v(v_{2z} - v_{1z})\end{aligned}\right\} \tag{4.25}$$

式中，β 为平均速度计算动量而引起的动量修正系数，在常见的湍流情况下 $\beta \approx 1$。

对于动量方程有几点说明：① 计算过程中只涉及控制面上的运动要素，而不必考虑控制体内部的流动状态；② 作用力与流速都是矢量，动量也是矢量，动量方程是一个矢量方程。式(4.25)中的 $\sum F$ 是作用在流体上的力，流体对固体的反作用力，则应相应冠以负号；③ 适当选择控制面，完整地表达出作用在控制体和控制面上的一切外力，一般包括两端压力，重力，四周边界反力；④ 当各个矢量不在同一方向时，应先选取坐标轴方向，与坐标方向相同时为正，与坐标方向相反时为负。而式(4.25)右边“-”号只表示“流入”，而并不表示流入速度方向；⑤ 能量方程中的各项为压强量纲，动量方程中的各项为压力量纲。

3. 动量矩方程式

动量矩方程式为

$$\boldsymbol{r} \times \sum \boldsymbol{F} = \frac{\partial}{\partial t}\iiint_V \rho(\boldsymbol{r} \times \boldsymbol{v})\mathrm{d}V + \oiint_A \rho(\boldsymbol{r} \times \boldsymbol{v}) v \mathrm{d}A \tag{4.26}$$

式中,等式左端是控制体上合外力对于坐标原点的合力矩,可用$\sum \boldsymbol{T}$表示。等式右端第一项是控制体内动量矩对时间的变化率,在定常流动这一项等于零。等式右端第二项是通过控制面流出与流入的流体动量矩之差,或通过控制面的净动量矩。

动量矩方程式的含义是:作用在一定体积运动流体上的全部外力对任一参考点 O 的力矩矢量和$\sum \boldsymbol{T}$,等于该流体在单位时间内对参考点 O 的动量矩变化。

4.2 习题解析

4.2.1 选择、判断与填空

1. 理想不可压缩流体在重力场中定常流动,则伯努利方程$\frac{p}{\rho g}+z+\frac{v^2}{2g}=C$在整个流场中都成立的条件是(　　)。

A. 无旋流动　　B. 有旋流动　　C. 缓变流动　　D. 即变流动

答案:A

2. 定常总流的能量方程 $z_1+\frac{p_1}{\rho g}+\frac{v_1^2}{2g}=z_2+\frac{p_2}{\rho g}+\frac{v_2^2}{2g}+h_{w1-2}$,式中各项代表(　　)。

A. 单位体积液体所具有的能量　　B. 单位质量液体所具有的能量;

C. 单位重量液体所具有的能量　　D. 以上答案都不对

答案:C

3. 下列选项中,不正确的有(　　)。

A. 流体的黏性具有传递运动和阻碍运动的双重性

B. 定常是指运动要素不随时间变化的流动

C. 水跃是明渠水流从急流过渡到缓流产生的局部水力现象

D. 渗流是指流体在多孔介质中的流动

E. 平衡流体的质量力恒与等压面相切

答案:E

4. 有压管道的总水头线与测压管水头线的基本规律是(　　)。

A. 总水头线是沿程下降的

B. 测压管水头线是沿程下降的

C. 总水头线和测压管水头线沿程可升可将

D. 测压管水头线沿程上升的

答案:A

5. 均匀流的总水头线与测压管水头线的关系是(　　)。

A. 互相平行的直线　　B. 互相平行的曲线

C. 互不平行的直线　　D. 互不平行的曲线

答案:A

6. 层流与湍流的本质区别是(　　)。

A. 湍流速度>层流速度　B. 流道截面大的为湍流,截面小的为层流

C. 层流的雷诺数<湍流的雷诺数　D. 层流无脉动,湍流有脉动

答案:D。就层流而言,流体质点很有秩序地分层顺着轴线平行流动,流速层间没有质点扩散现象,流体内部没有旋涡;就湍流而言,流体在流动过程中流体质点有不规则的脉动,并产生大大小小的旋涡。二者本质区别是:层流无径向脉动,而湍流有径向脉动。

7. 当等直径管道的管轴线高程沿流向下降时,管轴线的动水压强沿流向(　　)。

A. 增大　B. 减小　C. 不变　D. 不定

答案:D

8. 伯努利方程前三项之和表示(　　)。

A. 单位质量流体具有的机械能　B. 单位重量流体具有的机械能

C. 单位体积流体具有的机械能　D. 通过过流断面流体的总机械能

答案:B

9. 黏性流体测压管水头线沿程(　　)。

A. 上升　B. 下降　C. 水平　D. A 和 B

答案:D

10. 有压管道的总水头线与测压管水头线的基本规律是(　　)。

A. 总水头线是沿程下降的

B. 测压管水头线是沿程下降的

C. 总水头线和测压管水头线沿程可升可降

D. 测压管水头线沿程有可升可降

答案:A; D

11. 管径不变,通过的流量不变,管轴线沿流向逐渐增高的有压管流,其测压管水头线沿流向应(　　)。

A. 与管轴线平行　B. 逐渐升高　C. 逐渐降低　D. 无法确定

答案:C

12. 伯努利方程的适用条件是(　　)。

A. 定常流　B. 非定常流　C. 不可压缩液体　D. 可压缩液体

答案:A; C

13. 毕托管可以用来测(　　)。

A. 瞬时流速　B. 时均流速　C. 脉动流速　D. 脉动压强

答案:B

14. 下列论述正确的为(　　)。

A. 液体的黏度随温度的减小而减小

B. 静水压力等于质量力

C. 相对平衡液体中的等压面可以是倾斜平面或曲面

D. 急变流过水断面上的测压管水头相等

答案:C

15. 流量为 q_v,速度为 v 的射流,冲击一块与流向垂直的平板,平板受到的水流冲击力为(　　)。

A. $q_v v$　　B. $gq_v v$　　C. $\rho q_v v$　　D. $\rho g q_v v$

答案:C

16. 有压管道的测管水头线(　　)。

A. 只能沿流上升　　B. 只能沿流下降

C. 可以沿流上升,也可以沿流下降　　D. 只能沿流不变

答案:C

17. 测压管水头在(　　)为常数。

A. 渐变流过流断面上　　B. 在同一流线上

C. 急变流过流断面上　　D. 均匀流过流断面上

答案:A; D

18. 判断题:均匀流是过水断面流速均匀分布的水流。

答案:错。均匀流是指流速的大小和方向不沿流线变化,均匀流的重要特征:① 流线是相互平行的直线,所以过水断面是平面,且面积不变;② 抛物线分布、矩形分布的断面流速也是均匀分布的,但都并不是均匀流。

19. 判断题:有压管道中水流作均匀流动时,总水头线、测压管水头线和管轴线三者必定平行。

答案:错。有压管道中水流作均匀流,即速度水头不变,故总水头线、测压管水头线必定平行,而"管轴线"是否平行是无必然联系的。

20. 判断题:在直径不变的有压管流中,总水头线和测压管水头线是相互平行的直线。

答案:对

21. 判断题:在实验时,对空气压差计进行排气的目的是保证压差计液面上的气压为当地大气压强。

答案:错。压差计液面上的气压可以是当地大气压强,也可以不等于当地大气压强,对空气压差计进行排气的真正目的是保证排去压差计中的气泡,因为如果压差计中有气泡,则会影响测量的准确度和计算结果。

22. 判断题:用能量方程推导文丘里流量计的流量公式 $q_v = \mu K\sqrt{\Delta h_p}$ 时,管道水平放置与倾斜放置其结果不同。

答案:错。结果是相同的。

23. 判断题:实际流体内各点的总水头等于常数。

答案:错。理想流体内各点的总水头等于常数。

24. 判断题:水流过流断面上平均压强的大小和正负与基准面的选择无关。

答案:对。压强的大小和正负与基准面(位置高低)的选择无关,压强的大小和正负与压强的基准(相对压强、绝对压强)有关。

25. 判断题:水流总是从断面压强大的地方流到压强小的地方。

答案:错

26. 在重力场中,定常不可压缩流体的伯努利方程为 $z+\frac{p}{\rho g}+\frac{v^2}{2g}=C$,式中,$z$ 表示单位重量流体的________;$\frac{v^2}{2g}$表示单位重量流体的________;$\frac{p}{\rho g}$表示压力对单位重量流体的功。

答案:位能; 动能

27. 水流总是从____________流向____________。

答案:总机械能高;总机械能低

28. 只要比较总流中两个渐变流断面上单位重量流体的____________大小,就能判别出流动方向。

答案:总机械能

29. 用能量方程或动量方程求解问题时,两过水断面取在渐变流断面上,其目的是____________________________。

答案:利用渐变流断面测压管水头为常数的特性计算动水压强和动水总压力

30. 动能修正系数的物理意义为____________________________。

答案:总流有效断面的实际动能与按平均流速算出的假想动能的比值

31. 在流束中与____________正交的横断面称为过流断面。

答案:流线

32. 某输水安装的文丘里管流量计,当其汞-水压差计上读数 $\Delta h = 4$ cm,通过的流量为 2 L/s,分析当汞-水压差计读数 $\Delta h = 9$ cm,通过流量为____________ L/s。

答案:3

33. 用能量方程求解水力学问题时,两个过水断面选择在渐变流断面上是因为渐变流断面上____________________。

答案:测压管水头为常数$\left(z + \dfrac{p}{\rho g} = C\right)$

4.2.2 思考简答

1. 简述实际流体总流伯努利方程(能量方程)的适用条件。

答案:稳定流;不可压缩流体;质量力只受重力;缓变流断面;具有共同流线

2. 定常总流能量的限制条件有哪些?如何选取其基准面、计算断面、计算点、压强?

答案:(1) 定常总流能量的限制条件有:① 定常流;② 不可压缩流体;③ 质量力只有重力;④ 所选取的两过水断面必须是渐变流断面,但两过水断面间可以是急变流;⑤ 总流的流量沿程不变;⑥ 两过水断面间除了水头损失以外,总流没有能量的输入或输出;⑦ 式中各项均为单位重流体的平均能(比能),对流体总重的能量方程应各项乘以 $\rho g q_V$。

(2) ① 选择基准面:基准面可任意选定,但应以简化计算为原则。例如,选自过水断面形心($z=0$),或选自由液面($p=0$)等;② 选择计算断面:计算断面应选择均匀流断面或渐变流断面,并且应选取已知量尽量多的断面;③ 选择计算点:管流通常选在管轴上,明渠流通常选在自由液面上;④ 压强列能量方程解题,注意与连续性方程的联合使用。

3. 试简述总流伯努利方程 $z_1 + \dfrac{p_1}{\rho g} + \dfrac{\alpha_1 v_1^2}{2g} = z_2 + \dfrac{p_2}{\rho g} + \dfrac{\alpha_2 v_2^2}{\rho g} + h_{1-2}$的使用条件。

答案:使用条件有:①不可压缩流体;②定常流动;③断面选在渐变流段;④两断面没有能量的输入或输出。

4. 拿两张薄纸,平行提在手中,当用嘴顺纸间缝隙吹气时,问薄纸是不动、靠拢、还是张开?为什么?

答案:靠拢;流速增大、压强降低。

5. 总流能量与元流能量方程有什么不同点?

答案：① 以断面的平均流速代替元流中的点流速；② 以平均水头损失代替元流的水头损失；③ 各项反映的是整股水流的能量代替某一元流的能量。

6. 在应用定常总流动量方程时，为什么不必考虑水头损失？

答案：实际上已考虑了水头损失。因为在动量方程中的外力 F，包含切力，而切应力与水头损失直接相关。

7. "渐变流断面上各点的测压管高度等于常数"，此说法对否？为什么？

答案：不对，测压管水头 $z+\frac{p}{\rho g}=\text{const}$，由于 z 不同，所以测压管高度 $\frac{p}{\rho g}\neq\text{const}$。

8. 水流在等径斜管中流动，高处为 A 点，低处为 B 点，讨论压强出现以下三种情况时的流动方向(水头损失忽略不计)。(1) $p_A>p_B$；(2) $p_A=p_B$；(3) $p_A<p_B$。

答案：(1) $p_A>p_B$，$A\rightarrow B$ 流动；(2) $p_A=p_B$，$A\rightarrow B$ 流动；(3) $p_A<p_B$：① $(p_B-p_A)/\rho g<(z_1-z_2)$，$A\rightarrow B$ 流动。② $(p_B-p_A)/\rho g=(z_1-z_2)$，静止。③ $(p_B-p_A)/\rho g>(z_1-z_2)$，$B\rightarrow A$ 流动。

9. 如图 4.5 所示为该装置即时的水流状态，若闸门开度减小，阀门前后两根测压管中的水面将如何变化？为什么？

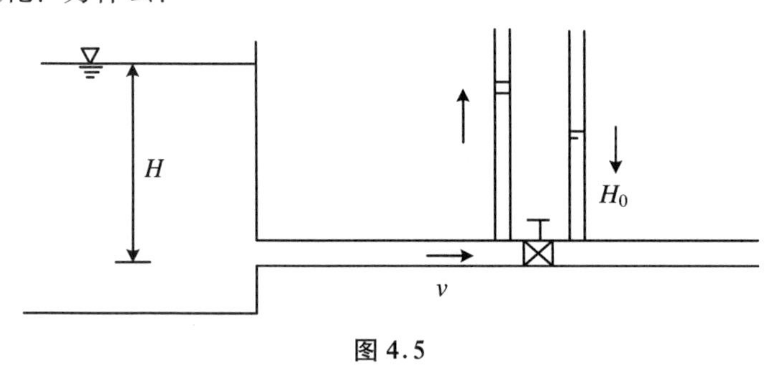

图 4.5

答案：左边测压管水面上升，右边测压管水面下降。当阀门开度减小，流量逐渐减小，阀门左段管中水流的动能将部分转化为压能，使测压管水面上升。右端管由于出口水流不断流出，总量愈来愈小，测压管水面也随之下降。也可以认为阀门开度减小增大了水头损失，使两测压管高差增大。

10. 何谓渐变流？渐变流过流断面具有哪些重要性质？

答案：流线近似为平行直线的流动称为渐变流。其性质：过流断面近似为平面，过流断面上的动压强近似按静压强分布，即 $z+\frac{p}{\rho g}\approx C$。

11. 在伯努利方程中 $\frac{p}{\rho g}$ 为什么说是一种能量？$\frac{p}{\rho g}$ 的单位(量纲)如何？

答案：压强 p 使测压管的液柱升高到某一高度值，因此 $\frac{p}{\rho g}$ 实际上就是单位重量的压力能。$\frac{p}{\rho g}$ 的量纲为长度。

12. 由动量方程求得的力若为负值时说明什么问题？待求未知力的大小与分离体的大小有无关系？应用中如何选取分离体？

答案：方向相反；无关(无重力时)；计算断面与固体壁面。

4.2.3 应用解析

1. 如图(题 4.1 图)所示,直径 $d=0.3$ m 的管道出口设置一个锥形阀,圆锥顶角 $2\theta=120^\circ$,锥体自重 $W=1500$ N。当水流量 q_v 为多少时,管道出口的射流可将锥体托起?

解　设管道出口流速为 v,水流绕过阀体后的流速仍为 v,这是因为不计重力影响的缘故,压强处处为当地大气压 p_a。水流对阀体的冲击力应等于阀体自重,即

$$\rho v^2 A(1-\cos\theta) = W$$

代入数据,得 $v=6.542$ m/s,因此水流量为

$$q_v = \frac{\pi d^2}{4}v = 0.461\ \text{m}^3/\text{s}$$

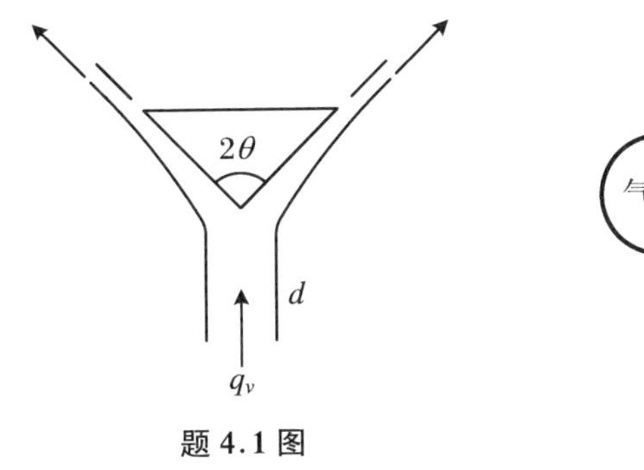

题 4.1 图

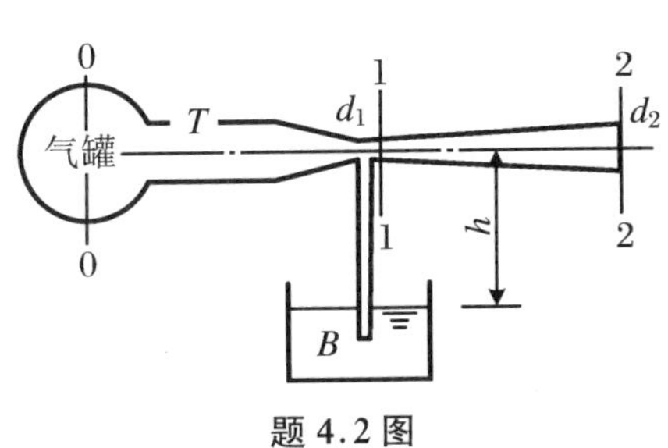

题 4.2 图

2. 如图(题 4.2 图)所示某气体引射装置。d_1、d_2、h 为已知,问气罐压强 p_0 多大才能将 B 池水抽出。

解　假定管内为理想流体,在 1-1 和 2-2 断面列气流能量方程

$$p_1 + \frac{\rho v_1^2}{2} = p_2 + \frac{\rho v_2^2}{2}$$

根据静压强分布规律,当水刚被抽入管道时,$p_1=-g\rho_水 h$。又 $p_2=0$,将其代入上式得

$$-g\rho_水 h + \frac{\rho v_1^2}{2} = \frac{\rho v_2^2}{2}$$

由连续性方程有 $v_1=\frac{d_2^2}{d_1^2}v_2$,将其代入上式得

$$v_2^2 = \frac{2gh}{\left(\frac{d_2}{d_1}\right)^4 - 1}$$

设气罐内表压为 p_0,在 0-0 和 2-2 断面列气流能量方程

$$p_0 + \frac{\rho v_0^2}{2} = p_2 + \frac{\rho v_2^2}{2}$$

将 $v_0=0, p_2=0, v_2^2=\frac{2gh}{\left(\frac{d_2}{d_1}\right)^4-1}$ 代入上式,得

$$p_0 = \frac{\rho v_2^2}{2} = \frac{\rho g h}{\left(\frac{d_2}{d_1}\right)^4 - 1}$$

3. 如图(题 4.3 图)所示,空气由炉口 a 处流入,经过燃烧后,废气经 b、c、d 由烟囱流出。烟气 $\rho=0.6\ \mathrm{kg/m^3}$,空气 $\rho=1.2\ \mathrm{kg/m^3}$,由 $a\to c$ 及 $c\to d$ 的压强损失分别为 $9\times\frac{\rho v^2}{2}$ 和 $20\times\frac{\rho v^2}{2}$。求:(1) 出口速度 v;(2) c 处静压 p_c(假设烟道为等截面通道)。

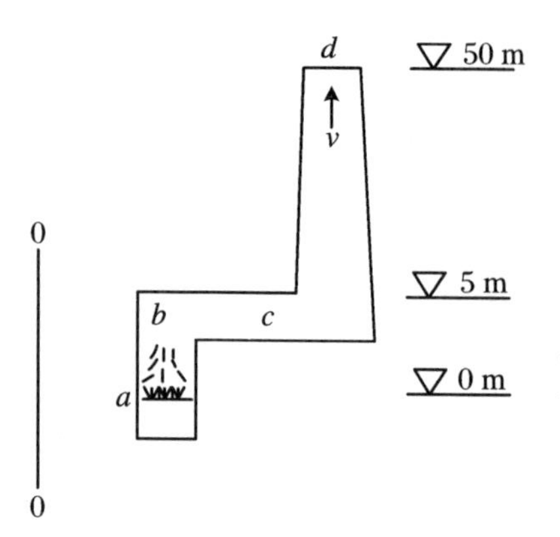

题 4.3 图

解 (1)在炉口 a 前取一断面 0-0,其面积可视为无穷大,断面上速度为零。对 0 断面和出口断面 d 写气流的能量方程式,得

$$(\rho_a-\rho)g(50-0)=\frac{\rho v^2}{2}+29\times\frac{\rho v^2}{2}$$

代入数据解得 $v=5.7\ \mathrm{m/s}$。

(2) 对 c、d 两断面写能量方程

$$p_c+0.6g(50-0)+\frac{\rho v^2}{2}=\frac{\rho v^2}{2}+29\times\frac{\rho v^2}{2}$$

解得

$$p_c=-68.6\ \mathrm{Pa}$$

4. 如图(题 4.4 图)所示,水从水箱先后经三段管子流入大气,已知 $d_1=25\ \mathrm{mm}$,$d_2=15\ \mathrm{mm}$,$d_3=10\ \mathrm{mm}$,$H=6\ \mathrm{m}$,水箱水面保持恒定。(1) 不及损失,求出口流速及 M 点压强。(2) 当 AB、BC、CD 段内的水头损失分别为 0.4 m、0.5 m、0.4 m,且 A、B、C 点处的水头损失分别为 0.2 m、0.4 m、0.1 m 时,求出口流速及 M 点压强。

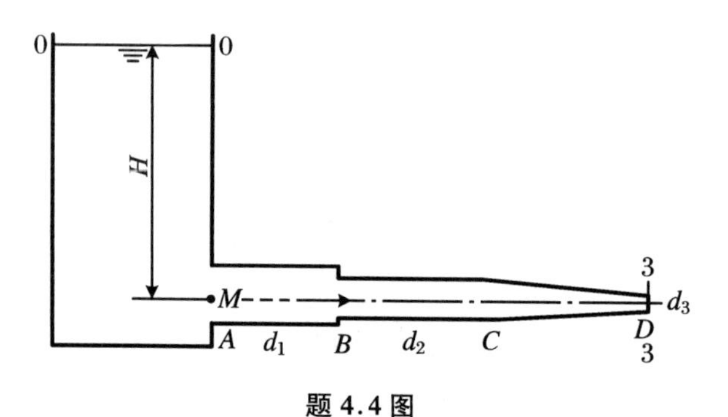

题 4.4 图

解 (1) 取过轴心线的水平面为基准面,在水箱自由液面和管路出口列理想流体能量方程,有

$$\frac{p_0}{\rho g}+z_0+\frac{v_0^2}{2g}=\frac{p_3}{\rho g}+z_3+\frac{v_3^2}{2g}$$

将 $z_3=0$,$z_0=H$,$p_0=p_3=0$,$v_0=0$ 代入上式,化简得

$$H=\frac{v_3^2}{2g},\quad v_3=10.85\ \mathrm{m/s}$$

根据连续性方程 $v_1A=v_3A_3$,有

$$v_1=\frac{d_3^2}{d_1^2}v_3=10.85\times\frac{10^2}{25^2}=1.74\ \mathrm{m/s}$$

又在水箱自由液面和 M 点所在断面列理想流体能量方程,有

$$\frac{p_0}{\rho g}+z_0+\frac{v_0^2}{2g}=\frac{p_M}{\rho g}+z_M+\frac{v_M^2}{2g}$$

化简得

$$H=\frac{p_M}{\rho g}+\frac{v_1^2}{2g}$$

故

$$p_M=\rho g\left(H-\frac{v_1^2}{2g}\right)=57.33\ \text{kPa}$$

(2) 取过轴心线的水平面为基准面，在水箱自由液面和管路出口列能量方程，有

$$\frac{p_0}{\rho g}+z_0+\frac{v_0^2}{2g}=\frac{p_3}{\rho g}+z_3+\frac{v_3^2}{2g}+h_{w0-3}$$

化简得

$$H=\frac{v_3^2}{2g}+h_{w0-3}$$

又

$$h_{w0-3}=0.4+0.5+0.4+0.2+0.4+0.1=2\ \text{m}$$

所以

$$v_3=\sqrt{2g(H-h_{w0-3})}=8.86\ \text{m/s}$$

根据连续性方程 $v_1A=v_3A_3$，有

$$v_1=\frac{d_3^2}{d_1^2}v_3=8.86\times\frac{10^2}{25^2}=1.42\ \text{m/s}$$

又在水箱自由液面和 M 点所在断面列几何意义上的能量方程，有

$$\frac{p_0}{\rho g}+z_0+\frac{v_0^2}{2g}=\frac{p_M}{\rho g}+z_M+\frac{v_M^2}{2g}+h_{w0-M}$$

化简得

$$H=\frac{p_M}{\rho g}+\frac{v_1^2}{2g}+h_{w0-M}$$

又

$$h_{w0-M}=0.2\ \text{m}$$

故

$$p_M=55.9\ \text{kPa}$$

5. 如图(题 4.5 图)所示，用一根直径 $d=200$ mm 的管道从水箱中引水。若水箱中的水位保持恒定，所需流量 $q_v=50$ L/s，水流的总水头损失 $h_w=3.5$ m 水柱。试求水箱中液面与管道出口断面中心高度差 H。

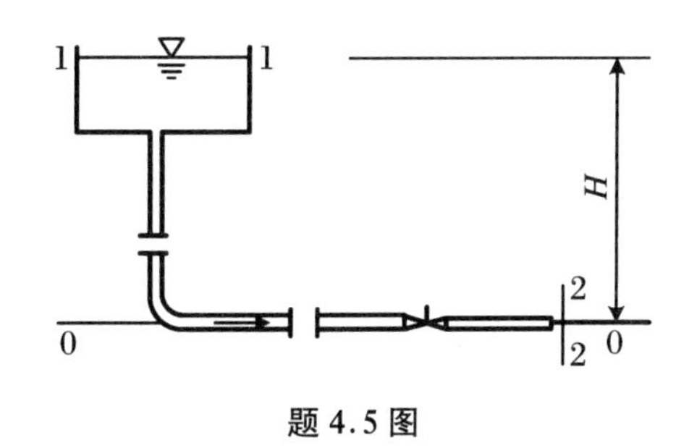

题 4.5 图

解　利用定常总流的伯努利方程求解，首先应进行基准面、过流断面和计算点的选取。为便于计算，取过管道出口断面中心的水平面为基准面 0－0。过流断面应取在渐变流断面，本题取水箱液面为 1－1 断面，管道出口为 2－2 断

面。计算点分别取在自由液面上(1－1断面)和管轴中心点(2－2断面)。

一般水箱截面远大于管道截面,根据总流的连续性方程可知,v_1 相对于 v_2 可以忽略不计。另外 p_1、p_2 均等于当地大气压,其相对压强为零。因此,据过流断面1－1、2－2列总流伯努利方程,有

$$H + 0 + 0 = 0 + 0 + \frac{v_2^2}{2g} + h_w$$

式中

$$v_2 = \frac{q_v}{\pi d^2/4} = 1.592\ \text{m/s}$$

故

$$H = \frac{v_2^2}{2g} + h_w = 3.63\ \text{m}$$

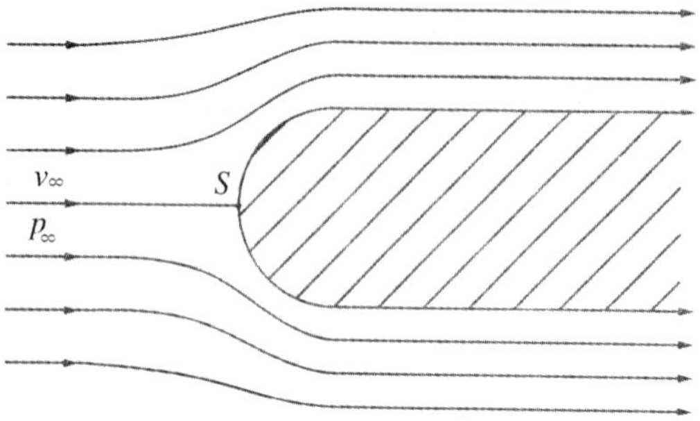

题 4.6 图

6. 如图(题4.6图)所示物体绕流,上游无穷远处流速 $v_\infty = 1.2$ m/s,压强 $p_\infty = 0$ 的水流受到迎面物体的障碍后,在物体表面上的顶冲点 S 处的流速减至零,压强升高,称 S 点为滞留点或驻点。求滞留点 S 处的压强。

解 设滞留点 S 处压强为 p_s,黏性作用可忽略。根据通过 S 点的流线上的伯努利方程有

$$z_\infty + \frac{p_\infty}{\rho g} + \frac{v_\infty^2}{2g} = z_s + \frac{p_s}{\rho g} + \frac{v_s^2}{2g}$$

将 $z_\infty = z_s$,代入上式并整理,得

$$\frac{p_s}{\rho g} = \frac{p_\infty}{\rho g} + \frac{v_\infty^2}{2g} - \frac{v_s^2}{2g} = \frac{1.2^2}{2 \times 9.8} = 0.073\ \text{m}$$

故

$$p_s = 0.716\ \text{kPa}$$

7. 如图(题4.7图)所示,足够大的贮水池通过直径为 $d = 15$ cm 的管道向外输水。阀门关闭时压强表的读数 $P_e = 300$ kPa,阀门全开时,压强表的读数 $P'_e = 60$ kPa。若不计损失,试求输水的体积流量 q_v。

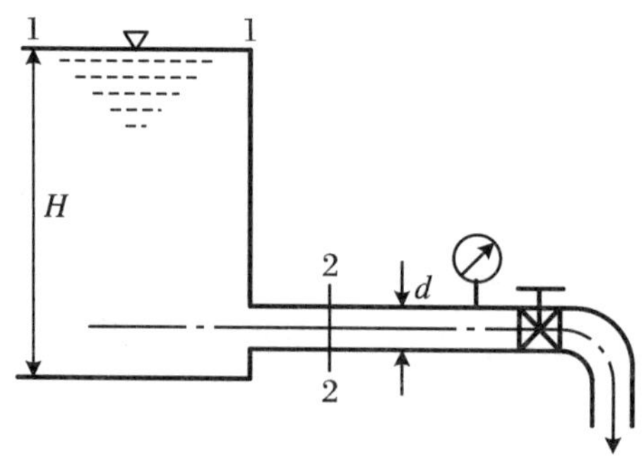

题 4.7 图

解 贮水池和管道都处于大气环境中,如果池深为 H,则当阀门关闭时,由静力学基本方程式得

$$\rho g H = p_e$$

当阀门全开时对 1 - 1 和 2 - 2 列伯努利方程

$$H = \frac{v_2^2}{2g} + \frac{p'_e}{\rho g}$$

联立以上两式，得

$$v_2 = \left[2g\left(H - \frac{p'_e}{\rho g}\right)\right]^{1/2} = \left(2\frac{p_e - p'_e}{\rho}\right)^{1/2} = \left[2\frac{(3-0.6)\times 10^5}{1000}\right]^{1/2} = 21.91\ \mathrm{m/s}$$

$$q_v = \frac{\pi}{4}d^2 v_2 = \frac{\pi}{4}\times 0.15^2 \times 21.91 = 0.3872\ \mathrm{m^3/s}$$

8. 如图（题 4.8 图）所示，试求二维固定平行壁之间不可压缩定常黏性流动（略去质量力）的下列参数：① 速度 v 的表达式和最大流速 $v_{x\max}$；② 一段长度 L 上的压强降 Δp 的表达式；③ 求断面平均流速 $\bar{v}$；④ 壁面切应力 τ_0；⑤ 总摩擦力 F。

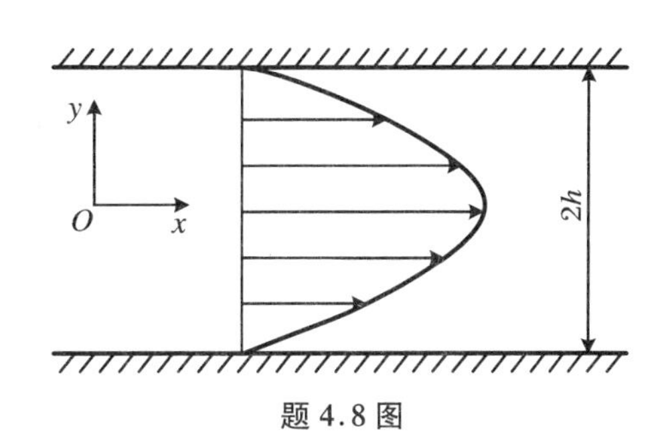

题 4.8 图

解　(1) 求速度 v 的表达式。如题 4.8 图所示，坐标系选择 x 轴与流动方向一致，不可压缩二维连续方程式为

$$\frac{\partial v_x}{\partial x} + \frac{\partial v_y}{\partial y} = 0$$

二维定常流动纳维-斯托克斯方程式为

$$v_x\frac{\partial v_x}{\partial x} + v_y\frac{\partial v_x}{\partial y} = -\frac{1}{\rho}\frac{\partial p}{\partial x} + \frac{\mu}{\rho}\left(\frac{\partial^2 v_x}{\partial x^2} + \frac{\partial^2 v_x}{\partial y^2}\right) \tag{1}$$

$$v_x\frac{\partial v_y}{\partial x} + v_y\frac{\partial v_y}{\partial y} = -\frac{1}{\rho}\frac{\partial p}{\partial y} + \frac{\mu}{\rho}\left(\frac{\partial^2 v_y}{\partial x^2} + \frac{\partial^2 v_y}{\partial y^2}\right) \tag{2}$$

因为 $v_x = v(y)$，$v_y = 0$，方程式(2)变为

$$\frac{\partial p}{\partial y} = 0$$

这说明压强 p 不是 y 的函数，即压强在流动的横截面是不变的；由于流动必须满足连续性方程，所以$\frac{\partial v_x}{\partial x} = 0$，$\frac{\partial^2 v_x}{\partial x^2} = 0$，则方程式(1)成为

$$\mu\frac{\partial^2 v_x}{\partial y^2} = \frac{\partial p}{\partial x} \tag{3}$$

将式(3)对 y 积分，由于$\frac{\partial p}{\partial x}$不是 y 的函数，可将其提到积分符号外，得

$$v_x = \frac{1}{\mu}\left(\frac{\partial p}{\partial x}\right)\left(\frac{y^2}{2} + c_1 y + c_2\right) \tag{4}$$

式中，c_1，c_2 是积分常数，由边界条件确定：在 $y = \pm h$ 处，$v_x = 0$。得 $c_1 = 0$，$c_2 = -h^2/2$。于是速度分布为

$$v_x = -\frac{1}{2\mu}\frac{\partial p}{\partial x}(h^2 - y^2) \tag{5}$$

式(5)说明在流动横截面上，v_x 在 y 方向呈抛物线分布。横截面上的流速以中心点为最大：

$v_{x\max}=-\dfrac{1}{2\mu}\dfrac{\partial p}{\partial x}h^2$（负号说明速度增加方向与 $|y|$ 值增加方向相反）。最大速度式说明沿 x 轴方向，$\dfrac{\partial p}{\partial x}$ 是负值，即压强沿流程是逐渐下降的，其压降梯度是负常数。

(2) 求一段长度 L 上的压强降。由 $v_{x\max}=-\dfrac{1}{2\mu}\dfrac{\partial p}{\partial x}h^2$，有

$$\frac{\partial p}{\partial x}=-2\mu v_{x\max}/h^2$$

$$\Delta p=\int_0^L \mathrm{d}p\mathrm{d}x=-\int_0^L(2\mu v_{x\max}/h^2)\mathrm{d}x=-2\mu v_{x\max}L/h^2$$

这种流动，沿程各截面的流速分布都相同，只是下游压强低于上游压强。之所以如此，是因为这个压强降是用于克服沿程壁面摩擦阻力。

(3) 求断面平均流速 $\bar{v}_x$。由断面平均流速的定义（通过横截面积的流量除以横截面积则得断面平均流速），得

$$\bar{v}_x=\frac{1}{h}\int_0^h v_x\mathrm{d}y=\frac{1}{h}\int_0^h-\frac{1}{2\mu}\frac{\partial p}{\partial x}(h^2-y^2)\mathrm{d}y=-\frac{1}{3\mu}\frac{\partial p}{\partial x}h^2=\frac{2}{3}v_{x\max}$$

(4) 求壁面切应力 τ_0 和总摩擦力 F：

$$\tau_0=\mp\mu\left(\frac{\partial v_x}{\partial y}\right)_{\pm h}=-\frac{\partial p}{\partial x}h$$

垂直纸面单位宽度一段长度 L 上的总摩擦力为

$$F'=\tau_0 A=\tau_0(L\times 1)=L\tau_0$$

两侧壁面上的总摩擦力 F 为

$$F=2L\tau_0=2\left(-\frac{\partial p}{\partial x}\right)hL$$

摩擦力 F 和压强降 Δp 乘以通道横截面积 $(2h\times 1)$ 是相等的。进一步说明，流动的损失全部消耗于克服壁面摩擦。

9. 如图（题 4.9 图）所示用直径 $d=100$ mm 的水管从水箱引水，水箱水面与管道出口断面中心的高差 $H=4$ m，保持恒定，水头损失 $h_f=3$ m 水柱，试求管道的流量。

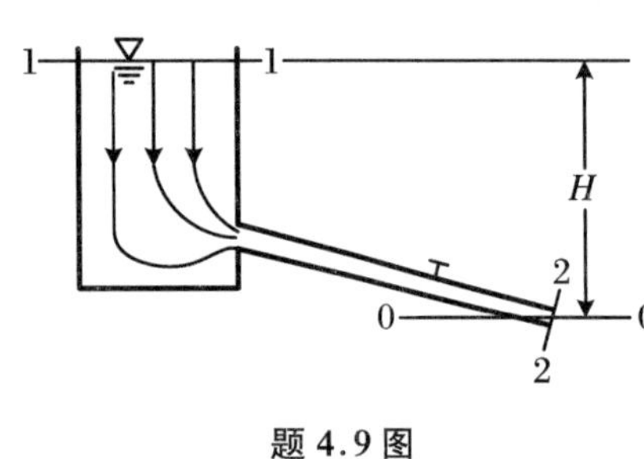

题 4.9 图

解 运用总流伯努利方程

$$z_1+\frac{p_1}{\rho g}+\frac{v_1^2}{2g}=z_2+\frac{p_2}{\rho g}+\frac{v_2^2}{2g}+h_f$$

首先要选取基准面，计算断面和计算点，为便于计算，选通过管道出口断面中心的水平面为基准面 0－0。选水箱水面为 1－1 断面，计算点在自由水面上，流动参数 $z_1=H$，$p_1=0$（相对压强），$v_1\approx 0$。选管道出口断面为 2－2 断面，以出口断面的中心为计算点，流动参数 $z_2=0$，$p_2=0$，v_2 待求。将各量带入总流伯努利方程

$$H=\frac{v_2^2}{2g}+h_f$$

流速

$$v_2=\sqrt{2g(H-h_f)}=4.43\ \text{m/s}$$

流量

$$q_v = v_2 A_2 = 0.035\ \text{m}^3/\text{s}$$

10. 如图(题 4.10 图)所示引水管道从水塔中引水。水塔的截面积很大,水位恒定。已知管道直径 $d = 200$ mm,水头 $H = 4.5$ m,引水流量 $q_v = 100$ L/s。求水流的总水头损失。

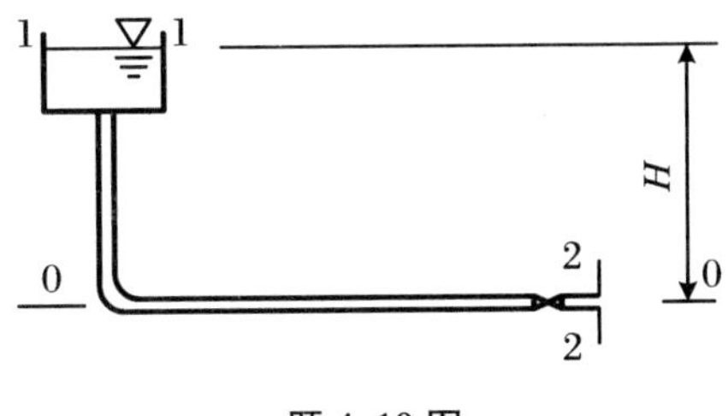

题 4.10 图

解　选取水塔水面为 1 - 1 断面,引水管出口为 2 - 2 断面,基准面通过 2 - 2 断面的中心。由定常总流的能量方程得

$$h_w = z_1 + \frac{p_1}{\rho g} + \frac{v_1^2}{2g} - \left(z_2 + \frac{p_2}{\rho g} + \frac{v_2^2}{2g}\right)$$

将 $z_1 - z_2 = H$ 和 $p_1 = p_2 = 0$ 代入上式,得

$$h_w = H + \frac{v_1^2}{2g} - \frac{v_2^2}{2g}$$

由于水塔的截面积很大,$v_1 \approx 0$,得到

$$h_w = H - \frac{v_2^2}{2g} = H - \frac{q_v^2}{2gA^2}$$

将 $A = \frac{1}{4}\pi d^2 = \frac{1}{4}\pi \times 0.2^2 = 0.031\ \text{m}^2$,$H$ 和 q_v 代入上式,得到

$$h_w = 4.5 - \frac{0.1^2}{2 \times 9.8 \times 0.031^2} = 4.5 - 0.53 = 3.97\ \text{m}$$

即水流的总水头损失为 3.97 m。

11. 水平放置的水管,直径由 $d_1 = 15$ cm 收缩到 $d_2 = 7.5$ cm,已知 $p_1 = 4g\ \text{N/cm}^2$,$p_2 = 1.5g\ \text{N/cm}^2$($g$ 为重力加速度),不计损失,试求管中流量。

解　从 d_1 端到 d_2 端,列伯努利方程($z_1 = z_2$)

$$\frac{v_1^2}{2g} + \frac{p_1}{\rho g} = \frac{v_2^2}{2g} + \frac{p_2}{\rho g} \quad (\text{忽略沿程损失})$$

由连续方程 $\frac{\pi}{4} d_1^2 v_1 = \frac{\pi}{4} d_2^2 v_2 = q_v$ 则

$$v_1 = \frac{4q_v}{\pi d_1^2}, \quad v_2 = \frac{4q_v}{\pi d_2^2}$$

数值代入方程

$$v_1 = \left(\frac{d_2}{d_1}\right)^2 v_2 = \frac{1}{4} v_2$$

即 $v_2 = 4v_1$,代入方程

$$\frac{2(p_1 - p_2)}{\rho} = 15 v_1^2$$

$$v_1 = \sqrt{\frac{2(p_1 - p_2)}{15\rho}}$$

$$q_v = \frac{\pi}{4} d_1^2 v_1 = \frac{\pi}{4} d_1^2 \sqrt{\frac{2(p_1 - p_2)}{15\rho}} = \frac{\pi}{4} \times (0.15)^2 \times \sqrt{\frac{2 \times (4 - 1.5) g \times 10^4}{15 \times 10^3}}$$

$$= \sqrt{32.7} \times \frac{\pi}{4} \times 0.15^2 = 0.101 \text{ m}^3/\text{s}$$

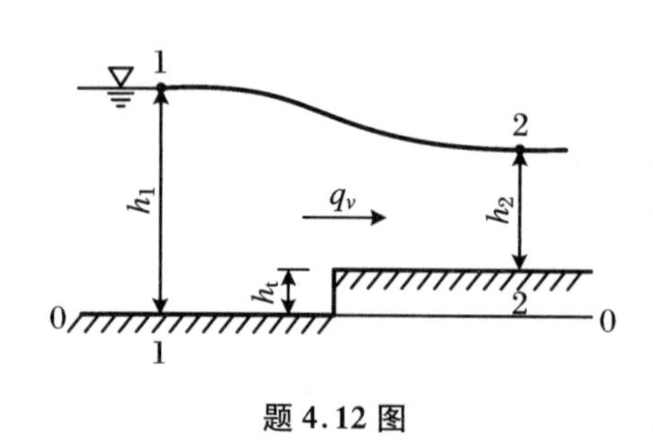

题 4.12 图

12. 如图(题 4.12 图)所示为一矩形断面渠道。已知渠宽 $b=2.7$ m,渠底抬高 $h_t=0.3$ m,抬高前后水深分别为 $h_1=1.8$ m 和 $h_2=1.38$ m,若计算段水头损失 h_w 为尾流速度水头的一半,试求通过渠道的流量 q_v。

解 分别选取渠底抬高处前后两渐变流过流断面 1-1 和 2-2,计算点均取在自由液面上(相对压强为零),基准面 0-0 取与抬高前渠底重合,则据 1-1,2-2 过流断面列定常总流的伯努利方程,有

$$h_1 + 0 + \frac{v_1^2}{2g} = (h_t + h_2) + 0 + \frac{v_2^2}{2g} + 0.5\frac{v_2^2}{2g} \tag{1}$$

上式中有 v_1、v_2 两个未知量,尚需再补充总流的连续性方程

$$q_v = v_1 b h_1 = v_2 b h_2 \tag{2}$$

联立式(1)(2)求解,得

$$v_2 = \sqrt{\frac{2g[h_1 - (h_t + h_2)]}{3/2 - (h_2/h_1)^2}} = 1.606 \text{ m/s}$$

将 v_2、b、h_2 各量代入式(2),可得

$$q_v = 5.98 \text{ m}^3/\text{s}$$

13. 如图(题 4.13 图)所示皮托管和测速装置,已知 U 形压差计的两液面高度差 $\Delta z=50$ mm,试求管内为水,压差计内为水银,或管内为空气,压差计内为水时管内断面轴心处的流速 v。

解 (1) 管内为水、压差计内为水银时,由于 1-2 为等压面,故有

$$p_A - p_B = g(\rho_{\text{水银}} - \rho_{\text{水}})\Delta z$$

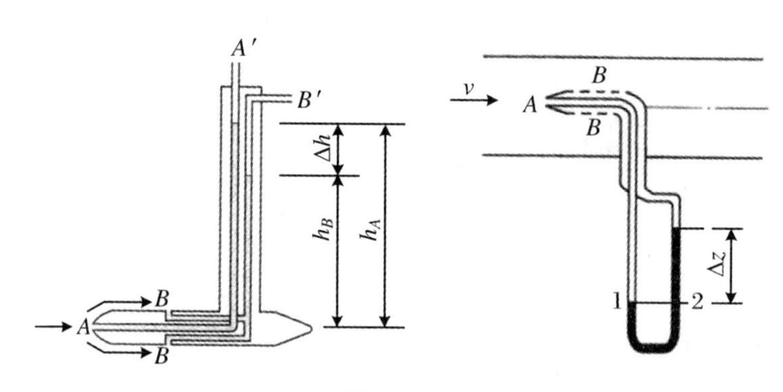

题 4.13 图

A、B 两点压差折合成的水柱高度为

$$\Delta h = \frac{p_A - p_B}{g\rho_{\text{水}}} = \frac{\rho_{\text{水银}} - \rho_{\text{水}}}{g\rho_{\text{水}}} g\Delta z = \frac{13.6-1}{1} \times 0.05 = 0.63 \text{ m}$$

将其代入皮托管测速公式,取 $\varphi=1.0$,得

$$v = \varphi\sqrt{2g\Delta h} = \sqrt{2 \times 9.81 \times 0.63} = 3.52 \text{ m/s}$$

(2) 管内为空气,压差计为水时,有

$$p_A - p_B = g\rho_{水}\Delta z$$

$$\Delta h = \frac{p_A - p_B}{g\rho_{气}} = \frac{g\rho_{水}}{g\rho_{气}}\Delta z = \frac{1}{1.2 \times 10^{-3}} \times 0.05 = 41.7\ \text{m}$$

取 $\varphi = 1.0$,得

$$v = \varphi\sqrt{2g\Delta h} = \sqrt{2 \times 9.81 \times 41.7} = 28.6\ \text{m/s}$$

14. 如图(题4.14图)所示,虹吸管从水池引水至 B 点,基准面过虹吸管进口断面的中心 A 点。C 点为虹吸管中最高点,$z_C = 9.5$ m。B 点为虹吸管出口断面的中心,$z_B = 6$ m。若不计水头损失,求 C 点的压能和动能。

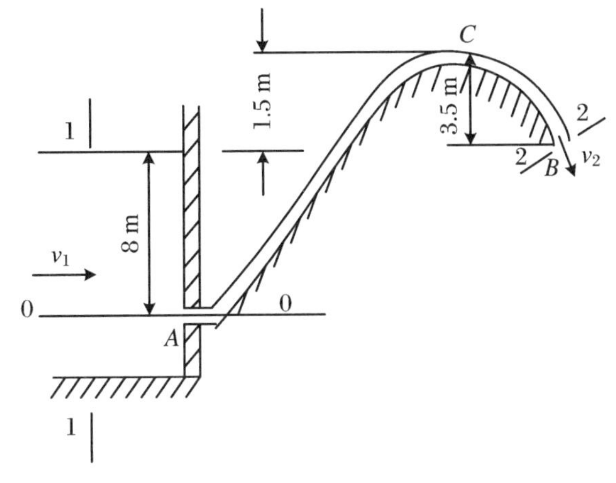

题4.14图

解　不计水头损失时断面1-1和断面2-2之间的能量方程能够写成

$$H = z_1 + \frac{p_1}{\rho g} + \frac{v_1^2}{2g} = z_2 + \frac{p_2}{\rho g} + \frac{v_2^2}{2g}$$

由于水池中的流速远比管中的流速要小,故 $v_1 \approx 0$。断面1-1的总水头为

$$H = z_1 + \frac{p_1}{\rho g} = 8\ \text{m}$$

将 $z_2 = z_B = 6$ m,$p_2 = 0$,代入能量方程,有

$$\frac{v_2^2}{2g} = H - z_2 = 8 - 6 = 2\ \text{m}$$

C 断面的平均流速等于2-2断面的平均流速,因此 C 点的动能

$$\frac{v_C^2}{2g} = \frac{v_2^2}{2g} = 2\ \text{m}$$

由断面1-1与 C 断面之间的能量方程

$$H = z_C + \frac{p_C}{\rho g} + \frac{v_C^2}{2g}$$

得 C 点的压能

$$\frac{p_C}{\rho g} = H - z_C - \frac{v_C^2}{2g} = 8 - 9.5 - 2 = -3.5\ \text{m}$$

表示 C 点处于真空状态。

15. 如图(题4.15图)所示水泵管路系统,已知:流量 $q_v = 101\ \text{m}^3/\text{h}$,管径 $d = 150$ mm,管路的总水头损失 $h_{w1-2} = 25.4$ m,水泵效率 $\eta = 75.5\%$,试求:

(1) 水泵的扬程 H;

(2) 水泵的功率 P。

解　(1) 计算水泵的扬程 H:

以吸水池面为基准列1-1、2-2断面能量方程

$$z_1 + \frac{p_1}{\rho g} + \frac{\bar{v}_1^2}{2g} + H = z_2 + \frac{p_2}{\rho g} + \frac{\bar{v}_2^2}{2g} + h_{w1-2}$$

即 $0+0+0+H=102+0+0+h_{w1-2}$，所以

$$H = 102 + h_{w1-2} = 102 + 25.4 = 127.4 \text{ m}$$

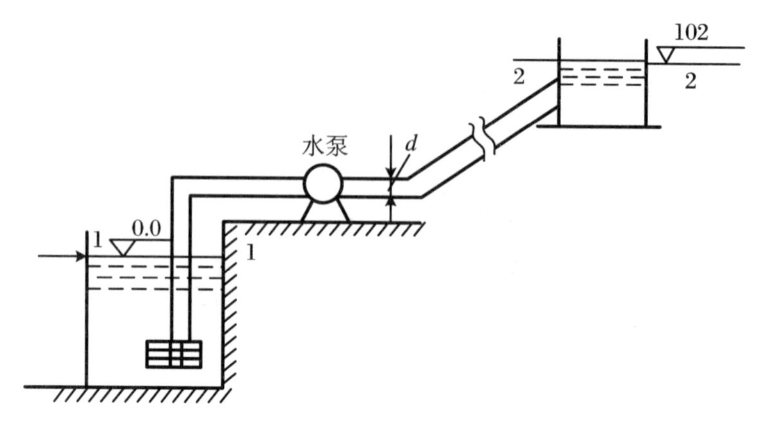

题 4.15 图

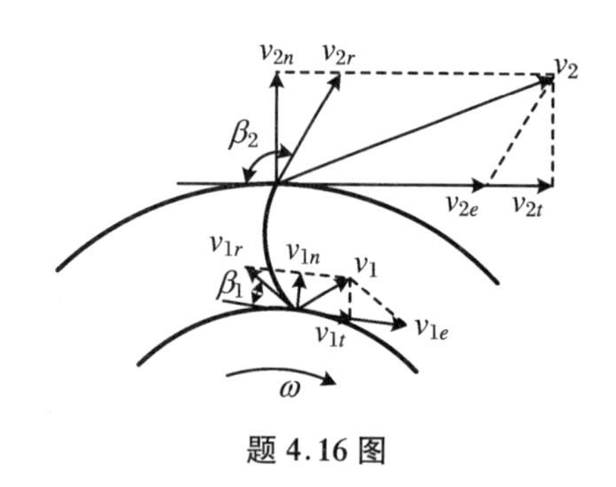

题 4.16 图

(2) 水泵的功率 P：

$$P = \frac{\rho g q_v H}{\eta} = \frac{1000 \times 9.8 \times 101 \times 127.4}{3600 \times 0.755} = 46.4 \text{ kW}$$

16. 如图(题 4.16 图)所示为叶片前弯的离心式通风机叶轮进、出口速度图。已知叶轮转速 $n = 1500$ r/min，流量 $q_v = 12000$ m³/h，空气密度 $\rho = 1.20$ kg/m³；内径 $d_1 = 480$ mm，进口角 $\beta_1 = 60°$，进口宽度 $b_1 = 105$ mm；外径 $d_2 = 600$ mm，出口角 $\beta_2 = 120°$，出口宽度 $b_2 = 84$ mm。试求叶轮进、出口的气流速度、经过叶轮单位重量空气获得的能量和叶轮能产生的理论压强。

解 叶轮进、出口气流的速度可推求如下

$$v_{1e} = r_1 n\pi/30 = 0.24 \times 1500 \times \pi \div 30 = 37.70 \text{ m/s}$$

$$v_{1n} = \frac{q_v/3600}{\pi d_1 b_1} = \frac{12000/3600}{\pi \times 0.48 \times 0.105} = 21.05 \text{ m/s}$$

$$v_{1r} = v_{1n}/\sin\beta_1 = 21.05/0.866 = 24.31 \text{ m/s}$$

$$v_{1t} = v_{1e} - v_{1r}\cos\beta_1 = 37.70 - 24.41 \times 0.5 = 25.55 \text{ m/s}$$

$$v_1 = ({v_{1n}}^2 + {v_{1t}}^2)^{1/2} = (21.05^2 + 25.55^2)^{1/2} = 33.10 \text{ m/s}$$

$$v_{2e} = r_2 n\pi/30 = 0.3 \times 1500 \times \pi \div 30 = 47.12 \text{ m/s}$$

$$v_{2n} = \frac{q_v/3600}{\pi d_2 b_2} = \frac{12000/3600}{\pi \times 0.6 \times 0.084} = 21.05 \text{ m/s}$$

$$v_{2r} = v_{2n}/\sin(180° - \beta_2) = 21.05 \div 0.866 = 24.31 \text{ m/s}$$

$$v_{2t} = v_{2e} + v_{2r}\cos 60° = 47.12 + 24.31 \times 0.5 = 59.28 \text{ m/s}$$

$$v_2 = \sqrt{v_{2n}^2 + v_{2t}^2} = \sqrt{21.05^2 + 59.28^2} = 62.91 \text{ m/s}$$

经过叶轮单位重量流体获得以空气柱表示的能量

$$H = (v_{2e}v_{2t} - v_{1e}v_{1t})/g$$
$$= (47.12 \times 59.28 - 37.70 \times 25.55)/(9.807) = 186.6 \text{ m}$$

叶轮产生的理论压强

$$\rho gH = 1.2 \times 9.807 \times 186.6 \text{ m} = 2196 \text{ Pa}$$

17. 现有一不可压缩流场，速度分布为 $\boldsymbol{v} = Ax^2y^2\boldsymbol{i} - Bxy^3\boldsymbol{j}$ (m/s)，式中 $A = 3$ L/(m³ · s)，$B = 2$ L/(m³ · s)。试求：

(1) 判别流动能否实现；

(2) 流体微团的旋转角速度 ω；

(3) 若不计质量力，能否求出点(0,0,0)和点(1,1,1)的压强差？如能，请求出；如不能，说明原因。

解　(1) 判别流动能否实现。因为

$$v_x = Ax^2y^2, \quad v_y = -Bxy^3$$

由二维连续性方程有

$$\frac{\partial v_x}{\partial x} + \frac{\partial v_y}{\partial y} = 2Axy^2 - 3Bxy^2$$

把 $A = 3$ L/(m³ · s)，$B = 2$ L/(m³ · s)代入得

$$\frac{\partial v_x}{\partial x} + \frac{\partial v_y}{\partial y} = 6xy^2 - 6xy^2 = 0$$

故流动能够实现。

(2) 求 $\boldsymbol{\omega}$。因为是二维流动，所以 $\boldsymbol{\omega}$ 为

$$\boldsymbol{\omega} = \omega_z\boldsymbol{k} = \frac{1}{2}\left(\frac{\partial v_y}{\partial x} - \frac{\partial v_x}{\partial y}\right)\boldsymbol{k} = \frac{1}{2}(-By^3 - 2Ax^2y)\boldsymbol{k} = -(3x^2y + y^3)\boldsymbol{k}$$

该流动是有旋流动。

(3) 该流场既是速度场又是涡量场，用下面简易方法判断是否能求出点(0,0,0)和点(1,1,1)的压差。

$$(2\boldsymbol{v} \times \boldsymbol{\omega}) \cdot \mathrm{d}\boldsymbol{x} = \begin{vmatrix} \mathrm{d}x & \mathrm{d}y & \mathrm{d}z \\ Ax^2y^2 & (-Bxy^3) & 0 \\ 0 & 0 & -(3x^2y + y^3) \end{vmatrix}$$

$$= [-(Bxy^3)] \cdot [-(3x^2y + y^3)] - 0 + (Ax^2y^2) \cdot (3x^2y + y^3) \neq 0$$

故有 $\mathrm{d}\left(\frac{p}{\rho} + \frac{v^2}{2}\right) \neq 0$，不能积分；所以不能求点(0,0,0)和点(1,1,1)两点间压强差。

另外，此题的第三问还可以通过判别点(0,0,0)和点(1,1,1)是否在同一条流线上；或者该流动是平面有旋流；或者从点(0,0,0)和点(1,1,1)的连线是否平行于 z 轴；或者看对应的流速分量是否成一定比例，从而得出结论。

18. 如图(题 4.18 图)所示，皮托静压管与汞差压计相连，借以测定水管中的最大轴向速度 $v_{\max}$，已知 $h = 400$ mm，$d = 200$ mm，$v_{\max} = 1.2\bar{v}$，试求管中的流量。

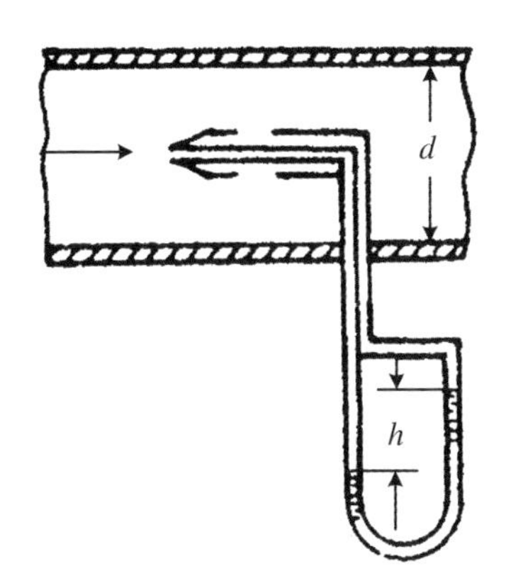

题 4.18 图

解　列伯努利方程 $p_{静} + \frac{\rho v^2}{2} = p_{动}$；$\frac{\rho v^2}{2} = p_{动} - p_{静}$；$p_{动} - p_{静} = gh(\rho_{Hg} - \rho)$，则

$$v_{\max} = \sqrt{\frac{2gh}{\rho}(\rho_{Hg} - \rho)} = \sqrt{\frac{13.6 - 1}{1} \times 2 \times 9.81 \times 0.4} = 9.944\ \text{m/s}$$

$$\bar{v} = \frac{v_{\max}}{1.2} = 8.287\ \text{m/s}$$

$$q_v = \frac{\pi}{4} d^2 \bar{v} = 0.2603\ \text{m}^3/\text{s} = 260.3\ \text{L/s}$$

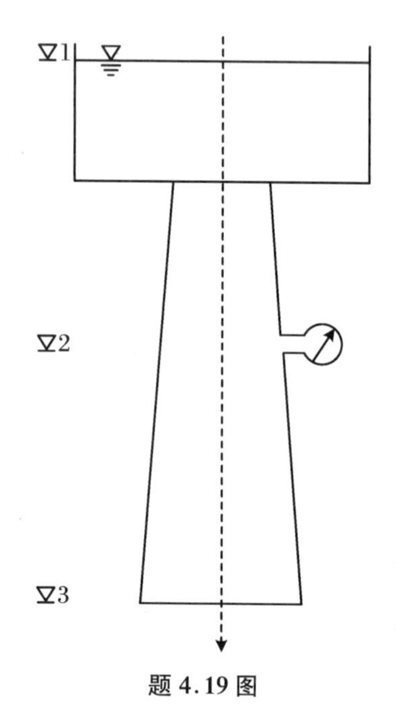

题 4.19 图

19. 如图(题 4.19 图)所示,水箱中的水通过一垂直渐扩管满流向下泄出。$z_1 = 0.7$ m,$z_2 = 0.4$ m,$z_3 = 0$,$d_2 = 50$ mm,$d_3 = 80$ mm。不计损失,求:

(1) 断面 2 处的真空计读数;

(2) 若使真空计读数为零,d_2 应为多大?

解 以 3 断面处为基准面

(1) 对 1,3 两断面写能量方程:$0.7 = \frac{v_3^2}{2g}$,得

$$v_3 = 3.7\ \text{m/s}$$

列 2,3 两断面能量方程

$$\frac{p_2}{\rho g} + 0.4 + \frac{v_2^2}{2g} = \frac{v_3^2}{2g} = 0.7\ \text{m}$$

又由连续性方程,得

$$v_2 d_2^2 = v_3 d_3^2$$

两式联立,解得 $p_2 = -42.2$ kPa,即真空计读数为 42.2 kPa。

(2) 若 $p_2 = 0$ 时,对 1,2 两断面列能量方程:$0.7 = 0.4 + \frac{v_2^2}{2g}$,得

$$v_2 = 2.43\ \text{m/s}$$

又由连续性方程 $v_2 d_2^2 = v_3 d_3^2$,得

$$d_2 = d_3 \sqrt{\frac{v_3}{v_2}} = 0.099\ \text{m}$$

故要使真空计读数为零,$d_2 = 0.099$ m。

20. 如图(题 4.20 图)所示,离心泵由吸水池抽水。已知抽水量 $q_v = 5.56$ L/s,泵的安装高度 $H_s = 5$ m,吸水管直径 $d = 100$ mm,吸水管水头损失 $h_w = 0.25$ m 水柱。试求水泵进口断面 2 - 2 的真空度。

解 本题运用伯努利方程求解。选基准面 0 - 0 与吸水池水面重合。选吸水池水面为 1 - 1 断面,与所选基准面重合,水泵进口断面为 2 - 2 断面。以吸水池水面上的一点与水泵进口断面的轴心点为计算点,则流动参数为 $z_1 = 0$,$p_1 = p_a$(绝对压强),$v_1 \approx 0$,$z_2 = H_s$,p_2 待求,$v_2 = q_v / A = 0.708$ m/s,将各量代入伯努利方程

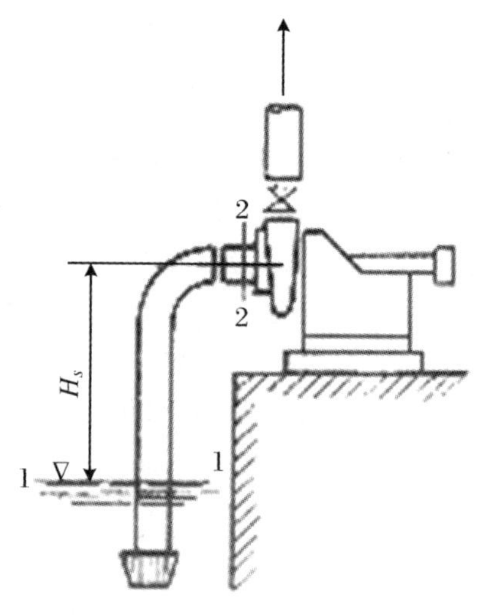

题 4.20 图

$$\frac{p_a}{\rho g} = H_s + \frac{p_2}{\rho g} + \frac{v_2^2}{2g} + h_w$$

$$\frac{p_v}{\rho g} = \frac{p_a - p_2}{\rho g} = H_s + \frac{v_2^2}{2g} + h_w = 5.28\ \text{m}$$

$$p_v = 9.8 \times 5.28 = 51.74\ \text{kPa}$$

21．如图(题 4.21 图)所示，水泵从水面为大气压的水池中吸水，送到密闭高位容器中。已知密闭容器液面压强 $p=3\times10^5$ Pa(表压)，两液面高差 $z=20$ m，整个管路中的水头损失为 10 m。试求水泵的理论扬程。

解　在水池和容器液面上列几何意义上的能量方程

$$\frac{v_0^2}{2g} + \frac{p_0}{\rho g} + z_0 + H_i = \frac{v_1^2}{2g} + \frac{p_1}{\rho g} + z_1 + h_{w0-1}$$

将 $v_0=v_1=0, z_1-z_0=z, p_0=0$，代入上式，得

$$H_i = \frac{p_1}{\rho g} + z + h_{w0-1}$$

将已知条件代入，得水泵理论扬程

$$H_i = 10 + 20 + \frac{3\times10^2}{9.807} = 60.6\ \text{m}$$

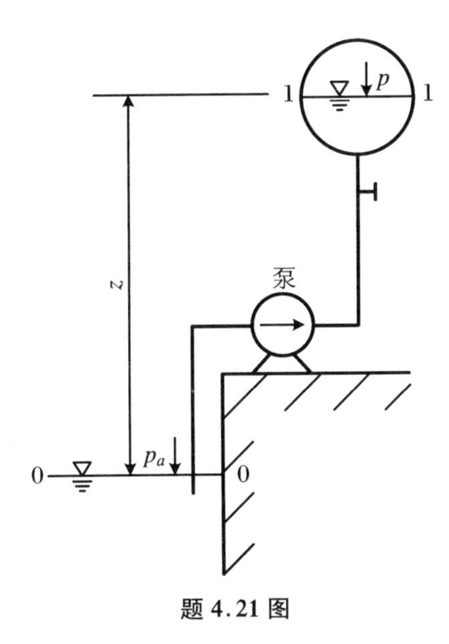

题 4.21 图

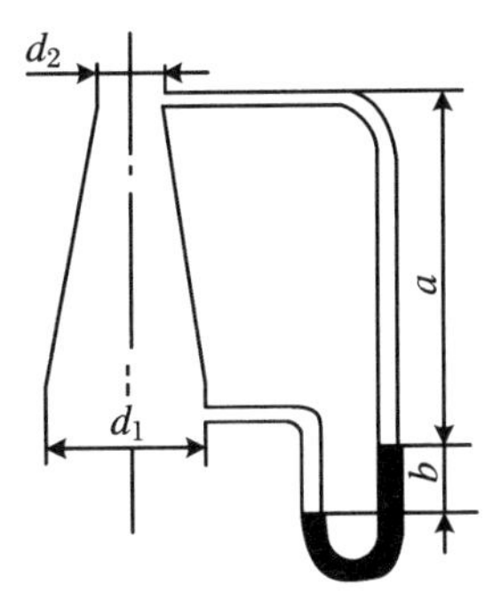

题 4.22 图

22．如图(题 4.22 图)所示水自下而上流动，已知：$d_1=30$ cm，$d_2=15$ cm，U 形管中装有汞，$a=80$ cm、$b=10$ cm，试求流量。

解　从 1 点到 2 点列伯努利方程，位能坐标原点在 1 点上

$$z_1 + \frac{p_1}{\rho g} + \frac{v_1^2}{2g} = z_2 + \frac{p_2}{\rho g} + \frac{v_2^2}{2g},\quad z_1 = 0,\quad z_2 = a$$

由测压管可得：$p_1 + \rho g b = p_2 + \rho g a + \rho_{Hg} g b$，则

$$\frac{p_1 - p_2}{\rho g} = a - b + \frac{\rho_{Hg}}{\rho} b = a + 12.6b$$

由连续性方程得

$$v_2 = \left(\frac{d_1}{d_2}\right)^2 v_1$$

代入伯努利方程,得

$$25.2bg = v_1^2\left[\left(\frac{d_1}{d_2}\right)^4 - 1\right] = 15v_1^2$$

$$v_1 = \sqrt{\frac{9.81 \times 0.1 \times 25.2}{15}} = 1.283 \text{ m/s}$$

流量

$$q_v = \frac{\pi}{4}d_1^2 v_1 = 0.091 \text{ m}^3/\text{s}$$

23. 如图(题4.23图)所示虹吸装置,管径均为 $d = 200$ mm,管长 $l_{AC} = 10$ m,$l_{CE} = 15$ m,$\zeta_A = 0.5$,$\zeta_B = \zeta_D = 0.9$,$\zeta_E = 1.8$,$\lambda = 0.03$。求:

(1) 通过虹吸管的恒定流量 q_v;

(2) 上下游水位差 z。

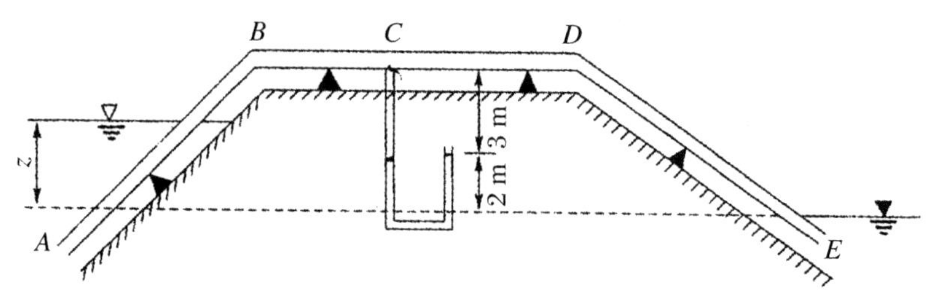

题4.23图

解 (1) 以下游水面为基准面,建立C断面及下游断面伯努利方程式:

$$z_c + \frac{p_c}{\rho g} + \frac{v^2}{2g} = 0 + 0 + 0 + h_f + \sum h_w$$

又由 C 点的位置和压强得

$$z_c + \frac{p_c}{\rho g} = 5 - 3 = 2 \text{ m}$$

沿程损失和局部损失为

$$h_f = \lambda\frac{l_{CE}}{d}\cdot\frac{v^2}{2g}, \quad h_w = (\zeta_D + \zeta_E)\frac{v^2}{2g}$$

速度水头:$\frac{v^2}{2g} = \frac{2}{0.03\times\frac{15}{0.2}+0.9+1.8-1} = 0.506$ m,则

$$v = 3.151 \text{ m/s}, \quad q_v = vA = v\cdot\frac{\pi d^2}{4} = 0.099 \text{ m}^3/\text{s}$$

(2) 同理建立上下游断面伯努利方程:

$$z + 0 + 0 = \left(\lambda\frac{l_{AC} + l_{CE}}{d} + \zeta_A + \zeta_B + \zeta_D + \zeta_E\right)\frac{v^2}{2g}$$

代入数据,得

$$z = \left(0.03 \times \frac{10 + 15}{0.2} + 0.5 + 0.9 + 0.9 + 1.8\right)\frac{3.151^2}{2g} = 3.97 \text{ m}$$

24. 如图(题 4.24 图)所示为水塔供水管道系统，$h_1=9\ \mathrm{m}$，$h_2=0.7\ \mathrm{m}$。当阀门打开时，管道中水的平均流速 $v=4\ \mathrm{m/s}$，总能量损失 $h_w=13\ \mathrm{m}$ 水柱。试确定水塔的水面高度 H。

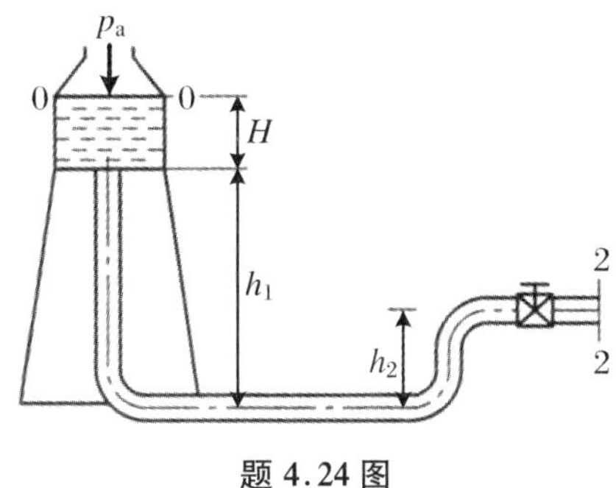

题 4.24 图

解　水塔供水管道系统处于大气环境中，压强项可用计示压强；水塔的横截面面积比管道出口截面面积大得多，其液面下降速度可以忽略不计。现以水平管轴为基准，对水塔自由液面 0－0 和管道出口截面 2－2 列伯努利方程：

$$(H+h_1)=h_2+\alpha_2\frac{v_2^2}{2g}+h_w$$

因为水塔较高，压强水头较大，管内流动比较紊乱，可取 $\alpha_2=1$，故有

$$H=\frac{v_2^2}{2g}+h_w+h_2-h_1=\frac{4^2}{2\times 9.807}+13+0.7-9=5.52\ \mathrm{m}$$

25. 如图(题 4.25 图)所示，一个可变高度 h 的虹吸管插入水池。已知当地大气压 $p_a=10^5\ \mathrm{Pa}$，虹吸管直径 $d=0.1\ \mathrm{m}$，水位 $h_1=5\ \mathrm{m}$。(1) 当 h 较小时，管内不会出现气泡，求出口流量；(2) 水的汽化压强(绝对) $p=2\times10^3\ \mathrm{Pa}$，求管内不出现气泡的最大 h 值。

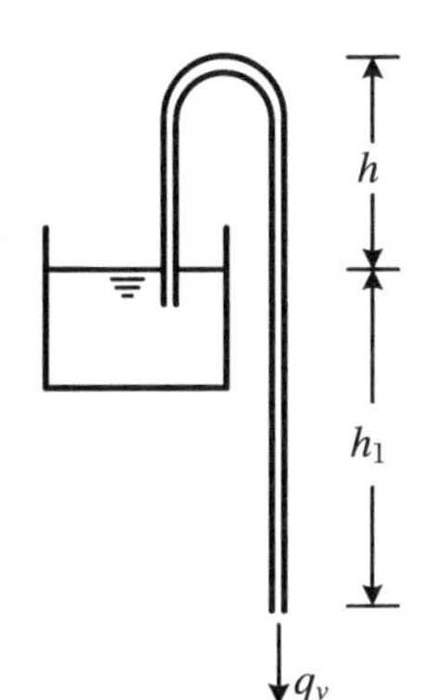

题 4.25 图

解　(1) 对池面和虹吸管出口截面应用伯努利方程，有

$$h_1+\frac{p_a}{\rho g}=\frac{p_a}{\rho g}+\frac{v^2}{2g}$$

$$v=\sqrt{2gh_1}=9.903\ \mathrm{m/s}$$

$$q_v=\frac{\pi d^2}{4}v=0.078\ \mathrm{m^3/s}$$

(2) 当虹吸管最高处压强为 $p=2\times10^3\ \mathrm{Pa}$(绝对)时，对水池液面和虹吸管应用伯努利方程，有

$$\frac{p_a}{\rho g}=h+\frac{p}{\rho g}+\frac{v^2}{2g}$$

流速 v 的值已算出，因此由上式可算出 h，即管内不出现气泡的最大高度为

$$h=\frac{p_a-p}{\rho g}-\frac{v^2}{2g}=4.994\ \mathrm{m}$$

26. 如图(题 4.26 图)所示，虹吸管直径 $d_1=10\ \mathrm{cm}$，管路末端喷嘴直径 $d_2=5\ \mathrm{cm}$，$a=3\ \mathrm{m}$，$b=4.5\ \mathrm{m}$，管中充满水流并由喷嘴射入大气，忽略摩擦，试求 1、2、3、4 点的计示压强。

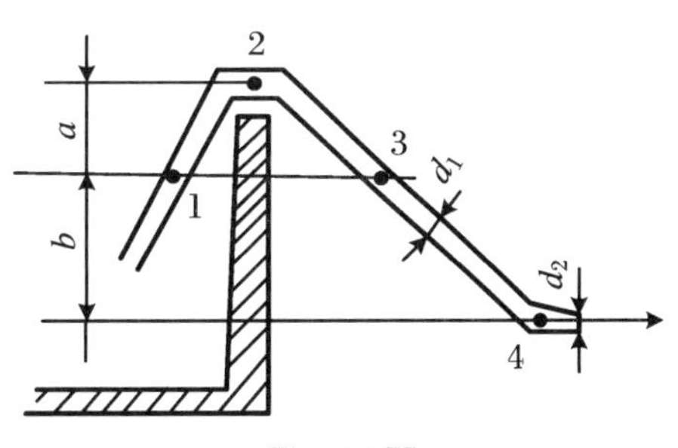

题 4.26 图

解　将伯努利方程一端选在大水池水面上，则 $v_1=0$，$p_1=0$，$z_1=0$，伯努利方程的另一端依次选在 1、2、3、4 出口各端面，管流速为 v，得

$$\frac{p_1}{\rho g}+\frac{v^2}{2g}=0;\quad \frac{p_2}{\rho g}+a+\frac{v^2}{2g}=0;\quad \frac{p_3}{\rho g}+\frac{v^2}{2g}=0;\quad \frac{p_4}{\rho g}-b+\frac{v^2}{2g}=0;\quad \frac{v_{嘴}^2}{2g}-b=0$$

则

$$v_{嘴} = \sqrt{2gb} = 9.396 \text{ m/s}$$

从 4 点到喷嘴列连续方程 $\frac{\pi}{4}d_1^2 v = \frac{\pi}{4}d_2^2 v_{嘴}$，则

$$v = \left(\frac{d_2}{d_1}\right)^2 v_{嘴} = \left(\frac{0.05}{0.10}\right)^2 \times 9.396 = 2.349 \text{ m/s}$$

从而得

$$p_1 = p_3 = -\frac{\rho v^2}{2} = -2.759 \text{ kPa}$$

$$p_4 = \rho gb - \frac{\rho v^2}{2} = 41.386 \text{ kPa}$$

$$p_2 = -\rho ga - \frac{\rho v^2}{2} = -32.189 \text{ kPa}$$

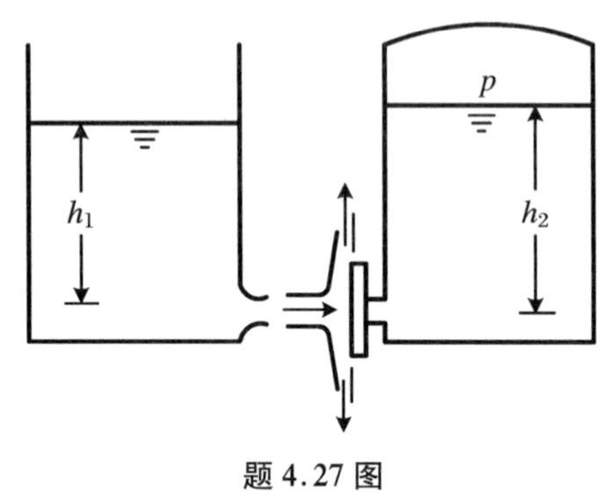

题 4.27 图

27. 如图(题 4.27 图)所示，水从水位为 h_1 的大容器经过管嘴流出，并射向一块无重的平板，该平板盖住另一个密封的盛水容器的管嘴，两个管嘴的直径相等。已知密封容器液面的表压强为 $p - p_a = 19612$ Pa，水深 $h_2 = 4$ m，如果射流对平板的冲击力恰好等于平板受到的静水压力，求 h_1 的值。

解 水射流的速度和流量分别为：

$$v = \sqrt{2gh_1}, \quad q_v = \frac{\pi d^2}{4} v$$

射流对平板的冲击力等于右水箱静水施加给平板的总压力，即

$$\rho q_v v = [(p - p_a) + \rho g h_2]\frac{\pi d^2}{4}$$

将 v, q_v 的表达式代入上式，得

$$2\rho g h_1 = p - p_a + \rho g h_2$$

将 $p - p_a$ 的值代入上式，得

$$h_1 = 1 + \frac{1}{2}h_2 = 3 \text{ m}$$

28. 如图[题 4.28 图(a)]所示，水箱水位恒定，输水管长 $L = 30$ m，水头 $H = 4$ m，水头损失为管内速度水头的 15 倍，管道末端阀门瞬时开启，试求出口速度随时间的变化。

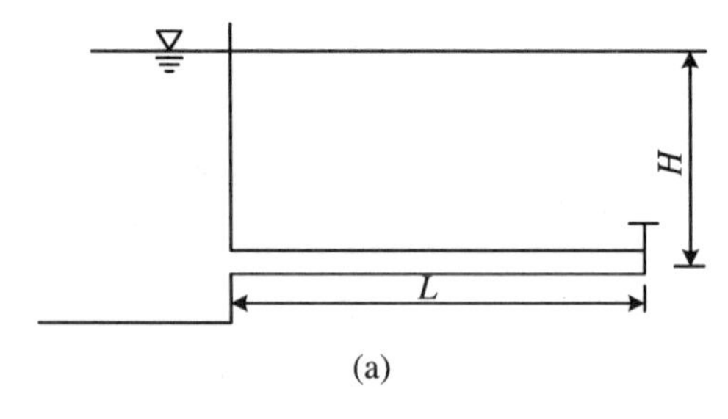

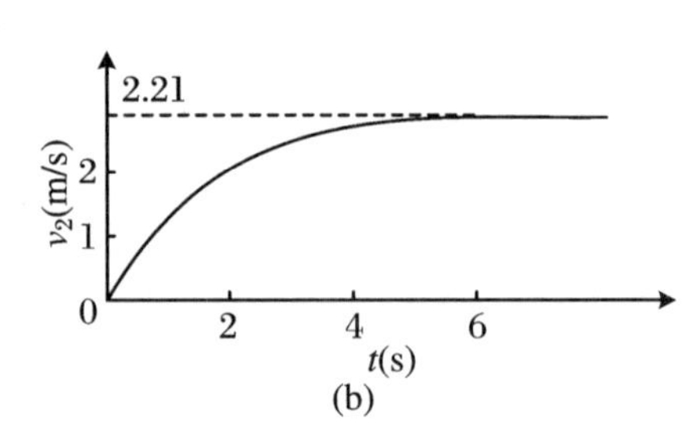

题 4.28 图

解 水箱水位恒定，管道末端阀门突然开启，管内的水由静止开始流动，最后达到定常流，其间短暂的过渡过程属非定常流。

选水箱水面与管道出口断面为计算断面，列非定常总流伯努利方程，由题 4.28 图(a)可

知：$z_1 = H, z_2 = 0, p_1 = p_2 = 0, v_1 \approx 0$，得

$$H = \frac{v_2^2}{2g} + 15\frac{v^2}{2g} + \frac{1}{g}\int_{l_1}^{l_2}\frac{\partial v}{\partial t}\mathrm{d}s$$

等直径管道，出口断面速度和管内速度相等 $v_2 = v$，且 v 及其对时间的偏导数沿流程不变，只是时间 t 的函数，可将$\frac{\partial v}{\partial t}$改写为$\frac{\mathrm{d}v}{\mathrm{d}t}$，并从积分号内提出，于是

$$H = 16\frac{v^2}{2g} + \frac{\mathrm{d}v}{\mathrm{d}t}\frac{L}{g}$$

分离变量

$$\frac{\mathrm{d}v}{\left(\sqrt{\frac{gH}{8}}\right)^2 - v^2} = 8\frac{\mathrm{d}t}{L}$$

上式两边积分，积分上下限为 $t = 0, v = 0$ 和 $t = t, v = v_2(t)$，得

$$\ln\frac{\sqrt{\frac{gH}{8}} - v_2}{\sqrt{\frac{gH}{8}} + v_2} = -16\frac{gH}{8}\frac{t}{L}$$

代入已知数

$$\ln\frac{2.21 - v_2}{2.21 + v_2} = -1.18t$$

得

$$v_2 = 2.21\frac{\exp 1.18t - 1}{\exp 1.18t + 1}$$

算出第 1～5 秒的 v_2 值，如题 4.28 表所示 v_2 随时间变化，可知阀门瞬间开启至第 5 秒，管道出口流速已很接近定常值（$t = \infty, v_2 = 2.21$ m/s），过渡过程曲线 $v_2(t)$ 如图[题 4.28图(b)]所示。

题 4.28 表

t(s)	1	2	3	4	5
v_2(m/s)	1.17	1.83	2.08	2.17	2.20

29. 如图（题 4.29 图）所示，用密闭水罐向 $h = 2$ m 高处供水，要求供水量为 $q_v = 15$ L/s，管道直径 $d = 5$ cm，水头损失为 50 cm 水柱，试求水罐所需的压强 p 是多少？

解　对罐中液面及管道出口列伯努利方程，忽略罐中水面的下降速度，管道出口大气压作为零，则可求出罐中的表压强 p。因为

$$\frac{p}{\rho g} = h + \frac{v^2}{2g} + h_f,\quad v = \frac{4q_v}{\pi d^2}$$

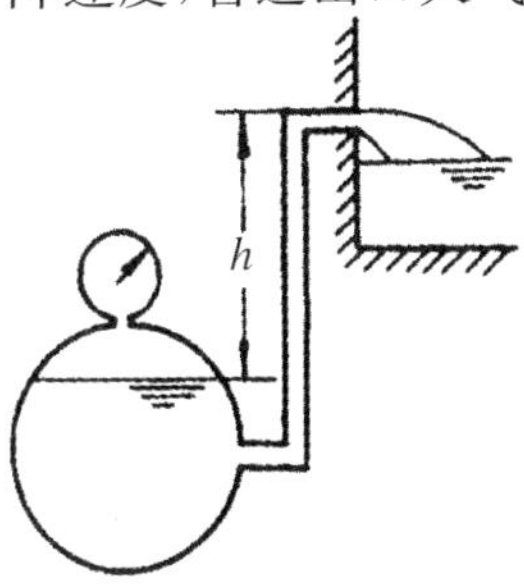

所以

$$p = \rho g(h + h_f) + \frac{\rho}{2}\left(\frac{16q_v^2}{\pi^2 d^4}\right)$$

$$= 1000 \times 9.81 \times (2 + 0.5) + \frac{1000}{2} \times \left(\frac{16 \times 0.015^2}{\pi^2 \times 0.05^4}\right)$$

题 4.29 图

$$= 53660 \text{ Pa} = 53.660 \text{ kPa}\ (\text{表压强})$$

30. 如图(题4.30图)所示,文丘里(Venturi)流量计是一种测量有压管道流量的仪器。它是由光滑的收缩段、喉道和扩散段三部分组成。管道过流时,因喉道断面缩小,流速增大,动能增加,势能减小,这样通过在收缩段进口断面和喉道断面安装测压管或差压计,实测两断面的测压管水头差,便可由定常总流的伯努利方程得到管道的流量。若已知文丘里管进口直径 $d_1 = 100$ mm,喉道直径 $d_2 = 50$ mm,流量系数(实际流量与不计能量损失的理论流量之比)$\mu = 0.98$,实测测压管水头差 $\Delta h = 0.5$ m(或水银压差计的水银面高差 $h_p = 3.97$ cm),试求管道的实际流量 q_v。

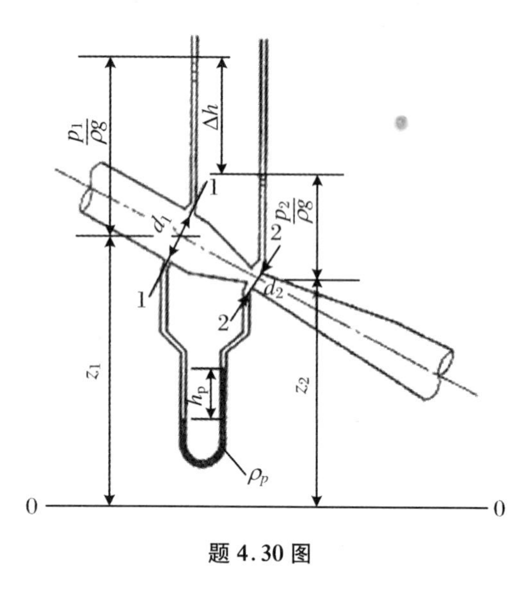

题4.30图

解 分别选取渐变流进口断面和喉道断面为1-1断面和2-2断面,计算点均取在管轴上,基准0-0置于管道下面某一固定位置。由于光滑收缩段很短,水头损失先暂时忽略不计,取动能修正系数 $\alpha_1 = \alpha_2 = 1.0$,则据1-1、2-2过流断面列定常总流伯努利方程,有

$$z_1 + \frac{p_1}{\rho g} + \frac{v_1^2}{2g} = z_2 + \frac{p_2}{\rho g} + \frac{v_2^2}{2g}, \quad \text{或} \quad \left[\left(\frac{v_2}{v_1}\right)^2 - 1\right]\frac{v_1^2}{2g} = \left(z_1 + \frac{p_1}{\rho g}\right) - \left(z_2 + \frac{p_2}{\rho g}\right)$$

式中,v_2/v_1 可由总流的连续性方程 $v_1 A_1 = v_2 A_2$ 求得,即 $v_2/v_1 = A_1/A_2 = (d_1/d_2)^2$,将其代入上式,整理得

$$v_1 = \sqrt{\frac{2g\left[\left(z_1 + \frac{p_1}{\rho g}\right) - \left(z_2 + \frac{p_2}{\rho g}\right)\right]}{(d_1/d_2)^4 - 1}}$$

故理想流体的流量(即理论流量)

$$q'_v = v_1 A_1 = \frac{\pi}{4} d_1^2 \sqrt{\frac{2g\left[\left(z_1 + \frac{p_1}{\rho g}\right) - \left(z_2 + \frac{p_2}{\rho g}\right)\right]}{(d_1/d_2)^4 - 1}}$$

考虑到实际流体存在水头损失,实际流量略小于理论流量,即

$$q_v = \mu q'_v = \mu \frac{\pi}{4} d_1^2 \sqrt{\frac{2g\left[\left(z_1 + \frac{p_1}{\rho g}\right) - \left(z_2 + \frac{p_2}{\rho g}\right)\right]}{(d_1/d_2)^4 - 1}}$$

式中,μ 称为文丘里管流量系数,一般 $\mu = 0.95 \sim 0.98$。

对于本题若用测压管测势能差,则

$$q_v = \mu \frac{\pi}{4} d_1^2 \sqrt{\frac{2g\Delta h}{(d_1/d_2)^4 - 1}} = 6.22 \text{ L/s}$$

若用水银差压计测势能差,则

$$q_v = \mu \frac{\pi}{4} d_1^2 \sqrt{\frac{2g(\rho_p/\rho - 1)h_p}{(d_1/d_2)^4 - 1}} = 6.22 \text{ L/s}$$

31. 如图(题 4.31 图)所示,倾斜放置的一等直径圆管,在断面 1 - 1 和 2 - 2 之间接一压差计,工作液体为油,其密度为 $\rho_{oil} = 920\ kg/m^3$,管中水的密度为 $\rho = 1000\ kg/m^3$,已知 $h = 120\ mm$,$z = 0.2\ m$。

(1) 试判断管中水是静止还是流动? 若流动,其流向如何?

(2) 求 A、B 两点的压强差。

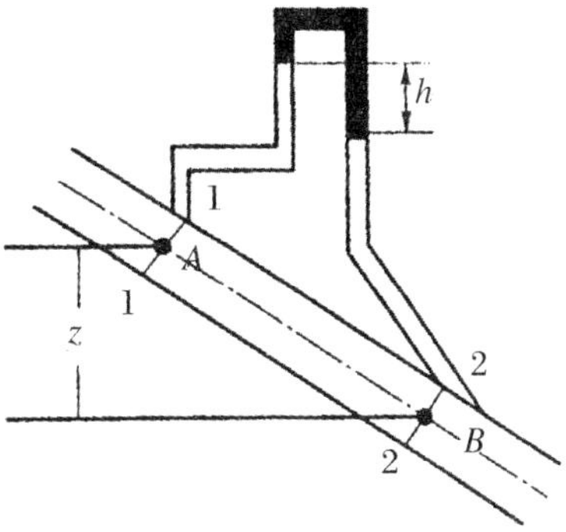

题 4.31 图

解　(1) 由题意可知

$$p_B = p_A - \rho g(h + \Delta h) + \rho_{oil} gh + \rho g(\Delta h + z)$$
$$= p_A + \rho_{oil} gh + \rho g(z - h) > p_A$$

所以管中水是流动的,其流动方向是由 B 流向 A。

(2) A、B 两点的压强差为:

$$\Delta p_{AB} = p_B - p_A = \rho_{oil} gh + \rho g(z - h)$$
$$= 920 \times 9.81 \times 0.12 + 1000 \times 9.81 \times (0.20 - 0.12)$$
$$= 1867.824\ Pa = 1.868\ kPa$$

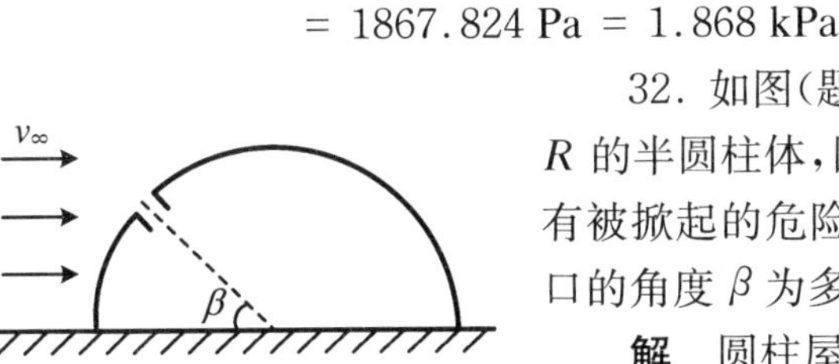

题 4.32 图

32. 如图(题 4.32 图)所示,设蒙古包做成一个半径为 R 的半圆柱体,因受正面来的速度为 v_∞ 的大风袭击,屋顶有被掀起的危险,其原因是屋顶内外有压差。试问:通气窗口的角度 β 为多少时,可以使屋顶受到的升力为零?

解　圆柱屋面受到风吹引起的升力为

$$F_L = \int_0^\pi (p - p_\infty) R\sin\theta d\theta$$

蒙古包内压强为静压,设为 p_i,根据曲面总压力公式,内压产生的升力为$(p_i - p)2R$,欲使屋顶升力为零,则有

$$\int_0^\pi (p - p_\infty) R\sin\theta d\theta = 2R(p_i - p_\infty)$$

上式可用压力系数 C_p 表示,即

$$C_p = \frac{p - p_\infty}{\frac{1}{2}\rho v_\infty^2}$$

因 $C_p = 1 - 4\sin^2\theta$,故

$$\int_0^\pi (1 - 4\sin^2\theta)\sin\theta d\theta = 2(1 - 4\sin^2\beta)$$

$$\int_0^\pi \sin\theta d\theta = 2,\quad \int_0^\pi \sin^3\theta d\theta = \frac{4}{3}$$

$$1 - 4\sin^2\beta = -\frac{5}{3},\quad \beta = 54.74^\circ$$

33. 如图(题 4.33 图)所示,在离心水泵的实验装置上测得吸水管上的计示压强 $p_1 = -0.4g \times 10^4\ Pa$,压力管上的计示压强 $p_2 = 2.8g \times 10^4\ Pa$($g$ 为重力加速度),$d_1 = 30\ cm$,$d_2 = 25\ cm$,$a = 1.5\ m$,$q_v = 0.1\ m^3/s$。试求水泵的输出功率。

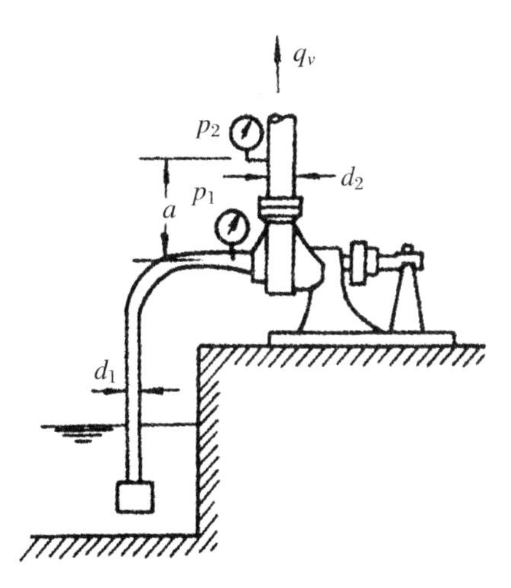

题 4.33 图

解　水泵出口和入口单位重量液体的能量之差

称为泵扬程 H,是原动机对液体所做的功,把基准取在泵入口。

$$H = z_2 + \frac{p_2}{\rho g} + \frac{v_2^2}{2g} - z_1 - \frac{p_1}{\rho g} - \frac{v_1^2}{2g}$$

$$= a + \frac{p_2}{\rho g} + \frac{v_2^2}{2g} - \frac{p_1}{\rho g} - \frac{v_1^2}{2g}$$

$$= a + \frac{p_2 - p_1}{\rho g} + \frac{1}{2g}(v_2^2 - v_1^2)$$

$$v_2 = \frac{4q_v}{\pi d_2^2};\quad v_1 = \frac{4q_v}{\pi d_1^2}$$

$$H = a + \frac{p_2 - p_1}{\rho g} + \frac{16q_v^2}{2g\pi^2}\left(\frac{1}{d_2^4} - \frac{1}{d_1^4}\right)$$

水泵输出(有效)功率:$P = \rho g H q_v$,故

$$P = \rho q_v g a + q_v(p_2 - p_1) + \frac{16\rho q_v^3}{2\pi^2}\left(\frac{1}{d_2^4} - \frac{1}{d_1^4}\right)$$

$$= 9810 \times 0.1 \times 1.5 + 0.1 \times 9.81 \times (2.8 + 0.4) \times 10^4 + \frac{16 \times 10^3 \times 0.1^3}{2\pi^2}\left(\frac{1}{0.25^4} - \frac{1}{0.3^4}\right)$$

$$= 32971.435\ \text{W} \approx 32.971\ \text{kW}$$

34. 如图(题 4.34 图)所示直角形管突然放水。等截面直角形管道 ABC 垂直段管长 AB,水平段管长 BC,$AB = BC = L$,管中盛满水,C 处有阀门,管口接大气,大气压强为 p_a,质量力只有重力。试问:当阀门突然打开,管中压强分布如何?

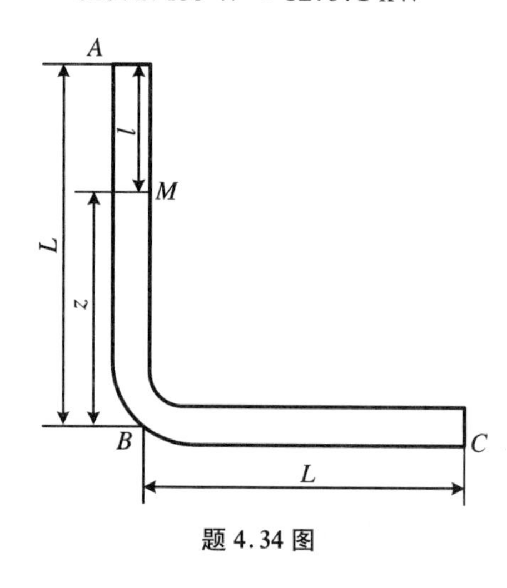

题 4.34 图

解 分析问题的思路:忽略流动损失,把坐标原点放在水平管中心线与垂直管中心线交点 B 上。流线从 A 点开始计算,管线中心线可以看作是流线。管道横截上所有物理量都用其在截面上的平均值代替。

(1) 由连续性方程,$m_1 = m_2 = m_t = (\rho v A)_t$,由于不可压缩,管道截面相等,所以有 $v = v_t$ 即同一时刻管道中各点的流速都一样。所以得出$\dfrac{\partial v}{\partial t}$在同一时刻,沿着流线是常数。

(2) 列出 A 与任一点 M 的能量方程

$$z_A + \frac{p_A}{\rho g} + \frac{v_1^2}{2g} = \frac{1}{g}\int_0^l \frac{\partial v}{\partial t}\mathrm{d}l + z_M + \frac{p_M}{\rho g} + \frac{v_M^2}{2g}$$

式中,$v_1 = v_2 = v_M = v$,$p_A = p_a$,所以

$$\frac{p_M}{\rho g} = \frac{p_A}{\rho g} + z_A - z_M - \frac{1}{g}\frac{\partial v}{\partial t}\int_0^l \mathrm{d}l \tag{1}$$

或

$$p_M = p_A + \rho g z_A - \rho g z_M - \rho\frac{\partial v}{\partial t}\int_0^l \mathrm{d}l \tag{2}$$

在 A、C 两点之间

$$p_C = p_A + \rho g z_A - \rho g z_C - \rho \frac{\partial v}{\partial t}\int_0^{2L} \mathrm{d}l \tag{3}$$

因为 $p_C = p_A = p_a, z_A = L, z_C = 0$,代入式(3)并积分,得

$$\rho g L - \rho \frac{\partial v}{\partial t} \cdot 2L = 0$$

所以

$$\frac{\partial v}{\partial t} = \frac{g}{2} \tag{4}$$

把式(4)代入式(2)便可求得管道的压强分布为

$$p_M = p_a + \rho g L - \rho g z - \frac{\rho g l}{2} \tag{5}$$

再应用边界条件求垂直管段和水平管段的压强分布。

在垂直管段中:$l = L - z$,故

$$p_M = p_a + \frac{g}{2}(L - z)$$

在水平管段中:$z = 0, l > L$,故

$$p_M = p_a + \rho g L - \frac{\rho g l}{2}$$

35. 有一分流水管,各断面参数如图(题 4.35 图)所示。已知:1-1 断面至 2-2 断面的水头损失为 3 m,1-1 断面至 3-3 断面的水头损失为 5 m,试求:2-2 断面、3-3 断面的平均流速,以及 2-2 断面的压强。

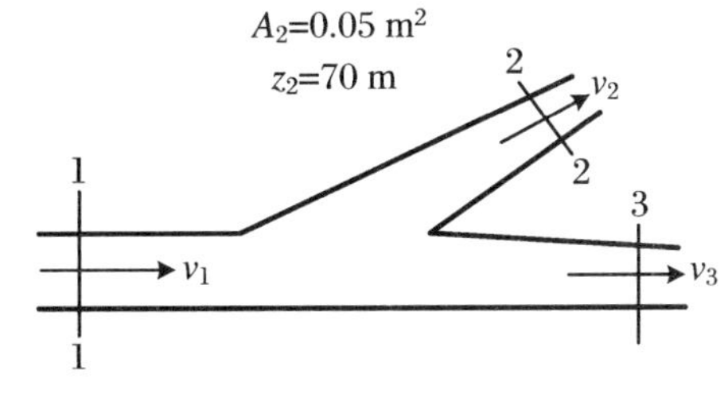

题 4.35 图

解　(1) 在 1-1 断面和 3-3 断面列几何意义上的能量方程

$$\frac{v_1^2}{2g} + \frac{p_1}{\rho g} + z_1 = \frac{v_3^2}{2g} + \frac{p_3}{\rho g} + z_3 + h_{w1-3}$$

$$\frac{v_3^2}{2g} = \left(\frac{v_1^2}{2g} + \frac{p_1}{\rho g} + z_1\right) - \left(\frac{p_3}{\rho g} + z_3 + h_{w1-3}\right)$$

$$\frac{v_3^2}{2g} = \frac{3^2}{2 \times 9.81} + \frac{98 - 196}{9.81} + 75 - 60 - 5 = 0.46 \text{ m}$$

$$v_3 = 3 \text{ m/s}$$

由连续性方程 $A_1 v_1 = A_2 v_2 + A_3 v_3$,得

$$v_2 = \frac{A_1 v_1 - A_3 v_3}{A_2} = \frac{0.1 \times 3 - 0.075 \times 3}{0.05} = 1.5 \text{ m/s}$$

(2) 在 1-1 断面和 2-2 断面列能量方程

$$\frac{v_1^2}{2g}+\frac{p_1}{\rho g}+z_1=\frac{v_2^2}{2g}+\frac{p_2}{\rho g}+z_2+h_{w1-2}$$

$$\frac{p_2}{\rho g}=\left(\frac{v_1^2}{2g}+\frac{p_1}{\rho g}+z_1\right)-\left(\frac{v_2^2}{2g}+z_2+h_{w1-2}\right)$$

$$\frac{p_2}{\rho g}=\frac{3^2-1.5^2}{2g}+\frac{98\times10^3}{\rho g}+75-70-3=12.34\ \text{m}$$

$$p_2=121\ \text{kPa}$$

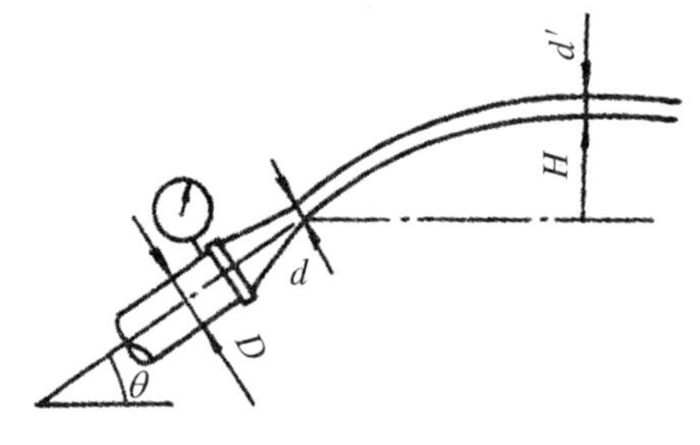

题 4.36 图

36. 如图(题 4.36 图)所示,喷嘴直径 $d=75$ mm,水管直径 $D=150$ mm,水枪倾斜角 $\theta=30^\circ$,压强表读数 $h=3$ m 水柱。试求水枪的出口速度 v,最高射程 H,最高点处的射流直径 d'。

解 忽略损失,喷嘴前后两断面上的伯努利方程为

$$\frac{p}{\rho g}+\frac{v_0^2}{2g}=\frac{v^2}{2g}$$

由连续方程可得:$v_0^2=v^2\left(\frac{d}{D}\right)^4$,代入上式消去 v_0,则喷嘴出口速度

$$v=\sqrt{\frac{2g\frac{p}{\rho g}}{1-\left(\frac{d}{D}\right)^4}}=\sqrt{\frac{2\times9.81\times3}{1-\frac{1}{16}}}=7.92\ \text{m/s}$$

将速度 v 分解为垂直分速度 v_y 和水平分速度 v_x,则

$$v_y=v\sin30^\circ=7.92\times0.5=3.96\ \text{m/s}$$

$$v_x=v\cos30^\circ=7.92\times0.866=6.86\ \text{m/s}$$

按照物理学上的斜抛运动所述,忽略阻力,则垂直分速度所具有的动能将全部转化为位能,水平分速度则代表射流到最高点时的水平方向的速度。于是射流的最高射程为

$$H=\frac{v_y^2}{2g}=\frac{3.96^2}{2\times9.81}=0.8\ \text{m}$$

射流最高点处的直径为

$$d'=d\sqrt{\frac{v}{v_x}}=d\sqrt{\frac{1}{\cos30^\circ}}=75\times\sqrt{\frac{1}{0.866}}=80.6\ \text{mm}$$

37. 如图(题 4.37 图)所示,水平方向的水射流,流量 q_v,出口流速 v_1,在大气中冲击在前方斜置的光滑平板上,射流轴线与平板成 θ 角,不计水流在平板上的阻力。试求:

(1) 沿平板的流量 q_{v2}、q_{v3};

(2) 射流对平板的作用力。

解 取过流断面 1-1、2-2、3-3 及射流侧表面与平板内壁为控制面构成控制体。选直角坐标系 xOy,O 点置于射流轴

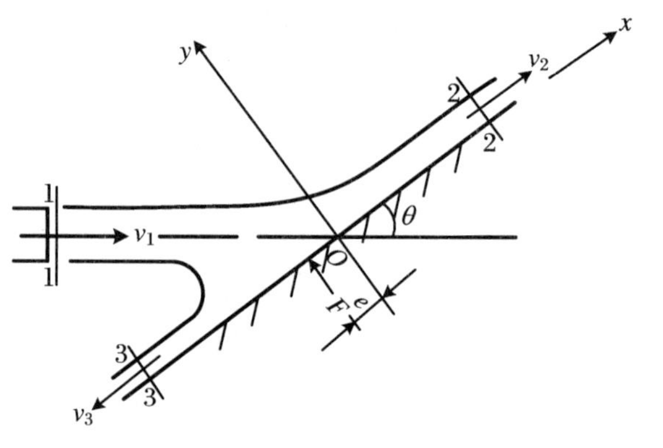

题 4.37 图

线与平板的交点，Oy 轴与平板垂直。

在大气中射流，控制面内各点的压强皆可认为等于大气压（相对压强为零）。因不计水流在平板上的阻力，可知平板对水流的作用力 F 与平板垂直，设 F 的方向与 Oy 轴方向相同。

分别对断面 1－1、2－2 及 1－1、3－3 列伯努利方程，可得 $v_1 = v_2 = v_3$。

（1）求流量 q_{v_2} 和 q_{v_3}：

列 Ox 方向动量方程，作用在控制体内总流上的外力 $\sum F_x = 0$，故

$$\rho q_{v2} v_2 + (-\rho q_{v3} v_3) - \rho q_{v1} v_1 \cos\theta = 0$$

$$q_{v2} - q_{v3} = q_{v1} \cos\theta$$

由连续性方程

$$q_{v2} + q_{v3} = q_{v1}$$

联立解得

$$q_{v2} = \frac{q_{v1}}{2}(1 + \cos\theta)$$

$$q_{v3} = \frac{q_{v1}}{2}(1 - \cos\theta)$$

（2）求射流对平板的作用力 F'：

列 Oy 方向的动量方程：

$$F = 0 - (-\rho q_{v1} v_1 \sin\theta) = \rho q_{v1} v_1 \sin\theta$$

射流对平板的作用力 F' 与 F 大小相等，方向相反，即指向平板。

38. 如图（题 4.38 图）所示，水流过一段转弯变径管，已知小管径 $d_1 = 200$ mm，截面压力 $p_1 = 70$ kPa，大管径 $d_2 = 400$ mm，压力 $p_2 = 40$ kPa，流速 $v_2 = 1$ m/s。两截面中心高度差 $z = 1$ m，求管中流量及水流方向。

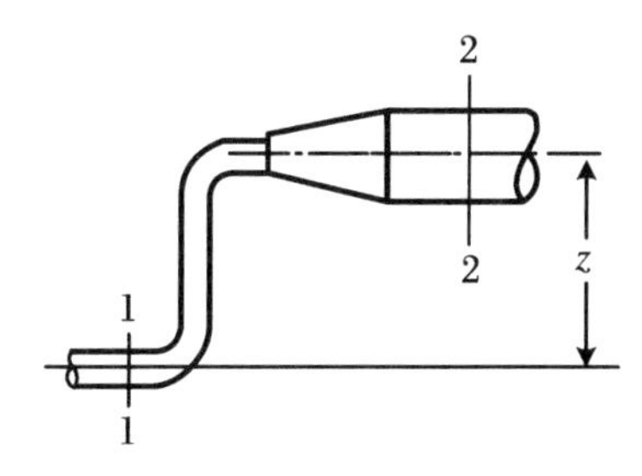

题 4.38 图

解　由题意可知

$$q_v = v_2 A_2 = v_2 \times \frac{1}{4}\pi d_2^2 = 1 \times \frac{1}{4} \times 3.14 \times 0.4^2 = 0.1256\ \text{m}^3/\text{s}$$

$$v_1 = \frac{4q_v}{\pi d_1^2} = \frac{4 \times 0.1256}{3.14 \times 0.2^2} = 3.998\ \text{m/s}$$

取截面 1－1 为基准面，则截面 1－1 机械能：

$$E_1 = \frac{p_1}{\rho g} + \frac{v_1}{2g} = \frac{70 \times 10^3}{1000 \times 9.81} + \frac{3.998^2}{2 \times 9.81} = 7.95\ \text{m}$$

截面 2－2 机械能：

$$E_2 = \frac{p_2}{\rho g} + \frac{v_2}{2g} + z = \frac{40 \times 10^3}{1000 \times 9.81} + \frac{1^2}{2 \times 9.81} + 1 = 5.13\ \text{m}$$

因为 $E_1 > E_2$，所以水流方向为由 1－1 截面到 2－2 截面。

39. 如图（题 4.39 图）所示，装有水泵机动喷水的船逆水航行，水速为 2.0 m/s，相对河岸的船速为 9.5 m/s，水泵从船首进水，从船尾用泵及直径为 $d = 15$ cm 的排水管从后舱排向水中，当推进力 $F = 2.2$ kN 时，试求：

(1) 水泵的排水量 q_v；

(2) 推进装置的效率 η。

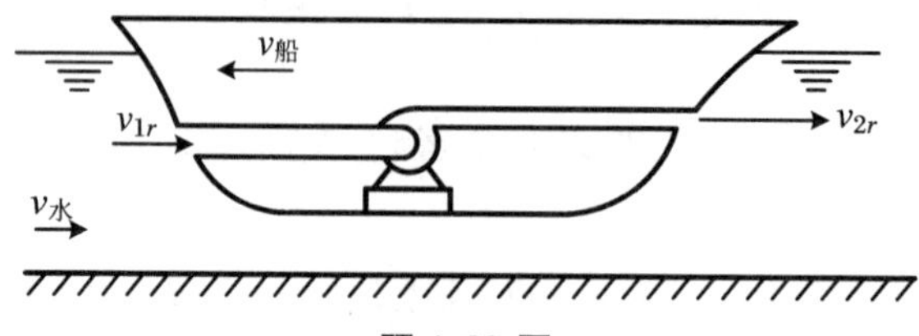

题 4.39 图

解 (1) 选取进水管、排水管两端面及全部内壁轮廓为控制体，设进、出口动量修正系数 $\beta_1=\beta_2=\beta\approx1$；已知进水速度 $v_{1r}=v_{船}+v_{水}=9.5+2=11.5\ \text{m/s}$，设相对船艇的排水速度为 v_{2r}，流体不可压缩，喷水量为 q_v，则由动量方程式有

$$F=\rho q_v(v_{2r}-v_{1r})=\rho q_v\left(\frac{4q_v}{\pi d_2}-v_{1r}\right)$$

或

$$q_v^2-\frac{\pi}{4}d^2v_{1r}q_v-\frac{\pi}{4}d^2\frac{F}{\rho}=0$$

代入已知数据有

$$q_v^2-0.2031q_v-0.0389=0$$

所以

$$q_v=0.3233\ \text{m}^3/\text{s}$$

(2) 求推进装置效率 η：

推进装置输出功率为

$$P_e=Fv_{1r}=\rho q_v(v_{2r}-v_{1r})v_{1r} \tag{1}$$

推进装置输入功率为

$$P=\rho gq_v\frac{v_{2r}^2-v_{1r}^2}{2g}=\rho q_v\frac{v_{2r}^2-v_{1r}^2}{2} \tag{2}$$

推进装置的效率 η 为

$$\eta=\frac{P_e}{P}=\frac{\rho q_v(v_{2r}-v_{1r})v_{1r}}{\rho q_v\dfrac{v_{2r}^2-v_{1r}^2}{2}}=\frac{2v_{1r}}{v_{1r}+v_{2r}} \tag{3}$$

式中，$v_{2r}=\dfrac{q_v}{A_2}=\dfrac{4q_v}{\pi d^2}=\dfrac{4\times0.3233}{3.14\times(0.15)^2}=18.304\ \text{m/s}$，代入 η 表达式，则

$$\eta=\frac{2\times11.5}{11.5+18.304}=0.772=77.2\%$$

从式(1)及式(3)可以看出，当航速 v_{1r} 一定时，适当降低喷水速度 v_{2r}(在喷水船舱体允许的条件下适当加大直径 d)可以提高效率，但推力要受到影响。当 v_{2r} 一定时，适当提高航行速度 v_{1r} 亦可提高效率，但 v_{1r} 提高后，推力减小而船艇阻力增长得更大，因而这种推进装置的应用具有局限性。一般采用增大流量而限低 $v_{2r}-v_{1r}$ 的措施来兼顾推力和效力指标。

上述推进力和效率的矛盾在喷射推进装置(例如喷气发动机、气垫船、螺旋桨、火箭等)

中是带有普遍性的问题。

40. 如图(题 4.40 图)所示为一喷嘴水平射出一束水流,冲击到直立的平板上。由于射流速度高,重力的影响甚微,可视冲击到平板上的射流将平行于平板向四周均匀射出。已知喷嘴出口的直径 $d=100$ mm,喷嘴出口的射流速度 $v_0=20$ m/s,试求射流对平板的冲击力。

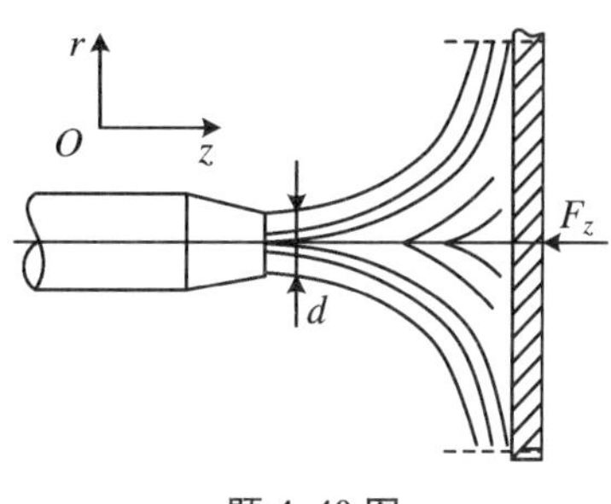

题 4.40 图

解　选取射流的自由表面、虚线表示的圆柱面、喷嘴出口截面和虚线内的平板壁面所包围的体积为控制体,建立图示的坐标系。设平板对该部分流体的作用力为 F_z,则由动量方程得

$$\rho v_0\times\frac{\pi}{4}d^2(0-v_0)=-F_z$$

$$F_z=\rho v_0^2\times\frac{\pi}{4}d^2=1000\times 20^2\times\frac{\pi}{4}\times 0.1^2=3142\ \text{N}$$

F_z 的反力即为流体对平板的冲击力。

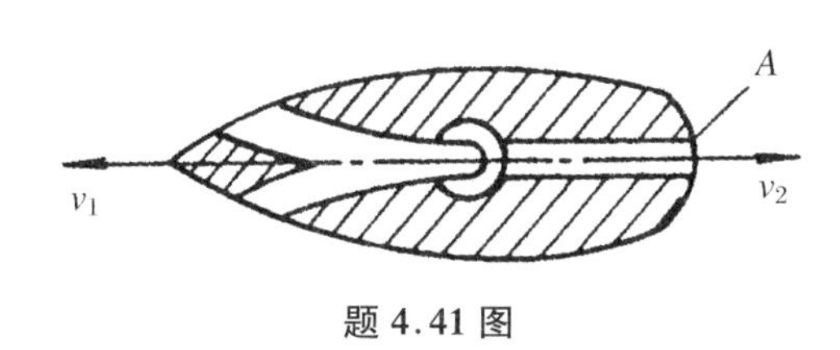

题 4.41 图

41. 如图(题 4.41 图)所示,喷嘴推进船航行速度 $v_1=54$ km/h,推进力 $F=4000$ N,出口面积 $A=0.02\ \text{m}^2$,试求射流出口的速度 v_2 及推进装置的效率 η。

解　取船轮廓内液体为控制体,沿水平方向列动量方程:$F=\rho q_v(v_2-v_1)$,$q_v=Av_2$,则

$$F=\rho Av_2(v_2-v_1)=\rho A(v_2^2-v_1v_2)$$

$$4000=0.02\times 1000\left(v_2^2-54\times\frac{1}{3.6}v_2\right)$$

化简为:$v_2^2-15v_2=200$,解得 $v_2=23.5$ m/s,可得:

船有效功率

$$P_2=Fv_1$$

船输入功率

$$P_1=\rho gHq_v=\rho gq_v\frac{v_2^2}{2g}=\rho q_v\frac{v_2^2}{2}$$

推进装置效率

$$\eta=\frac{P_2}{P_1}=\frac{2Fv_1}{\rho q_v v_2^2}=\frac{2v_1(v_2-v_1)}{v_2^2}=0.462$$

42. 如图(题 4.42 图)所示,一水平喷射的消防水龙头。已知喷嘴进口截面直径 $d_1=10$ cm,计示压强 $p_{1e}=7\times 10^5$ Pa,出口截面直径 $d_2=4$ cm,体积流量 $q_v=186\ \text{m}^3/\text{h}$。设进、出口截面流动参数分布均匀,试求作用于喷嘴的水平力。

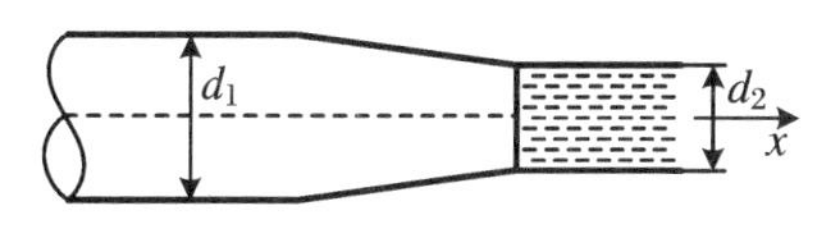

题 4.42 图

解　选取喷嘴壁及其进、出口截面内的体积为控制体,坐标轴 x 向右。由已知流量可计算出喷嘴进、出口截面上的流速

$$v_{1x} = \frac{4q_v}{\pi d_1^2} = \frac{4}{\pi \times 0.1^2} \times \frac{186}{3600} = 6.578 \text{ m/s}$$

$$v_{2x} = \frac{4q_v}{\pi d_2^2} = \frac{4}{\pi \times 0.04^2} \times \frac{186}{3600} = 41.120 \text{ m/s}$$

整个消防水龙头处于大气环境中，其压强项可用计示压强，而出口截面流体的计示压强为零。如果喷嘴壁面作用在控制体内流体上的合力在 x 轴上的投影为 F_x，则由动量方程得

$$\rho q_v (v_{2x} - v_{1x}) = F_x + p_{1e} \times \pi d_1^2/4$$

$$F_x = 1000 \times \frac{186}{3600} \times (41.120 - 6.578) - 7 \times 10^5 \times \frac{\pi}{4} \times 0.1^2 = -3713 \text{ N}$$

负号说明，喷嘴作用于流体的水平力的方向与 x 轴的方向相反。流体反作用于喷嘴的水平力

$$F_x' = -F_x = 3713 \text{ N}$$

与 x 轴同向。

43. 如图(题 4.43 图)所示，边长 $b = 30$ cm 的正方形铁板闸门，上边铰链连接于 O，其重力为 $W = 117.7$ N，水射流直径 $d = 2$ cm 的中心线通过闸板中心 C，射流速度 $v = 15$ m/s。问：

(1) 为使闸门保持垂直位置，在其下边应加多大的 F 力？

(2) 撤销 F 力后，闸门倾斜角是多少？忽略铰链摩擦。

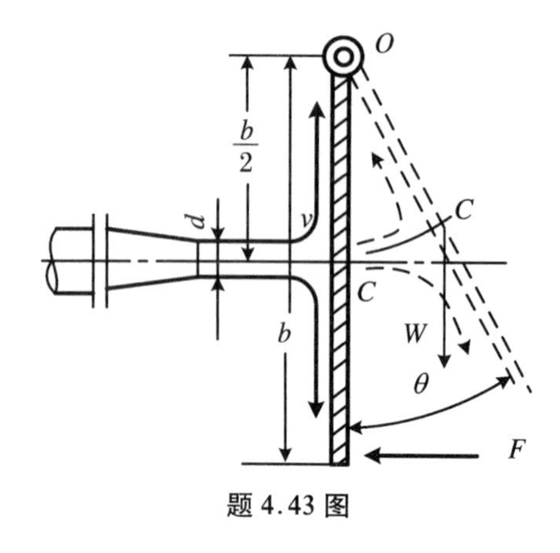

题 4.43 图

解 (1) 射流对闸门作用力 $F' = \rho q_v v$。

$$F' = \rho \cdot \frac{\pi}{4} d^2 v^2 = 10^3 \times \frac{\pi}{4} \times 0.02^2 \times 15^2 = 70.686 \text{ N}$$

闸门在垂直位置平衡时，$F'\frac{b}{2} = Fb$，代入已知参数 $b = 30$ cm，得

$$F = \frac{1}{2} F' = 35.343 \text{ N}$$

(2) 闸门在倾斜位置平衡时，$F'\frac{b}{2} = W \cdot \frac{b}{2} \sin\theta$，故

$$\theta = \arcsin\frac{F'}{W} = \arcsin\frac{70.686}{117.7} = 36.91^\circ$$

44. 如图(题 4.44 图)所示为水平放置的 90°渐缩弯管，已知入口处管径 $d_1 = 15$ cm，水流平均流速 $v_{1x} = 2.5$ m/s，计示压强 $p_{1e} = 6.86 \times 10^4$ Pa，出口处管径 $d_2 = 7.5$ cm，计示压强 $p_{2e} = 2.17 \times 10^4$ Pa。试求支撑弯管所需的水平力。

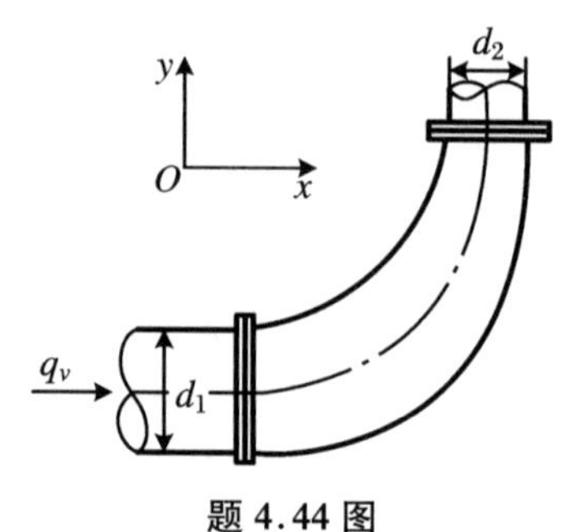

题 4.44 图

解 选取弯管壁面和进、出口截面内的体积为控制体，建立图示坐标系。由连续方程式得出口处的平均流速

$$v_{2y} = v_{1x}(A_1/A_2) = 2.5 \times (0.15/0.075)^2 = 10 \text{ m/s}$$

设弯管作用在控制体内流体上的水平力为 F，其在 x、y

轴上的投影为 F_x、F_y；同样，这里压强项可用计示压强，故由动量方程得

$$\rho v_{1x} \times \frac{\pi}{4} d_1^2 (0 - v_{1x}) = F_x + p_{1e} \times \frac{\pi}{4} d_1^2$$

$$\rho v_{1x} \times \frac{\pi}{4} d_1^2 (v_{2y} - 0) = F_y - p_{2e} \times \frac{\pi}{4} d_2^2$$

$$F_x = -\frac{\pi}{4} d_1^2 (p_{1e} + \rho v_{1x}^2) = -\frac{\pi}{4} \times 0.15^2 \times (6.86 \times 10^4 + 1000 \times 2.5^2) = -1323\ \mathrm{N}$$

$$F_y = \frac{\pi}{4} d_2^2 (p_{2e} + \rho v_{2y}^2) = \frac{\pi}{4} \times 0.075^2 \times (2.17 \times 10^4 + 1000 \times 10^2) = 537.7\ \mathrm{N}$$

$$F = \sqrt{F_x^2 + F_y^2} = \sqrt{1323^2 + 537.7^2} = 1428\ \mathrm{N}$$

这也是支撑弯管所需的水平力。

45. 如图(题 4.45 图)所示，空气从炉膛入口进入，在炉膛内与燃料燃烧后变成烟气，烟气通过烟道经烟囱排放到大气中，如果烟气密度为 $0.6\ \mathrm{kg/m^3}$，烟道内压力损失为 $8\rho v^2/2$，烟囱内压力损失为 $26\rho v^2/2$，求烟囱出口处的烟气速度 v 和烟道与烟囱底部接头处的烟气静压 p。其中，炉膛入口标高为 0 m，烟道与烟囱接头处标高为 5 m，烟囱出口标高为 40 m，空气密度为 $\rho = 1.2\ \mathrm{kg/m^3}$。

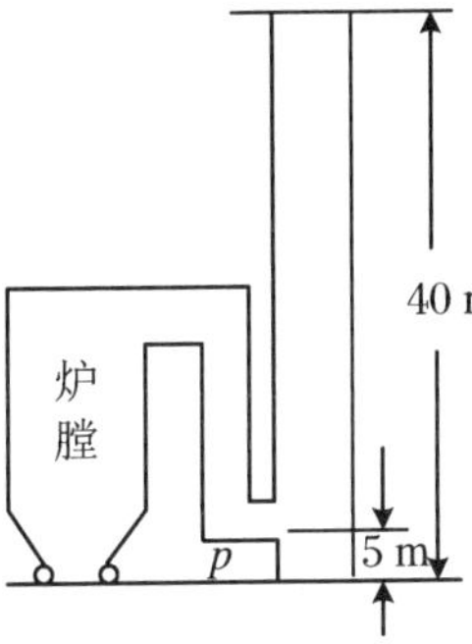

题 4.45 图

解　(1) 列炉膛入口截面 1 和烟囱出口截面 2 的伯努利方程：

$$p_1 + \frac{\rho v_1^2}{2} + \rho g z_1 = p_2 + \frac{\rho v_2^2}{2} + \rho g z_2 + p_w$$

其中，$v_1 = 0, v_2 = v, p_1 = p_a, p_2 = p_a - \rho_a g(z_2 - z_1)$，整理得

$$(\rho_a - \rho) g z_2 = \frac{\rho v^2}{2} + 8\frac{\rho v^2}{2} + 26\frac{\rho v^2}{2}$$

则

$$\frac{\rho v^2}{2} = 6.725\ \mathrm{N/m^2}$$

即得烟囱出口烟气速度

$$v = \sqrt{\frac{2 \times 6.725}{0.6}} = 4.735\ \mathrm{m/s}$$

(2) 列烟道出口和烟囱出口能量方程式，得

$$p + (1.2 - 0.6) \times 9.81 \times (40 - 5) + \frac{\rho v^2}{2} = \frac{\rho v^2}{2} + 26\frac{\rho v^2}{2}$$

解得

$$p = -31.1\ \mathrm{Pa}$$

46. 如图(题 4.46 图)所示，水射流直径 $d = 4\ \mathrm{cm}$，速度 $v = 20\ \mathrm{m/s}$，平板法线与射流方向的夹角 $\theta = 30^\circ$，平板沿其法线方向运动速度 $v' = 8\ \mathrm{m/s}$，试求作用在平板法线方向上的力 F。

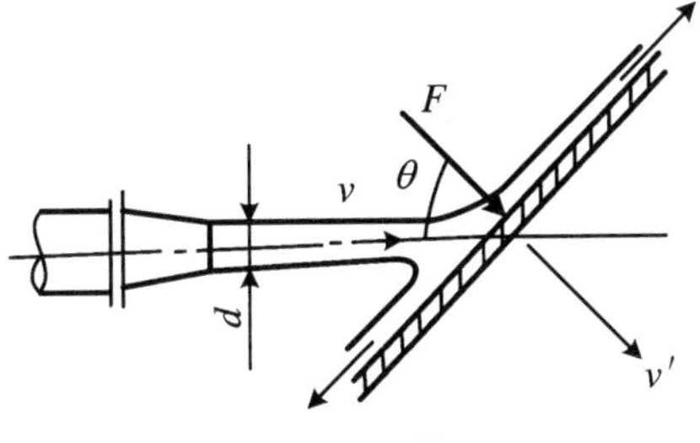

题 4.46 图

解　假定射流到平板上不飞溅，取左面直径为

d 的流束在平板上所投影的一个倾斜面积 A 作为控制面，这控制面与 v' 的方向，亦即与平板法线方向成垂直，大小为 $A=\frac{\pi}{4}d^2/\cos\theta$，沿控制面的周界并垂直于平板和紧贴于平板划出一个流体控制体。平板对流体控制体的作用力是 $-F$，流入控制面 $\frac{\pi}{4}d^2\frac{1}{\cos\theta}$ 的流量应当用面积 A 乘以与 A 互相垂直的、沿 v' 方向上的相对速度 $v\cos\theta-v'$ 来表达，即

$$q_v=(v\cos\theta-v')\frac{\frac{\pi}{4}d^2}{\cos\theta}$$

流体流入控制的速度是 $v\cos\theta$，离开控制体的速度是 v'。于是按 v' 方向上的动量定理：

$$\sum F_{v'}=\rho q_v(v'_2-v'_1)$$

可得 $-F=\rho q_v(v'-v\cos\theta)$，将 $q_v=(v\cos\theta-v')\frac{\pi}{4}d^2/\cos\theta$ 代入，则

$$-F=\rho(v\cos\theta-v')\frac{\frac{\pi}{4}d^2}{\cos\theta}(v'-v\cos\theta)$$

流体作用在平板法线方向上的力是

$$F=\rho\frac{\pi}{4}d^2\frac{(v\cos\theta-v')^2}{\cos\theta}$$

代入数值，则

$$F=1000\times\frac{\pi}{4}\times0.04^2\times\frac{(20\times0.866-8)^2}{0.866}=125.96\ \text{N}$$

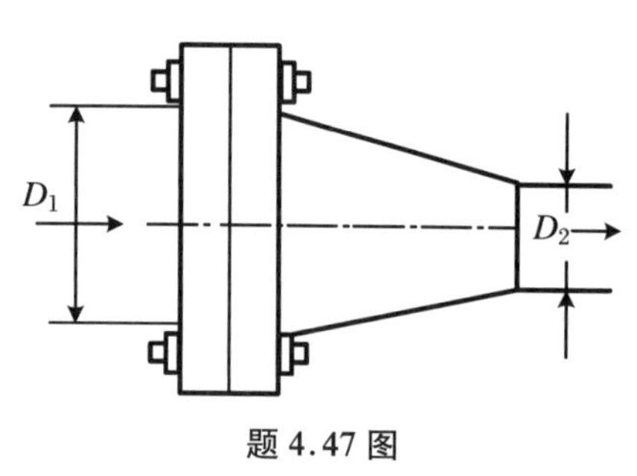

题 4.47 图

47. 如图(题 4.47 图)所示，有一水平喷嘴，$D_1=200$ mm 和 $D_2=100$ mm，喷嘴进口水的绝对压强为 345 kPa，出口为大气，$p_a=103.4$ kPa，出口水速为 22 m/s。求固定喷嘴法兰螺栓上所受的力为多少？假定为不可压缩定常流动，忽略摩擦损失。

解 螺栓上所受的力等于水对喷嘴的作用力，与喷嘴对水的作用力大小相等方向相反，设喷嘴对水的作用力为 F，取喷嘴入口、出口和喷嘴壁面为控制面，列控制体内水的动量方程：

$$\rho q_v(v_2-v_1)=p_1A_1-p_2A_2+F$$

又由连续性方程

$$q_v=v_1A_1=v_2A_2$$

联立两式，解得

$$F=-7171.76\ \text{N}$$

则螺栓上所受的力为 7171.76 N。

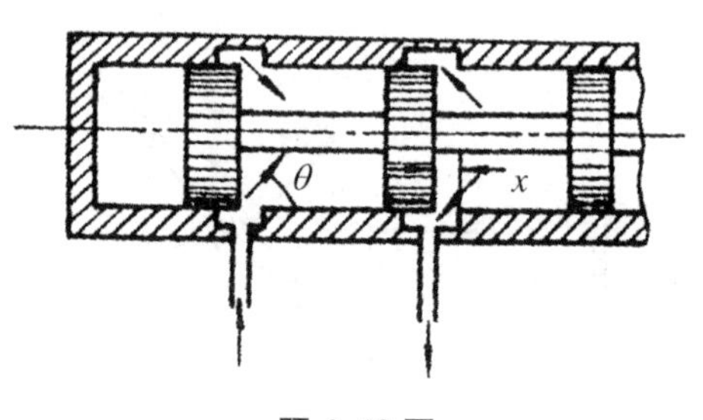

题 4.48 图

48. 如图(题 4.48 图)所示，换向阀直径 $d=30$ mm，开口量 $x=2$ mm，液流方向角 $\theta=69^\circ$，油液密度 $\rho=900\ \text{kg/m}^3$，流量 $q_v=100$ L/min，试求作用在换向阀上的轴向力。

解 取入口与出口之间的两阀腔中间的流

体为控制体。速度 v 的径向分量是 $v\sin\theta$，与此径向分速度相垂直的过流面积是 $x\pi d$，因而流量可表达为

$$q_v = v\sin\theta \cdot x\pi d$$

由此得

$$v = \frac{q_v}{x\pi d\sin\theta} \tag{1}$$

沿轴向列动量方程，并以 $-F$ 表示滑阀作用在控制体上的轴向力，则

$$-F = \rho q_v(-v\cos\theta - v\cos\theta)$$

等式右端第一个 $v\cos\theta$ 是流出控制体的轴向速度，方向向左，为负号；第二个 $v\cos\theta$ 是流入控制体的轴向速度，方向向右，为正，它前面的"-"是表示二者之差，是动量方程式本身所固有的差值符号。

于是流体对滑阀的轴向作用力

$$F = 2\rho q_v v\cos\theta \tag{2}$$

将式(1)代入式(2)，则

$$F = 2\rho q_v^2 \frac{\cos\theta}{x\pi d\sin\theta} = 2\times 900\times\left(\frac{0.1}{60}\right)^2\times\frac{\cos 69^\circ}{0.002\times\pi\times 0.03\times\sin 69^\circ} = 10.18\ \mathrm{N}$$

F 方向向右。

49. 如图(题 4.49 图)所示，离心式鼓风机叶轮内径 $d_1 = 12.5$ cm，外径 $d_2 = 30$ cm，叶轮流道宽度 $B = 2.5$ cm，叶轮转速 $n = 1725$ r/min，流量 $q_v = 372\ \mathrm{m^3/h}$，入口温度 $t_1 = 20$ ℃，入口绝对压强 $p_1 = 97000$ Pa。用 α_1，α_2 表示气流的入口与出口的气流方向角(即绝对速度 v 与牵连速度 u 之间的夹角)，用 β_1，β_2 表示入口与出口的叶片安装角(即相对速度 w 与切线之间的锐角)。已知：$\alpha_1 = 90^\circ$，$\beta_2 = 30^\circ$，气流按不可压缩流体计算。试求：

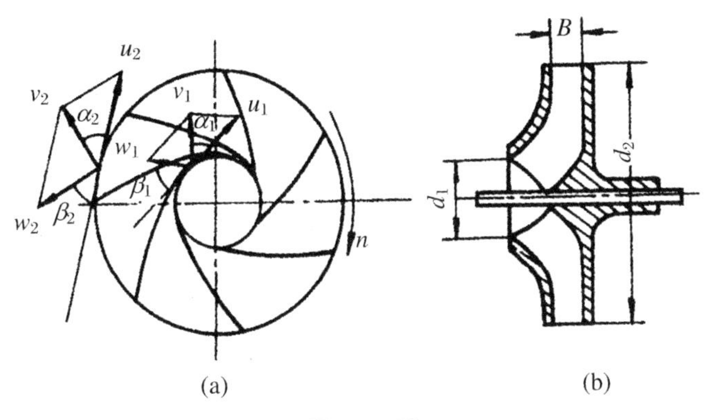

题 4.49 图

(1) 入口气流速度 v_1 与入口安装角 β_1；
(2) 出口气流速度 v_2 与出口气流角 α_2；
(3) 叶轮机的扭矩和功率。

解　(1) 根据叶轮入口和出口速度三角形可得

$$u_1 = r_1\omega = r_1\frac{2\pi n}{60} = \frac{0.0625\times 2\pi\times 1725}{60} = 11.29\ \mathrm{m/s}$$

$$v_1 = \frac{q_v}{\pi d_1 B} = \frac{372}{3600\times\pi\times 0.125\times 0.025} = 10.50\ \mathrm{m/s}$$

$$\beta_1 = \arctan\frac{v_1}{u_1} = \arctan\frac{10.5}{11.29} = 43^\circ$$

(2)

$$u_2 = r_2\omega = r_2\frac{2\pi n}{60} = \frac{\pi d_2 n}{60} = \frac{\pi\times 0.3\times 1725}{60} = 27.10\ \text{m/s}$$

$$v_{2n} = \frac{q_v}{A_2} = \frac{372}{3600\times\pi d_2 B} = \frac{372}{3600\times\pi\times 0.3\times 0.025} = 4.38\ \text{m/s}$$

$$v_{2\tau} = u_2 - v_{2n}\cot\beta_2 = 27 - 4.38\times\cot 30^\circ = 19.40\ \text{m/s}$$

$$v_2 = \sqrt{v_{2n}^2 + v_{2\tau}^2} = \sqrt{4.38^2 + 19.4^2} = 19.89\ \text{m/s}$$

$$\cos\alpha_2 = \frac{v_{2\tau}}{v_2} = \frac{19.40}{19.89} = 0.97,\ \alpha_2 = 14^\circ$$

(3) 由气体状态方程,可求出气体密度为:

$$\rho = \frac{p}{R_g T} = \frac{97000}{287\times(273+20)} = 1.1535\ \text{kg/m}^3$$

扭矩

$$T = \rho q_v(r_2 v_2\cos\alpha_2 - r_1 v_1\cos\alpha_1) = 1.1535\times\frac{372}{3600}(0.15\times 20\times 0.97 - 0) = 0.347\ \text{N}\cdot\text{m}$$

功率

$$P = T\omega = 0.347\times\frac{\pi n}{30} = 0.347\times\frac{\pi\times 1725}{30} = 62.66\ \text{W}$$

50. 如图(题4.50图)所示,斜板与自由射流方向之间的夹角为 α,二维来流宽度为 a,方向水平速度为 v_0,冲击到斜板上分成两股,沿板面流去,一股宽为 a_1,另一股为 a_2。设平板在水平面内,当分股后流动恢复均匀时,不考虑损失。试求:

(1) 流量 q_{v1} 和 q_{v2} 与 q_{v0} 的关系;

(2) 射流对平板作用力 F;冲击力 F 的作用点。

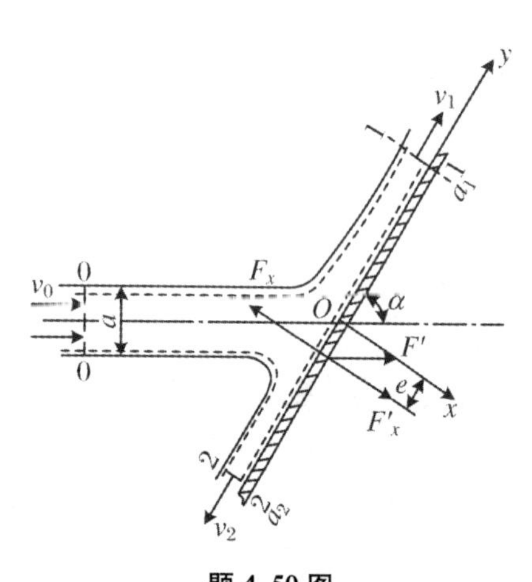

题 4.50 图

解 取如图中虚线所示为控制体,选择 xOy 坐标系。

(1) 求 q_{v1},q_{v2} 与 q_{v0} 的关系。因为 0-0,1-1,2-2三截面位于同一水平面上,处在相同大气压强中,且不考虑损失,由伯努利能量方程可得

$$v_0 = v_1 = v_2$$

列 y 轴方向的动量方程,有

$$\rho v_1^2 a_1 + \rho v_2^2 a_2 - \rho v_0^2 a\cos\alpha = 0$$

即

$$a_1 - a_2 = a\cos\alpha \tag{1}$$

由连续性方程

$$\rho v_1 a_1 + \rho v_2 a_2 = \rho v_0 a$$

即

$$a_1 + a_2 = a \tag{2}$$

联立式(1)和式(2),得

$$a_1 = \frac{1+\cos\alpha}{2}a,\quad a_2 = \frac{1-\cos\alpha}{2}a$$

所以流量比为

$$\frac{q_{v1}}{q_{v2}} = \frac{a_1}{a_2} = \frac{1+\cos\alpha}{1-\cos\alpha}$$

(2) 求射流对斜板的冲击力 F'_x。首先求斜板对射流的作用力 F_x,列 x 轴方向的动量方程,有

$$\sum F = F_x = [(0-0) - \rho v_0^2 a\sin\alpha]$$

即斜板对射流的作用为

$$F_x = -\rho v_0^2 a\sin\alpha$$

射流对斜板的作用为

$$F'_x = -F_x = \rho v_0^2 a\sin\alpha$$

而在水平方向(来流方向的)冲击力为

$$F' = F'_x\sin\alpha = \rho v_0^2 a\sin^2\alpha$$

(3) 求合力 F_x 的作用点(即压力中心)。设合力 F_x 的作用点至来流中心线与斜板交点 O 的距离为 e。对 O 点列动量矩方程有

$$F_x\cdot e = \left[\left(\rho v_2^2 a_2\cdot\frac{a_2}{2} - \rho v_1^2 a_1\cdot\frac{a_1}{2}\right) - \rho v_0^2 a\cdot 0\right] - F_x\cdot e = \frac{\rho}{2}(v_2^2a_2^2 - v_1^2a_1^2)$$

把 F_x 值代入并整理得

$$e = \frac{a}{2}\cot\alpha$$

注意:在列动量矩方程时,其合力矩仍然是作用在控制体内流体上的合力矩,即动量矩方程应与动量方程式受力对象一致。

51. 如图(题 4.51 图)所示为水平放置的双臂式洒水器,水自转轴处的竖管流进,经左、右臂由短喷嘴 a、b 流出。已知喷嘴的出口截面面积 $A_a = A_b = A = 1\ \text{cm}^2$,体积流量 $q_{va} = q_{vb} = q_v = 2.8\times10^{-4}\ \text{m}^3/\text{s}$,臂长 $r_a = 0.3\ \text{m}$,$r_b = 0.2\ \text{m}$。若忽略损失,试求洒水器的转速和喷嘴出口水流的绝对速度。

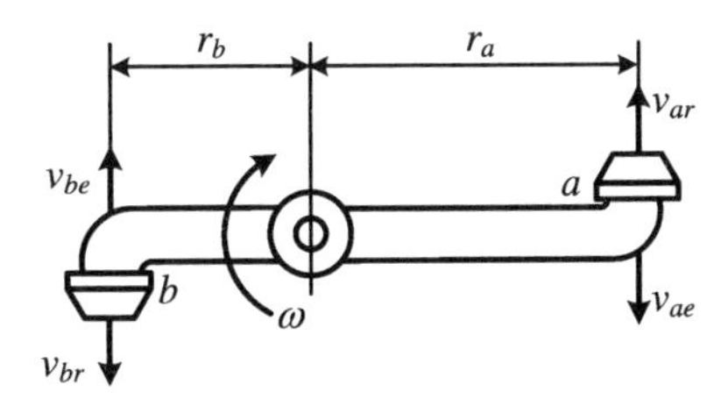

题 4.51 图

解　选取洒水器转臂壁面和二喷嘴出口截面内的体积为控制体,圆柱坐标系固连于洒水器,Oz 轴垂直图面向外,切向与相对速度同向。设洒水器的定常转速为 ω。由于水相对于旋转坐标系的流动是定常的,动量矩方程左端第一项为零;转臂进口的流速水平向外,对转轴的合动量矩也为零;故经过控制面动量矩的净通量矢量为

$$\iint_A r\times v_r\rho v_{rn}\,\mathrm{d}A = \iint_{A_a} r\times v_r\rho v_{rn}\,\mathrm{d}A + \iint_{A_b} r\times v_r\rho v_{rn}\,\mathrm{d}A = \rho q_v(r_a v_{ar} + r_b v_{br})k \tag{1}$$

作用在控制体内流体上的重力与转轴平行,没有力矩;离心惯性力通过转轴,没有力矩;作用在转臂进口截面的压强左右对称,出口截面的计示压强为零,它们的合力矩为零;科氏惯性力对转轴的合力矩矢量为:

$$-2\iiint_{CV} r\times(\omega\times v_r)\rho \mathrm{d}V = 2\rho\omega\iiint_{CV} r v_r \mathrm{d}Vk = 2\rho\omega q_v\left(\int_0^{r_a} r\mathrm{d}r + \int_0^{r_b} r\mathrm{d}r\right)k$$

$$= \rho q_v(r_a^2 + r_b^2)\omega k \qquad (2)$$

将式(1)、式(2)代入动量矩方程,得

$$\omega = \frac{r_a v_{ar} + r_b v_{br}}{r_a^2 + r_b^2} = \frac{r_a + r_b}{r_a^2 + r_b^2}\frac{q_v}{A} = \frac{0.3 + 0.2}{0.3^2 + 0.2^2}\times\frac{2.8\times 10^{-4}}{10^{-4}} = 10.77\ \mathrm{rad/s}$$

喷嘴出口水流的绝对速度

$$v_a = v_{ar} + (-v_{ae}) = v_{ar} - r_a\omega = 2.8 - 0.31\times 0.77 = -0.431\ \mathrm{m/s}$$

$$v_b = v_{br} + (-v_{be}) = v_{br} - r_b\omega = 2.8 - 0.2\times 10.77 = 0.646\ \mathrm{m/s}$$

52. 如图(题 4.52 图)所示,气体混合室进口高度为 $2B$,出口高度为 $2b$,进、出口气压都等于大气压,进口的速度 v_0 和 $2v_0$ 各占高度为 B,出口速度分布为

$$v = v_m\left(1 - \frac{|y|}{b}\right)^{0.2}$$

气体密度为 ρ,试求气流给混合室壁面的作用力。

解 利用连续性方程求出口轴线上的速度 v_m:

$$2\int_0^b v_m\left(1 - \frac{y}{b}\right)^{0.2}\mathrm{d}y = v_0 B + 2v_0 B$$

$$v_m = 1.8\frac{B}{b}v_0$$

用动量方程求合力 F:

$$-F = 2\int_0^b \rho v^2\mathrm{d}y - \rho v_0^2 B - \rho(2v_0)^2 B$$

$$F = 5\rho v_0^2 B - 2\rho v_m^2\int_0^b\left(1 - \frac{y}{b}\right)^{0.4}\mathrm{d}y = \left(5 - 4.629\frac{B}{b}\right)\rho v_0^2 B$$

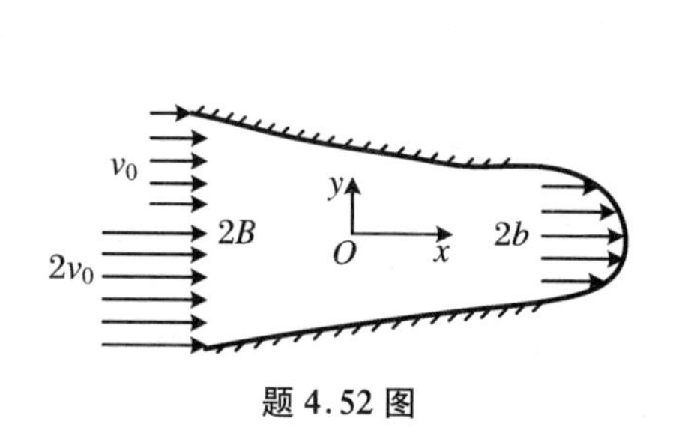

题 4.52 图

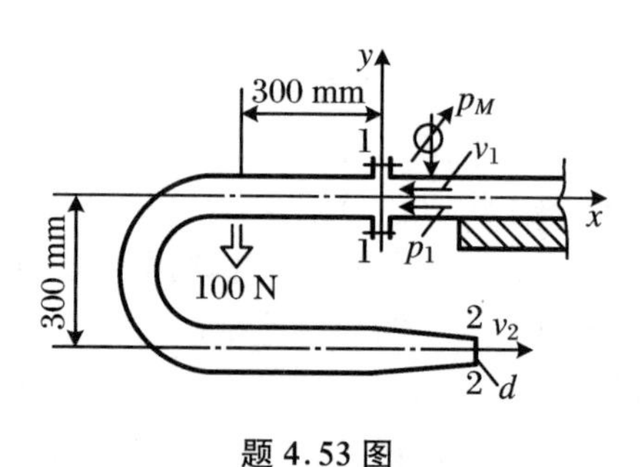

题 4.53 图

53. 如图(题 4.53 图)所示,水流经 180°弯管自喷嘴流出,如管径 $D = 75$ mm,喷嘴直径 $d = 25$ mm,管端前端的测压表读数 $p_M = 60\ \mathrm{kN/m^2}$,求法兰上、中、下螺栓的受力情况。法兰上、中、下前后共四个螺栓,中心距离为 150 mm,弯管喷嘴和其内水重共 100 N,作用位置如图。

解 (1) 此题是以动量方程式为主,连续性方程、能量方程、动量矩方程等综合应用问题。首先由动量方程,弯管对流体的作用力 F_x,F_y 为

$$F_x = (p_2 + \rho v_2^2)A_2\sin\alpha_2 - (p_1 + \rho v_1^2)A_1\cos\alpha_1$$

$$F_y = (p_1 + \rho v_1^2)A_1\sin\alpha_1 - (p_2 + \rho v_2^2)A_2\cos\alpha_2$$

式中，$\alpha_2 = 90^\circ$，$\alpha_1 = 180^\circ$，$p_2 = 0$，所以有

$$F_x = (0 + \rho v_2^2)A_2 - (p_1 + \rho v_1^2)(-A_1) = \rho v_2^2 A_2 + (p_1 + \rho v_1^2)A_1 \tag{1}$$

$$F_y = 0$$

由能量方程和连续性方程求 v_1, v_2。

列1-1,1-2断面能量方程(以喷嘴轴线为基准)：

$$z_1 + \frac{p_1}{\rho g} + \frac{v_1^2}{2g} = z_2 + \frac{p_2}{\rho g} + \frac{v_2^2}{2g}$$

$$\frac{v_2^2 - v_1^2}{2g} = z + \frac{p_1}{\rho g} \tag{2}$$

由连续性方程

$$v_1 A_1 = v_2 A_2 \Rightarrow v_1 = v_2\left(\frac{d_2}{d_1}\right)^2$$

$$\frac{v_2^2}{2g}\left[1 - \left(\frac{d_2}{d_1}\right)^4\right] = z_1 + \frac{p_1}{\rho g} \tag{3}$$

代入已知数据解得

$$v_2 = 11.29\ \text{m/s},\quad v_1 = v_2\left(\frac{d_2}{d_1}\right)^2 = 1.255\ \text{m/s}$$

代入式(1)有

$$F_x = 1000 \cdot (11.29)^2 \cdot \frac{\pi}{4}(0.025)^2 + [60 \times 10^3 + 1000 \cdot (1.255)^2] \cdot \frac{\pi}{4} \cdot (0.075)^2$$

$$= 334.43\ \text{N}$$

流体对法兰螺栓的作用力 $F'_x = -F_x = -334.43$ N 方向向左，对螺栓来说是拉力，故每个螺栓受拉力为

$$F = \frac{F'_x}{4} = \frac{334.43}{4} = 83.60\ \text{N}$$

(2) 求动量矩变化对螺栓受力影响。因为弯管喷嘴及水的重量 W 和动量推力所产生的力矩也要由螺栓来承担，现以过法兰螺栓端面1-1垂直纸面的轴心 z 轴为轴，列出动量矩方程。

$$\sum T_z = \rho q_v[(v_{2x}y_2 - v_{2y}x_2) - (v_{1x}y_1 - v_{1y}x_1)]$$

式中 $v_{2y} \cdot x_2 = 0$；v_{1x} 通过中心，所以 $v_{1x} \cdot y_1 = 0$；$v_{1y} \cdot x_1 = 0$；$\sum T_z = T + W \cdot x_2$ 故有

$$T + Wx_2 = \rho v_{2x}^2 A_2 \cdot y_2$$

$$T = \rho v_{2x}^2 A_2 \cdot y_2 - Wx_2 = 1000 \cdot (11.29)^2 \cdot \frac{\pi}{4} \cdot (0.025^2) \times 0.3 - 100 \times 0.3$$

$$= -11.24\ \text{N} \cdot \text{m}$$

$T = -11.24$ N·m 是顺时针的力矩，对中心矩为0.150 m的上、中、下螺栓来说相当于顺时针的力偶矩，对上螺栓起压力作用，对下螺栓起拉的作用，对中间螺栓无影响。由力偶矩产生的力为

$$F'l = T \Rightarrow F' = \frac{T}{l} = \frac{-11.24}{0.15} = -74.93\ \text{N}$$

所以，对上、中、下螺栓有

$$F_{上} = F + F' = 83.6 - 74.93 = 8.67\ \text{N}$$
$$F_{中} = F = 83.6\ \text{N}$$
$$F_{下} = F - F' = 83.6 + 74.93 = 158.53\ \text{N}$$

结论:从此例题的计算结果可以看出,应用动量方程、动量矩方程解决工程系统结构强度计算时,应确定承受流体作用力最大的位置或部件,来设计系统的结构强度才是安全的。这类问题,在实际工程中常常遇到,应引起重视。

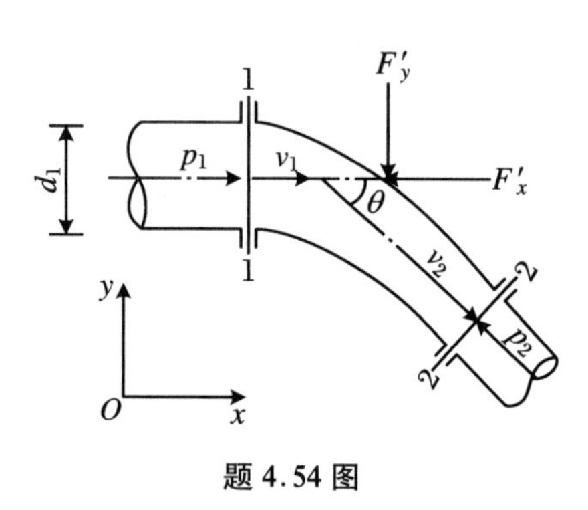

题 4.54 图

54. 如图(题 4.54 图)所示水平设置的输水弯管,转角 $\theta = 60^\circ$,直径由 $d_1 = 200$ mm 变为 $d_2 = 150$ mm。已知转弯前断面压强 $p_1 = 18\ \text{kN/m}^2$(相对压强),输水流量 $q_v = 0.1\ \text{m}^3/\text{s}$,不计水头损失,试求水流对弯管作用力的大小。

解 在转弯段取过流断面 1-1、2-2 及管壁所围成的空间为控制体。选直角坐标系 xOy。令 Ox 轴与 v_1 方向一致。

分析作用在控制体内水流上的力,包括:过流断面上的动水压力 F_1、F_2;重力 W 在 xOy 面无分量;弯管对水流的作用力 F'(压力与切力的合力),此力在要列的方程中是待求量,假定分量 F'_x,F'_y 的方向,如计算得正值表示假定方向正确,如得负值表示力的实际方向与假定方向相反。

列总流动量方程 x、y 轴方向的投影式:

$$F_1 - F_2\cos 60^\circ - F'_x = \rho q_v(v_2\cos 60^\circ - v_1)$$
$$F_2\sin 60^\circ - F'_y = \rho q_v(-v_2\sin 60^\circ)$$

其中,$F_1 = p_1A_1 = 0.565$ kN,列 1-1、2-2 断面的伯努利方程,忽略水头损失,有

$$\frac{p_1}{\rho g} + \frac{v_1^2}{2g} = \frac{p_2}{\rho g} + \frac{v_2^2}{2g}$$

$$p_2 = p_1 + \frac{v_1^2 - v_2^2}{2}\rho = 7.043\ \text{kN/m}^2$$

$$F_2 = p_2A_2 = 0.124\ \text{kN}$$

$$v_1 = \frac{4q_v}{\pi d_1^2} = 3.185\ \text{m/s}$$

$$v_2 = \frac{4q_v}{\pi d_2^2} = 5.660\ \text{m/s}$$

将各量代入总流动量方程,解得

$$F'_x = 0.538\ \text{kN},\quad F'_y = 0.597\ \text{kN}$$

水流对弯管的作用力与弯管对水流的作用力,大小相等方向相反,即

$$F_x = 0.538\ \text{kN},\quad 方向沿\ Ox\ 方向$$
$$F_y = 0.597\ \text{kN},\quad 方向沿\ Oy\ 方向$$

55. 如图[题 4.55 图(a)]所示,水流从有压喷嘴中水平射向一相距不远的静止铅垂挡板,水流随即在挡板向四周散开,试求射流对挡板的冲击力 F。

解 从有压喷嘴或孔口射入大气的一股流束称为自由射流,其特点是流束上的流体

均为大气压。自由射流的流速可按伯努利方程计算，射流对挡板的冲击力可按动量方程计算。

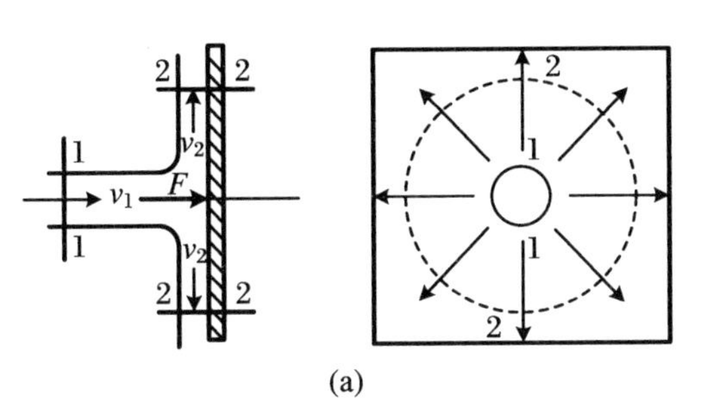

(a)

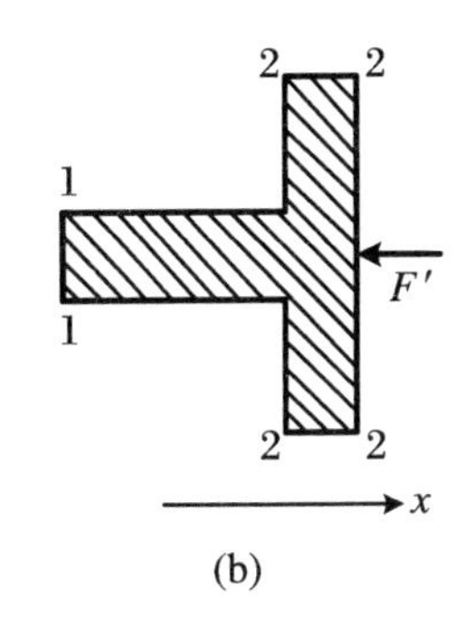

(b)

题4.55图

取射流转向前的断面为1-1和射流完全转向后的断面2-2(注意2-2断面是一个圆柱面，它应截取全部散射水流)以及液流边界所包围的封闭曲面为控制体，如题4.55图(b)所示。

流入与流出控制体的流速以及作用在控制体上的外力分别示于(a)和(b)图，其中F'是挡板对射流的作用力，即为所求射流对挡板的冲击力的反作用力。控制体四周大气压强的作用相互抵消，同时，射流方向水平，重力可以不考虑。

若略去液流运动的机械能损失，则由定常总流的伯努利方程可得$v_1=v_2$。

取x方向如(b)图所示，则定常总流的动量方程在x方向的投影为$-F'=\rho q_v(0-v_1)$，故

$$F'=\rho q_v v_1$$

式中，q_v为射流流量。射流对挡板的冲击力F和F'大小相等，方向相反。

56. 如图(题4.56图)所示，从固定喷嘴流出一股射流，其直径为d，速度为V。此射流冲击一个运动叶片，在叶片上流速方向转角为θ，如果叶片运动的速度为v，试求：

(1) 叶片所受的冲击力；

(2) 水流对叶片所作的功率；

(3) 当v取什么值时，水流做功最大？

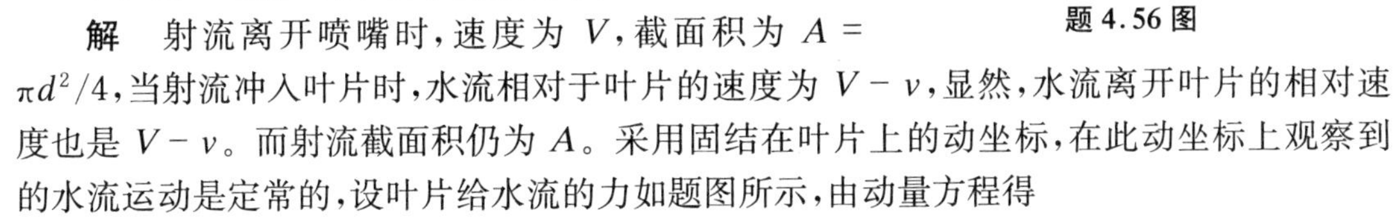

题4.56图

解　射流离开喷嘴时，速度为V，截面积为$A=\pi d^2/4$，当射流冲入叶片时，水流相对于叶片的速度为$V-v$，显然，水流离开叶片的相对速度也是$V-v$。而射流截面积仍为A。采用固结在叶片上的动坐标，在此动坐标上观察到的水流运动是定常的，设叶片给水流的力如题图所示，由动量方程得

$$F_x=\rho(V-v)^2A(1+\cos\theta)$$

$$F_y=\rho(V-v)^2A\sin\theta$$

叶片仅在水平方向有位移，水流对叶片所做功率为：

$$P=vF_x=\rho(V-v)^2Av(1+\cos\theta)$$

当V固定时，功率P是v的函数。令$\dfrac{\partial P}{\partial v}=0$，则

$$(V-v)^2-2(V-v)v=0$$

因此，当 $v=V/3$ 时，水流对叶片所作的功率达到极大值。

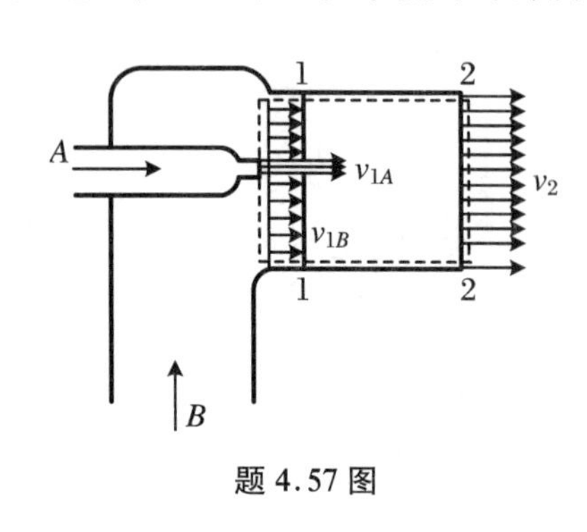

题 4.57 图

57. 如图(题 4.57 图)所示为一气体引射器，利用一股小流量的高速气流带动大流量的低速气流。1－1 截面中心的高速气流 A 引射出低速气流 B，经过平直段混合后到达 2－2 截面时参数均匀，不计壁面摩擦。已知介质为空气，气体常数 $R_g=287\ \mathrm{J/(kg\cdot K)}$，绝热指数 $\gamma=1.4$，$p_1=9\times10^4\ \mathrm{N/m^2}$，$T_{1A}=250\ \mathrm{K}$，$A_2=1\ \mathrm{m^2}$，$T_{1B}=280\ \mathrm{K}$，$v_{1B}=10\ \mathrm{m/s}$，$v_{1A}=200\ \mathrm{m/s}$，$A_{1A}=0.15\ \mathrm{m^2}$，$A_{1B}=0.85\ \mathrm{m^2}$，试求混合室出口截面 2－2 上的参数 v_2，p_2，ρ_2，T_2。

解 选取题 4.57 图中虚线所示控制体，由气体状态方程分别求高速气流和低速气流的密度和质量流量。

$$\rho_{1A}=\frac{p_1}{R_gT_{1A}}=\frac{9\times10^4}{287\times250}=1.254\ \mathrm{kg/m^3}$$

$$m_2=\rho_2v_2A_2=m_{1A}-m_{1B}=47.14\ \mathrm{kg/s} \tag{1}$$

列出 1－1 至 2－2 断面定常总流动量方程(因不考虑壁面摩擦)，有

$$p_1A_{1A}+p_1A_{1B}-p_2A_2=[m_2v_2-(m_{1A}v_{1A}+m_{1B}v_{1B})]$$

解得

$$p_2+47.14v_2=97620\ \mathrm{N/m^2} \tag{2}$$

列出 1－1 断面、2－2 断面定常总流能量方程式，考虑到 $e+\dfrac{p}{\rho}=h=\dfrac{\gamma}{\gamma-1}\dfrac{p}{\rho}$，有

$$m_{1A}\left(\frac{\gamma}{\gamma-1}\frac{p_1}{\rho_{1A}}+\frac{v_{1A}^2}{2}\right)+m_{1B}\left(\frac{\gamma}{\gamma-1}\frac{p_1}{\rho_{1B}}+\frac{v_{1B}^2}{2}\right)=m_2\left(\frac{\gamma}{\gamma-1}\frac{p_2}{\rho_2}+\frac{v_2^2}{2}\right)$$

整理并代入已知数，有

$$3.5\frac{p_2}{\rho_2}+\frac{v_2^2}{2}=273237\ \mathrm{m^2/s^2} \tag{3}$$

联立式(1)、式(2)、式(3)解得

$$v_2=38.3\ \mathrm{m/s},\quad p_2=9.58\times10^4\ \mathrm{N/m^2}$$

$$\rho_2=1.23\ \mathrm{kg/m^3},\quad T_2=\frac{p_2}{\rho_2R_g}=271\ \mathrm{K}$$

58. 如图(题 4.58 图)所示水平分岔管路，干管直径 $d_1=600\ \mathrm{mm}$，支管直径 $d_2=d_3=400\ \mathrm{mm}$，分岔角 $\alpha=30^\circ$。已知分岔前断面的压力表读值 $p_M=70\ \mathrm{kN/m^2}$，干管流量 $q_v=0.6\ \mathrm{m^3/s}$，不计水头损失，试求水流对分岔管的作用力。

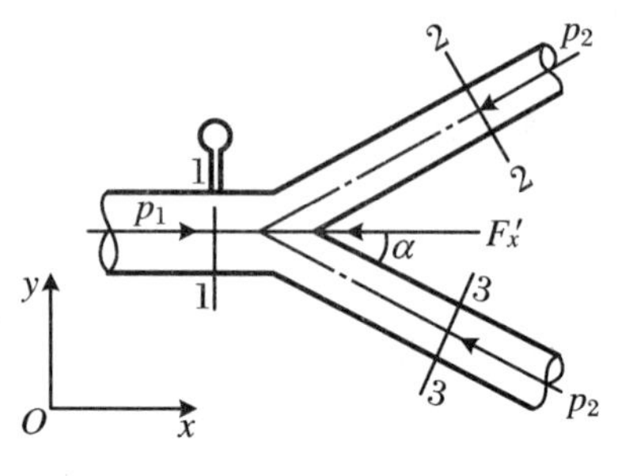

题 4.58 图

解 在分岔段取过流断面 1－1、2－2、3－3 及管壁所围成的空间为控制体。选直角坐标系 xOy，令 Ox 轴与干管轴线方向一致。作用在控制体内水流上的力包括：过流断面上的动水压力 F_1、F_2、F_3；分岔管对水流的

作用力因为对称分流，只有沿干管轴向（Ox 方向）的分力，设 F'_x 方向与坐标 Ox 方向相反。

列 Ox 方向动量方程：

$$F_1 - F_2\cos 30^\circ - F_3\cos 30^\circ - F'_x = \rho\frac{q_v}{2}v_2\cos 30^\circ + \rho\frac{q_v}{2}v_3\cos 30^\circ - \rho q_v v_1$$

$$F'_x = F_1 - 2F_2\cos 30^\circ - \rho q_v(v_2\cos 30^\circ - v_1)$$

其中，$F_1 = p_1\dfrac{\pi d_1^2}{4} = 19.78\ \text{kN}$，列 1－1、2－2（或 3－3）断面伯努利方程：

$$p_2 = p_1 + \frac{v_1^2 - v_2^2}{2}\rho = 69.4\ \text{kN/m}^2$$

$$F_2 = p_2\frac{\pi d_2^2}{4} = 8.717\ \text{kN}$$

$$v_1 = \frac{4q_v}{\pi d_1^2} = 2.12\ \text{m/s}$$

$$v_2 = v_3 = \frac{2q_v}{\pi d_2^2} = 2.39\ \text{m/s}$$

将各量代入总流动量方程，解得 $F'_x = 4.72\ \text{kN}$。水流对分岔管段的作用力 $F_x = 4.72\ \text{kN}$，方向与 Ox 方向相同。

59. 如图（题 4.59 图）所示，宽度 $B = 1\ \text{m}$ 的平板闸门开启时，上游水位 $h_1 = 2\ \text{m}$，下游水位 $h_2 = 0.8\ \text{m}$，试求固定闸门所需的水平力 F。

解　应用动量方程解本题，取如题图所示的控制体，其中截面 1－1 应在闸门上游足够远处，以保证该处流线平直，流线的曲率半径足够大，该截面上的压强分布服从静压公式。而下游的截面 2－2 应选在最小过流截面上。由于这两个截面都处在缓变流中，总压力可按平板静水压力计算。控制体的截面 1－1上的总压力为 $0.5\rho g h_1 B h_1$，它是左方水体作用在控制面 1－1上的力，方向从左向右。同样地，在控制面 2－2 上的总压力为 $0.5\rho g h_2 B h_2$，它是右方水体作用在控制面 2－2 的力，方向从右向左。另外，设固定平板需用的外力是 F，分析控制体的外力时，可以看到平板对控制体的作用力的大小就是 F，方向由右向左。

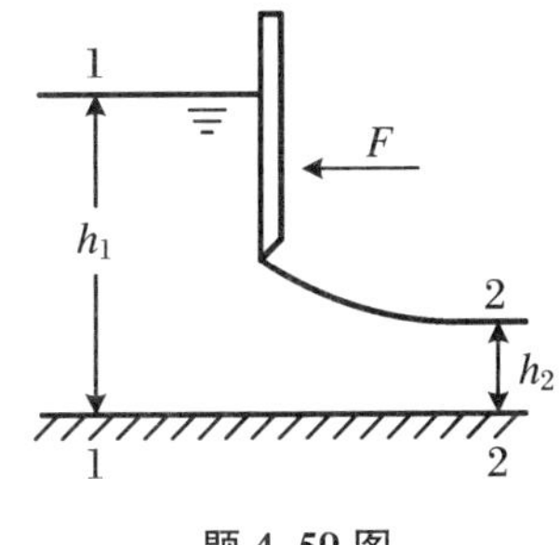

题 4.59 图

考虑动量方程的水平投影式

$$-F + \frac{1}{2}\rho g h_1^2 B - \frac{1}{2}\rho g h_2^2 B = \rho q_v(v_2 - v_1)$$

流速和流量可根据连续性方程和伯努利方程求出。

$$v_1 h_1 B = v_2 h_2 B$$

$$h_1 + \frac{p_a}{\rho g} + \frac{v_1^2}{2g} = h_2 + \frac{p_a}{\rho g} + \frac{v_2^2}{2g}$$

由以上两式得

$$v_2 = \sqrt{\frac{2g(h_1 - h_2)}{1 - (h_2/h_1)^2}} = 5.293\ \text{m/s} \tag{1}$$

$$v_1 = \frac{h_2}{h_1}v_2 = 2.117\ \text{m/s}$$

将已知数据代入动量方程，得

$$F = \frac{1}{2}\rho g(h_1^2 - h_2^2)B - \rho v_2 h_2 B(v_2 - v_1) = 3025.8\ \text{N}$$

推导 F 的一般表达式：

$$\rho q_v(v_2 - v_1) = \rho v_2^2 h_2 B\left(1 - \frac{h_2}{h_1}\right)$$

上面已经有连续性方程和伯努利方程求出速度 v_2，因而

$$\rho q_v(v_2 - v_1) = \rho h_2 B\left(1 - \frac{h_2}{h_1}\right)\frac{2g(h_1 - h_2)}{1 - (h_2/h_1)^2} = 2\rho g h_1 h_2 B\frac{h_1 - h_2}{h_1 + h_2} \tag{2}$$

将式(2)代入动量方程得

$$F = \frac{1}{2}\rho g B\frac{(h_1 - h_2)^3}{h_1 + h_2}$$

60. 如图[题4.60图(a)]所示为消防水龙头的喷嘴，高速水流从管道经其喷入火源。已知喷管直径从 $d_1 = 80$ mm 收缩至 $d_2 = 20$ mm，若测得出口流速 $v_2 = 15$ m/s，试求水流对喷管的作用力 F，假定水头损失可忽略不计。

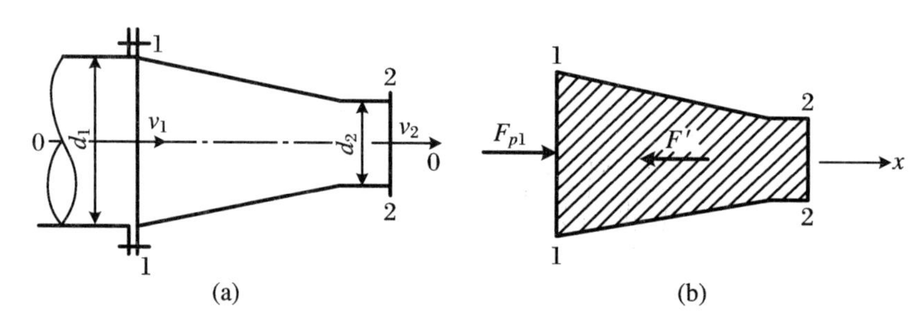

题4.60图

解 取基准面(0－0)，渐变流过流断面(1－1、2－2)，计算点均取在管轴上，则据1－1、2－2过流断面列定常总流伯努利方程，有

$$0 + \frac{p_1}{\rho g} + \frac{v_1^2}{2g} = 0 + \frac{p_a}{\rho g} + \frac{v_2^2}{2g} + 0$$

式中，v_1 可据总流的连续性方程求得，即

$$v_1 = (d_2/d_1)^2 v_2 = 0.94\ \text{m/s}$$

故

$$p_1 - p_a = \rho(v_2^2 - v_1^2)/2 = 112058.2\ \text{Pa}$$

取控制体如题4.60图(b)，则作用在控制体的外力的水平分力有1－1过流断面上的动水压力 F_{p1} 和喷管对水流的作用力 F'。在 x 方向建立定常总流的动量方程，有

$$F_{p1} - F' = \rho q_v(v_2 - v_1)$$

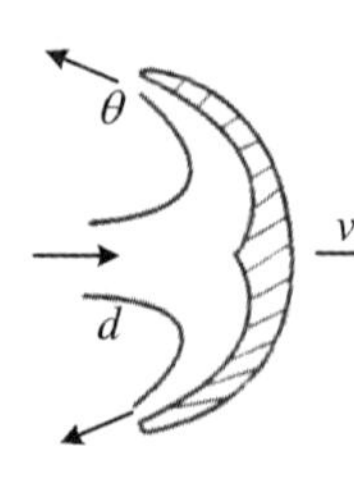

题4.61图

式中，$q_v = v_1\pi d_1^2/4 = 0.0047\ \text{m}^3/\text{s}$，$F_{p1} = (p_1 - p_a)\pi d_1^2/4 = 563.0$ N，故

$$F' = F_{p1} - \rho q_V(v_2 - v_1) = 496.9\ \text{N}\quad（方向向左）$$

水流对喷管的作用力 F 与 F' 大小相等，方向相反，即沿 x 轴正向。

61. 如题4.61图所示，固定喷嘴射出直径为 d，流量为 q_v 的水流冲击一个轴对称的叶片，叶片的转角为 θ，如果叶片以速度 v 远离射流而去，求射流对叶片所作的功率。当 v 等于多少时，功率 P 最大？

解　固定喷嘴射出的水流的速度为 $V = q_v/A$，A 为射流截面积，$A = \pi d^2/4$。

叶片是运动的，采用动坐标求解本题。对于动坐标，水的入射速度为 $V - v$，而射流面积仍为 A。流量为 $(V-v)A$。在动坐标上，设叶片给水流的力为 F，方向自右向左，动量方程为：

$$F = \rho(V - v)^2 A(1 + \cos\theta)$$

射流对叶片的功率为：

$$P = Fv = \rho v(V - v)^2 A(1 + \cos\theta)$$

功率是 v 的函数，现在求功率极大值：

$$\frac{\partial P}{\partial v} = 0, \quad v = \frac{1}{3}V$$

即当 $v = V/3$ 时，功率 P 达极大值 $P_{\max}$，即

$$P_{\max} = \frac{4}{27}\rho V^3 A(1 + \cos\theta)$$

62. 如图(题4.62图)所示，水在一个水平放置的弯管内流动。已知弯管的转角为45°，直径 $d = 20$ cm，在流量 $q_v = 0.2\ \mathrm{m^3/s}$ 时，弯管前端1-1断面的压强 $p_1 = 22$ kPa，弯管后端2-2断面的压强 $p_2 = 20$ kPa，求水流对弯管的作用力。

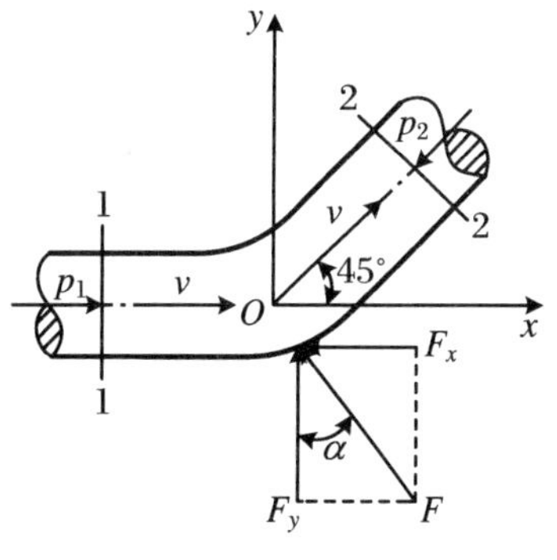

题4.62图

解　(1) 以1-1、2-2两断面间的流体段为研究对象。

(2)求1-1、2-2两断面上的流速。根据连续性方程，由于断面面积不变，所以

$$v_1 = v_2 = v = \frac{4q_v}{\pi d^2} = \frac{4 \times 0.2}{3.14 \times 0.2^2} = 6.37\ \mathrm{m/s}$$

(3) 分析流体受力情况。由于弯管水平放置，不考虑重力。作用于1-1、2-2断面上的压力分别为：

$$F_1 = p_1 A = p_1 \frac{1}{4}\pi d^2 = 22 \times 10^3 \times \frac{\pi}{4} \times 0.2^2 = 690.8\ \mathrm{N}$$

$$F_2 = p_2 A = p_2 \frac{1}{4}\pi d^2 = 20 \times 10^3 \times \frac{\pi}{4} \times 0.2^2 = 628.0\ \mathrm{N}$$

设弯管作用于水流侧面的力的大小为 F，方向如题4.62图所示。

(4) 如图建立坐标系，则水流在 x、y 方向上所受的合外力分别为：

$$\sum F_x = F_1 - F_2\cos 45^\circ - F\sin\alpha$$

$$\sum F_y = F\cos\alpha - F_2\sin 45^\circ$$

建立动量方程：

$$\sum F_x = F_1 - F_2\cos 45^\circ - F\sin\alpha = \rho q_v(v\cos 45^\circ - v)$$

$$\sum F_y = F\cos\alpha - F_2\sin 45^\circ = \rho q_v(v\sin 45^\circ - 0)$$

(5) 联立上两方程，求解得

$$F = 1480.8\ \mathrm{N}, \quad \alpha = 24.8^\circ$$

水流作用于弯管的力与 F 大小相等，方向相反。

63. 如图[题4.63图(a)]所示为矩形断面平坡渠道中水流越过一平顶障碍物。已知渠宽 $b=1.5$ m,上游1-1断面水深 $h_1=2.0$ m,障碍物顶中部2-2断面水深 $h_2=0.5$ m,渠道通过流量 $q_v=1.5$ m³/s,试求水流对障碍物迎水面的冲击力 F。

解 取渐变流过流断面1-1、2-2以及液流边界所包围的封闭曲面为控制体,如[题4.63图(b)]所示。则作用在控制体上的表面力有两过流断面上的动水压力 F_{p1} 和 F_{p2},障碍物迎水面对水流的作用力 F' 以及渠底支承反力 F_N,质量力有重力 W。

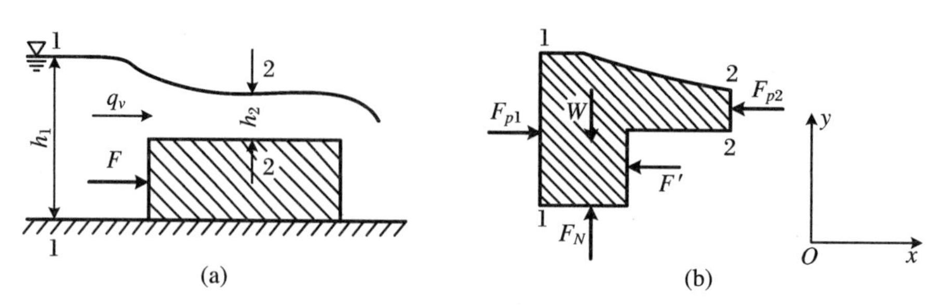

题4.63图

在 x 方向建立定常总流的动量方程,有

$$F_{p1} - F_{p2} - F' = \rho q_v(v_2 - v_1)$$

式中,$F_{p1}=\rho g b h_1^2/2=29400$ N,$F_{p2}=\rho g b h_2^2/2=1837.5$ N,$v_1=q_v/(bh_1)=0.5$ m/s,$v_2=q_v/(bh_2)=2.0$ m/s,故

$$F' = F_{p1} - F_{p2} - \rho g(v_2 - v_1) = 25.31\ \text{kN}$$

水流对平顶障碍物迎水面的冲击力 F 和 F' 大小相等,方向相反。

64. 如图(题4.64图)所示,旋转式洒水器两臂长度不等,$l_1=1.2$ m,$l_2=1.5$ m,若喷口直径 $d=25$ mm,每个喷口的水流量为 $q_v=3\times10^{-3}$ m³/s,不计摩擦力矩,求洒水器转速。

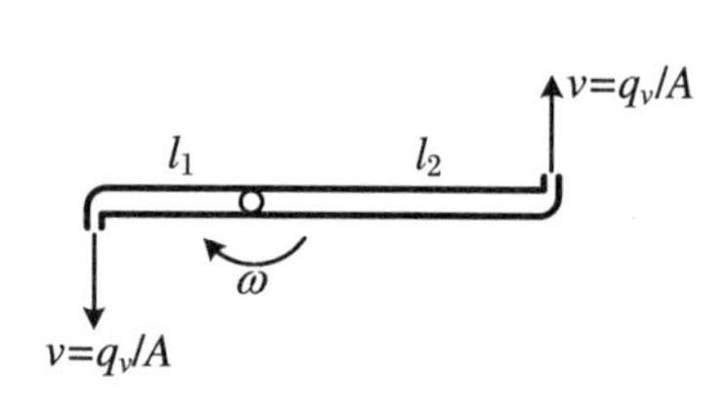

题4.64图

解 水流的绝对速度等于相对速度及牵连速度的矢量和。本题中相对速度和牵连速度反向,都与转臂垂直。

设两个喷嘴水流的绝对速度为 v_1 和 v_2,则

$$v_1 = \frac{q_v}{A} - \omega l_1$$

$$v_2 = \frac{q_v}{A} - \omega l_2$$

根据动量矩方程,有

$$T = \rho q_v v_1 l_1 + \rho q_v v_2 l_2 = 0$$

$$v_1 l_1 + v_2 l_2 = 0$$

将 v_1、v_2 代入上式,得

$$\omega = \frac{q_v}{A}\frac{l_1 + l_2}{l_1^2 + l_2^2} = 4.472\ \text{rad/s}$$

65. 如图(题4.65图)所示,从固定的狭缝喷出的二维高速水射流冲击一块倾斜放置的平板,已知射流的截面积 A_0,射流速度 V_0,平板倾角 θ,试求下列两种情况下平板所受的冲击力。

(1) 平板静止不动;

（2）平板以速度 v 向右运动。

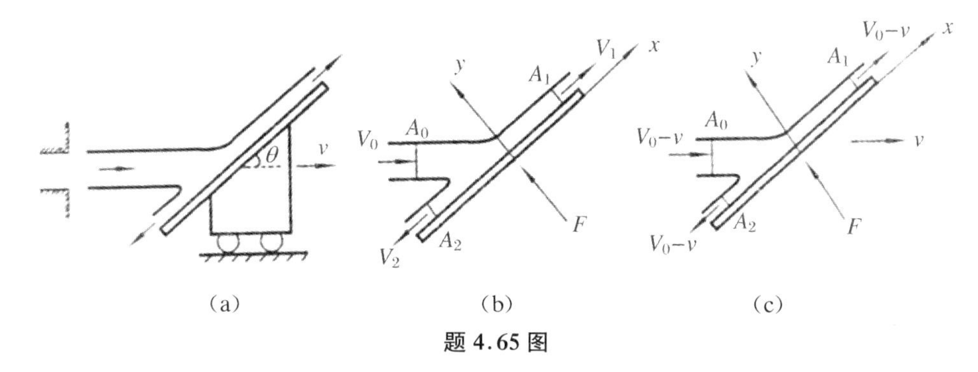

题 4.65 图

解　平板静止不动以及平板以速度 v 向右运动的控制体，坐标系及截面上的流动参数分别如题 4.65 图(b)和(c)所示。平板受力方向总是与板的法线同向。计算中我们不计重力和黏性影响。

（1）平板静止不动如题图(b)所示，不计重力影响的伯努利方程为

$$p = \frac{1}{2}\rho V^2 = C\ (\text{常数})$$

控制体的过流截面的压强都等于当地大气压 p_a，因此，$V_0 = V_1 = V_2$，再由连续性方程得

$$V_0 A_0 = V_1 A_1 + V_2 A_2,\quad A_0 = A_1 + A_2$$

考虑总流的动量方程

$$F = (\rho q_v V)_{\text{流出}} - (\rho q_v V)_{\text{流入}}$$

在 x 和 y 方向的投影式为

x 方向

$$0 = \rho V_1 A_1 V_1 + \rho V_2 A_2(-V_2) - \rho V_0 A_0 V_0 \cos\theta$$

y 方向

$$F = 0 - \rho V_0 A_0(-V_0 \sin\theta)$$

这样得到平板所受的冲击力为

$$F = \rho V_0^2 A_0 \sin\theta$$

同时还得到过流面积 A_1，A_2 与 A_0 关系为

$$A_1 = \frac{1+\cos\theta}{2}A_0,\quad A_2 = \frac{1-\cos\theta}{2}A_0$$

（2）平板以速度 v 向右运动，如题 4.65 图(c)所示。图(c)中的坐标实际是一个动坐标，在动坐标上观察到的流动是定常的。

观察图(c)的控制体，射流截面积仍为 A_0，但截面上的速度为 $V_0 - v$，显然截面 A_1 和 A_2 上的速度也是 $V_0 - v$，y 方向的动量方程是

$$F = \rho(V_0 - v)^2 A_0 \sin\theta$$

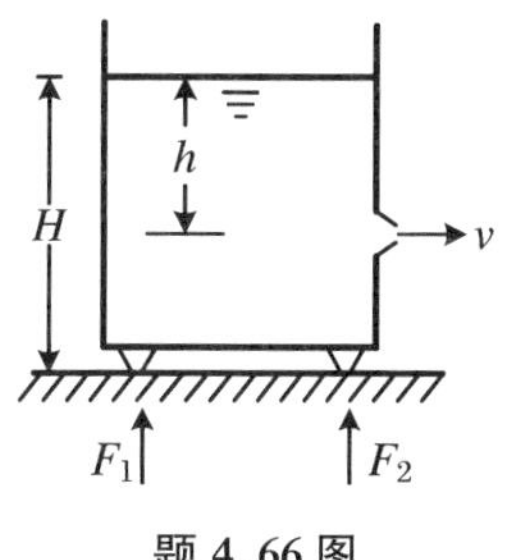

题 4.66 图

66. 如图(题 4.66 图)所示，一个水箱的侧面开有一个孔口。当孔口封闭时，水箱的两个支座的反力 F_1 和 F_2 是相同的，都等于水和水箱的总重量的一半。当孔口开启时，水从孔口射出，此时，两个支座反力不相等。如果保持水箱水面的高程 H 不变，试问当孔口深度 h 为多少时，反力 F_1 达到极小值(此时 F_2

达极大值)?

解 如果不计水箱自重及水的重量,则反力可由动量矩定理求出。设支座相距 l,对右支座应用动量矩方程,有

$$-F_1 l = \rho v^2 A(H-h) = 2\rho gAh(H-h)$$

当计及水箱和水体的总重量 W 时,反力应为

$$F_1 = \frac{1}{2}W - 2\rho gAh\frac{H-h}{l}$$

由上式容易看出,当

$$h = \frac{1}{2}H$$

时,F_1 达极小值。

67. 如图(题 4.67 图)所示,旋转式喷水器由三个均分布在水平平面上的旋转喷嘴组成。总供水量为 q_v,喷嘴出口截面积为 A,旋臂长为 R,喷嘴出口速度方向与旋臂的夹角为 θ。

(1) 不计一切摩擦,试求旋臂的旋转角速度 ω;

(2) 如果使已经有 ω 角速度的旋臂停止,需要施加多大的外力矩 T?

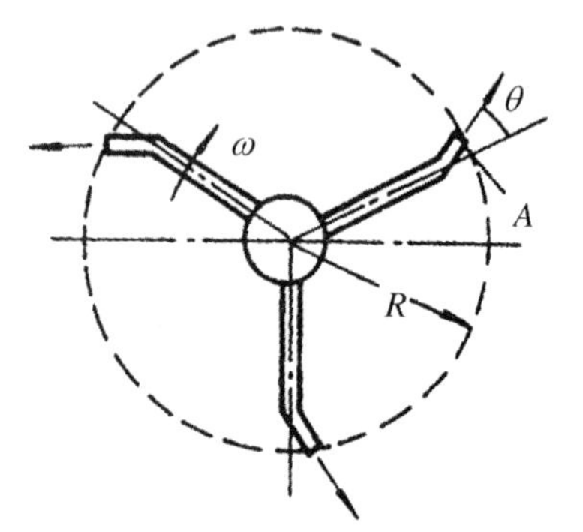

题 4.67 图

解 每个喷嘴的出口速度为 $v = q_v/3A$。这一速度的切向分量也就是旋臂的切向圆周速度,故 $v\sin\theta = \omega R$,将 $v = \dfrac{q_v}{3A}$代入,则

$$\omega = \frac{q_v}{3AR}\sin\theta$$

由动量矩方程 $T = \rho q_v(r_2 v_2 \cos\alpha_2 - r_1 v_1 \cos\alpha_1)$可知,现在入口处速度方向与切线方向的夹角 $\alpha_1 = 90^\circ$,$\cos\alpha_1 = 0$;出口处速度方向与切线方向的夹角 $\alpha_2 = \dfrac{\pi}{2} - \theta$,于是 $\cos\alpha_2 = \sin\theta$,故力矩

$$T = \rho q_v(Rv\sin\theta - 0)$$

以 $v = \dfrac{q_v}{3A}$代入,则

$$T = \frac{\rho R q_v^2}{3A}\sin\theta$$

68. 如图(题 4.68 图)所示,一块单位宽度(垂直于纸面)的平板放在气流中,平板上游的气流速度均匀分布,下游的速度分布为

$$v = \begin{cases} v(y), & |y| \leq h \\ v_0, & |y| > h \end{cases}$$

如果上、下游的气体压强相同,试证明:平板受到的气流作用力为 $F = 2\int_0^h \rho v(v_0 - v)\mathrm{d}y$。

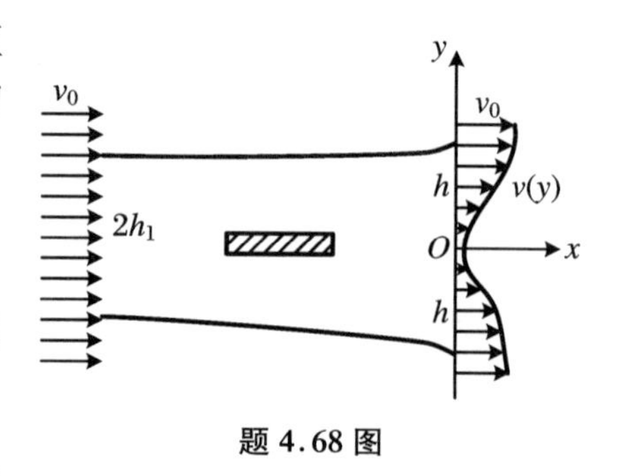

题 4.68 图

证明 作如题 4.68 图所示的控制体,其上、下侧

面是流线，这两条流线所夹的上、下游截面的高度分别为 $2h_1$ 和 $2h$。由连续性方程计算 h_1：

$$2v_0h_1 = 2\int_0^h v\mathrm{d}y$$

利用动量方程计算作用力：

$$-F = 2\int_0^h \rho v^2\mathrm{d}y - 2\rho v_0^2h_1$$

$$F = 2\rho v_0^2h_1 - 2\int_0^h \rho v^2\mathrm{d}y = 2\int_0^h \rho v_0 v\mathrm{d}y - 2\int_0^h \rho v^2\mathrm{d}y = 2\int_0^h \rho v(v_0 - v)\mathrm{d}y$$

69. 如图(题 4.69 图)所示，洒水器的旋转半径 $R=200$ mm，喷口直径 $d=10$ mm，喷射方向 $\theta=45^\circ$，每个喷口的水流量 $q_v=0.3\times10^{-3}\ \mathrm{m^3/s}$，已知旋转时摩擦阻力矩为 0.2 N·m，试求洒水器转速。若在喷水时不让它旋转，需施加多大的力矩？

解　根据动量矩方程，有

$$T = 2\rho g_vR\left(\frac{q_v}{A}\sin\theta - \omega R\right)$$

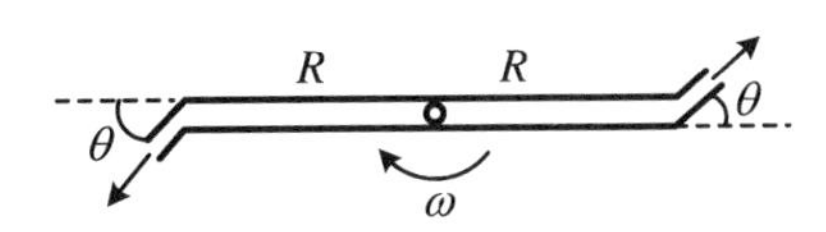

题 4.69 图

式中，$A=\pi d^2/4$。将 $T=0.2$ N·m 及其他数据代入上式，得

$$\omega = 5.171\ \mathrm{rad/s}$$

当 $\omega=0$ 时，得

$$T' = 2\rho q_vR\frac{q_v}{A}\sin\theta = 0.324\ \mathrm{N\cdot m}$$

由于静阻力矩为 0.2 N·m，因此，只需施加力矩 0.124 N·m 即可。

第 5 章 量纲分析和相似理论

5.1 学习指导

5.1.1 量纲分析

1. 量纲和谐原理

力学上任何有物理意义的方程或关系式，每一项的量纲必定相同。这称为力学方程的量纲和谐性原理，又称为“量纲齐次性规律”。只有相同类型的物理量才能相加减，也就是相同量纲的物理量才可以相加减或比较大小，不同类型的物理量相加减没有任何意义。一个量纲齐次性的方程，可以化为无量纲方程。不同量纲的物理量不能相加减，但可以根据某种需要进行乘除，从而导出另一量纲的物理量。

2. 瑞利量纲分析法

设某一物理过程与几个物理量有关，即 $f(q_1, q_2, q_3, \cdots, q_n) = 0$，其中的某个物理量 q_i 可表示为其他物理量的指数乘积：

$$q_i = K q_1^{\alpha} q_2^{\beta} q_3^{\chi} \cdots q_{n-1}^{p} \tag{5.1}$$

则可写成量纲式

$$[q_i] = [q_1]^{\alpha}[q_2]^{\beta}[q_3]^{\chi}\cdots[q_{n-1}]^{p}$$

将量纲式中的各物理量的量纲按式(5.1)表示为基本量纲的指数乘积形式，并根据量纲的和谐原理，确定指数 $\alpha, \beta, \gamma, \cdots, p$，就可得出表达该物理过程的方程式。瑞利法一般仅限于物理量的数日不超过基本量纲的数目，基本量纲的数目一般是 3 个。

5.1.2 白金汉 π 定理

π 定理：设一个问题中包含 $x_1, x_2, x_3, \cdots, x_p$ 个物理量，每个量的量纲是由所选定的 r 个基本量纲所组成。这些量之间必然存在着某些函数关系，假设可以表示为

$$f(x_1, x_2, x_3, \cdots, x_p) = 0 \tag{5.2}$$

式中任何一项的量纲都应该相同，故式(5.2)是满足量纲齐次性条件的，若用 π_1、π_2、π_3 等表示由量 x_1、x_2、x_3 等组成的无量纲参量，于是式(5.2)就可化为无量纲参量之间的关系式

$$F(\pi_1, \pi_2, \pi_3, \cdots, \pi_{p-r}) = 0 \tag{5.3}$$

决定各个 π 参量时，我们可在 p 个量中选定 r 个量作为基本量，并配合为一组。组中各量的量纲各有不同，但在各量之中包含着 r 个量纲。若把这个组每次和余下的$(p-r)$个量中的一个配合，组成一个独立的无量纲参量 π_1，又和$(p-r)$中的另一个可组成 π_2，最后可得 $\pi_3, \pi_4, \cdots, \pi_{p-r}$。

$$\pi_1 = x_1^{\alpha_1} x_2^{\beta_1} x_3^{\gamma_1} x_4$$

$$\pi_2 = x_1^{\alpha_2} x_2^{\beta_2} x_3^{\gamma_2} x_5$$

$$\pi_3 = x_1^{\alpha_3} x_2^{\beta_3} x_3^{\gamma_3} x_6$$

$$\cdots$$

$$\pi_{p-r} = x_1^{\alpha_{p-r}} x_2^{\beta_{p-r}} x_3^{\gamma_{p-r}} x_p$$

在流体力学中，通常基本量纲的数目不超过 3，而基本量的数目则和基本量纲相同。这些方程中的指数是需要决定的，从而就使每个 π 成为无量纲量。把各 x 量的量纲代入，并使基本量纲的指数分别等于零。对于每个 π 参量，这些指数式产生了包含三个未知数的三个方程。从而就可决定指数 α，β 和 γ，得出 π 参量。

应用量纲分析法探索流动规律时，还应注意以下几点：

(1) 必须知道流动过程所包含的全部物理量，不应缺少其中任何一个。否则，会得到不全面甚至是错误的结果。

(2) 在表征流动过程的函数关系式中存在无量纲常数时，量纲分析法不能给出它们的具体数值，只能由实验确定。

(3) 量纲分析法不能区别量纲相同而意义不同的物理量，例如，流函数 Ψ、速度势 φ、速度环量 Γ 与运动黏度 ν 等。遇到这类问题，应加倍小心。

5.1.3　相似原理

1. 力学相似基本概念

所谓力学相似是指实物流动与模型流动在对应点上对应物理量都应该有一定的比例关系，具体地说力学相似应该包括几何相似、运动相似和动力相似三个方面。

(1) 几何相似就是模型流动与实物流动有相似的边界形状，一切对应的线性尺寸成比例。用无上标的物理量符号表示实物流动，用有上标“′”的物理量符号表示模型流动。

线性基本比例尺

$$\delta_l = \frac{l}{l'} \tag{5.4}$$

面积比例尺

$$\delta_A = \frac{A}{A'} = \frac{l^2}{l'^2} = \delta_l^2 \tag{5.5}$$

体积比例尺

$$\delta_V = \frac{V}{V'} = \frac{l^3}{l'^3} = \delta_l^3 \tag{5.6}$$

(2) 运动相似即实物流动与模型流动的流线应该几何相似，而且对应点上的速度成比例。运动相似的流动，只可能经过几何相似的边界。

速度基本比例尺

$$\delta_v = \frac{v}{v'} \tag{5.7}$$

时间比例尺

$$\delta_t = \frac{t}{t'} = \frac{l/v}{l'/v'} = \frac{\delta_l}{\delta_v} \tag{5.8}$$

加速度比例尺

$$\delta_a = \frac{a}{a'} = \frac{v/t}{v'/t'} = \frac{\delta_v}{\delta_t} = \frac{\delta_v^2}{\delta_l} \tag{5.9}$$

流量比例尺

$$\delta_q = \frac{q_v}{q'_v} = \frac{l^3/t}{l^3/t'} = \frac{\delta_l^3}{\delta_t} = \delta_l^2\delta_v \tag{5.10}$$

运动黏度比例尺

$$\delta_\nu = \frac{\nu}{\nu'} = \frac{l^2/t}{l'^2/t'} = \frac{\delta_l^2}{\delta_t} = \delta_l\delta_v \tag{5.11}$$

角速度比例尺

$$\delta_\omega = \frac{\omega}{\omega'} = \frac{v/l}{v'/l'} = \frac{\delta_v}{\delta_l} \tag{5.12}$$

(3) 动力相似是实物流动与模型流动应该受同种外力作用,而且对应点上的对应力成比例。

密度基本比例尺

$$\delta_\rho = \frac{\rho}{\rho'} \tag{5.13}$$

质量比例尺

$$\delta_m = \frac{m}{m'} = \frac{\rho V}{\rho' V'} = \delta_\rho\delta_l^3 \tag{5.14}$$

力的比例尺

$$\delta_F = \frac{F}{F'} = \frac{ma}{m'a'} = \delta_m\delta_a = \delta_\rho\delta_l^2\delta_v^2 \tag{5.15}$$

力矩(功、能)比例尺

$$\delta_T = \frac{Fl}{F'l'} = \delta_F\delta_l = \delta_\rho\delta_l^3\delta_v^2 \tag{5.16}$$

压强(应力)比例尺

$$\delta_p = \frac{F/A}{F'/A'} = \frac{\delta_F}{\delta_A} = \delta_\rho\delta_v^2 \tag{5.17}$$

动力黏度比例尺

$$\delta_\mu = \frac{\mu}{\mu'} = \frac{\rho\nu}{\rho'\nu'} = \delta_\rho\delta_\nu = \delta_\rho\delta_l\delta_v \tag{5.18}$$

功率比例尺

$$\delta_P = \frac{P}{P'} = \frac{\delta_\rho\delta_l^3\delta_v^2}{\delta_t} = \delta_\rho\delta_l^2\delta_v^3 \tag{5.19}$$

单位质量力比例尺或重力加速度比例尺

$$\delta_g = \frac{g}{g'} = 1 \tag{5.20}$$

无量纲系数比例尺

$$\delta_C = \frac{C}{C'} = 1 \tag{5.21}$$

动力相似的前提是几何相似和运动相似。物理相似的特征在于所考察的两个系统同类量的某些比数是个固定值。几何相似要求一个长度的固定比数,运动相似要求一个速度的固定比数,动力相似要求一个力的固定比数。这些比数都是无量纲量。

2. 相似准则数

模型流动与实物流动如果动力学相似，判断相似的标准是相似准则数。

（1）弗劳德数

$$Fr = \frac{v^2}{gl} = \frac{v'^2}{g'l'} \tag{5.22}$$

代表惯性力与重力之比。

（2）欧拉数

$$Eu = \frac{p}{\rho v^2} = \frac{p'}{\rho' v'^2} \tag{5.23}$$

代表压力与惯性力之比。

（3）雷诺数

$$Re = \frac{vl}{\nu} = \frac{v'l'}{\nu'} \tag{5.24}$$

代表惯性力与黏性力之比。

如果两个流动成力学相似，则它们的弗劳德数、欧拉数、雷诺数必须各自相等。于是

$$\left.\begin{aligned} Fr &= Fr' \\ Eu &= Eu' \\ Re &= Re' \end{aligned}\right\} \tag{5.25}$$

称为不可压缩流体定常流动的力学相似准则。

满足相似准则实质上意味相似比例尺之间要保持下列三个互相制约关系：

$$\left.\begin{aligned} \delta_v^2 &= \delta_g \delta_l \\ \delta_p &= \delta_\rho \delta_v^2 \\ \delta_\nu &= \delta_l \delta_v \end{aligned}\right\} \tag{5.26}$$

由于比例尺制约关系的限制，同时满足弗劳德和雷诺准则是困难的，因而一般模型实验难于实现全面的力学相似。欧拉准则与上述两个准则并无矛盾，因此如果放弃弗劳德和雷诺准则，或者放弃其中之一，那么选择基本比例尺就不会遇到困难。这种不能保证全面力学相似的模型设计方法叫作近似模型法。

5.2 习题解析

5.2.1 选择、判断与填空

1. 在工程流体力学中，常取的基本量纲为（　　）。

A. 质量量纲M、长度量纲L、时间量纲T

B. 流量量纲Q、长度量纲L、时间量纲T

C. 压强量纲P、长度量纲L、时间量纲T

D. 压力量纲F、长度量纲L、温度量纲T

答案：A

2. 液流重力相似准则要求（　　）。

A. 原型与模型水流的雷诺数相等　　B. 原型与模型水流的弗劳德数相等

C. 原型与模型水流的牛顿数相等　　D. 原型与模型水流的重量相等

答案：B

3. 力学相似准则的条件是（　　）。

A. 几何相似、动力相似、物性相似　　B. 几何相似、运动相似、物性相似

C. 几何相似、运动相似、动力相似　　D. 运动相似、动力相似、物性相似

答案：C

4. 下列物理量中，无量纲的数为（　　）。

A. 动力黏滞系数（动力黏度）μ　　B. 渗透系数 k

C. 堰闸侧收缩系数 ε_1　　D. 谢才系数 C

答案：C

5. 弗劳德数 F_r 的物理意义是（　　）之比。

A. 惯性力与黏性力　　B. 黏性力与压力

C. 惯性力与重力　　D. 黏性力与重力

答案：C

6. 雷诺数表示（　　）之比。

A. 黏滞力与重力　　B. 重力与惯性力

C. 惯性力与黏滞力　　D. 压力与黏滞力

答案：C

7. 下列各组物理量中，属于同一量纲的是（　　）。

A. 重力、惯性力　　B. 压强、摩擦力

C. 湿周、流速　　D. 谢才系数、渗流系数

答案：A

8. 已知水流绕过桥墩时所产生的绕流阻力 F 与水流速度 v、水的密度 ρ、水的动力黏性系数 μ、重力加速度 g 以及圆柱形桥墩的直径 R 有关。则采用 π 定理确定绕流阻力表达式时，无量纲个数为（　　）。

A. 2 个　　B. 3 个　　C. 4 个　　D. 5 个

答案：B

9. 水流在湍流粗糙区时，要保证模型与原型湍流阻力相似，只要模型与原型的（　　），进行模型设计就可用弗劳德相似准则。

A. 雷诺数相等　　B. 相对粗糙度相等

C. 糙率相等　　D. 谢才系数相等

答案：B；D

10. 下列说法中，不正确的有（　　）。

A. 单位表征各物理量的大小

B. 量纲表征各物理量单位的类别

C. 流速系数 φ、流量系数 μ、渗流系数 k 均为无量纲系数

D. 渐变流过流断面近似为平面

E. 天然河流为典型的非均匀流

答案：C

11. 速度 v、长度 l、重力加速度 g 的无量纲组合是(　　)。

A. $\frac{lv}{g}$　　B. $\frac{v}{gl}$　　C. $\frac{v^2}{gl}$　　D. $\frac{l}{gv}$

答案:C

12. 密度、速度、长度和动力黏度的无量纲组合是(　　)。

A. $\frac{\rho v l^2}{\mu}$　　B. $\frac{\rho v^2 l}{\mu}$　　C. $\frac{\rho v^2 l^2}{\mu}$　　D. $\frac{\rho v l}{\mu}$

答案:D.

13. 进行水力模型实验,要实现明渠水流的动力相似,应选的相似准则是(　　)。

A. 雷诺准则　　B. 弗劳德准则　　C. 欧拉准则　　D. 其他

答案:B

14. 通过模型实验研究船体的绕流兴波阻力特性,模型设计应采用(　　)。

A. 雷诺相似准则　　B. 弗劳德相似准则

C. 欧拉相似准则　　D. 马赫相似准则

答案:B

15. 在长度比尺 $\lambda_l=25$ 的溢流坝模型中,测得溢流坝坝顶的流速 $v_m=1$ m/s,则原型溢流坝中对应点的流速为(　　)。

A. 25 m/s　　B. 0.2 m/s　　C. 5 m/s　　D. 0.04 m/s

答案:C

16. 进行水工模型实验时,要实现明渠水流的动力相似,应满足(　　)准则。

A. 雷诺　　B. 弗劳德　　C. 欧拉　　D. 韦伯

答案:B

17. 判断题:凡是正确反映客观规律的物理方程式,必然是一个齐次量纲式。

答案:对

18. 判断题:雷诺相似准则考虑的主要作用力是黏滞阻力。

答案:对

19. 判断题:雷诺相似准则其主要作用力是湍动阻力。

答案:错。主要作用力是黏滞力。

20. 判断题:物理方程量纲的和谐性是指方程中每一物理量具有相同的量纲。

答案:错

21. 判断题:弗劳德数 Fr 可以反映液体的惯性力与重力之比。

答案:对

22. 判断题:将物理量压强 Δp、密度 ρ、流速 v 组成的无量纲数为 $\Delta p/\rho v$。

答案:错。计算 $\Delta p/\rho v$ 的量纲,$\frac{\Delta p}{\rho v}=\frac{\frac{\mathrm{M}}{\mathrm{LT}^2}}{\frac{\mathrm{M}}{\mathrm{L}^3}\frac{\mathrm{L}}{\mathrm{T}}}=\frac{\mathrm{L}}{\mathrm{T}}$。可见组成的并非无量纲数。

23. 压强 p 的量纲是________。(按国际单位制)

答案:$[\mathrm{M/T^2L}]$

24. 力学相似是指________________________。具体的说,力学相似包括________、________、________。

答案:模型流动与实物流动在对应点上对应物理量都应该有一定的比例关系;几何相似;运动相似;动力相似

25. 雷诺数的物理意义是______________________________,其表达式为___________。

答案:反映了流体质点的惯性力与黏性力之比;$Re=\dfrac{\rho vd}{\mu}=\dfrac{vd}{\nu}$

26. 雷诺数的物理意义是表示惯性力和___________力之比;而弗劳德数的物理意义是表示惯性力和___________力之比。

答案:黏滞;重

27. 黏性流体运动的雷诺数 $Re=$___________,雷诺数的物理意义是___________。

答案:$\dfrac{\rho vd}{\mu}$;惯性力和黏性力之比

28. 角速度 ω、长度 l、重力加速度 g 的无量纲组合是___________。

答案:$\dfrac{\omega^2 l}{g}$

29. 某水工模型按照重力相似准则设计模型,模型长度比尺 $\lambda_L=60$,如原型流量 $q_{vp}=1500\ m^3/s$,则模型流量 $q_{vm}=$___________。

答案:0.54 m^3/s

30. 石油输送管路的模型试验,要实现动力相似,应选的相似准则是___________。

答案:弗劳德准则

31. 由重力相似准则所得的流速比尺与长度比尺的关系是___________。

答案:$\lambda_v=\lambda_L^{1/2}$

32. 进行堰流模型试验,要使模型水流与原型水流相似,必须满足的条件是________,若模型长度比尺选用 $\lambda_l=100$,当原型流量 $q_{vp}=1000\ m^3/s$,则模型流量 $q_{vm}=$________。

答案:力学相似;0.01 m^3/s

5.2.2 思考简答

1. 名词解释:量纲

答案:用来表示一个物理量的量度的种类称为量纲。

2. 名词解释:无量纲方程。

答案:控制流体运动的 N-S 方程中的每一项都是无量纲的,所以称之为无量纲运动方程,或运动方程的无量纲形式,简称无量纲方程。

3. 量纲分析有何作用?

答案:可用来推导各物理量的量纲;简化物理方程;检验物理方程、经验公式的正确性与完善性,为科学地组织实验过程、整理实验成果提供理论指导。

4. 瑞利法和白金汉 π 定理各适用于何种情况?

答案:瑞利法适用于比较简单的问题,相关变量未知数≤4 个,π 定理是具有普遍性的方法。

5. 流体力学的相似包括哪几个方面?

答案:流体力学的相似包括几何相似、运动相似、动力相似等三个方面。

6. 经验公式是否满足量纲和谐原理?

答案:一般不满足。经验公式通常根据一系列的试验资料统计而得,不考虑量纲之间的和谐。

7. 为什么每个相似准则都要表征惯性力?

答案:作用在流体上的力除惯性力是企图维持流体原来运动状态的力外,其他力都是企图改变运动状态的力。如果把作用在流体上的各力组成一个力多边形的话,那么惯性力则是这个力多边形的合力,即牛顿定律 $\sum F = ma$ 流动的变化就是惯性力与其他上述各种力相互作用的结果。因此各种力之间的比例关系应以惯性力为一方来相互比较。

8. 试述模型流动与原型流动的力学相似条件。

答案:所谓力学相似包括几何相似、运动相似、动力相似和边界相似。初始条件相似几何相似(前提)→两个流动的几何形状相似,即对应的线段长度成比例,对应角度相等;运动相似(表现)→两个流场对应点上同名的运动学的量成比例,方向相同,主要是指两个流动的流速场和加速度场相似;动力相似(主导)→两个流场对应点上同名的动力学的量成比例。

9. 原型和模型能否同时满足重力相似准则和黏滞力相似准则? 为什么?

答案:不采用同一种流体,理论上能。若采用同一种流体,不能。因为重力相似导出 $\delta_v^2 = \delta_g \delta_l$,得到 $\delta_v = \delta_l^{\frac{1}{2}}$,由黏滞力相似导出 $\delta_\nu = \delta_l \delta_v$,得到 $\delta_v = \dfrac{\delta_\nu}{\delta_l}$,因此 $\delta_\nu = \delta_l^{\frac{3}{2}}$,模型可大可小,即线性比例尺是可以任意选择的,但流体运动黏度的比例尺 δ_ν 要保持 $\delta_l^{\frac{3}{2}}$ 的数值这就不容易了,实际上难以做到。

10. 不可压缩流体流动的相似准则数有哪几个? 它们的表达式是什么?

答案:欧拉数 $Eu = \dfrac{p}{\rho v^2}$;雷诺数 $Re = \dfrac{vd}{\nu}$;弗劳德数 $Fr = \dfrac{v^2}{gl}$;马赫数 $Ma = \dfrac{v}{c}$。

11. 要研究在大气中飞行的真实飞机的受力情况,通常会在实验室里通过测量飞机模型在风洞中的受力进行比拟。请问,要使实验具有说服力,必须满足哪些相似条件?

答案:必须满足几何相似,时间相似,运动相似以及动力相似。流动控制参数(St、Re)相等,边界条件相似,即要求无量纲后的物理量边界条件相等。

12. 分别举例说明由重力、黏滞力起主要作用的水流。

答案:重力:堰坝溢流、孔口出流及明槽流动及处于阻力平方区的有压隧洞与管流等。黏滞力:层流状态下的明渠、管道、隧洞中的有压流动和潜体绕流问题等。

13. 比较相似判据和特征相似判据的异同之处。

答案:(1) 相似判据:① 通过分析方程得到;② 由实际物理量组成的无量纲的数,但因为具体的物理量在场内各点数值不同,因此,这些无量纲数也逐点不同,要一一检验;③ 由相似判据判断的相似是严格相似。

(2) 特征相似判据(或称为特征无量纲数):① 方程无量纲化求得;② 由特征物理量组成无量纲数,因为特征量只反映物理量的一般大小,在同一问题中不变,因此,特征无量纲数在场内处处相同;③ 由特征相似判据判断的相似是特征相似,不是严格相似。

5.2.3 应用解析

1. 求水泵输出功率和输入功率的表达式,其中水泵效率为 η。

解　水泵输出功率是指单位时间水泵输出的能量。

(1) 找出与水泵输出功率 P 有关的物理量,包括单位体积水的重量 $\gamma=\rho g$、流量 q_v、扬程 H,即

$$F(P,\gamma,q_v,H)=0$$

(2) 写出指数乘积关系式

$$P=K\gamma^a q_v^b H^c$$

(3) 写出量纲式

$$\dim P=\dim(\gamma^a q_v^b H^c)$$

(4) 以基本量纲(M、L、T)表示各物理量量纲

$$ML^2T^{-3}=(ML^{-2}T^{-2})^a(L^3T^{-1})^b(L)^c$$

(5) 根据量纲和谐原理求量纲指数

$$M:1=a$$

$$L:2=-2a+3b+c$$

$$T:-3=-2a-b$$

得

$$a=1,b=1,c=1$$

(6) 整理方程式

$$P=K\gamma q_vH=K\rho gq_vH$$

式中,K 为由实验确定的系数,一般情况 $K=1$,故水泵输入功率的表达式为

$$P'=\frac{\rho gq_vH}{\eta}$$

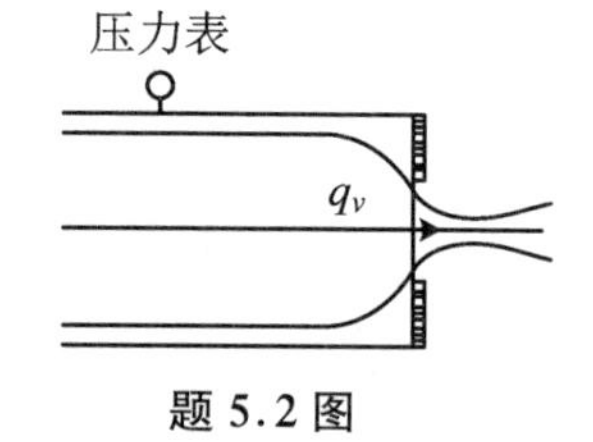

题 5.2 图

2. 如图(题 5.2 图)所示,经过孔口出流的流量 q_v 与孔口直径 d、流体压强 p、流体密度 ρ 有关,试用量纲(因次)分析法确定流量 q_v 的函数式。

解 由题意,可得量纲表达式 $q_v=[L^3T^{-1}]$;$d=[L]$;$p=[ML^{-1}T^{-2}]$;$\rho=[ML^{-3}]$,设 $q_v=Kd^xp^y\rho^z$,则

$$L^3T^{-1}=KL^xM^yL^{-y}T^{-2y}M^zL^{-3z}$$

对于 L 有:$L^3=L^{x-y-3z}$,即

$$3=x-y-3z \tag{1}$$

对于 T 有:$T^{-1}=T^{-2y}$,即

$$-1=-2y \tag{2}$$

对于 M 有:$M^0=M^{y+z}$,即

$$0=y+z \tag{3}$$

联立式(1)、(2)、(3)求解,得

$$y=\frac{1}{2};\quad z=-\frac{1}{2};\quad x=2$$

则可得流量 q_v 的函数式为

$$q_v=Kd^2p^{\frac{1}{2}}\rho^{-\frac{1}{2}}=Kd^2\sqrt{\frac{p}{\rho}}$$

3. 研究自由落体在时间 t 内经过的距离 s,实验观察后认为与下列因素有关:落体重量 W,重力加速度 g 及时间 t。试用量纲分析法确定 $s=f(W,g,t)$ 的关系式。

解　首先将关系式写成幂乘积形式

$$s = KW^a g^b t^c$$

式中，K 为一系数；各变量的量纲分别为：$\dim s = \mathrm{L}$，$\dim W = \mathrm{MLT^{-2}}$，$\dim g = \mathrm{LT^{-2}}$，$\dim t = \mathrm{T}$。

将上式写成量纲方程

$$\mathrm{L} = (\mathrm{MLT^{-2}})^a (\mathrm{LT^{-2}})^b (\mathrm{T})^c$$

根据物理方程量纲一致性原则得到

M：　$0 = a$

L：　$1 = a + b$

T：　$0 = -2a - 2b + c$

解得 $a = 0, b = 1, c = 2$，代入原式，得

$$s = KW^0 g t^2 = K g t^2$$

4. 如图（题 5.4 图）所示，三角形水堰的流量 q_v 与堰上水头 H 及重力加速度 g 有关，试用量纲分析法确定流量 $q_v = f(H, g)$ 的关系式。

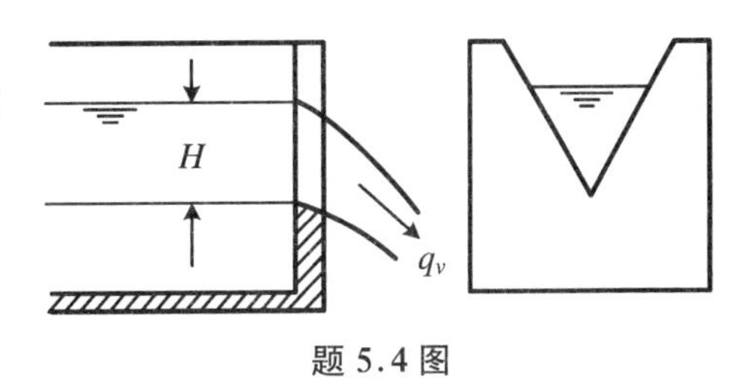

题 5.4 图

解　由题意，可得量纲表达式 $q_v = [\mathrm{L^3T^{-1}}]$；$H = [\mathrm{L}]$；$g = [\mathrm{LT^{-2}}]$；设 $q_v = KH^\alpha g^\beta$，则

$$[\mathrm{L^3T^{-1}}] = K[\mathrm{L}]^\alpha [\mathrm{LT^{-2}}]^\beta$$

对于 L 有：$\mathrm{L}^3 = \mathrm{L}^{\alpha+\beta}$，即

$$3 = \alpha + \beta \tag{1}$$

对于 T 有：$\mathrm{T}^{-1} = \mathrm{T}^{-2\beta}$，即

$$-1 = -2\beta \tag{2}$$

联立式(1)、(2)求解得：$\beta = \dfrac{1}{2}$，$\alpha = \dfrac{5}{2}$，则可得流量 q_v 的函数式为

$$q_v = KH^{\frac{5}{2}} g^{\frac{1}{2}} = KH^2 \sqrt{Hg}$$

5. 如图（题 5.5 图）所示，已知矩形堰流的流量 q_v 主要与堰顶水头 H、堰宽 b 和重力加速度 g 有关，试用瑞利法导出矩形堰流流量的表达式。

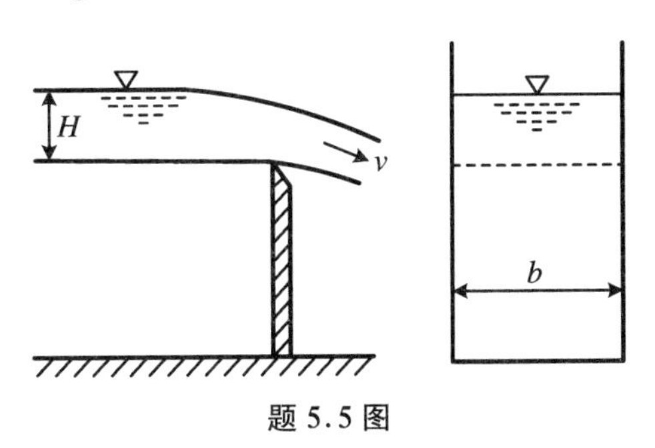

题 5.5 图

解　按照瑞利法可以写出体积流量

$$q_v = Kb^{a_1} g^{a_2} H^{a_3} \tag{1}$$

如果用基本量纲表示方程中各物理量的量纲，则有

$$\mathrm{L^3T^{-1}} = \mathrm{L}^{a_1} (\mathrm{LT^{-2}})^{a_2} \mathrm{L}^{a_3} \tag{2}$$

根据物理方程量纲一致性原则有：

对于 L

$$3 = a_1 + a_2 + a_3$$

对于 T

$$-1 = -2a_2$$

联立求解可得：$a_2 = 1/2$；$a_1 + a_3 = 5/2$。由实验已知，流量与堰宽成正比，故 $a_1 = 1$，于是 $a_3 = 3/2$。将它们代入式(1)，并令 $C_q = K(g)^{1/2}$ 得

$$q_v = C_q bH^{3/2}$$

式中，C_q 为堰流流量系数，由实验确定。

6. 如图(题 5.6 图)所示矩形堰单位长度上的流量 $q_v/B = KH^{\alpha}g^{\beta}$，式中 K 为常数，H 为堰顶水头，g 为重力加速度，试用量纲分析法确定待定指数 α、β。

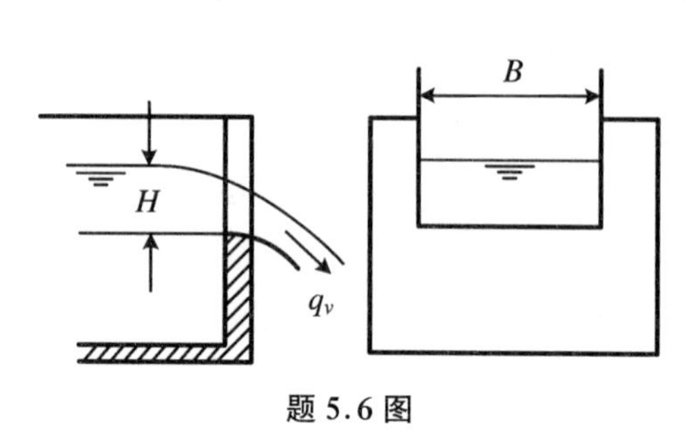

题 5.6 图

解 由题意可得量纲表达式 $q_v = [\mathrm{L}^3\mathrm{T}^{-1}]$；$q_v/B = [\mathrm{L}^2\mathrm{T}^{-1}]$；$H = [\mathrm{L}]$；$g = [\mathrm{LT}^{-2}]$；由于 $q_v/B = KH^{\alpha}g^{\beta}$，则

$$[\mathrm{L}^2\mathrm{T}^{-1}] = K[\mathrm{L}]^{\alpha}[\mathrm{LT}^{-2}]^{\beta}$$

对于 L 有：$\mathrm{L}^3 = \mathrm{L}^{\alpha+\beta}$，即

$$2 = \alpha + \beta \tag{1}$$

对于 T 有：$\mathrm{T}^{-1} = \mathrm{T}^{-2\beta}$，即

$$-1 = -2\beta \tag{2}$$

联立式(1)、式(2)求解得：$\beta = \dfrac{1}{2}$，$\alpha = \dfrac{3}{2}$，代回，则

$$\frac{q_v}{B} = KH^{\frac{3}{2}}g^{\frac{1}{2}} = KH\sqrt{Hg}$$

7. 求圆管层流的流量关系式。

解 (1) 找出影响圆管层流流量的物理量，包括管段两端的压强差 Δp、管段长 l、半径 r_0、流体的黏度 μ。根据经验和已有实验资料的分析，得知流量 q_v 与压强差 Δp 成正比，与管段长 l 成反比。因此，可将 Δp、l 归并为一项 $\Delta p/l$，得到

$$f(q_v, \Delta p/l, r_0, \mu) = 0$$

(2) 写出指数乘积关系式：

$$q_v = K\left(\frac{\Delta p}{l}\right)^a (r_0)^b (\mu)^c$$

(3) 写出量纲式：

$$\dim q_v = \dim\left[\left(\frac{\Delta p}{l}\right)^a r_0^b \mu^c\right]$$

(4) 以基本量纲(M,L,T)表示各物理量量纲：

$$\mathrm{L}^3\mathrm{T}^{-1} = (\mathrm{ML}^{-2}\mathrm{T}^{-2})^a(\mathrm{L})^b(\mathrm{ML}^{-1}\mathrm{T}^{-1})^c$$

(5) 根据量纲和谐求量纲指数：

M：$0 = a + c$

L：$3 = -2a + b - c$

T：$-1 = -2a - c$

得

$$a = 1,\quad b = 4,\quad c = -1$$

(6) 整理方程式：

$$q_v = K\left(\frac{\Delta p}{l}\right)r_0^4\mu^{-1} = K\frac{\Delta p r_0^4}{l\mu}$$

系数 K 由实验决定，$K = \dfrac{\pi}{8}$，则

$$q_v = \frac{\pi}{8}\frac{\Delta p r_0^4}{l\mu} = \frac{\rho g J}{8\mu}\pi r_0^4$$

其中，$J = \dfrac{\Delta p/\rho g}{l}$。

8. 通过汽轮机叶片的气流产生噪音，假设产生噪音的功率为 P，它与旋转速度 ω，叶轮直径 D，空气密度 ρ，声速 c 有关，试证明汽轮机噪音功率满足 $P=\rho\omega^3D^5f(\omega D/c)$

解　由题意，可写出函数关系式：

$$f(P,\omega,D,\rho,c) = 0$$

现选 ω,D,ρ 为基本物理量，因此可以组成两个无量纲的 π 项

$$\pi_1 = \frac{P}{\omega^{\alpha_1}\rho^{\beta_1}D^{\gamma_1}},\quad \pi_2 = \frac{c}{\omega^{\alpha_2}\rho^{\beta_2}D^{\gamma_2}}$$

基于 M、L、T 量纲制可得量纲式

$$[ML^2/T^3] = [1/T]^{\alpha_1}[M/L^3]^{\beta_1}[L]^{\gamma_1}$$

M：　$1=\beta_1$

L：　$2=-3\beta_1+\gamma_1$

T：　$-3=-\alpha_1$

联立三式求得：$\alpha_1=3,\beta_1=1,\gamma_1=5$。同理求得：$\alpha_2=1,\beta_2=0,\gamma_2=1$，则

$$\pi_1 = \frac{P}{\omega^3\rho D^5},\quad \pi^2 = \frac{c}{\omega D}$$

故有

$$\frac{P}{\omega^3\rho D^5} = f\left(\frac{c}{\omega D}\right)$$

一般常将 $c/\omega D$ 写成倒数形式，即 $\omega D/c$，其实质就是旋转气流的马赫数，因此上式可改写为

$$P = \rho\omega^3D^5f\left(\frac{\omega D}{c}\right)$$

9. 长度与直径之比为一定的圆柱以恒定的转速 n 旋转于均匀来流流速为 v 的流体中。假设维持旋转的功率 P 仅取决于流体密度 ρ、运动黏度 ν、圆柱直径 D 及流速 v 和转速 n，试用 π 定理证明

$$P = (\rho v^3/D)f(vD/\nu\ ,nD^2/\nu)$$

证明　本题中物理量的个数 $N=6$，基本量纲数 $r=3$，因此有 $N-r=3$ 个量纲的 π 项。选 ρ,ν,D 为基本物理量，则

$$\pi_1 = \frac{P}{\rho^{x_1}\nu^{y_1}D^{z_1}},\quad \pi_2 = \frac{v}{\rho^{x_2}\nu^{y_2}D^{z_2}},\quad \pi_3 = \frac{n}{\rho^{x_3}\nu^{y_3}D^{z_3}}$$

对 π_1 项由量纲和谐原理求其指数，即

$$ML^2T^{-3} = (ML^{-3})^{x_1}(L^2T^{-1})^{y_1}L^{z_1}$$

M：　$1=x_1$

L：　$2=-3x_1+2y_1+z_1$

T：　$-3=-y_1$

解得 $x_1=1,y_1=3,z_1=-1$，所以

$$\pi_1 = \frac{PD}{\rho\nu^3}$$

对 π_2 项由量纲和谐原理求其指数，即

$$LT^{-1} = (ML^{-3})^{x_2}(L^2T^{-1})^{y_2}L^{z_2}$$

M：$0 = x_2$

L：$1 = -3x_2 + 2y_2 + z_2$

T：$-1 = -y_2$

解得 $x_2 = 0, y_2 = 1, z_2 = -1$，所以

$$\pi_2 = \frac{vD}{\nu}$$

此量纲数就是雷诺数。

对 π_3 项由量纲和谐原理求其指数，即

$$T^{-1} = (ML^{-3})^{x_3}(L^2T^{-1})^{y_3}L^{z_3}$$

M：$0 = x_3$

L：$0 = -3x_3 + 2y_3 + z_3$

T：$-1 = -y_3$

解得 $x_3 = 0, y_3 = 1, z_3 = -2$，所以

$$\pi_3 = \frac{nD^2}{\nu}$$

此量纲数就是以旋转速度表示的雷诺数。

故该问题的量纲一形式为

$$\pi_1 = F(\pi_2, \pi_3)$$

即

$$P = (\rho\nu^3/D)f(vD/\nu, nD^2/\nu)$$

10．试用π定理推导圆柱绕流阻力 F 的表达式。已知圆柱直径为 d，来流流速为 v_0，流体的密度为 ρ，流体的动力黏滞系数为 μ。

解 首先设 $f'(F, d, v_0, \rho, \mu) = 0$，再选取 d, v_0, ρ 作为独立变量，即

$$f(\pi_1, \pi_2) = 0,\quad \pi_1 = d^{\alpha_1}v_0^{\beta_1}\rho^{\gamma_1}F,\quad \pi_2 = d^{\alpha_2}v_0^{\beta_2}\rho^{\gamma_2}\mu$$

于是有

$$\pi_1 = L^0T^0M^0 = L^{\alpha_1}[LT^{-1}]^{\beta_1}\cdot[L^{-3}M]^{\gamma_1}\cdot MLT^{-2}$$

$$\pi_2 = L^0T^0M^0 = L^{\alpha_2}[LT^{-2}]^{\beta_2}\cdot[L^{-3}M]^{\gamma_2}\cdot ML^{-1}T^{-1}$$

则可得：$\gamma_1 + 1 = 0, \alpha_1 + \beta_1 - 3\gamma_1 + 1 = 0, -\beta_1 - 2 = 0$，解得

$$\alpha_1 = -2,\quad \beta_1 = -2,\quad \gamma_1 = -1$$

$$\gamma_2 + 1 = 0,\quad \alpha_2 + \beta_2 - 3\gamma_2 + 1 = 0,\quad -\beta_2 - 1 = 0$$

$$\alpha_2 = -1,\quad \beta_2 = -1,\quad \gamma_2 = -1$$

$$\pi_1 = \frac{F}{d^2v_0^2\rho},\quad \pi_2 = \frac{\mu}{dv_0\rho},\quad f\left(\frac{F}{d^2v_0^2\rho}, \frac{\mu}{dv_0\rho}\right) = 0,\quad \frac{F}{d^2v_0^2\rho} = f_1\left(\frac{\mu}{dv_0\rho}\right)$$

从而得

$$F = d^2v_0^2\rho f_1\left(\frac{\mu}{dv_0\rho}\right)$$

11．在层流情况下，流过一小等边三角形截面之孔（边长为 b，长度为 L）的体积流量 q_v

为动力黏性系数 μ，单位长度上之压强降 $\Delta p/L$ 及 b 的函数。试采用雷利法，将此关系改写成无因次式。若三角形边长 b 加倍，体积流量会如何变化？

解　写出影响流量 q_v 的各物理量的隐函数表达式

$$f\left(q_v,\mu,\frac{\Delta p}{L},b\right)=0$$

写出指数乘积的关系式

$$q_v=K_q\mu^{\alpha}\left(\frac{\Delta p}{L}\right)^{\beta}b^{\gamma}$$

式中，K_q 是待求的无因次系数(在此相当于流量系数)。写出量纲式

$$[q_v]=[\mu]^{\alpha}\left[\frac{\Delta p}{L}\right]^{\beta}[b]^{\gamma}$$

以基本量纲(L,M,T)表示各物理量的量纲：

$$[L^3T^{-1}]=[ML^{-1}T^{-1}]^{\alpha}[ML^{-2}T^{-2}]^{\beta}[L]^{\gamma}$$

根据量纲和谐原理求 α,β,γ：

L：　$3=-\alpha-2\beta+\gamma$

M：　$0=\alpha+\beta$

T：　$-1=-\alpha-2\beta$

得 $\gamma=4,\beta=1,\alpha=-1$，整理方程式

$$q_v=K_q\mu^{-1}\left(\frac{\Delta p}{L}\right)b^4$$

$$K_q=\frac{q_v\mu}{\dfrac{\Delta p}{L}b^4}$$

当 b 增加 1 倍时

$$q_v=K_q\mu^{-1}\left(\frac{\Delta p}{L}\right)(2b)^4=16K_q\mu^{-1}\left(\frac{\Delta p}{L}\right)b^4$$

故当边长增加 1 倍时，流量增加 16 倍。

12. 翼型的阻力 F_D 与翼型的翼弦 b、翼展 L、冲角 α、翼型与空气的相对速度 v、空气的密度 ρ、动力黏度 μ 和体积模量 K 有关。试用 π 定理导出翼型阻力的表达式。

解　根据与翼型阻力有关的物理量可以写出物理方程式

$$F(F_D,\mu,K,L,\alpha,b,v,\rho)=0$$

选取 b、v、ρ 为基本量，可以组成的无量纲量为：

$$\pi_1=\frac{F_D}{b^{a_1}v^{b_1}\rho^{c_1}},\quad \pi_2=\frac{\mu}{b^{a_2}v^{b_2}\rho^{c_2}},\quad \pi_3=\frac{K}{b^{a_3}v^{b_3}\rho^{c_3}},\quad \pi_4=\frac{L}{b^{a_4}v^{b_4}\rho^{c_4}},\quad \pi_5=\alpha$$

用基本量纲表示 π_1,π_2,π_3,π_4(π_5 已经是无量纲量)中的各物理量，得

$$MLT^{-2}=L^{a_1}(LT^{-1})^{b_1}(ML^{-3})^{c_1}$$

$$ML^{-1}T^{-1}=L^{a_2}(LT^{-1})^{b_2}(ML^{-3})^{c_2}$$

$$MLT^{-2}=L^{a_3}(LT^{-1})^{b_3}(ML^{-3})^{c_3}$$

$$L=L^{a_4}(LT^{-1})^{b_4}(ML^{-3})^{c_4}$$

根据量纲一致性原则得：$a_1=2,b_1=2,c_1=1$；$a_2=1,b_2=1,c_2=1$；$a_3=0,b_3=2,c_3=1$；

$a_4=1, b_4=0, c_4=0$，故有

$$\pi_1=\frac{F_D}{\rho v^2 b^2}, \quad \pi_2=\frac{\mu}{\rho v b}=\frac{1}{Re}, \quad \pi_3=\frac{K}{\rho v^2}=\frac{c^2}{v^2}=\frac{1}{Ma^2}, \quad \pi_4=\frac{L}{b}$$

由于 $\pi_1/\pi_4=F_D/(\rho v^2 bL)$ 仍是无量纲量，所以将所有 π 值运用 π 定理，得

$$F_D=f(Re, Ma, \alpha)bL\frac{\rho v^2}{2}=C_D A\frac{\rho v^2}{2}$$

或

$$C_D=\frac{F_D}{A\rho v^2/2}$$

式中，$C_D=f(Re, Ma, \alpha)$ 为阻力系数，一般由实验确定。对于翼型，当 $Ma<0.3$ 时，可以不考虑压缩性的影响，$C_D=f(Re, \alpha)$；对于圆柱体的绕流问题，不存在 α 的影响，$C_D=f(Re)$。A 为物体的特征面积，一般取迎风截面面积：对于机翼，取弦长与翼展的乘积；对于圆柱体，取直径与柱长的乘积。

13．为了实验研究水流对光滑球形潜体的作用力，要求预先做出实验的方案。

解 水流对光滑球形潜体的作用力 F 与水流速度 v、潜体直径 d、水的密度 ρ、水的动力黏度 μ 诸物理量有关。即

$$F=f(v, d, \rho, \mu)$$

如何进行实验求得作用力 F 与各物理量的关系？应用量纲分析方法组织实验，首先找出有关量 $f(F, v, d, \rho, \mu)=0$。由 π 定理，选 v, d, ρ 为基本量，组成各 π 项

$$\pi_1=\frac{F}{v^{a_1} d^{b_1} \rho^{c_1}}$$

$$\pi_2=\frac{\mu}{v^{a_2} d^{b_2} \rho^{c_2}}$$

按 π 项无量纲，决定基本量指数：$a_1=2, b_1=2, c_1=1$；$a_2=1, b_2=1, c_2=1$。

整理方程式：

$$f\left(\frac{F}{v^2 d^2 \rho}, \frac{\mu}{v d \rho}\right)=0 \tag{1}$$

$$\frac{F}{v^2 d^2 \rho}=f_1\left(\frac{\mu}{v d \rho}\right) \tag{2}$$

$$F=f_2\left(\frac{v d \rho}{\mu}\right)\rho v^2 d^2=f_2(Re)\frac{8}{\pi}\frac{\pi d^2}{4}\frac{\rho v^2}{2}=C_d A\frac{\rho v^2}{2} \tag{3}$$

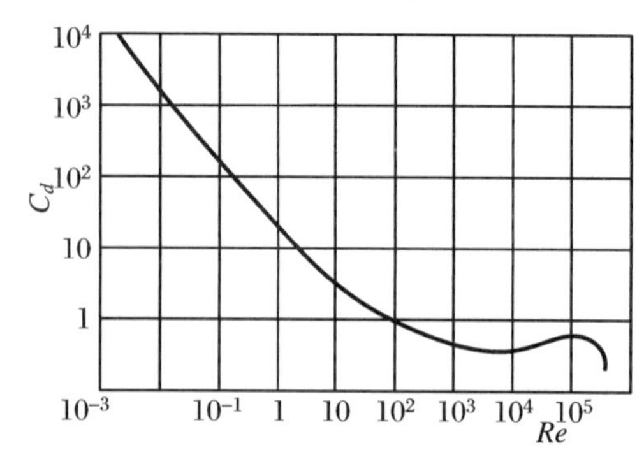

题 5.13 图

式中，无量纲项 $C_d=f_2(Re)\dfrac{8}{\pi}=f'(Re)$ 为阻力系数；$Re=\dfrac{v d \rho}{\mu}=\dfrac{v d}{\nu}$ 为雷诺数。

由上面分析可知，实验研究水流对光滑球形潜体的作用力，归结为实验测定阻力系数 C_d 与雷诺数 Re 的关系。这样一来，实施这项实验研究只需要用一个球，在一个温度的水流中实验，通过改变水流速度，整理成不同 Re 和 C_d 的实验曲线，如题 5.13 图所示。

各种情况下,流体对球形潜体的作用力,只需计算出 $Re=\dfrac{vd}{\nu}$,由题 5.13 图查得 C_d 值,按式(3)计算 F 即可。

14. 长 1.5 m,宽 0.3 m 的平板,在温度为 20 ℃的水内拖曳。当速度为 3 m/s,阻力为 14 N。计算相似板的尺寸,它在速度为 18 m/s,绝对压强为 101.4 kPa,温度为 15 ℃的空气气流中形成动力相似条件,它的阻力估计为多少?

解　采用雷诺相似准则:$Re_n=Re_m$。

温度为 20 ℃时,水的运动黏度 $\nu_n=1.007\times10^{-6}\ \mathrm{m^2/s}$,密度 $\rho_n=998.2\ \mathrm{kg/m^3}$;

在温度为 15 ℃,绝对压强为 101.4 kPa 时,空气的运动黏度 $\nu_m=15.2\times10^{-6}\ \mathrm{m^2/s}$,密度 $\rho_m=1.226\ \mathrm{kg/m^3}$。

由

$$\frac{v_n l_n}{\nu_n}=\frac{v_m l_m}{\nu_m}$$

得

$$l_m=\left(\frac{v_n}{v_m}\right)\left(\frac{\nu_m}{\nu_n}\right)l_n=\frac{3}{18}\times\frac{15.2\times10^{-6}}{1.007\times10^{-6}}l_n=2.516l_n$$

因此,相似板长为(2.516×1.5) m=3.77 m,宽为(2.516×0.3) m=0.75 m。

根据动力相似,原型和模型的阻力与惯性力成比例

$$\frac{F_n}{F_m}=\frac{\rho_n v_n^2 l_n^2}{\rho_m v_m^2 l_m^2}$$

即

$$F_m=\frac{\rho_m v_m^2 l_m^2}{\rho_n v_n^2 l_n^2}F_n=\frac{1.226\times18^2}{998.2\times3^2}\times2.516^2\times14=3.92\ \mathrm{N}$$

15. 如图(题 5.15 图)所示,(a)图是用于水管的孔板流量计,孔板前后的压强差用水银差压计测量。实验得知其流量系数保持不变时的最小流量为 $q_v'=16$ L/s,此时差压计中水银柱的高度差为 $h'=45$ mm。(b)图是准备用于空气管道的孔板流量计的设计方案,其尺寸 $D=200$ mm,$d=100$ mm 与(a)图相同,只是测量压强差改用水柱差压计。试推算此流量计当流量系数保持不变时的最小流量 q_v 及水柱差压计中的读数 h。(水的运动黏度 $\nu=10^{-6}\ \mathrm{m^2/s}$;空气的运动黏度 $\nu=15.6\times10^{-6}\ \mathrm{m^2/s}$,空气密度 $\rho=1.166\ \mathrm{kg/m^3}$。)

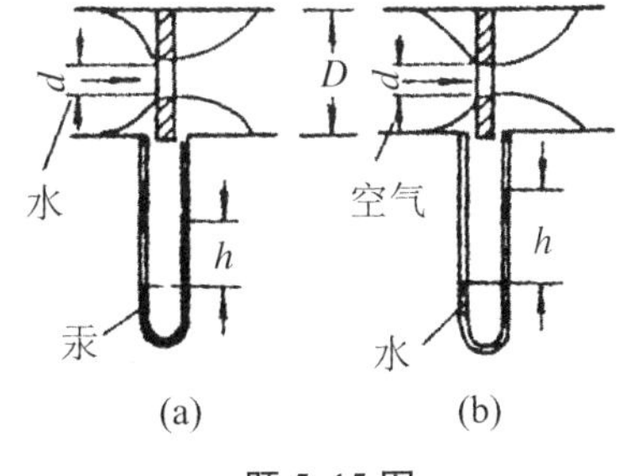

题 5.15 图

解　此题实际上是将水管作为模型,按雷诺模型法求空气管道实物上的流量和压差的问题。

已知的三个基本比例尺是:

长度比例尺

$$\delta_l=1$$

运动黏度比例尺

$$\delta_\nu=\frac{\nu_1}{\nu_2}=\frac{15.6\times10^{-6}}{10^{-6}}=15.6$$

密度比例尺

$$\delta_\rho = \frac{\rho_1}{\rho_2} = \frac{1.166}{1000} = 1.166 \times 10^{-3}$$

现在需要根据雷诺模型法求实物上流量系数保持不变时的最小流量和水柱差压计上的读数。流量比例尺

$$\delta_q = \delta_v \delta_l = 15.6$$

空气管道上流量系数不变时的最小流量为：

$$q_{v1} = q_{v2}\delta_q = 16 \times 15.6 = 250 \text{ L/s}$$

求压强差应当用压强比例尺

$$\delta_p = \frac{\delta_\rho \delta_v^2}{\delta_l^2} = \frac{1.166 \times 10^{-3} \times 15.6^2}{1^2} = 0.2838$$

如果空气管道上的差压计不改变介质，仍用水银和水，按雷诺模型法，它的读数设为 h'_1，则

$$h'_1 = h_2\delta_p = 45 \times 0.2838 = 12.77 \text{ mm(水银柱)} = 12.77 \text{ mmHg}$$

实际上空气管道上的差压计不是水银和水，而是水和空气，于是它的读数 h_1 应当进行如下换算：

$$h_1 = \frac{\rho_{\text{Hg}} - \rho_{\text{w}}}{\rho_{\text{w}}} h'_1 = \frac{13.6 - 1}{1} \times 12.77 = 161 \text{ mm(水柱)} = 161 \text{ mmH}_2\text{O}$$

16. 管径 $d = 50$ mm 的输油管，装有弯头、开关等局部阻力装置，安装前需要测量压强损失，在实验室用空气进行实验。已知 20 ℃时油的密度 $\rho_{油} = 889.6$ kg/m³；油的黏度 $\nu_{油} = 10^{-6}$ m²/s；空气的密度 $\rho_{气} = 1.2$ kg/m³；空气的黏度 $\nu_{气} = 15.7 \times 10^{-6}$ m²/s。试确定：

（1）当实际输油管道中油的流速 $v_{油} = 2$ m/s 时，实验中空气在管内的流速 $v_{气}$ 为多少？

（2）通过空气实验测得的管道压强损失 $\Delta p_{气} = 7747$ N/m² 时，油液通过输油管道时的压强损失 $\Delta p_{油}$ 为多少？

解 因为低流速时，黏性力起主要作用，另外 Eu（欧拉数）中涉及压强分布，所以此项实验应满足 Re 和 Eu 相等的条件下进行换算。

（1）由 $Re_{油} = Re_{气}$ 得

$$\left(\frac{vd}{\nu}\right)_{油} = \left(\frac{vd}{\nu}\right)_{气}$$

因管道相同，即 $d_{油} = d_{气}$，则

$$v_{气} = \frac{\nu_{气}\ v_{油}}{\nu_{油}} = \frac{15.7 \times 10^{-6} \times 2}{10^{-6}} = 31.4 \text{ m/s}$$

（2）由 $Eu_{油} = Eu_{气}$ 得

$$\left(\frac{\Delta p}{\rho v^2}\right)_{油} = \left(\frac{\Delta p}{\rho v^2}\right)_{气}$$

$$\Delta p_{油} = (\rho v^2)_{油}\left(\frac{\Delta p}{\rho v^2}\right)_{气} = 889.6 \times 2^2 \times \frac{7747}{1.2 \times 31.4^2} = 23300 \text{ N/m}^2$$

17. 两种密度和动力黏度相等的液体从几何相似的喷嘴中喷出。一种液体的表面张力为 0.04409 N/m，出口流束直径为 7.5 cm，流速为 12.5 m/s，在离喷嘴 12 m 处破裂成雾滴；另一液体的表面张力为 0.07348 N/m。如果二流动相似，另一液体的出口流束直径、流速、破裂成雾滴的距离应多大？

解　流束的破裂受黏滞力和表面张力的共同作用，要保证二流动相似，它们的雷诺数和韦伯数必须相等，即

$$\frac{\rho' v' l'}{\mu'} = \frac{\rho v l}{\mu}, \quad \frac{\rho' v'^2 l'}{\sigma'} = \frac{\rho v^2 l}{\sigma}$$

或

$$k_v k_l = 1, \quad k_v^2 k_l = k_\sigma$$

故有

$$k_v = k_\sigma = 0.07348/0.04409 = 1.667$$
$$k_l = 1/k_v = 1/1.667 = 0.6$$

另一流束的出口直径、流速和破裂成雾滴的距离分别为

$$d' = k_l d = 0.6 \times 7.5\ \text{cm} = 4.5\ \text{cm}$$
$$v' = k_v v = 1.667 \times 12.5\ \text{m/s} = 20.83\ \text{m/s}$$
$$l' = k_l l = 0.6 \times 12\ \text{m} = 7.2\ \text{m}$$

18. 为了研究在油液中水平运动的几何尺寸较小的固体颗粒运动特性，用放大 8 倍的模型在 15 ℃水中进行实验。物体在油液中运动速度 13.72 m/s，油的密度 $\rho_{油} = 864\ \text{kg/m}^3$，黏度 $\mu = 0.0258\ \text{N}\cdot\text{s/m}^2$。

(1) 为保证模型与原型流动相似，模型运动物体的速度应取多大？

(2) 实验测定出模型运动物体的阻力为 3.56 N，试推求原型固体颗粒所受阻力。

解　(1) 因物体在液面一定深度之下运动，在忽略波浪运动的情况下，相似条件应满足雷诺准则，即

$$\left(\frac{\rho D v}{\mu}\right)_p = \left(\frac{\rho D v}{\mu}\right)_m$$

15 ℃水的动力黏度 $\mu_m = 1.139 \times 10^{-3}\ \text{Pa}\cdot\text{s}$，水的密度近似取 $\rho = 1000\ \text{kg/m}^3$，又因为 $D_m = 8D_p$，则得

$$v_m = \frac{\rho_p D_p \mu_m}{\rho_m D_m \mu_p} v_p = 0.0654\ \text{m/s}$$

(2) 因为 $F \propto \rho l^2 v^2$，所以

$$\frac{F_p}{F_m} = \frac{\rho_p l_p^2 v_p^2}{\rho_m l_m^2 v_m^2} = 594.1$$

得

$$F_p = 594.1 \times F_m = 2115.0\ \text{N}$$

19. 如图（题 5.19 图）所示，为了求得水管中蝶形阀的特征，预先在空气中作模型实验。两种阀的 α 角相同。空气密度 $\rho' = 1.25\ \text{kg/m}^3$，空气流量 $q'_v = 1.6\ \text{m}^3/\text{s}$，实验模型的直径 $D' = 250\ \text{mm}$，实验结果得出阀的压强损失 $\Delta p' = 275\ \text{kPa}$，作用力 $F' = 140\ \text{N}$，作用力矩 $T' = 3\ \text{N}\cdot\text{m}$，实物蝶阀直径 $D = 2.5\ \text{m}$，实物流量 $q_v = 8\ \text{m}^3/\text{s}$。实验是根据力学相似设计的。

(1) 试求速度比例尺 δ_v，长度比例尺 δ_l，密度比例尺 δ_ρ。

(2) 求实物蝶阀上的压强损失、作用力与作用力矩。

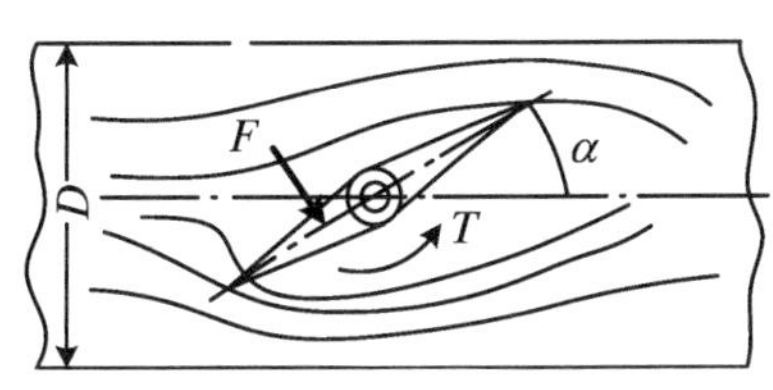

题 5.19 图

解 (1) 长度比例尺

$$\delta_l = \frac{D}{D'} = \frac{2.5 \times 10^3}{2.5 \times 10^2} = 10$$

密度比例尺

$$\delta_\rho = \frac{\rho}{\rho'} = \frac{10^3}{1.25} = 800$$

流量比例尺

$$\delta_q = \delta_l^2 \delta_v = \frac{q_v}{q'_v} = \frac{8}{1.6} = 5$$

速度比例尺

$$\delta_v = \frac{\delta_q}{\delta_l^2} = \frac{5}{10^2} = 0.05$$

以 δ_l、δ_ρ、δ_v 为基本比例尺,推算其他比例尺。

(2) 压强比例尺 $\delta_p = \delta_v^2 \delta_\rho = 800 \times 0.05^2 = 2$,则实物上的压强损失为

$$\Delta p = \Delta p' \delta_p = 275 \times 2 = 550 \text{ kPa}$$

力的比例尺

$$\delta_F = \delta_\rho \delta_l^2 \delta_v^2 = 800 \times 10^2 \times 0.05^2 = 200$$

作用在实物蝶阀的力

$$F = \delta_F \cdot F' = 200 \times 140 = 28 \text{ kN}$$

力矩比例尺

$$\delta_T = \delta_\rho \delta_l^3 \delta_v^2 = 800 \times 10^3 \times 0.05^2 = 2000$$

作用在实物蝶阀上的力矩

$$T = T' \delta_T = 3 \times 2000 = 6 \times 10^3 \text{ N} \cdot \text{m}$$

20. 为研究热风炉中烟气的流动特性,采用长度比尺为 10 的水流做模型实验。已知热风炉内烟气流速为 8 m/s,烟气温度为 600 ℃,密度为 0.4 kg/m^3,运动黏度为 0.9 cm^2/s。模型中水温 10 ℃,密度为 1000 kg/m^3,运动黏度 0.0131 cm^2/s。试问:

(1) 为保证流动相似,模型中水的流速是多少?

(2) 实测模型的降压为 6307.5 N/m^2,原型热风炉运行时,烟气的压降是多少?

解 (1) 对流动起主要作用的力是黏滞力,应满足雷诺准则

$$(Re)_p = (Re)_m$$

$$v_m = v_p \frac{\nu_m}{\nu_p} \frac{l_p}{l_m} = 8 \times \frac{0.0131}{0.9} \times 10 = 1.16 \text{ m/s}$$

(2) 流动的压降满足欧拉准则

$$(Eu)_p = (Eu)_m$$

$$\Delta p_p = \Delta p_m \times \frac{\rho_p v_p^2}{\rho_m v_m^2} = 6307.5 \times \frac{0.4 \times 8^2}{1000 \times 1.16^2} = 120 \text{ N/m}^2$$

21. 明渠流动中闸门前的水深 $H_p = 2$ m,现用水在模型上做实验,使 $k_l = l_m / l_p = 10^{-1}$。在模型上测得水流量 $q_{v_m} = 1.2 \times 10^{-2}$ m^3/s,模型闸门后流速 $v_m = 1$ m/s,作用在模型闸门上的力 $F_m = 40$ N。求实物明渠流动中流量 q_{v_p},闸门后的流速 v_p,作用在闸门上的

力 F_p，模型闸门前的水深 H_m 各为多少？

解　这是明渠流动，重力是流动的原因，进行模型实验应以弗劳德相似准则为依据。

$$Fr_p = Fr_m, \quad 即 \quad \frac{v_p^2}{gl_p} = \frac{v_m^2}{gl_m}$$

$$\frac{v_p^2}{l_p} = \frac{v_m^2}{l_m}, \quad 或 \quad k_v = k_l^{1/2}$$

于是流量比例常数

$$k_q = k_v k_l^2 = k_l^{5/2}$$

力比例常数

$$k_F = k_\rho k_v^2 k_l^2 = k_\rho k_l^3$$

这样就可以求出实物流动中闸门后的流速

$$v_p = \frac{v_m}{k_v} = \frac{v_m}{k_l^{1/2}} = \frac{1}{10^{-\frac{1}{2}}} = 3.16\ \mathrm{m/s}$$

明渠实物流动的流量

$$q_{v_p} = q_{v_m}/k_q = q_{v_m} \cdot k_l^{-\frac{5}{2}} = 1.2 \times 10^{-2} \times 10^{\frac{5}{2}} = 3.79\ \mathrm{m^3/s}$$

作用在明渠闸门上的力

$$F_p = F_m/k_F = F_m/(k_\rho \cdot k_l^3) = 40 \times 1 \times 10^3 = 4 \times 10^4\ \mathrm{N}$$

模型闸门前的水深

$$H_m = k_l \cdot H_p = \frac{1}{10} \times 2 = 0.2\ \mathrm{m}$$

22. 如图（题 5.22 图）所示，原型号的溢流阀直径 $D' = 25$ mm，最大开度 $x' = 2$ mm 时压强差 $\Delta p' = 10^3$ kPa，流量 $q_v' = 5$ L/s，轴向作用力 $F' = 150$ N。用同样液体为工质，准备研制一种新型号溢流阀，使其流量增大 4 倍而其压强差只增大 2 倍，并保证二者力学相似。试问新型号溢流阀的直径 D 是多大？最大开度多少？在最大开度时的轴向力是多少？

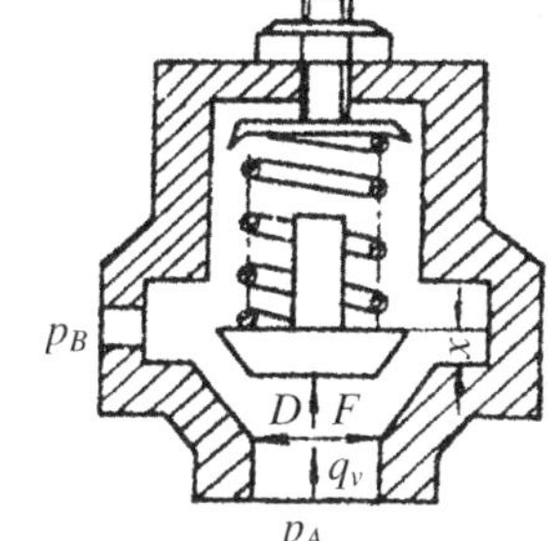

题 5.22 图

解　已知比例尺是 $\delta_\rho = 1$；流量比例尺是 $\delta_q = \dfrac{q_v'}{q_v} = \dfrac{1}{4} = 0.25$，压强比例尺

$$\delta_p = \frac{\Delta p'}{\Delta p} = \frac{1}{2} = 0.5$$

现在需要根据力学相似去求长度比例尺和力的比例尺。因为 $\delta_p = \delta_v^2 \delta_\rho$，所以

$$\delta_v = \sqrt{\frac{\delta_p}{\delta_\rho}} = \sqrt{\frac{0.5}{1}} = 0.707$$

同理 $\delta_q = \delta_l^2 \delta_v$ 则

$$\delta_l = \sqrt{\frac{\delta_q}{\delta_v}} = \sqrt{\frac{0.25}{0.707}} = 0.5946$$

力比例尺

$$\delta_F = \delta_\rho \delta_l^2 \delta_v^2 = 1 \times 0.5946^2 \times 0.707^2 = 0.17678$$

于是可以得到新型号溢流阀的技术参数：

直径

$$D = \frac{D'}{\delta_l} = \frac{25}{0.5946} = 42\ \text{mm}$$

开度

$$x = \frac{x'}{\delta_l} = \frac{2}{0.5946} = 3.364\ \text{mm}$$

轴向力

$$F = \frac{F'}{\delta_F} = \frac{150}{0.17678} = 848.5\ \text{N}$$

23. 如图(题5.23图)所示，一桥墩长 $l_p = 24$ m，桥墩宽 $b_p = 4.3$ m，水深 $h_p = 8.2$ m，河中水流平均流速 $v_p = 2.3$ m/s，两桥台间的距离 $B_p = 90$ m。取$\lambda_l = 50$ 来设计水工模型实验，试确定模型的几何尺寸和模型实验流量。

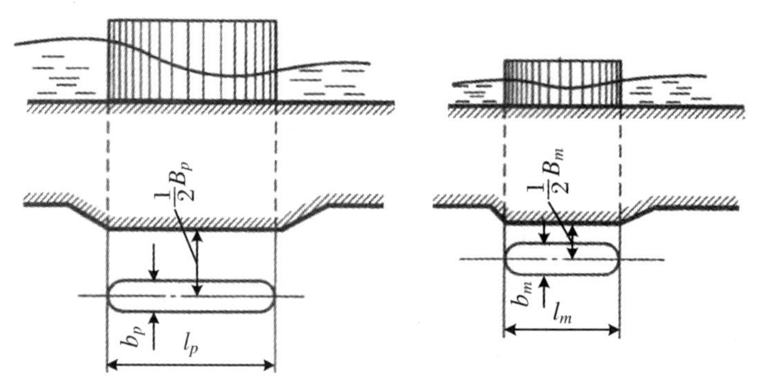

题5.23图

解 (1) 模型的各几何尺寸按几何相似的要求，由给定的$\lambda_l = 50$ 直接计算得到：

桥墩长

$$l_m = \frac{l_p}{\lambda_l} = 0.48\ \text{m}$$

桥墩宽

$$b_m = \frac{b_p}{\lambda_l} = 0.086\ \text{m}$$

桥墩台间距

$$B_m = \frac{B_p}{\lambda_l} = 1.80\ \text{m}$$

水深

$$h_m = \frac{h_p}{\lambda_l} = 0.164\ \text{m}$$

(2) 一般水工建筑物的流体流动主要受重力作用，所以模型试验将主要满足弗劳德准

则。由此得到流速比尺

$$\lambda_v = \sqrt{\lambda_g \lambda_l}$$

因 $\lambda_g = 1$，则 $\lambda_v = \sqrt{\lambda_l}$。所以模型流速为

$$v_m = \frac{v_p}{\sqrt{\lambda_l}} = 0.325\ \text{m/s}$$

再由流量换算法得模型流量

$$q_{v_m} = \frac{q_{v_p}}{\lambda_l^2 \lambda_v} = \frac{q_{v_p}}{\lambda_l^2 \sqrt{\lambda_l}} = \frac{q_{v_p}}{\lambda_l^{2.5}}$$

因 $q_{v_p} = v_p (B_p - b_p) h_p = 1616.3\ \text{m}^3/\text{s}$，则

$$q_{v_m} = \frac{q_{v_p}}{\lambda_l^{2.5}} = 0.0914\ \text{m}^3/\text{s}$$

24. 如图(题 5.24 图)所示，当通过油池底部的管道向外输油时，如果池内油深太小，会形成位于油面的旋涡，并将空气吸入输油管内。为了防止这种情况的发生，需要通过模型实验去确定油面开始出现旋涡的最小油深 $h_{\min}$。已知输油管内径 $d = 250$ mm，油的流量 $q_v = 0.14\ \text{m}^3/\text{s}$，运动黏度 $\nu = 7.5 \times 10^{-5}\ \text{m}^2/\text{s}$。若选取的长度比尺 $k_l = 1/5$，为了保证流动相似，模型输出管的内径、模型内液体的流量和运动黏度应等于多少？在模型上测得 $h'_{\min} = 60$ mm，油池的最小油深 $h_{\min}$ 应等于多少？

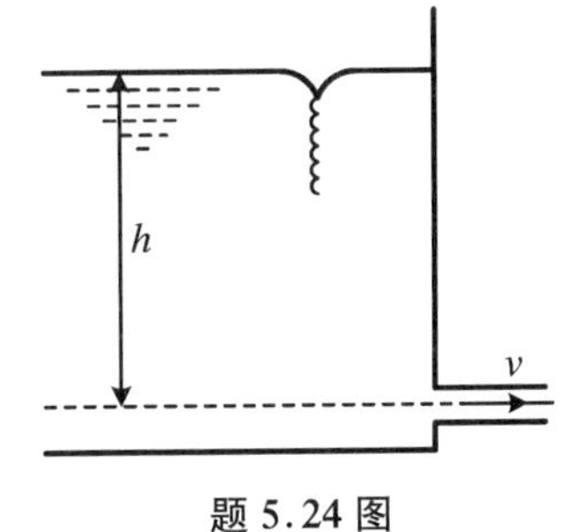

题 5.24 图

解　这是在重力作用下不可压缩黏性流体的流动问题，必须同时考虑重力和黏滞力的作用。因此，为了保证流动相似，必须按照弗劳德数和雷诺数分别同时相等去选择模型内液体的流速和运动黏度。

按长度比尺得模型输出管内径

$$d' = k_l d = \frac{250}{5} = 50\ \text{mm}$$

在重力场 $g' = g$，由弗劳德数相等可得模型内液体的流速和流量为

$$v' = \left(\frac{h'}{h}\right)^{1/2} v = \left(\frac{1}{5}\right)^{1/2} v$$

$$q'_v = \frac{\pi}{4} d'^2 v' = \frac{\pi}{4}\left(\frac{d}{5}\right)^2 \times \left(\frac{1}{5}\right)^{1/2} v = \left(\frac{1}{5}\right)^{5/2} q_v = \frac{0.14}{55.9} = 0.0025\ \text{m}^3/\text{s}$$

由雷诺数相等可得模型内液体的运动黏度为

$$\nu' = \frac{v'd'}{vd}\nu = \left(\frac{1}{5}\right)^{3/2} \nu = \frac{7.5 \times 10^{-5}}{11.18} = 6.708 \times 10^{-6}\ \text{m}^2/\text{s}$$

油池的最小油深为

$$h_{\min} = \frac{h'_{\min}}{k_l} = 5 \times 60 = 300\ \text{mm}$$

25. 为了探索用输油管道上一段弯管的压强降去计量油的流量，进行了水模拟实验。

选取的长度比尺 $k_l=1/5$。已知输油管内径 $d=100$ mm，油的流量 $q_v=0.02\ \mathrm{m^3/s}$，运动黏度 $\nu=0.625\times10^{-6}\ \mathrm{m^2/s}$，密度 $\rho=720\ \mathrm{kg/m^3}$，水的运动黏度 $\nu'=10^{-6}\ \mathrm{m^2/s}$，密度 $\rho'=998\ \mathrm{kg/m^3}$。为了保证流动相似，试求水的流量。如果测得在该流量下模型弯管的压强降 $\Delta p'=1.177\times10^4$ Pa，试求原型弯管在对应流量下的压强降。

解 这是黏性有压管流，要使流动相似，雷诺数必须相等。因此可得

$$k_v = k_\nu/k_l = 5\times10^{-6}/(0.625\times10^{-6}) = 8$$

$$k_{q_v} = k_l^2 k_v = k_l k_\nu$$

$$q'_v = k_l k_\nu q_v = (1/5)\times(1.0/0.625)\times0.02 = 0.0064\ \mathrm{m^3/s}$$

由欧拉数相等可得

$$\Delta p = (\rho/\rho')(v/v')^2\Delta p' = (720/998)\times(1/8)^2\times1.177\times10^4 = 132.7\ \mathrm{Pa}$$

26. 采用风洞中的模型实验来模拟测定汽车行驶时的阻力，已知汽车高为 $h_p=1.2$ m，行驶速度 $v_p=28$ km/h。在风洞中风速 $v_m=42$ km/h 时测得模型汽车阻力 $F_m=15$ kN，试求模型汽车高度及汽车受到的阻力。（假设风洞中空气和汽车行驶时周围环境空气状态相同。）

解 风洞中空气和汽车行驶时周围环境空气状态相同，模型流动和实物流动相似，因此可考虑雷诺数相似：$Re_m=Re_p$，即$\dfrac{\rho_m h_m v_m}{\mu_m}=\dfrac{\rho_p h_p v_p}{\mu_p}$，由 $\rho_m=\rho_p$，$\mu_m=\mu_p$，可得模型汽车高度为

$$h_m = \frac{h_p v_p}{v_m} = \frac{28\times1.2}{42} = 0.8\ \mathrm{m}$$

又在流动相似情况下，$\dfrac{F_p}{F_m}=\dfrac{\rho_p h_p^2 v_p^2}{\rho_m h_m^2 v_m^2}=1$，于是得汽车受到的阻力为

$$F_p = F_m = 15\ \mathrm{kN}$$

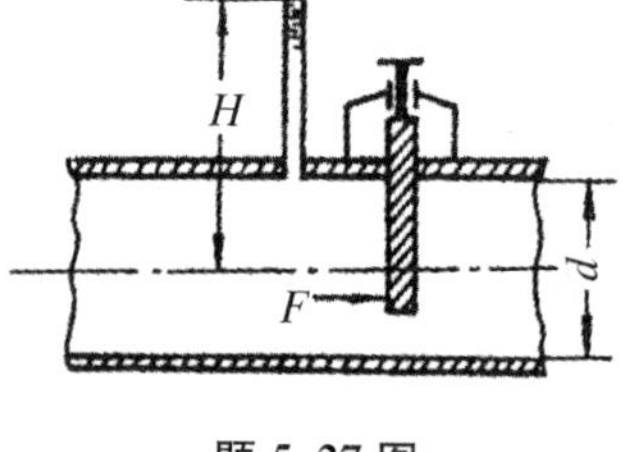

题 5.27 图

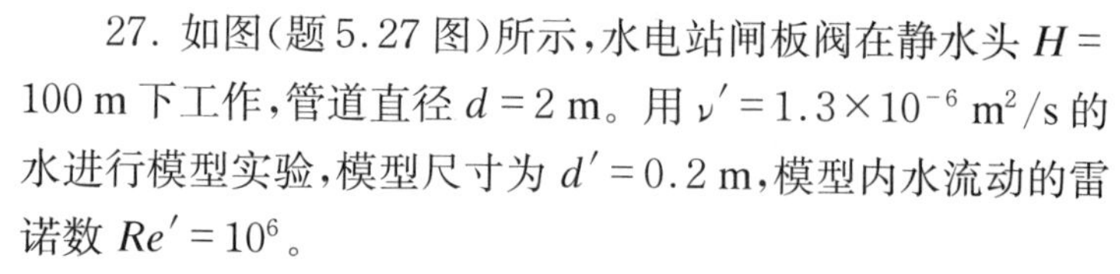
27. 如图（题 5.27 图）所示，水电站闸板阀在静水头 $H=100$ m 下工作，管道直径 $d=2$ m。用 $\nu'=1.3\times10^{-6}\ \mathrm{m^2/s}$ 的水进行模型实验，模型尺寸为 $d'=0.2$ m，模型内水流动的雷诺数 $Re'=10^6$。

（1）试求模型内的流量 q'_v；

（2）如果在 $q_v=C_q\dfrac{\pi d^2}{4}\sqrt{2gH}$ 式中的流量系数 $C_q=0.6$，问模型阀应该在多大的静水头下工作？

（3）测得模型阀受力为 $F'=600$ N，问实物阀应受多大力 F。

解 管中水流本应用雷诺模型法，但当 $Re=10^6$ 时，已进入自动模型区，于是自模区的管流就要用力学相似方法解决了。

力学相似要求实物与模型的雷诺数 $Re=10^6$，由此可得模型的流量是：

$$q'_v = \frac{\pi d'\nu' Re}{4} = \frac{\pi\times0.2\times1.3\times10^{-6}\times10^6}{4} = 0.2042\ \mathrm{m^3/s}$$

模型阀的静水头：

$$H' = \left(\frac{4q'_v}{C_q \pi d'^2}\right)^2 \frac{1}{2g} = \left(\frac{4 \times 0.2042}{0.6 \times \pi \times 0.2)^2}\right) \times \frac{1}{2 \times 9.81} = 5.98\ \text{m}$$

力学相似，力的比例尺是

$$\delta_F = \delta_\rho \delta_v^2 \delta_l^2$$

现在 $\delta_\rho = 1, \delta_l = \dfrac{d}{d'} = \dfrac{2}{0.2} = 10$，故

$$\delta_v = \frac{C_v \sqrt{2gH}}{C_v \sqrt{2gH'}} = \sqrt{\frac{H}{H'}} = \sqrt{\frac{100}{5.98}} = 4.089$$

代回，可得 $\delta_F = 1 \times (4.089^2) \times 10^2 = 1672$，因此实物受力：

$$F = F'\delta_F = 600 \times 1672 = 10^6\ \text{N}$$

28. 如图（题5.28图）所示为弧形闸门放水时的情形。已知水深 $h = 6$ m。模型闸门是按长度比尺 $k_l = 1/20$ 制作的，实验时的开度与原型的相同。试求流动相似时模型闸门前的水深。在模型上测得收缩截面的平均流速 $v' = 2.0$ m/s，流量 $q_v' = 0.03\ \text{m}^3/\text{s}$，水作用在闸门上的力 $F' = 92$ N，绕闸门轴的力矩 $T' = 110$ N·m。试求原型上收缩截面的平均流速、流量以及作用在闸门上的力和力矩。

解 按长度比例尺，模型栅门前的水深：

$$h' = k_l h = 6/20 = 0.3\ \text{m}$$

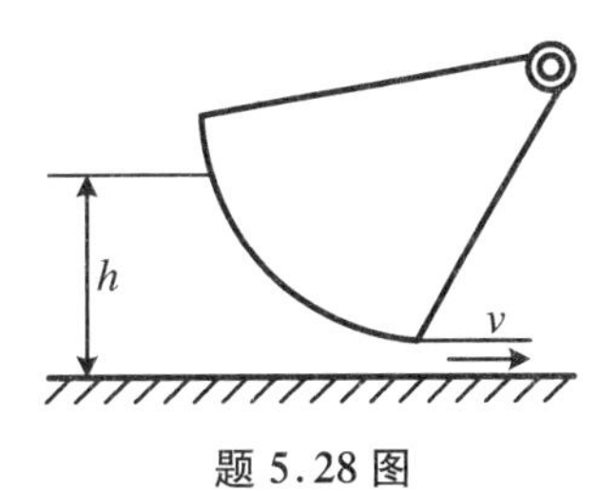

题5.28图

在重力作用下水由闸门下出流，要是流动相似，弗劳德数必须相等，由此可得 $k_v = k_l^{1/2}$。于是，原型上的待求量可按有关比尺计算如下：

收缩截面的平均流速

$$v = v'/k_v = v'/k_l^{1/2} = 2.0 \times 20^{1/2} = 8.944\ \text{m/s}$$

流量

$$q_v = q'_v/k_{q_v} = q'_v/k_l^{5/2} = 0.03 \times 20^{5/2} = 53.67\ \text{m}^3/\text{s}$$

作用在闸门上的力

$$F = F'/k_F = F'/k_l^3 = 92 \times 20^3 = 7.360 \times 10^5\ \text{N}$$

作用在闸门上的力矩

$$T = T'/k_T = T'/k_l^4 = 110 \times 20^4 = 1.760 \times 10^7\ \text{N} \cdot \text{m}$$

29. 试证明在很宽的矩形断面河道中（如题5.29图所示），水深 $y' = 0.63h$ 处的流速等于该断面的平均流速。

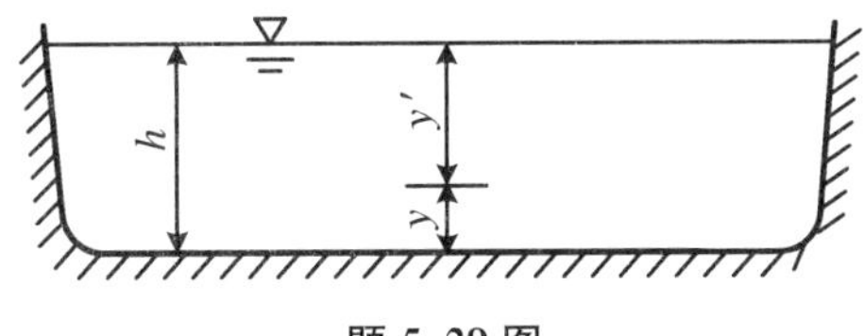

题5.29图

证明 由普朗特混合长度理论

$$v = \frac{v_*}{\kappa} \ln y + c$$

当 $y=h$(水面),$v=v_{max}$,则 $c=v_{max}-\frac{v_*}{\kappa}\ln h$,代回上式,得

$$v = v_{max} + \frac{v_*}{\kappa}\ln\frac{y}{h}$$

平均流速

$$\bar{v} = \frac{1}{h}\int_0^h\left(v_{max} + \frac{v_*}{\kappa}\ln\frac{y}{h}\right)dy = v_{max} - \frac{v_*}{\kappa}$$

由 $v=\bar{v}$,得到

$$\ln\frac{y}{h} = -1$$

$$y = \frac{1}{e}h = 0.368h$$

于是

$$y' = h - 0.368h = 0.632h$$

注 这是河道流量测量中,用一点法测量断面平均流速时,流速仪的置放深度。

第6章　流动阻力与损失

6.1　学习指导

6.1.1　圆管中的层流

1. 层流运动微分方程

如图6.1所示，圆管层流运动N-S方程式可简化为

$$\left.\begin{aligned}&f_y-\frac{1}{\rho}\frac{\partial p}{\partial y}+\nu\left(\frac{\partial^2 v_y}{\partial x^2}+\frac{\partial^2 v_y}{\partial y^2}+\frac{\partial^2 v_y}{\partial z^2}\right)=\frac{\partial v_y}{\partial t}+v_y\frac{\partial v_y}{\partial y}\\&f_x-\frac{1}{\rho}\frac{\partial p}{\partial x}=0\\&f_z-\frac{1}{\rho}\frac{\partial p}{\partial z}=0\end{aligned}\right\}\tag{6.1}$$

定常不可压缩流动有

$$\frac{\mathrm{d}v_y}{\mathrm{d}r}=-\frac{\Delta p}{2\mu l}r\tag{6.2}$$

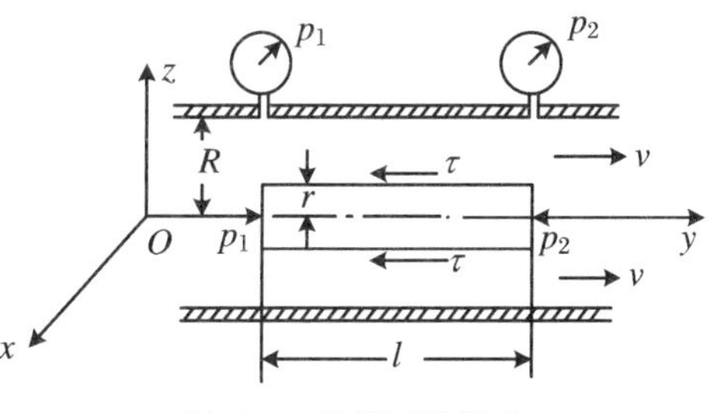

图6.1　圆管层流运动

2. 圆管层流运动速度与切应力分布及流量

圆管层流速度分布

$$v_y=\frac{\Delta p}{4\mu l}(R^2-r^2)\tag{6.3}$$

公式说明过流断面上的速度 v_y 与半径 r 成二次旋转抛物面关系，如图6.2所示。

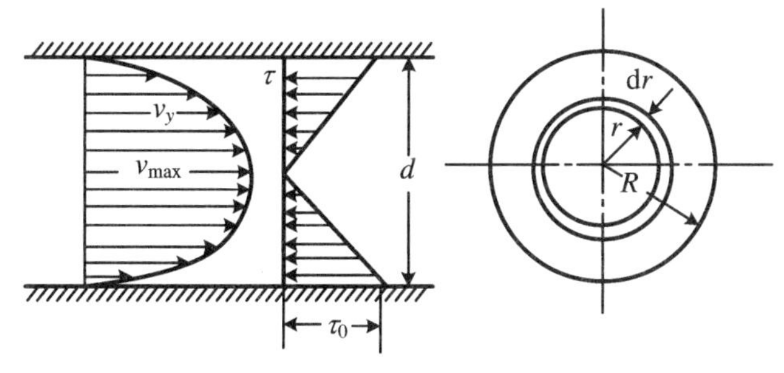

图6.2　圆管层流的速度分布与切应力分布

取半径 r 处宽度为 $\mathrm{d}r$ 的微小环形面积，则可得流量为

$$q_v=\int_A v_y\mathrm{d}A=\int_0^R\frac{\Delta p}{4\mu l}(R^2-r^2)2\pi r\mathrm{d}r=\frac{\pi\Delta pR^4}{8\mu l}=\frac{\pi\Delta pd^4}{128\mu l}\tag{6.4}$$

此式称为哈根-伯肃叶(Hagen-Poiseuille)定律。

管中平均速度

$$v = \frac{q_v}{A} = \frac{\pi \Delta p R^4}{8\mu l \pi R^2} = \frac{\Delta p}{8\mu l} R^2 \tag{6.5}$$

管中最大速度在轴心 $r=0$ 处

$$v_{\max} = \frac{\Delta p R^2}{4\mu l} = 2v \tag{6.6}$$

若知道管中层流在轴心处的速度,则可以直接算出流量

$$q_v = vA = \frac{v_{\max}}{2} \pi R^2 \tag{6.7}$$

管中层流和湍流的速度分布特点如图 6.3 所示。

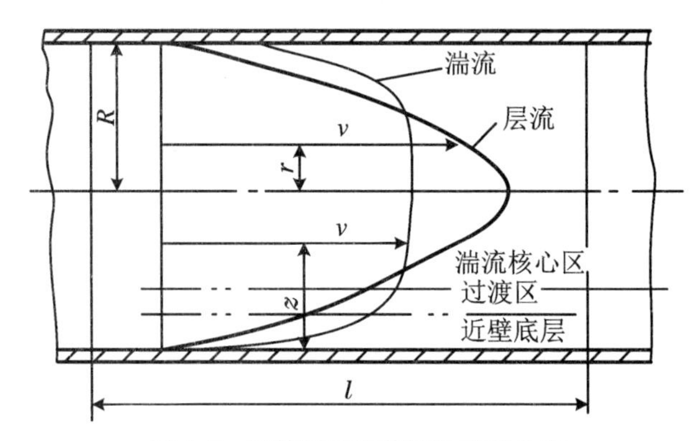

图 6.3 圆管层流和湍流的速度分布

根据牛顿内摩擦定律,在圆管流动中切应力为

$$\tau = \pm \mu \frac{\mathrm{d} v_y}{\mathrm{d} z} = -\mu \frac{\mathrm{d} v_y}{\mathrm{d} r} = \frac{\Delta p r}{2l} \tag{6.8}$$

在层流过流断面上,切应力与半径成正比,呈 $\tau = \tau(r)$ 分布规律,如图 6.2 所示。当 $r = R$ 时,可得管壁处的最大切应力为

$$\tau_0 = \frac{\Delta p R}{2l} \tag{6.9}$$

作用在管壁上的总摩擦力为

$$F_f = \tau_0 2\pi R l = \frac{\Delta p R}{2l} 2\pi R l = \Delta p \pi R^2 = \frac{8\mu l v}{R^2} \pi R^2 = 8\pi \mu l v \tag{6.10}$$

式中,$F_f = \Delta p \pi R^2$ 不限于层流。处于平衡状态的管流两端面上的压力差与作用在管壁上的摩擦力相平衡,这一原则对于湍流也同样是适用。

管中层流的动能修正系数 α 与动量修正系数 β 为

$$\alpha = \frac{\int_A v_y^3 \mathrm{d} A}{v^3 A} = \frac{\int_0^R \left[\frac{\Delta p}{4\mu l}(R^2 - r^2)\right]^3 2\pi r \mathrm{d} r}{\left(\frac{\Delta p R^2}{8\mu l}\right)^3 \pi R^2} = \frac{16\int_0^R (R^2 - r^2)^3 r \mathrm{d} r}{R^8} = 2 \tag{6.11}$$

$$\beta = \frac{\int_A v_y^2 \mathrm{d} A}{v^2 A} = \frac{\int_0^R \left[\frac{\Delta p}{4\mu l}(R^2 - r^2)\right]^2 2\pi r \mathrm{d} r}{\left(\frac{\Delta p R^2}{8\mu l}\right)^2 \pi R^2} = \frac{8\int_0^R (R^2 - r^2)^2 r \mathrm{d} r}{R^6} = \frac{4}{3} \tag{6.12}$$

6.1.2　圆管中的湍流

1. 流动参数时均值与混合长度

图6.4所示是湍流中一点上的速度脉动测量结果。

在相对较长的时间间隔 T 内，各参数始终围绕着一个固定不变的平均值脉动。人们用这个平均值代表空间点上流动参数的平均值，并称为时间平均值。一点上的时间平均速度为

$$\bar{v}=\frac{\int_0^T v\mathrm{d}t}{T}\tag{6.13}$$

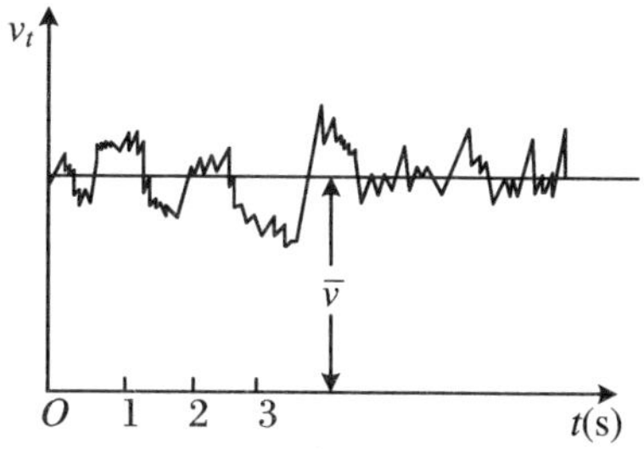

图6.4　湍流中定点上的速度脉动

同理可得 $\bar{p}$，$\bar{\tau}$ 等时间平均值。有了时间平均值这个概念，前面已经建立的流线，稳定流动等概念，都可以在湍流中应用了。

湍流中的时均切应力 $\bar{\tau}$，包括由黏性所形成的切应力 τ 和由流体质点脉动而引起的切应力 τ'。如图6.5所示湍流时均速度分布曲线 $\bar{v}=f(y)$。

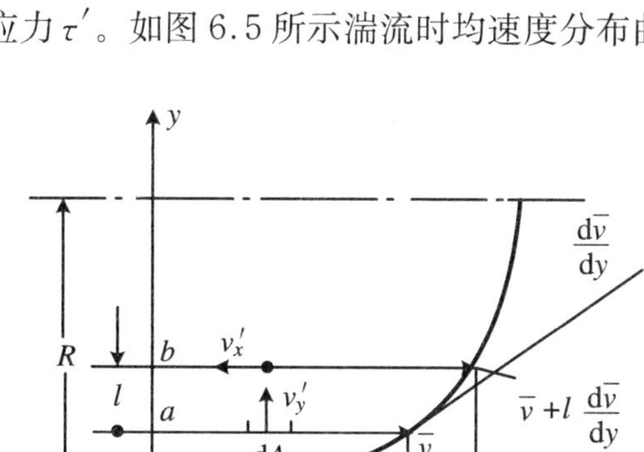

图6.5　混合长度

流体中的一个分子和其他分子撞击之前，所经历路程的平均值称为这种流体的平均自由行程。以此作为类比，普朗特假设一个流体质点从一层跳进另一层时，当质点本身的动量未被改变之前所经历的路程 l，称为混合长度。湍流时均切应力 $\bar{\tau}$ 为

$$\bar{\tau}=\mu\frac{\mathrm{d}\bar{v}}{\mathrm{d}y}+\rho l^2\left(\frac{\mathrm{d}\bar{v}}{\mathrm{d}y}\right)^2\tag{6.14}$$

圆管流动沿程摩擦阻力水头损失即为管流沿程损失，一般用达西公式进行计算，即

$$h_f=\lambda\frac{l}{d}\frac{v^2}{2g}\tag{6.15}$$

式中，摩擦阻力系数 λ 是一个随着不同雷诺数 Re 和管内壁粗糙度而变化的量。

2. 近壁底层、流动光滑管与流动粗糙管

圆管流动靠近管壁的一定范围内大都是以层流为主，这种紧靠管壁的薄层流动区叫近壁底层，也有人将其称为黏性底层或层流底层。近壁底层的厚度 δ_n 并不是固定的，它与流体的运动黏度 ν 成正比，与流体运动速度 v 成反比，与反映壁面凹凸不平及摩擦应力大小的沿程阻力系数 λ 有关。近似计算公式为

$$\delta_n=\frac{14\nu}{v\sqrt{\lambda}}=\frac{14d}{Re\sqrt{\lambda}}\tag{6.16}$$

在近壁底层与湍流核心之间有一个界限不很分明的过渡层，有时也可将它算在湍流核心的范围内，管中湍流实质上包括如图6.6所示的三层结构。

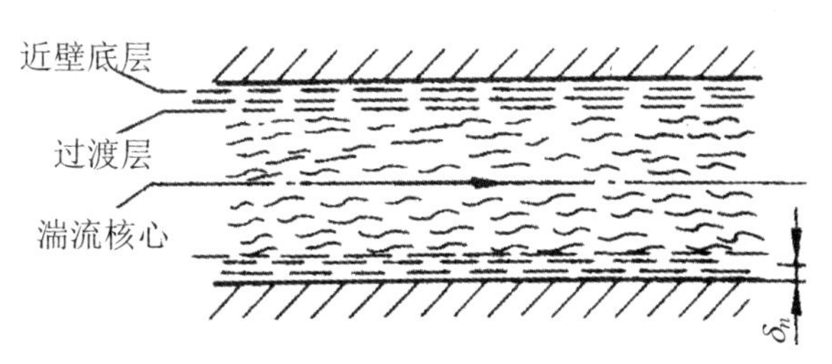

图6.6　湍流结构

近壁底层的厚度较小，但在湍流中的作用却是不可忽视的。管壁一般会

出现各种不同程度的凹凸不平，它们的平均尺寸 Δ 称为绝对粗糙度，如图 6.7 所示。

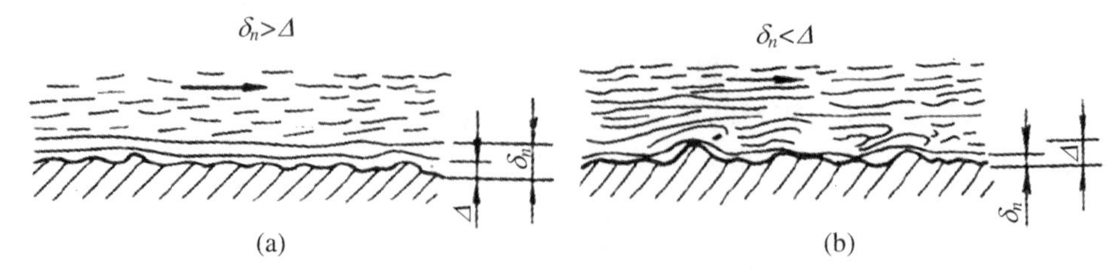

图 6.7　流动光滑管与流动粗糙管

当 $\delta_n > 1.25\Delta$ 时，管壁的凹凸不平部分完全被近壁底层覆盖，粗糙度对湍流核心几乎没有影响，这种情况称为流动光滑管；当 $\delta_n < 1.25\Delta$ 时，管壁的凹凸不平部分暴露在近壁底层之外，湍流核心的运动流体冲击在凸起部分，不断产生新的旋涡，加剧湍乱程度，增大能量损失。粗糙度的大小对湍流特性产生直接影响，这种情况称为流动粗糙管；当 δ_n 与 1.25Δ 近似相等时，凹凸不平部分开始显露影响，但还未对湍流性质产生决定性作用。这是介于上述两种情况之间的过渡状态，有时也把它归入流动粗糙管的范围。确定流动光滑和流动粗糙的两个因素 δ_n 与 Δ 都不是不变的数值，特别是近壁底层厚度 δ_n 随 Re 的变化更为明显。

3. 管中湍流切应力与速度分布

时均化的湍流管壁上的切应力为

$$\tau_0 = \frac{(p_1 - p_2)R}{2l} = \frac{\Delta p}{l}\frac{R}{2} \tag{6.17}$$

式中，R 为管道半径，Δp 为轴向距离为 l 的两断面上的压强差。半径 $r(r<R)$ 处的切应力为

$$\tau = \frac{\Delta p}{l}\frac{r}{2} \tag{6.18}$$

由(6.17)与(6.18)两式可得

$$\tau = \tau_0 \frac{r}{R} \tag{6.19}$$

这就是过流断面上切应力的 K 字形分布规律，它既适用于层流也适用于时均湍流，不过二者的 τ_0 不同，K 字的斜率不同。如图 6.8 所示。

由式(6.14)可知，湍流中的切应力应该包括黏性切应力 τ 与脉动切应力 τ' 两部分，但是这两种切应力在近壁底层和湍流核心中所占的比例是不同的。在近壁底层中，脉动切应力很小，切应力的主要成分是黏性切应力

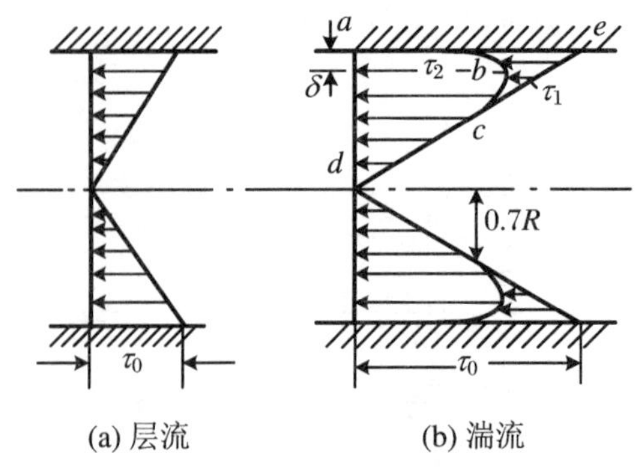

图 6.8　层流与湍流切应力分布

$$\tau_1 = \mu\frac{\mathrm{d}v_x}{\mathrm{d}y} = \mu\frac{\mathrm{d}v_x}{\mathrm{d}r}$$

在湍流核心，由于速度分布比较均匀，速度梯度很小，而脉动剧烈，混合长度较大，因而它的切应力主要成分是脉动切应力

$$\tau_2 = \rho l^2\left(\frac{\mathrm{d}v_x}{\mathrm{d}y}\right)^2$$

在管道轴心处速度最大，速度梯度为零，因而切应力为零。

脉动切应力的分布如图 6.8 的 $abcd$ 所示，K 字形的其余部分 $abce$ 则为黏性切应力。一般

在 $r<0.7R$ 的范围之内，黏性切应力几乎不起作用，这就是以脉动为主的湍流核心。大约在 $r=0.95R$，即 $y=0.05R$ 处脉动切应力最大。接近管壁则脉动切应力迅速降为零，这就是以黏性切应力为主的近壁底层了。在过渡层中两种切应力都存在，它们的比例在不断地变化。此处既有一定的混合长度又有较大的速度梯度，因此脉动切应力的最大值一般是出现在湍流核心的边缘地带而不是靠近管道轴心。

在近壁底层中

$$v_x = \frac{\tau_0}{\mu} y \tag{6.20}$$

在湍流核心中

$$v_x = \sqrt{\frac{\tau_0}{\rho}} \frac{1}{k} \ln y + C \tag{6.21}$$

式中，混合长度系数 $k=0.4$，积分常数 C 可以根据管道轴心处的最大速度 v_{max} 来确定，也可以根据湍流边界条件来确定。

在近壁底层中速度分布是直线规律，这显然是层流速度抛物线规律在近壁底层中的近似结果。在湍流核心中速度 v_x 和 y 成对数关系，如图6.9所示，这种 $v_x=v_x(y)$ 的关系常称为湍流速度的对数分布规律。

图6.9 湍流速度分布

湍流的速度分布也可以近似地用比较简单的指数公式表达为

$$\frac{v_x}{v_{max}} = \left(\frac{y}{R}\right)^n \tag{6.22}$$

当雷诺数 Re 不同时，对应的指数 n 也不同，n 可由表6.1查取。

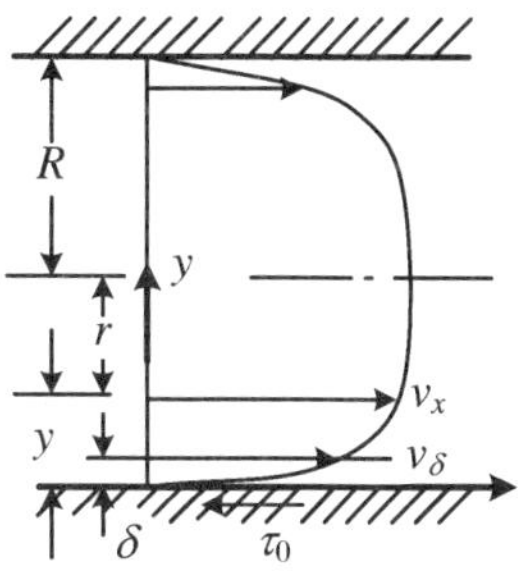

表6.1 圆管湍流核心区速度指数分布律指数 n

雷诺数 Re	4.0×10^3	2.3×10^4	1.1×10^5	1.1×10^6	2.0×10^6	3.2×10^6
指数 n	1/6	1/6.6	1/7	1/8.8	1/10	1/10

6.1.3 管路中的沿程损失

1. 层流沿程损失

在等径管路中，由于流体与管壁以及流体本身的内部摩擦，使得流体能量沿流动方向逐渐降低，这种引起能量损失的原因叫做沿程阻力。沿程能量损失可以用压强损失、水头损失或功率损失三种形式表示，即

$$\Delta p = \frac{128\mu l q_v}{\pi d^4}, \quad 或 \quad \Delta p = \frac{32\mu l v}{d^2} \tag{6.23}$$

$$h_f = \frac{\Delta p}{\rho g} = \frac{128\nu l q_v}{\pi g d^4}, \quad 或 \quad h_f = \frac{32\nu l v}{g d^2} \tag{6.24}$$

$$P = h_f \rho g q_v = \frac{\Delta p}{\rho g}\rho g q_v = \Delta p q_v = \Delta p A v = F v \tag{6.25}$$

根据达西公式，不论层流、湍流，圆管中的沿程水头损失一概用 $h_f=\lambda \dfrac{l}{d}\dfrac{v^2}{2g}$ 表示，以此与式(6.24)比较可得层流的沿程阻力系数

$$\lambda = \frac{64\nu}{vd} = \frac{64}{Re} \tag{6.26}$$

于是达西公式在层流中可以写成

$$h_f = \lambda \frac{l}{d}\frac{v^2}{2g} = \frac{64}{Re}\frac{l}{d}\frac{v^2}{2g} \tag{6.27}$$

按照哈根-伯肃叶定律，可得层流功率损失为

$$P = \Delta p q_v = \frac{128\mu l q_v^2}{\pi d^4} \tag{6.28}$$

2. 尼古拉兹实验

沿程阻力系数 $\lambda = f(Re, \Delta/d)$，尼古拉兹用实验方法完成了测定阻力系数 λ 的实验。实验选用了 6 种相对粗糙度 Δ/d 不同的管路，测定了管路沿程水头损失 h_f 和管中流量 q_v，用流量换算出管中平均流速 v，然后按式

$$\lambda = \frac{h_f}{\frac{l}{d}\cdot\frac{v^2}{2g}}$$

反算出沿程阻力系数 λ 值，如图 6.10 所示。

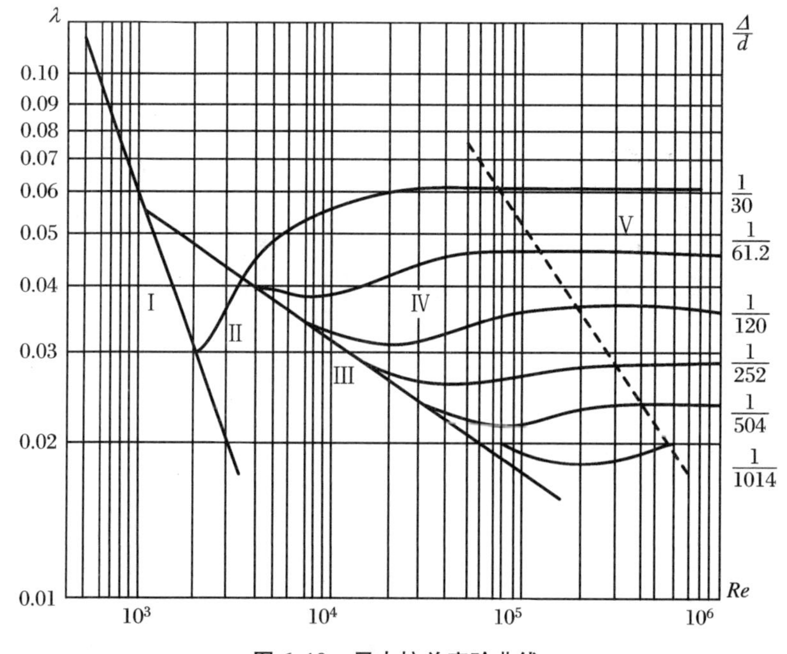

图 6.10　尼古拉兹实验曲线

随着 Δ/d 值的不同和 Re 数的变化，全图大致可以分为 5 个区域，按不同的公式计算沿程阻力系数 λ。

(1) 层流区Ⅰ，在 $Re<2320$ 范围内，$\lambda = 64/Re$。

(2) 临界区Ⅱ，当 $2320<Re<4000$ 时，扎依钦科经验公式可供参考。

$$\lambda = 0.0025Re^{1/3} \tag{6.29}$$

(3) 光滑管湍流区Ⅲ，当 $Re>4000$ 时，计算可用布拉休斯公式

$$\lambda = \frac{0.3164}{Re^{1/4}} \tag{6.30}$$

(4) 过渡区Ⅳ，$Re>22.2\left(\frac{d}{\Delta}\right)^{8/7}$时，计算可用阿里特苏里公式

$$\lambda = 0.11\left(\frac{\Delta}{d}+\frac{68}{Re}\right)^{0.25} \tag{6.31}$$

(5) 粗糙管湍流区或平方阻力区Ⅴ，$Re>597\left(\frac{d}{\Delta}\right)^{9/8}$时，通常用尼古拉兹和希夫林松公式计算 λ 值

$$\lambda = \frac{1}{\left[2\lg\left(3.7\frac{d}{\Delta}\right)\right]^2} \tag{6.32}$$

$$\lambda = 0.11\left(\frac{\Delta}{d}\right)^{1/4} \tag{6.33}$$

常用管道当量绝对粗糙度可由表6.2查取。

表6.2　常用管道管壁当量绝对粗糙度

管道材料	Δ(mm)	管道材料	Δ(mm)	管道材料	Δ(mm)
黄铜、铝、铜管	<0.01	镀锌铸铁、白铁管	0.15	普通铸铁管	0.25
无缝钢管	0.05	涂沥青铸铁管	0.13	混凝土管	0.3～3.0
冷拔无缝钢管	0.02	木板	0.2～0.9	玻璃、塑料管	0.001

3. 莫迪图

为了解决尼古拉兹图使用的不便，莫迪对工业用管做了大量实验，绘制出了 λ 与 Re 及相对粗糙度 Δ/d 的关系图，称之为莫迪图，如图6.11所示。莫迪图按照流动特性同样可分为层流区、临界区、湍流光滑区、过渡区和湍流粗糙管区5个区域。

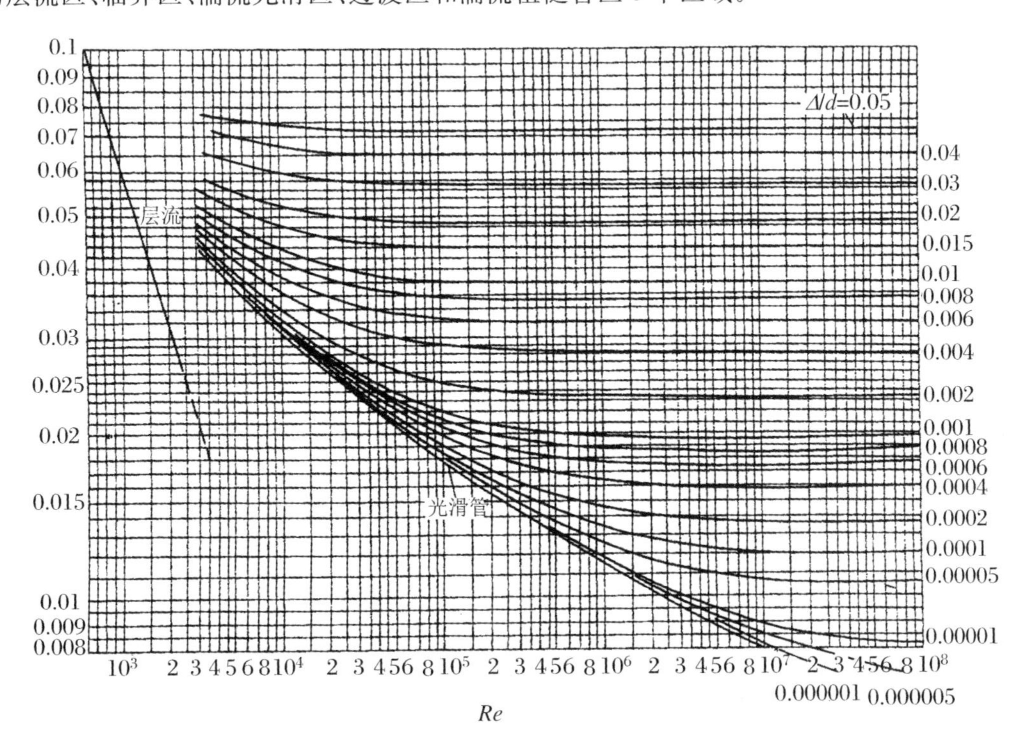

图6.11　莫迪图

6.1.4 管路中的局部损失

在管路中横断面有变化之处，如弯头、阀门以及各种配件处，速度突然改变，都可以产生附加的损失，通常称之为局部损失。

1. 管路中的局部阻力

局部阻力表示为

$$h_w = \zeta \frac{v^2}{2g} \tag{6.34}$$

式中，ζ 称为局部阻力系数。

如果局部装置是装在等径管路中间，局部阻力系数只有一个。如果局部装置是装在两种直径的管路中间，例如像突然扩大管那样，则会出现两个局部阻力系数

$$h_w = \zeta_1 \frac{v_1^2}{2g} = \zeta_2 \frac{v_2^2}{2g} \tag{6.35}$$

式中，ζ_1 和 ζ_2 分别代表与局部装置前后速度水头相配合的阻力系数，它们的关系是

$$\zeta_1 = \zeta_2 \left(\frac{v_2}{v_1}\right)^2 = \zeta_2 \left(\frac{A_1}{A_2}\right)^2 \tag{6.36}$$

式中，v_1、v_2、A_1、A_2 分别代表局部装置前后过流速度和过流横截面面积。

2. 四种常见的局部阻力

(1) 突然扩大如图 6.12(a)所示，其能头损失采用包达定理计算：

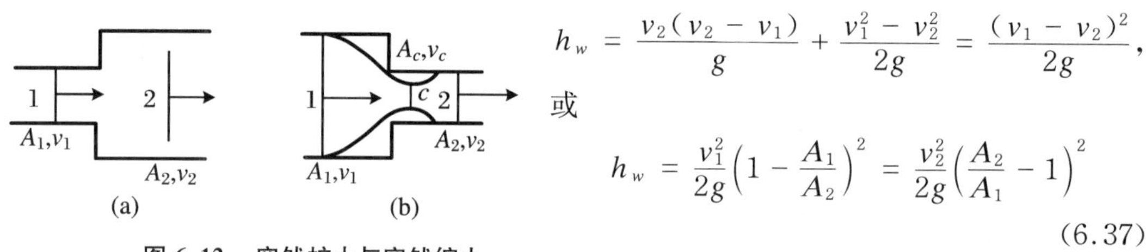

图 6.12 突然扩大与突然缩小

$$h_w = \frac{v_2(v_2 - v_1)}{g} + \frac{v_1^2 - v_2^2}{2g} = \frac{(v_1 - v_2)^2}{2g},$$

或

$$h_w = \frac{v_1^2}{2g}\left(1 - \frac{A_1}{A_2}\right)^2 = \frac{v_2^2}{2g}\left(\frac{A_2}{A_1} - 1\right)^2 \tag{6.37}$$

(2) 突然缩小如图 6.12(b)所示，其能头损失计算采用式(6.34)的统一形式。对于同轴而直径不同的圆管的接合，表 6.3 中给出了一些有代表性的局部阻力系数 ζ 值。

表 6.3 突然缩小局部阻力系数 ζ

d_2/d_1	0	0.2	0.4	0.6	0.8	1.0
ζ	0.50	0.45	0.38	0.28	0.14	0

由容器进入管口的损失，可视为突然缩小的一个特例。当 $A_1 \to \infty$，ζ 值趋向 0.5。

(3) 逐渐扩大如图 6.13(a)所示，仍用包达定理的形式表示水头损失

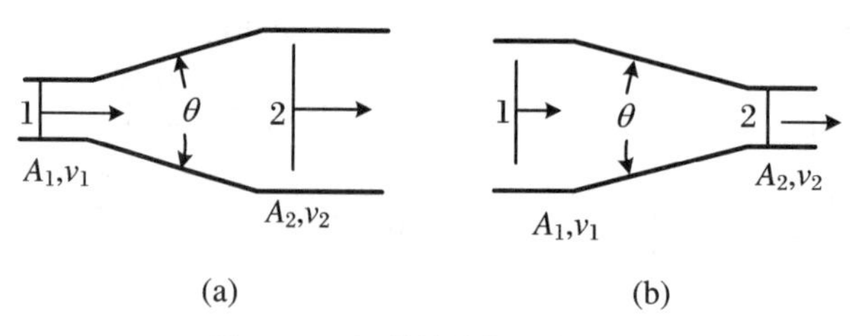

图 6.13 逐渐扩大与逐渐缩小

$$h_w = k\frac{(v_1 - v_2)^2}{2g} \tag{6.38}$$

式中，k 为经验系数。根据吉布松(Gibson)实验，系数 k 由图6.14查取。

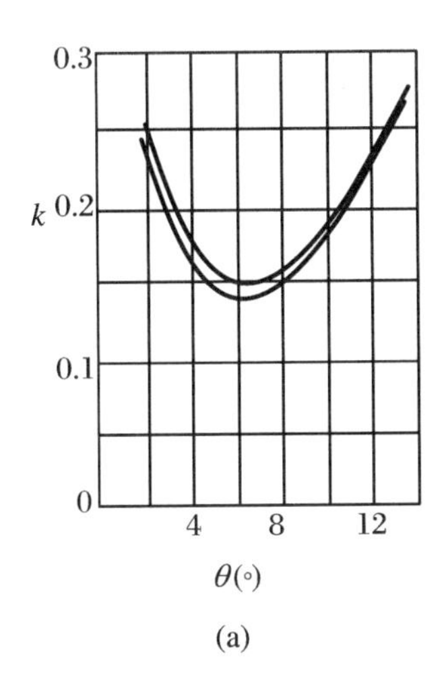

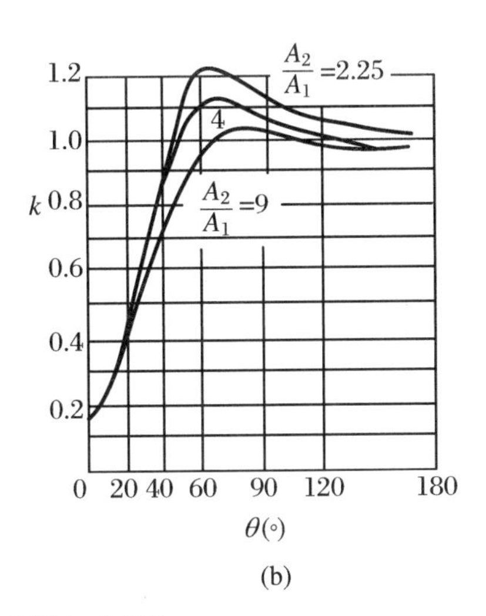

图6.14 吉布松实验系数

从图6.14可以看到，当扩散角 $\theta = 5^\circ \sim 7^\circ$ 时，阻力最小，被称为是最优扩散角。扩散角继续增大，阻力明显上升，这是由于流线脱离管壁造成旋涡区的结果，附带引起振动和噪声。

(4) 逐渐缩小如图6.13(b)所示，其局部阻力仍采用式(6.34)计算，阻力系数 ζ 由图6.15查取。这种管道不会出现流线脱离管壁面的问题，因此其阻力的主要成分是沿程摩擦。一般消防管出口，水力采煤器的出口和喷灌喷头等均采用 $10^\circ \sim 20^\circ$ 的收缩角，其阻力系数常取0.04。

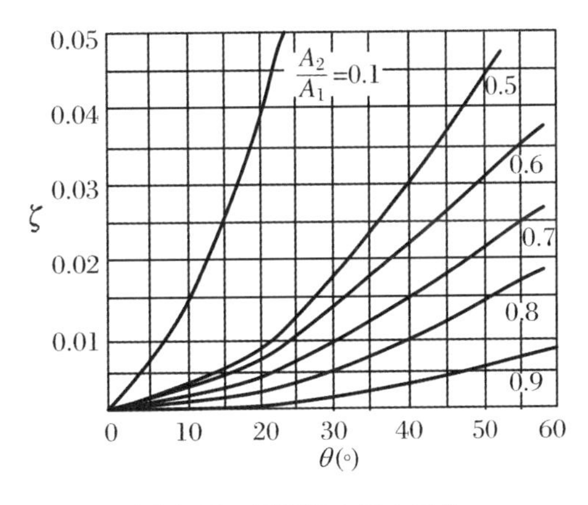

图6.15 逐渐缩小阻力系数

3. 局部损失相互影响与水头叠加

上述局部阻力系数多是在不受其他阻力干扰的孤立条件下测定的，如果几个局部阻力互相靠近、彼此干扰，则每个阻力系数与孤立的测定值又会有些不同。流体流经局部管件后，在相当长的距离内对下游发生影响，这一长度称为影响段。如果管道和几个局部阻力管件安装的距离都超过了影响段，在计算管道上的总水头(压强、能量)损失时，只要将管道上的所有沿程损失与局部损失按算术加法求和计算即可。这就是所谓的水头损失的叠加原则，即

$$H_f = \sum h_f + \sum h_w = \left(\sum \lambda \frac{l}{d} + \sum \zeta\right)\frac{v^2}{2g} \tag{6.39}$$

但若多个管件的相隔距离小于相应的影响段，简单相加的结果会造成误差相当大，这时就需要对式(6.39)的计算结果进行修正。

6.1.5 管路计算

1. 管路设计计算

管路按结构特点分，有等径管路、串联管路、并联管路、分支管路等几种。但按计算特点分却只有两种：一种是水头损失中绝大部分为沿程损失，其局部损失相对可以忽略的，称为长管；另一种是水头损失中沿程损失、局部损失各占一定比例的，称为短管。这里的长管和短管并不完全是几何长短概念，而是一个阻力计算上的概念。

管路的设计计算主要有以下4类问题：① 已知流量 q_v，确定管径 d；② 已知流量 q_v、管径 d、管长 l 及管路布置，确定所需总水头 H_0 或总压降 Δp_0；③ 已知总水头 H_0 或总压降 Δp_0、管长 l、管径 d 及管路布置，确定流量 q_v；④ 已知流量 q_v、总水头 H_0 或总压降 Δp_0 和管长 l，确定管径 d。

管径 d 计算公式为

$$d = \sqrt{\frac{4q_v}{\pi v}} \tag{6.40}$$

式中，q_v 为通过管道的体积流量；v 管道内流体平均速度。

由已知流量确定管径时，平均流速 v 值可按允许流速 v_a 选取。允许流速推荐值见表6.4所示。

表6.4 允许流速推荐值

流体种类	应用场合	管道种类	允许流速 v_a (m/s)	流体种类	应用场合	管道种类 (d:mm)	允许流速 v_a (m/s)
水	一般给水	主压力管 低压管	2.0～3.0 0.5～1.0	压缩空气	压缩机	压缩机进气管 压缩机输气管	≈10.0 ≈20.0
	工业用水	离心泵压力管 离心泵吸水管 往复泵压力管 往复泵吸水管 给水总管 排水管	3.0～4.0 1.0～2.5 1.5～2.0 ≤1.0 1.5～3.0 0.5～1.0		一般情况	$d \leqslant 50.0$ $d \geqslant 70.0$	≤8.0 ≥15.0
				矿物油	液压传动	吸油管 压油管(高压) 短管 总回油管	1.0～2.0 2.5～5.0 ≤10.0 1.5～2.5
	冷却	冷水管 热水管	1.5～2.5 1.0～1.5	饱和蒸汽	锅炉汽轮机	$d<100.0$ $d \geqslant 100.0$	15.0～30.0 25.0～40.0
	凝结	凝结水泵吸水管 凝结水泵出水管 自流凝结水管	0.5～1.0 1.0～2.0 0.1～0.3	过热蒸汽	锅炉汽轮机	$d<100.0$ $d=100.0～200.0$ $d>200.0$	20.0～40.0 30.0～50.0 40.0～60.0

2. 管路特性

管路特性是指一条管路中流体的流动阻力水头 H 与其中流量 q_v 之间的函数关系，用曲线表示则称为管路特性曲线。管路特性曲线一般都是计算所得。

如图6.16所示的管路，根据能量方程，流体从管路进口位置1流至出口位置2所需的能量水头(也是消耗的能量水头)可用下式表示：

$$H = \sum h_f + \sum h_w = \left(\lambda \frac{l}{d} + \zeta\right)\frac{v^2}{2g} \tag{6.41}$$

如果用 $v=\dfrac{q_v}{A}$ 带入，则

$$H=\left(\frac{8\lambda l}{\pi^2 gd^5}+\frac{8\zeta}{\pi^2 gd^4}\right)q_v^2=Kq_v^2 \tag{6.42}$$

式中，K 为综合阻力系数，即 $K=\dfrac{8\lambda l}{\pi^2 gd^5}+\dfrac{8\zeta}{\pi^2 gd^4}$。对于固定的管路系统 K 为定值，式(6.42)所表示的管路特性曲线为一抛物线，如图6.16所示。

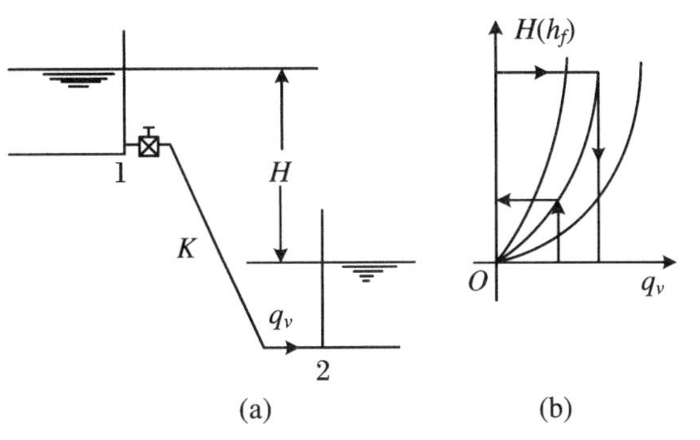

图6.16　管路及其特性曲线

若把两根或数根长度和直径都不同的管道前后端顺次相接，此种管路称为串联管路，如图6.17所示的3根管的串联。设管路由 n 根圆管串联而成，管路中的流量不变，管路的总沿程压头损失 H_f 等于各分管段沿程损失之和，即

$$q=q_1=q_2=q_3=\cdots=q_n \tag{6.43}$$

$$H_f=h_{f1}+h_{f2}+\cdots+h_{fn}=\sum_{i=1}^{n}h_{fi} \tag{6.44}$$

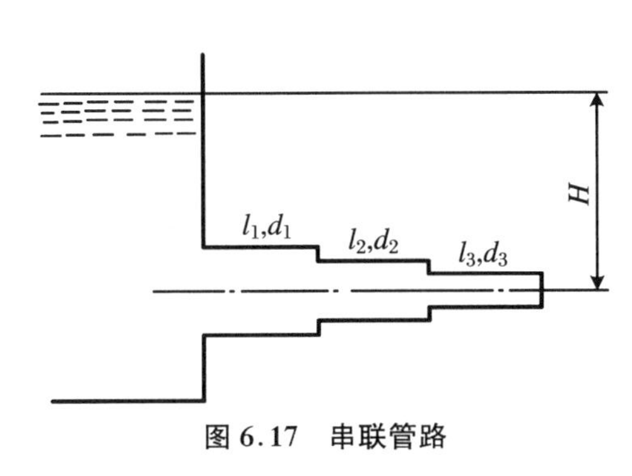

图6.17　串联管路

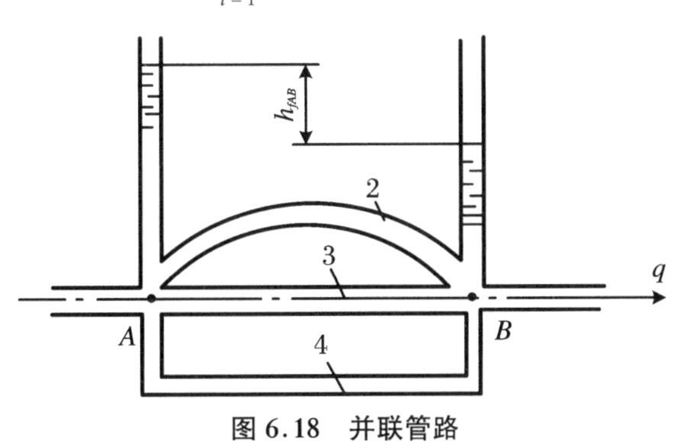

图6.18　并联管路

若两根或数根管段平行联结，此种管路称为并联管路。如图6.18所示的三根简单管路组成的并联管路，分支点为 A，汇合点为 B。并联管路的特点是各分路阻力损失相等，总流量等于各分路流量之和。即

$$h_{f2}=h_{f3}=h_{f4}=h_{fAB} \tag{6.45}$$

$$q=q_2+q_3+q_4 \tag{6.46}$$

6.2　习题解析

6.2.1　选择、判断与填空

1. 圆管内定常充分发展层流流动，过流断面上的速度和切应力分布为(　　)。

A. 线性分布，抛物线分布　　B. 线性分布，对数分布

C. 抛物线分布，线性分布　　D. 对数分布，线性分布

答案：C

2. 黏性底层厚度 δ_0 随 Re 的增大而(　　)。

A. 不定　　B. 不变　　C. 增大　　D. 减小

答案:D

3. 流量一定,管径沿程减小时,测压管水头线(　　)。

A. 可能沿程上升也可能沿程下降的　　B. 总是与总水头线平行

C. 只能沿程下降　　D. 不可能低于管轴线

答案:C

4. 圆管流动过流断面上切应力为(　　)。

A. 管轴处为零,且管壁处为最大　　B. 沿径向不变

C. 管壁处为零,且管轴处为最大　　D. 管轴处为零,管壁处也为零

答案:A。根据$\frac{\tau}{\tau_0}=\frac{r}{r_0}$可知A正确。

5. 对管径沿程变化管道(　　)。

A. 测压管水头线不可能低于管轴线

B. 测压管水头线总是与总水头线相平行

C. 总水头线沿流可能会上升也可能会下降

D. 以上说法都不对

答案:D

6. 层流的沿程阻力系数(　　)。

A. 仅与雷诺数有关　　B. 仅与相对粗糙度有关

C. 与雷诺数及相对粗糙度有关　　D. 是常数

答案:A

7. 并联管道 A、B,两管材料、直径相同,长度 $l_B=2l_A$,两管的水头损失关系为(　　)。

A. $h_{lB}=h_{lA}$　　B. $h_{lB}=2h_{lA}$　　C. $h_{lB}=1.41h_{lA}$　　D. $h_{lB}=4h_{lA}$

答案:A

8. 水力润滑油湍流是指黏滞底层厚度 δ_t 与管壁绝对粗糙度 Δ 有下列关系(　　)。

A. $\delta_t<\Delta$　　B. $\delta_t>\Delta$

C. δ_t 与 Δ 同数量级　　D. 以上答案均不对

答案:B

9. 某同流量变径管的雷诺数之比 $Re_1:Re_2=1:2$,则其管径之比 $d_1:d_2$ 为(　　)。

A. 2∶1　　B. 1∶1　　C. 1∶2　　D. 1∶4

答案:A

10. 圆管层流运动的动能修正系数 $\alpha=$(　　)。

A. 1　　B. 2　　C. 3　　D. 4

答案:B

11. 一管径从大到小渐缩的管道中,雷诺数沿水流方向(　　)。

A. 增大　　B. 减小　　C. 不变　　D. 不一定

答案:A

12. 若两管道的管长 L、管径 d、流量 q_v 及水温 t 均相同,但在相同长度管段上的糙率 $n_1>n_2$,则两管测压管水面差 Δh_1 与 Δh_2 的关系为(　　)。

A. $\Delta h_1>\Delta h_2$　　B. $\Delta h_1<\Delta h_2$　　C. $\Delta h_1=\Delta h_2$　　D. 无法确定

答案:A

13. 若两管道的管长 L、直径 D、流量 q_v 及水温均相同,但在相同长度管段上的测压管水面差 $\Delta h_1>\Delta h_2$,则两管糙率 n_1 与 n_2 的关系为(　　)。

A. $n_1=n_2$　　B. $n_1<n_2$　　C. $n_1>n_2$　　D. 无法确定

答案:C

14. 圆管层流运动流体的最大流速与断面平均流速之比为(　　)。

A. 2　　B. 3　　C. 4　　D. 5

答案:A

15. 其他条件不变,层流内摩擦力随管壁粗糙度的增大而(　　)。

A. 不变　　B. 减小　　C. 增大　　D. 不定

答案:A

16. 内、外直径分别为 D_1、D_2 的充满运动流体的圆环形截面管道,其水力直径为(　　)。

A. D_2+D_1　　B. D_2-D_1　　C. $0.5(D_2+D_1)$　　D. $0.5(D_2-D_1)$

答案:B

17. 根据尼古拉兹试验成果知,(　　)。

A. 层流区 $\lambda=f(Re)$　　B. 层-湍过渡区 $\lambda=f(Re)$

C. 湍流光滑区 $\lambda=f(\Delta/d)$　　D. 湍流过渡区 $\lambda=f(Re,\Delta/d)$

E. 湍流粗糙区 $\lambda=f(Re)$

答案:A; B; D

18. 黏性底层厚度 δ 随流体运动速度 v 的增大而(　　)。

A. 增大　　B. 减小　　C. 不变　　D. 不定

答案:B

19. 阻力平方区的湍流的沿程阻力系数(　　)。

A. 仅与雷诺数有关　　B. 仅与相对粗糙度有关

C. 与雷诺数及相对粗糙度有关　　D. 是常数

答案:B

20. 已知管内水流流动处于湍流粗糙管自模化区,则管道的沿程阻力损失系数 f 将(　　)。

A. 随着雷诺数增大而减少　　B. 随着管壁相对粗糙度增大而不变

C. 随着雷诺数增大而增大　　D. 随着管壁相对粗糙度的增大而增大

答案:D

21. 两沿程阻力系数相同且长度相同的并联圆形管道,已知 $d_1=2d_2$,则流量之比 $q_{v1}:q_{v2}$ 为(　　)。

A. $1:2$　　B. $2^{2.5}:1$　　C. $1:2^{1/3}$　　D. $1:2^{16/3}$

答案:B

22. 产生局部阻力损失的主要原因(　　)。

A. 流体的惯性　　B. 流体之间的摩擦力

C. 流体的压缩性　　D. 流体中产生旋涡

答案:D

23. 断面面积相同的圆形和正方形有压管道,圆形和方形管道的水力半径之比为(　　)。

A. $\sqrt{\pi/2}$　　B. $2/\sqrt{\pi}$　　C. $\pi/2$　　D. 1

答案:B

24. 水力光滑区具有(　　)的性质。

A. 沿程水头损失与平均流速的二次方成正比

B. 沿程阻力系数与平均流速的平方成正比

C. 绝对粗糙度对湍流不起作用

D. 绝对粗糙度对湍流起作用

答案:C

25. 下列关于长管水力计算的说法中,不正确的有(　　)。

A. 串联管路的总水头损失等于各支路的水头损失之和

B. 串联管路的总流量等于各支路的流量之和
C. 并联管路两节点间的总水头损失等于各支路的水头损失
D. 并联管路各支路的水头损失相等
E. 并联管路两节点间的总流量等于各支路的流量之和
答案:B
26. 并联管路的并联段的总水头损失等于(　　)。
A. 各管的水头损失之和　　B. 较长管的水头损失
C. 各管的水头损失　　D. 较短管的水头损失
答案:C
27. 下列情况中,总水头线与测压管水头线重合的是(　　)。
A. 实际液体　　B. 理想液体　　C. 长管　　D. 短管
答案:C
28. 沿程水头损失与流速一次方成正比的水流为(　　)。
A. 层流　　B. 湍流光滑区　　C. 湍流过渡区　　D. 湍流粗糙区
答案:A
29. 工业管道的沿程摩阻系数在湍流过渡区随雷诺数的增加而(　　)。
A. 增加　　B. 减小　　C. 不变　　D. 不定
答案:A
30. 按普朗特动量传递原理,湍流的断面流速分布规律符合(　　)。
A. 抛物线分布　　B. 指数分布　　C. 对数分布　　D. 直线分布
答案:C
31. 圆管湍流的断面流速分布符合(　　)。
A. 均匀分布　　B. 直线分布　　C. 抛物线分布　　D. 对数分布
答案:D
32. 流量一定,管径沿程增大时,测压管水头线(　　)。
A. 可能沿程上升也可能沿程下降　　B. 总是与总水头线平行
C. 可能沿程上升　　D. 不可能低于管轴线
答案:C
33. 长管并联管路中各并联管段的(　　)相等。
A. 水头损失　　B. 流速　　C. 水力坡度　　D. 流量
答案:A
34. 对管径沿程变化的管道(　　)。
A. 测压管水头线不可能低于管轴线
B. 测压管水头线总是与总水头线平行
C. 总水头线沿流可能会上升也可能会下降
D. 测压管水头线有可能会上升也有可能会下降
答案:D
35. 已知某突然扩大管道,其突扩前后管段的直径之比 $d_1/d_2=0.5$,则相应的断面平均流速之比 $v_1/v_2=$(　　)。
A. 8　　B. 4　　C. 2　　D. 1
答案:B
36. 判断题:层流可以是渐变流也可以是急变流。
答案:对
37. 判断题:湍流可以是均匀流,也可以是非均匀流。
答案:对

38. 判断题:在黏性流体的流动中,测压管水头(即单位重量流体所具有的势能)只能沿程减小。

答案:错。在黏性流体的流动中,测压管水头可能沿程增大也可能沿程减小,比如当流体从小口径管道进入大口径管道时,速度水头减少,有可能使测压管水头增大,当然当管径沿程不变或减小时,测压管水头只能沿程减小。

39. 判断题:内表面几何光滑的管道一定是水力光滑管。

答案:错

40. 判断题:因为并联管路中各并联支路的水力损失相等,所以其能量损失也一定相等。

答案:错

41. 判断题:在定常均匀流中,沿程水头损失与流速的平方成正比。

答案:错。和流态有关,如在层流情况下沿程水头损失应与流速的一次方成正比。

42. 判断题:同一种管径和粗糙度的管道,雷诺数不同时,可以在管中形成湍流光滑区、粗糙区或过度粗糙区。

答案:对

43. 判断题:在并联管道中,若按长管考虑,则支管长的沿程水头损失较大,支管短的沿程水头损失较小。

答案:错。在并联管道中,若按长管考虑,则各支管的沿程水头损失与管道长短、粗细、粗糙程度无关,每条支管的沿程水头损失相等。但水力坡度与长度有关,能量损失大小与流量有关。

44. 判断题:管道中湍流时过水断面上的流速分布比层流时流速分布均匀。

答案:对

45. 判断题:流体在水平圆管内流动,如果流量增大一倍而其他条件不变的话,沿程阻力也将增大一倍。

答案:错

46. 判断题:当雷诺数 Re 很大时,在湍流核心区中,切应力中的黏滞切应力可以忽略。

答案:错。在湍流运动中,可以划分为三个区(τ_v 为黏滞切应力,τ_{Re} 为附加切应力)。① 黏性底层 δ_0:紧靠壁面处的极薄液层,由于壁面限制,湍动受到抑制,即 $\tau_{Re}\approx 0$,黏滞切应力占主导;② 过渡层 δ_1:介于黏性底层与湍流核心区之间的过渡层;③ 湍流核心区:湍动占主导,τ_{Re} 占主导地位。

47. 判断题:输水圆管由直径为 d_1 和 d_2 的两段管路串联而成,且 $d_1>d_2$,流量为 q_v 时相应雷诺数为 Re_1 和 Re_2,则 $Re_1>Re_2$。

答案:错

48. 判断题:无论两支相并联的管道的长度是否相同,流经这两支管道的单位重量水流的水力坡度是相等的。

答案:错。解析:是总水头损失相同,水力坡度未必相同。

49. 判断题:沿程阻力系数 λ 的大小只取决于流体的流动状态。

答案:错

50. 判断题:湍流光滑区的沿程水头损失系数 λ 随雷诺数的增大而增大。

答案:错

51. 判断题:尺寸相同的收缩管中,总流的方向改变后,水头损失的大小并不改变。

答案:错

52. 判断题:沿程水头损失表示的是单位长度流程上的水头损失的大小。

答案:错。解析:水力坡度表示的是单位长度流程上的水头损失的大小。沿程水头损失表示某一段的总沿程损失。

53. 判断题:湍流粗糙区就是阻力平方区。

答案:对

54. 判断题:在定常均匀层流中,沿程水头损失与速度的一次方成正比。

答案:对

55. 判断题:并联管路中各支管的水力坡度有可能相等,也有可能不相等。

答案:对。当考虑长支管时各支管的沿程损失相同,但由于各支管的长度未必相同,所以水力坡度未必相等。

56. 判断题:管壁粗糙的管子一定是水力粗糙管。

答案:错.

57. 判断题:在湍流粗糙区中,管径相同、材料和加工方式相同的管道,流量越小则沿程水头损失系数 λ 越大。

答案:错。解析:沿程水头损失系数 λ 与流量大小无关。

58. 判断题:短管是指管路的几何长度较短。

答案:错。短管是指局部损失和流速水头具有相当的数值,计算时不能忽略的管道。

59. 判断题:等直径 90° 弯管中的水流是均匀流。

答案:错。解析:水流在拐弯时有位移加速度,所以不可能是均匀流。

60. 判断题:长管是指其线性长度长的管道。

答案:错。长管是指可以在计算中忽略局部损失和速度水头的管道。

61. 判断题:其他条件相同情况下扩散管道中的水头损失比收缩管道中的水头损失小。

答案:错。解析:不一定,扩散管的水头损失可能比收缩管的小也有可能比它大。

62. 判断题:阻力系数 φ 的大小与流量的大小无关。

答案:错。解析:阻力系数 $\varphi=\dfrac{8\lambda}{\pi^2 gd^5}$,其中 λ 与流量 q_v 可能是有关系的,所以 φ 与流量未必是无关的。

63. 在管道断面突然缩小处,测压管水头线沿流程必然会有________。

答案:下降

64. 将圆管有压流的管轴处与管壁处相比,________的流速大,________的流速梯度大,________的黏性切应力大。

答案:管轴处;管壁处;管壁处

65. 在________流中只有沿程阻力系数。

答案:均匀

66. 定常总流的能量方程中,包含有动能修正系数 α,这是因为______________________________,层流的 α 值比湍流的 α 值要____。

答案:计算动能时采用断面平均速度代替了不均匀的断面速度分布;大

67. 一般来说,有压管道的水头损失分为____________和____________两类。对于长管,可以忽略____________。

答案:沿程水头损失;局部水头损失;局部水头损失

68. 均匀流动中沿程水头损失与切应力成________关系。

答案:正比

69. 水力损失可分为________________、________________。

答案:沿程(能量)损失;局部(能量)损失

70. 有一管径 $d=4$ m 的管道,其糙率 $n=0.025$,则谢才系数为________$m^{0.5}/s$,沿程阻力系数为________。

答案:40;0.049

71. 湍流切应力由________________和________________组成(写出名称和表达式)。

答案：黏性切应力 $\tau=\mu\dfrac{d\bar{v}}{dy}$；湍动附加切应力 $\tau'=-\rho\overline{v'_x}\,\overline{v'_y}$

72. 特征 Re 数的表示式是__________，其物理含义是__________。

答案：$Re=\dfrac{UL}{\nu}$；特征黏性力与特征惯性力之比

73. 单位流程上的水头损失系数称为__________。

答案：水力坡度

74. 在并联管路中，各并联管段的__________相等。

答案：压降(压损)

75. 湍流光滑区的沿程水头损失系数 λ 与__________有关，湍流粗糙区的沿程水头损失系数 λ 与__________有关。

答案：雷诺数；相对粗糙度

76. 定常均匀流的沿程水头损失与平均切应力的关系为 $\tau_0=$__________，断面上切应力呈__________分布。

答案：$\lambda R h_f/L$；线性

77. 湍流粗糙区的沿程水头损失 h_f 与断面平均流速的__________次方成正比，其沿程水头损失系数 λ 与__________有关。

答案：2；相对粗糙度

78. 并联管道的________________相同。

答案：沿程水头损失

79. 长管是____。

答案：和沿程水头损失相比，流速水头和局部水头损失可以忽略的流动管路

80. 湍流时的切应力有__________作用在__________处和__________作用在__________处。

答案：摩擦切向应力 τ_v；流层之间相对滑移；脉动切向应力 τ_t；流层之间进行动量交换

81. 沿程水头损失系数 λ 与谢才系数 C 的关系为__________。

答案：$C=\sqrt{8g/\lambda}$

82. 湍流粗糙区的沿程水头损失系数 λ 仅与__________有关，而与__________无关。

答案：相对粗糙度；Re

83. 在湍流光滑区，沿程水头损失系数 λ 与相对粗糙度无关的原因是____________________________。

答案：黏性底层的厚度较厚，边壁粗糙度的作用表现不出来

84. 在管道直径一定的输水管道系统中，水流处于层流时，随着雷诺数的增大，沿程阻力系数__________，沿程水头损失__________；水流处于湍流光滑区时，随着雷诺数的增大，沿程阻力系数__________；水流处于湍流粗糙区时，随着雷诺数的增大，沿程阻力系数__________，沿程水头损失__________。

答案：减小；增大；减小；不变；增大

85. 有一等长直管道中产生均匀管流，其管长 100 m，管道直径 $d=100$ mm，若沿程水头损失为 1.2 m，沿程水头损失系数 $\lambda=0.021$，则水力坡度 $J=$__________，管中流量 $q_v=$__________ m^3/s。

答案：0.012；0.00831

86. 圆管层流断面上的动能修正系数为 $\alpha=$__________。沿程水头损失系数 $\lambda=$__________。

答案：2.0；$64/Re$

87. 圆管层流过水断面上的流速分布符合＿＿＿＿＿＿规律，其最大流速为断面平均流速的＿＿＿＿＿＿倍。

答案：旋转抛物面；2

88. 当水平放置的管道中水流为定常均匀流时，其断面平均流速沿程＿＿＿＿＿＿，动水压强沿程＿＿＿＿＿＿。

答案：不变、减小

6.2.2 思考简答

1. 名词解释：管流。

答案：管流是管道内的流体流动。

2. 名词解释：黏性底层。

答案：在湍流中，紧贴固体壁面有一个很薄的流层，此处的流速较小，流体作层流运动。这个薄层称为黏性底层。

3. 名词解释：时均流速。

答案：管道截面上某一固定点的流速随时在脉动，当稳定流动时这种脉动的平均值还是一定的，称为时均流速。

4. 名词解释：沿程阻力与局部阻力。

答案：流体沿流动路程所受的阻碍称为沿程阻力。局部阻力是流体流经各种局部障碍（如阀门、弯头、变截面管等）时，由于水流变形、方向变化、速度重新分布，质点间进行剧烈动量交换而产生的阻力。

5. 名词解释：湍动附加应力。

答案：因湍流脉动，上下层质点相互掺混，在相邻流层间产生了动量交换，从而在流层分界面上形成了湍流附加切应力。

6. 形成层流和湍流切应力的主要原因各是什么？

答案：形成层流切应力的主要原因是黏滞切应力；形成湍流切应力的主要原因，黏性切应力和惯性切应力。

7. 简述液体从层流转变为湍流的两个必要条件。

答案：其一为有涡体的存在，其二为涡体要离开原来的流层，进入相邻流层。

8. 圆管层流的切应力、流速如何分布？

答案：切应力直线分布，管轴处为0，圆管壁面上达最大值；流速旋转抛物面分布，管轴处为最大，圆管壁面处为0。

9. 什么叫做水力光滑和水力粗糙？

答案：固壁的粗糙度记为 Δ，黏性底层的厚度记为 δ_0。$\Delta<\delta_0$ 的壁面称为水力光滑，$\Delta>\delta_0$ 的壁面称为水力粗糙。

10. 圆管中层流与湍流，其流速分布有何不同？为什么有此区别？

答案：层流时，过水断面流速按抛物线分布；湍流时，过水断面上流速按对数规律分布。湍流时由于液体质点的混掺作用，发生动量交换，使流速分布均匀化。

11. 湍流中为什么存在黏性底层？其厚度与哪些因素有关？其厚度对湍流分析有何意义？

答案：在近壁处，因液体质点受到壁面的限制，不能产生横向运动，没有混掺现象，流速梯度$\frac{\mathrm{d}v}{\mathrm{d}y}$很大，黏滞切应力 $\tau=\mu\frac{\mathrm{d}v}{\mathrm{d}y}$仍然起主要作用。黏性底层厚度与雷诺数、质点混掺能力有关。随 Re 的增大，厚度减小。黏性底层很薄，但对能量损失有极大的影响。

12. 试述断面平均流速与时间平均流速。

答案：流经有效截面的体积流量除以有效截面面积而得到的商即为断面平均流速，其计

算式为 $\bar{v}=\dfrac{q_v}{A}=\dfrac{\int_A v\mathrm{d}A}{A}$。在某一时间间隔内，以某平均速度流经微小过流断面的流体体积与以真实速度流经此微小过流断面的流体体积相等，该平均速度称为时间平均流速，其计算式为 $\bar{v}_T=\dfrac{1}{T}\int_0^T v\mathrm{d}t$。

13. 层流与湍流的内部切应力有何不同？

答案：圆管均匀流 $\tau=\dfrac{r}{r_0}\tau_0$，明渠均匀流 $\tau=\left(1-\dfrac{y}{h}\right)\tau_0$，层流黏滞切应力由流层间的相对运动所引起，有 $\tau=\mu\dfrac{\mathrm{d}v}{\mathrm{d}y}$。

14. 湍流研究中为什么要引入时均概念？湍流时，定常流与非定常流如何定义？

答案：把湍流运动要素时均化后，湍流运动就简化为没有脉动的时均流动，可对时均流动和脉动分别加以研究。湍流中只要时均化的要素不随时间变化而变化的流动，就称为定常流。

15. 湍流时断面上流层的分区和流态分区有何区别？

答案：断面上流层：黏性底层，滞流核心：与黏性底层，滞流核心相关。流态分区：层流、湍流：与雷诺数相关。

16. 湍流时的切应力有哪两种形式？它们各与哪些因素有关？各主要作用在哪些部位？

答案：黏性切应力——主要与流体黏度和液层间的速度梯度有关，主要作用在近壁处。附加切应力——主要与流体的脉动程度和流体的密度有关，主要作用在湍流核心处脉动程度较大地方。

17. 从以下四个方面分析层流和湍流的区别：① 水流现象；② 流速分布特征；③ 切应力特性；④ 沿程水头损失规律。

答案：① 层流的流动为层状，各层的流体质点相互不掺混，而湍流的流体质点相互掺混，存在着涡体的交换。② 层流的流速分布存在较大的非均匀性，湍流的速度分布较均匀，表现在动能和动量修正系数上。例如，圆管层流的流速分布为旋转抛物面型，而圆管湍流呈指数型分布。③ 层流的切应力仅有黏性切应力，而湍流除此外，还存在湍动附加切应力。④ 对于层流，沿程水头损失与平均流速的一次方成正比，湍流的沿程水头损失与平均流速的 1.75 到 2.0 次方成正比。

18. 圆管湍流的流速如何分布？

答案：黏性底层：线性分布。湍流核心处：对数规律分布或指数规律分布。

19. 如何计算圆管层流的沿程阻力系数？该式对于圆管的进口段是否适用？为什么？

答案：沿程阻力系数 $\lambda=64/Re$；否；进口段呈非旋转抛物线分布。

20. 试简述尼古拉兹实验的成果并说明其对流体力学理论的影响和作用。

答案：成果：① 通过实验总结了沿程阻力系数 λ 的影响因素；② 完成了沿程阻力系数的半经验公式的确定以及做出阻力分区图；③ 解释了为何湍流能分三个阻力区。

影响和作用：在流体力学理论中，尼古拉兹实验为计算沿程阻力系数提供了半经验公式，为分析理解湍流流动提供了实验依据和理论基础，并为流体工程提供了有效的解决方案和理解方法。

21. 造成局部水头损失的原因是什么？

答案：局部水头损失产生的原因是：由于固体边界形状发生改变，从而引起边界层分离。在分离区产生无数个大小尺度的旋涡，耗散主流的机械能。这部分耗散掉的机械能就是局部水头损失。

22. 为什么圆管进口段靠近管壁的流速逐渐减小，而中心点的流速是逐渐增大的？

答案：进口附近断面上的流速分布较均匀，流速梯度主要表现在管壁处，故近壁处切应力较大，流动所受的阻力也较大，至使流速渐减。管中心处流速梯度很小，τ 小，阻力也小，使流速增大。直至形成一定的流速梯度及切应力，使各部分流体的能耗与能量补充相平衡。

23. 简述压力管路的主要特点。

答案：液流充满全管、在一定压力下流动。

24. 如何减小局部水头损失？

答案：让固体边界接近于流线型。

25. 简述串联、并联管路的主要特点。

答案：串联管路特点：① 各节点处流量出入平衡；② 全线总的水头损失为各分段水头损失的总和。并联管路特点：① 进入各并联管路的总流量等于流出各并联管路的流量之和；② 不同并联管段单位重量液体的水头损失相同。

26. 复杂管道是否一定是长管？请举例说明。

答案：不一定，长管的判别标准是局部水头损失和流速水头之和小于沿程水头损失的（5%～10%）。对于一些管道不是很长的复杂管路往往按短管计算。

27. 管径突变的管道，当其他条件相同时，若改变流向，在突变处所产生的局部水头损失是否相等？为什么？

答案：不等；固体边界不同，如突扩与突缩。

28. 其他条件一样，但长度不等的并联管道，其沿程水头损失是否相等？为什么？

答案：并联管路的单位重量流体产生的水头损失是相等的，与管路长度无关。

29. 局部阻力系数与哪些因素有关？选用时应注意什么？

答案：固体边界的突变情况、流速；局部阻力系数应与所选取的流速相对应。

30. 用工程单位制表示流体的速度、管径、运动黏性系数时，管流的雷诺数 $Re=10^4$，问采用国际单位制时，该条件下的雷诺数是多少？为什么？

答案：该条件下的雷诺数仍是 $Re=10^4$，因为雷诺数是无量纲准数，与单位制无关。

31. 简述管道中流动阻力的类型及多发生的位置，说明管道沿程阻力系数 λ 在层流区、光滑管至粗糙管区与哪些因素有关？在这两区中沿程阻力损失 h_f 与速度 v 有何关系？

答案：黏性流体在通道中流动时的能量损失有两类，一是沿程损失，是发生在缓变流整个流程中的能量损失。二是局部能量损失，是发生在流动状态急剧变化的急变流中的能量损失。在层流区，λ 只与 Re 有关；在光滑管区，λ 也只是 Re 的函数；在光滑管至粗糙管的过渡区，λ 既与 Re 有关，又与相对粗糙度 $\dfrac{d}{2k}$ 有关；而在粗糙管区，λ 与 $\dfrac{d}{2k}$ 有关，与 Re 无关。在这两区中 $h_f=\lambda\dfrac{l}{d}\dfrac{v^2}{2g}$。

32. 如图 6.19 等径并联管路，若 3 个分支管道中沿程阻力系数 $\lambda_1>\lambda_3>\lambda_2$（不考虑局部阻力），试问 3 分支管道中沿程阻力水头 h_{f1}、h_{f2}、h_{f3} 之间呈怎样的关系？3 分支管道中流量 q_{v1}、q_{v2}、q_{v3} 之间呈怎样的关系？3 分支管道中消耗功率 P_1、P_2、P_3 之间呈怎样的关系？

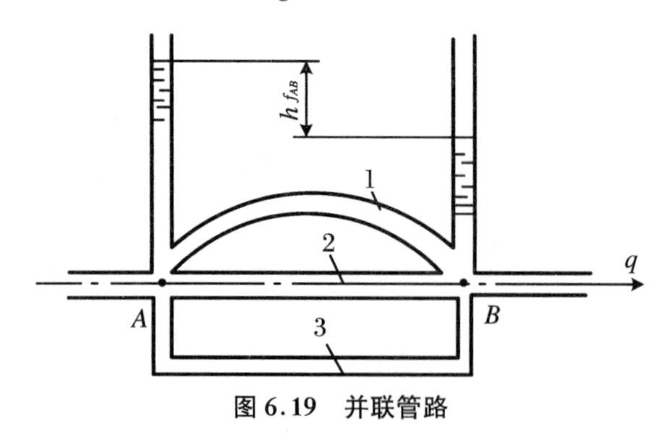

图 6.19　并联管路

答案：沿程阻力水头呈 $h_{f1}=h_{f2}=h_{f3}$；流量呈 $q_{v1}<q_{v3}<q_{v2}$；消耗功率呈 $P_2>P_3>P_1$。

6.2.3　应用解析

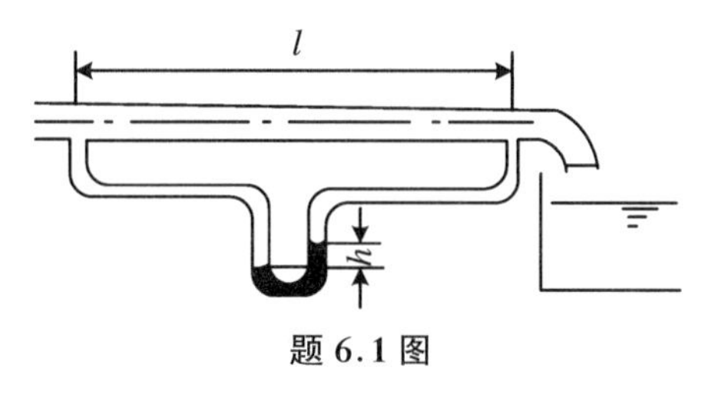

题 6.1 图

1. 如图(题 6.1 图)所示，管径 $d=5$ cm，管长 $l=6$ m 的水平管中有相对密度为 0.9 的油液流动，汞差压计读数为 $h=14.2$ cm，3 min 内流出的油重为 5000 N，试求油的动力黏度 μ。

解　流量

$$q_v=\frac{W}{\rho g t}=\frac{5000}{9.81\times 900\times 180}=3.146\times 10^{-3}\ \mathrm{m^3/s}$$

压强差

$$\Delta p=gh(\rho_{\mathrm{Hg}}-\rho_{油})=9.81\times 0.142\times 1000\times(13.6-0.9)$$
$$=1.769\times 10^4\ \mathrm{Pa}$$

管中雷诺数 $Re=\frac{vd}{\nu}$，先假设为层流

$$\mu=\frac{\pi\Delta p d^4}{128 l q_v}=\frac{3.14\times 1.769\times 10^4\times 0.05^4}{128\times 6\times 3.146\times 10^{-3}}=0.144\ \mathrm{Pa\cdot s}$$

则

$$Re=\frac{vd\rho}{\mu}=\frac{4q_v\rho}{\pi d\mu}=500.7$$

$Re<2320$，故原层流假设正确。

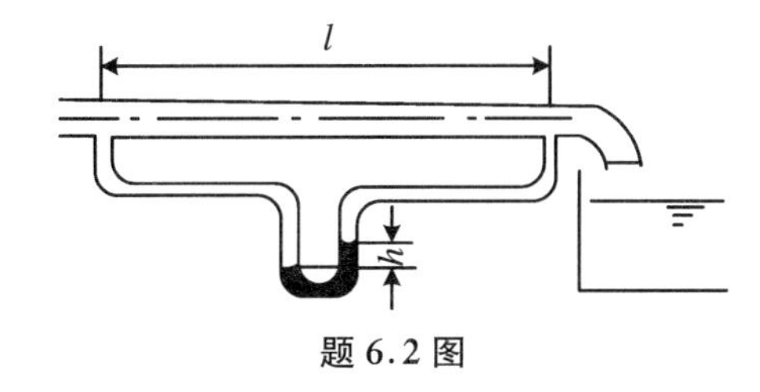

题 6.2 图

2. 如图(题 6.2 图)所示，管径 $d=5$ cm，管长 $l=6$ m 的水平管中有相对密度为 0.9 的油液流动，汞差压计读数为 $h=14.2$ cm，3 min 内流出的油重为 5000 N，通过观察可以确定管中流动为层流，试求油的动力黏度 μ。

解　流量

$$q_v=\frac{W}{\rho g t}=\frac{5000}{9.81\times 900\times 180}=3.146\times 10^{-3}\ \mathrm{m^3/s}$$

油阻力损失

$$h_f=\frac{\Delta p}{g\rho_{油}}=\frac{h(\rho_{\mathrm{Hg}}-\rho_{油})}{\rho_{油}}=\frac{(13.6-0.9)\times 14.2}{0.9}=200.4\ \mathrm{cm}=2.004\ \mathrm{m}\ 油柱$$

管路面积

$$A=\frac{\pi d^2}{4}=\frac{\pi\times 0.05^2}{4}=1.963\times 10^{-3}\ \mathrm{m^2}$$

管中流速

$$v=\frac{q_v}{A}=\frac{3.146\times 10^{-3}}{1.963\times 10^{-3}}=1.603\ \mathrm{m/s}$$

由达西公式 $h_f=\lambda\frac{l}{d}\frac{v^2}{2g}$，层流 $\lambda=\frac{64}{Re}$，则雷诺数

$$Re=\frac{64 l v^2}{2g h_f}=\frac{32\times 6\times 1.603^2}{9.81\times 0.05\times 2.004}=501.9$$

由雷诺数定义 $Re=\frac{vd\rho}{\mu}$，则动力黏度

$$\mu=\frac{vd\rho}{Re}=\frac{0.9\times 10^3\times 1.603\times 0.05}{501.9}=0.144\ \mathrm{Pa\cdot s}$$

3. 如图(题 6.3 图)所示列管式换热器壳体内换热管的布置。已知壳体的直径为

D，内有 14 根直径为 d 的换热管，求壳体与换热管间形成的通道的湿周、水力半径和当量直径。

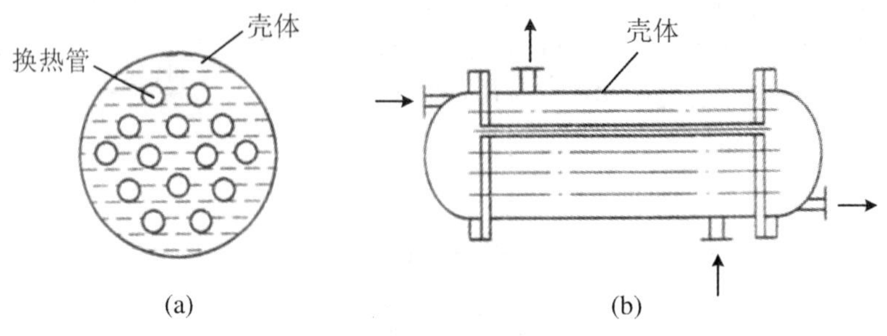

题 6.3 图

解

$$x = \pi D + 14\pi d = \pi(D + 14d)$$

$$A = \frac{1}{4}\pi D^2 - \frac{1}{4} \times 14\pi d^2 = \frac{1}{4}\pi(D^2 - 14d^2)$$

$$R = \frac{A}{x} = \frac{\frac{1}{4}\pi(D^2 - 14d^2)}{\pi(D + 14d)} = \frac{(D^2 - 14d^2)}{4(D + 14d)}$$

$$d_H = 4R = \frac{(D^2 - 14d^2)}{(D + 14d)}$$

4. 如图（题 6.4 图）所示装置测量油的动力黏度。已知管段长度 $l = 3.6$ m，管径 $d = 0.015$ m，油的密度为 $\rho = 850$ kg/m^3，当流量保持为 $q_v = 3.5 \times 10^{-5}$ m^3/s 时，测压管液面高差 $\Delta h = 27$ mm，通过观察可以确定管中流动为层流，试求油的动力黏度 μ。

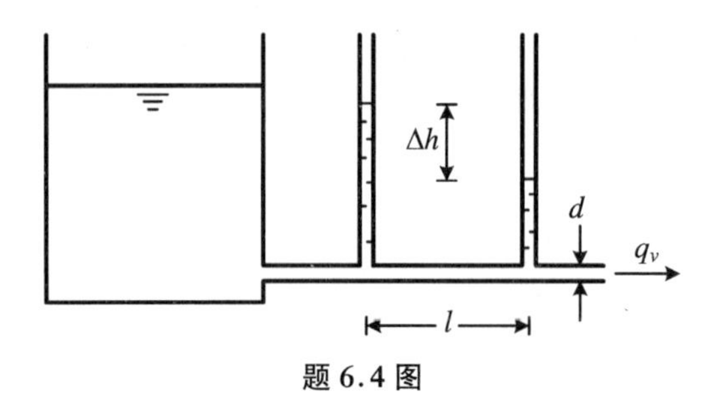

题 6.4 图

解 根据已知数据可以计算出沿程水头损失系数。

管中流速

$$v = \frac{4q_v}{\pi d^2} = \frac{4 \times 3.5 \times 10^{-5}}{\pi \times 0.015^2} = 0.1981 \text{ m/s}$$

由达西公式 $h_f = \lambda \dfrac{l}{d}\dfrac{v^2}{2g}$，得

$$\lambda = \Delta h / \left(\frac{l}{d}\frac{v^2}{2g}\right) = \frac{2gd\Delta h}{lv^2} = \frac{2 \times 9.81 \times 0.015 \times 0.027}{3.6 \times 0.1981^2} = 0.05625$$

已知层流状态，则 $\lambda = 64/Re$，因此 $Re = 64/\lambda = 1137.8$，由 $Re = \rho vd/\mu$，得油的动力黏度

$$\mu = \frac{\rho vd}{Re} = \frac{850 \times 0.1981 \times 0.015}{1137.8} = 2.2199 \times 10^{-3} \text{ Pa} \cdot \text{s}$$

5. 如图（题 6.5 图）所示，润滑系统的油泵在温度 $t = 20$ ℃时，供给 $q_v = 60$ L/min 的机油，机油运动黏度 $\nu = 2$ cm^2/s，相对密度为 0.9，机油管直径 $d = 35$ mm，长度 $l = 5$ m，泵入口断面在液面下 $h = 1$ m，问泵入口断面上的压强是多少？如果油温升高为 80 ℃时，$\nu = 0.2$ cm^2/s，相对密度为 0.85，泵入口断面压强又是多少？

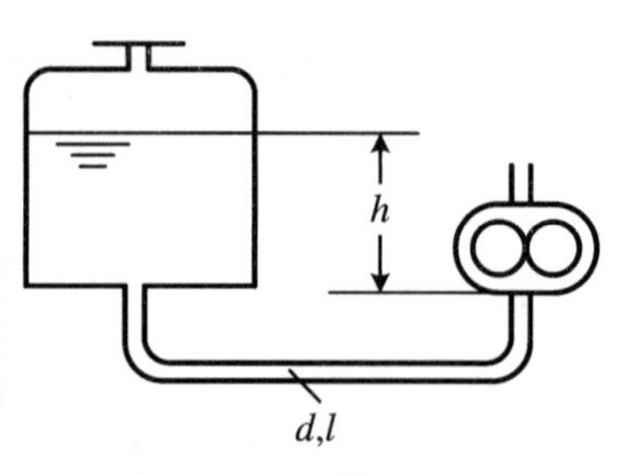

题 6.5 图

解 先判断这两种情况下的流动状态

$$Re_1 = \frac{4q_v}{\pi d\nu_1} = \frac{4 \times 0.06}{60\pi \times 0.035 \times 2 \times 10^{-4}} = 182 < 2320$$

$$Re_2 = \frac{4q_v}{\pi d\nu_2} = \frac{4 \times 0.06}{60\pi \times 0.035 \times 0.2 \times 10^{-4}} = 1820 < 2320$$

都是层流，沿程阻力系数 $\lambda = 64/Re$，忽略局部阻力和油箱中的液面变化，对油箱液面和泵入口前断面列伯努利方程，得

$$h = \frac{v^2}{2g} + \frac{p}{\rho g} + \frac{64}{Re}\frac{l}{d}\frac{v^2}{2g}$$

解出 $p = \rho gh - \left(1 + \frac{64l}{Red}\right)\frac{16q_v^2}{2\pi^2 d^4}$

式中，h、l、d、q_v 都是已知数值，但两种不同温度时，油液的密度 ρ、黏度 ν（影响到雷诺数 Re）发生变化，于是

当 $t_1 = 20$ ℃，$\rho_1 = 900\ \text{kg/m}^3$，$Re_1 = 182$ 时，油泵入口压强

$$p_1 = 900 \times 9.81 \times 1 - \left(1 + \frac{64 \times 5}{182 \times 0.035}\right) \times \frac{16 \times 0.06^2}{2\pi^2 \times 0.035^4 \times 60^2} = -16000\ \text{Pa} = -16\ \text{kPa}$$

当 $t_1 = 80$ ℃，$\rho_1 = 850\ \text{kg/m}^3$，$Re_1 = 1820$ 时，油泵入口压强

$$p_2 = 850 \times 9.81 \times 1 - \left(1 + \frac{64 \times 5}{1820 \times 0.035}\right) \times \frac{16 \times 0.06^2}{2\pi^2 \times 0.035^4 \times 60^2} = 5676\ \text{Pa} = 5.676\ \text{kPa}$$

6. 黏性流体在圆管中作层流运动，已知管道直径 $d = 0.12$ m，流量 $q_v = 0.01\ \text{m}^3/\text{s}$，求管轴线上的流体速度 $v_{\max}$，以及点速度等于断面平均速度的点位置。

解

$$\bar{v} = \frac{4q_v}{\pi d^2} = 0.8842\ \text{m/s}$$

$$v_{\max} = 2\bar{v} = 1.7684\ \text{m/s}$$

由于 $v_x = 2\bar{v}\left(1 - \frac{r^2}{r_0^2}\right)$，当 $v = \bar{v}$ 时

$$1 = 2\left(1 - \frac{r^2}{r_0^2}\right), \quad r = r_0/\sqrt{2} = 0.0424\ \text{m}$$

7. 修建长 300 m 的钢筋混凝土输水管，直径 $d = 250$ mm，通过流量 $200\ \text{m}^3/\text{h}$。试求沿程水头损失。

解　本题用谢才公式计算。

(1) 计算谢才系数 C：

选粗糙系数，经查表，取 $n = 0.013$

$$R = \frac{d}{4} = 0.0625\ \text{m}$$

$$C = \frac{1}{n}R^{1/6} = 48.45\ \text{m}^{0.5}/\text{s}$$

(2) 计算 h_f：

$$A = \frac{\pi d^2}{4} = 0.0491\ \text{m}^2$$

$$v = \frac{q_v}{A} = 1.13\ \text{m/s}$$

$$h_f = l\frac{v^2}{C^2 R} = 2.61\ \text{m}$$

8. 水在内径 $d = 100$ mm 的管中流动，流速 $v = 0.5$ m/s，水的运动黏度 $\nu = 1 \times$

$10^{-6}\ m^2/s$。试问:水在管中呈何种流动状态?倘若管中的流体是油,流速不变,但运动黏度 $\nu'=31\times10^{-6}\ m^2/s$。试问油在管中又呈何种流动状态?

解 水的雷诺数

$$Re=\frac{vd}{\nu}=\frac{0.5\times0.1}{1\times10^{-6}}=5\times10^4>2320$$

水在管中成湍流状态。

油的雷诺数

$$Re=\frac{vd}{\nu'}=\frac{0.5\times0.1}{31\times10^{-6}}=1610<2320$$

油在管中成层流状态。

9. 黏性流体在两块无限大平板之间作定常运动,上板移动速度为 U_1,下板移动速度为 U_2,试求流体速度分布式。

解 流体作定常运动,速度与时间无关。建立如图(题 6.9 图)所示坐标系,坐标原点位于两平板中心,不妨设两板距离为 $2h$。运动方程为

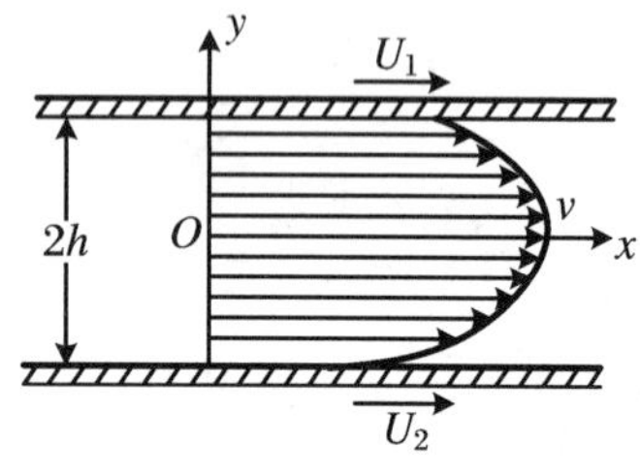

题 6.9 图

$$0=-\frac{1}{\rho}\frac{\partial p}{\partial x}+\nu\frac{d^2v}{dy^2}$$

$$0=-g-\frac{1}{\rho}\frac{\partial p}{\partial y}$$

由第二个方程积分得

$$p=-\rho gy+f(x)$$

由此式看出,p 对 x 的偏导数与 y 无关。x 方向的运动方程可改为

$$\frac{d^2v}{dy^2}=\frac{1}{\mu}\frac{\partial p}{\partial x}$$

容易看出,上式右边仅与 x 有关,左边仅与 y 有关,而 x,y 是独立变量,上式两边都应等于同一个常数,即压强梯度是一个常数。积分上式得

$$v=\frac{1}{\mu}\frac{\partial p}{\partial x}\frac{y^2}{2}+C_1y+C_2$$

边界条件为

$$y=h;\quad v=U_1;\quad y=-h;\quad v=U_2$$

于是积分常数为

$$C_1=\frac{U_1-U_2}{2h}$$

$$C_2=\frac{U_1+U_2}{2}-\frac{1}{2\mu}\frac{\partial p}{\partial x}h^2$$

速度分布式为

$$v=-\frac{h^2}{2\mu}\frac{\partial p}{\partial x}\left[1-\left(\frac{y}{h}\right)^2\right]+\frac{U_1-U_2}{2}\left(\frac{y}{h}\right)+\frac{U_1+U_2}{2}$$

10. 已知给水管长 30 m,直径 $d=75$ mm,新铸铁管,流量 $q_v=7.25$ L/s,水温 $t=10$ ℃,试求该给水管段的沿程水头损失。

解 本题用莫迪图计算。

(1) 计算 $Re,\Delta/d$:

$$A=\frac{\pi d^2}{4}=44.1\ \mathrm{cm}^2$$

$$v = \frac{q_v}{A} = 164.3\ \text{cm/s}$$

查表，$t = 10\ ℃$，水的运动黏度 $\nu = 1.31 \times 10^{-6}\ \text{m}^2/\text{s}$，则

$$Re = \frac{vd}{\nu} = 94100$$

经查表，取 $\Delta = 0.25\ \text{mm}$，则

$$\frac{\Delta}{d} = \frac{0.25}{75} = 0.003$$

(2) 由 Re，Δ/d 查莫迪图，得 $\lambda = 0.023$。

(3) 计算沿程水头损失 h_f：

$$h_f = \lambda \frac{l}{d} \frac{v^2}{2g} = 1.54\ \text{m}$$

11. 已知某给水管为新铸铁管，直径 $d = 75\ \text{mm}$，管长 $l = 100\ \text{m}$，流量 $q_v = 7.3\ \text{L/s}$，水温 $t = 20\ ℃$，试求该管段的沿程水头损失。

解　查表，取水管的当量粗糙度 $\Delta = 0.26\ \text{mm}$，则相对粗糙度

$$\frac{\Delta}{d} = \frac{0.26}{75} = 0.0035$$

计算平均流速

$$v = \frac{q_v}{\frac{\pi}{4} d^2} = \frac{0.0073}{\frac{\pi}{4} \times 0.075^2} = 1.653\ \text{m/s}$$

查表水温 $t = 20\ ℃$时，水的运动黏度 $\nu = 1.011 \times 10^{-6}\ \text{m}^2/\text{s}$，雷诺数

$$Re = \frac{vd}{\nu} = \frac{1.653 \times 0.075}{1.011 \times 10^{-6}} = 122626$$

由$\dfrac{\Delta}{d}$和Re 查莫迪图得沿程损失系数$\lambda = 0.027$，则沿程水头损失

$$h_f = \lambda \frac{l}{d} \frac{v^2}{2g} = 0.027 \times \frac{100}{0.075} \times \frac{1.653^2}{2 \times 9.81} = 5.01\ \text{m}$$

12. 有一条油管，长 $l = 3\ \text{m}$，直径 $d = 0.02\ \text{m}$，油的运动黏度 $\nu = 35 \times 10^{-6}\ \text{m}^2/\text{s}$，流量 $q_v = 2.5 \times 10^{-4}\ \text{m}^3/\text{s}$，求此管段的沿程损失。

解

$$v = \frac{4q_v}{\pi d^2} = 0.7958\ \text{m/s}$$

$$Re = \frac{vd}{\nu} = 454.7 \quad (\text{层流})$$

$$\lambda = \frac{64}{Re} = 0.1407, \quad h_f = \lambda \frac{l}{d} \frac{v^2}{2g} = 0.6816\ \text{m}$$

13. 有一段直径 $d = 100\ \text{mm}$ 的管路长 10 m。其中有两个 90°的弯管，$d/R = 1.0$。管段的沿程水头损失系数 $\lambda = 0.037$。如拆除这两个弯管而管段长度不变，作用于管段两端的总水头也维持不变，问管段中的流量能增加百分之多少？

解　在拆除弯管之前，在一定流量下的水头损失为

$$h_w = \lambda \frac{l}{d} \frac{v_1^2}{2g} + 2\zeta \frac{v_1^2}{2g} = \left(\lambda \frac{l}{d} + 2\zeta\right) \frac{v_1^2}{2g}$$

式中，v_1 为该流量下的圆管断面流速。

计算得 $\zeta = 0.131 + 0.163 = 0.294$，代入上式得

$$h_w = \left(0.037 \times \frac{10}{0.1} + 2 \times 0.294\right) \frac{v_1^2}{2g} = 4.29 \frac{v_1^2}{2g}$$

拆除弯管后的沿程水头损失为

$$h_f = 0.037 \times \frac{10}{0.1} \times \frac{v_2^2}{2g} = 3.70\ \frac{v_2^2}{2g}$$

若两端的总水头差不变,则得 $3.70\ \frac{v_2^2}{2g} = 4.29\ \frac{v_1^2}{2g}$,因而

$$\frac{v_2}{v_1} = \sqrt{\frac{4.29}{3.70}} = \sqrt{1.16} = 1.077$$

流量 $q_v = vA$,所以 $q_{v2} = 1.077 q_{v1}$,即流量增加 7.7%。

14. 河水的湍流速度分布为

$$\frac{v_x}{v_*} = \frac{1}{k}\ln y + C$$

式中,v_*、k、C 皆为常数。y 是点到河床底面的距离。设河水的深度为 h,试求点速度等于断面平均速度的点位置。

解

$$\frac{v'}{v_*} = \frac{1}{h}\int_0^h \frac{v_x}{v_*}\mathrm{d}y = \frac{1}{h}\int_0^h \left(\frac{1}{k}\ln y + C\right)\mathrm{d}y = \frac{1}{k}(\ln h - 1) + C$$

令 $v = v'$,则

$$\frac{1}{k}\ln y + C = \frac{1}{k}(\ln h - 1) + C$$

$$\ln\frac{y}{h} = -1, \quad \frac{y}{h} = e^{-1} = 0.3679$$

也就是说,该点到水面的距离$(1-y)$为 $0.6321h$。

15. 长度 $l = 1000$ m,内径 $d = 200$ mm 的普通镀锌钢管,用来输送运动黏度 $\nu = 0.355 \times 10^{-4}$ m²/s 的重油,已经测得其流量 $q_v = 0.038$ m³/s。问其沿程损失为多少?

解 确定流动类型,计算雷诺数 Re:

$$v = \frac{q_v}{A} = \frac{q_v}{\frac{\pi d^2}{4}} = \frac{0.038}{0.785 \times 0.2^2} = 1.21\ \mathrm{m/s}$$

雷诺数

$$Re = \frac{vd}{\nu} = \frac{1.21 \times 0.2}{0.355 \times 10^{-4}} = 6817$$

因为 $Re = 6817 > 4000$,计算边界雷诺数 Re_1

$$Re_1 = 59.8\left(\frac{d}{2\Delta}\right)^{8/7} = 59.8 \times \left(\frac{100}{0.39}\right)^{8/7} = 32807 > 6817$$

即在 $4000 < Re < Re_1$ 范围之内,故为水力光滑区。

又因 $Re = 6817 < 10^5$,应用布拉休斯公式计算 λ 值:

$$\lambda = \frac{0.3164}{\sqrt[4]{Re}} = \frac{0.3164}{\sqrt[4]{6817}} = 0.0348$$

因此沿程损失

$$h_f = \lambda\frac{l}{d}\frac{v^2}{2g} = 0.0348 \times \frac{1000}{0.2} \times \frac{1.21^2}{2 \times 9.8} = 12.99\ \mathrm{m}\ 油柱$$

16. 如图(题 6.16 图)所示,用效率 $\eta = 0.8$,流量 $q_v = 10$ L/s 的油泵,将密度 $\rho = 900$ kg/m³ 的油液从开口油池输送到计示压强 $p = 200$ kPa 的密封容器中。$h = 20$ m,油管中总能量损失为 $h_f = 7.35$ m,试求油泵功率。

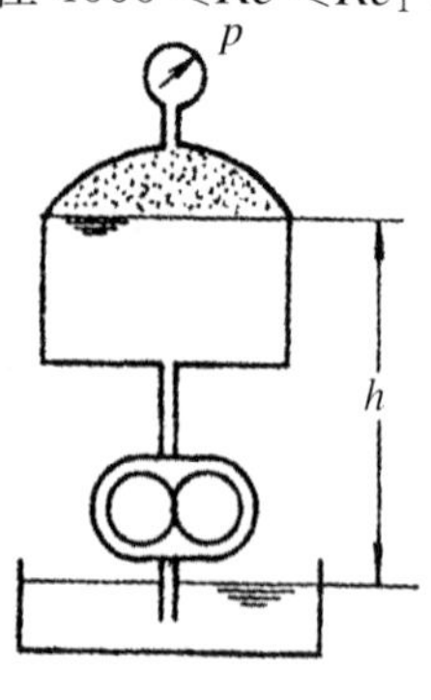

题 6.16 图

解 油泵扬程

$$H = h + \frac{p}{\rho g} + h_f = 20 + \frac{2 \times 10^5}{900 \times 9.81} + 7.35 = 50 \text{ m 油柱}$$

油泵功率

$$P = \frac{\rho g q_v H}{\eta} = \frac{900 \times 9.81 \times 10 \times 10^{-3} \times 50}{0.8} = 5518.125 \text{ W} = 5.518 \text{ kW}$$

17. 如图(题6.17图)所示，两水池水位定常，已知管道直径 $d = 10$ cm，管长 $l = 20$ m，沿程损失系数 $\lambda = 0.042$，局部损失系数 $\zeta_{弯1} = 0.80$，$\zeta_{弯2} = 0.26$，通过的流量为 $q_v = 0.065\ \text{m}^3/\text{s}$。试求：

(1) 若水从高水池流到低水池，求这两水池面的高度差；

(2) 若将水从上述高度差的低水池打到高水池，需要的增压泵的扬程为多大？

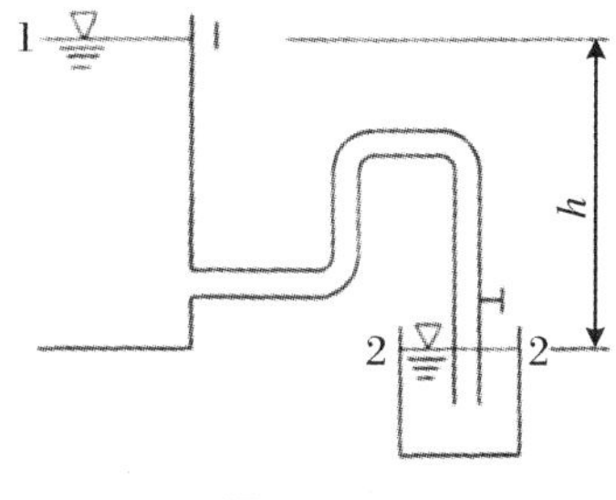

题6.17图

解 (1) 据题意，管中流速为

$$v = \frac{q_v}{\frac{\pi}{4}d^2} = \frac{0.065}{\frac{\pi}{4} \times 0.1^2} = 8.28 \text{ m/s}$$

设高水池的水位为1-1，低水池的水位为2-2，取2-2为基准面，则自1-1断面到2-2断面的能量方程为

$$z_1 + \frac{p_1}{\rho g} + \frac{v_1^2}{2g} = z_2 + \frac{p_2}{\rho g} + \frac{v_2^2}{2g} + h_{w1-2}$$

根据题意，$p_1 = p_2$，$z_1 - z_2 = h$，$v_1 \approx v_2 \approx 0$，所以

$$h = h_{w1-2} = h_f + h_l$$

其中

$$h_f = \lambda \frac{l}{d} \frac{v^2}{2g} = 0.042 \times \frac{20}{0.1} \times \frac{v^2}{2g} = 8.4 \frac{v^2}{2g}$$

$$h_l = \sum_{i=1}^{6} \zeta_i \frac{v^2}{2g} = (0.5 + 3 \times 0.8 + 0.26 + 1) \times \frac{v^2}{2g} = 4.16 \frac{v^2}{2g}$$

故

$$h = h_f + h_i = (8.4 + 4.16) \frac{v^2}{2g} = 12.56 \times \frac{8.28^2}{2 \times 9.81} = 43.9 \text{ m}$$

(2) 水自低水池流入高水池，需要增设加压泵，水泵的扬程 H 指的是单位重量的液体通过水泵所获得的能量，取2-2为基准面，则自2-2断面到1-1断面的能量方程为

$$z_2 + \frac{p_2}{\rho g} + \frac{v_2^2}{2g} + H = z_1 + \frac{p_1}{\rho g} + \frac{v_1^2}{2g} + h_f + h_j$$

即

$$H = h + h_f + h_j = 2h = 2 \times 43.9 = 87.8 \text{ m}$$

18. 有一涂锌铁管。已知：$d = 0.2$ m，$l = 40$ m，$\Delta = 0.15$ mm，管内输送干空气，温度 $t = 20$ ℃，风量 $q_v = 1700\ \text{m}^3/\text{h}$，求气流的沿程损失为多少？

解 (1) 确定流动所在区域：

据 $t = 20$ ℃，查表得空气的 $\rho = 1.2\ \text{kg/m}^3$，$\nu = 15.12 \times 10^{-6}\ \text{m}^2/\text{s}$，故

$$v = \frac{4q_v}{\pi d^2} = \frac{4 \times 1700}{\pi \times 0.2^2 \times 3600} = 15 \text{ m/s}$$

$$Re = \frac{vd}{\nu} = \frac{15 \times 0.2}{15.12 \times 10^{-6}} = 1.98 \times 10^5$$

分界点的 Re 计算：

$$26.98\left(\frac{d}{\Delta}\right)^{8/7} = 26.98\times\left(\frac{200}{0.15}\right)^{8/7} = 100600 < 1.98\times 10^5$$

$$4160\left(\frac{d}{2\Delta}\right)^{0.85} = 1.05\times 10^6 > 1.98\times 10^5$$

所以流动处在水力光滑与粗糙的过渡区。即

$$\frac{1}{\sqrt{\lambda}} = -2\lg\left(\frac{\Delta}{3.7d}+\frac{2.51}{Re\sqrt{\lambda}}\right)$$

由于此式对 λ 是隐函数,需试算。先选取 $\lambda=0.02$ 代入上式,则等式左边

$$\frac{1}{\sqrt{\lambda}} = \frac{1}{\sqrt{0.02}} = 7.1$$

等式右边

$$2\lg\left(\frac{0.15}{200\times 3.7}+\frac{2.51}{\sqrt{0.02}}\times\frac{1}{1.98\times 10^5}\right) = 7$$

再设 $\lambda=0.0204$,等式左边≈7;等式右边≈7;等式两边基本相等,故得解 $\lambda=0.0204$。

(2) 压力损失计算:

$$\Delta p = \lambda\frac{l}{d}\frac{\rho v^2}{2} = 0.0204\times\frac{40}{0.2}\times\frac{1.2\times 15^2}{2} = 540\ \text{Pa}$$

若用莫迪图,由 $Re=1.98\times 10^5$ 及 $\Delta/d=0.15/200=0.00075$,在莫迪图中查出 $\lambda=0.02$,与计算结果基本相同。

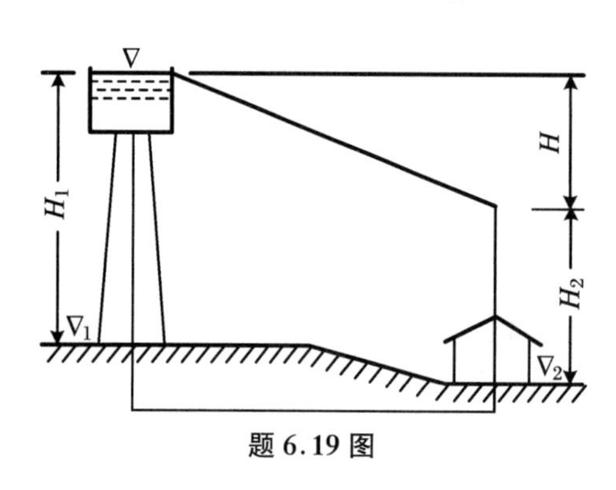

题 6.19 图

19. 如图(题 6.19 图)所示,由水塔向工厂供水,采用铸铁管。管长 2500 m,管径 400 mm。水塔处地形标高 ∇_1 为 61 m,水塔水面距地面高度 $H_1=18$ m,工厂地形标高 ∇_2 为 45 m,管路末端需要的自由水头 $H_2=25$ m,求通过管路的流量。

解 以海拔水平面为基准面,在水塔水面与管路末端间列出长管路的能量方程

$$(H_1+\nabla_1)+0+0 = \nabla_2+H_2+0+h_f$$

故

$$h_f = (H_1+\nabla_1)-(H_2+\nabla_2)$$

管路末端作用水头 H 为

$$H = h_f = (61+18)-(45+25) = 9\ \text{m}$$

由手册查得 400 mm 铸铁管比阻 A 为 $0.2232\ \text{s}^2/\text{m}^6$,代入长管计算公式,得

$$q_v = \sqrt{\frac{H}{Al}} = \sqrt{\frac{9}{0.2232\times 2500}} = 0.127\ \text{m}^3/\text{s}$$

验算阻力区

$$v = \frac{4q_v}{\pi d^2} = \frac{4\times 0.127}{\pi\times(0.4)^2} = 1.01\ \text{m/s} < 1.2\ \text{m/s}$$

属于过渡区,比阻需要修正,由修正系数表查得 $v=1$ m/s 时,$k=1.03$。修正后流量为

$$q_v = \sqrt{\frac{H}{kAl}} = \sqrt{\frac{9}{1.03\times 0.2232\times 2500}} = 0.125\ \text{m}^3/\text{s}$$

注意:当无法准确判断长管或短管时,仍可按短管计算,即考虑流速水头即局部阻力水头损失。

20. 如图(题 6.20 图)所示,水泵将水自水池抽至水塔,已知:水泵的功率 $P_p=25$ kW,

流量 $q_v = 0.06\ \text{m}^3/\text{s}$，水泵效率 $\eta_p = 75\%$，吸水管长度 $l_1 = 8\ \text{m}$，压水管长度 $l_2 = 50\ \text{m}$，吸水管直径 $d_1 = 250\ \text{mm}$，压水管直径 $d_2 = 200\ \text{mm}$，沿程阻力系数 $\lambda = 0.025$，带底阀滤水网的局部阻力系数 $\zeta_{fv} = 4.4$，弯头阻力系数 $\zeta_b = 0.2$（一个），阀门 $\zeta_v = 0.5$，止回阀 $\zeta_{sv} = 5.5$，水泵的允许真空度 $h_v = 6\ \text{m}$，试求：

(1) 水泵的安装高度 h_s；

(2) 水泵的提水高度 h。

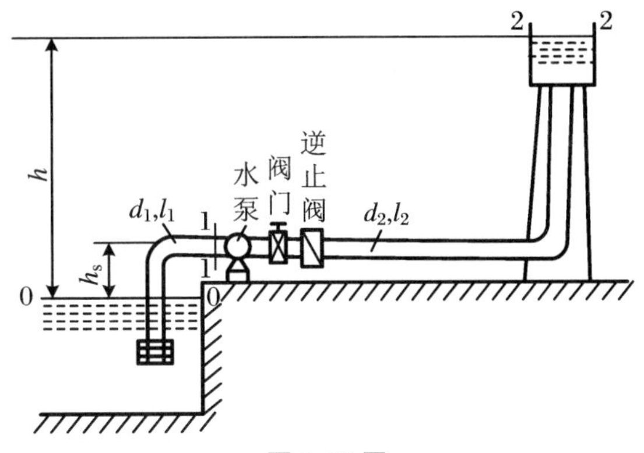

题 6.20 图

解　(1) 以水池水面为基准，列0－0，1－1断面的能量方程，采用绝对压力，则

$$0 + \frac{p_a}{\rho g} + 0 = h_s + \frac{p_1}{\rho g} + \frac{v_1^2}{2g} + h_{w0-1}$$

所以

$$h_s = \left(\frac{p_a}{\rho g} - \frac{p_1}{\rho g}\right) - \frac{v_1^2}{2g} - h_{w0-1} = h_v - \frac{v_1^2}{2g} - \left(\lambda \frac{l_1}{d_1} + \zeta_{fv} + \zeta_b\right)\frac{v_1^2}{2g}$$

$$= 6 - \left(1 + 0.025 \times \frac{8}{0.25} + 4.4 + 0.2\right)\frac{v_1^2}{2g} = 6 - 6.4\frac{v_1^2}{2g}$$

进水管流速

$$v_1 = \frac{q_v}{A_1} = \frac{0.06}{0.785 \times 0.25^2} = 1.22\ \text{m/s}$$

压水管流速

$$v_2 = \frac{q_v}{A_2} = \frac{0.06}{0.785 \times 0.20^2} = 1.91\ \text{m/s}$$

所以

$$h_s = 6 - 6.4 \times \frac{1.22^2}{19.6} = 5.51\ \text{m}$$

(2) 仍以水池水面为基准列0－0，2－2断面的能量方程，H_p 为水泵扬程，则

$$0 + \frac{p_a}{\rho g} + 0 + H_p = h + \frac{p_a}{\rho g} + 0 + h_{w0-2}$$

所以

$$h = H_p - h_{w0-2}$$

又

$$P_p = \frac{\rho g q_v H_p}{\eta_p}$$

所以

$$H_p = \frac{\eta_p P_p}{\rho g q_v}$$

所以

$$h = \frac{\eta_p P_p}{\rho g q_v} - h_{w0-2} = \frac{\eta_p P_p}{\rho g q_v} - \left(\zeta_{fv} + \zeta_b + \lambda \frac{l_1}{d_1}\right)\frac{v_1^2}{2g} - \left(\zeta_v + \zeta_{sv} + \zeta_b + \zeta_0 + \lambda \frac{l_2}{d_2}\right)\frac{v_2^2}{2g}$$

$$= \frac{0.75 \times 25 \times 10^3}{9800 \times 0.06} - \left(4.4 + 0.2 + 0.025 \times \frac{8}{0.25}\right) \times \frac{1.22^2}{19.6}$$

$$- \left(0.5 + 5.5 + 0.2 + 1 + 0.025 \times \frac{50}{0.2}\right) \times \frac{1.91^2}{19.6} = 31.89 - 0.41 - 2.50 = 28.98\ \text{m}$$

21. 某水管长 $l=500$ m，直径 $d=200$ mm，管壁粗糙突起高度 $\Delta=0.10$ mm，如输送流量 $q_v=10$ L/s，水温 $t=10$ ℃，计算沿程水头损失为多少？

解 平均流速 $v=\dfrac{q_v}{\frac{1}{4}\pi d^2}=\dfrac{10000}{\frac{1}{4}\pi(20)^2}=31.83$ cm/s，$t=10$ ℃时，水的运动黏性系数 $\nu=0.01310$ cm^2/s，雷诺数 $Re=\dfrac{vd}{\nu}=\dfrac{31.83\times 20}{0.01310}=48595$，所以管中水流为湍流，$Re<10^5$，先用布拉休斯公式计算 λ：

$$\lambda=\frac{0.316}{Re^{1/4}}=\frac{0.316}{48595^{1/4}}=0.0213$$

再计算黏性底层厚度：

$$\delta_1=\frac{14\nu}{v\sqrt{\lambda}}=\frac{14d}{Re\sqrt{\lambda}}=\frac{14\times 200}{48595\sqrt{0.0213}}=0.393\text{ mm}$$

因为 $Re=48595<10^5$，$\Delta=0.1\text{ mm}<0.4\delta_1=0.4\times 0.393\text{ mm}=0.157$ mm，所以流态是湍流光滑管区，即布拉休斯公式适用。沿程水头损失

$$h_f=\lambda\frac{l}{d}\frac{v^2}{2g}=0.0213\times\frac{500}{0.2}\times\frac{(0.318)^2}{2\times 9.81}=0.297\text{ m(水柱)}=0.297\text{ mH}_2\text{O}$$

或者可以按其他公式计算 λ：

$$\frac{1}{\sqrt{\lambda}}=2\lg(Re\sqrt{\lambda})-0.8$$

这时要先假设 λ，如设 $\lambda=0.021$，则

$$\frac{1}{\sqrt{0.021}}=2\lg(48595\sqrt{0.021})-0.8$$

$$6.90=2\times 3.847-0.8=6.894$$

所以 $\lambda=0.021$，满足此式。

也可以查莫迪图，当 $Re=48595$ 时，按光滑管查得 $\lambda=0.0208$。

由此可以看出，在上面的雷诺数范围内，计算和查表所得的 λ 值是基本一致的。

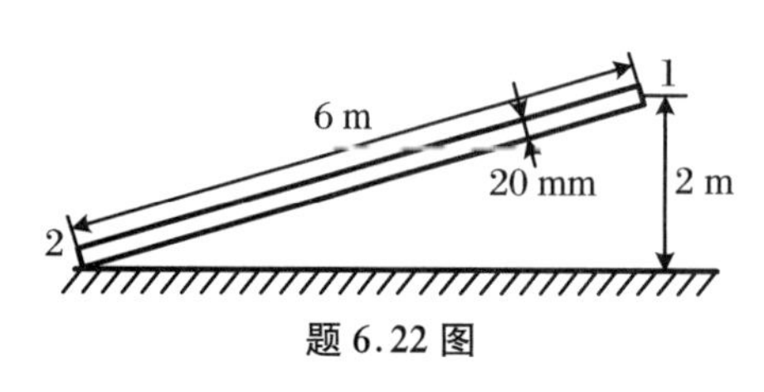

题 6.22 图

22. 如图(题 6.22 图)所示为内径 20 mm 倾斜放置的圆管，其中流过密度 $\rho=815.7$ kg/m^3，黏度 $\mu=0.04$ Pa·s 的流体，已知截面 1 处的压强 $p=9.807\times 10^4$ Pa，截面 2 处的压强 $p=19.61\times 10^4$ Pa。试确定流体在管中的流动方向，并计算流量和雷诺数(假定管中流动为层流)。

解 为了确定流动方向，需要计算截面 1 和 2 处流体的总机械能的大小。由于等截面管道在 1 和 2 处的流速相等，即它们的动能相等，因而流动方向决定于该两处总势能的大小。在截面 1 处

$$(p+\rho gh)_1=9.807\times 10^4+815.7\times 9.807\times 2=1.141\times 10^5\text{ Pa}$$

在截面 2 处

$$(p+\rho gh)_2=19.61\times 10^4+0=19.61\times 10^4\text{ Pa}$$

由于 $(p+\rho gh)_2>(p+\rho gh)_1$，故流体自截面 2 流向截面 1。则流量

$$q_v=-\frac{\pi r_0^4}{8\mu}\frac{\mathrm{d}}{\mathrm{d}l}(p+\rho gh)=\frac{\pi\times 0.01^4}{8\times 0.04}\times\left(-\frac{114100-196100}{6}\right)=0.001342\text{ m}^3/\text{s}$$

平均流速

$$v = \frac{q_v}{\pi r_0^2} = \frac{0.001342}{\pi \times 0.01^2} = 4.272\ \text{m/s}$$

雷诺数

$$Re = \frac{\rho v d}{\mu} = \frac{815.7 \times 4.272 \times 0.02}{0.04} = 1742$$

由于 $Re<2320$,管内流动为层流,以上计算成立。倘若 $Re>2320$,管内流动为湍流,则不能采用本题的方法计算流量。

23. 如图(题6.23图)所示水轮机工作轮与蜗壳间密封装置的纵剖面示意图。密封装置中线处的直径 $d=4$ m,径向间隙 $b=2$ mm,缝隙的纵长均为 $l_2=50$ mm,各缝隙之间有等长的扩大沟槽。假设密封装置入口与出口的压差 $p_1-p_2=294.2$ kPa,取进口局部损失系数 $\zeta_i=0.5$,出口局部损失系数 $\zeta_o=1$,沿程损失系数 $\lambda=0.03$,试求密封装置的漏损流量。如果密封装置的扩大沟槽也改成同样的缝隙,其漏损流量又为多少?

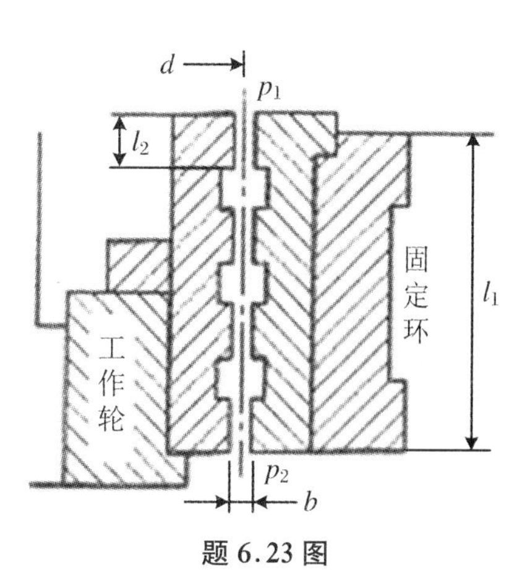

题6.23图

解 缝隙为环形通道,其当量直径为

$$D = d_2 - d_1 = 2b$$

对于有扩大沟槽的装置,对缝隙的入口与出口列伯努利方程

$$z_1 + \frac{p_1}{\rho g} + \frac{v^2}{2g} = z_2 + \frac{p_2}{\rho g} + \frac{v^2}{2g} + \left(4\lambda \frac{l_2}{D} + 4\zeta_i + 4\zeta_o\right)\frac{v^2}{2g}$$

得漏流速度

$$v = \left\{\frac{2g[(p_1 - p_2)/(\rho g) + (z_1 - z_2)]}{4\lambda l_2/D + 4\zeta_i + 4\zeta_o}\right\}^{1/2}$$

$$= \left\{\frac{2 \times 9.81[294200/(1000 \times 9.81) + 0.35]}{4 \times 0.3 \times 0.05/0.004 + 4 \times 0.5 + 4 \times 1}\right\}^{1/2} = 8.9\ \text{m/s}$$

漏流流量

$$q_v = \pi d b v = \pi \times 4 \times 0.002 \times 8.9 = 0.223\ \text{m}^3/\text{s}$$

对于无扩大沟槽的装置,漏流速度

$$v' = \left\{\frac{2g[(p_1 - p_2)/(\rho g) + (z_1 - z_2)]}{7\lambda l_2/D + \zeta_i + \zeta_o}\right\}^{1/2}$$

$$= \left\{\frac{2 \times 9.81[294200/(1000 \times 9.81) + 0.35]}{7 \times 0.3 \times 0.05/0.004 + 0.5 + 1}\right\}^{1/2} = 12\ \text{m/s}$$

漏损流量

$$q_v = \pi d b v' = \pi \times 4 \times 0.002 \times 12 = 0.302\ \text{m}^3/\text{s}$$

可见,有扩大沟槽装置比无扩大沟槽装置的漏损流量小,即利用局部阻力减小了漏损。

24. 相对密度0.85,$\nu=0.125\ \text{cm}^2/\text{s}$ 的油在粗糙度 $\Delta=0.04$ mm 的无缝钢管中流动,管径 $d=30$ cm,流量 $q_v=0.1\ \text{m}^3/\text{s}$,试判断流动状态并求:

(1) 沿程阻力系数 λ;

(2) 黏性底层厚度 δ_n;

(3) 管壁上的切应力 τ_0。

解 (1) $Re = \dfrac{vd}{\nu} = \dfrac{4q_v}{\pi d \nu} = \dfrac{4\times0.1}{\pi\times0.3\times0.125\times10^{-4}} = 33953>2320$ 为湍流流动。

光滑管上限

$$22.2\left(\frac{d}{\Delta}\right)^{\frac{8}{7}} = 22.2 \times \left(\frac{300}{0.04}\right)^{\frac{8}{7}} = 595654 > Re$$

管中为光滑管湍流状态，由布拉休斯公式计算得

$$\lambda = \frac{0.3164}{Re^{0.25}} = 0.0233$$

（2）黏性底层厚度：

$$\delta_n = \frac{14\nu}{v\sqrt{\lambda}} = \frac{14d}{Re\sqrt{\lambda}} = \frac{14 \times 0.3}{33953 \times \sqrt{0.0233}} = 0.811 \times 10^{-3}\ \text{m} = 0.811\ \text{mm}$$

（3）管壁上的切应力：

$$\tau_0 = \frac{\lambda}{8}\rho v^2 = \frac{1}{8} \times 0.0233 \times 850 \times \left(\frac{0.1 \times 4}{\pi \times 0.3^2}\right)^2 = 4.955\ \text{Pa}$$

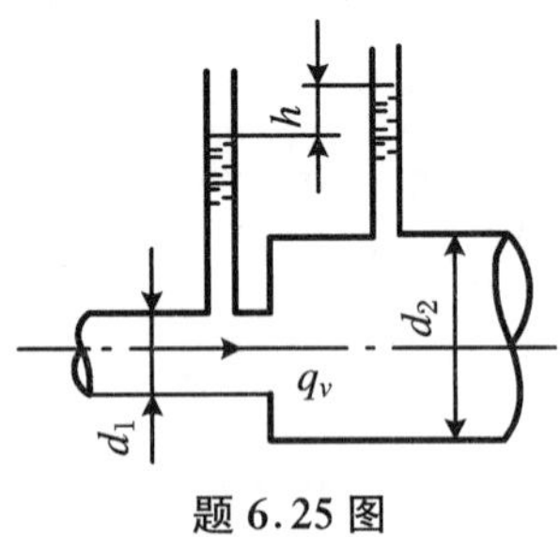

题 6.25 图

25. 如图（题 6.25 图）所示，水平管路直径由 $d_1 = 24$ cm 突然扩大为 $d_2 = 48$ cm，在突然扩大的前后各安装一侧压管，读得局部阻力后的测压管比局部阻力前的测压管水柱高出 $h = 1$ cm。试求管中流量 q_v。

解 对突然扩大前后断面列伯努利方程：

$$\frac{p_1}{\rho g} + \frac{v_1^2}{2g} = \frac{p_2}{\rho g} + \frac{v_2^2}{2g} + h_f$$

$$h = \frac{p_2 - p_1}{\rho g} = \frac{v_1^2 - v_2^2}{2g} - h_f = \frac{1}{2g}(v_1^2 - v_2^2 - v_1^2 - v_2^2 + 2v_1v_2) = \frac{1}{g}(v_1v_2 - v_2^2)$$

其中，$h_f = \dfrac{(v_1 - v_2)^2}{2g} = \dfrac{v_1^2 + v_2^2 - 2v_1v_2}{2g}$，由连续性方程：$v_1 d_1^2 = v_2 d_2^2$，$v_1^2 = v_2^2\left(\dfrac{d_2}{d_1}\right)^4$，得

$$gh = v_2^2\left[\left(\frac{d_2}{d_1}\right)^2 - 1\right]$$

$$q_v = v_2\frac{\pi d_2^2}{4} = \frac{\pi}{4} \times d_2^2 \times \sqrt{\frac{gh}{\left(\dfrac{d_2}{d_1}\right)^2 - 1}} = \frac{\pi}{4} \times 0.48^2 \times \sqrt{\frac{9.81 \times 0.01}{4 - 1}} = 0.0327\ \text{m}^3/\text{s}$$

26. 如图（题 6.26 图）所示，消防水龙带直径 $d_1 = 20$ mm，长 $l = 20$ m，末端喷嘴直径 $d_2 = 10$ mm，入口损失 $\zeta_1 = 0.5$，阀门损失 $\zeta_2 = 3.5$，喷嘴 $\zeta_3 = 0.1$（相对于喷嘴出口速度），沿程阻力系数 $\lambda = 0.03$，水箱计示压强 $p_0 = 4 \times 10^5$ Pa，$h_0 = 3$ m，$h = 1$ m。试求喷嘴出口速度 v_2。

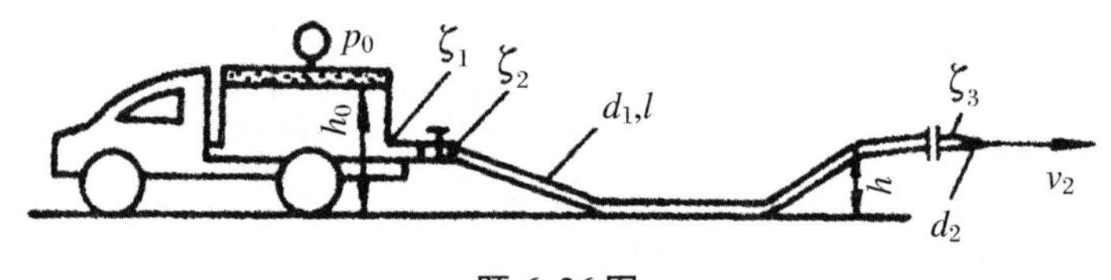

题 6.26 图

解 从水箱液面至喷嘴出口列伯努利方程：

$$\frac{p_0}{\rho g} + h_0 + 0 = 0 + h + \frac{v_2^2}{2g} + \sum h_f$$

连续性方程

$$v_1 d_1^2 = v_2 d_2^2, \quad \sum h_f = \left(\zeta_1 + \zeta_2 + \lambda\frac{l}{d_1}\right)\frac{v_1^2}{2g} + \zeta_3\frac{v_2^2}{2g}$$

代入伯努利方程，得

$$\frac{p_0}{\rho g}+h_0-h=\left(\zeta_1+\zeta_2+\lambda\frac{l}{d_1}\right)v_1^2+(1+\zeta_3)\frac{v_2^2}{2g}$$
$$=\left[\left(\zeta_1+\zeta_2+\lambda\frac{l}{d_1}\right)\left(\frac{d_2}{d_1}\right)^4+1+\zeta_3\right]\frac{v_2^2}{2g}$$

$$v_2=\sqrt{\frac{2g\left(\frac{p_0}{\rho g}+h_0-h\right)}{\left(\zeta_1+\zeta_2+\lambda\frac{l}{d_1}\right)\left(\frac{d_2}{d_1}\right)^4+1+\zeta_3}}$$
$$=\sqrt{\frac{2\times 9.81\left(\frac{4\times 10^5}{1000\times 9.81}+2\right)}{\left(0.5+3.5+0.03\times\frac{20}{0.02}\right)\times\frac{1}{16}+1.1}}=16.132\ \mathrm{m/s}$$

27. 如图(题6.27图)所示风冷式四缸发动机的冷却气流,0→1为进口段,1→2为进气管段,2→3为风扇增压段,3→4为机前段,4→5为冷却段,5→6为机后段。整个气流的压强水头 $p/(\rho g)$ 的变化如图中下部折线所示。进口和出口处的气流速度相等。已知空气密度 $\rho=1.2\ \mathrm{kg/m^3}$,空气运动黏度 $\nu=1.5\ \mathrm{cm^2/s}$,空气流量 $q_v=1.944\ \mathrm{m^3/s}$,发动机功率 $P=73.5\ \mathrm{kW}$。

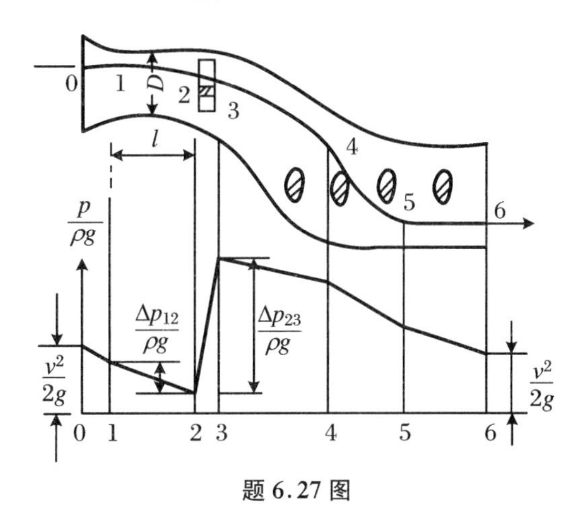

题6.27图

(1) 如果进气管段1→2的直径为 $D=35\ \mathrm{cm}$,长度 $l=1\ \mathrm{m}$。绝对粗糙度 $\Delta=0.2\ \mathrm{mm}$,试确定进气管段中的气流速度 v,并确定其流动状态,求沿程损失 $\frac{\Delta p_{12}}{\rho g}$;

(2) 如果各段的阻力系数分别为 $\zeta_{01}=0.5$,$\zeta_{34}=1.5$,$\zeta\ 45=6.5$,$\zeta_{56}=1.5$,试求风扇应提高的压强水头 $\frac{\Delta p_{23}}{\rho g}$;

(3) 如果风扇效率为 $\eta=0.8$,试求风扇的消耗功率 P_{23}。

解　(1) 求雷诺数判断流动状态:

$$v=\frac{4q_v}{\pi D^2}=\frac{4\times 1.944}{\pi\times 0.35^2}=20.2\ \mathrm{m/s}$$

动能水头

$$\frac{v^2}{2g}=\frac{20.2^2}{2\times 9.81}=20.82\ \mathrm{m}$$
$$Re=\frac{vD}{\nu}=\frac{20.2\times 0.35}{1.5\times 10^{-4}}=47157=4.7157\times 10^4$$

是湍流,再继续与过渡区的下限进行比较:

$$22.2\left(\frac{D}{\Delta}\right)^{\frac{8}{7}}=22.2\times\left(\frac{0.35}{0.2\times 10^{-3}}\right)^{\frac{8}{7}}=1.129\times 10^5$$

可知是属于光滑湍流管,于是可用布拉休斯公式:$\lambda=\frac{0.3164}{Re^{0.25}}=0.0215$,因此进气管的损失为

$$\frac{\Delta p_{12}}{\rho g}=\lambda\frac{l}{D}\frac{v_2^2}{2g}=0.0215\times\frac{1}{0.35}\times 20.82=1.28\ \mathrm{m}$$

(2) 由损失求风扇的压强水头：

$$\frac{\Delta p_{23}}{\rho g}=\frac{\Delta p_{12}}{\rho g}+(\zeta_{01}+\zeta_{34}+\zeta_{45}+\zeta_{56})\frac{v^2}{2g}$$
$$=1.28+(0.5+1.5+6.5+1.5)\times 20.82=209.3\ \text{m}$$

(3) 风扇的消耗功率

$$P_{23}=\frac{\Delta p_{23}q_v}{\eta}=\frac{209.3\times 1.944\times 1.2\times 9.81}{0.8}=5975\ \text{W}=5.975\ \text{kW}$$

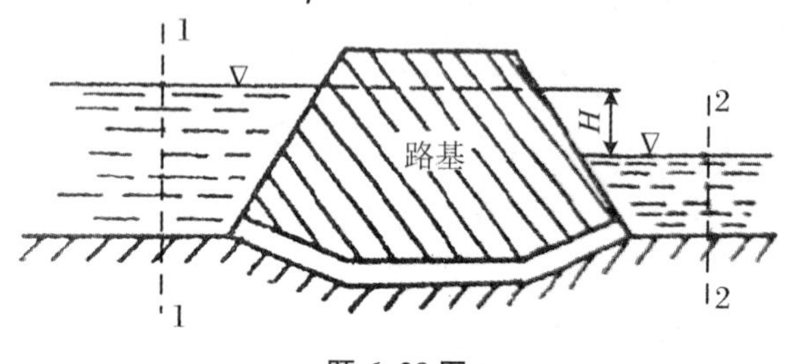

题 6.28 图

28. 如图(题 6.28 图)所示，圆形有压涵管管长 $l=50$ m，上下游水位差 $H=3$ m，各项阻系数：$\lambda=0.03$，$\zeta_{进}=0.5$，$\zeta_{转}=0.65$，$\zeta_{出}=1.0$，如要求涵管通过流量 $q_v=3\ \text{m}^3/\text{s}$，试确定管径。

解 以下游水面为基准面，对1－1和2－2断面建立能量方程，忽略上下游流速，得

$$H+\frac{p_a}{\rho g}+0=0+\frac{p_a}{\rho g}+0+h_w$$

即

$$H=h_w=\left(\lambda\frac{l}{d}+\zeta_{进}+2\zeta_{转}+\zeta_{出}\right)\frac{1}{2g}\left(\frac{4q_v}{\pi d^2}\right)^2$$

代入已知各数值，简化得

$$3d^5-2.08d-0.745=0$$

用试算法确定管径 d，设 $d=1.0$ m，代入上式得

$$3\times 1-2.08\times 1-0.745\neq 0$$

再设 $d=0.98$ m，代入上式得

$$3\times 0.98^5-2.08\times 0.98-0.745\approx 0$$

采用规格管径 $d=1.0$ m，实际通过流量略大。

29. 水平放置的毛细管黏度计，内径 $d=0.50$ mm，两测点间的管长 $L=1.0$ m，液体的密度 $\rho=999\ \text{kg/m}^3$，当液体流量 $q_v=880\ \text{mm}^3/\text{s}$ 时，两测点间的压降 $\Delta p=1.0$ MPa。试求该液体的黏度。

解 假定流动为充分发展的层流，则由哈根-伯肃叶定律得

$$\mu=\frac{\pi d^4\Delta p}{128Lq_v}=\frac{\pi\times(0.5\times 10^{-3})^4\times 1.0\times 10^6}{128\times 1.0\times 880\times 10^{-9}}=1.743\times 10^{-3}\ \text{Pa}\cdot\text{s}$$

由于

$$Re=\frac{4q_v\rho}{\pi d\mu}=\frac{4\times 880\times 10^{-9}\times 999}{\pi\times 0.5\times 10^{-3}\times 1.743\times 10^{-3}}$$
$$=1284<2000$$

说明层流的假定是对的，计算成立。

30. 如图(题 6.30 图)所示，齿轮泵 1 从油箱 6 中吸油，然后经过逆止阀 2、换向阀 3 进入油缸 4。再从油缸经换向阀 3 及滤油器 5 返回油箱。

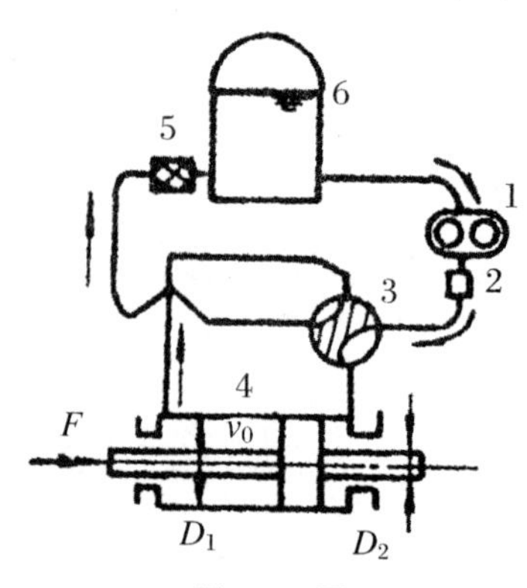

题 6.30 图

已知油缸上的载荷 $F=5000$ N，活塞向左移动时速度为 $v_0=0.15$ m/s，$D_1=50$ mm，$D_2=20$ mm，油液密度 $\rho=1210\ \text{kg/m}^3$，油液黏度 $\nu=1.2\ \text{cm}^2/\text{s}$，管路总长度 $l=$

11 m，管径 $d = 10$ mm，逆止阀、换向阀和滤油器的局部损失用管当量长度表示，则分别为 $l_e/d = 50$、40、60，试求齿轮泵的功率。如果活塞反向时，负载 $F = 1000$ N，管路损失不变，试问齿轮泵功率又是多少？

解　首先判断流态

$$\frac{\pi}{4}(D_1^2 - D_2^2)v_0 = \frac{\pi}{4}d^2 v$$

$$v = v_0\frac{D_1^2 - D_2^2}{d^2} = 0.15 \times \frac{0.05^2 - 0.02^2}{0.01^2} = 3.15 \text{ m/s}$$

$$Re = \frac{vd}{\nu} = \frac{3.15 \times 0.01}{1.2 \times 10^{-4}} = 262.5 < 2320\ (\text{层流})$$

$$\lambda = \frac{64}{Re} = 0.244$$

$$h_f = \lambda\frac{l + \sum l_e}{d}\frac{v^2}{2g} = 0.244 \times \left(\frac{3.15^2}{2 \times 9.81}\right)\left(\frac{11}{0.01} + 50 + 40 + 60\right) = 154.25 \text{ m}$$

$$\frac{\Delta p}{\rho g} = \frac{4F}{\rho g \pi(D_1^2 - D_2^2)} = \frac{4 \times 5000}{1210 \times 9.81 \times \pi(0.05^2 - 0.02^2)} = 255.4 \text{ m}$$

$$P = \rho g q_v H = \rho g q_v\left(\frac{\Delta p}{\rho g} + h_f\right) = \rho g\frac{\pi}{4}d^2 v\left(\frac{\Delta p}{\rho g} + h_f\right)$$

$$= 1210 \times 9.81 \times \frac{\pi}{4} \times 0.01^2 \times 3.15 \times (255.4 + 154.25) = 1200 \text{ W} = 1.2 \text{ kW}$$

反向时，

$$\frac{\Delta p}{\rho g} = \frac{4 \times 1000}{1210 \times 9.81 \times \pi(0.05^2 - 0.02^2)} = 51.08 \text{ m}$$

$$P = 1210 \times 9.81 \times \frac{\pi}{4} \times 0.01^2 \times 3.15 \times (51.08 + 154.25) = 600 \text{ W} = 0.6 \text{ kW}$$

31. 如图(题 6.31 图)所示，用一个 U 形压差计测量一个垂直放置弯管的局部损失系数 ζ，已知弯管的管径为 $d = 0.25$ m，水流量 $q_v = 0.04\ \text{m}^3/\text{s}$，U 形压差计的工作液体是四氯化碳，其密度为 $\rho_1 = 1600\ \text{kg/m}^3$，测得 U 形管左右两侧管内的液面高度差为 $\Delta h = 70$ mm，求局部阻力系数 ζ(不计沿程损失)。

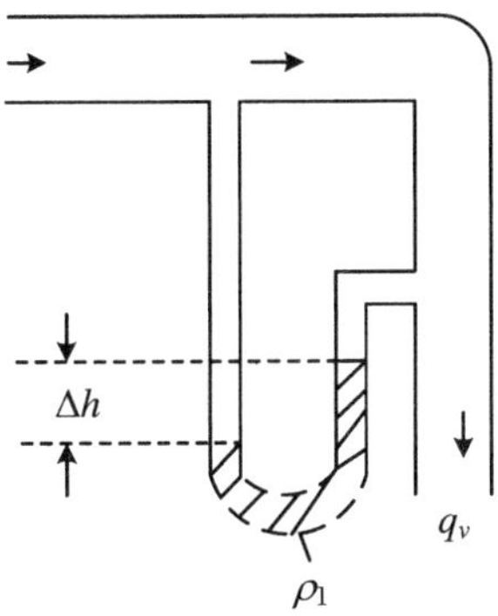

解　对入口截面及出口截面列能量方程：

$$\frac{v_1^2}{2g} + \frac{p_1}{\rho g} = \frac{v_2^2}{2g} + \frac{p_2}{\rho g} + h_j \tag{1}$$

又由质量守恒定律得

$$q_v = Av \tag{2}$$

联立(1)、(2)两式，可得

$$v_1 = v_2 = \frac{q_v}{\frac{1}{4}\pi d^2} = 0.815 \text{ m/s}$$

题 6.31 图

所以

$$h_j = \frac{p_1 - p_2}{\rho g}$$

由 U 形管测压计可知 $p_1 - p_2 = \rho_{氯} g\Delta h = 1600 \times 9.81 \times 0.07 = 1098.72$ Pa，所以

$$h_j = \frac{p_1 - p_2}{\rho g} = \frac{1098.72}{1000 \times 9.81} = 0.112 \text{ m}$$

因此有局部阻力系数

$$\zeta = \frac{h_j \times 2g}{v^2} = 3.3$$

32. 如图(题6.32图)所示,水在矩形断面渠道作定常均匀流动,渠道底宽 $b = 6$ m,水深 $h = 1.2$ m,壁面的粗糙系数 $n = 0.014$,渠道底面坡度 $i = 10^{-4}$,试利用谢才公式和曼宁公式计算明渠的流量 q_v。

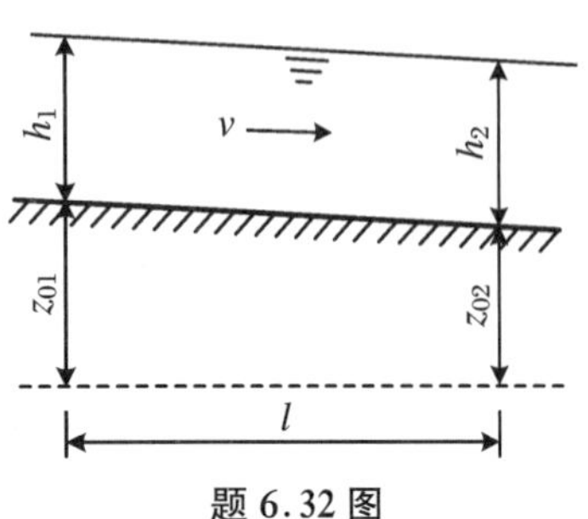

题 6.32 图

解 对如图所示明渠均匀流的两个断面应用伯努利方程

$$h_1 + z_{01} + \frac{p_a}{\rho g} + \frac{v_1^2}{2g} = h_2 + z_{02} + \frac{p_a}{\rho g} + \frac{v_2^2}{2g} + h_f$$

式中,z_{01} 和 z_{02} 分别是明渠两处的底面高程。对于均匀流,水深、平均速度沿程不变,$h_1 = h_2$,$v_1 = v_2$。因此

$$z_{01} - z_{02} = h_f \quad \text{或} \quad \frac{z_{01} - z_{02}}{l} = \frac{h_f}{l}$$

$i = (z_{01}/z_{02})/l$,称为底坡;$J = h_f/l$,称为水力坡度。上式说明,明渠定常均匀流的水力坡度等于明渠的底坡。利用曼宁公式计算谢才系数,则有

$$v = C\sqrt{RJ} = \frac{1}{n}R^{2/3}\sqrt{i}$$

$$q_v = vA = \frac{1}{n}AR^{2/3}\sqrt{i} = \frac{\sqrt{i}}{n}\frac{A^{5/3}}{\chi^{2/3}}$$

对于本题

$A = bh = 7.2\ \mathrm{m^2}$, $\chi = b + 2h = 8.4$ m

$q_v = 4.6406\ \mathrm{m^3/s}$

33. 如图(题6.33图)所示,管路直径 $d = 25$ mm,$l_1 = 8$ m,$l_2 = 1$ m,$H = 5$ m,喷嘴直径为 $d_0 = 10$ mm,弯头 $\zeta_2 = 0.1$,喷嘴 $\zeta_3 = 0.1$,$\lambda = 0.03$。试求喷水高度 h。

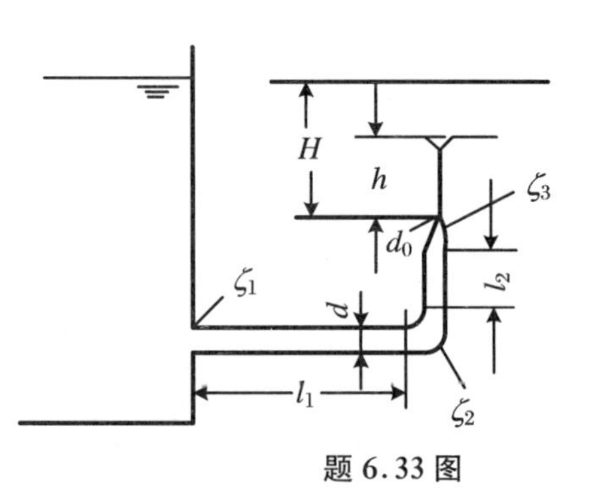

题 6.33 图

解 取管路入口的局部阻力系数为 $\zeta_1 = 0.5$,对液面及喷嘴出口断面列伯努利方程:

$$H = \left(\zeta_1 + \zeta_2 + \lambda\frac{l}{d}\right)\frac{v_1^2}{2g} + (\zeta_3 + 1)\frac{v_2^2}{2g}$$

用 $v_1^2 = v_2^2\left(\frac{d_0}{d}\right)^4$ 代入,则

$$H = \left[\left(\zeta_1 + \zeta_2 + \lambda\frac{1}{d}\right)\left(\frac{d_0}{d}\right)^4 + \zeta_3 + 1\right]\frac{v_2^2}{2g}$$

$$h = \frac{v_2^2}{2g} = \frac{H}{\left(\zeta_1 + \zeta_2 + \lambda\frac{l}{d}\right)\left(\frac{d_0}{d}\right)^4 + \zeta_3 + 1}$$

$$= \frac{5}{\left(0.5 + 0.1 + 0.03 \times \frac{9}{0.025}\right)\left(\frac{0.010}{0.025}\right)^4 + 1 + 0.1} = 3.59\ \mathrm{m}$$

34. 用一条长 $l = 12$ m 的管道将油箱内的油送至车间。油的运动黏度为 $\nu = 4 \times 10^{-5}\ \mathrm{m^2/s}$,设计流量为 $q_v = 2 \times 10^{-5}\ \mathrm{m^3/s}$,油箱的液面与管道出口的高差为 $h = 1.5$ m,试求管径 d。

解

$$h_f = \lambda\frac{l}{d}\frac{v^2}{2g}$$

设油的流动状态为层流，$\lambda = 64/Re$，则

$$h_f = 64\frac{\nu}{vd}\frac{l}{d}\frac{v^2}{2g} = 64\frac{\nu}{d}\frac{l}{d}\frac{v}{2g}$$

由于 $v = q_v/A$，$A = \pi d^2/4$，因此

$$h_f = 64\frac{\nu}{d}\frac{l}{d}\frac{1}{2g}\frac{4q_v}{\pi d^2}$$

根据题意 $h_f = h$，将 h,ν,l,q_v 的值代入上式，算得 $d = 0.01413\ \text{m}$；又由 $v = \dfrac{4q_v}{\pi d^2} = 0.1275\ \text{m/s}$，计算：

$$Re = \frac{vd}{\nu} = 45$$

油的流动状态确实是层流，因此，管径 $d = 14\ \text{mm}$。

35. 如图（题 6.35 图）所示，离心泵实际抽水量 $q_v = 8.1\ \text{L/s}$，吸水管长度 $l = 7.5\ \text{m}$，直径 $d = 100\ \text{mm}$，沿程阻力系数 $\lambda = 0.045$，局部阻力系数：带底阀的滤水管 $\zeta_1 = 7.0$，弯管 $\zeta_2 = 0.25$。如允许吸水真空高度 $[h_v] = 5.7\ \text{m}$，试决定其允许安装高度 H_s。

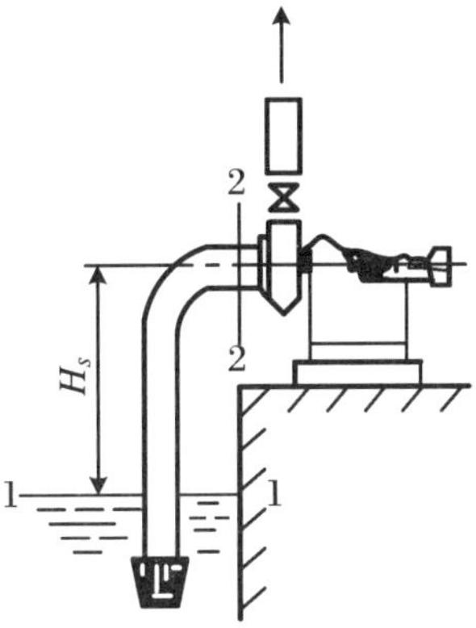

题 6.35 图

解　取吸水池水面 1－1 和水泵进口 2－2 列能量方程，并忽略吸水池水面流速，得

$$\frac{p_a}{\rho g} = H_s + \frac{p_2}{\rho g} + \frac{v^2}{2g} + h_w$$

以 $h_w = \lambda\dfrac{l}{d}\dfrac{v^2}{2g} + \sum\zeta\dfrac{v^2}{2g}$ 代入上式，移项得

$$H_s = \frac{p_a - p_2}{\rho g} - \left(1 + \lambda\frac{l}{d} + \sum\zeta\right)\frac{v^2}{2g} = h_v - \left(1 + \lambda\frac{l}{d} + \sum\zeta\right)\frac{v^2}{2g} \tag{1}$$

水泵进口处的真空高度是有限制的，当进口压强降低至该温度下的蒸汽压强时，水会生成大量气泡。气泡进入泵的高压部位，就会产生溃灭，气泡周围的水以极大速度向溃灭点冲击造成部件破损，这种现象称为气蚀。为了防止气蚀发生，通常由实验确定水泵进口的允许真空高度 $[h_v]$。即

$$H_s = [h_v] - \left(1 + \lambda\frac{l}{d} + \sum\zeta\right)\frac{v^2}{2g} \tag{2}$$

式中，局部阻力系数总和 $\sum\zeta = 7 + 0.25 = 7.25$，管中流速

$$v = \frac{4q_v}{\pi d^2} = \frac{4\times 0.0081}{\pi\times 0.1^2} = 1.03\ \text{m/s}$$

将各值代入(2)式得

$$H_s = 5.7 - \left(1 + 0.045\times\frac{7.5}{0.1} + 7.25\right)\frac{1.03^2}{2\times 9.8} = 5.07\ \text{m}$$

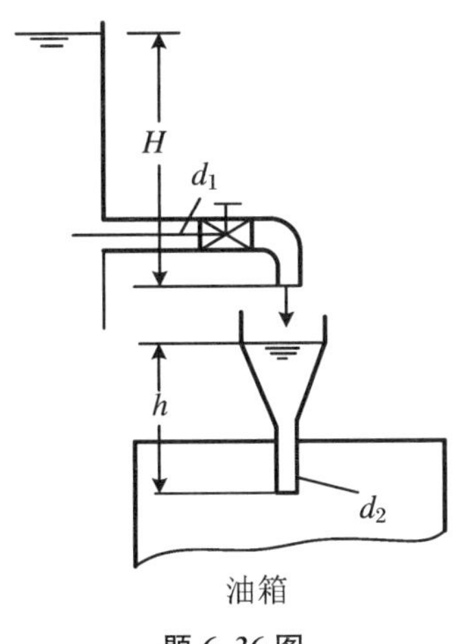

题 6.36 图

36. 如图（题 6.36 图）所示，通过直径 $d_2 = 50\ \text{mm}$、高 $h = 400\ \text{mm}$ 且阻力系数 $\zeta_1 = 0.25$ 的漏斗，向油箱中充灌汽油。汽油从上部蓄油池经短管阀门弯头而流入漏斗。短管直径 $d_1 = 30\ \text{mm}$，阀门阻力系数 $\zeta_2 = 8.5$，弯头阻力系数 $\zeta_3 = 0.8$，短管入口阻力系数 $\zeta_4 = 0.5$，不计沿程阻力。试求油池中液面高度 H，以保证漏斗不向外溢流，并求此时进入油箱的流量 q_v。

解　保证漏斗不向外溢流，需要流入漏斗的流量与它向

下流出的流量相等，为此可分别用伯努利方程式求出这两个流量。

列油池液面和弯管出口断面的伯努利方程：

$$H = (1 + \zeta_4 + \zeta_2 + \zeta_3)\frac{v_1^2}{2g}$$

$$v_1 = \sqrt{\frac{2gH}{1 + \zeta_4 + \zeta_2 + \zeta_3}}$$

$$q_v = \frac{\pi}{4}d_1^2\sqrt{\frac{2gH}{1 + \zeta_4 + \zeta_2 + \zeta_3}} \tag{1}$$

再列漏斗液面与漏斗出口断面的伯努利方程：

$$h = (1 + \zeta_1)\frac{v_2^2}{2g}$$

$$v_2 = \sqrt{\frac{2gh}{1 + \zeta_1}}$$

$$q_v = \frac{\pi}{4}d_2^2\sqrt{\frac{2gh}{1 + \zeta_1}} \tag{2}$$

式(1)、(2)的流量相等

$$d_1^4\frac{H}{1 + \zeta_4 + \zeta_2 + \zeta_3} = d_2^4\frac{h}{1 + \zeta_1}$$

$$H = \left(\frac{d_2}{d_1}\right)^4\left(\frac{1 + \zeta_4 + \zeta_2 + \zeta_3}{1 + \zeta_1}\right)h = \left(\frac{0.05}{0.03}\right)^4 \times \frac{1 + 0.5 + 8.5 + 0.8}{1 + 0.25} \times 0.4 = 26.6\ \text{m}$$

$$q_v = \frac{\pi}{4} \times 0.05^2\sqrt{\frac{2 \times 9.81 \times 0.4}{1.25}} = 0.0049\ \text{m}^3/\text{s} = 4.9\ \text{L/s}$$

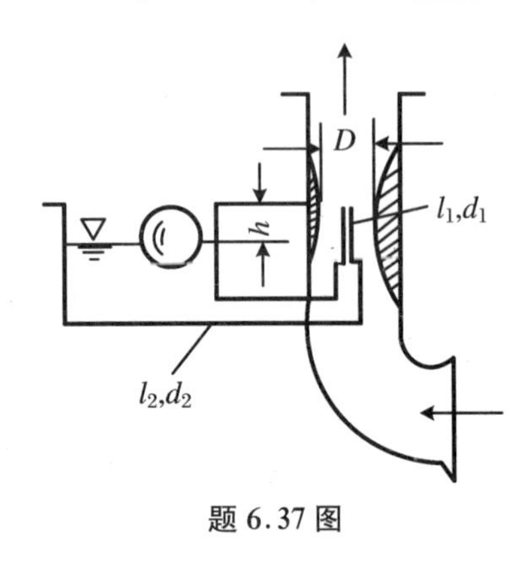

题 6.37 图

37. 如图(题 6.37 图)所示，在汽油机气化器中，进气管吸入空气在喉部产生真空，故将汽油从浮子室中吸出，经混合后进入气缸。已知喷嘴直径 $d_1 = 1$ mm，喷嘴长度 $l_1 = 10$ mm，喉部直径 $D = 16$ mm，喷嘴出口高出液面 $h = 3$ mm，汽油密度 $\rho = 750$ kg/m^3，汽油运动黏度 $\nu = 0.008$ cm^2/s，空气密度 $\rho_a = 1.2$ kg/m^3，汽油管直径 $d_2 = 10$ mm，汽油管长度 $l_2 = 100$ mm，进气管中相对于喉部气流速度 v_a 的总阻力系数为 $\zeta = 0.3$，汽油质量流量为 $q_m = 1$ g/s。试求：

(1) 喉部的真空度 $p_a - p$；

(2) 喉部的空气流速 v_a；

(3) 空气与汽油的混合比 $k = q_{ma}/q_m$。

解 (1) 求喉部的真空度：喷嘴中的速度

$$v_1 = \frac{4q_v}{\pi d_1^2} = \frac{4q_w}{\rho g \pi d_1^2} = \frac{4q_m}{\rho \pi d_1^2} = \frac{4 \times 0.001}{750 \times \pi \times 0.001^2} = 1.6977\ \text{m/s}$$

汽油管中的速度

$$v_2 = \frac{4q_m}{\rho \pi d_2^2} = \frac{4 \times 0.001}{750 \times \pi \times 0.010^2} = 0.016977\ \text{m/s}$$

$$Re_1 = \frac{v_1 d_1}{\nu} = \frac{1.6977 \times 0.001}{0.008 \times 10^{-4}} = 2122 < 2320$$

$$Re_2 = \frac{v_2 d_2}{\nu} = \frac{0.016977 \times 0.01}{0.008 \times 10^{-4}} = 212.2 < 2320$$

可知喷嘴和汽油管中都是层流。于是

$$\lambda_1 = \frac{64}{Re_1} = 0.0302$$

$$\lambda_2 = \frac{64}{Re_2} = 0.302$$

列浮子室液面和喷嘴出口断面的伯努利方程：

$$\begin{aligned}\frac{p_a - p}{\rho g} &= h + \left(\zeta_1 + \zeta_2 + \lambda_2 \frac{l_2}{d_2}\right)\frac{v_2^2}{2g} + \left(1 + \zeta_4 + \lambda_1 \frac{l_1}{d_1}\right)\frac{v_1^2}{2g} \\ &= h + \left[\left(\zeta_1 + \zeta_2 + \lambda_2 \frac{l_2}{d_2}\right)\left(\frac{d_1}{d_2}\right)^4 + \left(1 + \zeta_4 + \lambda_1 \frac{l_1}{d_1}\right)\right]\frac{v_1^2}{2g} \\ &= 0.003 + \left[\left(0.5 + 0.1 + 0.302 \times \frac{0.01}{0.001}\right)\left(\frac{0.001}{0.01}\right)^4 \right.\\ &\quad \left. + \left(1 + 0.5 + 0.0302 \times \frac{0.01}{0.001}\right)\right] \times \frac{1.6977^2}{2 \times 9.81} = 0.269\ \text{m}\end{aligned}$$

$$p_a - p = 750 \times 9.81 \times 0.269 = 1978\ \text{Pa}\quad（真空度）$$

(2) 求喉部的空气流速：

对进气管外及进气管喉部列伯努利方程：

$$\frac{p_a}{\rho_a g} = \frac{p}{\rho_a g} + \frac{v_a^2}{2g} + \zeta \frac{v_a^2}{2g}$$

$$v_a = \sqrt{\frac{2g(p_a - p)}{\rho_a g(1 + \zeta)}} = \sqrt{\frac{2 \times 9.81 \times 1978}{1.2 \times 9.81 \times (1 + 0.3)}} = 50.36\ \text{m/s}$$

(3) 求混合比：

空气重量流量

$$q_{wa} = \rho_a g v_a \frac{\pi}{4} D^2 = 1.2 \times 9.81 \times 50.36 \times \frac{\pi}{4} \times 0.016^2 = 0.1192\ \text{N/s}$$

汽油重量流量

$$q_w = q_m \times 9.81 = 0.001 \times 9.81 = 0.00981\ \text{N/s}$$

重量混合比

$$k = \frac{q_{wa}}{q_w} = 12.2$$

38. 如图(题6.38图)所示，已知 $H = 40$ m，$l_1 = 150$ m，$l_2 = 100$ m，$l_3 = 120$ m，$l_4 = 800$ m，$d_1 = 100$ mm，$d_2 = 120$ mm，$d_3 = 90$ mm，$d_4 = 150$ mm，$\lambda = 0.025$，求管路系统的水流量。

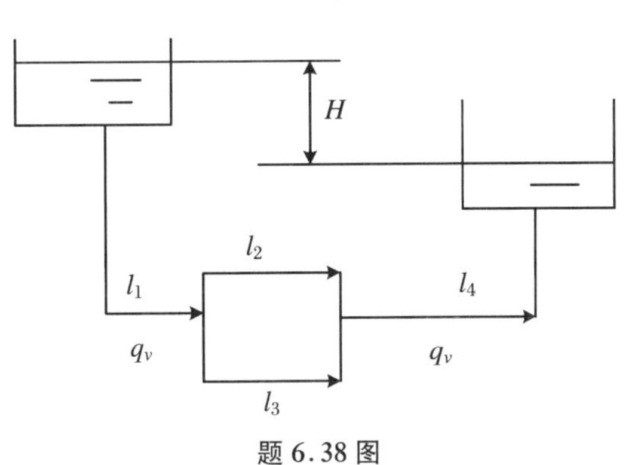

题6.38图

解　根据并联管路阻力损失相同的特点：$h_{f2} = h_{f3} = \lambda \dfrac{l_2}{d_2}\dfrac{v_2^2}{2g} = \lambda \dfrac{l_3}{d_3}\dfrac{v_3^2}{2g}$，代入数值整理得：

$$\frac{v_2}{v_3} = 1.265,\quad \frac{q_{v2}}{q_{v3}} = \frac{A_2 v_2}{A_3 v_3} = \frac{d_2^2 v_2}{d_3^2 v_3} = 2.249$$

$$H = \lambda \frac{l_1}{d_1}\frac{v_1^2}{2g} + h_{f2} + h_{f3} + \lambda \frac{l_4}{d_4}\frac{v_4^2}{2g}$$

根据串联管路流量相同的特点，总流量为

$q_v = q_{v2} + q_{v3} = q_{v4}$， 故 $q_v = q_{v3} + 2.249q_{v3}$， $q_v = \frac{\pi d_1^2}{4}v_1 = \frac{\pi d_4^2}{4}v_4 = 3.249q_{v3}$，则

$$v_1 = \frac{4\times 3.249}{\pi d_1^2}q_{v3},\quad v_4 = \frac{4\times 3.249}{\pi d_4^2}q_{v3},$$

则

$$v_3 = \frac{4\times q_{v3}}{\pi d_3^2},\quad v_2 = \frac{4\times 2.249q_{v3}}{\pi d_2^2}$$

故

$$H = \lambda\frac{l_1}{2gd_1}\left(\frac{4\times 3.249}{\pi d_1^2}\right)^2 q_{v3}^2 + \lambda\frac{l_2}{2gd_2}\left(\frac{4\times 2.249}{\pi d_2^2}\right)^2 q_{v3}^2 + \lambda\frac{l_3}{2gd_3}\left(\frac{4}{\pi d_3^2}\right)^2 q_{v3}^2 + \lambda\frac{l_4}{2gd_4}\left(\frac{4\times 3.249}{\pi d_4^2}\right)^2 q_{v3}^2$$

$$H = \lambda\frac{8q_{v3}^2}{g\pi^2}\left(\frac{l_1\times 3.249^2}{d_1^5} + \frac{l_2\times 2.249^2}{d_2^5} + \frac{l_3}{d_3^5} + \frac{l_4\times 3.249^2}{d_4^5}\right) = 40\ \text{m}$$

代入数据解得

$$q_{v3} = 0.0087\ \text{m}^3/\text{s};\ q_{v2} = 0.0177\ \text{m}^3/\text{s};\ q_v = q_{v2} + q_{v3} = 0.0264\ \text{m}^3/\text{s}$$

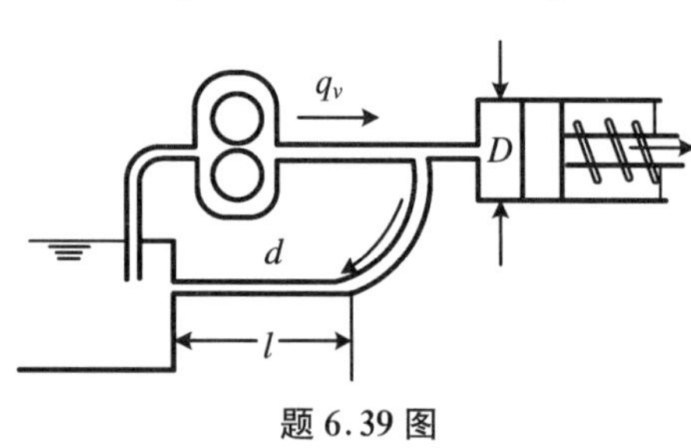

题 6.39 图

39. 如图(题 6.39 图)所示，流量为 $q_v = 0.3$ L/s的油泵与 $l = 0.7$ m 的细管组成一个循环油路，借以保持直径为 $D = 30$ mm 的调速阀位置保持恒定。已知油的动力黏度 $\mu = 0.03$ Pa·s，密度 $\rho = 900$ kg/m^3，调速阀上的弹簧预压缩量 $s = 6$ mm，弹簧刚度为 $k = 8$ N/mm，为使调速阀恒定，细管直径 d 应为多少？管路中其他阻力忽略不计，只计细管中的沿程阻力。

解 调速阀左腔中的压强与大气压之差设为 Δp，油泵产生 Δp 用以平衡弹簧的预紧力，同时也正是这个 Δp 克服细管中的沿程阻力产生细管回流。于是

$$\Delta p\times\frac{\pi d^2}{4} = F = sk$$

$$\Delta p = \frac{4sk}{\pi D^2} = \frac{4\times 6\times 8}{\pi\times 0.03^2} = 6.79\times 10^4\ \text{Pa}$$

假定细管中是层流，则由层流公式 $\Delta p = \frac{128\mu l q_v}{\pi d^4}$ 解出

$$d = \sqrt[4]{\frac{128\mu l q_v}{\pi\Delta p}} = \sqrt[4]{\frac{128\times 0.03\times 0.7\times 0.3\times 10^{-3}}{\pi\times 6.79\times 10^4}} = 0.0078\ \text{m} = 7.8\ \text{mm}$$

用 Re 检验假定是否正确

$$Re = \frac{4q_v}{\pi d\nu} = \frac{4q_v\rho}{\pi d\mu} = \frac{4\times 0.3\times 10^{-3}\times 900}{\pi\times 0.0078\times 0.03} = 1496 < 2320$$

可知细管中是层流，假定正确，所求的 d 是正确的。

40. 如图(题 6.40 图)所示，由高位水箱向低位水箱输水，已知两水箱水面的高差 $H = 3$ m，输水管段的直径和长度分别为 $d_1 = 40$ mm，$l_1 = 25$ m；$d_2 = 70$ mm，$l_2 = 15$ m，沿程摩阻系数 $\lambda_1 = 0.025$，$\lambda_2 = 0.02$，阀门的局部水头损失系数 $\zeta_v = 3.5$。试求：

(1) 输水流量；

(2) 绘总水头线和测压管水头线。

解 (1) 输水流量:

选两水箱水面为1-1、2-2断面,列伯努利方程,式中:$p_1 = p_2 = 0$,$v_1 \approx v_2 \approx 0$,水头损失包括沿程损失及管道入口、突然扩大、阀门、管道出口各项局部损失。得到

$$H = h_w = \left(\lambda_1 \frac{l_1}{d_1} + \zeta_i\right)\frac{v_1^2}{2g} + \left(\lambda_2 \frac{l_2}{d_2} + \zeta_{se} + \zeta_v + \zeta_o\right)\frac{v_2^2}{2g} \tag{1}$$

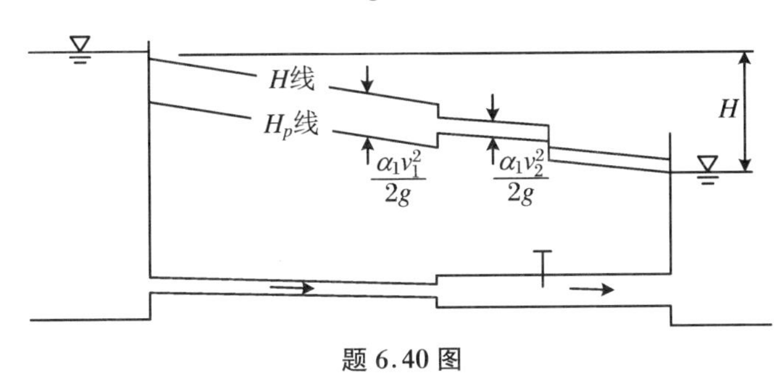

题6.40图

式中,沿程摩阻系数 $\lambda_1 = 0.025$,$\lambda_2 = 0.02$,局部水头损失系数:管道入口 $\zeta_i = 0.5$;突然扩大

$$\zeta_{se} = \left(\frac{A_2}{A_1} - 1\right)^2 = \left(\frac{d_2^2}{d_1^2} - 1\right)^2 = 4.25$$

阀门 $\zeta_v = 3.5$;管道出口 $\zeta_o = 1.0$。由连续性方程

$$v_2 = \frac{A_1}{A_2} v_1 = \left(\frac{d_1}{d_2}\right)^2 v_1 \tag{2}$$

将各项数值代入式(1)、式(2),整理得

$$H = 17.515 \frac{v_1^2}{2g}$$

$$v_1 = \sqrt{\frac{2gH}{17.515}} = 1.83 \text{ m/s}$$

$$q_v = v_1 A_1 = 2.23 \text{ L/s}$$

(2) 绘总水头线和测压管水头线:

a. 先绘总水头线,按1-1断面的总水头 H_1 定出总水头线的起始高度,本题总水头线的起始高度与高位水箱的水面齐平。

b. 计算各管段的沿程水头损失和局部水头损失,自1-1断面的总水头起,沿程依次减去各项水头损失,便得到总水头线。

c. 由总水头线向下减去各管段的速度水头,可得测压管水头线。在等直径管段,速度水头沿程不变,测压管水头线与总水头线平行。

d. 管道淹没出流,测压管水头线落在下游开口容器的水面上,自由出流,测压管水头线应止于管道出口断面的形心。

按上述步骤所绘水头线如图(题6.40图)所示。

41. 某地大气压为98.07 kPa,输送温度为70 ℃的空气,风量为11500 m^3/h,管道阻力为2000 Pa,试计算风机流量和风压。

解 按照在管路系统所需要的风量和风压基础上附加10%的要求,有

$$q_v = 1.1 q_{v\max} = (1.1 \times 11500)\ \text{m}^3/\text{h} = 12650\ \text{m}^3/\text{h}$$

$$p = 1.1 p_{\max} = (1.1 \times 2000)\ \text{Pa} = 2200\ \text{Pa}$$

由于使用条件与实验条件不同,应进行参数换算。根据相似理论,有

$$q_{v0} = q_v = 12650\ \text{m}^3/\text{h}$$

$$p_0 = p \frac{p_{a0}}{p_a} \frac{273 + t}{273 + 20} = \left(2200 \times \frac{101.325}{98.07} \times \frac{343}{293}\right) \text{Pa} = 2662\ \text{Pa}$$

42. 水泵站用一根管径为 60 cm 的输水管时，沿程损失水头为 27 m。为了降低水头损失，取另一根同长度的管道与之并联，并联后水头损失降为 9.6 m，假定两管的沿程阻力系数相同，两种情况下的总流量不变，试求新加的管道的直径是多少？

解 设第一根已知 $d_1 = 0.6\ \text{m}$ 的管路的阻力综合参数为

$$K_1 = \frac{8\lambda L}{\pi^2 g d_1^5} \tag{1}$$

第二根待求直径的管路阻力综合参数为

$$K_2 = \frac{8\lambda L}{\pi^2 g d_2^5} \tag{2}$$

设两管并联后的总阻力综合参数为 K，则由并联管路公式知

$$\frac{1}{\sqrt{K}} = \frac{1}{\sqrt{K_1}} + \frac{1}{\sqrt{K_2}} = \frac{\sqrt{K_1} + \sqrt{K_2}}{\sqrt{K_1 K_2}}$$

即

$$K = \frac{K_1 K_2}{(\sqrt{K_1} + \sqrt{K_2})^2} \tag{3}$$

又因为第一根管的水头损失

$$h_{f1} = K_1 q_v^2 = 27\ \text{m}$$

两管并联后的水头损失

$$h_f = K q_v^2 = 9.6\ \text{m}$$

由此可得

$$\frac{K_1}{K} = \frac{h_{f1}}{h_f} = \frac{27}{9.6} = 2.8125 = C \tag{4}$$

（设 $C = 2.8125$，即两种情况下的水头损失之比。）

将式(3)中 K 代入式(4)中，消去 K，则

$$\frac{K_1(\sqrt{K_1} + \sqrt{K_2})^2}{K_1 K_2} = \frac{(\sqrt{K_1} + \sqrt{K_2})^2}{K_2} = C$$

两端开平方，即得

$$\frac{\sqrt{K_1} + \sqrt{K_2}}{\sqrt{K_2}} = \sqrt{C}$$

由此又得

$$\frac{\sqrt{K_1}}{\sqrt{K_2}} = \sqrt{C} - 1 \quad 或 \quad \frac{K_1}{K_2} = (\sqrt{C} - 1)^2 \tag{5}$$

由式(1)、式(2)、式(5)可知

$$\frac{K_1}{K_2} = \left(\frac{d_2}{d_1}\right)^5 = (\sqrt{C} - 1)^2$$

于是

$$d_2 = d_1(\sqrt{C} - 1)^{2/5}$$

将已知数值代入，则

$$d_2 = 0.6(\sqrt{2.8125} - 1)^{2/5} = 0.513\ \text{m} = 51.3\ \text{cm}$$

43. 已知并联管路管径相同两支路的比阻之比 $h_{f1}/h_{f2} = 1$，管长之比 $l_1/l_2 = 2$，求其相应的流量之比 q_{v1}/q_{v2}。

解 $h_{f1} = h_{f2} = \lambda \dfrac{l_1}{d}\dfrac{v_1^2}{2g} = \lambda \dfrac{l_2}{d}\dfrac{v_2^2}{2g} = 1$（已知），即 $l_1 v_1^2 = l_2 v_2^2$，则

$$\frac{v_1}{v^2}=\sqrt{\frac{l_2}{l_1}}=\sqrt{\frac{1}{2}},\quad q_{v1}=v_1\frac{\pi d^2}{4},\quad q_{v2}=v_2\frac{\pi d^2}{4}$$

故

$$\frac{q_{v1}}{q_{v2}}=\frac{v_1}{v_2}=\sqrt{\frac{1}{2}}=0.707$$

44. 如图(题 6.44 图)所示,两水池的水位差 $H=24$ m,$l_1=l_2=l_3=l_4=100$ m,$d_1=d_2=d_4=100$ mm,$d_3=200$ mm,沿程阻力系数 $\lambda_1=\lambda_2=\lambda_4=0.025$,$\lambda_3=0.02$,除阀门外,其他局部阻力忽略。

(1) 阀门局部阻力系数 $\zeta=30$,试求管路中的流量;

(2) 如果阀门关闭,求管路流量。

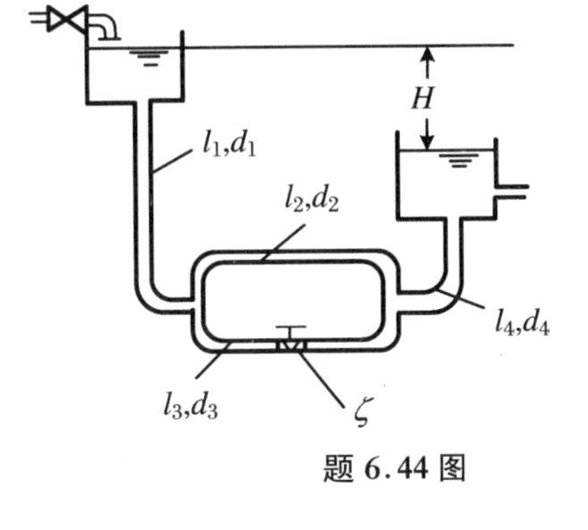

题 6.44 图

解　管中水流 λ 恒定,假定是属于湍流平方阻力区的范围。首先求出每条管路的阻力综合参数 K。

$$K_1=\frac{8\lambda_1 l_1}{\pi^2 g d_1^5}=\frac{8\times0.025\times100}{\pi^2\times9.81\times0.1^5}=20656.7$$

$$K_3=\frac{8\lambda_3\left(l_3+\zeta\dfrac{d_3}{\lambda_3}\right)}{\pi^2 g d_3^5}=\frac{8\times0.02\times\left(100+\dfrac{30\times0.2}{0.02}\right)}{\pi^2\times9.81\times0.1^5}=2065.67$$

于是可见

$$K_1=K_2=K_4=10K_3$$

(1) 求管路流量:

设 l_2、d_2 管与 l_3、d_3 管并联的总阻力综合参数为 K,则

$$\frac{1}{\sqrt{K}}=\frac{1}{\sqrt{K_2}}+\frac{1}{\sqrt{K_3}}=\frac{1}{\sqrt{10K_3}}+\frac{1}{\sqrt{K_3}}$$

$$K=\frac{10K_3^2}{(\sqrt{10K_3}+\sqrt{K_3})^2}=\frac{10K_3}{11+2\sqrt{10}}=0.577K_3$$

于是在如图所示的串并联管路中

$$H=(K_1+K+K_4)q_v^2=(10+0.577+10)K_3q_v^2$$

代入数值,则

$$q_v=\sqrt{\frac{24}{20.577\times2065.67}}=0.02375\ \mathrm{m^3/s}=23.75\ \mathrm{L/s}$$

(2) 阀门关闭时求流量:

阀门关闭后,成为三条管路串联,于是

$$H=(K_1+K_2+K_4)q_v^2=(10+10+10)K_3q_v^2$$

$$q_v=\sqrt{\frac{24}{30\times2065.67}}=0.0196\ \mathrm{m^3/s}=19.6\ \mathrm{L/s}$$

有了流量,我们可以回头检验平方阻力区的假定是否正确?仍然取普通铸铁管、20 ℃的水,可得 $Re_1=Re_2=Re_4=0.248\times10^6$,而过渡区的上限是 $Re=0.23\times10^6$,可见平方阻力区的假定是正确的。这是用阀门关闭的较小流量 $q_v=19.6$ L/s 验算的,阀门不关闭,其流量更大,更应该不超越平方阻力区的范围。

45. 如图(题 6.45 图)所示,用虹吸管自钻井输水至集水池。虹吸管长 $l=l_{AB}+l_{BC}=30\ \mathrm{m}+40\ \mathrm{m}=70\ \mathrm{m}$,直径 $d=200$ mm。钻井至集水池间的恒定水位高差 $H=1.60$ m。又已知沿程阻力系数 $\lambda=0.03$,管路进口、120° 弯头、90° 弯头及出口处的局部阻力系数分别为 $\zeta_1=0.5$,$\zeta_2=0.2$,$\zeta_3=0.5$,$\zeta_4=1$。试求:

(1) 流经虹吸管的流量 q_v;

(2) 如虹吸管顶部 B 点安装高度 $h_B=4.5\ \text{m}$,校核其真空度。

解 (1) 计算流量。以集水池水面为基准面,建立钻井水面 1-1 与集水池水面 3-3 的能量方程(忽略行进流速 v_0)

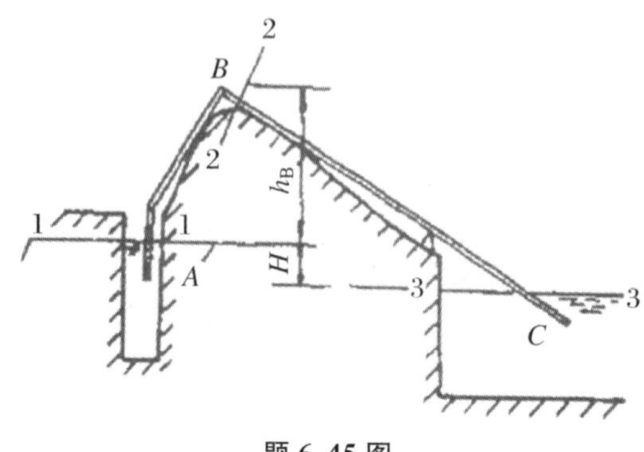

题 6.45 图

$$H+\frac{p_a}{\rho g}+0=0+\frac{p_a}{\rho g}+0+h_w$$

$$H=h_w=\left(\lambda\frac{l}{d}+\sum\zeta\right)\frac{v^2}{2g}$$

解得

$$v=\frac{1}{\sqrt{\lambda\dfrac{l}{d}+\sum\zeta}}\sqrt{2gH} \tag{1}$$

将沿程阻力系数 $\lambda=0.03$,局部阻力系数 $\sum\zeta=\zeta_1+\zeta_2+\zeta_3+\zeta_4=0.5+0.2+0.5+1=2.2$ 代入式(1),得

$$v=\frac{1}{\sqrt{0.03\times\dfrac{70}{0.20}+2.2}}\sqrt{2\times9.8\times1.6}=1.57\ \text{m/s}$$

于是

$$q_v=Av=\frac{1}{4}\pi d^2v=\frac{\pi}{4}\times0.2^2\times1.57=0.0493\ \text{m}^3/\text{s}=49.3\ \text{L/s}$$

(2) 计算管顶 2-2 断面的真空度(假设 2-2 中心与 B 点高度相当,离管路进口距离与 B 点也几乎相等):

以钻井水面为基准面,建立断面 1-1 和 2-2 的能量方程

$$0+\frac{p_a}{\rho g}+\frac{v_0^2}{2g}=h_B+\frac{p_2}{\rho g}+\frac{v_2^2}{2g}+h_{w1} \tag{2}$$

忽略行进流速 v_0,式(2)变成

$$\frac{p_a-p_2}{\rho g}=h_B+\frac{v_2^2}{2g}+\left(\lambda\frac{l_{AB}}{d}+\sum\zeta\right)\frac{v_2^2}{2g} \tag{3}$$

其中,$\sum\zeta=\zeta_1+\zeta_2+\zeta_3=0.5+0.2+0.5=1.2$

$$v_2=\frac{q_v}{A}=\frac{4q_v}{\pi d^2}=\frac{4\times0.0493}{\pi\times0.2^2}=1.57\ \text{m/s}$$

$$\frac{v_2^2}{2g}=\frac{1.57^2}{2\times9.8}=0.13\ \text{m}$$

代入式(3),得

$$\frac{p_a-p_2}{\rho g}=4.5+0.13+\left(0.03\times\frac{30}{0.2}+1.2\right)\times0.13=5.37\ \text{m}$$

因为 2-2 断面的真空度 $h_v=5.37\ \text{m}<[h_v]=7\ \text{m}$,所以虹吸管高度 $h_B=4.5\ \text{m}$ 时,虹吸管可以正常工作。

46. 薄钢板制矩形风管,断面尺寸 350 mm×200 mm,长 60 m,设计风量 4500 m^3/h,送风温度 $t=20\ ℃$,试求该段风管的压强损失。

解 本题是非圆管,用当量直径计算。

(1) 计算当量直径:

$$d_H\approx4R=2\times\frac{0.35\times0.2}{0.35+0.2}=0.255\ \text{m}$$

(2) 计算 $Re,\Delta/d_{\mathrm{H}}$:

$$v = \frac{q_v}{A} = \frac{4500/3600}{0.35\times0.20} = 17.857\ \mathrm{m/s}$$

经查表,$t=20\ ℃$,空气的运动黏度

$$\nu = 1.5\times10^{-5}\ \mathrm{m^2/s},Re = vd_{\mathrm{H}}/\nu = 3.03\times10^{5}$$

又经查表,普通钢板 $\Delta=0.15\ \mathrm{mm}$,$\Delta/d_{\mathrm{H}}=0.0006$。

(3) 由 Re、Δ/d_{H},查莫迪图,得 $\lambda=0.019$。

(4) 计算 p_f:

经查表,$t=20\ ℃$,空气的密度 $\rho=1.2\ \mathrm{kg/m^3}$

$$p_f = \lambda\frac{l}{d_{\mathrm{H}}}\frac{\rho v^2}{2} = 855.3\ \mathrm{Pa}$$

47. 如图(题6.47图)所示,水从一水箱经过两段水管流入另一水箱:$d_1=15\ \mathrm{cm}$,$l_1=30\ \mathrm{m}$,$\lambda_1=0.03$,$H_1=5\ \mathrm{m}$,$d_2=25\ \mathrm{cm}$,$l_2=50\ \mathrm{m}$,$\lambda_2=0.025$,$H_2=3\ \mathrm{m}$。水箱尺寸很大,视为箱内水面保持恒定,沿程损失与局部损失均考虑,试求其流量。

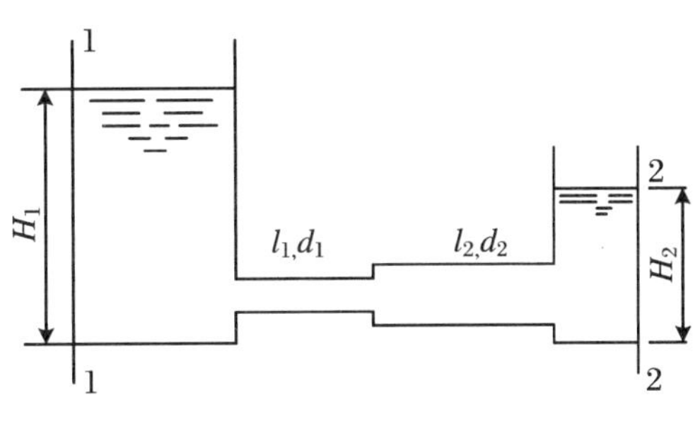

题6.47图

解 对1-1断面和2-2断面列伯努利方程式,并略去水箱中的流速水头,得

$$H_1 - H_2 = \sum h_w = 2\ \mathrm{m}$$

$$\sum h_w = \zeta_{进口}\frac{v_1^2}{2g} + \frac{(v_1-v_2)^2}{2g} + \zeta_{出口}\frac{v_2^2}{2g} + \lambda_1\frac{l_1}{d_1}\frac{v_1^2}{2g} + \lambda_2\frac{l_2}{d_2}\frac{v_2^2}{2g}$$

由连续性方程知

$$v_2 = \frac{A_1}{A_2}v_1 = \left(\frac{d_1}{d_2}\right)^2 v_1$$

经查表 $\zeta_{进口}=0.50$,$\zeta_{出口}=1$,则

$$\sum h_w = \frac{v_1^2}{2g}\left[0.50 + \left(1-\frac{0.15^2}{0.25^2}\right)^2 + 1\times\frac{0.15^4}{0.25^4} + 0.03\times\frac{30}{0.15} + 0.025\times\frac{50}{0.25}\times\frac{0.15^4}{0.25^4}\right]$$

$$= \frac{v_1^2}{2g}(0.50+0.41+0.13+6+0.65) = 7.69\frac{v_1^2}{2g}$$

所以流速

$$v_1 = \sqrt{\frac{2g(H_1-H_2)}{7.69}} = \sqrt{\frac{2\times9.8\times(5-3)}{7.69}} = 2.26\ \mathrm{m/s}$$

通过此管路流出的流量

$$q_v = A_1v_1 = \frac{\pi}{4}d_1^2\cdot v_1 = \frac{\pi}{4}\times0.15^2\times2.26 = 0.040\ \mathrm{m/s} = 40\ \mathrm{L/s}$$

48. 如图(题6.48图)所示,密闭水箱 A 中的水,通过管路流入敞口水箱 B 中。已知水箱液面 A 的相对压强为 $p_0=10\ \mathrm{kPa}$,$d_1=100\ \mathrm{mm}$,$l_1=50\ \mathrm{m}$,$d_2=200\ \mathrm{mm}$,$l_2=20\ \mathrm{m}$,管道上装 $e/d=0.9$ 的板式阀门一个,$d/R=1$ 的 90° 弯头3个。若已知管路的沿程阻力系数 $\lambda=0.021/d^{0.3}$(d 的单位为m),流量 $q_v=8.6\ \mathrm{L/s}$。求两水箱液面的高度差。

解 (1) 求流速和沿程阻力系数:

$$\lambda_1 = \frac{0.021}{d_1^{0.3}} = 0.042,\quad \lambda_2 = \frac{0.021}{d_2^{0.3}} = 0.034$$

$$v_1 = \frac{4q_v}{\pi d_1^2} = \frac{4\times8.6\times10^{-3}}{3.14\times0.1^2} = 1.1\ \mathrm{m/s}$$

$$v_2 = \frac{4q_v}{\pi d_2^2} = \frac{4\times8.6\times10^{-3}}{3.14\times0.2^2} = 0.274\ \mathrm{m/s}$$

（2）求沿程损失：

$$h_f = h_{f1} + h_{f2} = \lambda_1 \frac{l_1}{d_1}\frac{v_1^2}{2g} + \lambda_2 \frac{l_2}{d_2}\frac{v_2^2}{2g}$$

$$h_f = 0.042 \times \frac{50}{0.1} \times \frac{1.1^2}{2g} + 0.034 \times \frac{20}{0.2} \times \frac{0.274^2}{2g} = 1.31\ \text{m}$$

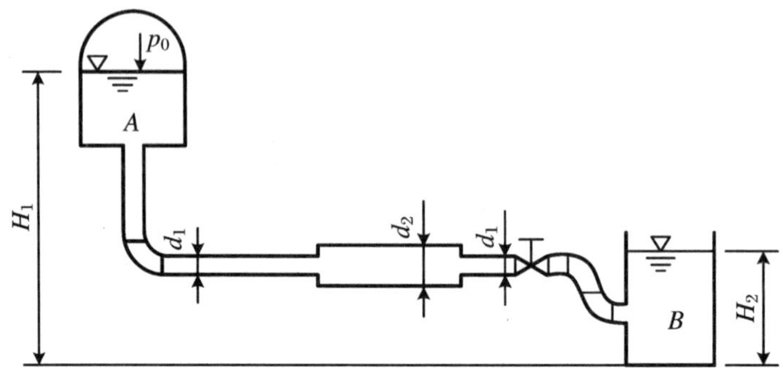

题 6.48 图

（3）求局部损失：经查表，直角入口 $\zeta_1 = 0.5$，90°弯头 $\zeta_2 = 0.294$，出口 $\zeta_3 = 1.0$，阀门 $\zeta_4 = 0.06$，断面突然扩大 $\zeta_5 = (1 - A_1/A_2)^2 = 0.56$，断面突然缩小 $\zeta_6 = 0.5(1 - A_2/A_1) = 0.375$。所以

$$h_j = (\zeta_1 + 3\zeta_2 + \zeta_3 + \zeta_4 + \zeta_5 + \zeta_6)\frac{v_1^2}{2g} = 3.38 \times \frac{1.1^2}{2g} = 0.21\ \text{m}$$

（4）求两液面高度差：在两个液面列能量方程并化简，得

$$\frac{p_0}{\rho g} + H_1 = H_2 + h_w$$

$$H_1 - H_2 = h_w - \frac{p_0}{\rho g} = 1.31 + 0.21 - \frac{10 \times 10^3}{9.807 \times 10^3} = 0.5\ \text{m}$$

49. 如图（题 6.49 图）所示，某供水系统从清水池向水塔供水。清水池最高水位标高为 108.00 m，最低水位标高为 106.00 m，水塔地面标高为 115.00 m，最高水位标高为 148 m。水塔容积 45 m^3，要求 2 h 内充满水。已知管路的总水头损失为 3.5 m，试计算水泵流量、扬程及有效功率。

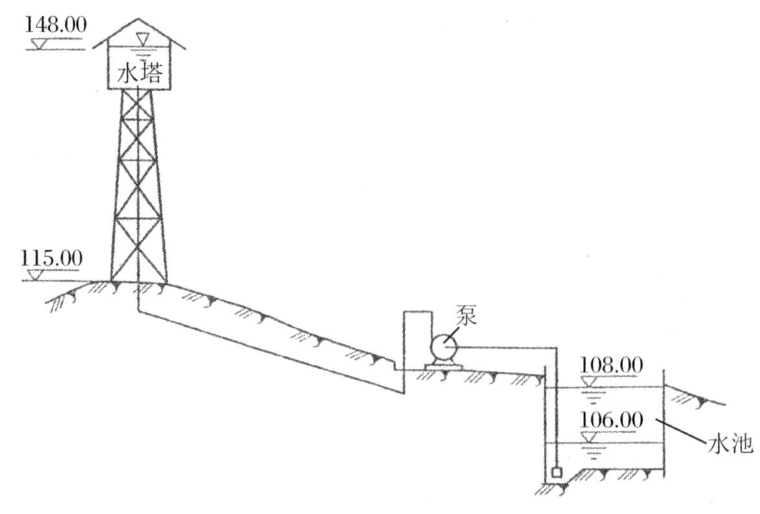

题 6.49 图

解　水泵流量、扬程及有效功率分别为：

$$q_v = q_{v\max} = (45/2)\ \mathrm{m^3/h} = 22.5\ \mathrm{m^3/h} = 6.25\times10^{-3}\ \mathrm{m^3/s}$$

$$H = H_{\max} = (148 - 106 + 3.5)\ \mathrm{m} = 45.5\ \mathrm{m}$$

$$P = \rho g q_v H = 10^3\times9.807\times6.25\times10^{-3}\times45.5 = 2.789\ \mathrm{kW}$$

50. 15 ℃的水流过一直径 $d=300$ mm 的铆接钢管，已知绝对粗糙度 $\Delta=3$ mm，在长 $L=300$ m 的管道上沿程损失 $h_f=6$ m。试求水的流量 q_v。

解　管道的相对粗糙度 $\Delta/d=0.01$，由莫迪图试取 $\lambda=0.038$。将已知数据代入达西公式，并稍加整理，得

$$v = \left(\frac{2gh_f d}{\lambda L}\right)^{1/2} = \left(\frac{2\times9.807\times6\times0.3}{0.038\times300}\right)^{1/2} = 1.760\ \mathrm{m/s}$$

由于 15 ℃水的运动黏度 $\nu=1.13\times10^{-6}\ \mathrm{m^2/s}$，于是

$$Re = \frac{vd}{\nu} = \frac{1.76\times0.3}{1.13\times10^{-6}} = 4.670\times10^5$$

根据 Re 和 Δ/d，由莫迪图可查得 $\lambda=0.038$，且流动处于平方阻力区，λ 不随 Re 而变。故水的流量为

$$q_v = Av = \frac{\pi}{4}\times0.3^2\times1.76 = 0.1244\ \mathrm{m^3/s}$$

如果根据 Re 与 Δ/d 由莫迪图查得的 λ 与试选的 λ 值不相符合，则应以查得的 λ 为改进值，再按上述步骤进行计算，直至最后由莫迪图查得的 λ 与改进的 λ 值相符为止。可见，在已知管道尺寸 d、L、Δ、物性参数 ν 和沿程损失 h_f 时，要求出通过管道的流量 q_v，需采用试算方法。

51. 水平风速随高度 z 的分布为

$$\frac{v}{v_0} = \left(\frac{z}{h_0}\right)^{0.18}$$

在一次大风中，气象台在高度为 $h_0=10$ m 的观察点测得的风速为 $v_0=12$ m/s，空气的密度为 $\rho=1.24\ \mathrm{kg/m^3}$，有一条工业烟囱，高度 $h=60$ m，截面半径 $R=3$ m，试计算在这次大风中，烟囱底端受到的剪力以及弯矩。

解　烟囱受到的剪力和弯矩都是由风荷载引起的，风荷载就是圆柱绕流的阻力，阻力系数查得 $C_D=1.2$，风速随高度变化，风载荷也随高度而变。设烟囱的一个微段 $\mathrm{d}z$ 距离地面的高度为 z，则该微段烟囱受到的阻力为

$$\mathrm{d}F = C_D\,\frac{1}{2}\rho v^2 2R\,\mathrm{d}z$$

合力及力矩用积分求出：

$$F = \int_0^h C_D\,\frac{1}{2}\rho v^2 2R\,\mathrm{d}z = C_D\rho v_0^2 R h_0\int_0^h \left(\frac{v}{v_0}\right)^2 \mathrm{d}\left(\frac{z}{h_0}\right)$$

$$T = \int_0^h C_D\,\frac{1}{2}\rho v^2 2Rz\,\mathrm{d}z = C_D\rho v_0^2 R h_0^2\int_0^h \left(\frac{v}{v_0}\right)^2 \left(\frac{z}{h_0}\right)\mathrm{d}\left(\frac{z}{h_0}\right)$$

代入 v/v_0 的表达式，积分得

$$F = C_D\rho v_0^2 R h_0\,\frac{(h/h_0)^{1.36}}{1.36} = 54403\ \mathrm{N}$$

$$T = C_D\rho v_0^2 R h_0^2\,\frac{(h/h_0)^{2.36}}{2.36} = 1881068\ \mathrm{N\cdot m}$$

52. 长 $L=30$ m、截面面积 $A=0.3\ \mathrm{m}\times0.5\ \mathrm{m}$、用镀锌钢板制成的矩形风道，内部风速 $v=14$ m/s，风温 $=34$ ℃，试求沿程损失 h_f。风道入口截面 1 处的风压 $p_1=980.7$ Pa，风道出口截面 2 比截面 1 的位置高 10 m，试求截面 2 处的风压 p_2。

解　风道的当量直径

$$d_H = \frac{2ab}{a+b} = \frac{2\times0.3\times0.5}{0.3+0.5} = 0.375\ \text{m}$$

34 ℃空气的运动黏度 $\nu = 1.63\times10^{-5}\ \text{m}^2/\text{s}$，雷诺数为

$$Re = \frac{vd_H}{\nu} = \frac{14\times0.375}{1.63\times10^{-5}} = 322100$$

由于镀锌钢板的绝对粗糙度 $\Delta = 0.15$ mm，故相对粗糙度为

$$\frac{\Delta}{d} = \frac{0.15}{375} = 0.0004$$

由莫迪图查得 $\lambda = 0.0176$，故沿程损失为

$$h_f = 0.0176\times\frac{30}{0.375}\times\frac{14^2}{2\times9.807} = 14.1\ \text{m}$$

在等截面管道中动能没有变化，34 ℃空气的密度 $\rho = 1.14\ \text{kg/m}^3$，故由总流伯努利方程得截面 2 处的风压

$$p_2 = p_1 - \rho g(z_2 - z_1) - \rho g h_f = 980.7 - 1.14\times9.807\times10 - 1.14\times9.807\times14.1 = 711\ \text{Pa}$$

53. 如图[题 6.53 图(a)]所示某水泵输水装置。已知管路的综合阻力系数 $\varphi = 24000\ \text{s}^2/\text{m}^5$，提水高度 $H_z = 7$ m。水泵在 $n = 1450$ r/min 时的 q_v-H 和 $q_v-\eta$ 性能曲线如题 6.53 图(b)所示。求：

(1) 泵装置的运行参数；

(2) 如采用阀门节流方法将流量减小 40%，相应的工作参数是多少？

(3) 如采用改变转速方法将流量减少 40%，泵的转速为多少？相应的其他工作参数是多少？

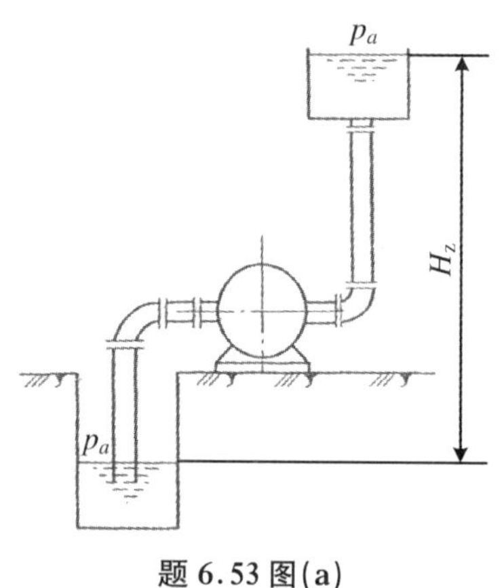

题 6.53 图(a)

解 (1) 管路特性方程 $H = 7 + 24000q_v^2$。据此，可在题 6.53 图(c)中绘出管路特性曲线 CE。管路性能曲线与泵的 q_v-H 曲线交点 A 即为泵的工作点，该点参数为泵的运行参数，即

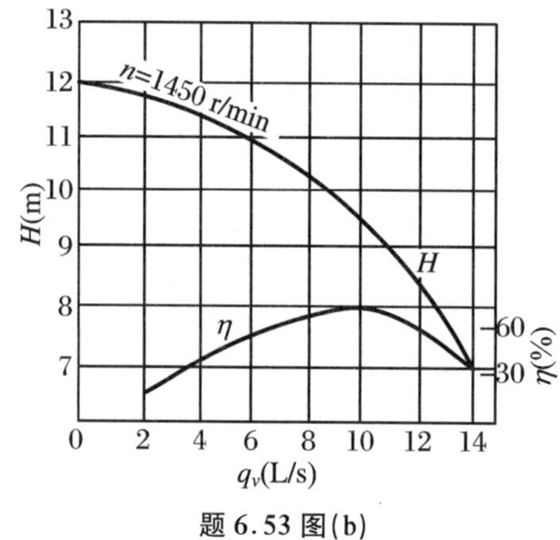

题 6.53 图(b)

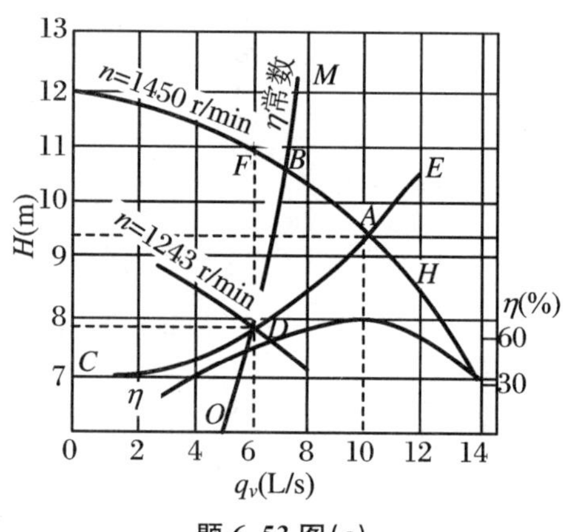

题 6.53 图(c)

$$q_{vA} = 10\ \text{L/s},\quad H_A = 9.4\ \text{m},\quad \eta_A = 68\%$$

$$P_A = \frac{\rho g q_{vA} H_A}{\eta_A} = \frac{9.807\times1000\times10\times9.4}{1000\times1000\times0.68} = 1.35\ \text{kW}$$

(2) 将流量减小 40%，即调整后流量为 $q_v = 6$ L/s，采用节流阀调节，泵性能曲线不变，

工作点应位于 F 点,如题6.53图(c)所示。由此可得,此时工作参数为

$$q_{vF}=6\ \text{L/s},\quad H_F=11\ \text{m},\quad \eta_F=50\%$$

$$P_F=\frac{\rho g q_{vF}H_F}{\eta_F}=\frac{9.807\times 1000\times 6\times 11}{1000\times 1000\times 0.5}=1.29\ \text{kW}$$

(3) 采用变速调节,管路性能曲线不变,根据调整后流量 $q_v=6\ \text{L/s}$,得调整后工作点为 D,$H_D=7.86\ \text{m}$。为确定调整后转速,根据$\frac{H}{q_v^2}=\frac{H_D}{q_{vD}^2}=\frac{7.86}{6^2}=0.218$,在题6.53图(c)中绘出过 D 点的相似抛物线 OM,OM 与 $n=1450\ \text{r/min}$ 时的 $H-q_v$ 曲线相交于 B 点,由题6.53图(c)得 $q_{vB}=7\ \text{L/s}$,$H_B=10.7\ \text{m}$。根据相似定律,调整后泵的转速为

$$n'=n\frac{q_{vD}}{q_{vB}}=1450\times\frac{6}{7}=1243\ \text{r/min}$$

根据相似工况点的效率相同原理及查题6.53图(c)所示曲线可得

$$\eta_D=\eta_B=57\%$$

因此,轴功率为

$$P_D=\frac{\rho g q_{vD}H_D}{\eta_D}=\frac{9.807\times 1000\times 6\times 7.86}{1000\times 1000\times 0.57}=0.81\ \text{kW}$$

54. 试计算确定新的低碳钢管道的直径 d。需要通过该管道的油的体积流量 $q_v=1000\ \text{m}^3/\text{h}$,运动黏度 $\nu=1\times 10^{-5}\ \text{m}^2/\text{s}$,管道长度 $L=200\ \text{m}$,绝对粗糙度 $\Delta=0.046\ \text{mm}$,允许的最大沿程损失 $h_f=20\ \text{m}$。

解 将 $v=\frac{4q_v}{\pi d^2}$代入达西公式,稍加整理,得

$$d^5=\frac{8Lq_v^2}{\pi^2 g h_f}\lambda=\frac{8\times 200\times(1000/3600)^2}{\pi^2\times 9.807\times 20}\lambda=0.06377\lambda\ \text{m}^5 \tag{1}$$

将以 q_v 表示的 v 代入 Re 的公式,得

$$Re=\frac{4q_v}{\pi\nu}\frac{1}{d}=\frac{4\times(1000/3600)}{\pi\times 1\times 10^{-5}}\times\frac{1}{d}=\frac{35370}{d} \tag{2}$$

试取 $\lambda=0.02$,代入式(1),得 $d=0.264\ \text{m}$,代入式(2),得 $Re=134000$,$\Delta/d=0.000174$,由莫迪图查得 $\lambda=0.0182$。以查得的 λ 为改进值,重复上述计算,得 $d=0.259\ \text{m}$,$Re=136700$,$\Delta/d=0.000178$,由莫迪图查得 $\lambda=0.018$。再以查得的 λ 为改进值,重复上述计算,得 $d=0.258\ \text{m}$,$Re=137000$,$\Delta/d=0.000178$,由莫迪图查得 $\lambda=0.018$,与改进值一致。故取 $d=0.258\ \text{m}$。由于 $h_f=20\ \text{m}$ 是允许的最大沿程损失,故该管道应取公称直径 $d_g=300\ \text{mm}$ 的管子。可见,在已知管道长度和绝对粗糙度、流体物性参数、流量和允许的最大沿程损失时,要确定管道直径,也需采用试算法。这是由于未知数有 d、v、λ 三个,而只有达西公式和雷诺数表示式2式,因而必须借助莫迪图通过试算求解。

第7章　边界层、绕流和缝隙流

7.1　学习指导

7.1.1　边界层概念

1. 边界层概念

边界层是指牛顿流体在大雷诺数下绕流物体时，紧靠近物体表面，速度梯度很大，黏性力和惯性力对流体运动起同等重要作用，流体作黏性有旋流动的一薄层，或者说为靠近物面的一薄层黏性力不能忽略的流体层，叫做边界层或附面层。

有了边界层的概念就可以把整个流场划分为两个性质不同又有密切联系的流动区域：把黏性的作用限制在边界这一薄层内，在这一薄层里按黏性流处理；边界层以外的主流区域（黏性小得可以忽略）速度梯度比较小，当作无黏有势流动处理。这样物体的绕流就可以分为黏性区（边界层）和外部势流区。

为了区分边界层区和理想流体势流区，提出了名义边界层厚度的概念，简称边界层厚度，记作 δ，通常定义为当层内流速沿法线方向达到流体来流速度 U 的 99% 处到物面的距离。边界层的厚度沿程增大，即 δ 是 x 的函数，记作 $\delta(x)$。

在边界层动量积分关系式中还出现两个厚度：排挤厚度 δ^* 和动量损失厚度 θ，即

$$\delta^* = \int_0^\delta \left(1 - \frac{v_x}{U}\right) \mathrm{d}y \tag{7.1}$$

$$\theta = \int_0^\delta \frac{v_x}{U}\left(1 - \frac{v_x}{U}\right) \mathrm{d}y \tag{7.2}$$

2. 边界层基本方程

普朗特边界层微分方程是

$$\left.\begin{aligned} v_x \frac{\partial v_x}{\partial x} + v_y \frac{\partial v_x}{\partial y} &= -\frac{1}{\rho}\frac{\partial p}{\partial x} + \nu \frac{\partial^2 v_x}{\partial y^2} \\ \frac{\partial p}{\partial y} &= 0 \\ \frac{\partial v_x}{\partial x} + \frac{\partial v_y}{\partial y} &= 0 \end{aligned}\right\} \tag{7.3}$$

边界条件为

$$y = 0,\quad v_x = v_y = 0;\quad y = \delta,\quad v_x = U$$

方程的物理意义是：压强沿边界层法线方向不变化，也就是说，边界层内的压强与外部势流区的压强相等。即可进一步表示为

$$v_x \frac{\partial v_x}{\partial x} + v_y \frac{\partial v_x}{\partial y} = U \frac{\mathrm{d}U}{\mathrm{d}x} + \nu \frac{\partial^2 v_x}{\partial y^2}$$

其中，U 为外部势流速度，x 为物面坐标，$U = U(x)$，$p = p(x)$。

卡门动量积分方程

$$\tau_0 = \rho\left[\frac{\mathrm{d}}{\mathrm{d}x}(U^2\theta) + U\frac{\mathrm{d}U}{\mathrm{d}x}\delta^*\right] \tag{7.4}$$

其中，τ_0 为固壁切应力。式(7.4)既适用于层流也适用于湍流。

3. 平板边界层

平板层流边界层外部势流速度 $U(x)=U$，所以$\frac{\mathrm{d}U}{\mathrm{d}x}=0$。方程式(7.4)简化为

$$\tau_0 = \rho U^2 \frac{\mathrm{d}\theta}{\mathrm{d}x} \tag{7.5}$$

边界层厚度

$$\delta = \sqrt{\frac{280}{13}\frac{\mu x}{\rho U}} = 4.64\sqrt{\frac{\nu x}{U}} \tag{7.6}$$

单位宽度平板阻力

$$F_r = \int_A \tau_0 \mathrm{d}A = \int_0^L \tau_0 \mathrm{d}x = \int_0^L \frac{3}{2}\mu U \delta^{-1} \mathrm{d}x = \frac{1.3}{2}\sqrt{\mu\rho U^3 L} \tag{7.7}$$

平板阻力系数

$$C_r = \frac{F_r}{\frac{1}{2}\rho U^2 A} = \frac{1.3}{\sqrt{Re}} \tag{7.8}$$

其中

$$Re = \frac{UL}{\nu}$$

平板湍流边界层流动状态一般存在于由层流过渡到湍流的转捩过程，转捩临界雷诺数 $Re_{x_c}=\frac{Ux_c}{\nu}$，$Re_{x_c}$ 值与平板的粗糙度有关，对于比较粗糙的平板 $Re_{x_c}\approx 3\times 10^5$，对于光滑平板，$Re_{x_c}=5\times 10^5$，甚至更大。湍流边界层的厚度比层流边界层增长得更为迅速。边界层厚度为

$$\delta = 0.37\left(\frac{\nu}{Ux}\right)^{1/5}\cdot x \tag{7.9}$$

单位宽度平板的摩擦阻力为

$$F_r = \frac{7}{72}\rho U^2 \delta(L) \tag{7.10}$$

其中

$$\delta(L) = 0.37\left(\frac{\nu}{UL}\right)^{1/5}\cdot L$$

平板阻力系数

$$C_r = \frac{F_r}{\frac{1}{2}\rho U^2 A} = 0.072/Re^{0.2} \tag{7.11}$$

其中

$$Re = \frac{UL}{\nu}$$

实验证明，精确的平板阻力系数值为

$$C_r = 0.074/Re^{0.2} \tag{7.12}$$

如果 $Re>10^5$，指数速度分布的定律就不是很适宜了，可用所谓对数速度分布求解。在 $10^6\leqslant Re\leqslant 10^9$ 范围内，通常用下列公式计算

$$C_r = \frac{0.455}{(\log Re)^{2.58}} \tag{7.13}$$

式(7.13)称为 Prandtl-Schlichting 公式。

平板混合边界层是指边界层内同时存在着层流和湍流两种状态。平板上的边界层前缘

起始段是层流边界层,以后有一很窄的不稳定的过渡区,然后为充分发展的湍流边界层,这种流态即为混合边界层。二维平板摩擦阻力系数计算公式为

$$C_f = \frac{0.455}{(\log Re)^{2.58}} - \frac{A^*}{Re} \tag{7.14}$$

式中,A^* 取决于由层流边界层转变为湍流边界层的临界雷诺数 Re_c,一般通过实验确定。表 7.1 给出了不同 Re_c 下的 A^* 值。

表 7.1　混合边界层的 A^* 值

Re_c	3×10^5	5×10^5	10^6	3×10^6
A^*	1050	1700	3300	8700

由式(7.14)可见,层流边界层起始段越长,平板阻力则越小。物体在流体中运动时,如能保持较长的层流边界层段对减小摩擦阻力是有利的。

7.1.2　流体绕流物体的阻力

1. 边界层分离

边界层外的压力沿流动方向发生变化,黏性流体沿曲面的边界层外势流的流速沿曲面发生变化,使势流区和边界层区内的压强也沿曲面发生变化,导致一种新的物理现象——边界层分离。边界层流动脱离物体表面的现象,称为边界层分离。流体开始离开物体表面的点,称为分离点。在分离后的区域内会出现回流,产生旋涡,并在物体的后面形成尾迹。

影响边界层分离的主要因素是:① 逆压梯度越大,越容易分离;反之,可以延缓分离,或不分离。② 来流雷诺数越大,越不容易分离。③ 湍流较层流不容易分离,在混合边界层中,当层流段发生分离时,在一定条件下,在湍流段上可使刚刚分离的流体再附于壁面。④ 壁面曲率半径沿流向增大,不容易出现分离。

边界层分离的主要后果是:① 分离后边界层方程失效,不能用理想流体流动来计算壁面压力分布。② 使物体阻力大增,升力显著下降。边界层发生分离后,物体后部形成许多无规则的涡,其中涡的能量以热的形式耗散掉。分离点下游的压力已不再能升高,差不多保持与分离点处的压力同样的数值。这样,物体后部的平均压力远较物体前部的小,结果就形成所谓"压差阻力"(又叫形状阻力)。

延缓或防止边界层分离的主要措施是:① 使层流转换为湍流的转捩点向上游移动,以提前转变为湍流。② 尽量避免有较大的逆压梯度,例如使流道扩张角小一些,物体细长一些。③ 设置辅助装置,例如安装导流片,壁面开设抽吸孔,流体吹除(向边界层中正在减速的流体质点添加能量)等。

2. 黏性流体绕流物体的阻力

摩擦阻力和压差阻力之和即为黏性流体绕流物体的阻力,简称绕流阻力。摩擦阻力和压差阻力分别为

$$F_f = \int_A^B \tau_0 \sin\theta \mathrm{d}x = C_f \frac{\rho U^2}{2} A_f \tag{7.15}$$

$$F_p = -\int_A^B p\cos\theta \mathrm{d}x = C_p \frac{\rho U^2}{2} A_p \tag{7.16}$$

式中,C_f 和 C_p 分别为摩擦阻力系数和压差阻力系数;A_f 为切应力作用面积;A_p 为物体与流速方向垂直的绕流投影面积。

绕流物体阻力是摩擦阻力和压差阻力之和，因此绕流阻力为

$$F_D = (C_f A_f + C_p A_p)\frac{\rho U^2}{2} \quad 或 \quad F_D = C_D \frac{\rho U^2}{2} A \tag{7.17}$$

式中，A 与 A_p 一致；C_D 称为绕流系数，主要取决于雷诺数，一般由实验确定。图7.1和图7.2分别表示了二维物体和三维物体绕流阻力系数实验曲线。对于圆球阻力，可采用下面的经验公式计算绕流系数 C_D

$$\left.\begin{aligned} C_D &= 24/Re, \quad Re < 1 \\ C_D &= 13/\sqrt{Re}, \quad Re = 10 \sim 10^3 \\ C_D &= 0.48, \quad Re = 10^3 \sim 2\times 10^5 \end{aligned}\right\} \tag{7.18}$$

式中，雷诺数 $Re = Ud/\nu$；d 为圆球直径。

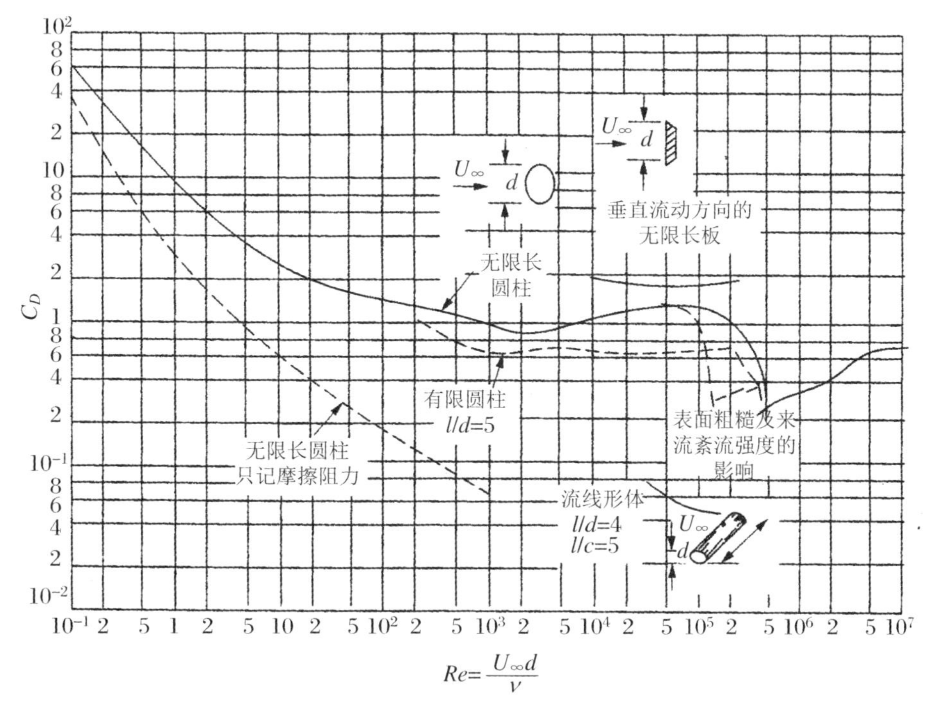

图7.1　二维物体绕流阻力系数实验曲线

黏性流体绕流物体时，还要在垂直于流体运动方向上产生升力 F_L。升力的计算式为

$$F_L = C_L \frac{\rho U^2}{2} A \tag{7.19}$$

式中，C_L 为升力系数，升力系数主要依赖于冲角和物体的横截面形状，一般由实验确定；A 为物体或升力矢量体的投影面，一般为来流平行横截面面积。

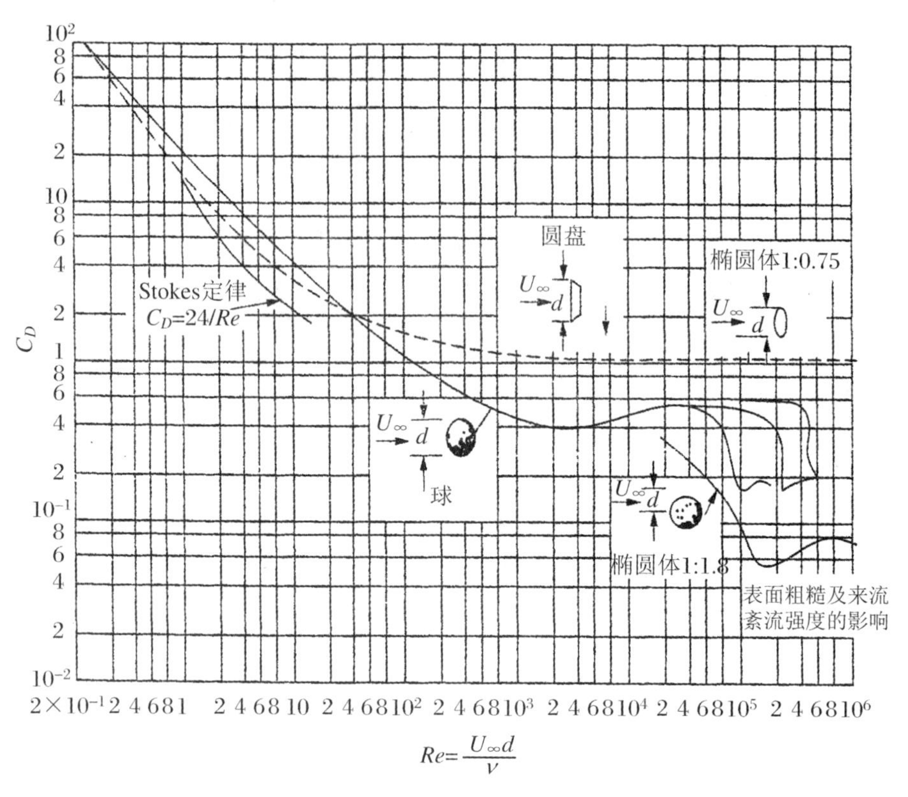

图 7.2 三维物体绕流阻力系数实验曲线

7.1.3 平行平面缝隙流动

1. 缝隙中的流速分布和压强分布

如图 7.3 所示平行平板间液体流动，定常、连续、不可压缩，则 N－S 方程可以简化为

$$\left.\begin{array}{l} -\dfrac{1}{\rho}\dfrac{\partial p}{\partial x}+\nu\dfrac{\partial^2 v_x}{\partial y^2}=0 \\ -g-\dfrac{1}{\rho}\dfrac{\partial p}{\partial y}=0 \\ -\dfrac{1}{\rho}\dfrac{\partial p}{\partial z}=0 \end{array}\right\} \tag{7.20}$$

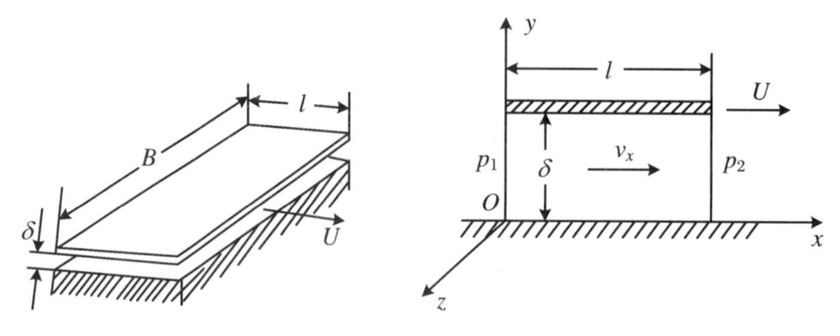

图 7.3 平行平板间的缝隙流动

即

$$\frac{\mathrm{d}^2 v_x}{\mathrm{d}y^2} = \frac{1}{\mu}\frac{\mathrm{d}p}{\mathrm{d}x} = -\frac{\Delta p}{\mu l} \tag{7.21}$$

这就是平板缝隙中层流运动的常微分方程式，积分再使用边界条件得

$$v_x = \frac{\Delta p}{2\mu l}(\delta y - y^2) + \frac{Uy}{\delta} \tag{7.22}$$

这就是平行平板间的速度分布规律，其流态如图7.4所示。这种流态可以看成是两种流态的合成：第一种流态是由压强差造成的流动，即上、下板固定，流体通过缝隙，这种流动称为压差流，也称为哈根-伯肃叶流，其 v_x 与 y 的关系是二次抛物线规律，如图7.5所示；第二流态是由上平板运动造成的流动，即上板等速平移，下板固定，缝隙内原充满静止流体，其速度 v_x 与 y 的关系是一次直线规律，如图7.6所示。这种流动称为剪切流，也称为库埃特流。

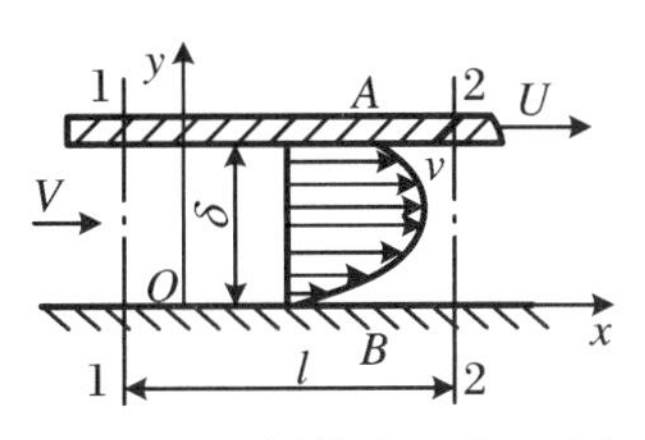

图7.4　上板等速平移、下板固定，流体通过缝隙

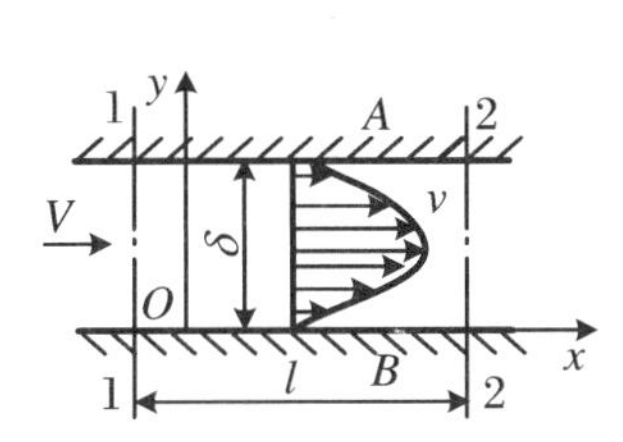

图7.5　上、下板固定，流体通过缝隙

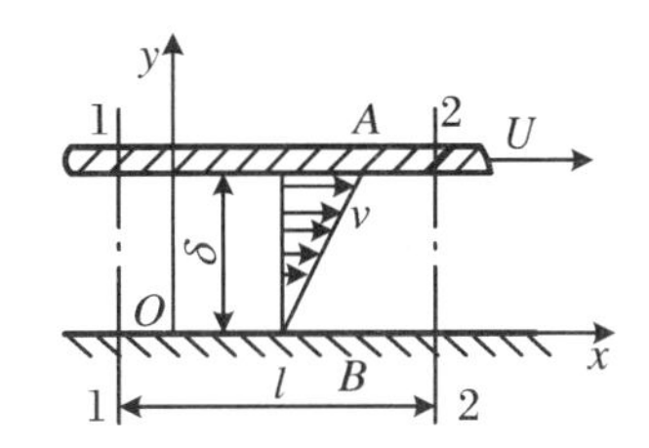

图7.6　上板等速平移，下板固定，缝隙内原充满静止流体

式(7.22)是由这两种简单流动合成的结果，但实际情况下 Δp 有正有负，U 也有正有负。还有一种流态是 Δp 与 U 的方向相反，即上板反向等速平移、下板固定，流体通过缝隙，其流态如图7.7所示。其速度分布为

$$v_x = \frac{\Delta p}{2\mu l}(\delta y - y^2) - \frac{Uy}{\delta} \tag{7.23}$$

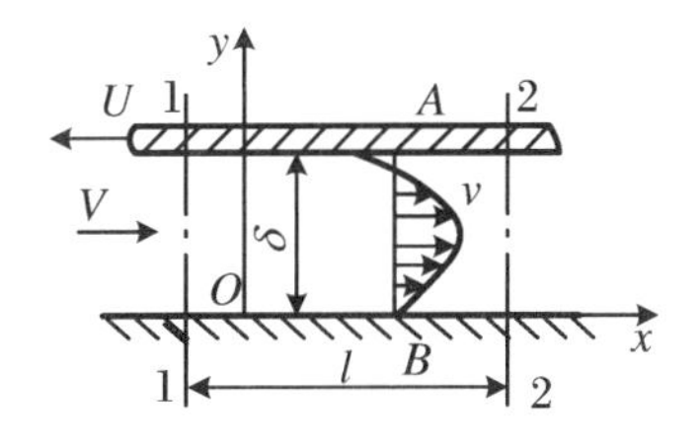

图7.7　上板反向等速平移、下板固定，流体通过缝隙

2. 缝隙中的切应力与摩擦力

将式(7.22)代入牛顿内摩擦定律中，即可得切应力 $\tau=\tau(y)$ 的分布规律。

$$\tau = \mu\frac{\mathrm{d}v_x}{\mathrm{d}y} = \mu\frac{\mathrm{d}}{\mathrm{d}y}\left[\frac{\Delta p}{2\mu l}(\delta y - y^2) + \frac{Uy}{\delta}\right] = \frac{\Delta p}{2l}(\delta - 2y) + \frac{\mu U}{\delta} \tag{7.24}$$

当 $y=\delta$ 时，可得上平板边界处流体中的切应力为

$$\tau = \frac{\mu U}{\delta} - \frac{\Delta p\delta}{2l} \tag{7.25}$$

τ 乘以平板面积 Bl，即得到作用在边界流体上的摩擦力

$$F = \left(\frac{\mu U}{\delta} - \frac{\Delta p\delta}{2l}\right)Bl = \left(\frac{\mu Ul}{\delta} - \frac{\Delta p\delta}{2}\right)B \tag{7.26}$$

将式(7.24)、式(7.25)改变符号，即为流体作用在运动平板上的切应力和摩擦力

$$\tau_0 = \frac{\Delta p\delta}{2l} - \frac{\mu U}{\delta}$$

$$F_0 = \left(\frac{\Delta p\delta}{2} - \frac{\mu Ul}{\delta}\right)B \tag{7.28}$$

这是图 7.4 所示的流态。同理可以推出图 7.5 所示纯压差流动上平板边界处流体中的切应力为

$$\tau = -\frac{\Delta p\delta}{2l} \tag{7.29}$$

图 7.6 所示流态纯剪切流动上平板边界处流体中的切应力表达式

$$\tau = \frac{\mu U}{\delta} \tag{7.30}$$

图 7.7 所示流态上平板边界处流体中的切应力

$$\tau = -\left(\frac{\mu U}{\delta} + \frac{\Delta p\delta}{2l}\right) \tag{7.31}$$

3. 缝隙的泄漏量

在图 7.3 上截取微元面积 $B\mathrm{d}y$,乘以 v_x,则 $v_xB\mathrm{d}y$ 为微元流量,从 $y=0$ 到 $y=\delta$ 积分,则得缝隙的泄漏流量和平均速度

$$\begin{aligned} q_v &= \int_0^\delta v_xB\mathrm{d}y = B\int_0^\delta\left[\frac{\Delta p}{2\mu l}(\delta y - y^2) + \frac{Uy}{\delta}\right]\mathrm{d}y \\ &= B\left(\frac{\Delta p\delta^3}{12\mu l} + \frac{U\delta}{2}\right) = \frac{B\delta}{2}\left(\frac{\Delta p\delta^2}{6\mu l} + U\right) \end{aligned} \tag{7.32}$$

$$v = \frac{q_v}{B\delta} = \frac{\Delta p\delta^2}{12\mu l} + \frac{U}{2} \tag{7.33}$$

其流态如图 7.4 所示。单纯压差流其流态如图 7.5 所示,造成的泄露流量为

$$q_v = \frac{\Delta pB\delta^3}{12\mu l} \tag{7.34}$$

单剪切流其流态如图 7.6 所示,造成的泄露流量为

$$q_v = \frac{BU\delta}{2} \tag{7.35}$$

当 Δp 与 U 符号相反时,流态如图 7.7 所示,其泄露流量为

$$q_v = \frac{\Delta pB\delta^3}{12\mu l} - \frac{B\delta U}{2} \tag{7.36}$$

如果令式(7.32)的 $q_v=0$,可解出

$$\delta = \delta_0 = \sqrt{\frac{6\mu Ul}{\Delta p}} \tag{7.37}$$

这种缝隙 δ_0称为无泄漏缝隙。

缝隙的泄漏流量一般视为容积损失,是能量损失的一种。平行平板缝隙流动的功率损失由压差流的泄漏损失功率 P_q 和剪切流的摩擦损失功率 P_F 两部分组成。总功率损失为

$$\begin{aligned} P &= P_q + P_F = \Delta pq_v + FU = \left(\frac{\Delta pB\delta^3}{12\mu l} + \frac{FU\delta}{2}\right)\Delta p + \left(\frac{\mu BUl}{\delta} - \frac{\Delta pB\delta}{2}\right)U \\ &= \frac{\Delta p^2B\delta^3}{12\mu l} + \frac{\mu BU^2l}{\delta} \end{aligned} \tag{7.38}$$

可以看出 δ 过小则摩擦损失增大,δ 过大则泄露损失增大,总的功率损失有一个由缝隙 δ_b 所决定的最小值$P_{\min}$。

令$\dfrac{\mathrm{d}P}{\mathrm{d}\delta}=0$,则$\dfrac{\mathrm{d}P}{\mathrm{d}\delta}=\left(\dfrac{\Delta p^2\delta^2}{4\mu l} - \dfrac{\mu U^2l}{\delta^2}\right)B=0$,所以功率损失最小的最优缝隙 δ_b 为

$$\delta = \delta_b = \sqrt{\frac{2\mu Ul}{\Delta p}} = \frac{1}{\sqrt{3}}\delta_0 = 0.577\delta_0 \tag{7.39}$$

最优缝隙 δ_b 比无泄漏缝隙 δ_0 更小。

4. 倾斜板间的缝隙流动

两个平面倾斜成一个微小的 α 角，平面间的油液在平面两端具有压强差 $\Delta p = p_1 - p_2$，或平面具有相对运动时均会出现倾斜平面间的缝隙流动，这种流动就是倾斜板间的缝隙流动，如图7.8所示。

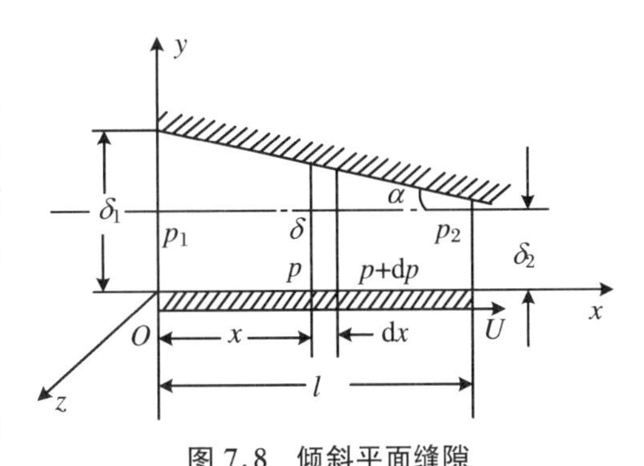

图7.8 倾斜平面缝隙

倾斜平面缝隙中的速度分布为

$$v_x = \frac{y^2 - y\delta}{2\mu}\frac{\mathrm{d}p}{\mathrm{d}x} + U\left(1 - \frac{y}{\delta}\right) \tag{7.40}$$

压强分布规律为

$$p = p_1 + \frac{6\mu}{\tan\alpha}\left[U\left(\frac{1}{\delta} - \frac{1}{\delta_1}\right) - \frac{q_v}{B}\left(\frac{1}{\delta^2} - \frac{1}{\delta_1^2}\right)\right] \tag{7.41}$$

流量计算公式为

$$q_v = \frac{\Delta pB}{6\mu l}\frac{\delta_1^2\delta_2^2}{\delta_1 + \delta_2} + BU\frac{\delta_1\delta_2}{\delta_1 + \delta_2} = \frac{\delta_1\delta_2 B}{\delta_1 + \delta_2}\left[\frac{\Delta p\delta_1\delta_2}{6\mu l} + U\right] \tag{7.42}$$

当 $U = 0$ 时为纯压差流，其流量为

$$q_v = \frac{\Delta pB}{6\mu l}\frac{\delta_1^2\delta_2^2}{\delta_1 + \delta_2} \tag{7.43}$$

当 $\Delta p = 0$ 时为纯剪切流，其流量为

$$q_v = BU\frac{\delta_1\delta_2}{\delta_1 + \delta_2} \tag{7.44}$$

7.1.4 环形缝隙与平行圆盘缝隙流动

1. 圆柱环形缝隙流动

如图7.9所示圆柱直径为 d 的环形缝隙结构，由于轴向尺寸 $l > d$，而缝隙尺寸 $\delta < d$，液体在缝隙中沿轴向流动。这种情况可以简单地按板宽为 $B = \pi d$ 的平行平板缝隙流动来处理，即将圆柱环形缝隙展开成平行平面缝隙。如图7.10所示同心环形缝隙流动，其流量 q_v 计算式为

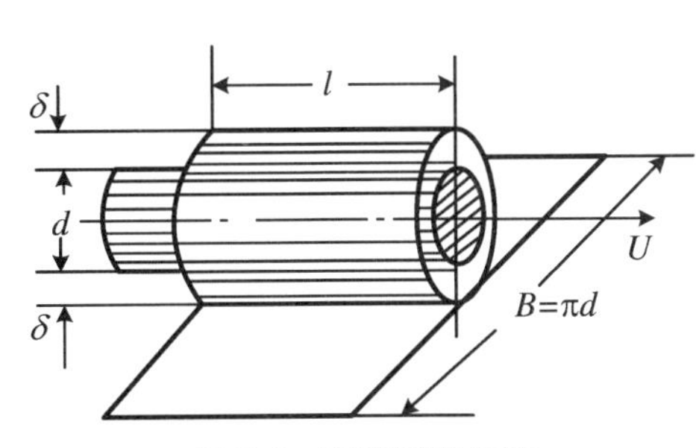

图7.9 环形缝隙结构

$$q_v = \frac{\Delta p\pi d_1\delta^3}{12\mu l} \tag{7.45}$$

其中，$\delta = \frac{1}{2}(d_1 - d_2)$；$\Delta p$ 为轴向长度 l 两端的压强差，$\Delta p = p_1 - p_2$；内柱和外孔在轴向无相对运动。

如图7.11所示偏心环形缝隙，设柱塞半径为 r，套筒半径为 R，$R - r = \delta$ 为同心时的缝隙。如果偏心距 $OO' = e$，则 $\kappa = \frac{e}{\delta}$ 称为相对偏心距。偏心缝隙流动的流量为

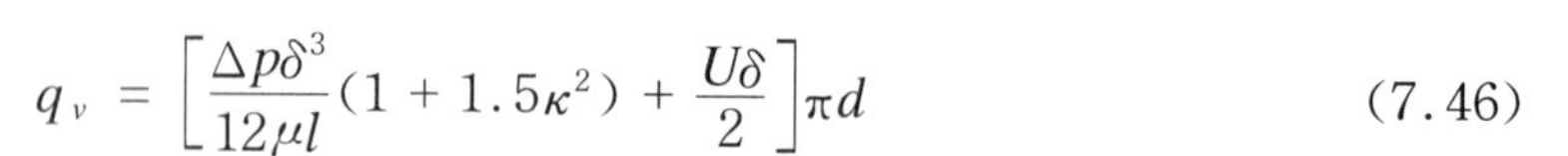

$$q_v = \left[\frac{\Delta p\delta^3}{12\mu l}(1 + 1.5\kappa^2) + \frac{U\delta}{2}\right]\pi d \tag{7.46}$$

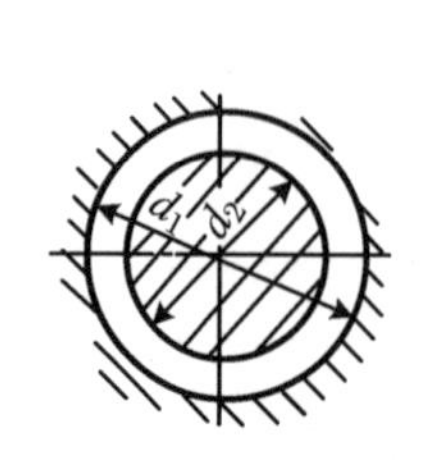

图7.10　同心环形缝隙

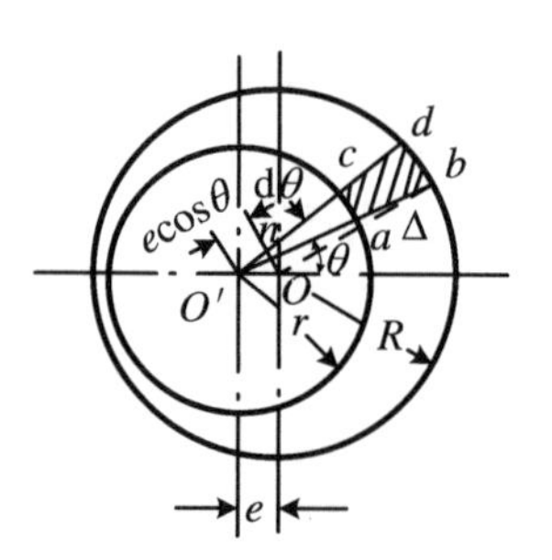

图 7.11　偏心环形缝隙

与同心缝隙泄漏流量相比，二者的剪切流量相等，而压差流的流量不同。偏心比同心的压差流流量大$\left(1+\dfrac{3}{2}\kappa^2\right)$倍，相对偏心距 κ 越大，则偏心泄漏量越大，在极限情况下相对偏心距 $\kappa=1$，即 $e=\delta$ 时，由压差流引起的偏心泄漏等于同心泄漏量的 2.5 倍。由此可见防止偏心也是减小泄漏的有力措施。

2. 平行圆盘缝隙流动

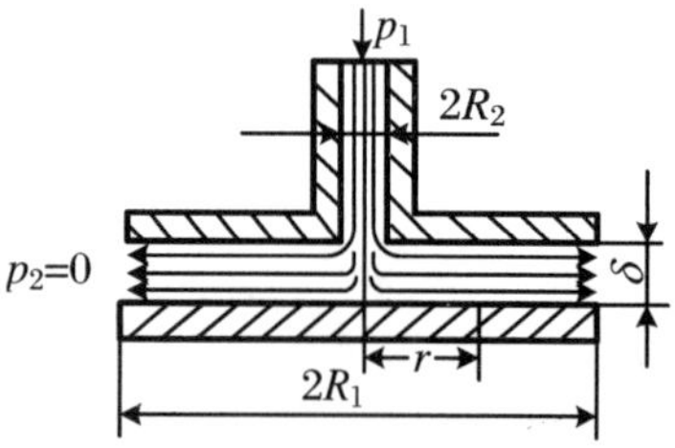

平行圆盘缝隙流动主要是流体在表压力 p_1 作用下，由圆盘中心导管经缝隙向四周外流，如图 7.12 所示。

图 7.12　有导管平行圆盘缝隙

圆盘中压强分布的对数规律为

$$p = p_2 + \frac{6\mu q_v}{\pi\delta^3}\ln\left(\frac{R_1}{r}\right) \tag{7.47}$$

式中，$R_2<r<R_1$。在 $r=R_2$ 处，把 $p=p_1$ 代入式(7.47)即可得出圆盘内外的压强差公式

$$\Delta p = p_1 - p_2 = \frac{6\mu q_v}{\pi\delta^3}\ln\left(\frac{R_1}{R_2}\right) \tag{7.48}$$

圆盘缝隙的流量公式：

$$q_v = \frac{\pi\delta^3(p_1 - p_2)}{6\mu\ln\left(\dfrac{R_1}{R_2}\right)} \tag{7.49}$$

液体作用于下圆盘的总压力为

$$F = p_2\pi R_1^2 + \frac{3\mu q_v}{\delta^3}(R_1^2 - R_2^2) \tag{7.50}$$

$$F = p_2\pi R_1^2 + \frac{\pi(p_1 - p_2)}{2\ln\dfrac{R_1}{R_2}}(R_1^2 - R_2^2) \tag{7.51}$$

如果圆盘外的压强 $p_2=0$，则可简化为

$$F = \frac{3\mu q_v}{\delta^3}(R_1^2 - R_2^2) \tag{7.52}$$

$$F = \frac{\pi p_1}{2\ln\dfrac{R_1}{R_2}}(R_1^2 - R_2^2) \tag{7.53}$$

对于图7.13所示流态，上圆盘在外力 F 作用下，以等速度 U 向下移动，原充满着的静止流体受挤压向四周外流。圆盘内外的压强差公式为

$$\Delta p = p_1 - p_2 = \frac{3\mu U}{\delta^3}(R_1^2 - r^2) \tag{7.54}$$

液体作用于圆盘的总压力计算式为

$$F = \frac{3\pi\mu U R_1^4}{2\delta^3} \tag{7.55}$$

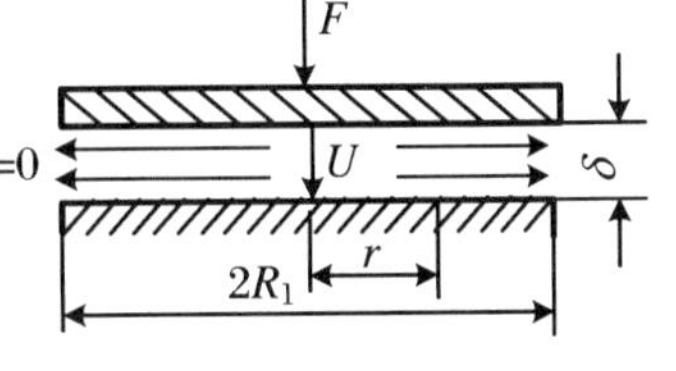

图7.13 挤压平行圆盘缝隙

7.2 习题解析

7.2.1 选择、判断与填空

1. 绕流物体边界层中，（　　）。

A. 惯性力可以忽略　　B. 黏性力可以忽略

C. 惯性力和黏性力都可以忽略　　D. 惯性力和黏性力都不可以忽略

答案：D

2. 采用边界层积分方程求解边界层流动的方法被称为近似方法，原因是（　　）。

A. 需补充方程，补充方程是近似的　　B. 方程仅适用层流，近似适用湍流

C. 方程仅适用湍流　　D. 方程本身是近似的

答案：A

3. 下列流动中可能发生流动分离的流动是（　　）。

A. 理想流体顺流平板流动　　B. 黏性流体顺流平板流动

C. 理想流体绕曲面物体流动　　D. 黏性流体绕曲面物体流动

答案：D

4. 在平板湍流边界层内，流动（　　）。

A. 都是层流　　B. 都是湍流

C. 有层流，也有湍流　　D. 没有层流，也没有湍流

答案：C

5. 在大雷诺数流动中，曲面边界层的流动分离发生于（　　）。

A. 驻点　　B. 奇点　　C. 顺压梯度区　　D. 逆压梯度区

答案：D

6. 黏性底层厚度 δ 随 Re 的增大而（　　）。

A. 增大　　B. 减小　　C. 不变　　D. 不定

答案：B

7. 判断题：平板长的边界层不会发生分离。

答案：对。分析：无限长平板边界层的压强梯度为零，不会发生边界层分离。

8. 边界层分离只可能发生在______________________________的区域。

答案：黏性作用与逆压梯度同时存在

7.2.2 思考简答

1. 名词解释:黏性底层。

答案:湍流中,管道靠近壁面的薄层黏性切应力起主导作用,这薄层称为黏性底层。

2. 为什么在雷诺数很大时,在 N－S 方程组中不能完全忽略黏性项,而要引入边界层近似?边界层理论的基本假设是什么?

答案:因为在物面附近总存在一个薄层,其内流体速度沿物面切向的分量从外部理想流体流动速度迅速减小,到物面处满足切向流速为 0。在该层内不满足雷诺数远大于 1 的条件。而黏性力与惯性力同等重要。引入边界层假设可以解释在离开物面的广大区域,大雷诺数流动与理想流体流动接近一致,同时物体还会受到阻力这些事实。边界层假设内容:大雷诺数下物体表面存在很薄的一层流动,在该层中黏性力与惯性力同量级。

3. 边界层内是否一定是层流?影响边界层内流态的主要因素有哪些?

答案:否,有层流、湍流边界层;主要因素有:黏性、流速、距离。

4. 边界层分离是如何形成的?如何减小尾流的区域?

答案:因压强沿流动方向增高,以及阻力的存在,使得边界层内动量减小,而形成了边界层的分离。使绕流体型尽可能流线型化,则可减小尾流的区域。

5. 简述黏性流体绕流物体时产生阻力的原因。如何减少阻力?

答案:原因主要在于,阻力有两部分,一部分是由于黏性产生切向应力形成的摩擦阻力,另一部分是由于边界层分离产生压强差形成的压差阻力。

减少阻力是把物体作成流线型,使分离点后移,甚至不发生分离,可减少绕流阻力。

6. 钝头物体在黏性流体中运动时,作用在其上的阻力有哪几种?各是怎样形成的?

答案:阻力由黏性阻力和压差阻力两部分构成。黏性阻力是物面黏性切应力的合力。物体绕流时,背风面由于边界层分离出现低压,迎风面由于速度较小,压强较高,因此,迎风面的高压和背风面的低压形成压差阻力。

7. 湍流过渡区向阻力平方区过渡时,黏性底层厚度将发生什么变化?两种切应力发生什么变化?

答案:湍流过渡区向阻力平方区过渡时,黏性底层厚度变小。时均流速引起黏性切应力减小,脉动流动引起的质点相互掺混切应力增大。

8. 叙述流体运动的边界条件中“静止固壁边界条件”是如何表示的?

答案:流体流经固体壁时必须满足不可穿透的条件,即流体不能穿入固壁,也不能离开固壁而形成空隙。对理想流体:法向速度 $v_n=0$(因为不可穿透),流体是连续地流过表面(滑过去)。对黏性流体:因为不可穿透,则 $v_n=0$;同时需满足无滑脱条件,则 $v_\tau=0$。两个条件合起来就是 $\boldsymbol{v}=0$,即对黏性流体,流点将黏附在固壁上。

7.2.3 应用解析

1. 矩形平板宽度为 $b=0.6\ \mathrm{m}$,长度为 50 m,以速度 $V_\infty=10\ \mathrm{m/s}$ 在石油中滑动,转捩雷诺数为 $Re_{cr}=5\times10^5$,已知石油的 $\mu=0.0128\ \mathrm{N\cdot s/m^2}$,$\rho=850\ \mathrm{kg/m^3}$。试确定:

(1) 层流边界层长度 x_{cr};

(2) 平板阻力 F_{Df}。

解 (1) 确定转捩位置

$$x_{cr} = \frac{\mu}{\rho V_\infty} Re_{cr} = \frac{0.0128 \times 5 \times 10^5}{850 \times 10} = 0.75 \text{ m}$$

(2) 宽度 $b = 0.6$ m 的平板阻力为

$$F_{Df} = 2\left(\frac{1.328}{Re_{cr}^{0.5}} \frac{x_{cr}}{L} + \frac{0.074}{Re_L^{0.2}} - \frac{0.074}{Re_{cr}^{0.2}}\right) bL \frac{\rho v_e^2}{2}$$

$$Re_L = \frac{\rho v_e L}{\mu} = \frac{850 \times 10 \times 50}{0.0128} = 3.32 \times 10^7$$

$$\frac{\rho v_e^2}{2} = \frac{1}{2} \times 850 \times 10^2 = 4.25 \times 10^4$$

所以

$$F_{Df} = 2\left[\frac{1.328}{(5 \times 10^5)^{0.5}} \frac{0.75}{50} + \frac{0.074}{(3.32 \times 10^7)^{0.2}} - \frac{0.074}{(5 \times 10^5)^{0.5}}\right] \times 0.6 \times 50 \times 4.25 \times 10^4 = 5.71 \text{ kN}$$

2. 设平板湍流边界层的速度分布和壁面切应力的表达式为

$$\frac{v}{U} = \left(\frac{y}{\delta}\right)^{1/7}; \quad \tau_0 = 0.0233\left(\frac{\mu}{\rho U \delta}\right)^{1/4} \rho U^2$$

试用边界层动量积分关系式计算边界层厚度 $\delta(x)$ 和平板单面的阻力系数 C_f。

解　平板湍流边界层的动量积分关系式为

$$\frac{\mathrm{d}\delta^{**}}{\mathrm{d}x} = \frac{\tau_0}{\rho U^2}$$

$$\delta^{**} = \int_0^\delta \frac{v}{U}\left(1 - \frac{v}{U}\right) \mathrm{d}y = \frac{7}{72}\delta$$

$$\frac{7}{72}\delta^{1/4} \mathrm{d}\delta = 0.0233\left(\frac{\mu}{\rho U}\right)^{1/4} \mathrm{d}x$$

$$\delta = 0.3812\left(\frac{\mu}{\rho U}\right)^{1/5} x^{4/5}$$

$$\tau_0 = 0.02965\left(\frac{\mu}{\rho U x}\right)^{1/5} \rho U^2$$

$$\int_0^l \tau_0 \mathrm{d}x = 0.07413\left(\frac{\mu}{\rho U l}\right)^{1/5} \frac{1}{2} \rho U^2 l$$

$$C_f = \frac{0.07413}{(Re_l)^{1/5}}$$

3. 潜水艇形似长、短轴之比为 8∶1 的椭球体，其阻力系数为 $C_D = 0.14$，航速为 $v_\infty = 10$ m/s；迎流面积 $A = 12$ m²，试求潜水艇克服阻力所需功率。

解
$$F_D = \frac{1}{2} \rho v_\infty^2 C_D A = 84 \times 10^3 \text{ N}$$

$$P = v_\infty F_D = 840 \text{ kW}$$

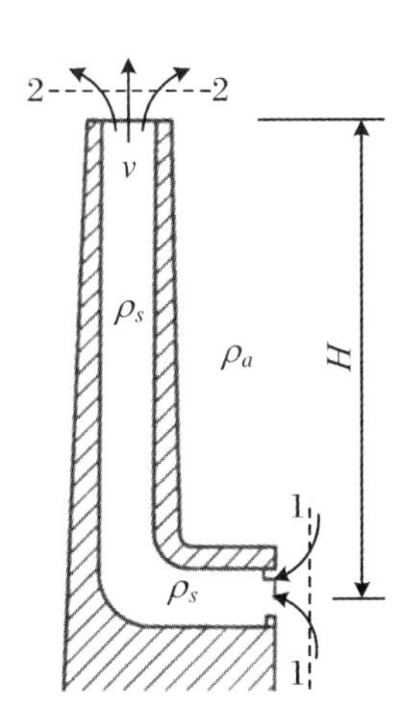

题 7.4 图

4. 如图(题 7.4 图)所示的烟囱高 $H = 20$ m，烟道垂直截面面积 $A = 0.5$ m²，烟道内烟气密度 $\rho_s = 0.94$ kg/m³，外界空气密度 $\rho_a = 1.29$ kg/m³，试求烟囱在热压的作用下自然通风的通风量。烟道沿程损失系数 $\lambda = 0.045$，炉口局部损失为 $2.5\rho_s \frac{v^2}{2}$，其中，v

为烟道内烟气速度。

解 设进口前为1－1断面，烟囱出口断面为2－2断面，断面1－1和2－2分别取在进口和出口一定距离处，该处气流速度近似为零，则用气体压强形式的伯努利方程得

$$p_{r1}+0+(\rho_a-\rho_s)gH=p_{r2}+0+p_w$$

因为两断面处气流速度近似为零，绝对压强为各断面当地大气压，所以两断面相对压强$p_{r1}\approx p_{r2}\approx 0$；压强损失

$$p_w=\lambda\frac{H}{4R}\rho_s\frac{v^2}{2}+2.5\rho_s\frac{v^2}{2}+\zeta_{出口}\rho_s\frac{v^2}{2}$$

其中，R是烟道水力半径，近似按正方形计算

$$R=\frac{A}{4\sqrt{A}}=\frac{1}{4}\sqrt{A}=0.177\ \text{m}$$

出口局部损失系数$\zeta_{出口}$按突然扩大的特殊情况，对照可得$\zeta_{出口}=1.0$，将数值代入以上气体伯努利方程，得

$$v=\left[\frac{\rho_a-\rho_s}{\rho_s}\frac{2gH}{\left(1+2.5+\lambda\dfrac{H}{4R}\right)}\right]^{1/2}=5.53\ \text{m/s}$$

$$q_v=A\cdot v=2.765\ \text{m}^3/\text{s}$$

5. 如图(题7.5图)所示，有一可用来测定流速方向的圆柱形测速管，它有三个径向钻孔，当两边孔的压强相等时，中间孔的方向就是流速方向。设绕圆柱体为不可压缩流体无旋流动，试求：

(1) 欲使两边孔测得的是测速管放入前该点的压强时，边孔应放置的角度α；

(2) 在水流中测得中间孔与边孔的压差为490 Pa时的流速；

(3) 此测速管的灵敏度$\dfrac{\partial p}{\partial\theta}$。

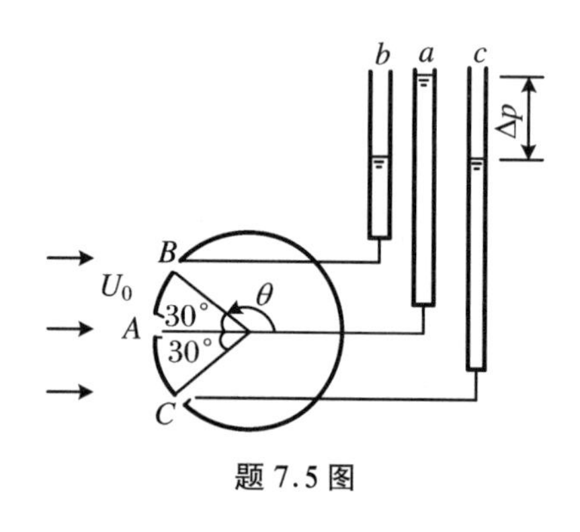

题7.5图

解 (1) 求边孔的置放角α：

圆柱体无环量绕流的柱体表面压强分布为

$$p=p_0+\frac{\rho U_0^2}{2}(1-4\sin^2\theta)$$

由题意，两边孔处$p=p_0$，有

$$\frac{\rho U_0^2}{2}(1-4\sin^2\theta)=0$$

$$\sin\theta=\frac{1}{2}\ \Rightarrow\ \theta=30^\circ\ 或\ 150^\circ$$

$\theta=30^\circ$位于圆柱体的后半部，该处压强的理论值与实际情况相差甚远，故取$\theta=150^\circ$，即置放角$\alpha=30^\circ$。因黏性影响，实际上这种测速管α值要比30°稍大。

(2) 求$\Delta p=490$ Pa时的流速：

中间孔测得的是驻点压强$p_A=p_0+\dfrac{\rho U_0^2}{2}$，边孔测得的就是$p_0$，因此

$$\Delta p=\frac{\rho U_0^2}{2},\quad \frac{\Delta p}{\rho g}=\frac{\rho U_0^2}{2\rho g}$$

$$\frac{490}{9800} = \frac{U_0^2}{2 \times 9.8} \Rightarrow U_0 = \sqrt{2 \times 9.8 \times 0.05} = 0.99\ \text{m/s}$$

(3) 求灵敏度。对 $p = p_0 + \dfrac{\rho U_0^2}{2}(1 - 4\sin^2\theta)$求偏导数

$$\frac{\partial p}{\partial \theta} = -4\sin\theta\cos\theta\rho U_0^2$$

将 $\theta = 150^\circ$代入，得

$$\frac{\partial p}{\partial \theta} = \sqrt{3}\rho U_0^2$$

6. 水的来流速度 $V_\infty = 0.2$ m/s，纵向绕过一块平板。已知水的运动黏度 $\nu = 1.145 \times 10^{-6}$ m²/s，试求距平板前缘 5 m 处的边界层厚度，以及在该处与平板面垂直距离为 10 mm 的点的水流速度。

解　先计算 $x = 5$ m 处的雷诺数，即

$$Re_x = V_\infty x/\nu = 0.8734 \times 10^6$$

显然该处的边界层属湍流，故

$$\delta(x) = 0.3812x(Re_x)^{-1/5} = 0.1236\ \text{m}$$

$y = 10$ mm $= 0.01$ m 的点位于边界层内，速度可用 1/7 次幂函数求得

$$\frac{v}{V_\infty} = \left(\frac{y}{\delta}\right)^{1/7} = 0.6983 \Rightarrow v = 0.6983V_\infty = 0.1397\ \text{m/s}$$

7. 如图(题 7.7 图)所示，输水渠道穿越高速公路，采用钢筋混凝土倒虹吸管，沿程损失系数 $\lambda = 0.025$，进口局部损失系数 $\zeta_e = 0.6$，弯道局部损失系数 $\zeta_b = 0.30$，出口局部损失系数 $\zeta_{出} = 1.0$(对应倒虹吸管中流速)，管长 $L = 70$ m，倒虹吸管进、出口渠道中水流流速近似相等，设为 v_0。为避免倒虹吸管中泥沙沉积，管中流速应大于 1.8 m/s。若倒虹吸管设计流量 $q_v = 0.40$ m³/s，试确定倒虹吸管的直径以及倒虹吸管上下游水位差 H。

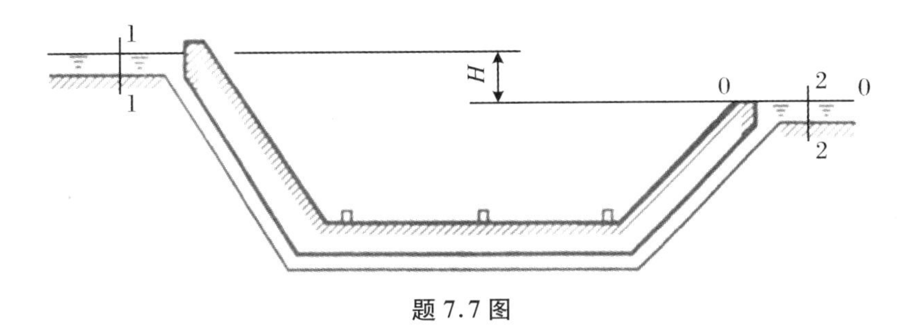

题 7.7 图

解　根据题意先求管径

$$d = \left(\frac{4q_v}{\pi v}\right)^{1/2} = 0.53\ \text{m}$$

取标准管径 $D = 500$ mm，管中流速

$$v = \frac{4q_v}{\pi D^2} = 2.04\ \text{m/s} > 1.8\ \text{m/s}$$

取倒虹吸管上下游渠中断面 1 - 1 和 2 - 2，如题 7.7 图所示，以下游水面为基准面，建立伯努利方程

$$H + 0 + \frac{v_0^2}{2g} = 0 + 0 + \frac{v_0^2}{2g} + h_{w1-2}$$

$$h_{w1-2} = \sum h_f + \sum h_j = \lambda \frac{l}{D} \frac{v^2}{2g} + (\zeta_e + 2 \times \zeta_b + \zeta_{出}) \frac{v^2}{2g} = 1.21 \text{ m}$$

故

$$H = h_{w1-2} = 1.21 \text{ m}$$

8. 直径 $D=1.2$ m，长 $l=50$ m 的圆柱体，以转速 $n=90$ r/min 绕轴逆时针旋转，等速均匀来流的流速 $U_0=80$ km/h，流体的密度为 1.205 kg/m^3，求速度环量、圆柱所受升力和圆柱表面上的驻点位置。

解 (1) 求速度环量：圆柱表面上的圆周速度

$$v_\theta = \frac{\pi D n}{60} = \frac{\pi \times 1.2 \times 90}{60} = 5.655 \text{ m/s}$$

速度环量

$$\Gamma = \oint v_\theta \mathrm{d}l = \int_0^{2\pi} v_\theta r \mathrm{d}\theta = v_\theta 2\pi r = 5.655 \times 3.14 \times 1.2 = 21.32 \text{ m}^2/\text{s}$$

(2) 求圆柱所受升力：

$$F = \rho U_0 \Gamma l = 1.205 \times \frac{80 \times 1000}{3600} \times 21.32 \times 50 = 28550 \text{ N} = 28.55 \text{ kN}$$

(3) 求圆柱表面上驻点位置：$\varphi = U_0\left(1+\frac{r_0^2}{r^2}\right) r\cos\theta + \frac{\Gamma}{2\pi}\theta$，故

$$v_r = \frac{\partial \varphi}{\partial r} = U_0\left(1 - \frac{r_0^2}{r^2}\right)\cos\theta$$

$$v_\theta = \frac{\partial \varphi}{r\partial \theta} = -U_0\left(1 + \frac{r_0^2}{r^2}\right)\sin\theta + \frac{\Gamma}{2\pi r}$$

圆柱表面上 $r=r_0$，$v_r=0$；令 $v_\theta=0$ 并代入 $r_s=r_0$，得

$$-2U_0\sin\theta_s + \frac{\Gamma}{2\pi r_0} = 0$$

$$\sin\theta_s = \frac{\Gamma}{4\pi r_0 U_0} = \frac{21.32}{4\pi \times 0.6 \times 22.22} = 0.127$$

$$\theta_{s1} = 7.3^\circ, \quad \theta_{s2} = 172.7^\circ$$

9. 设平板湍流边界层内的速度分布为 $v/V_\infty = (y/\delta)^{1/9}$，并有 $\lambda = 0.185(Re_\delta)^{-0.2}$，式中，$V_\infty$ 为来流速度，δ 为边界层厚度，λ 为沿程损失系数，$Re_\delta = V_\infty\delta/\nu$。试推导边界层厚度的计算公式。

解 $\delta^{**} = \int_0^\delta \frac{v}{V_\infty}\left(1 - \frac{v}{V_\infty}\right)\mathrm{d}y = \delta\int_0^1 (\eta^{\frac{1}{9}} - \eta^{\frac{2}{9}})\mathrm{d}\eta = \frac{9}{110}\delta$

因为 $\tau_0 = \frac{\lambda}{8}\rho V_\infty^2$，所以

$$\frac{\tau_0}{\rho V_\infty^2} = \frac{0.185}{8}\left(\frac{\nu}{V_\infty \delta}\right)^{\frac{1}{5}}$$

$$\frac{d\delta^{**}}{\mathrm{d}x} = \frac{\tau_0}{\rho V_\infty^2}$$

$$\frac{9}{110}\delta^{\frac{1}{5}}\mathrm{d}\delta = \frac{0.185}{8}\left(\frac{\nu}{V_\infty}\right)^{\frac{1}{5}}\mathrm{d}x$$

$$\frac{9}{110}\times\frac{5}{6}\delta^{\frac{6}{5}}=\frac{0.185}{8}\left(\frac{\nu}{V_\infty}\right)^{\frac{1}{5}}x$$

$$\delta=0.4061\left(\frac{\nu}{V_\infty}\right)^{\frac{1}{6}}x^{\frac{5}{6}}=0.4061x(Re_x)^{-\frac{1}{6}}$$

10. 设平板层流边界层的速度分布为

$$\frac{v}{V_\infty}=1-e^{-y/\delta}$$

式中,$\delta=\delta(x)$是边界层厚度;V_∞是无穷远来流速度。试用边界层动量积分关系式推导边界层厚度和平板阻力系数的计算式。

解

$$\frac{v}{V_\infty}=1-e^{-y/\delta}$$

$$\delta^{**}=\delta\int_0^1(1-e^{-\eta})e^{-\eta}\mathrm{d}\eta=0.1998\delta$$

$$\frac{\tau_0}{\rho V_\infty^2}=\frac{\mu}{\rho V_\infty^2\delta}$$

因为$\frac{\mathrm{d}\delta^{**}}{\mathrm{d}x}=\frac{\tau_0}{\rho V_\infty^2}$,所以

$$0.1998\delta\mathrm{d}\delta=\frac{\mu}{\rho V_\infty^2}\mathrm{d}x$$

$$\delta=3.164\sqrt{\frac{\nu x}{V_\infty}}=3.164x(Re_x)^{-1/2}$$

$$F_D=\int_0^l\tau_0\mathrm{d}x=0.6321\rho V_\infty^2(Re_l)^{-0.5}$$

$$C_D=\frac{F_D}{\frac{1}{2}\rho V_\infty^2 l}=\frac{1.2642}{\sqrt{Re_l}}$$

11. 有一块1.5 m×4.5 m的矩形薄板在空气中以3 m/s的速度沿板面方向拖动,已知空气的运动黏性系数为$\nu=1.5\times10^{-5}\ \mathrm{m^2/s}$,密度为$\rho=1.2\ \mathrm{kg/m^3}$。试求薄板沿短边方向和长边方向运动时,各自的摩擦阻力。

解 (1) 求沿平板短边方向运动的阻力F_{t1}:取转捩(临界)雷诺数为$Re_{x_k}=5\times10^5$,求转捩点的位置x_k。

$$x_k=Re_{x_k}\frac{\nu}{U_0}=5\times10^5\times\frac{1.5\times10^{-5}}{3}=2.5\ \mathrm{m}$$

因为矩形边$L_1=1.5\ \mathrm{m}<2.5\ \mathrm{m}$,所以全板为层流边界层,计算摩擦阻力系数$C_{f1}$

$$C_{f1}=\frac{1.328}{Re_{L_1}^{0.5}}=\frac{1.328}{\sqrt{\frac{3\times1.5}{1.5\times10^{-5}}}}=0.00242$$

$$F_{t1}=2C_{f1}bL_1\frac{\rho}{2}U_0^2=2\times0.00242\times4.5\times1.5\times\frac{1.2}{2}\times3^2=0.176\ \mathrm{N}\qquad(1)$$

(2) 求沿长边运动时阻力F_{t2}:由于$L_2=4.5\ \mathrm{m}>2.5\ \mathrm{m}$,所以板上是混合边界层,首先计算雷诺数$Re_{L_2}$,判断使用公式

$$Re_{L_2}=\frac{U_0L_2}{\nu}=\frac{3\times4.5}{1.5\times10^{-5}}=9\times10^5<10^6$$

应该用混合摩擦阻力系数计算式，且 $A=1700$（光滑平板），故

$$C_{f2}=\frac{0.074}{Re_{L_2}^{0.2}}-\frac{A}{Re_{L_2}}=\frac{0.074}{(9\times10^5)^{0.2}}-\frac{1700}{9\times10^5}=0.0288$$

$$F_{t2}=2C_{f2}bL_2\frac{\rho}{2}U_0^2=2\times0.00288\times1.5\times4.5\times\frac{1.2}{2}\times3^2=0.21\ \text{N} \tag{2}$$

比较解式(1)和式(2)，同样一块平板，产生混合边界层时的阻力大于产生层流边界层的阻力。

12. 流体以速度 $v_\infty=0.6$ m/s 绕一块长 $l=2$ m 的平板流动，如果流体分别是水（$\nu_1=10^{-6}$ m^2/s）和油（$\nu_2=8\times10^{-5}$ m^2/s），试求平板末端的边界层厚度。

解 先判断边界层属层流还是湍流。

水：

$$Re_l=v_\infty l/\nu_1=1.2\times10^6$$

油：

$$Re_l=v_\infty l/\nu_2=0.15\times10^5$$

对于平板边界层，转捩临界雷诺数 $Re_{x_c}=3\times10^5$（甚至更大些），可见，油边界层属层流，板末端的边界层厚度按层流公式计算：

$$\delta(l)=5l(Re_l)^{-0.5}=0.08165\ \text{m}$$

水边界层属湍流，故

$$\delta(l)=0.3812l(Re_l)^{-1/5}=0.04638\ \text{m}$$

13. 一块长 $l=1.5$ m，宽 $b=1$ m 的平板放在速度为 $v_\infty=50$ m/s 的气流中，气体的运动黏度 $\nu=18\times10^{-6}$ m^2/s，试求下列两种情况下板端的边界层厚度及平板两侧面所受的总阻力：

(1) 设为层流边界层；

(2) 设为湍流边界层。

解 由已知条件计算雷诺数：

$$Re_l=\frac{v_\infty l}{\nu}=\frac{50\times1.5}{18\times10^{-6}}=\frac{25}{6}\times10^6$$

(1) 层流边界层：

$$\delta(l)=5l(Re_x)^{-0.5}=3.67\ \text{mm}$$

$$C_f=\frac{1.328}{\sqrt{Re_l}}=6.5058\times10^{-4}$$

$$F_D=\frac{1}{2}\rho v_\infty^2blC_f=1.4638\ \text{N}$$

(2) 湍流边界层：

$$\delta(l)=0.3812l(Re_l)^{-0.2}=27.12\ \text{mm}$$

$$C_f=\frac{0.074}{(Re_l)^{0.2}}=3.5097\times10^{-3}$$

$$F_D=\frac{1}{2}\rho v_\infty^2blC_f=7.8969\ \text{N}$$

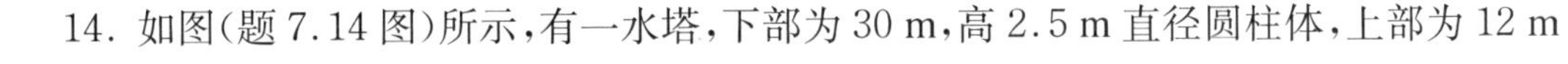

14. 如图(题7.14图)所示,有一水塔,下部为30 m,高2.5 m直径圆柱体,上部为12 m直径的球体。如果当地最大风速为100 km/h(气温按0℃计算),求水塔底部受到的最大弯矩。忽略圆柱体与球体之间的相互影响。

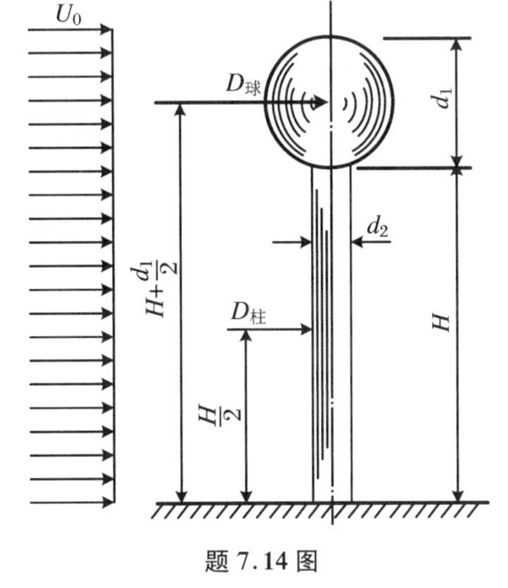

题7.14图

解　此题属绕流阻力的计算问题,首先应求球和圆柱的雷诺数以确定绕流阻力系数 C_d。

(1) 对上部的球体,有

$$Re_{球} = \frac{U_0 d_1}{\nu} = \frac{(100 \times 10^3/3600) \times 12}{13.7 \times 10^{-6}} = 2.43 \times 10^7 > 3 \times 10^5$$

得绕流阻力系数 $C_d = 0.20$,故

$$F_{球} = C_d \frac{\rho U_0^2}{2} A = 0.2 \times \frac{1.239 \times (27.78)^2}{2} \times \frac{\pi}{4} \times (12)^2 = 11.29\ \mathrm{kN}$$

(2) 对下部圆柱体,有

$$Re_{柱} = \frac{U_0 d_2}{\nu} = \frac{27.78 \times 2.5}{13.7 \times 10^{-6}} = 5.07 \times 10^6 > 10^6$$

得绕流阻力系数 $C_d = 0.35$,所以

$$F_{柱} = C_d \frac{\rho U_0^2}{2} A = 0.35 \times \frac{1.239 \times (27.78)^2}{2} \times 2.5 \times 30 = 13.10\ \mathrm{kN}$$

(3) 求弯矩:

$$T = F_{柱}\frac{H}{2} + F_{球}\left(H + \frac{d_1}{2}\right) = 13.10 \times \frac{30}{2} + 11.29 \times \left(30 + \frac{12}{2}\right) = 602.94\ \mathrm{kN \cdot m}$$

15. 边长为1 m的正方形平板放在速度 $v_\infty = 1$ m/s 的水流中,求边界层的最大厚度及摩擦阻力,分别按全板都是层流或者都是湍流两种情况进行计算,水的运动黏度 $\nu = 10^{-6}$ m²/s。

解　由已知条件得 $Re_l = v_\infty l/\nu = 10^6$,故对于层流:

$$\delta(l) = 5l(Re_l)^{-0.5} = 0.005\ \mathrm{m}$$

$$C_f = \frac{1.328}{\sqrt{Re_l}} = 1.328 \times 10^{-3}$$

$$F_D = \frac{1}{2}\rho v_\infty^2 2blC_f = 1.328\ \mathrm{N}\quad(双面)$$

对于湍流:

$$\delta(l) = 0.3812l(Re_l)^{-1/5} = 0.02405\ \mathrm{m}$$

$$C_f = \frac{0.072}{(Re_l)^{0.2}} = 4.5429 \times 10^{-3}$$

$$F_D = \frac{1}{2}\rho v_\infty^2 2blC_f = 4.5429\ \mathrm{N}$$

16. 空气以速度 $v_\infty = 30$ m/s 吹向一块平板,空气的运动黏度 $\nu = 15 \times 10^{-6}$ m²/s,边界层转捩临界雷诺数 $Re_{x_c} = 10^6$,空气密度 $\rho = 1.2$ kg/m³。试求离平板前缘距离为 $x = 0.4$ m 及1.2 m的边界层厚度 δ。

解

$$x_1 = 0.4\ \text{m},\quad Re_{x_1} = v_\infty x_1/\nu = 8\times 10^5 \quad (\text{层流})$$

$$\delta(x_1) = 5x_1(Re_{x_1})^{-1/2} = 2.24\times 10^{-3}\ \text{m} = 2.24\ \text{mm}$$

$$x_2 = 1.2\ \text{m},\quad Re_{x_2} = v_\infty x_2/\nu = 2.4\times 10^6 \quad (\text{湍流})$$

$$\delta(x_2) = 0.3812x_2(Re_{x_2})^{-1/5} = 0.0242\ \text{m} = 24.2\ \text{mm}$$

17. 列车上的无线电天线总长 3 m，由三节组成，每节长度均为 1 m，它们的直径分别为 $d_1=1.50$ cm，$d_2=1.0$ cm，$d_3=0.5$ cm。列车速度为 60 km/h，空气密度 $\rho=1.293\ \text{kg/m}^3$，圆柱体的阻力系数 $C_D=1.2$，试计算空气阻力对天线根部产生的力矩。

解 天线根部的直径最大，为 $d_1=0.015$ m，长为 $l_1=1$ m；中间段直径为 $d_2=0.01$ m，长 $l_2=1$ m；上段直径为 $d_3=0.005$ m，长 $l_3=1$ m。各段阻力计算式为

$$F = \frac{1}{2}\rho v_\infty^2 C_D l d$$

已知 $\rho=1.293\ \text{kg/m}^3$，$v_\infty=50/3$ m/s，因此，

$$F_1 = 3.2325\ \text{N},\quad F_2 = 2.1550\ \text{N},\quad F_3 = 1.0775\ \text{N}$$

各力对根部的力矩之和为

$$T = \frac{1}{2}l_1F_1 + \frac{3}{2}l_2F_2 + \frac{5}{2}l_3F_3 = 7.5425\ \text{N}\cdot\text{m}$$

18. 某气力输送管路要求风速 U_0 为沙粒悬浮速度的 5 倍，已知沙粒的粒径 $d=0.3$ mm，密度 $\rho_m=2650\ \text{kg/m}^3$，空气的温度为 20 ℃。试求 U_0。

解 此题欲求 U_0，必须首先求出沙粒的悬浮速度 U_f，而 $U_0=5U_f$。所以计算公式中应该用 U_f 而不是 U_0。在复校雷诺数时是 $Re=\dfrac{U_f d}{\nu}$，而不是 $Re=\dfrac{U_0 d}{\nu}$。

因为 U_f 和 U_0 均未知，所以无法求 Re。选择计算式，先按球形颗粒悬浮速度计算，即

$$U_f = \sqrt{\frac{4}{3C_d}\left(\frac{\rho_m-\rho}{\rho}\right)gd}$$

式中，$C_d=\dfrac{13}{\sqrt{Re}}=\dfrac{13}{\left(\dfrac{U_f d}{\nu}\right)^{\frac{1}{2}}}$，代入上式得

$$U_f = \sqrt{\frac{4g}{39}d\left(\frac{\rho_m-\rho}{\rho}\right)\left(\frac{U_f d}{\nu}\right)^{\frac{1}{2}}}$$

$$U_f^{1.5} = \frac{4g}{39}\cdot d^{1.5}\left(\frac{\rho_m-\rho}{\rho}\right)\cdot\frac{1}{\nu^{0.5}}$$

$$= \frac{4\times 9.807}{39}(0.0003)^{1.5}\left(\frac{2650-1.205}{1.205}\right)\cdot\frac{1}{(15.7\times 10^{-6})^{0.5}} = 2.9$$

$$U_f = 2.033\ \text{m/s}$$

$$Re = \frac{U_f d}{\nu} = \frac{2.033\times 0.0003}{15.7\times 10^6} = 38.8$$

符合 $10<Re<10^3$ 的范围，试算正确。所以 $U_0=5U_f=5\times 2.033=10.17$ m/s，故管道中风速为 $U_0=10.17$ m/s。

19. 水渠底面是一块长 $l=30$ m，宽 $b=3$ m 的平板，水流速度 $V_\infty=6$ m/s，水的运动黏

度 $\nu = 10^{-6}\ \mathrm{m^2/s}$，试求：

(1) 平板前面 $x = 3$ m 一段板面的摩擦阻力；

(2) 长 $l = 30$ m 的板面的摩擦阻力。

解　设边界层转捩临界雷诺数 $Re_{x_c} = 5\times10^5$，因为 $V_\infty x_c/\nu = 5\times10^5$，所以

$$x_c = \frac{1}{12}\ \mathrm{m} = 0.08333\ \mathrm{m}$$

(1) $x = 3$ m，所以

$$Re_x = V_\infty x/\nu = 18\times10^6$$

$$F_D = \frac{1}{2}\rho V_\infty^2 bx_c C_{fx_c}^L + \frac{1}{2}\rho V_\infty^2 bx C_{fx}^T - \frac{1}{2}\rho V_\infty^2 bx_c C_{fx_c}^T$$

$$C_{fx_c}^L = \frac{1.328}{\sqrt{Re_{x_c}}} = 1.8781\times10^{-3}$$

$$C_{fx}^T = \frac{0.455}{(\lg Re_x)^{2.58}} = 2.7386\times10^{-3}$$

$$C_{fx_c}^T = \frac{0.074}{(Re_{x_c})^{0.2}} = 5.3634\times10^{-3}$$

$$F_D = 8.4514 + 443.6493 - 24.1353 = 427.96\ \mathrm{N}$$

(2) $l = 30$ m，所以

$$Re_l = V_\infty l/\nu = 180\times10^6$$

$$F_D = \frac{1}{2}\rho V_\infty^2 bx_c C_{fx_c}^L + \frac{1}{2}\rho V_\infty^2 bl C_{fl}^T - \frac{1}{2}\rho V_\infty^2 bx_c C_{fx_c}^T$$

$$C_{fl}^T = \frac{0.455}{(\lg Re_l)^{2.58}} = 1.9627\times10^{-2}$$

$$F_D = 8.4514 + 3179.5038 - 24.1353 = 3163.82\ \mathrm{N}$$

20. 一长 6 m，宽 2 m 的光滑平板在空气中以 3.2 m/s 的速度沿其长度方向掠过，已知空气密度为 $1.25\ \mathrm{kg/m^3}$，运动黏度为 $\nu = 1.42\times10^{-5}\ \mathrm{m^2/s}$，试求距离平板前缘分别为 1 m 和 4.5 m 处的边界层厚度和平板所受的摩擦阻力。

解　首先判别边界层的流态，取

$$Re_{cr} = \frac{V_\infty x_{cr}}{\nu} = 5\times10^5$$

则有

$$x_{cr} = \frac{Re_{cr}\nu}{V_\infty} = \frac{5\times10^5\times1.42\times10^{-5}}{3.2} = 2.2\ \mathrm{m}$$

可见，距离平板前缘 1 m 处为层流，4.5 m 处为湍流。

利用层流边界层公式，距离平板前缘 1 m 处的层流边界层厚度

$$\delta = \sqrt{\frac{280\nu x}{13V_\infty}} = \sqrt{\frac{280\times1.42\times10^{-5}\times1}{13\times3.2}} = 0.010\ \mathrm{m}$$

利用湍流边界层公式，距离平板前缘 4.5 m 处的湍流边界层厚度

$$\delta = 0.37\left(\frac{\nu}{V_\infty}\right)^{\frac{1}{5}} x^{\frac{4}{5}} = 0.37\times\left(\frac{1.42\times10^{-5}}{3.2}\right)^{\frac{1}{5}}\times4.5^{\frac{4}{5}} = 0.105\ \mathrm{m}$$

平板摩擦阻力按混合边界层计算：

$$Re_L = \frac{V_\infty L}{\nu} = \frac{3.2\times 6}{1.42\times 10^{-5}} = 1.35\times 10^6$$

利用混合边界层计算式计算：

$$C_f = \frac{0.074}{Re_L^{0.2}} - \frac{A^*}{Re_L} = \frac{0.074}{(1.35\times 10^6)^{0.2}} - \frac{1700}{1.35\times 10^6} = 0.00314$$

$$F_f = 2C_f bL\frac{\rho V_\infty^2}{2} = 2\times 0.00314\times 2\times 6\times \frac{1.25\times 3.2^2}{2} = 0.482\ \text{N}$$

21．一块宽 $b=2$ m，长 $l=5$ m 的平板放在水流中，水的密度 $\rho=1000\ \text{kg/m}^3$，运动黏度 $\nu=10^{-6}\ \text{m}^2/\text{s}$，测得平板双面的摩擦阻力 $F_D=100$ N，试求水流速度以及平板末端的边界层厚度。

解　平板表面出现混合边界层，其单面的摩擦阻力为

$$\begin{aligned}F_D &= \frac{1}{2}\rho V_\infty^2 bx_c C_{fx_c}^L + \frac{1}{2}\rho V_\infty^2 blC_{fl}^T - \frac{1}{2}\rho V_\infty^2 bx_c C_{fx_c}^T\\ &= \frac{1}{2}\rho V_\infty^2 bl\left[C_{fl}^T - (C_{fx_c}^T - C_{fx_c}^L)\frac{Re_{x_c}}{Re_l}\right]\end{aligned}$$

在第二个等号右边，用了下列关系式：

$$\frac{x_c}{l} = \frac{V_\infty x_c/\nu}{V_\infty l/\nu} = \frac{Re_{x_c}}{Re_l}$$

由于 V_∞ 未知，即 $Re_l = V_\infty l/\nu$ 未知，C_{fl}^T 用何种公式难以确定，现假定 $Re_l<10^7$，于是

$$C_{fl}^T = \frac{0.074}{(Re_l)^{0.2}}$$

对于一般粗糙的板面，可取临界转捩雷诺数为 $Re_{x_c} = V_\infty x_c/\nu = 5\times 10^5$，于是

$$C_{fx_c}^T = \frac{0.074}{(Re_{x_c})^{0.2}}$$

$$C_{fx_c}^L = \frac{1.328}{\sqrt{Re_{x_c}}}$$

现将雷诺数 $Re_l = V_\infty l/\nu$ 作为未知数，则 V_∞ 可用 Re_l 表示，即

$$V_\infty = \frac{\nu Re_l}{l}$$

平板单面阻力为 $F_D=50$ N。由于 Re_l 的数值比较大，现作变量代换，令 $y\times 10^6 = Re_l$，则未知数 y 应小于 10。

将已知数据代人 F_D 的计算式中，就得到关于 y 的一元超越方程式：

$$f(y) = 4.6691\times 10^{-3}y^{1.8} - 1.743\times 10^{-3}y - 0.25 = 0$$

$$f'(y) = 8.4044\times 10^{-3}y^{0.8} - 1.743\times 10^{-3}$$

用迭代法求 y

$$y = y_0 - \frac{F(y_0)}{f'(y_0)}$$

初值选用 $y_0=10$，经四次迭代后，得 $y=9.4580165$ 误差小于 10^{-8}。因此

$$Re_l = V_\infty l/\nu = y\times 10^6$$

$$V_\infty = 1.8916\ \text{m/s}$$

$$\delta(l) = 0.3812l(Re_l)^{-1/5} = 0.07673\ \text{m}$$

22. 如图(题7.22图)所示,一半径 $a=1$ m的圆柱置于水流中,中心位于原点(0,0),在无穷远处有一平行于 x 轴的均匀流,方向沿 x 轴正方向,$v_\infty=3$ m/s。试求 $x=-2$ m,$y=1.5$ m点处的速度分量。

解　此问题属于圆柱绕流问题,有

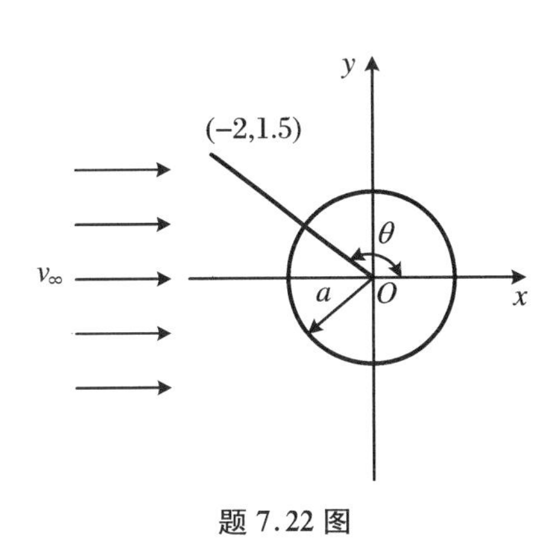

题7.22图

$$v_r = v_\infty\left(1-\frac{a^2}{r^2}\right)\cos\theta$$

$$v_\theta = -v_\infty\left(1+\frac{a^2}{r^2}\right)\sin\theta$$

$$r = \sqrt{x^2+y^2} = \sqrt{(-2)^2+(1.5)^2} = 2\text{ m}$$

$$\theta = \arctan\left(\frac{y}{x}\right) = \arctan\left(\frac{1.5}{-2}\right) = 143.13^\circ$$

$$v_r = 3\left(1-\frac{1^2}{2.5^2}\right)\cos 143.13^\circ = -2.02\text{ m/s}$$

$$v_\theta = -3\left(1+\frac{1^2}{2.5^2}\right)\sin 143.13^\circ = -2.09\text{ m/s}$$

将坐标进行变换,可求出

$$\begin{cases} v_x = 2.87\text{ m/s} \\ v_y = 0.46\text{ m/s}\end{cases}$$

23. 一块面积为2 m×8 m的矩形平板放在速度 $v_\infty=3$ m/s的水流中,水的运动黏度 $\nu=10^{-6}$ m²/s,平板放置的方法有两种:以长边顺着流速方向,摩擦阻力为 F_1;以短边顺着流速方向,摩擦阻力为 F_2。试求比值 F_1/F_2。

解　设混合边界层转捩临界雷诺数 $Re_{x_c}=5\times10^5$

(1) 长边顺着流速方向时,摩擦阻力为 F_1,$b_1=3$ m,$l_1=8$ m,则

$$F_1 = \frac{1}{2}\rho v_\infty^2 b_1 l_1\left[C_{fl_1}^T - (C_{fx_c}^T - C_{fx_c}^L)\frac{Re_{x_c}}{Re_{l_1}}\right]$$

因为 $Re_{l_1}=v_\infty l_1/\nu=2.4\times10^7$,$Re_{x_c}=5\times10^5$,所以

$$C_{fl_1}^T = \frac{0.455}{(\lg Re_{l_1})^{2.58}} = 2.6206\times10^{-3}$$

$$C_{fx_c}^T = \frac{0.074}{(Re_{x_c})^{0.2}} = 5.3634\times10^{-3}$$

$$C_{fx_c}^L = \frac{1.328}{\sqrt{Re_{x_c}}} = 1.8781\times10^{-3}$$

$$F_1 = \frac{1}{2}\rho v_\infty^2 b_1 l_1\times0.2556\times10^{-4}$$

(2) 短边顺着流速方向时,摩擦阻力为 F_2,$b_2=8$ m,$l_2=3$ m,则

$$F_2 = \frac{1}{2}\rho v_\infty^2 b_2 l_2\left[C_{fl_2}^T - (C_{fx_c}^T - C_{fx_c}^L)\frac{Re_{x_c}}{Re_{l_2}}\right]$$

$$Re_{l_2} = v_\infty l_2/\nu = 9\times10^{-6}$$

$$C_{fl_2}^T = \frac{0.074}{(Re_{l_2})^{0.2}} = 3.0087\times10^{-3}$$

$$F_2 = \frac{1}{2}\rho v_\infty^2 b_2 l_2 \times 0.2815 \times 10^{-4}$$

$$\frac{F_1}{F_2} = \frac{b_1 l_1 \times 0.2556}{b_2 l_2 \times 0.2815} = 0.9080$$

24. 一块平板，长 $l = 5$ m，宽 $b = 2$ m，此平板放入流速为 v_∞ 的水中，水的运动黏度为 $\nu = 10^{-6}\ \mathrm{m^2/s}$，测得平板两个侧面的边界层阻力为 48 N，试求平板末端处的边界层厚度 $\delta(l)$。

解

$$F_D = \frac{1}{2}\rho v_\infty^2 bl\left[C_{fl}^T - (C_{fx_c}^T - C_{fx_c}^L)\frac{Re_{x_c}}{Re_l}\right]$$

$$C_{fl}^T = \frac{0.074}{(Re_l)^{0.2}} = \frac{0.074}{\left(\frac{v_\infty l}{\nu}\right)^{0.2}} = \frac{0.074}{21.87 v_\infty^{0.2}}$$

$$C_{fx_c}^T = \frac{0.074}{(Re_{x_c})^{0.2}} = 5.3634 \times 10^{-3}$$

$$C_{fx_c}^L = \frac{1.328}{\sqrt{Re_{x_c}}} = 1.8781 \times 10^{-3}$$

$$F_D = 24\ \mathrm{N}$$

上面各式代入 F_D 的表达式，令 $x = v_\infty$，则得关于 x 的方程

$$f(x) = 16.92x^{1.8} - 1.743x - 24 = 0$$

$$f'(x) = 30.456x^{0.8} - 1.743$$

$$x = x_0 - \frac{f(x_0)}{f'(x_0)}$$

选 $x_0 = 1$ 作为初值，4 次迭代后得

$$x = v_\infty = 1.2756035$$

$$Re_l = v_\infty l/\nu = 6.378 \times 10^6$$

$$\delta(l) - 0.3812l(Re_l)^{-0.2} = 0.08302\ \mathrm{m}$$

25. 平底船的底面可视为宽 $b = 10$ m，长 $l = 50$ m 的平板，船速 $v_\infty = 4$ m/s，水的运动黏度 $\nu = 10^{-6}\ \mathrm{m^2/s}$，如果平板边界层转捩临界雷诺数 $Re_{x_c} = 5 \times 10^5$，试求克服边界层阻力所需的功率。

解 因 $Re_l = v_\infty l/\nu = 200 \times 10^6$，所以出现混合边界层，其阻力是

$$F_D = \frac{1}{2}\rho v_\infty^2 bl\left[C_{fl}^T - (C_{fx_c}^T - C_{fx_c}^L)\frac{Re_{x_c}}{Re_l}\right]$$

$$C_{fl}^T = \frac{0.455}{(\lg Re_l)^{2.58}} = 1.9349 \times 10^{-3}$$

$$C_{fx_c}^T = \frac{0.074}{(Re_{x_c})^{0.2}} = 5.3634 \times 10^{-3}$$

$$C_{fx_c}^L = \frac{1.328}{\sqrt{Re_{x_c}}} = 1.8781 \times 10^{-3}$$

$$F_D = \frac{1}{2}\rho v_\infty^2 bl \times 1.9262 \times 10^{-3} = 7704.73\ \mathrm{N}$$

$$P = v_\infty F_D = 30.82\ \mathrm{kW}$$

26. 如图(题 7.26 图)所示,一块高 $h=15$ m,长 $l=60$ m 的巨大广告牌(视作平板)竖立在大风中,风速随高度 y 变化的关系可表示为

$$v(y)=v_{\max}\left(\frac{y}{h}\right)^{1/7}$$

式中,$v_{\max}=20$ m/s,空气密度 $\rho=1.205$ kg/m^3,运动黏度 $\nu=15\times10^{-6}$ m^2/s.平板边界层转捩临界雷诺数为 $Re_{x_c}=6\times10^6$,试求广告牌两侧面的气流边界层的阻力。

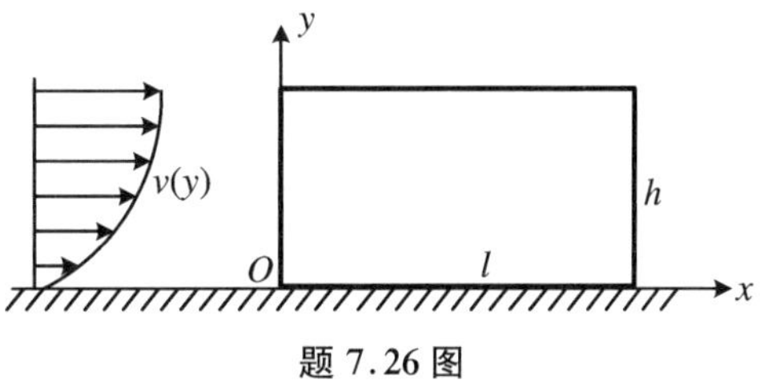

题 7.26 图

解　本问题属于来流速度为 $v(y)$ 的气流边界层,但来流速度随 y 而变。

为简化起见,整个板面边界层视作混合边界层,这样引起的误差很小,理由如下:

设在某高度 y 处,其板末端正好是平面边界层的转捩点,求出 y 的值。

$$Re_{x_c}=vx_c/\nu=6\times10^6$$

$$v=\frac{\nu}{x_c}Re_{x_c}=\frac{\nu}{l}Re_{x_c}=1.5\text{ m/s}$$

$$20\left(\frac{y}{h}\right)^{1/7}=1.5$$

$$y/h=1.3\times10^{-8}$$

可以看出,y 的值很小,可以略去。

平板边界层单面、微小高度 $\mathrm{d}y$ 的阻力为

$$\mathrm{d}F_D=\frac{1}{2}\rho v^2 l\mathrm{d}y\left[C_{fl}^T-(C_{fx_c}^T-C_{fx_c}^L)\frac{Re_{x_c}}{Re_l}\right]$$

令 $y/h=\eta$,则

$$v=v_{\max}\eta^{1/7}=20\eta^{1/7}$$

$$\mathrm{d}y=h\mathrm{d}\eta=15\mathrm{d}\eta$$

$$C_{fl}^T=\frac{0.074}{(Re_l)^{0.2}}=\frac{0.074}{(vl/\nu)^{0.2}}=\frac{0.074}{(20\eta^{1/7}l/\nu)^{0.2}}=\frac{0.074}{38.07\eta^{0.2/7}}$$

$$C_{fx_c}^T=\frac{0.074}{(Re_{x_c})^{0.2}}=3.2629\times10^{-3}$$

$$C_{fx_c}^L=\frac{1.328}{\sqrt{Re_{x_c}}}=5.4215\times10^{-4}$$

$$Re_l=vl/\nu=20l\eta^{1/7}/\nu=8\times10^7\eta^{1/7}$$

将已知数据及上面各式代入 $\mathrm{d}F_D$ 表达式,化简后得

$$\mathrm{d}F_D=(421.61\eta^{\frac{1.8}{7}}-44.26\eta^{\frac{1}{7}})\mathrm{d}\eta$$

$$F_D=\int_0^1\mathrm{d}F_D=\frac{421.61}{\frac{1.8}{7}+1}-\frac{44.26}{\frac{1}{7}+1}=296.64\text{ N}$$

双面阻力为 $2F_D=593.28$ N。

27. 高速列车以 200 km/h 速度行驶,空气的运动黏度 $\nu=15\times10^{-6}$ m^2/s。每节车厢可视为长 25 m,宽 3.4 m,高 4.5 m 的长方体。试计算为了克服 10 节车厢的顶部和两侧面的边界层阻力所需的功率。设 $Re_{x_c}=5.5\times10^5$,$\rho=1.205$ kg/m^3。

解　10 节车厢的总长 $l=250$ m,总宽 $b=12.4$ m,车速 $v_\infty=55.56$ m/s,$Re_l=$

$v_\infty l/\nu = 926\times10^6$,计算:

$$F_D = \frac{1}{2}\rho v_\infty^2 bl\left[C_{fl}^L - (C_{fx_c}^T - C_{fx_c}^L)\frac{Re_{x_c}}{Re_l}\right]$$

$$C_{fl}^T = \frac{0.455}{(\lg Re_l)^{2.58}} = 1.5857\times10^{-3}$$

$$C_{fx_c}^T = \frac{0.074}{(Re_{x_c})^{0.2}} = 5.2621\times10^{-3}$$

$$C_{fx_c}^L = \frac{1.328}{\sqrt{Re_{x_c}}} = 1.7907\times10^{-3}$$

$$F_D = \frac{1}{2}\rho v_\infty^2 bl\times1.5836\times10^{-3} = 9130.6\ \text{N}$$

$$P = v_\infty F_D = 507.3\ \text{kW}$$

28. 如图(题7.28图)所示,两固定平行平板间隔为 $\delta = 8$ cm,动力黏度 $\mu = 1.96$ Pa·s 的油在其中作层流运动。最大速度为 $v_{\max} = 1.5$ m/s,试求:

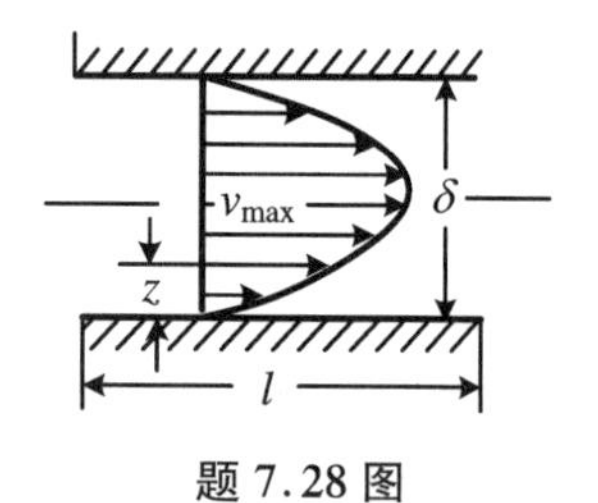

题 7.28 图

(1) 单位宽度上的流量;

(2) 平板上的切应力和速度梯度;

(3) $l = 25$ m 前后的压强差及 $z = 2$ cm 处的流体速度。

解 (1) 由纯压差流的流量公式可知单位宽度上的流量:

$$\frac{q_v}{B} = \frac{\Delta p\delta^3}{12\mu l} \tag{1}$$

式中,Δp 尚未知。

平行平板间的速度分布为

$$v = \frac{\Delta p}{2\mu l}(\delta z - z^2) \tag{2}$$

当 $z = \delta/2$ 时,可得最大流速为

$$v_{\max} = \frac{\Delta p}{2\mu l}\left(\frac{\delta^2}{2} - \frac{\delta^2}{4}\right) = \frac{\Delta p\delta^2}{8\mu l}$$

由此得出

$$\Delta p = \frac{8\mu l v_{\max}}{\delta^2}$$

代回式(1),即得

$$\frac{q_v}{B} = \frac{8\mu l v_{\max}}{\delta^2}\frac{\delta^3}{12\mu l} = \frac{2}{3}v_{\max}\delta = \frac{2}{3}\times1.5\times0.08 = 0.08\ \text{m}^2/\text{s}$$

(2) 平板上的剪切力:

$$\tau_0 = -\frac{\Delta p\delta}{2l}$$

代入 Δp,略去反映方向的“-”号可得

$$\tau_0 = \frac{8\mu l v_{\max}\delta}{2l\delta} = \frac{4\mu v_{\max}}{\delta} = \frac{4\times1.96\times1.5}{0.08} = 147\ \text{Pa}$$

平板上的速度梯度,即

$$\left.\frac{\mathrm{d}v}{\mathrm{d}z}\right|_{z=0} = \frac{\Delta p\delta}{2\mu l} = \frac{\tau_0}{\mu} = \frac{147}{1.96} = 15\ \mathrm{s}^{-1}$$

(3) $\Delta p = \dfrac{8\mu l v_{\max}}{\delta^2} = \dfrac{8\times1.96\times25\times1.5}{0.08^2} = 91880\ \mathrm{Pa}$

当 $z = 0.02$ m 时

$$v = \frac{\Delta p}{2\mu l}(\delta z - z^2) = \frac{91880}{2\times1.96\times2.5}(0.08\times0.02 - 0.02^2) = 1.125\ \mathrm{m/s}$$

29. 有 45 kN 的重物从飞机上投下，要求落地速度不超过 10 m/s，重物挂在一张阻力系数 $C_D = 2$ 的降落伞下面，不计伞重，设空气密度为 $\rho = 1.2\ \mathrm{kg/m^3}$，求降落伞应有的直径。

解　物体重量 $W = 45$ kN，降落时，空气阻力为

$$F_D = \frac{1}{2}\rho v_\infty^2 C_D \frac{\pi d^2}{4}$$

不计浮力，则阻力 F_D 应大于重力 W，即

$$\frac{1}{2}\rho v_\infty^2 C_D \frac{\pi d^2}{4} \geqslant W$$

代入数据，得　$d \geqslant 21.85$ m

30. 如图（题 7.30 图）所示，直径为 5 cm 的轴在内径为 5.004 cm 的轴承内同心旋转，旋转为 $n = 110$ r/min，间隙中充满 $\mu = 0.08$ Pa·s 的油液，轴承长度 $l = 20$ cm，两端的压强差为 392.4×10^4 Pa，试求：

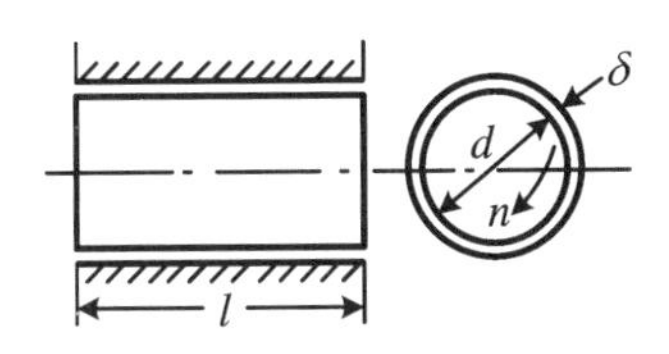

题 7.30 图

(1) 沿轴向的泄漏量；

(2) 作用在轴上的摩擦力矩。

解　根据压差流的流量公式，将宽度 B 用 πd 代替即得沿轴向的泄漏量

$$q_v = \frac{\Delta p \pi d \delta^3}{12\mu l} = \frac{392.4\times10^4\times\pi\times0.05\times(0.002\times10^{-2})^3}{12\times0.8\times0.1\times0.2}$$
$$= 2.57\times10^{-8}\mathrm{m^3/s} = 0.0257\ \mathrm{cm^3/s}$$

作用在轴上的摩擦力矩

$$T = \frac{\mu\pi^2 n d^3 l}{120\delta} = \frac{0.08\times\pi^2\times110\times0.05^3\times0.2}{120\times0.002\times10^{-2}} = 0.904\ \mathrm{N\cdot m}$$

31. 炉膛的烟气以速度 $v = 0.5$ m/s 向上腾升，气体的密度为 $\rho = 0.25\ \mathrm{kg/m^3}$，动力黏度 $\mu = 5\times10^{-5}\ \mathrm{N\cdot s/m^2}$，粉尘的密度 $\rho' = 1200\ \mathrm{kg/m^3}$，试估算此烟气能带走多大直径的粉尘？

解　当粉尘受到的气流作用力和浮力大于重力时，粉尘将被气流带走。气流作用于粉尘的力就是阻力 F_D

$$F_D = \frac{1}{2}\rho v^2 C_D A$$

A 为迎风面积，粉尘可近似地视作圆球，迎风面积就是圆面积。根据圆球阻力的计算式，不同雷诺数 Re 的计算式是不同的。计算时要假定一个 Re 数的范围，计算后再验算。

设 $Re = \dfrac{vd}{\nu} < 1$，$C_D = 24/Re$，则

$$F_D = \frac{1}{2}\rho v^2\times24\left(\frac{\mu}{\rho v d}\right)A = 3\mu\pi v d$$

粉尘的重量为

$$W = \frac{1}{6}\pi d^3 \rho' g$$

粉尘的浮力为

$$F_H = \frac{1}{6}\pi d^3 \rho g$$

因此

$$F_D + F_H > W$$

$$\frac{1}{6}\pi d^3 (\rho' - \rho) g < 3\mu\pi v d$$

$$d^2 \leqslant \frac{18\mu v}{(\rho' - \rho) g}$$

代入数据，得

$$d \leqslant 1.9556 \times 10^{-4}\ \mathrm{m},\quad Re = \rho v d/\mu = 0.49 < 1$$

经验算可知前面假设正确。

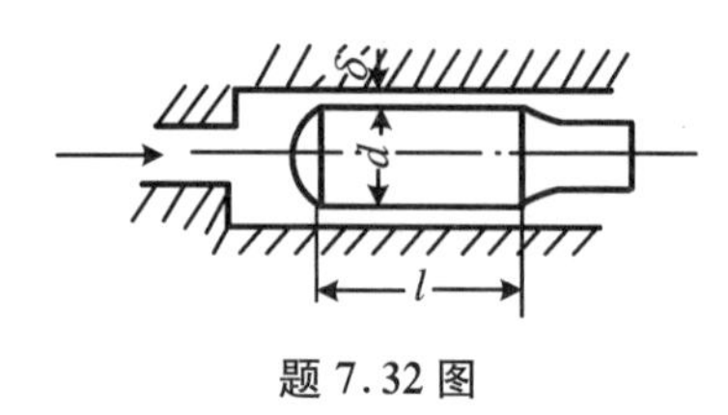

题 7.32 图

32. 如图(题 7.32 图)所示，柱塞直径 $d = 38$ mm，长度 $l = 80$ mm，在 $D = 40$ mm 的油缸中处于平衡状态，油液动力黏度 $\mu = 0.12$ Pa • s。试求下列两种情况下缝隙的液体流量：

(1) 柱塞与油缸同心，两端压强差为 10^5 Pa；

(2) 柱塞在油缸中偏心，偏心距 $e = 1$ mm，柱塞两端压强差为 40 kPa。

解 (1) 同心时：

$$q_v = \frac{\Delta p \pi d \delta^3}{12\mu l} = \frac{1 \times 10^5 \times \pi \times 0.038 \times 0.001^3}{12 \times 0.12 \times 0.08} = 0.0001036\ \mathrm{m^3/s} = 0.1036\ \mathrm{L/s}$$

(2) 偏心时：

$$q_v = \frac{\Delta p \delta^3 \pi d}{12\mu l}\left[1 + \frac{3}{2}\left(\frac{e}{\delta}\right)^2\right] = \frac{0.4 \times 10^5 \times \pi \times 0.038 \times 0.001^3}{12 \times 0.12 \times 0.08}\left(1 + \frac{3}{2}\right) = 0.1036\ \mathrm{L/s}$$

33. 如图(题 7.33 图)所示，有一黏度为 μ、密度为 ρ 的流体在两块平行平板内作充分发展的层流流动，平板宽度为 b，两块平板之间的距离为 δ，在 L 长度上的压降为 Δp，上下两块平板均静止。求：

(1) 流体的速度分布；

(2) 流速等于平均流速的位置。

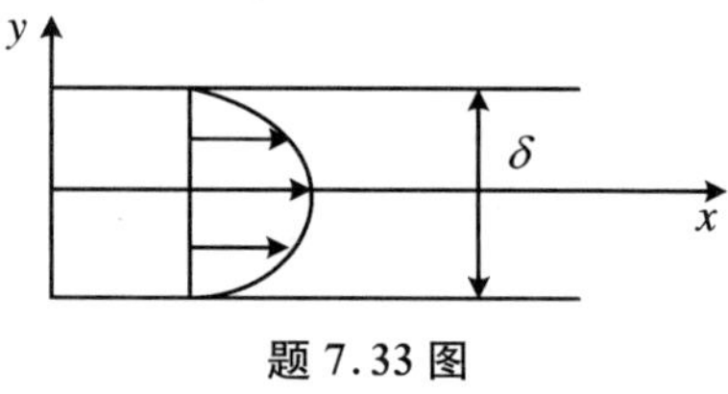

题 7.33 图

解 $-\dfrac{\Delta p}{L} = \mu \dfrac{\mathrm{d}^2 v_x}{\mathrm{d}y^2}$，积分得

$$v_x = -\frac{\Delta p}{2\mu L} y^2 + c_1 y + c_2$$

由 $y = 0, \dfrac{\mathrm{d}y}{\mathrm{d}t} = 0, c_1 = 0$，因此 $y = \dfrac{\delta}{2}, v_x = 0, c_2 = \dfrac{\Delta p \delta^2}{8\mu L}$，则

$$v_x = \frac{\Delta p}{2\mu L}\left[\left(\frac{\delta}{2}\right)^2 - y^2\right],\quad q_v = \frac{\Delta p b \delta^3}{12\mu L},\quad v_y = \frac{\Delta p \delta^2}{12\mu L}$$

整理得

$$y = \pm \frac{\sqrt{3}\delta}{6}$$

34. 一次沙尘暴把平均直径 $d = 10^{-4}$ m 的沙粒吹到 $H = 1000$ m 的高空，当地的水平风速为 $U_0 = 10$ m/s，已知沙粒密度 $\rho' = 2000$ kg/m³，当地空气密度 $\rho = 1.25$ kg/m³，试求沙尘落地时所漂移的水平距离。设气温为 20 ℃，空气的动力黏度 $\mu = 15 \times 10^{-5}$ N・s/m²。沙粒视作圆球。

解　当沙粒受到的重力与气流作用力及浮力平衡时，沙粒将被气流漂移。气流作用于沙粒的力就是阻力 F_D，即

$$F_D = \frac{1}{2}\rho v^2 C_D A$$

式中，A 为沙粒沉降迎风面积，沙粒视作圆球，迎风面积就是圆面积。根据圆球阻力的计算式，不同雷诺数 Re 的计算式是不同的。计算时要假定一个 Re 数的范围，计算后再验算。

设 $Re = vd/\nu < 1$，则 $C_D = 24/Re$，有

$$F_D = \frac{1}{2}\rho v^2 \times 24\left(\frac{\mu}{\rho vd}\right)A = 3\mu\pi vd$$

沙粒的重量为

$$W = \frac{1}{6}\pi d^3 \rho' g$$

沙粒的浮力为

$$F_B = \frac{1}{6}\pi d^3 \rho g$$

因此，$F_D + F_B > W$，则有

$$\frac{1}{6}\pi d^3(\rho' - \rho)g < 3\mu\pi vd$$

沙粒沉降速度为

$$v = \frac{1}{18\mu}d^2(\rho' - \rho)g = 0.07259 \text{ m/s}$$

如果没有垂直风速，则沙粒往下飘落的时间为

$$t = \frac{H}{v} = 13.776 \times 10^3 \text{ s}$$

漂移的水平距离为

$$L = U_0 t = 137.76 \text{ km}$$

代入数据验算雷诺数，得

$$Re = \rho vd/\mu = 0.061 < 1,$$

经验算可知前面假设正确。

35. 如图（题 7.35 图）所示，直径 $d = 100$ mm 的轴，以 $n = 60$ r/min 在长为 $l = 200$ mm 的滑动轴承中旋转，同心间隙 $\delta = 0.5$ mm，油的动力黏度为 $\mu = 0.004$ Pa・s。试求轴承的摩擦功率。

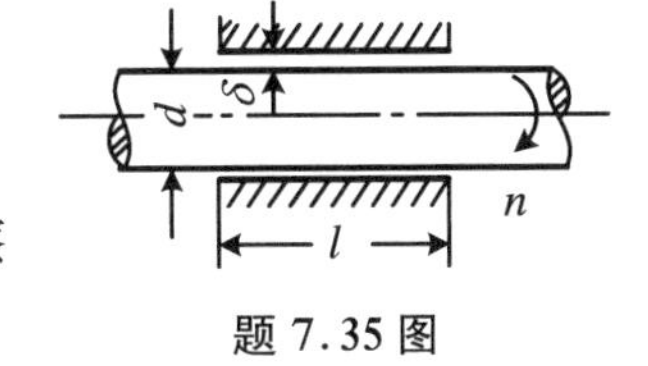

题 7.35 图

解

$$P = \frac{\mu\pi^3 n^2 d^3 l}{3600\delta} = \frac{0.004 \times \pi^3 \times 60^2 \times 0.1^3 \times 0.2}{3600 \times 0.5 \times 10^{-3}} = 4.95 \times 10^{-2} \text{ W}$$

36. 使小钢球在油中自由沉降以测定油的黏度。已知油的密度 $\rho = 900$ kg/m³，小钢球直径 $d = 3$ mm，密度 $\rho' = 7788$ kg/m³，若测得钢球的最终沉降速度为 $v = 12$ cm/s，试求油的

动力黏度 μ。

解 将 $d=3\ \text{mm}=3\times10^{-3}\ \text{m}, v=12\ \text{cm/s}=0.12\ \text{m/s}$ 以及 ρ'、ρ 等数据代入下式：

$$d^2 = \frac{18\mu v}{(\rho'-\rho)g}$$

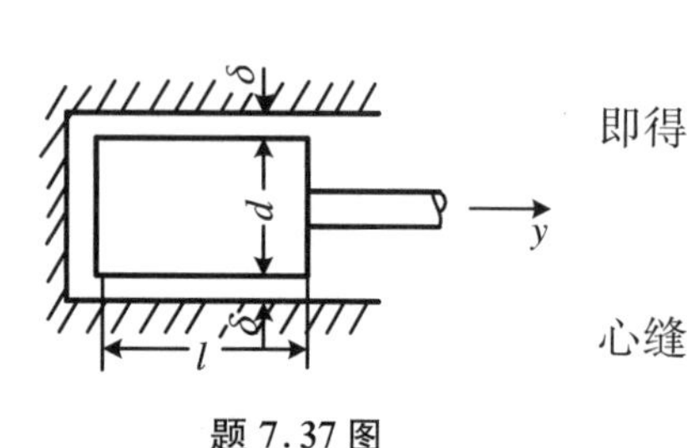

题 7.37 图

即得

$$\mu = 0.2814\ \text{Pa}\cdot\text{s}$$

37. 如图(题 7.37 图)所示，活塞直径为 d，长度为 l，同心缝隙为 δ，活塞位移 y 与时间 t 的函数关系是

$$y = a\sin\omega t$$

式中，a 为常数，ω 为活塞曲柄角速度。假定活塞两端压强相等，油液动力黏度为 μ，不计惯性力，试求活塞运动所需要的功率。

解 y 对 t 求导，即得

$$v_y = \frac{\mathrm{d}y}{\mathrm{d}t} = \omega a\cos\omega t$$

以之代入纯剪切流功率公式 $P=\dfrac{\mu U^2 Bl}{\delta}$ 中，即得

$$P = \frac{1}{\delta}\pi dl\mu\omega^2 a^2\cos^2\omega t$$

38. 如图(题 7.38 图)所示，在圆环式止推轴承中，轴的半径 $r_1=7.5\ \text{cm}$，环形座半径为 $r_2=10\ \text{cm}$，止推轴承的油膜厚度 $\delta=0.05\ \text{cm}$，油的动力黏度 $\mu=0.15\ \text{Pa}\cdot\text{s}$，轴的转速为 $n=300\ \text{r/min}$，圆环缝隙中速度分布可近似认为是直线规律，试求圆环上的摩擦功率。

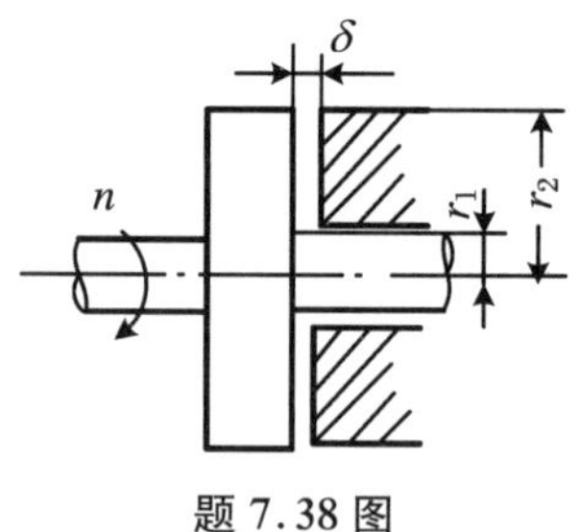

题 7.38 图

解 摩擦功率

$$P = \frac{1}{\delta}2\pi\mu\omega^2\int_{r_1}^{r_2} r^3\mathrm{d}r = \frac{1}{2\delta}\pi\mu\omega^2(r_2^4 - r_1^4)$$

用 $\omega=\pi n/30$ 代入，得

$$P = \frac{1}{1800}\pi^3\mu n^2(r_2^4 - r_1^4) = \frac{\pi^3\times0.15\times300^2}{1800\times0.05\times10^{-2}}\times(0.1^4 - 0.075^4) = 31.8\ \text{W}$$

39. 汽车以 80 km/h 的时速行驶，其迎风面积为 $A=2\ \text{m}^2$，阻力系数为 $C_D=0.4$，空气的密度为 $\rho=1.25\ \text{kg/m}^3$，试求汽车克服空气阻力所消耗的功率。

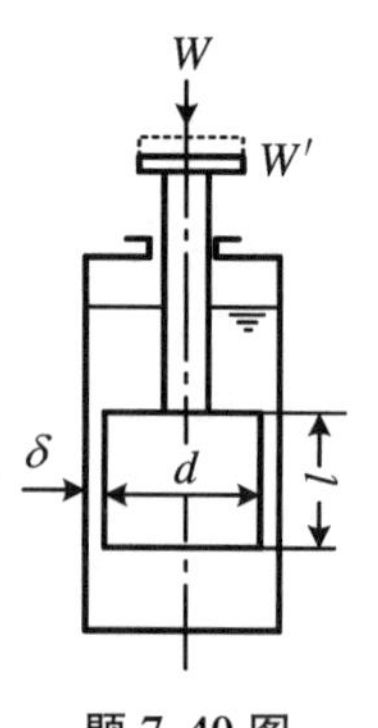

题 7.40 图

解

$$v = 80\ \text{km/h} = 22.222\ \text{m/s}$$

$$F_D = \frac{1}{2}\rho v^2 AC_D = 246.91\ \text{N}$$

$$P = vF_D = 5.487\ \text{kW}$$

40. 油液减震器由图示(题 7.40 图)的柱塞和油缸所组成，柱塞直径为 $d=7.5\ \text{cm}$，长度为 $l=10\ \text{cm}$，同心间隙为 $\delta=0.12\ \text{cm}$，受载荷后柱塞匀速下降。如果在载荷 W 作用下，下降 5 cm 的时间为 100 s；在载荷 $W+W'$ 的作用下，下降 5 cm 的时间为 86 s。已知 $W'=1.334\ \text{N}$，试求载荷 W 的大小及油液的动力黏度 μ。

解 这是一个压差-剪切联合流动问题，压差流向上，剪切流向下，其基本公式是

$$q_v = \frac{\pi d\delta^3 p}{12\mu l} - \frac{\pi d\delta U}{2} \tag{1}$$

活塞下面的流体压强 p 与载荷有关，活塞下降速度 U 与缝隙流量有关。

(1) 当载荷为 W 时：

$$p_1 = \frac{4W}{\pi d^2}, \quad U_1 = \frac{h_1}{t_1} = \frac{5}{100} = 0.05\ \text{cm/s}$$

缝隙流量 $q_{v_1} = \frac{\pi d^2}{4}U_1$，代入式(1)可得

$$\frac{\pi d^2}{4}U_1 = \frac{\pi d\delta^3 p_1}{12\mu l} - \frac{\pi d\delta U_1}{2} = \frac{W\delta^3}{3d\mu l} - \frac{\pi d\delta U_1}{2}$$

由此解出

$$\mu = \frac{4W\delta^3}{3\pi d^2 l(d+2\delta)U_1} \tag{2}$$

式中，载荷 W、动力黏度 μ 仍然是待求未知数。

(2) 当载荷为 $W+W'$ 时的情况，此时

$$p_2 = \frac{4(W+W')}{\pi d^2}, \quad U_2 = \frac{h_2}{t_2} = \frac{5}{86} = 0.058\ \text{cm/s}$$

缝隙流量

$$q_{v_2} = \frac{\pi d^2}{4}U_2$$

由式(1)又可得

$$\frac{\pi d^2}{4}U_2 = \frac{\pi d\delta^3 p_2}{12\mu l} - \frac{\pi d\delta U_2}{2} = \frac{(W+W')\delta^3}{3d\mu l} - \frac{\pi d\delta U_1}{2}$$

由此解出

$$\frac{W+W'}{\mu} = \frac{3\pi d^2 l(d+2\delta)U_2}{4W\delta^3} \tag{3}$$

将式(2)代入式(3)，消去 μ，则

$$\frac{W+W'}{W} = \frac{U_2}{U_1} \tag{4}$$

$$W = W'\frac{U_1}{U_2-U_1} = 1.334 \times \frac{0.05}{0.058-0.050} = 8.34\ \text{N}$$

再将 W 代回式(2)，即有

$$\mu = \frac{4\times 8.34\times(0.0012)^3}{3\pi\times 0.075^2\times 0.1\times(0.075-0.0024)\times 0.0005} = 0.281\ \text{Pa}\cdot\text{s}$$

41. 如图(题7.41图)所示，圆柱体长 $l=5$ m，直径 $D=1$ m，垂直立于平板车上。平板车以 $V_1=20$ m/s 的速度匀速前进。若此圆柱体以 5 r/s 的速度绕垂直轴顺时针方向旋转，并受到垂直于平板车行驶方向的侧向风作用，风速 $V_2=15$ m/s。求圆柱体所受流体作用力的大小和方向(空气密度取 1.2 kg/m^3，风速忽略圆柱体两端三维效应)。

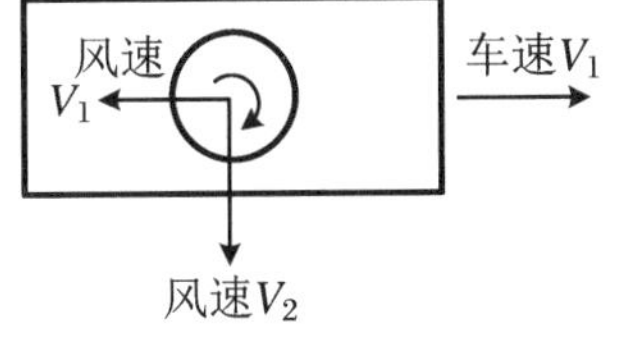

题7.41图

解 平板车行驶时感受到的风速 V_1

如题 7.41 图所示，它与风速 V_2 合成得

$$V = \sqrt{V_1^2 + V_2^2} = 25 \text{ m/s}$$

由合成风速很容易确定升力方向。下面求升力大小。

$$\Gamma = 2\pi R v_\theta = 2\pi R\omega R = 5\pi^2 \text{ m}^2/\text{s}$$

$$F = \rho V\Gamma l = 7402 \text{ N}$$

42. 如图（题 7.42 图）所示，作用在轴上的力为 $F = 10^4$ N，轴承上的油槽直径 d_1 = 4 cm，轴直径 d_2 = 12 cm，油液动力黏度为 μ = 0.1 Pa·s，流量 $q_v = 10^{-4}$ m³/s。忽略油管中损失，试求油泵功率及圆盘缝隙。

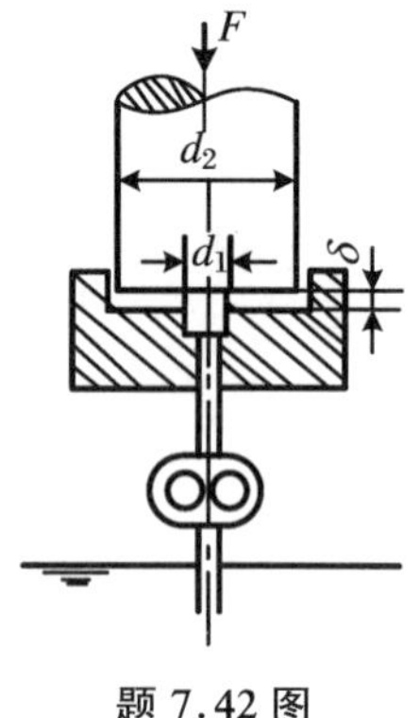

题 7.42 图

解 液体作用在轴端面上的力有如下两种表示法：

$$F = \frac{\pi p_1}{2\ln\left(\frac{r_2}{r_1}\right)}(r_2^2 + r_1^2) \tag{1}$$

$$F = \frac{3\mu q_v}{\delta^3}(r_2^2 - r_1^2) \tag{2}$$

由式(1)可以解出轴槽中心，也就是输油管末端的表压强

$$p_1 = \frac{2F\ln\left(\frac{r_2}{r_1}\right)}{\pi(r_2^2 + r_1^2)} = \frac{2\times 10^4 \times \ln\left(\frac{6}{2}\right)}{\pi(0.06^2 - 0.02^2)} = 21.856\times 10^5 \text{ Pa}$$

于是可得油泵功率为

$$P = p_1 q_v = 21.856\times 10^5 \times 10^{-4} = 218.56 \text{ W} \approx 0.22 \text{ kW}$$

由式(2)可得圆盘缝隙

$$\delta = \sqrt[3]{\frac{3\mu q_v}{F}(r_2^2 - r_1^2)} = \sqrt[3]{\frac{3\times 0.1\times 10^{-4}}{10^4}(0.06^2 - 0.04^2)}$$

$$= 0.213\times 10^{-3} \text{ m} = 0.213 \text{ mm}$$

43. 如图（题 7.43 图）所示，一直径为 50 mm 的柱塞在力 F 的作用下维持不动，已知腔内绝对压力 p = 251325 Pa，液体动力黏度 μ = 0.1 Pa·s，柱塞与孔的配合间隙 a = 0.05 mm，配合长度 l = 150 mm。已知配合间隙不存在偏心，间隙内的液流速度分布表达式为 $v = -\frac{1}{2\mu}\frac{\mathrm{d}p}{\mathrm{d}l}(ay - y^2)$，当地大气压 p_a = 101325 Pa。试求：

(1) 力 F 的大小；

(2) 泄露流量。

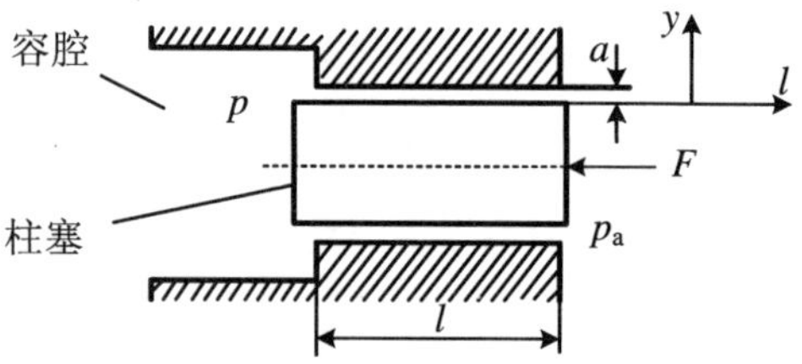

解 容腔的相对压力

$$p_1 = 251325 - 101325 = 150000 \text{ Pa}$$

(1) 间隙内的液流速度分布为

$$v = -\frac{1}{2\mu}\frac{\mathrm{d}p}{\mathrm{d}l}(ay - y^2)$$

题 7.43 图

切应力分布为

$$\tau = \mu\frac{\mathrm{d}v}{\mathrm{d}y} = -\frac{1}{2}\frac{\mathrm{d}p}{\mathrm{d}l}(a - 2y)$$

则 $y = a$ 处切应力为

$$\tau_0 = \tau\Big|_{y=a} = \frac{1}{2}\frac{dp}{dl}a = \frac{1}{2}\times 1\times 10^6\times 0.05\times 10^{-3} = 25\ \text{Pa}$$

维持柱塞不动的力

$$F = \frac{\pi}{4}d^2 p - \tau_0 A = \frac{\pi}{4}(50\times 10^{-3})^2\times 0.15\times 10^6 - 25\times\pi\times 0.050\times 0.150$$

$$= 294.524 - 0.589 = 293.935\ \text{N}$$

(2) 泄露流量为:

$$q_v = \frac{\pi d a^3 dp}{12\mu dl} = \frac{\pi\times 0.05\times(0.05\times 10^{-3})^3}{12\times 0.1}\times 1\times 10^6 = 163.6\times 10^{-6}\ \text{m}^3/\text{s}$$

44. 如图(题7.44图)所示,水力止推轴承承受400 N的轴向负载,$d_1 = 12$ mm,$d_2 = 45$ mm,流体动力黏度 $\mu = 0.063$ Pa·s,$\delta = 0.2$ mm,忽略轴承转动影响,试求圆盘中心处的压强 p_1 及经过缝隙的流量 q_v。

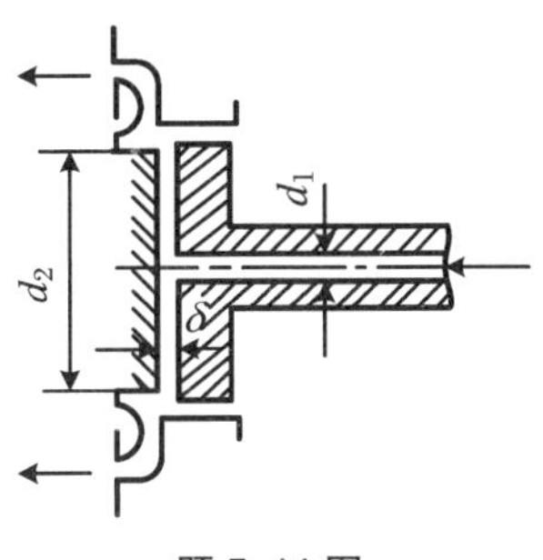

题7.44图

解

$$F = \frac{\pi p_1}{2\ln\left(\dfrac{r_2}{r_1}\right)} = (r_2^2 - r_1^2) - \pi p_1 r_1^2$$

由此解出圆盘中心处表压强是

$$p_1 = \frac{F}{\dfrac{\pi}{2\ln\left(\dfrac{r_2}{r_1}\right)}(r_2^2 - r_1^2) - \pi r_1^2} = \frac{400}{\dfrac{\pi}{2\ln\left(\dfrac{22.5}{6}\right)}(0.0225^2 - 0.006^2) - \pi\times 0.006^2}$$

$$= 8.97\times 10^5\ \text{Pa}$$

经缝隙的流量为

$$q_v = \frac{\pi\delta^3 p_1}{6\mu\ln\left(\dfrac{r_2}{r_1}\right)} = \frac{\pi\times 0.0002^2\times 8.97\times 10^5}{6\times 0.063\times\ln\left(\dfrac{22.5}{6}\right)} = 0.045\times 10^{-3}\ \text{m}^3/\text{s} = 0.045\ \text{L/s}$$

45. 如图(题7.45图)所示,一船舶向北航行,西面吹来的风,其风速 $V = 15$ m/s,船上装有两个圆柱体,直径 $d = 3$ m,高 $h = 10$ m,以30 r/min的转速顺时针方向旋转,设空气密度 $\rho = 1.25$ kg/m³,求圆柱体旋转给船舶的推进力。

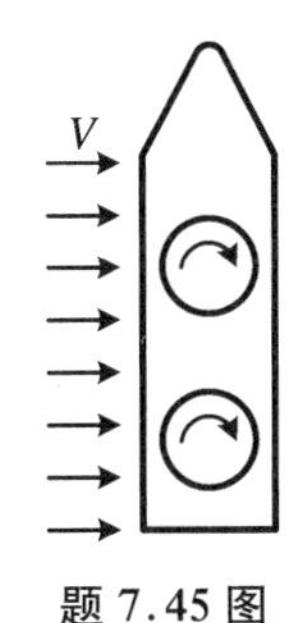

题7.45图

解 $\Gamma = 2\pi R v_\theta = \dfrac{n}{60}\pi^2 d^2$ 以 $R = 1.5$ m,$n = 30$ r/min 代人,得

$$\Gamma = 4.5\pi^2\ \text{m}^2/\text{s}$$

$$F = 2\rho V\Gamma h = 15989\ \text{N}$$

46. 如图(题7.46图)所示,齿轮泵向具有端面缝隙 $b = 0.3$ mm 和同心环形缝隙 $a = 0.4$ mm 的柱塞和套筒供油,借以平衡柱塞上的轴向力 F。已知泵入口在液面之上 $h = 0.7$ m,吸油管 $l = 1$ m,$d = 15$ mm,压油管长为 $5l$。柱塞直径 $D = 50$ mm,柱塞长度 $L = 100$ mm,油的密度为 $\rho = 900$ kg/m³,动力黏度 $\mu = 0.065$ Pa·s,流量 $q_v = 0.4$ L/s。试求:

(1) 泵入口压强 p_1、泵出口压强 p_2、压油管终端压强 p_3 及圆盘外缘压强 p_4,假定柱塞右端压强 $p_5 = 0$;

（2）柱塞的轴向力 F 和泵的功率。

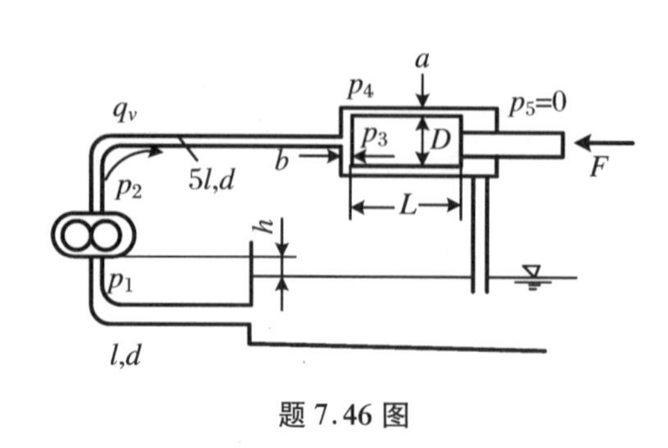

题 7.46 图

解　（1）求各点的压强 p_1、p_2、p_3、p_4：

管中平均流速是

$$v = \frac{4q_v}{\pi d^2} = \frac{4 \times 0.4 \times 10^{-3}}{\pi \times 0.015^2} = 2.2635 \text{ m/s}$$

雷诺数

$$Re = \frac{vd}{\nu} = \frac{2.2635 \times 0.015}{0.724 \times 10^{-4}} = 469 < 2320$$

管中是层流，沿程阻力系数

$$\lambda = \frac{64}{Re} = 0.1365$$

取管道入口局部阻力系数为 $\zeta = 0.5$。对油池液面和泵入口断面列伯努利方程式

$$h + \frac{p_1}{\rho g} + \frac{v^2}{2g} + \left(\zeta + \lambda\frac{l}{d}\right)\frac{v^2}{2g} = 0$$

移项，代入已知数据可得泵入口处的压强为

$$p_1 = -\rho g\left[h + \left(1 + \zeta + \lambda\frac{l}{d}\right)\frac{v^2}{2g}\right]$$

$$= -900 \times 9.81 \times \left[0.7 + \left(1 + 0.5 + 0.1365 \times \frac{1}{0.015}\right) \times \frac{2.2635^2}{2 \times 9.81}\right] = -25000 \text{ Pa}$$

式中“-”号表示真空度。

这是从流程前段计算得来的，因为有油泵隔阻，其性能参数未知，无法继续求泵后压强 p_2。下面再从流程后段，由后向前逐段计算。在柱塞同心环形缝隙中，利用其右端压强为 0 的特点，向前计算同心环形缝隙左端表压强 p_4，由同心环形缝隙的压降公式可得

$$p_4 = \frac{12\mu L q_v}{\pi D \delta^3} = \frac{12 \times 0.065 \times 0.1 \times 0.0004}{\pi \times 0.05 \times 0.0004^3} = 31 \times 10^5 \text{ Pa}$$

再由外向内，利用圆盘压降公式计算柱塞端面中心处的表压强 p_3：

$$p_3 - p_4 = \frac{6\mu q_v}{\pi \delta^3}\ln\left(\frac{r_2}{r_1}\right) = \frac{6 \times 0.065 \times 0.0004}{\pi \times 0.0003^3} \times \ln\left(\frac{0.025}{0.0075}\right) = 2250000 \text{ Pa}$$

由此可得柱塞端面中心，也就是压油管末端的表压强 p_3。

$$p_3 = 22.5 \times 10^5 + 31 \times 10^5 = 53.5 \times 10^5 \text{ Pa}$$

同理，再从 p_3 向前计算，利用压油管的压降公式，不难得到压油管前端，也就是油泵出口处的表压强 p_2。

$$p_2 - p_3 = \lambda\frac{5l}{d}\frac{v^2}{2g}\rho g = 0.1365 \times \frac{5 \times 1}{0.015} \times \frac{2.2365^2}{2 \times 9.81} \times 900 \times 9.81 = 10^5 \text{ Pa}$$

$$p_2 = (1 + 53.5) \times 10^5 = 54.5 \times 10^5 \text{ Pa}$$

这样我们就从油泵两端分别求出油泵入口和出口处的压强，于是就可以求出液压泵的功率 P 了。

（2）求油泵的功率及柱塞的轴向力：

$$P = (p_2 - p_1)q_v = [54.5 - (-0.25)] \times 10^5 \times 0.4 \times 10^{-3} = 2.19 \text{ kW}$$

对柱塞左端面的圆盘压力，方向向右，大小为

$$F_1 = \pi p_4 r_2^2 + \frac{3\mu q_v}{\delta^3}(r_2^2 - r_1^2) = \pi \times 31 \times 10^5 \times 0.025^2 + \frac{3 \times 0.065 \times 0.0004}{0.0003^3}$$

$$\times (0.025^2 - 0.0075^2) = 7737\ \text{N}$$

对柱塞圆柱面的摩擦力，方向向右，大小为

$$F_2 = \frac{p_4 a}{2L} \times \pi D L = \frac{p_4 a \pi D}{2} = \frac{\pi}{2} \times 31 \times 10^5 \times 0.004 \times 0.05 = 97.5\ \text{N}$$

方向向左的柱塞轴向力 F 与上述两项方向向右的力相平衡，故

$$F = F_1 + F_2 = 7737 + 97.5 = 7834.5\ \text{N}$$

47. 如图(题 7.47 图)所示，不可压缩流体沿铅垂壁面呈液膜状向下流动，液膜厚度 δ 不变，流动是定常层流流动，求液膜内的速度分布。

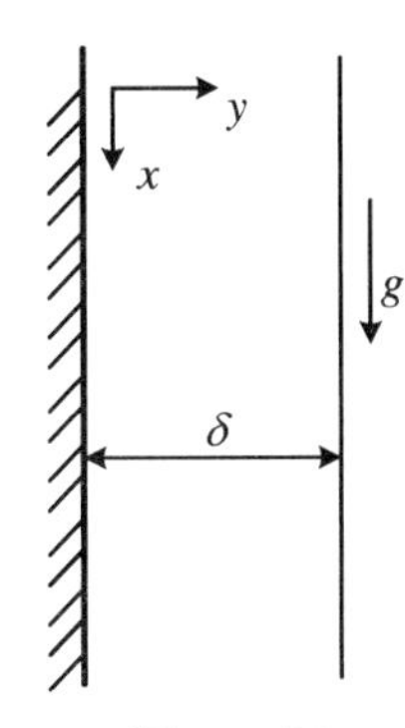

题 7.47 图

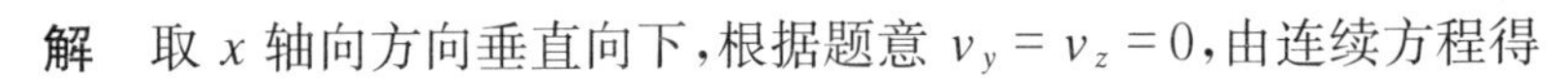

解　取 x 轴向方向垂直向下，根据题意 $v_y = v_z = 0$，由连续方程得

$$\frac{\partial v_x}{\partial x} = 0$$

考虑流动是定常的，且流动沿 z 轴方向无变化，得 $\frac{\partial v_x}{\partial t} = 0$，所以 $v_x = v_x(y)$。

于是 N－S 方程可简化为

$$0 = \frac{\partial p}{\partial y} \tag{1}$$

$$0 = \frac{\partial p}{\partial z} \tag{2}$$

$$0 = \rho g - \frac{\partial p}{\partial x} + \mu \frac{d^2 v_x}{dy^2} \tag{3}$$

边界条件为 $y = 0, v_x = 0, y = \delta, \frac{dv_x}{dy} = 0$。

由式(1)、式(2)知，液膜在水平平面上压强无变化。而液膜自由面上的压强为大气压强，因此在整个液膜内压强都等于大气压强，于是 $\frac{\partial p}{\partial x} = 0$，那么式(3)可整理为

$$\frac{d^2 v_x}{dy^2} = -\frac{\rho g}{\mu}$$

积分得

$$v_x = -\frac{\rho g}{\mu}\frac{y^2}{2} + c_1 y + c_2$$

代入边界条件，可得 $c_1 = -\frac{\rho g}{\mu}\delta, c_2 = 0$，于是液膜内的速度分布

$$v_x = \frac{\rho g}{\mu}\delta^2\left[\frac{y}{\delta} - \frac{1}{2}\left(\frac{y}{\delta}\right)^2\right]$$

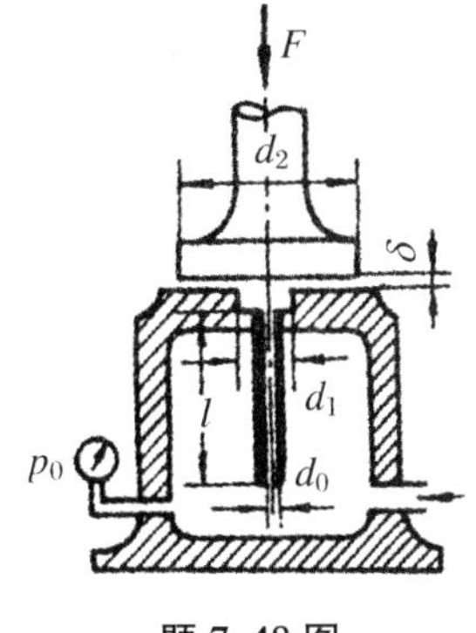

题 7.48 图

48. 如图(题 7.48 图)所示，油泵将油输入立轴下面的贮油池后，再经毛细管($d_0 = 2$ mm，$l = 150$ mm)及立轴的端面缝隙($d_1 = 40$ mm，$d_2 = 120$ mm，$\delta = 0.1$ mm)而后流回油箱，已知轴上的载荷是 $F = 5000$ N，油的动力黏度是 $\mu = 0.04$ Pa·s。试求油的流量和油池中的压强 p_0。

解　由圆盘压力公式

$$F = \frac{\pi p_1}{2\ln\left(\frac{r_2}{r_1}\right)}(r_2^2 - r_1^2)$$

解出圆盘中心处的压强

$$p_1 = \frac{2F\ln\left(\frac{r_2}{r_1}\right)}{\pi(r_2^2 - r_1^2)}$$

代入数值，得

$$p_1 = \frac{2 \times 5000 \times \ln\left(\frac{0.06}{0.02}\right)}{\pi(0.06^2 - 0.02^2)} = 10.93 \times 10^5\ \text{Pa}$$

再由圆盘压力公式

$$F = \frac{3\mu q_v}{\delta^3}(r_2^2 - r_1^2)$$

解出流量

$$q_v = \frac{F\delta^3}{3\mu(r_2^2 - r_1^2)} = \frac{5000 \times 0.0001^3}{3 \times 0.04(0.06^2 - 0.02^2)} = 0.013\ \text{L/s}$$

油池中的压强 p_0 等于毛细管中的压强与圆盘中心压强之和，即

$$p_0 = \frac{128\mu l q_v}{\pi d_0^4} + p_1 = \frac{128 \times 0.04 \times 0.15 \times 0.013 \times 10^{-3}}{\pi \times 0.002^4} + 10.93 \times 10^5 = 12.9 \times 10^5\ \text{Pa}$$

49．如图（题 7.49 图）所示，动力黏度 $\mu = 0.147\ \text{Pa}\cdot\text{s}$ 的油液从直径 $d_1 = 10\ \text{mm}$ 的小管进入圆盘缝隙，然后经缝隙 $\delta = 2\ \text{mm}$ 从 $d_2 = 40\ \text{mm}$ 的圆盘外缘流入大气，流量 $q_v = 4\ \text{L/s}$，试求小管与圆盘交界处的压强 p_1 及流体作用在上圆盘上的力 F。

解　由圆盘缝隙流动公式

$$p_1 = \frac{6\mu q_v}{\pi\delta^3}\ln\left(\frac{r_2}{r_1}\right) = \frac{6 \times 0.147 \times 0.004}{\pi \times 0.002^3} \times \ln\left(\frac{0.02}{0.005}\right) = 1.946 \times 10^5\ \text{Pa}$$

$$F = \frac{3\mu q_v}{\delta^3}(r_2^2 - r_1^2) - \pi p_1 r_1^2 = \frac{3 \times 0.147 \times 0.004}{0.002^3}(0.02^2 - 0.005^2) - \pi \times 194600 \times 0.005^2 = 67.4\ \text{N}\ (\text{方向向上})$$

50．如图（题 7.50 图）所示一条输水管路，管道总长度为 $5l$，其流量设为 q_{v0}。在 A、B 之间并联一条长度为 x 的同种管道，A、B 之间直线长度为 l。并联的输水流量为 q_v，试求 q_{v0}/q_v 和 x 的关系。

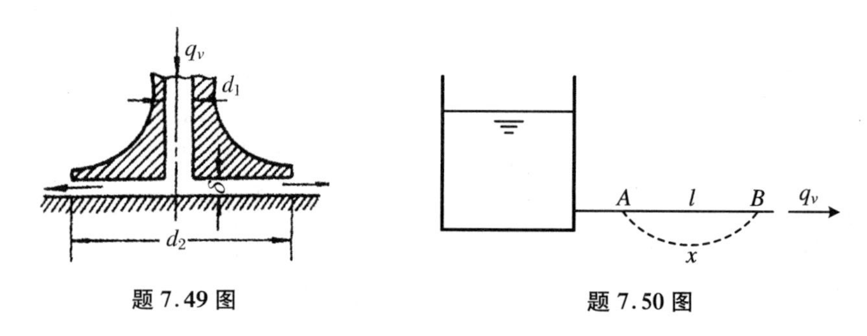

题 7.49 图　　　题 7.50 图

解　并联前

$$H = \lambda \frac{5l}{d} \frac{q_{v0}^2}{2gA^2} \tag{1}$$

并联后，主干管道流量为 q_v；对于 A、B 间的并联管路，长为 l 的管道流量为q_{v1}，长为 x 的管道流量为 q_{v2}，则

$$H = \lambda \frac{4l}{d} \frac{q_v^2}{2gA^2} + \lambda \frac{l}{d} \frac{q_{v1}^2}{2gA^2} \tag{2}$$

比较(1)、(2)两式，得

$$5q_{v0}^2 = 4q_v^2 + q_{v1}^2$$

根据并联管道的关系式，有

$$lq_{v1}^2 = xq_{v2}^2, \quad q_v = q_{v1} + q_{v2}$$

故得

$$5(q_{v0}/q_v)^2 = 4 + (1 + \sqrt{l/x})^{-2}$$

51. 沸腾炉是在炉排上加一层劣质细煤颗粒，从炉排下部鼓风，使炉排上的细煤颗粒在悬浮下燃烧。假设细煤粒是直径为 $d = 1.2\ \text{mm}$ 的球体，密度 $\rho_s = 2250\ \text{kg/m}^3$。沸腾燃烧层的温度 $t = 1000\ ℃$，此时烟气的运动黏度 $\nu = 1.67 \times 10^{-6}\ \text{m}^2/\text{s}$。而烟气在 0 ℃时密度为 $\rho_0 = 1.34\ \text{kg/m}^3$。试问烟气速度应为多少才能使颗粒处于悬浮状态？

解　根据状态方程，计算在 $t = 1000\ ℃$时的烟气密度

$$\rho = \frac{\rho_0 T_0}{T} = \frac{1.34 \times (273 + 0)}{273 + 1000} = 0.287\ \text{kg/m}^3$$

要使细煤处在悬浮状态，则应使烟气速度 V 恰好与煤粒的自由沉降速度 V_f相等。

假定 $Re \leqslant 1, C_f = \dfrac{24}{Re}$，得

$$V_f = \frac{1}{18} \frac{g}{\nu} \frac{\rho_s - \rho}{\rho} d^2 = \frac{9.8 \times (2250 - 0.287)}{18 \times 1.67 \times 10^{-6} \times 0.287} \times (1.2 \times 10^{-3})^2 = 3680\ \text{m/s}$$

校验：

$$Re = \frac{V_f d}{\nu} = \frac{3680 \times 1.2 \times 10^{-3}}{1.67 \times 10^{-6}} = 2.64 \times 10^6$$

可见所选 Re 数范围不对，重新假定 $1000 \leqslant Re \leqslant 2 \times 10^5, C_f = 0.48$，得

$$V_f = \sqrt{\frac{2.8gd(\rho_s - \rho)}{\rho}} = \sqrt{\frac{2.8 \times 9.8 \times 1.2 \times 10^{-3} \times (2250 - 0.287)}{0.287}} = 1.61\ \text{m/s}$$

校验：

$$Re = \frac{V_f d}{\nu} = \frac{1.61 \times 1.2 \times 10^{-3}}{1.67 \times 10^{-6}} = 1.16 \times 10^3$$

与假定相符，故应使烟气速度为 1.61 m/s 才能使细煤颗粒悬浮。

52. 如图(题 7.52 图)所示，长 $L = 50\ \text{m}$ 的自流管将水引至抽水井，水泵将水从水井输送至水塔。水库和水井的液面高差 $H = 0.5\ \text{m}$。水泵抽水量 $q_v = 0.036\ \text{m}^3/\text{s}$，水管直径 $d = 0.2\ \text{m}$，管长 $l_1 = 10\ \text{m}, l_2 = 600\ \text{m}$，已知 $\zeta_1 = 6, \zeta_2 = 5, \zeta_3 = 2, \lambda = 0.03$。试求：

(1) 自流管的直径 D；

(2) 如果水泵进水口的负压要求为 $p_a - p < 4.4 \times 10^4\ \text{Pa}$，确定水泵高度 h；

(3) 如果抽水高度 $z_0=12\ \text{m}$,水泵的有效功率 P 应为多少?

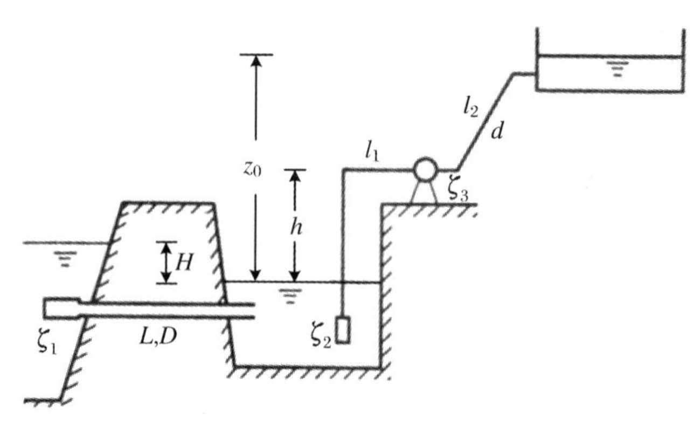

题 7.52 图

解 (1) 为了确定自流管管径 D,对水库和水井液面应用伯努利方程,有

$$H=\left(\zeta_1+\lambda\frac{L}{D}\right)\frac{1}{2g}\left(\frac{4q_v}{\pi D^2}\right)^2$$

代入已知数据,得

$$D=0.12098\sqrt[4]{6+\frac{1.5}{D}}$$

以 $D=0.2\ \text{m}$ 作为初值,几次迭代后得 $D=0.2278651\ \text{m}$,误差小于 10^{-7}。因此,D 的值选为 $D=0.2279\ \text{m}$。

(2) 对于水井液面和水泵进水口应用伯努利方程,有

$$\frac{p_a}{\rho g}=h+\frac{p}{\rho g}+\left(\lambda\frac{l_1}{d}+\zeta_2\right)\frac{v^2}{2g}$$

$$h=\frac{p_a-p}{\rho g}-\left(\lambda\frac{l_1}{d}+\zeta_2\right)\frac{v^2}{2g}<4.0518\ \text{m}$$

(3) 水泵的功率包括将流量为 q_v 的水提升一个高程 z_0 克服重力所作的功以及克服阻力所做的功,即

$$P=\rho g q_v(z_0+h_w)$$

水头损失包括沿程水头损失和局部水头损失,故有

$$h_w=\left(\zeta_2+\zeta_3+\lambda\frac{l_1+l_2}{d}\right)\frac{v^2}{2g}=6.5954\ \text{m}$$

$$P=6564\ \text{W}=6.564\ \text{kW}$$

53. 如图(题 7.53 图)所示,气球质量为 0.82 kg,直径 2 m,以 10 m/s 的速度在静止大气中上升,试确定它的阻力系数。又若用绳子固定此气球在空中,气流水平速度为 20 m/s,试确定绳子的张力和斜角。已知空气的动力黏度 $\mu=1.8\times10^{-5}\ \text{Pa}\cdot\text{s}$,$\rho=1.25\ \text{kg/m}^3$。

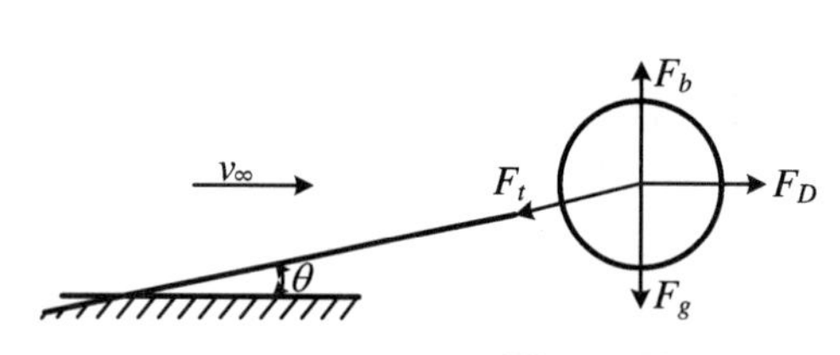

题 7.53 图

解 作用在气球上的力包括重力 F_g、浮力 F_b 和阻力 F_D:

$$F_g=mg=0.82\times9.81=8.04\ \text{N}$$

$$F_b=\rho g\frac{4}{3}\pi R^3=1.25\times9.81\times\frac{4}{3}\times\pi\times1^3=51.4\ \text{N}$$

在等速运动条件下，$\sum F=0$，即 $F_b - F_g - F_D = 0$，所以

$$F_D = 51.4 - 8.04 = 43.3\ \text{N}$$

而由阻力的定义得

$$F_D = \frac{1}{2}\rho V_\infty^2 C_D A$$

故

$$C_D = \frac{2F_D}{\rho V_\infty^2 A} = \frac{2\times 43.3}{1.25\times 10^2\times\pi\times 1^2} = 0.22$$

若将上述气球固定，如题7.53图所示，则有雷诺数

$$Re = \frac{1.25\times 20\times 2}{1.8\times 10^{-5}} = 2.78\times 10^6$$

已知 $C_D=0.22$，因此

$$F_D = \frac{1}{2}\rho v_\infty^2 C_D A = \frac{1}{2}\times 1.25\times 20^2\times 0.22\times\pi\times 1^2 = 172.8\ \text{N}$$

绳子的张力为

$$F_t = \sqrt{(F_b - F_g)^2 + F_D^2} = \sqrt{43.3^2 + 172.8^2} = 178\ \text{N}$$

$$\theta = \arctan[(F_b - F_g)/F_D] = \arctan(43.3/172.8) = 14.1^\circ$$

54. 如图（题7.54图）所示，用一条管路将水从高水池输入低水池，两池面高差 $H=8$ m。管路是一个并联、串联管路，各管的长度为 $l_4=800$ m，$l_5=400$ m，$l_1=300$ m，$l_2=100$ m，$l_3=250$ m，管4和管5的直径均为 $d=0.3$ m，管1,2,3的管径均为 $d_1=0.2$ m。各管的沿程损失系数为 $\lambda=0.03$，不计局部水头损失，试求输水量 q_v。

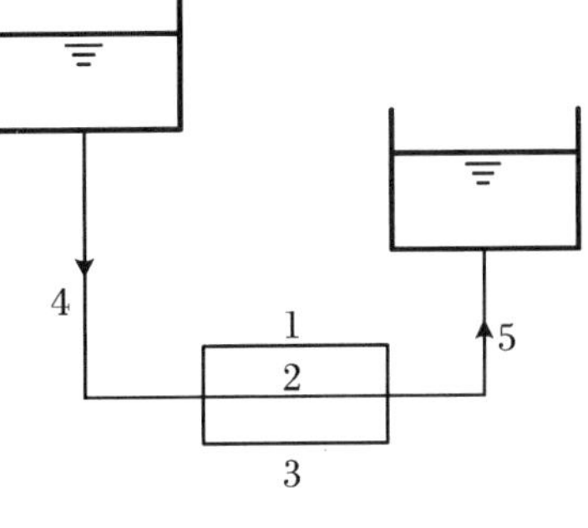

题7.54图

解　管1,2,3并联，然后又与管4,5串联，因此有

$$H = h_{f4} + h_{f1} + h_{f5} \tag{1}$$

$$h_{f1} = h_{f2} = h_{f3} \tag{2}$$

$$q_v = q_{v4} = q_{v5} = q_{v1} + q_{v2} + q_{v3} \tag{3}$$

代入已知数据进行计算，由式(2)得

$$\frac{q_{v2}}{q_{v1}} = \sqrt{3},\quad \frac{q_{v3}}{q_{v1}} = \sqrt{\frac{3}{2.5}} \tag{4}$$

将式(4)代入式(3)得

$$\frac{q_{v1}}{q_v} = 0.2613 \tag{5}$$

将式(5)代入式(1)算得

$$q_v = 0.0806\ \text{m}^3/\text{s}$$

55. 宽度为10 m，高度为2.5 m的栅栏，它是由直径为25 mm的杆所组成，杆与杆的中心距为0.1 m。若来流水速为2 m/s，试计算此栅栏所承受的阻力。已知水的运动黏性系数 $\nu=1.2\times 10^{-6}$ m^2/s，$\rho=1000$ kg/m^3。

解　圆柱的雷诺数为

$$Re = \frac{v_\infty D}{\nu} = \frac{2\times 0.025}{1.2\times 10^{-6}} = 4.17\times 10^4$$

查物体绕流阻力系数实验曲线，可得 $C_D = 1.35$，于是栅栏的总阻力为

$$F = \frac{1}{2}\rho v_\infty^2 C_D A n = \frac{1}{2} \times 10^3 \times 2^2 \times 1.35 \times 2.5 \times 0.025 \times 100 = 33.75\ \text{kN}$$

56. 由六块宽度为 $b = 20$ mm，长度为 $L = 150$ mm 的平板组成六角形蜂窝结构形通道。通道中有水流通过，水的运动黏性系数为 10^{-6} m²/s，进口流速为 $V_1 = 2$ m/s，试确定此通道进出口压差。

解 设蜂窝通道每一个边为单独平板，则有

$$Re_L = \frac{v_e L}{\nu} = \frac{2 \times 0.15}{10^{-6}} = 3 \times 10^5$$

由此可见 $Re_L < Re_{cr}$，故为层流运动，在出口处层流边界层排挤厚度为

$$\delta_1 = 1.74\sqrt{\frac{\nu L}{V_\infty}} = \frac{1.74L}{\sqrt{Re_L}} = \frac{1.74 \times 0.15}{\sqrt{3 \times 10^5}} = 0.477\ \text{mm}$$

出口处通道截面的“排挤面积”为

$$A_1 = 6\delta_1 b = 6 \times 0.477 \times 10^{-3} \times 0.02 = 0.05724 \times 10^{-3}\ \text{m}^2$$

通道截面为

$$A = 2.6b^2 = 2.6 \times 0.02^2 = 1.04 \times 10^{-3}\ \text{m}^2$$

于是出口的有效截面为

$$A - A_1 = (10.4 - 0.57) \times 10^{-4} = 9.83 \times 10^{-4}\ \text{m}^2$$

主流区出口流速为

$$V_2 = \frac{q_V}{A - A_1} = \frac{v_e A}{A - A_1} = \frac{2 \times 10.4 \times 10^{-4}}{9.83 \times 10^{-4}} = 2.12\ \text{m/s}$$

对主流区而言，可以利用理想流体的伯努利方程

$$\frac{p_1}{\rho} + \frac{1}{2}V_1^2 = \frac{p_2}{\rho} + \frac{1}{2}V_2^2$$

进出口压差为

$$p_1 - p_2 = \frac{1}{2}\rho(V_2^2 - V_1^2) = \frac{1}{2} \times 10^3 \times (2.12^2 - 2^2) = 0.226 \times 10^3\ \text{Pa}$$

第8章　孔口出流、射流和水击

8.1　学习指导

8.1.1　孔口出流

1. 孔口出流计算公式

容器中的液体自孔口出流到大气中，称为孔口自由出流，如图8.1所示。出流到充满液体的空间，则称为淹没出流。

孔口线性当量尺寸 $d_H < 0.1\left(H + \frac{p_1 - p_2}{\rho g}\right)$、边缘锐薄的孔口，称为薄壁小孔。容器壁面对出流性质不发生影响时的收缩，称为完善收缩；反之，为不完善收缩。如图8.2所示，发生完善收缩的条件为：对于圆孔口，$l \geqslant 3d$；对于矩形孔口，$l_1 \geqslant 3b$ 且 $l_2 \geqslant 3h$。

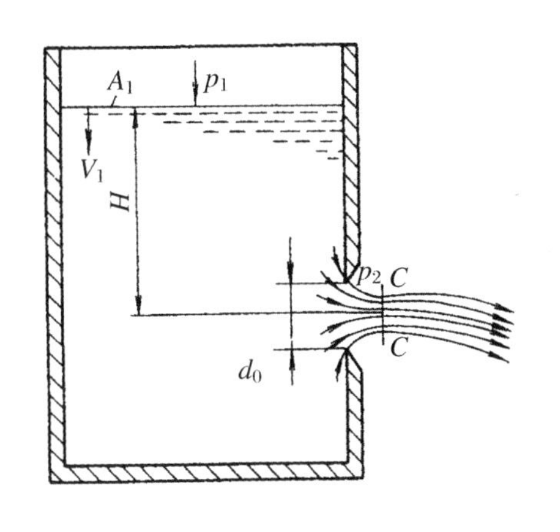

图8.1　薄壁孔口自由出流

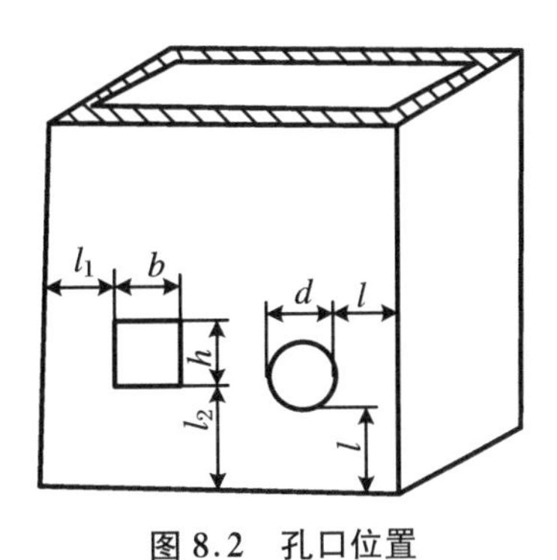

图8.2　孔口位置

孔口收缩系数

$$\varepsilon = A_C / A_0 \tag{8.1}$$

式中，A_C 是收缩断面的面积；A_0 是孔口断面面积。

收缩断面速度

$$v_C = \frac{1}{\sqrt{1+\zeta}} \cdot \sqrt{2gH_0} = \varphi \cdot \sqrt{2gH_0} \tag{8.2}$$

式中，ζ 是孔口局部水头损失系数；H_0 称为作用水头，是促使孔口出流的全部能量；φ 称为速度系数，$\varphi = \frac{1}{\sqrt{1+\zeta}}$。

孔口出流流量为

$$q_v = v_C \cdot A_C = v_C \cdot \varepsilon A_0 = \varepsilon \cdot \varphi \cdot A_0 \cdot \sqrt{2gH_0} = \mu A_0 \sqrt{2gH_0} \tag{8.3}$$

式中,令 $\mu=\varepsilon\cdot\varphi$,称 μ 为流量系数。

若容器横断面积 $A_1 \gg A_0$(或$\frac{V_1^2}{2g} \ll H$),并且 p_1、p_2 都是大气压,则有

$$q_v = \mu A_0 \sqrt{2gH} \tag{8.4}$$

2. 孔口出流系数

孔口出流系数 ε、φ 和 μ 随具体的孔口形状、孔口边缘情况及雷诺数而变。当雷诺数 $Re=(d_0\sqrt{2gH}/\nu)\geqslant 10^5$ 时,μ 与 Re 无关。薄壁锐缘小圆孔口出流完善收缩时,ε、φ 和 μ 随 Re 变化情况如图 8.3 所示。流量系数 μ 值见表 8.1。

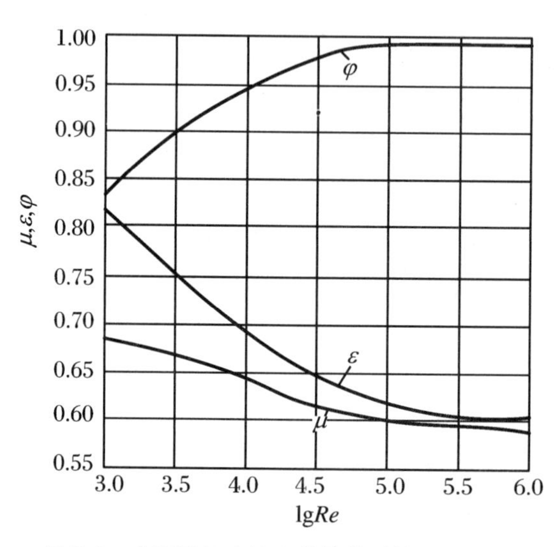

图 8.3 小圆孔口出流完善收缩时的 ε、φ 和 μ

表 8.1 薄壁锐缘小圆孔口出流流量系数 μ

雷诺数 Re	1.5×10^4	2.5×10^4	5×10^4	10^5	2.5×10^5	5×10^5	10^6
流量系数 μ	0.638	0.623	0.610	0.603	0.597	0.594	0.593

8.1.2 管嘴出流

1. 圆柱形外管嘴出流

当圆孔壁厚 δ 等于$(3\sim4)d$,或者在孔口处外接一段长 $l=(3\sim4)d$ 的圆管时,此时的出流称为圆柱形外管嘴出流,外接短管称为管嘴。如图 8.4 所示。

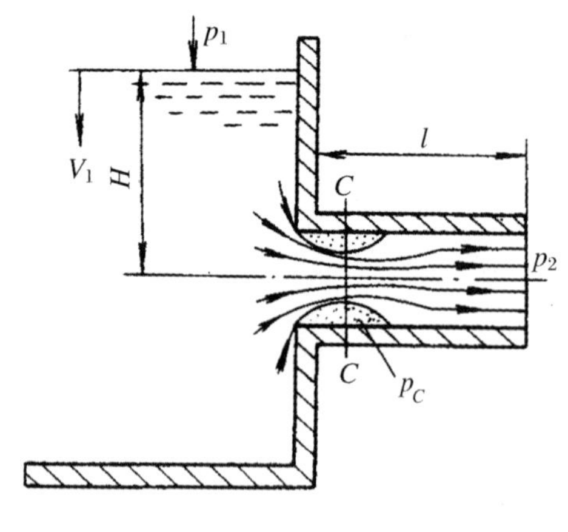

图 8.4 管嘴出流

在收缩断面 C-C 前后一定区段内,流股与管壁分离,中间形成旋涡区,产生负压,出现了管嘴的真空现象。由于 p_C(绝对压强)小于大气压,从而使 H_0 增大,则出流流量亦增大。由于管嘴出流出现真空现象,促使出流流量增大,这是管嘴出流不同于孔口出流的基本特点。

管嘴出流速度与流量计算公式:

$$v_2 = \frac{1}{\sqrt{1+\zeta}} \cdot \sqrt{2gH_0} = \varphi \cdot \sqrt{2gH_0} = \varphi \cdot \sqrt{2gH} \tag{8.5}$$

$$q_v = v_2 A = \varphi A \sqrt{2gH_0} = \mu A \sqrt{2gH_0} = \mu A \sqrt{2gH} \tag{8.6}$$

由于出口断面 2 被流股完全充满，$\varepsilon = 1$，则 $\varphi = \mu = \frac{1}{\sqrt{1+\zeta}}$。当雷诺数 $Re = (d\sqrt{2gH}/\nu) \geqslant 10^5$ 时，μ 和 φ 与比值 l/d 相关，参照表 8.2 取值。

表 8.2　圆柱形外管嘴出流流量系数 μ

l/d	2～3	12	24	36	48	60
$\mu=\varphi$	0.82	0.77	0.73	0.68	0.63	0.60

管嘴出流的水头损失主要是进口的局部损失，沿程水头损失很小可忽略。于是从局部阻力系数图中查得锐缘进口管嘴的阻力系数 $\zeta = 0.5$，这样 $\varphi = \mu = \frac{1}{\sqrt{1+0.5}} = 0.82$。

圆柱形管嘴在收缩断面 $C-C$ 上的真空度为

$$\frac{p_a - p_C}{\rho g} = 0.75 \cdot H_0 \tag{8.7}$$

H_0 愈大，收缩断面上的真空度愈大。为保证管嘴正常出流，真空度应控制在 68.6 kPa（7 m 水头）以下，从而决定了作用水头 H_0 的极限值 $[H_0] = 9.3$ m。

2. 其他类型管嘴出流

锐缘进口内伸圆柱形管嘴出流如图 8.5 所示。当雷诺数 $Re = (d\sqrt{2gH}/\nu) \geqslant 10^5$，$l = (2\sim3)\,d$ 时，$\mu \approx 0.71$。

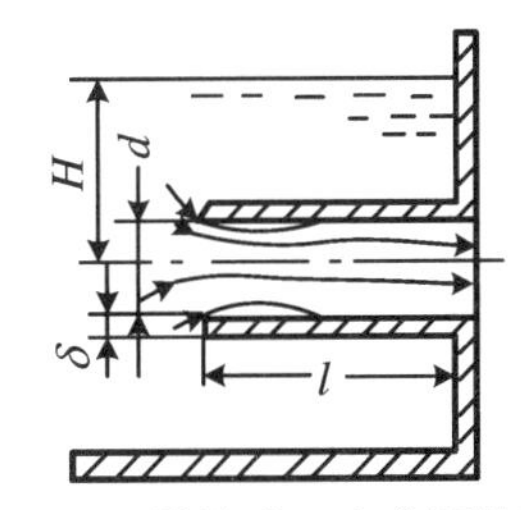

图 8.5　锐缘进口内伸圆柱形管嘴出流

在水头 H 和进口直径 d 相同情况下，内伸圆柱形管嘴出流流量和出流速度均较外伸圆柱形管嘴要小，当壁厚 $\delta \geqslant 0.05d$ 时则和外伸圆柱形管嘴相同。

圆锥形收缩管嘴出流如图 8.6 所示。当雷诺数 $Re = (d\sqrt{2gH})/\nu \geqslant 10^5$，$l = 0.27d$ 时，出流系数 μ 和 φ 值与收缩角度 θ 有关，参照图 8.7 取值。

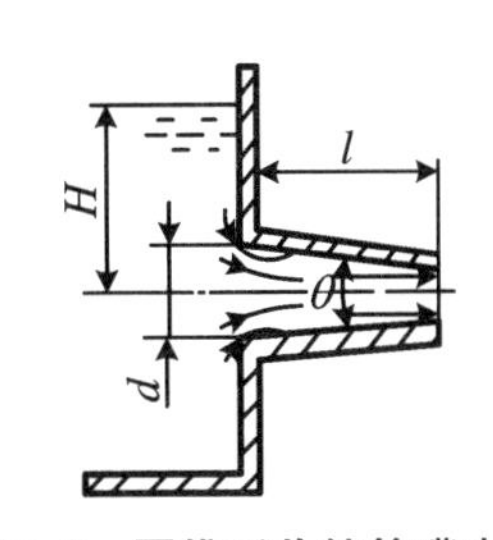

图8.6　圆锥形收缩管嘴出流

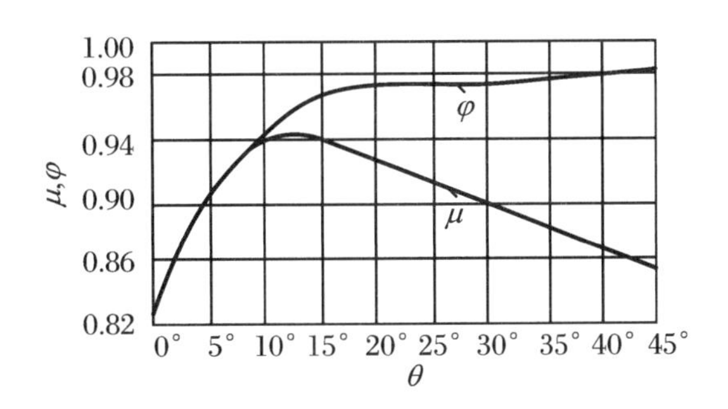

图 8.7　圆锥形收缩管嘴出流系数 μ 和 φ

在水头 H 和进口直径 d 相同情况下，圆锥形收缩管嘴与圆柱形管嘴相比较，最大出流流量较小，最大出流速度较大，管嘴内的收缩较小。

圆锥形扩散管嘴出流如图 8.8 所示。当雷诺数 $Re = (d\sqrt{2gH}/\nu) \geqslant 10^5$，$l = 0.27d$ 时，

出流系数 μ 和 φ 值与扩散角度 θ 和比值 l/d 相关，参照表 8.3 取值。

表 8.3　圆锥形扩散管嘴出流流量系数 μ

l/d \ μ \ θ	3°	5°	7.5°	10°	12.5°	15°
4.9	0.86	0.83	0.71	0.57	0.45	0.32
9.8	0.73	0.61	0.44	0.32	0.22	0.15

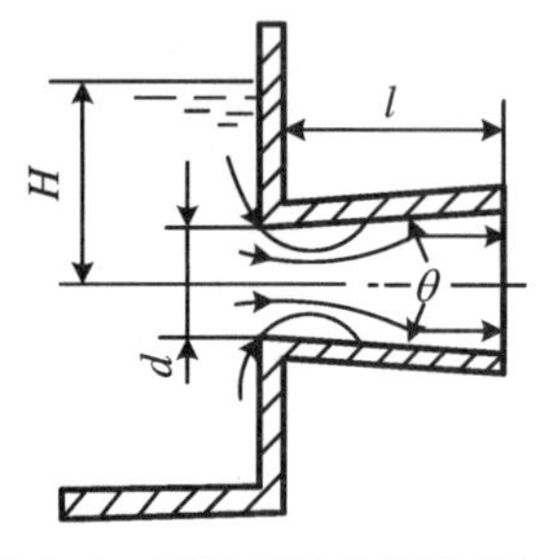

图 8.8　圆锥形扩散管嘴出流

在水头 H 和进口直径 d 相同情况下，圆锥形扩散管嘴与圆柱形管嘴相比较，最大出流流量较大，最大出流速度较小，管嘴内真空度(负压)较大。

8.1.3　射流

射流与孔口管嘴出流研究对象有所不同，射流着重讨论出流后的速度场、温度场以及浓度场，而孔口管嘴出流主要讨论出口断面的流速和流量。

从管口、孔口、狭缝射出，或靠机械推动，并同周围流体掺混的一股流体的流动，称为射流。射流一般具有湍流特性。

1. 射流分类及结构

常见射流大致分为：自由射流和有限射流；淹没射流和非淹没射流；等温射流和非等温射流；圆形射流、矩形射流和条缝射流；机械射流和对流射流；旋转射流和撞击射流。

射流流体与周围静止流体相同的为淹没射流，其结构与运动特性如图 8.9 所示，流体以较高的流速 v_0 从半径为 r_0(直径 $d_0=2r_0$)的圆形断面喷嘴喷出。淹没射流几何特征为

$$\tan\alpha = a\varphi \tag{8.8}$$

$$\tan\alpha = \frac{R}{x_0 + s} \tag{8.9}$$

$$\frac{R}{r_0} = 3.4\left(\frac{as}{r_0} + 0.294\right) \tag{8.10}$$

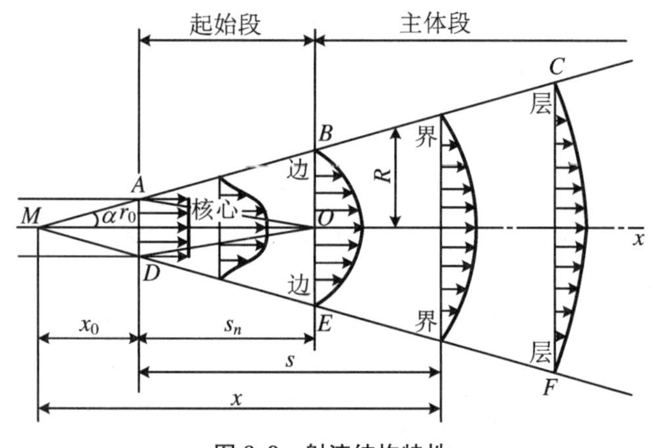

图 8.9　射流结构特性

式中，α 为射流极角或扩散角，即射流边界延长线的半顶角；a 为湍流系数，参照表 8.4 取值；φ 为射流出口形状系数，圆形喷口 $\varphi=3.4$，条形喷口 $\varphi=2.44$；R 为射流扩散断面半径(平面射流为半高 h)；s 为射程，射流断面与出口断面之间距离；x_0 为极点 M(坐标原点)到射流出口断面中心距离；r_0 为射流出口断面半径。

表 8.4　常用喷口湍流系数 a 和扩散角 α

喷口形状	扩散全角 2α	湍流系数 a	喷口形状	扩散全角 2α	湍流系数 a
带有收缩口喷口	25°20′ 27°10′	0.066 0.071	带金属网格的轴流风机	78°40′	0.240
圆柱形管	29°00′	0.076 0.080	收缩极好的平面喷口	29°30′	0.108
带有导流板的轴流式通风机	44°30′	0.120	平面壁上锐缘狭缝	32°10′	0.119
带有导流板的直角弯管	68°30′	0.200	具有导叶且加工磨圆边口的风道上纵向缝	41°20′	0.155

淹没射流速度特征为

$$\frac{v}{v_m}=\left[1-\left(\frac{y}{R}\right)^{1.5}\right]^2 \tag{8.11}$$

式(8.11)用于主体段时，式中 y 为断面上任意一点与主轴心的距离；R 为该断面的射流半径；v 为 y 点的流速；v_m 为该断面的轴心流速，如图 8.10 所示。

式(8.11)用于起始段时，只表示边界层中流速分布。式中 y 为断面上边界层内任意一点至内边界的距离；R 为该断面上边界层厚度；v 为 y 点的流速；v_m 为核心流速 v_0，如图 8.10所示。

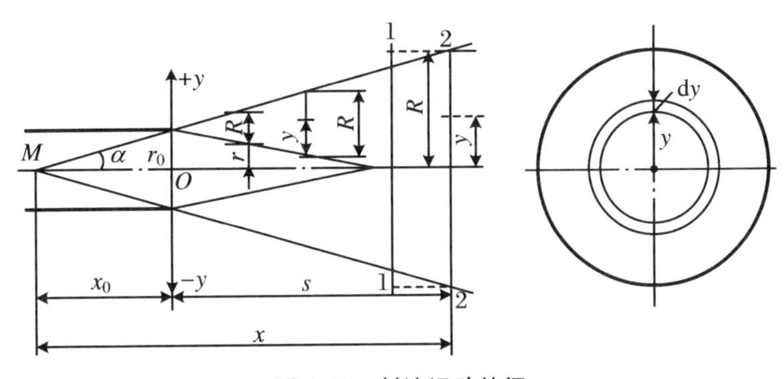

图 8.10　射流运动特征

射流主体段核心速度与出口速度比值为

$$\frac{v_m}{v_0}=\frac{0.965}{\dfrac{as}{r_0}+0.294} \tag{8.12}$$

射流任意断面流量与出口断面流量比值为

$$\frac{q_v}{q_{v0}}=2.2\left(\frac{as}{r_0}+0.294\right) \tag{8.13}$$

2. 液体自由射流

静止大气中的液体射流由紧密部分、破裂部分和分散部分组成，如图 8.11 所示。

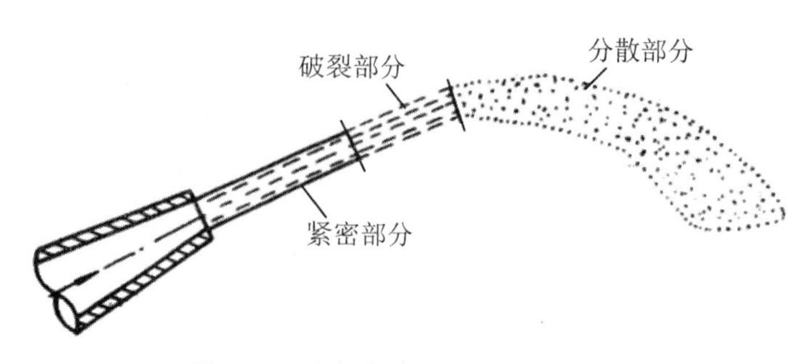

图 8.11 大气中的液体自由射流结构

铅直液体自由射流分散部分的高度 H_d 一定小于射流出口处的速度头 $H=\dfrac{v^2}{2g}$，如图8.12所示。分散部分和紧密部分高度计算式为

$$H_d = \frac{H}{1+K_1H} \tag{8.14}$$

$$H_c = K_2H_d \tag{8.15}$$

式中，d 为射流出口处直径，单位为 m；分散部分高度系数 $K_1=\dfrac{25\times10^{-5}}{d+(10d)^3}$，单位为 1/m；紧密高度系数 K_2 参照表 8.5 取值。

表 8.5 铅直液体自由射流紧密高度系数 K_2

分散高度 H_d(m)	7	12	20	25	30
K_2	0.84	0.83	0.80	0.78	0.72

倾斜液体自由射流射程：

将铅直液体自由射流逐渐倾斜，紧密部分和分散部分的末端轨迹分别为 $ABCD$ 和 $A'B'C'$，如图 8.13 所示。不同倾斜角 θ 下的射程为

$$R_c \approx H_c \tag{8.16}$$

$$R_d \approx K_3H_d \tag{8.17}$$

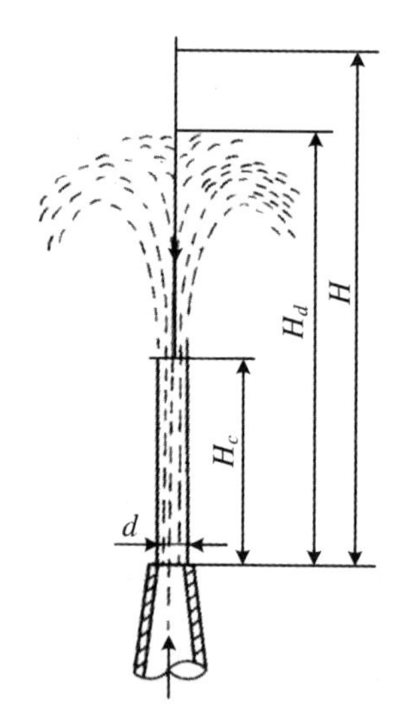

图 8.12 铅直液体自由射流

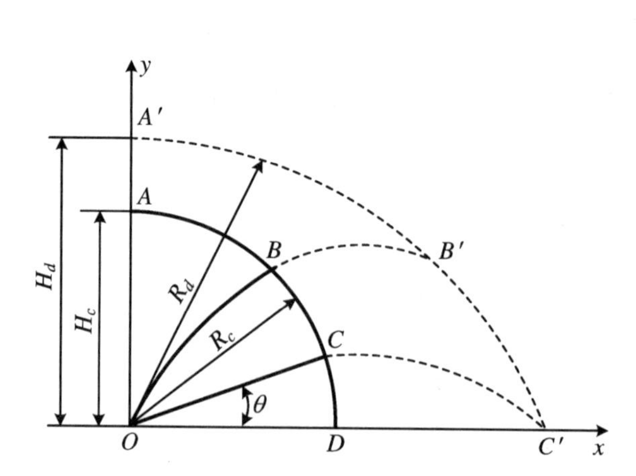

图 8.13 倾斜自由射流射程

式中，K_3 与射流倾斜角有关，称为射流分散射程系数，参照表 8.6 取值。

表 8.6　倾斜液体自由射流分散射程系数 K_3

θ	0°	15°	30°	45°	60°	75°	90°
K_3	1.40	1.30	1.20	1.12	1.07	1.03	1.00

8.1.4　水击

在有压管中，由于某种外界原因，使得管中液流速度突然变化，从而引起压强急剧升高和降低的交替变化，这种现象称为水击，或称水锤。发生水击的前提条件是流动管路要达到一定长度，一般 $l/d_i \geqslant 80$，如图 8.14 所示。由于水击而产生的弹性波简称水击波，其速度称为水击波速，用 c_w 表示，计算式为

$$c_w = \frac{c}{\sqrt{1+\dfrac{B}{\kappa E}}} \tag{8.18}$$

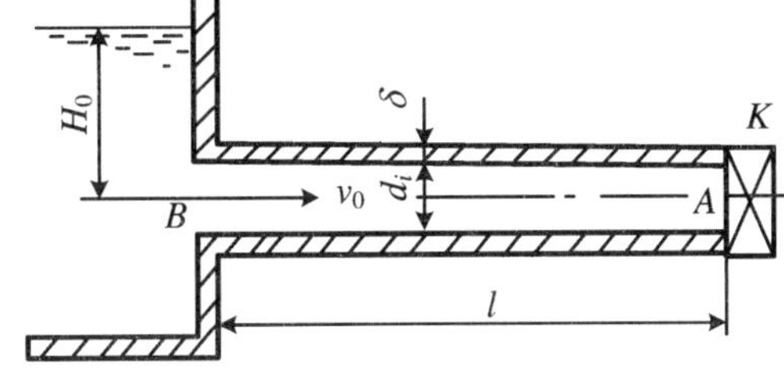

图 8.14　水击发生流动管路

式中，B 是管壁影响系数，参照表 8.7 取值；κ 是液体的压缩率；E 是管壁材料的弹性模量，常用管材参照表 8.8 取值；c 是液体中的声速，$c=\sqrt{\dfrac{K}{\rho}}$，K 是液体体积模量(Pa)，常温下水 $K=2.03\times10^9$ Pa，矿物油 $K=1.67\times10^9$ Pa。

表 8.7　常用管管壁影响系数 B

管壁状况	B	备注
薄壁管[$(d_i/\delta)>20$]	d_i/δ	d_i 为管道内径 d_e 为管道外径 δ 为管道壁厚
厚壁管	$2(d_e^2+d_i^2)/(d_e^2-d_i^2)$	
圆筒[$d_e/d_i \gg 1$]	2	

表 8.8　常用管材的弹性模量 E(Pa)

管材	低碳钢	铸铁	紫铜	黄铜	铝及铝合金	混凝土	硬质聚氯乙烯
弹性模量 E	206×10^9	135×10^9	118×10^9	98×10^9	71×10^9	20×10^9	3×10^9

冷水在薄壁[$(d_i/\delta)>20$]钢管中发生水击时，可用(8.19)式计算水击压力波传播速度 c_w。

$$c_w \approx \frac{1420}{\sqrt{1+\dfrac{di}{100\delta}}}\ (\text{m/s}) \tag{8.19}$$

式中，d_i 是管壁内径；δ 是管壁厚度。

最大水击压强 $\Delta p_{\max}$ 计算式为：

$$\Delta p_{\max} = \rho c_w v_0 \tag{8.20}$$

式中，ρ 为流体密度；v_0 为流体流动速度。

8.2 习题解析

8.2.1 选择、判断与填空

1. 作用水头相等、出口面积相等,圆柱形外管嘴流量与孔口流量的关系(　　)。

A. 管嘴流量小于孔口流量　　B. 管嘴流量等于孔口流量

C. 管嘴流量大于孔口流量　　D. 管嘴流量与孔口流量无固定关系

答案:C

2. 圆柱形外管嘴的正常工作条件是(　　)。

A. $l=(3\sim4)d, H_0>9\ \text{m}$　　B. $l=(3\sim4)d, H_0<9\ \text{m}$

C. $l>(3\sim4)d, H_0>9\ \text{m}$　　D. $l<(3\sim4)d, H_0<9\ \text{m}$

答案:B

3. 在相同条件下,小孔口的流量系数(　　)管嘴的流量系数。

A. $>$　　B. $<$　　C. $=$　　D. $\geqslant$

答案:B

4. 产生水击现象的主要物理原因是液体具有(　　)。

A. 压缩性与惯性　　B. 惯性与黏性　　C. 弹性与惯性　　D. 压缩性与黏性

答案:A

5. 水击波的传播属于(　　)。

A. 无压缩流体的定常流动　　B. 不可压缩流体的定常流动

C. 可压缩流体的非定常流动　　D. 不可压缩流体的非定常流动

答案:C

6. 直接水击是指有压管道末端阀门处的最大水击压强(　　)。

A. 不受来自上游水库反射波的影响　　B. 受来自上游水库反射波的影响

C. 受阀门反射波的影响　　D. 不受管道长度的影响

答案:A

7. 下列水流中,属于非定常有压流的是(　　)。

A. 堰流　　B. 水跃　　C. 水击　　D. 闸孔出流

答案:C

8. 某输水管道长度 $L=1000\ \text{m}$,若发生水击时水击波速 $v=1000\ \text{m/s}$,则水击周期为(　　)秒。

A. 1　　B. 2　　C. 3　　D. 4

答案:B

9. 判断题:作用水头相同、直径相同的孔口自由出流与淹没出流的流量大小不相同。

答案:错。

10. 判断题:作用水头相等的情况下,短管自由出流和淹没出流的流量是一样的。

答案:错。作用水头相同时,自身出流的流量更大。

11. 判断题:对于孔口为淹没出流,若两个孔口的形状、尺寸相同,在水下的位置不同,其流量相等。

答案:对

12. 判断题:水击波传播的一个周期为 $2l/c$。

答案:错。从 $t=0$ 至 $t=\dfrac{2l}{c}$ 的一相称为水击的第一相;从 $t=\dfrac{2l}{c}$ 至 $t=\dfrac{4l}{c}$ 的时间称为周期。(两个相长称为水击的一个周期)。

13. 流量系数 μ、流速系数 φ、收缩系数 ε 之间关系为__________，作用水头和出口断面面积相同条件下，管嘴出流量____________________（"小于"或"大于"）孔口出流量的原因是____________________。

答案：$\mu=\varphi\varepsilon$；大于；管嘴在收缩断面处形成负压，相当于增加了作用水头

14. 在相同的作用水头下，同样口径管嘴的出流量比薄壁孔口的出流量__________。

答案：大

15. 如果喷嘴射流出口的截面积为 A，水流出口速度为 v，射流流速轴线与壁面垂直，试写出射流对平壁面的打击力表达式：________________。

答案：$F=\rho v^2 A$

16. 孔口自由出流和淹没出流的计算公式相同，各项系数相同，但__________不同。

答案：H 代表意义

17. 在水击计算中，把阀门关闭时间 T_m 小于水击周期 $T_r=2L/C$ 的水击称为______水击。把 T_m 大于水击周期 $T_r=2L/C$ 的水击称为______水击。

答案：直接；间接

18. 在下游管道阀门瞬时全闭的情况下，其增速增压顺波发生在第________相，是水击波的第________阶段。

答案：2；4

19. 在阀门瞬时全闭水击的传播过程中，在水击波传播的第二阶段（$L/c<t<2L/c$），压强的变化为________。波的传播方向和定常流时的流向________。

答案：减小；相同

20. 发生直接水击的条件是阀门关闭时间__________一个相长。

答案：小于

8.2.2　思考简答

1. 什么是小孔口、大孔口？各有什么特点？

答案：大孔口：当孔口直径 d（或高度 e）与孔口形心以上的水头高 H 的比值大于 0.1，即（d/H）>0.1 时，需考虑在孔口射流断面上各点的水头、压强、速度沿孔口高度的变化，这时的孔口称为大孔口。小孔口：当孔口直径 d（或高度 e）与孔口形心以上的水头高度 H 的比值小于 0.1，即（d/H）<0.1 时，可认为孔口射流断面上的各点流速相等，且各点水头亦相等，这时的孔口称为小孔口。

2. 在作用水头相同，出口面积相同的情况下，为什么外延管嘴比孔口的流量大？

答案：由于外延管嘴内存在真空，因此孔口出流 $q_v=\mu A\sqrt{2gH_0}$，管嘴出流 $q_v=\mu A\sqrt{2g\left(H_0+\dfrac{p_a-p_c}{\rho g}\right)}$，其中$\dfrac{p_a-p_c}{\rho g}$即为收缩断面上的真空值。

3. 管嘴的出流能力高于孔口的出流能力，这是为什么？

答案：在管嘴出流时，管嘴内部出现负压，这种负压有利于出流，因而管嘴的流量大于口径相同的孔口的流量。

4. 在正常稳定的工作条件下，作用水头相同、面积也相同的孔口和圆柱形外接管嘴，过流能力是否相同？原因何在？

答案：不相同。因为圆柱形外接管嘴在收缩断面处会产生负压，当负压到达一定数值会破坏流动的连续性。

5. 小孔口自由出流与淹没出流的流量计算公式有何不同？

答案：二者在形式上完全相同，如动能修正系数与淹没出流中突然扩大局部阻力系数都取 1.0 时，则二者的流量系数也相同。区别在于作用水头不同，自由出流为孔口形心以上水

面的高度，而淹没出流取决于上下游液面高差。

6. 简述全部收缩的薄壁孔口中完善收缩的条件。

答案：任一孔口到任一薄壁的距离大于3倍的孔口的宽度。

7. 是否可用小孔口的流量计算公式来估算大孔口的出流流量？为什么？

答案：可以。因为用小孔口流量公式计算得出的流量比用大孔口出流流量公式得出的流量大0.3%～1%，误差不大。

8. 两淹没管流，一流入水库，另一流入渠道，其他条件相同，其总水头线有何不同？

答案：渠道，存在流速，总水头线高于液面。水库，忽略流速，总水头线与液面持平。

9. 在相同直径、相同作用水头下的圆柱形外管嘴出流与孔口出流相比阻力增大，但其出流流量反而增大，为什么？

答案：因为经过管嘴出流，一般情况下首先发生流体收缩，然后扩大充满全管，在收缩处，流体与管壁分离，中间形成真空状态。由于这种真空的存在产生吸引流体的作用，促使管嘴流量的增加，所以与孔口出流相比，圆柱形外管嘴出流阻力增大，但其出流流量反而增大。

10. 圆柱形外管嘴正常工作的条件是什么？为什么必须要有这两个限制条件？

答案：(1) $H_0 \leqslant 9$ m。因为真空度正比于作用水头$(p_v/(\rho g)) = 0.75H_0$，真空度过大，会引起气穴现象，还可能使管嘴外的大气反吸入管嘴而破坏真空。所以一般限制$(p_v/(\rho g)) \leqslant 7$ m，故 $H_0 \leqslant 9$ m。(2) 管嘴长度 $l = (3\sim4)d$。管嘴过长，沿程损失不能忽略；管嘴过短，则未来得及在出口断面形成满管流。

11. 什么叫做水击？

答案：在有压管流中，由于阀门关闭或水泵突然停机等原因，使流速突然变小，从而引起压强急剧升高和降低的交替变化，这种现象称为水击。

12. 简述水击现象及产生的原因。

答案：水击是管路中不稳定流动引起的一种特殊现象，由于某种原因引起管路中流速突然变化，引起管内压力突然变化，造成水击。水击发生的物理原因是由于液体具有惯性和压缩性。

13. 减弱水击强度的措施有哪些？

答案：减弱水击强度的措施有：① 在水击发生处安放蓄能器；② 原管中速度 v_0 设计的尽量小些；③ 缓慢关闭；④ 采用弹性管。

14. 常见的流量的测量方法有哪些？各有何特点？

答案：流量测量方法有多种，常见的有：① 量法或容积法，优点为直接、准确，但不能实时测量；② 节流式流量计，如文丘里流量计、孔板流量计、喷嘴流量计等。其优点为可实时测量，测量方法简单，使用方便，但流量计的标定十分麻烦；③ 其他常用流量计，如转子流量计、涡轮流量计、电磁流量计等。其中转子流量计的原理仍属于节流式流量计。涡轮流量计的测量精度较高，但需定期拆洗和重新标定。电磁流量计的优点为无节流元件，能量损失小，可用于腐蚀、磨损严重、工作条件恶劣、大流量场合，但要求被测流体具有一定的电导率，并且流速范围受到限制。

8.2.3 应用解析

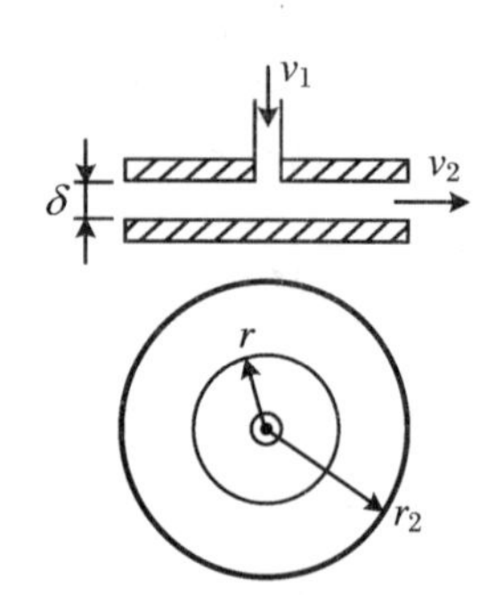

题 8.1 图

1. 如图(题8.1图)所示为水平放置、间隙为 δ、半径为 r_2 的二圆盘，水由上圆盘中央半径为 r_1 的小管以 v_1 的速度定常地流入，若不计水流入的动量，试求圆盘间水的压强沿径向的分布规律。

解 视水为不可压缩理想流体，水定常均匀地流入圆盘，沿径

向流出，流动无旋。圆盘出口处为大气压强 p_a，则对半径 r 处的点与出口处的点列伯努利方程，得

$$\frac{p}{\rho}+\frac{v^2}{2}=\frac{p_a}{\rho}+\frac{v_2^2}{2}$$

由连续方程得

$$\pi r_1{}^2 v_1=2\pi r\delta v=2\pi r_2\delta v_2$$

$$v=\frac{r_1^2}{2r\delta}v_1,\quad v_2=\frac{r_1^2}{2r_2\delta}v_1$$

代入伯努利方程，得

$$p-p_a=-\frac{\rho}{8}\frac{r_1^4}{r_2^2\delta^2}\left[\left(\frac{r_2}{r}\right)^2-1\right]v_1^2$$

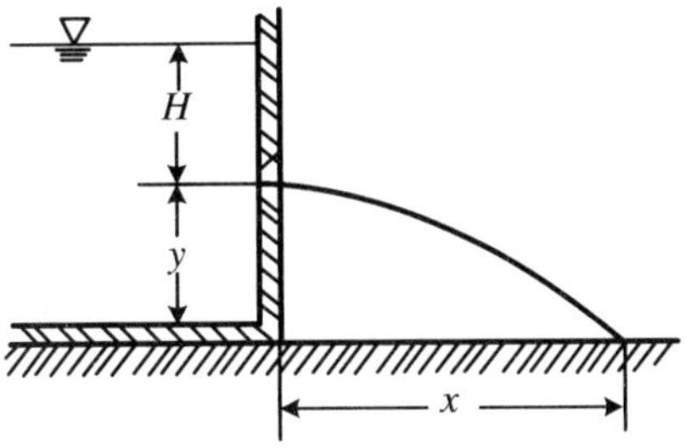

题 8.2 图

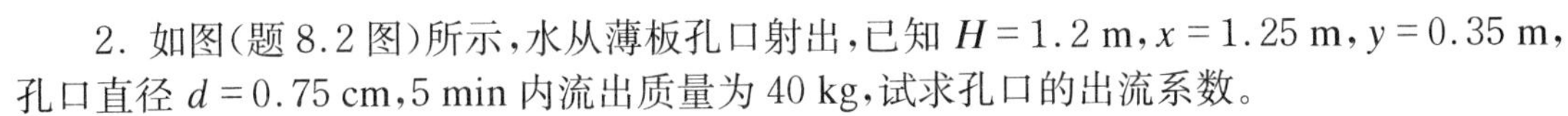

2. 如图(题 8.2 图)所示，水从薄板孔口射出，已知 $H=1.2\ \text{m}$，$x=1.25\ \text{m}$，$y=0.35\ \text{m}$，孔口直径 $d=0.75\ \text{cm}$，5 min 内流出质量为 40 kg，试求孔口的出流系数。

解　按平抛运动得到流速系数

$$\varphi=\frac{x}{2}\sqrt{\frac{1}{Hy}}=\frac{1.25}{2}\sqrt{\frac{1}{1.2\times0.35}}=0.964$$

流量系数

$$\mu=\frac{q_v}{A\sqrt{2gH}}=\frac{\dfrac{40}{5\times60\times1000}}{\dfrac{\pi}{4}\times0.0075^2\times\sqrt{2\times9.81\times1,2}}=0.621$$

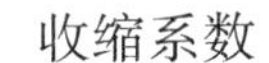

收缩系数

$$\varepsilon=\frac{\mu}{\varphi}=\frac{0.621}{0.964}=0.645$$

阻力系数

$$\zeta=\frac{1}{\varphi^2}-1=\frac{1}{0.964^2}-1=0.076$$

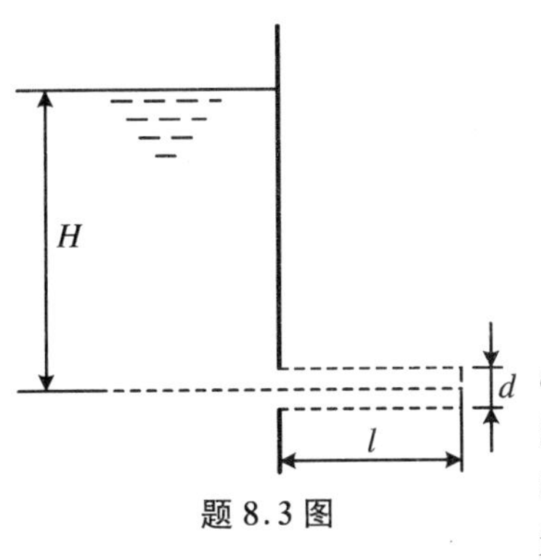

题 8.3 图

3. 如图(题 8.3 图)所示，薄壁容器侧壁上有一直径 $d=20\ \text{mm}$的孔口，孔口中心线以上水深 $H=5\ \text{m}$，试求孔口的出流流速 v_c 和流量 q_v。倘若在孔口上外接一长 $l=8d$ 的短管成为管嘴出流，取短管进口损失系数 $\zeta=0.5$，沿程损失系数 $\lambda=0.02$，试求短管的出流流速 v' 和流量 q_v'。

解　对于薄壁小孔口，$\varphi=0.97$，$\mu=0.61$，得

$$v_c=\varphi\sqrt{2gH}=0.97\times\sqrt{2\times9.807\times5}=9.6\ \text{m/s}$$

$$q_v=\mu A\sqrt{2gH}=0.61\times\frac{\pi}{4}\times0.02^2\times\sqrt{2\times9.807\times5}=0.0019\ \text{m}^3/\text{s}$$

对于管嘴，有

$$\varphi'=\frac{1}{\sqrt{1+\zeta+\lambda\dfrac{l}{d}}}=\frac{1}{\sqrt{1+0.5+0.02\times8}}=0.776$$

故由管嘴出流计算式，有

$$v'=\varphi'\sqrt{2gH}=0.776\times\sqrt{2\times9.807\times5}=7.7\ \text{m/s}$$

$$q_v'=\mu'A\sqrt{2gH}=0.776\times\frac{\pi}{4}\times0.02^2\times\sqrt{2\times9.807\times5}=0.0024\ \text{m}^3/\text{s}$$

可见，装短管的管嘴出流流量是孔口出流流量的 1.27 倍。

4. 如图(题 8.4 图)所示，用文丘里流量计计量空气流量，流量计进口直径为 50 mm，喉

管直径为 20 mm，实测进口断面压强为 35 kN/m²，温度为 20 ℃；喉管断面压强为 15 kN/m²，试求空气的质量流量。

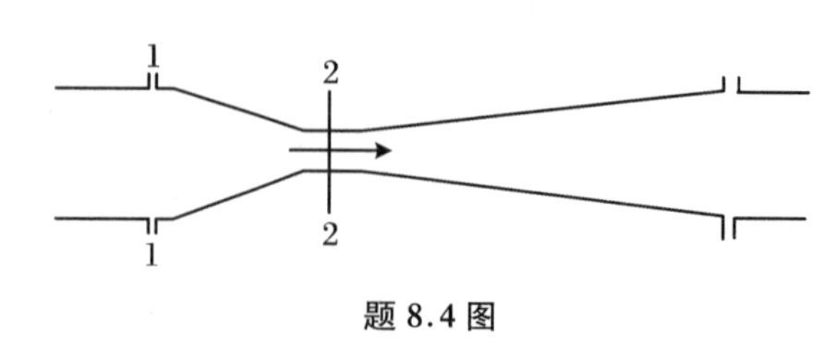

题 8.4 图

解 气流通过流量计，因流速大、流程短，来不及同周围管壁进行热交换，且摩擦损失可忽略不计，因此按一维恒定等熵气流计算。

设流量计进口断面为 1－1 断面，喉管断面为 2－2 断面，当地大气压 $p_a = 101.3\ \text{kN/m}^3$。

计算 1－1 断面和 2－2 断面气体的密度：

由气体状态方程得

$$\rho_1 = \frac{p_1}{RT_1} = \frac{(35+101.3)\times 10^3}{287\times 293} = 1.621\ \text{kg/m}^3$$

由绝热过程方程得

$$\rho_2 = \rho_1\left(\frac{p_2}{p_1}\right)^{1/\gamma} = 1.621\left(\frac{15+101.3}{35+101.3}\right)^{1/1.4} = 1.447\ \text{kg/m}^3$$

由质量守恒原理得

$$v_2 = \frac{\rho_1 A_1 v_1}{\rho_2 A_2} = 7v_1$$

将各量代入等熵过程能量方程式，有

$$\frac{\gamma}{\gamma-1}\frac{p_1}{\rho_1} + \frac{v_1^2}{2} = \frac{\gamma}{\gamma-1}\frac{p_2}{\rho_2} + \frac{v_2^2}{2}$$

$$\frac{1.4}{1.4-1}\times\frac{136.3\times 10^3}{1.621} + \frac{v_1^2}{2} = \frac{1.4}{1.4-1}\times\frac{116.3\times 10^3}{1.447} + \frac{(7v_1)^2}{2}$$

解得 $v_1 = 23.26\ \text{m/s}$

质量流量

$$q_m = \rho_1 v_1 A = 0.074\ \text{kg/s}$$

5. 如图(题 8.5 图)所示，隔板将水箱分为 A、B 两格，隔板上有直径为 $d_1 = 30\ \text{mm}$ 的薄壁孔口，B 箱侧壁有一直径 $d_2 = 20\ \text{mm}$ 的圆柱形管嘴，A 箱 $H_1 = 3\ \text{m}$，定常不变。

(1) 分析出流定常条件。

(2) 在定常出流时，B 箱中 H_2 等于多少？

(3) 水箱流量 q_{v2} 为多少？

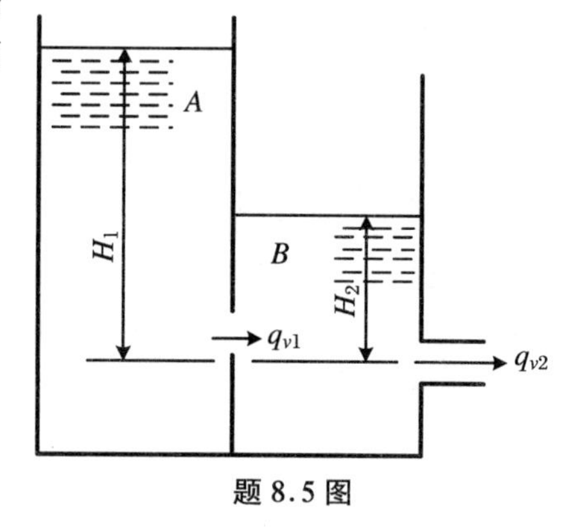

题 8.5 图

解 (1) 定常出流条件为 $q_{v1} = q_{v2}$。

(2) 从 A 流到 B 为孔口淹没出流，其 $H_0 = H_1 - H_2$，$\mu_1 = 0.60$，$q_{v1} = \mu_1 A_1\sqrt{2g(H_1 - H_2)}$。

从 B 流出为管嘴自由出流，其 $H_0 = H_2$，$\mu_2 = 0.82$，$q_{v2} = \mu_2 A_2\sqrt{2gH_2}$。根据 $q_{v1} = q_{v2}$，得

$$H_2 = 2.19\ \text{m}$$

(3) 将 $H_2 = 2.19\ \text{m}$ 代入上面任意一个出流流量计算式，得

$$q_{v2} = 1.69\times 10^{-3}\ \text{m}^3/\text{s}$$

6. 如图(题 8.6 图)所示，两水箱中间的隔板上有一直径 $d_0 = 80\ \text{mm}$ 的薄壁小孔口，水箱底部装有外伸嘴管，它们的内径分别为 $d_1 = 60\ \text{mm}$，$d_2 = 70\ \text{mm}$。如果将流量

$q_v = 0.06\ m^3/s$ 的水连续地注入左侧水箱，试求在定常出流时两水箱的液深 H_1、H_2 和出流流量 q_{v1}、q_{v2}。

解 根据连续方程和孔口管嘴出流公式，有

$$q_v = q_{v1} + q_{v2} \tag{1}$$

$$q_{v0} = q_{v2} \tag{2}$$

$$q_{v0} = \mu_0 A_0 \sqrt{2g(H_1 - H_2)} \tag{3}$$

$$q_{v1} = \mu_1 A_1 \sqrt{2gH_1} \tag{4}$$

$$q_{v2} = \mu_2 A_2 \sqrt{2gH_2} \tag{5}$$

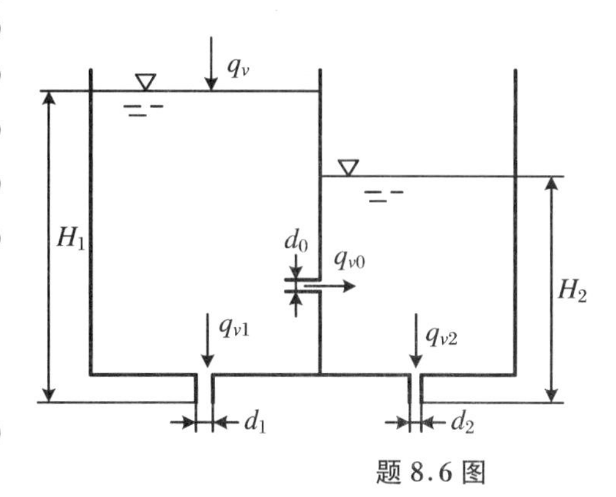

题 8.6 图

将式(3)、式(5)代入式(2)，得

$$H_1 = \left[1 + \left(\frac{\mu_2 A_2}{\mu_0 A_0}\right)^2\right] H_2$$

$$= \left[1 + \left(\frac{\mu_2}{\mu_0}\right)^2 \left(\frac{d_2}{d_0}\right)^4\right] H_2 \tag{6}$$

代入式(4)后，再连同式(5)一起代入式(1)，得

$$H_2 = \frac{q_v^2}{2g}\left\{\mu_1 A_1 \left[1 + \left(\frac{\mu_2 A_2}{\mu_0 A_0}\right)^2\right]^{1/2} + \mu_2 A_2\right\}^{-2}$$

$$= \frac{8q_v^2}{\pi^2 g}\left\{\mu_1 d_1^2 \left[1 + \left(\frac{\mu_2}{\mu_0}\right)^2 \left(\frac{d_2}{d_0}\right)^4\right]^{1/2} + \mu_2 d_2^2\right\}^{-2}$$

取 $\mu_1 = \mu_2 = 0.82$，$\mu_0 = 0.61$，连同已知数据代入上式，得

$$H_2 = \frac{8 \times 0.06^2}{\pi^2 \times 9.807} \times \left\{0.82 \times 0.06^2 \times \left[1 + \left(\frac{0.82}{0.61}\right)^2 \left(\frac{0.07}{0.08}\right)^4\right]^{1/2} + 0.82 \times 0.07^2 = 4.367\ m\right.$$

代入式(6)，得

$$H_1 = \left[1 + \left(\frac{0.82}{0.61}\right)^2 \left(\frac{0.07}{0.08}\right)^4\right] \times 4.376 = 8.993\ m$$

代入式(4)、式(5)，得

$$q_{v1} = 0.82 \times \frac{\pi}{4} \times 0.06^2 \times \sqrt{2 \times 9.807 \times 8.993} = 0.0308\ m^3/s$$

$$q_{v2} = 0.82 \times \frac{\pi}{4} \times 0.07^2 \times \sqrt{2 \times 9.807 \times 4.376} = 0.0292\ m^3/s$$

由式(1)可以看出，上述计算是正确的。

7. 如图(题 8.7 图)所示为盛有液体的等截面 U 形管，两端通大气，管内液柱总长为 l。如果起始时刻液体两端自由面的高差为 h，之后液柱将在管中振荡，其振荡规律如何？

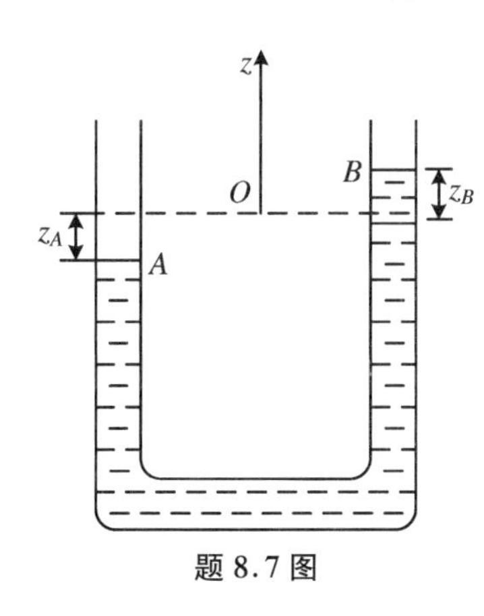

题 8.7 图

解 将坐标原点取在静止的自由液面上，z 轴铅垂向上。由于 U 形管是等截面的，由连续方程得 $v_A(t) = v_B(t) = v(t)$，故有

$$\frac{\partial v}{\partial t} = \frac{dv}{dt} = \frac{d^2 z_B}{dt^2}$$

将非定常流动能量方程应用于自由液面 A 至 B，得

$$g(z_B - z_A) + \int_0^l \frac{dv}{dt} dl = 0$$

完成积分，并应用其上面的二式，可得常微分方程

$$\frac{d^2 z_B}{dt^2} + \frac{2g}{l} z_B = 0$$

对该方程进行积分，并利用起始条件：$t=0$ 时，$z_B=\frac{h}{2}$，$\frac{\mathrm{d}z_B}{\mathrm{d}t}=0$，可得液柱振荡规律

$$z_B = \frac{h}{2}\cos\left[\left(\frac{2g}{l}\right)^{1/2} t\right]$$

液柱振荡速度

$$v = -\frac{h}{2}\left(\frac{2g}{l}\right)^{1/2}\sin\left[\left(\frac{2g}{l}\right)^{1/2} t\right]$$

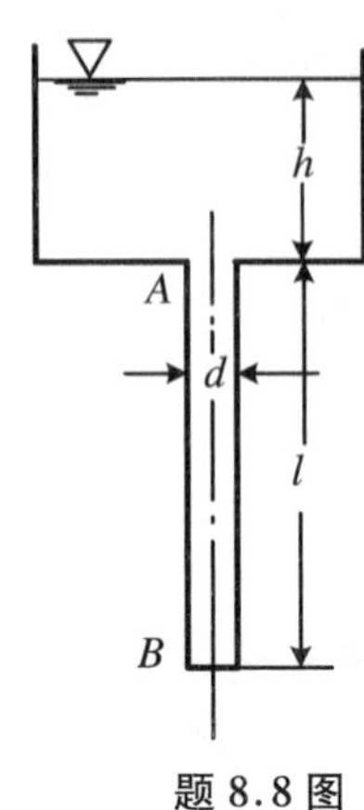

题 8.8 图

8. 如图(题 8.8 图)所示，水箱中恒定水深为 $h=5$ m，铅直管 AB 的直径为 $d=20$ cm，为了不使管道入口 A 处发生空化现象，试求：水温 $t=20$ ℃与水温 $t=60$ ℃时的最大允许管长 l 是多少？最大理论流量是多少？(忽略损失，大气压强为 $p_{\mathrm{B}}=101300$ Pa。)

解 经查表得水的汽化压强 p_v 和相对密度 δ：

20 ℃时，$p_v=2340$ Pa，$\delta=0.9982$；

60 ℃时，$p_v=20000$ Pa，$\delta=0.9832$。

列 A、B 两断面的伯努利方程式：

$$\frac{v^2}{2g}+\frac{p_v}{\rho g}+l = \frac{v^2}{2g}+\frac{p_B}{\rho g}$$

20 ℃时的最大允许管长

$$l_{1\max} = \frac{p_{\mathrm{B}}-p_v}{\rho g} = \frac{101300-2340}{998.2\times 9.81} = 10.11 \text{ m}$$

60 ℃时的最大允许管长

$$l_{2\max} = \frac{p_{\mathrm{B}}-p_v}{\rho g} = \frac{101300-20000}{983.2\times 9.81} = 8.43 \text{ m}$$

列水箱液面和 A 断面的伯努利方程

$$h+\frac{p_{\mathrm{B}}}{\rho g} = \frac{v^2}{2g}+\frac{p_v}{\rho g}$$

$$v = \sqrt{2g\left(h+\frac{p_{\mathrm{B}}-p_v}{\rho g}\right)}$$

分别带入上面不同的$(p_{\mathrm{B}}-p_v)/\rho g$ 值，即得

20 ℃时的最大理论流量

$$q_{v\max} = \frac{\pi}{4}\times 0.2^2\times\sqrt{2\times 9.81\times(5+10.11)} = 0.541 \text{ m}^3/\text{s}$$

60 ℃时的最大理论流量

$$q_{v\max} = \frac{\pi}{4}\times 0.2^2\times\sqrt{2\times 9.81\times(5+8.43)} = 0.510 \text{ m}^3/\text{s}$$

9. 如图(题 8.9 图)所示有一管路系统，已知 $d_1=150$ mm，$l_1=25$ m，$\lambda_1=0.037$；$d_2=125$ mm，$l_2=10$ m，$\lambda_2=0.039$；$d_3=100$ mm；部分局部损失系数为 $\zeta_{收缩}=0.15$，$\zeta_{阀门}=2.0$，$\zeta_{管嘴}=0.1$(上述局部损失系数都是相对于局部损失之后的流速而言)；流量 $q_v=100$ m³/h，求水流所需的水头 H 值。

解 首先计算各管道内的流体流速：

$$v_1 = \frac{4q_v}{\pi d_1^2} = 1.5727 \text{ m/s},\quad v_2 = \frac{4q_v}{\pi d_2^2} = 2.2647 \text{ m/s},\quad v_3 = \frac{4q_v}{\pi d_3^2} = 3.5386 \text{ m/s}$$

以管中心为基准面，列水箱与出口断面能量方程：

$$H+0+0 = \lambda_1\frac{l_1}{d_1}\frac{v_1^2}{2g}+\lambda_2\frac{l_2}{d_2}\frac{v_2^2}{2g}+\zeta_{进口}\frac{v_1^2}{2g}+\zeta_{收缩}\frac{v_2^2}{2g}+\zeta_{阀门}\frac{v_2^2}{2g}+\zeta_{喷嘴}\frac{v_3^2}{2g}+\frac{v_3^2}{2g}$$

代入数据得水流所需的水头 H 值：

$$H = 0.037 \times \frac{25}{0.15} \times \frac{v_1^2}{2g} + 0.039 \times \frac{10}{0.125} \times \frac{v_2^2}{2g} + 0.5 \times \frac{v_1^2}{2g} + 0.15 \times \frac{v_2^2}{2g} + 2 \times \frac{v_2^2}{2g} + 1.1\frac{v_3^2}{2g} = 2.92\ \mathrm{m}$$

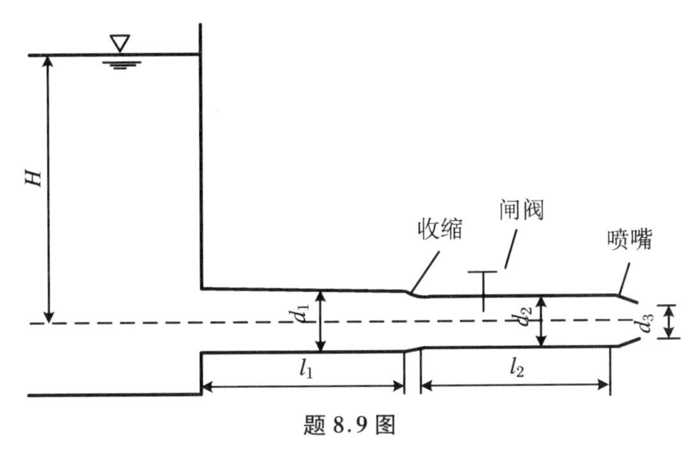

题 8.9 图

10. 如图(题 8.10 图)所示为直径 4 m 的球罐，球体内装满某种液体，液体经底部直径为 100 mm 的外伸管嘴向外出流。试求球罐内的液体放出一半和全部放空时所需要的时间。

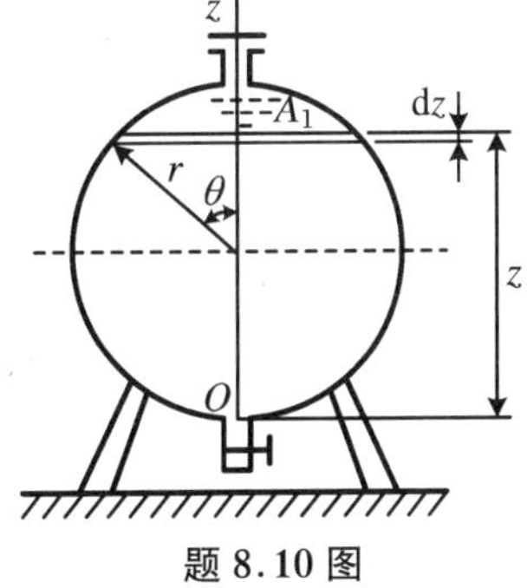

题 8.10 图

解　本题为薄壁孔口非定常出流，由题 8.10 图可得

$$z = r + r\cos\theta,\quad \mathrm{d}z = -r\sin\theta\mathrm{d}\theta,\quad A_1(z) = \pi r^2\sin^2\theta$$

由连续性方程等可列出孔口非定常出流微分方程式

$$\mu A\sqrt{2gz}\mathrm{d}t = -A_1(z)\mathrm{d}z \tag{1}$$

将式(1)积分并进行整理，得放出一半液体所需的时间为

$$t_1 = \frac{1}{\mu A(2g)^{1/2}}\int_{2r}^{r} -A_1(z)(z)^{-1/2}\mathrm{d}z = \frac{\pi r^{5/2}}{\mu A(2g)^{1/2}}\int_0^{\pi/2}\frac{\sin^3\theta}{(1+\cos\theta)^{1/2}}\mathrm{d}\theta$$

由于

$$\begin{aligned}
&\int_0^{\pi/2}\frac{\sin^3\theta}{(1+\cos\theta)^{1/2}}\mathrm{d}\theta \\
&= \left[-2\sin^2\theta(1+\cos\theta)^{1/2}\right]_0^{\frac{\pi}{2}} + 4\int_0^{\pi/2}(1+\cos\theta)^{1/2}\sin\theta\cos\theta\mathrm{d}\theta \\
&= -2 + 4\left\{\left[-\frac{2}{3}\cos\theta(1+\cos\theta)^{3/2}\right]_0^{\pi/2} - \int_0^{\pi/2}\frac{2}{3}(1+\cos\theta)^{3/2}\sin\theta\mathrm{d}\theta\right\} \\
&= -2 + \frac{2^{9/2}}{3} - \frac{8}{3}\left[-\frac{2}{5}(1+\cos\theta)^{5/2}\right]_0^{\pi/2} \\
&= -2 + \frac{2^{9/2}}{3} + \frac{16}{15}(1-2^{5/2}) = 0.5752
\end{aligned}$$

故

$$t_1 = \frac{4\times 2^{5/2}}{0.82\times 0.1^2\times(2\times 9.807)^{1/2}}\times 0.5752 = 358.4\ \mathrm{s}$$

全部放空的时间

$$t_2 = \frac{\pi r^{5/2}}{\mu A\ (2g)^{1/2}}\int_0^{\pi}\frac{\sin^3\theta}{(1+\cos\theta)^{1/2}}d\theta$$

由于

$$\int_0^{\pi}\frac{\sin^3\theta}{(1+\cos\theta)^{1/2}}d\theta = \frac{2^{9/2}}{3} - \frac{16}{15}\times 2^{5/2} = 1.509$$

故

$$t_2 = \frac{4\times 2^{5/2}}{0.82\times 0.1^2\times(2\times 9.807)^{1/2}}\times 1.509 = 940.2\ \text{s}$$

可见，球罐中的液体全部放空的时间是只放出其上面一半的时间的2.6倍多。

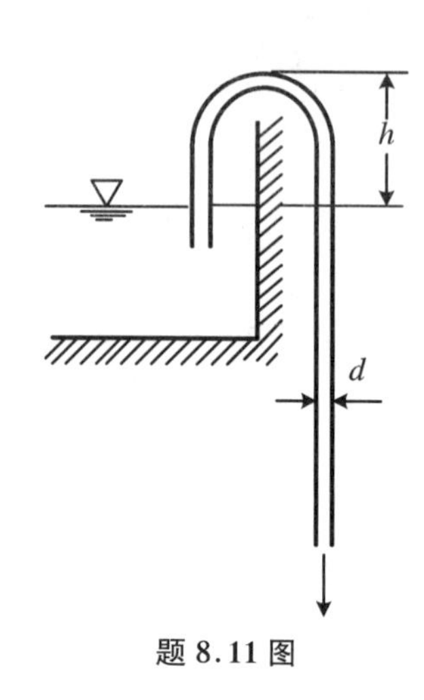

题 8.11 图

11. 如图(题8.11图)所示，用直径 $d=6$ cm 的光滑虹吸管从水箱中引水，虹吸管最高点距水面 $h=1$ m，水温为20℃，不计管道损失，试求不产生空化的最大流量是多少?

解 大气压取为 $p_0=101325$ Pa，20℃时水的汽化压强为 $p_v=2340$ Pa，以水箱液面为基准，列水箱液面和虹吸管最高处断面的伯努利方程

$$\frac{p_0}{\rho g} = h + \frac{p_v}{\rho g} + \frac{v^2}{2g}$$

$$v = \sqrt{2g\left(\frac{p_0-p_v}{\rho g}-h\right)} = \sqrt{2\times 9.81\times\left(\frac{101325-2340}{9810}-1\right)} = 13.35\ \text{m/s}$$

按此最大流速可得不产生气穴的最大流量是

$$q_{v\max} = \frac{\pi}{4}\times 0.06^2\times 13.35 = 0.0378\ \text{m}^3/\text{s}$$

12. 如图(题8.12图)所示，水从一个封闭容器经管嘴流入另一个封闭容器。已知管嘴直径 $d=0.1$ m，两容器液面高度保持恒定，$h=2$ m，两封闭容器液面相对压强分别为 $p_1=98.07$ kPa，$p_2=49.05$ kPa，求水流经管嘴的流量。

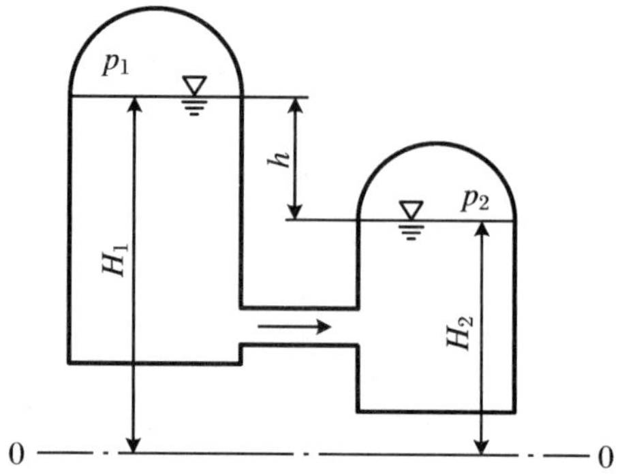

题 8.12 图

解 淹没出流作用水头计算式为

$$H_0 = (H_1-H_2) + \frac{p_1-p_2}{\rho g} + \frac{v_1^2-v_2^2}{2g}$$

将 $v_1=v_2=0$，$H_1-H_2=h$ 代入上式，得

$$H_0 = h + \frac{p_1-p_2}{\rho g}$$

由管嘴出流计算式

$$q_v = \mu A\sqrt{2g\left(h+\frac{p_1-p_2}{\rho g}\right)}$$

$$= 0.82\times\frac{\pi}{4}\times 0.1^2\times\sqrt{2\times 9.81\times(2+0.5)}$$

$$= 0.045\ \text{m}^3/\text{s}$$

13. 如图(题8.13图)所示，贮水罐底面积3 m×2 m，贮水深 $H_1=4$ m，由于锈蚀，距罐底0.2 m处形成一个直径 $d=5$ mm 的孔洞，试求：

(1) 若水位恒定，一昼夜的漏水量；

(2) 因漏水水位下降，一昼夜的漏水量。

解 (1) 水位恒定，一昼夜的漏水量按薄壁小孔口定常出流计算。故有

$$q_v = \mu A_0 \sqrt{2gH_0} \tag{1}$$

其中，$\mu = 0.62$。

$$A_0 = \frac{\pi d^2}{4} = 19.63 \times 10^{-6}\ \mathrm{m}^2;\quad H_0 = H_1 - 0.2 = 3.8\ \mathrm{m}$$

代入式(1)得

$$q_v = 105.03 \times 10^{-6}\ \mathrm{m}^3/\mathrm{s}$$

一昼夜的漏水量

$$V = q_v t = 9.07\ \mathrm{m}^3$$

(2) 水位下降，一昼夜的漏水量按孔口变水头出流计算。由连续性方程等可以推出变水头孔口出流微分方程

$$-A\mathrm{d}h = \mu A_0 \sqrt{2gh}\,\mathrm{d}t;\quad \mathrm{d}t = \frac{-A}{\mu A_0 \sqrt{2gh}}\mathrm{d}h$$

积分得出流时间

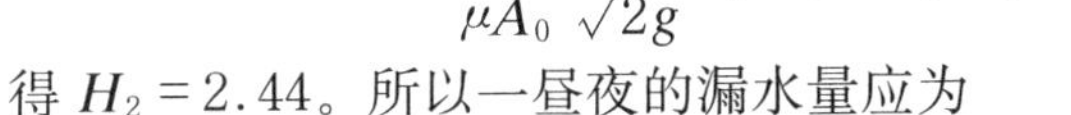

$$t = \frac{2A}{\mu A_0 \sqrt{2g}}(\sqrt{H_1} - \sqrt{H_2}) \tag{2}$$

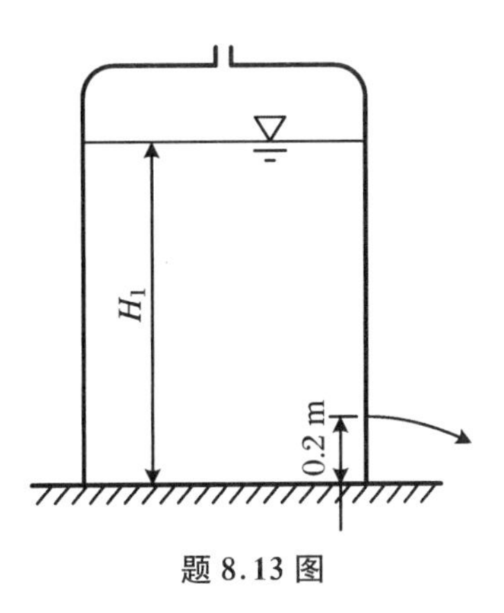

题 8.13 图

得 $H_2 = 2.44$。所以一昼夜的漏水量应为

$$V = (H_1 - H_2)A = 8.16\ \mathrm{m}^3$$

14. 如图(题 8.14 图)所示水泵提水系统。吸水管路 $d_1 = 250\ \mathrm{mm}$，$l_1 = 20\ \mathrm{m}$，$h_1 = 3\ \mathrm{m}$；压水管路 $d_2 = 200\ \mathrm{mm}$，$l_2 = 150\ \mathrm{m}$，$h_2 = 15\ \mathrm{m}$；沿程阻力系数 λ 均为 0.03，局部阻力系数为：进口 $\zeta = 3.0$，弯头 $\zeta = 0.2$，阀门 $\zeta = 0.5$，出口 $\zeta = 0.8$，水泵扬程 $H_{泵} = 20\ \mathrm{m}$，求流量。

解　吸水管与压水管为串联关系，吸水管阻力系数为

$$\varphi_1 = \frac{8\left(\lambda \dfrac{l_1}{d_1} + \sum \zeta_1\right)}{\pi^2 d_1^4 g} = \frac{8\left(0.03 \times \dfrac{20}{0.25} + 3.2\right)}{\pi^2 \times 0.25^4 \times 9.81} = 118.57\ \mathrm{s}^2/\mathrm{m}^5$$

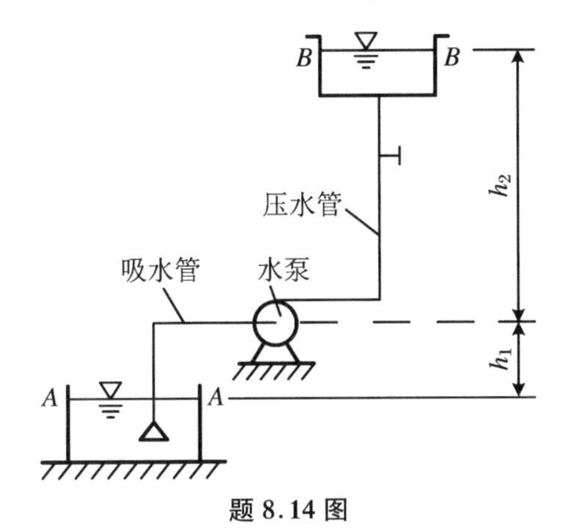

题 8.14 图

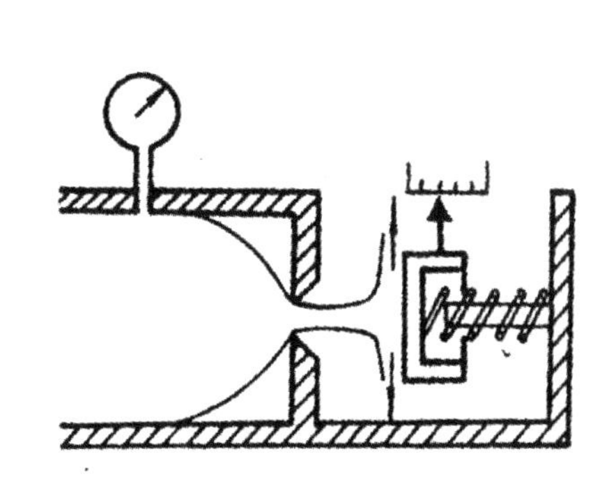

题 8.15 图

同理，压水管阻力系数为

$$\varphi_2 = 1241.00\ \mathrm{s}^2/\mathrm{m}^5$$

管路的综合阻力系数

$$\varphi = \varphi_1 + \varphi_2 = 118.57 + 1241.00 = 1359.57\ \mathrm{s}^2/\mathrm{m}^5$$

根据能量方程有

$$z_A + \frac{p_A}{\rho g} + \frac{v_A^2}{2g} + H_{泵} = z_B + \frac{p_B}{\rho g} + \frac{v_B^2}{2g} + h_{wA-B}$$

将 $p_A = p_B = p_a, v_A = v_B = 0, z_B - z_A = h_1 + h_2$ 代入上式,化简得

$$H_{泵} = h_1 + h_2 + h_{wA-B}$$

$$h_{wA-B} = H_{泵} - h_1 - h_2 = (20 - 3 - 15)\ \text{m} = 2\ \text{m}$$

所以

$$q_v = \sqrt{\frac{h_{wA-B}}{\varphi}} = \sqrt{\frac{2}{1359.57}} = 0.038\ \text{m}^3/\text{s}$$

15. 如图(题 8.15 图)所示,密度为 900 kg/m³ 的油从直径 2 cm 的孔射出,孔口前的计示压强为 45000 Pa,射流对挡板的冲击力为 20 N,出流流量为 2.29 L/s,试求孔口的出流系数。

解 由 $q_v = \mu \frac{\pi}{4} d^2 \times \sqrt{\frac{2\Delta p}{\rho}}$ 可得流量系数

$$\mu = \frac{4q_v}{\pi d^2 \sqrt{\frac{2p}{\rho}}} = \frac{4 \times 2.29 \times 10^{-3}}{\pi \times 0.02^2 \times \sqrt{\frac{2 \times 45000}{900}}} = 0.729$$

由冲击力 $F = \rho q_v v = \rho q_v \varphi \sqrt{\frac{2p}{\rho}}$ 可得流速系数

$$\varphi = \frac{F}{\rho q_v \sqrt{\frac{2p}{\rho}}} = \frac{20}{900 \times 2.29 \times 10^{-3} \times \sqrt{\frac{2 \times 45000}{900}}} = 0.970$$

收缩系数

$$\varepsilon = \frac{\mu}{\varphi} = \frac{0.729}{0.970} = 0.752$$

16. 如图(题 8.16 图)所示,有两根长度、直径、材质均相同的支管并联。已知干管中水的流量为 $q_v = 80 \times 10^{-3}$ m³/s,两支管长均为 $l = 6$ m,管径均为 $d = 200$ mm,沿程阻力系数 $\lambda = 0.026$,求两支管内的流量 q_{v1}、q_{v2}。若在支管 2 上装一个阻力系数为 $\zeta = 0.5$ 的阀门,问 q_{v1}、q_{v2} 如何变化?并求出变化后的值。

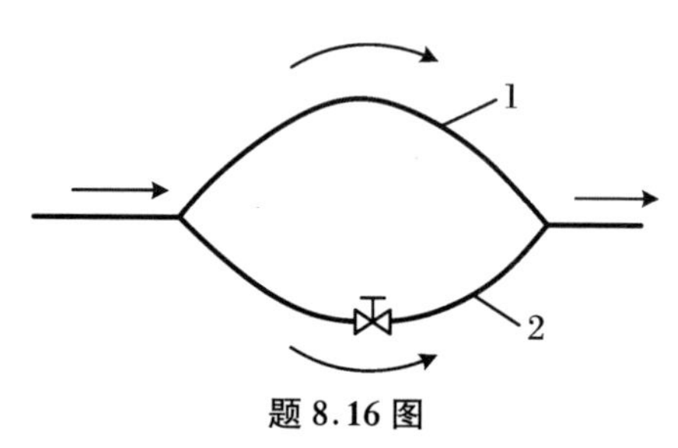

题 8.16 图

解 (1) 不装阀门时,两支管的阻碍情况完全相同,阻力系数 $\varphi_1 = \varphi_2$,所以两支管的流量为

$$q_{v1} = q_{v2} = 0.5 \times 80 \times 10^{-3} = 40 \times 10^{-3}\ \text{m}^3/\text{s}$$

(2) 装阀门后,$\varphi_1 < \varphi_2$,且

$$\varphi_1 = \frac{8\left(\lambda \frac{l}{d} + \sum \zeta_1\right)}{\pi^2 d^4 g} = \frac{8 \times \left(0.026 \times \frac{6}{0.2} + 0\right)}{\pi^2 \times 0.2^4 \times 9.81}\ \text{s}^2/\text{m}^5$$

$$\varphi_2 = \frac{8\left(\lambda \frac{l}{d} + \sum \zeta_2\right)}{\pi^2 d^4 g} = \frac{8 \times \left(0.026 \times \frac{6}{0.2} + 0.5\right)}{\pi^2 \times 0.2^4 \times 9.81}\ \text{s}^2/\text{m}^5$$

$$\frac{q_{v1}}{q_{v2}} = \frac{\sqrt{\varphi_2}}{\sqrt{\varphi_1}} = 1.28$$

又 $q_{vb} = q_{v1} + q_{v2} = 80 \times 10^{-3}$ m³/s,所以

$$q_{v2} = 35.1 \times 10^{-3}\ \text{m}^3/\text{s} = 35.1\ \text{L/s}$$
$$q_{v1} = 44.9 \times 10^{-3}\ \text{m}^3/\text{s} = 44.9\ \text{L/s}$$

因此,第 2 根支管的流量将减小,第 1 根支管的流量将增加。

17. 如图(题 8.17 图)所示,直径 $D = 60$ mm 的活塞受力 $F = 3000$ N 后,将密度 $\rho = 917\ \text{kg/m}^3$ 的油从 $d = 20$ mm 的薄壁孔口挤出,孔口流速系数 $\varphi = 0.97$,流量系数 $\mu = 0.63$,试求孔口流量及作用在油缸上的力。

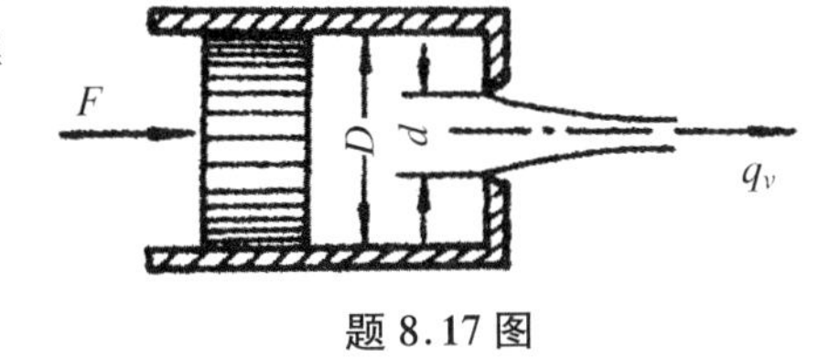

题 8.17 图

解　首先利用题给的流速系数 φ 和流量系数 μ 求出孔口的收缩系数 ε 和阻力系数 ζ,以备下面解题之用。

收缩系数

$$\varepsilon = \frac{\mu}{\varphi} = \frac{0.63}{0.97} = 0.65$$

阻力系数

$$\zeta = \frac{1}{\varphi^2} - 1 = \frac{1}{0.97^2} - 1 = 0.628$$

再用负载 F 求出油缸中的流体压强

$$p = \frac{4F}{\pi D^2} = \frac{4 \times 3000}{\pi \times 0.06^2} = 10.61 \times 10^5\ \text{Pa}$$

设油缸中液体运动速度(也就是活塞移动速度)为 v_1,孔口收缩断面上的速度为 v_2,则由连续方程可得

$$v_1 \frac{\pi}{4} D_1^2 = v_2 \varepsilon \frac{\pi d^2}{4}, \quad 或 \quad v_1^2 = v_2^2 \varepsilon^2 \left(\frac{d}{D}\right)^4 \tag{1}$$

有了以上准备,就可以列油缸与孔口收缩断面的伯努利方程,借以解出 v_1、v_2,进而求流量 q_v 及作用在油缸上的力 F' 了。伯努利方程为

$$\frac{p}{\rho g} + \frac{v_1^2}{2g} = (1 + \zeta) \frac{v_2^2}{2g}$$

以式(1)代入,得

$$\frac{p}{\rho g} = \left[1 + \zeta - \varepsilon^2 \left(\frac{d}{D}\right)^4\right] \frac{v_2^2}{2g}$$

消去 g,解出

$$v_2 = \sqrt{\frac{2p}{\rho\left[1 + \zeta - \varepsilon^2 \left(\frac{d}{D}\right)^4\right]}}$$

代入数值,得

$$v_2 = \sqrt{\frac{2 \times 10.61 \times 10^5}{917 \times \left[1 + 0.0628 - 0.65^2 \times \left(\frac{0.02}{0.06}\right)^4\right]}} = 46.77\ \text{m/s}$$

由式(1)可得

$$v_1 = v_2 \varepsilon \left(\frac{d}{D}\right)^2 = 46.77 \times 0.65 \times \left(\frac{0.02}{0.06}\right)^2 = 3.38\ \text{m/s}$$

于是孔口出流流量

$$q_v = \mu \frac{\pi d^2}{4} v_2 = 0.63 \times \frac{\pi}{4} \times 0.02^2 \times 46.77 = 0.00926\ \text{m}^3/\text{s} = 9.26\ \text{L/s}$$

取油缸中液体为控制体,油缸作用在控制体上的力为 $-F'$,则由动量方程可得

$$F - F' = \rho q_v (v_2 - v_1)$$

于是对油缸的作用力

$$F' = F - \rho q_v(v_2 - v_1) = 3000 - 917 \times 0.00926 \times (46.77 - 3.38) = 2631\ \text{N}$$

方向向右。

18. 如图(题8.18图)所示,两层建筑的供暖管道水平设置,支管1的直径 $d_1 = 20\ \text{mm}$,总长 $l_1 = 20\ \text{m}$,$\sum \zeta_1 = 15$;支管2的直径 $d_2 = 20\ \text{mm}$,总长 $l_2 = 10\ \text{m}$,$\sum \zeta_2 = 15$;管路的沿程阻力系数均为$\lambda = 0.02$,干管流量 $q_v = 0.002\ \text{m}^3/\text{s}$,求 q_{v1} 和 q_{v2}。

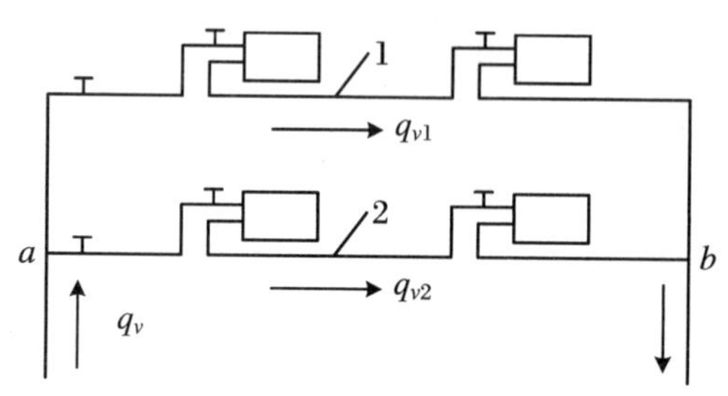

题 8.18 图

解 1、2两个支管的阻力系数分别为

$$\varphi_1 = \frac{8\left(\lambda_1 \dfrac{l_1}{d_1} + \sum \zeta_1\right)}{\pi^2 d_1^4 g},\quad \varphi_2 = \frac{8\left(\lambda_2 \dfrac{l_2}{d_2} + \sum \zeta_2\right)}{\pi^2 d_2^4 g}$$

因 $d_1 = d_2$,$\lambda_1 = \lambda_2$,所以

$$\frac{\sqrt{\varphi_2}}{\sqrt{\varphi_1}} = \frac{\sqrt{\lambda \dfrac{l_2}{d_2} + \sum \zeta_2}}{\sqrt{\lambda \dfrac{l_1}{d_1} + \sum \zeta_1}}$$

根据并联流动规律,有

$$\frac{q_{v1}}{q_{v2}} = \frac{\sqrt{\varphi_2}}{\sqrt{\varphi_1}} = \sqrt{\frac{0.02 \times \dfrac{10}{0.02} + 15}{0.02 \times \dfrac{20}{0.02} + 15}} = 0.845$$

由连续性方程,有 $q_v = q_{v1} + q_{v2} = 0.002\ \text{m}^3/\text{s}$,所以

$$q_{v1} = 0.0009\ \text{m}^3/\text{s},\quad q_{v2} = 0.0011\ \text{m}^3/\text{s}$$

19. 如图(题8.19图)所示,气体消音器由 n 层孔板组成,每层上的孔口面积各自不等,分别为 $A_1, A_2, \cdots, A_n$,但这 n 个孔口的流量系数均等于μ,起始压强为 p_1,末尾压强为 $p_{n+1} = 0$,气体密度为ρ,试求其流量公式。

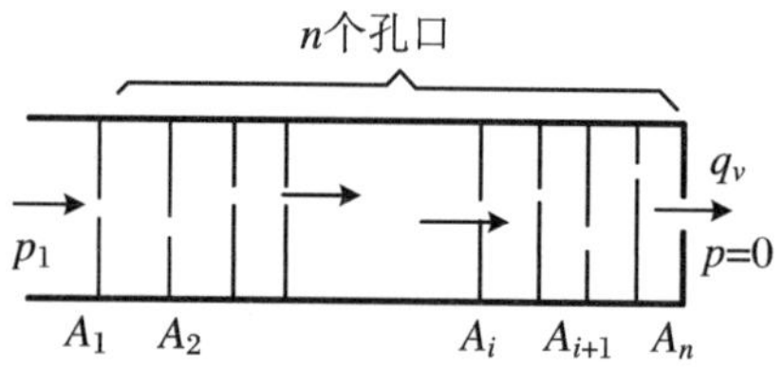

题 8.19 图

解 对于第 i 个孔口,其流量为

$$q_v = \mu A_i \sqrt{\frac{2(p_i - p_{i+1})}{\rho}}$$

由此可得

$$p_i - p_{i+1} = \frac{\rho q_v^2}{2\mu^2}\left(\frac{1}{A_i^2}\right)$$

i 从1到 n 求和,得

$$\sum_{i=1}^{n}(p_i - p_{i+1}) = \frac{\rho q_v^2}{2\mu^2}\sum_{i=1}^{n}\left(\frac{1}{A_i^2}\right)$$

等式左边各项正负相消，只剩 p_1

$$p_1 = \frac{\rho q_v^2}{2\mu^2}\sum_{i=1}^{n}\left(\frac{1}{A_i^2}\right)$$

则流量公式

$$q_v = \frac{\mu\sqrt{\dfrac{2p_1}{\rho}}}{\sqrt{\sum_{i=1}^{n}\left(\dfrac{1}{A_i^2}\right)}}$$

20. 如图(题 8.20 图)所示，水从一水头为 h_1 的大容器通过小孔流出(大容器的水位可以认定是不变的)。射流冲击在一块平板上，它盖住了第二个容器的小孔，该容器水平面到小孔的距离为 h_2，设两个小孔在相同高度且面积相同。若给定 h_1，求射流作用在平板上的力刚好与板后的力平衡时 h_2 为多少。

解　首先对板子受力分析，恰好平衡时应该有板两边的水压力相等，因为板右边承受的是静水压力，所以有

$$F_{右} = \rho g h_2 \cdot A$$

通过对左边冲击木板的液体列动量方程得到

$$F_{左} = \rho A v \cdot v = \rho A v^2$$

在对于左边的流体系统列伯努利方程可知

$$v = \sqrt{2gh_1}$$

由 $F_{左} = F_{右}$，将两式代入可得

$$2gh_1 = gh_2$$

题 8.20 图

这样，可求得射流作用在平板上的力刚好与板后的力平衡时

$$h_2 = 2h_1$$

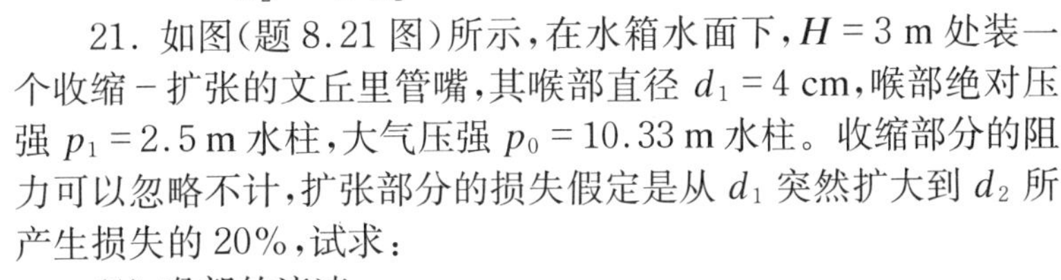

21. 如图(题 8.21 图)所示，在水箱水面下，$H = 3$ m 处装一个收缩－扩张的文丘里管嘴，其喉部直径 $d_1 = 4$ cm，喉部绝对压强 $p_1 = 2.5$ m 水柱，大气压强 $p_0 = 10.33$ m 水柱。收缩部分的阻力可以忽略不计，扩张部分的损失假定是从 d_1 突然扩大到 d_2 所产生损失的 20%，试求：

(1) 喉部的流速 v_1；

(2) 流量 q_v；

(3) 出口的流速 v_2 和出口断面的直径 d_2。

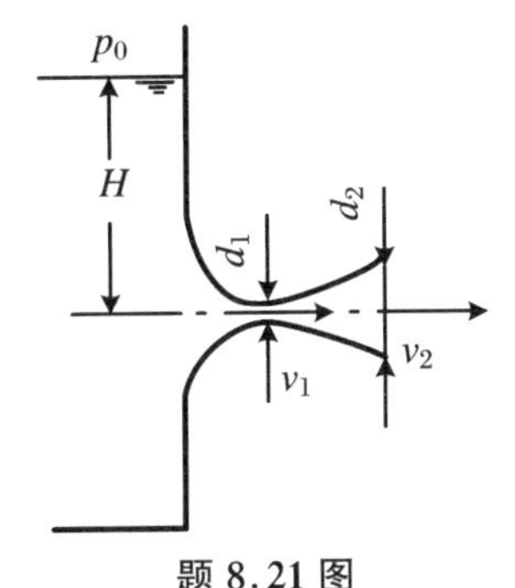

题 8.21 图

解　按绝对压强作为计算标准。列水箱液面和喉部断面的伯努利方程式

$$\frac{p_0}{\rho g} + H = \frac{p_1}{\rho g} + \frac{v_1^2}{2g}$$

喉部流速

$$v_1 = \sqrt{2g\left(H + \frac{p_0 - p_1}{\rho g}\right)} = \sqrt{2 \times 9.81 \times (3 + 10.33 - 2.5)} = 14.58 \text{ m/s}$$

流量

$$q_v = \frac{\pi}{4} \times 0.04^2 \times 14.58 = 0.0183 \text{ m}^3/\text{s} = 18.3 \text{ L/s}$$

列水箱液面和出口断面的伯努利方程：

$$H=\frac{v_2^2}{2g}+0.2\times\frac{(v_1-v_2)^2}{2g}$$

$$2gH=v_2^2+0.2v_1^2+0.2v_2^2-0.4v_1v_2$$

$$1.2v_2^2-0.4\times14.58v_2+0.2\times14.58^2-2\times9.81\times3=0$$

$$1.2v_2^2-5.832v_2-16.34=0$$

出口流速

$$v_2=\frac{5.832\pm\sqrt{(5.832)^2+4\times1.2\times16.34}}{2\times1.2}=6.85\ \text{m/s}$$

出口直径

$$d_2=d_1\sqrt{\frac{v_1}{v_2}}=4\times\sqrt{\frac{14.58}{6.85}}=5.84\ \text{cm}$$

22. 用一个带有导流板的轴流式风机水平送风，送风口直径 $d_0=500$ mm，出口风速 $v_0=10$ m/s，试求距出口 12 m 处的轴心速度和风量。

解 射流喷口湍流系数 $a=0.12$，利用射流轴心速度计算公式得

$$\frac{v_m}{v_0}=\frac{0.48}{\frac{as}{d_0}+0.147}=\frac{0.48}{\frac{0.12\times12}{0.5}+0.147}=0.16$$

$$v_m=0.16v_0=0.16\times10=1.6\ \text{m/s}$$

根据射流流量计算公式，有

$$\frac{q_v}{q_{v0}}=4.4\left(\frac{as}{d_0}+0.147\right)=4.4\times3.027=13.32$$

$$q_v=13.32q_{v0}=13.32\times\frac{\pi}{4}d_0^2v_0=13.32\times\frac{\pi}{4}\times0.5^2\times10=26.14\ \text{m}^3/\text{s}$$

23. 试求距 $R_0=0.5$ m 的轴对称射流出口截面为 20 m，距轴心线距离为 $y=1$ m 处的气体速度与出口速度之比。

解 $\frac{s}{R_0}=\frac{20}{0.5}=40$ 较大，故取 $\bar{x}_0\approx0$，则 $\bar{x}=\bar{s}$。

(1) 计算 v_m 与 v_0 之比：

$$\frac{v_m}{v_0}=\frac{12.4\sqrt{\beta_0}}{\bar{x}}=\frac{12.4\times1}{40}=0.31$$

$$v_m=0.31v_0\tag{1}$$

(2) 计算 v 与 v_m 之比：

$$\frac{R}{R_0}=0.22\bar{x}=0.22\times40=8.8$$

$$R=8.8R_0=4.4\ \text{m}$$

$$\frac{v}{v_m}=\left[1-\left(\frac{y}{R}\right)^{1.5}\right]^2=\left[1-\left(\frac{1}{4.4}\right)^{1.5}\right]^2=0.795$$

$$v=0.795v_m\tag{2}$$

(3) 计算 v 与 v_0 之比。将式(1)代入式(2)，得

$$v=0.795\times0.31v_0=0.246v_0$$

24. 输水钢管直径 $d=1000$ mm，厚壁 $\delta=20$ mm，长 $l=800$ m，钢的弹性模量 $E=2\times10^{11}$ Pa，管内水的流速 $v_0=1.2$ m/s，试求突然关闭阀门引起的水击压强及水击周期。

解 水的体积模量 $K=2\times10^9$ Pa，水击波传播速度为

$$c_w = \sqrt{\frac{K/\rho}{1+\frac{Kd}{E\delta}}} = 1154.7\ \mathrm{m/s}$$

水击压强为

$$\Delta p = \rho c_w v_0 = 1.3856 \times 10^6\ \mathrm{Pa}$$

这个水击压强差相当于14个标准大气压，可见水击会产生极高的压强。

水击波在管流中传播两个来回所用的时间称为水击周期，其值为

$$T = 4l/c_w = 2.77\ \mathrm{s}$$

25. 某厂房通过向下的风口进行岗位送风。已知风口距地面4 m，工作区在距地面1.5 m高的范围。若要求射流在工作区造成直径为1.5 m的射流截面，限定轴心流速为2 m/s，求喷口直径和出口流量。

解　由已知条件可得 $D=1.5\ \mathrm{m}$，$s=(4-1.5)\ \mathrm{m}=2.5\ \mathrm{m}$，圆形喷口湍流系数 $a=0.08$，将其代入射流几何特征计算式

$$\frac{D}{d_0} = 6.8\left(\frac{as}{d_0}+0.147\right)$$

将已知条件代入得

$$d_0 = 0.14\ \mathrm{m}$$

又由已知条件得 $v_m=2\ \mathrm{m/s}$，将其和 $d_0=0.14\ \mathrm{m}$ 代人圆断面射流计算公式：

$$\frac{v_m}{v_0} = \frac{0.48}{\frac{as}{d_0}+0.147}$$

得 $v_0=6.565\ \mathrm{m/s}$，所以流量为

$$q_{v0} = \frac{\pi}{4}d_0^2 v_0 = \frac{3.14\times 0.14^2}{4}\times 6.565 = 0.1\ \mathrm{m^3/s}$$

26. 如图(题8.26图)所示，水管直径 $d=200\ \mathrm{mm}$，壁厚 $\delta=6\ \mathrm{mm}$，管内水流速度 $v_0=1.2\ \mathrm{m/s}$，管壁材料的弹性模量为 $E=20\times 10^{10}\ \mathrm{Pa}$，水的体积模量为 $K=2\times 10^9\ \mathrm{Pa}$，试求由于水击压强 Δp 引起的管壁的拉应力 σ。

解　计算水击波传播速度 c_w 和水击压强 Δp：

$$c_w = \sqrt{\frac{K/\rho}{1+\frac{Kd}{E\delta}}} = 1224.7\ \mathrm{m/s}$$

$$\Delta p = \rho c_w v_0 = 1.4697\times 10^6\ \mathrm{Pa}$$

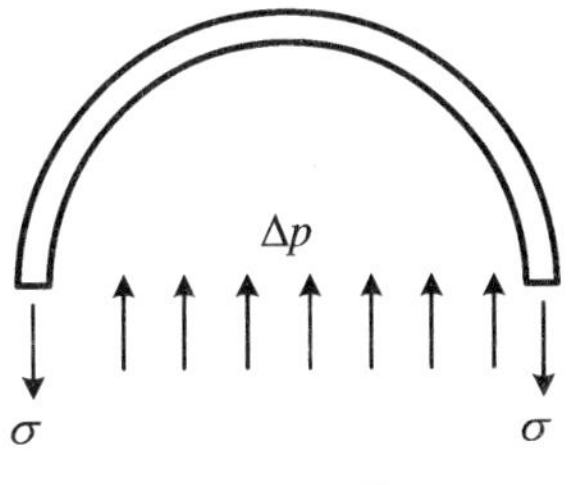

管内外的压强差必然会产生管壁的拉应力，如题8.26图所示。现取单位长度管道，沿管轴线切开，分析图示的管壁的受力平衡。根据曲面静压力公式知，压强 Δp 作用在图示的曲面上的总压力为 Δpd，管壁切面的总拉力为 $2\sigma\delta$，因此

题8.26图

$$2\sigma\delta = \Delta pd$$

$$\sigma = \frac{d}{2\delta}\Delta p = 24.5\times 10^6\ \mathrm{Pa}$$

一般钢材的许用应力约为 $[\sigma]=30\times 10^6\ \mathrm{Pa}$，可见水击引起的拉应力差不多快到许用值了。

27. 铸铁压力输水管道，直径 $D=105\ \mathrm{mm}$，壁厚 $\delta=4.5\ \mathrm{mm}$，管壁的允许拉应力 $[\sigma]=46\times 10^6\ \mathrm{Pa}$，水的体积模量 $K=2.1\times 10^9\ \mathrm{Pa}$，管壁材料的弹性模量 $E=9.8\times 10^{10}\ \mathrm{Pa}$。为防止水击损坏管道，试求管道的限制流速。

解　按管壁允许拉应力，计算管道允许的水击压强：

$$\Delta pD = 2[\sigma]\delta$$

$$\Delta p = \frac{2[\sigma]\delta}{D} = \frac{2\times 46\times 10^6\times 4.5}{105} = 3.94\times 10^6\ \text{Pa}$$

计算水击波传播速度：

$$c_w = \frac{c}{\sqrt{1+\frac{K}{E}\frac{D}{\delta}}} = \frac{1435}{\sqrt{1+\frac{2.1\times 10^9}{9.8\times 10^{10}}\times\frac{105}{4.5}}} = 1171.67\ \text{m/s}$$

计算限制流速：由水击压强计算公式 $\Delta p = \rho c_w v_0$ 得

$$v_0 = \frac{\Delta p}{\rho c_w} = \frac{3.94\times 10^6}{10^3\times 1171.67} = 3.36\ \text{m/s}$$

28. 输水钢管，直径 $d = 300$ mm，管壁材料的弹性模量 $E = 18\times 10^{10}$ Pa，水的体积模量为 $K = 2\times 10^9$ Pa，管内流速 $v_0 = 0.5$ m/s，如果要求水击压强 $\Delta p < 6\times 10^5$ Pa，试求壁厚 δ。

解

$$c_w = \frac{\Delta p}{\rho v_0} < 1200\ \text{m/s}$$

计算 δ：由于

$$c_w = \sqrt{\frac{K/\rho}{1+\frac{Kd}{E\delta}}} < 1200,\quad \frac{Kd}{E\delta} > \frac{7}{18}$$

则

$$\delta < \frac{18}{7}\frac{K}{E}d = 8.57\ \text{mm}$$

29. 一条输油管道，直径 $d = 400$ mm，壁厚 $\delta = 8$ mm，油的密度 $\rho = 850\ \text{kg/m}^3$，体积模量 $K = 1.6\times 10^9$ Pa，管壁材料的弹性模量 $E = 12\times 10^{10}$ Pa，如果要求水击压强不超过 5×10^5 Pa，试问关阀时的管流量 q_v 应为多少？

解

$$c_w = \sqrt{\frac{K/\rho}{1+\frac{Kd}{E\delta}}} = 1062.74\ \text{m/s}$$

$$v_0 = \frac{\Delta p}{\rho c_w} = 0.5535\ \text{m/s}$$

$$q_v = v_0 A = 0.06956\ \text{m}^3/\text{s}$$

为了满足 $\Delta p < 5\times 10^5$ Pa 的要求，流量应小于 $0.06956\ \text{m}^3/\text{s}$。

30. 输水铸铁管，直径 $d = 150$ mm，壁厚 $\delta = 8$ mm，铸铁的弹性模量 $E = 9.8\times 10^{10}$ Pa，要求在突然关阀时引起的水击压强不超过 4×10^5 Pa，试求关阀前的管道流量应为多少？

解 水击波的传播速度为

$$c_w = \sqrt{\frac{K/\rho}{1+\frac{Kd}{E\delta}}} = 1202.7\ \text{m/s}$$

根据水击压强计算公式得

$$v_0 = \frac{\Delta p}{\rho c_w} < 0.3326\ \text{m/s}$$

$$q_v = v_0 A < 5.8733\times 10^{-3}\ \text{m}^3/\text{s}$$

第9章　明渠流、堰流与渗流

9.1 学习指导

9.1.1 明渠定常流

1. 明渠定常均匀流概述

明渠：人工渠道、天然河道以及不满流的管道统称为明渠。

渠底线与渠底坡度：沿渠道中心线所作的纵剖面与渠底的交线称为渠底线（或底坡线），渠底线与水平线交角的正弦称为渠底坡度，用 i 表示，如图9.1所示。

$$i = \sin\theta = (z_1 - z_2)/l = \Delta z/l \approx \Delta z/l_x = \tan\theta \tag{9.1}$$

明渠均匀流：在 $i>0$ 的棱柱体渠道中，若无局部障碍物，则所有的流线都是互相平行的直线，这种流动称为均匀流。明渠均匀流的条件使水流沿程减少的位能，等于沿程水头损失，而水流的动能保持不变。

明渠均匀流有以下特征：① 过水断面的形状、尺寸、水深沿程不变；② 所有的流线都是互相平行的直线；③ 过水断面上的流速分布、平均流速沿程不变，因而动能沿程系数也沿程不变；④ 总水头线、测压管水头线、渠底线互相平行，如图9.2所示，也就是水力坡度 J、测压管线坡度 J_p 及渠底坡度 i 彼此相等，即 $J = J_p = i$。

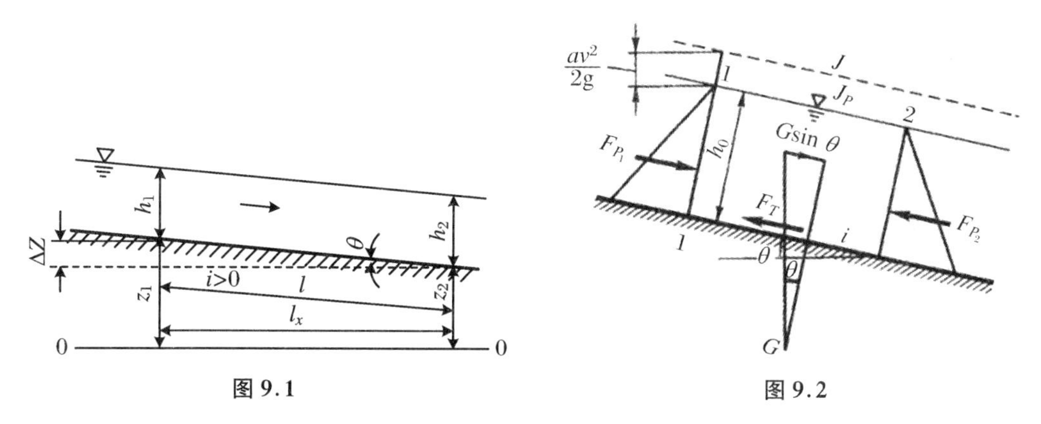

图9.1　　　　图9.2

明渠均匀流动中阻碍水流运动的摩擦阻力 F_T 与促使水流运动的重力分量 $G\sin\theta$ 相平衡，即 $G\sin\theta = F_T$。

2. 明渠定常均匀流计算公式

明渠均匀流的基本公式为连续性方程和谢才公式，即 $q_v = A\cdot v$；$v = C\sqrt{Ri}$。

在明渠均匀流中，用 h_0 表示均匀流的水深（称为正常水深），故

$$q_v = AC\sqrt{Ri} \tag{9.2}$$

谢才系数 C 广泛采用曼宁公式，即 $C = R^{1/6}/n$，式中，n 为粗糙率或称粗糙系数，R 为水力半径。

3. 过流断面水力要素

明渠断面以梯形最具代表性，如图9.3所示，其几何要素如下：

(1) 过水断面面积：

$$A = (b + mh)h \tag{9.3}$$

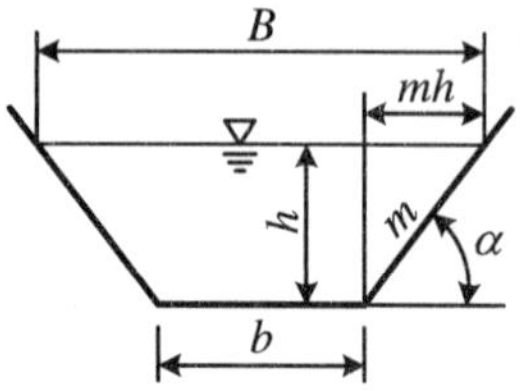

式中，b 为渠底宽度，h 为水深，m 为边坡因数，$m = \cot\alpha$，其值可根据规范使用。

图 9.3

(2) 湿周：

$$\chi = b + 2h\sqrt{1 + m^2} \tag{9.4}$$

(3) 水力半径：

$$R = \frac{A}{\chi} \tag{9.5}$$

(4) 水面宽度：

$$B = b + 2mh \tag{9.6}$$

矩形断面是 $m = 0$ 的梯形的特例。

4. 明渠流动状态

(1) 明渠流微幅干扰波(简称"微波")波速：

$$c_w = \pm\sqrt{gA/B} \tag{9.7}$$

明渠流速 $v < c_w$，流动为缓流；明渠流速 $v > c_w$，流动为急流；明渠流速 $v = c_w$，流动为临界流。其中微波顺水流方向传播取"+"号，逆水流方向传播取"−"号。

(2) 弗劳德数。水力学中把明渠流速 v 与微波速度 c_w 的比值定义为弗劳德数，即

$$Fr = \frac{v}{c_w} = \frac{v}{\sqrt{gA/B}} = \frac{v}{\sqrt{gh}} \tag{9.8}$$

$Fr < 1$，流动为缓流；$Fr > 1$，流动为急流；$Fr = 1$，流动为临界流。

5. 明渠均匀流水力计算问题

明渠均匀流水力计算问题一般可分为三类：

(1) 流量校核。这是对已建成的渠道进行流量校核。通常已知 b、h、m、A，可直接求 q_v。这类问题较简单。

(2) 底坡确定。这类问题在渠道的设计中经常遇到。在进行设计时，一般已知 q_v、n、b、h，求 i。

$$q_v = AC\sqrt{Ri} = K\sqrt{i} \tag{9.9}$$

式中，K 为流量模数($\mathrm{m^3/s}$)，$K = AC\sqrt{R}$，$i = q_v^2/K^2$。

(3) 断面设计。这类问题一般是已知 q_v、n、m、i，求 b 和 h。

由 $q_v = AC\sqrt{Ri} = A_0C_0\sqrt{R_0 i}$ 来计算，在已知条件下应根据工程要求，如流速、宽深比的要求等确定。

① 水深 h 一定，确定相应的底宽 b，如水深 h 另有通航或施工条件限制，底宽 b 有确定解。

② 底宽 b 一定，确定相应水深 h，如底宽 b 由施工机械的开挖作业宽度限定，用于上面相同的方法，做 $K = f(h)$ 曲线，然后找出 K_A 所对应的值 h。

宽深比 $\beta = b/h$ 一定，确定相应的 b、h，小型渠道的宽深比 β 可按水力最优条件 $\beta = \beta_h = 2\sqrt{1 + m^2} - m$ 给出来，大型渠道的宽深比 β 由综合技术经济比较给出。

限定最大的允许流速，确定相应的 b、h。渠道不发生冲刷的最大允许流速为控制条件，则渠道的过流断面面积和水力半径为定值：

$$A = \frac{q_v}{v_{\max}}, \quad R = \left[\frac{nv_{\max}}{i^{1/2}}\right]^{3/2} \tag{9.10}$$

$$A = (b + mh)h, \quad R = \left[\frac{(b + mh)h}{b + 2h\sqrt{1 + m^2}}\right] \tag{9.11}$$

设计流速 v 的控制范围是 $v_{min}<v<v_{max}$，其中 v_{min} 是免受淤积的最小允许流速，v_{max} 为渠道免遭冲刷的最大允许流速，设计计算时可查阅相关资料选用。

9.1.2　堰流

1. 概述与分类

在明渠流中，为控制水位和流量而设置的顶部溢流障碍物称为堰，在水力学工程中叫做坝，水流经堰顶溢流使堰前水面壅高，堰上水面降落，这种急变流现象称为堰流，如图 9.4 所示。

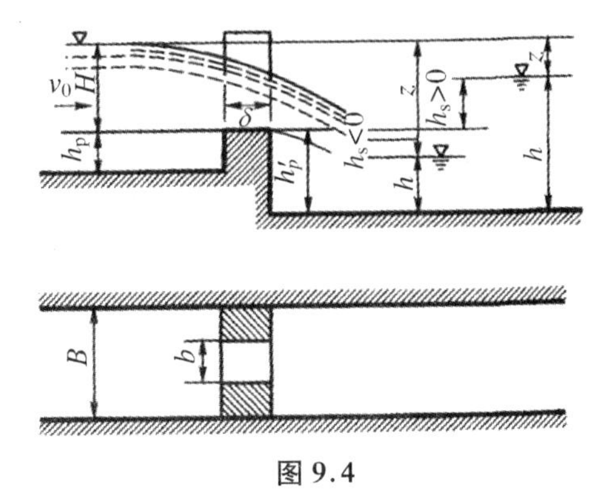

图 9.4

堰流的各项特征量如下：① 堰宽 b，水流漫过堰顶的宽度；② 堰顶厚度 δ；③ 堰上水头 H，上游水位在堰顶上最大超高；④ 堰上、下游坎高 h_p、h'_p；⑤ 堰下游水深 h；⑥ 上游渠道宽（上游来流宽度）B；⑦ 行近流速（上游来流速度）v_0。

按堰顶宽度 δ 与堰上水头 H 的比值范围将堰分为薄壁堰 $\left(\frac{\delta}{H}<0.67\right)$、实用堰 $\left(0.67<\frac{\delta}{H}<2.5\right)$、宽顶堰 $\left(2.5<\frac{\delta}{H}<10\right)$ 三类。

2. 宽顶堰

按出流方式可分为自由式出流和淹没式出流。

(1) 自由式出流。如图 9.5 所示宽顶堰自由式出流，在堰进口不远处，水面降落。形成小于临界水深的收缩水深 $h_1<h_c$，堰上水流为急流，水面近似平行堰顶，在宽顶堰的上游取一渐变流断面 0 - 0，再取堰顶上的收缩断面 1 - 1 为另一渐变流断面，以堰顶为基准面，列上述结构断面的能量方程：

$$H+\alpha_0\frac{v_0^2}{2g}=h_1+\alpha\frac{v_1^2}{2g}+\zeta\frac{v_1^2}{2g}$$

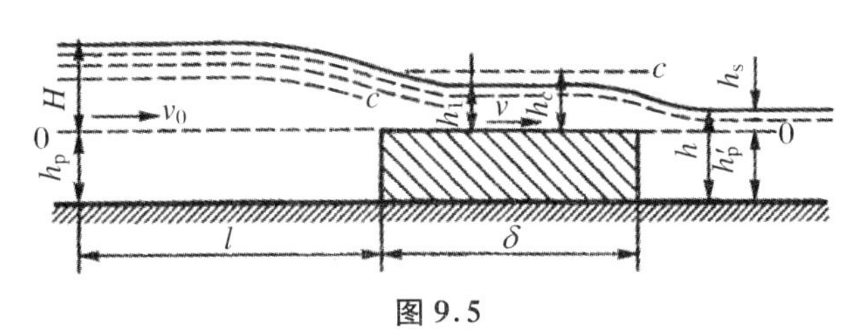

图 9.5

设 $H_0=H+\alpha_0\frac{v_0^2}{2g}$ 为包括行近流速水头的堰上水头，又令 $h_1=kH_0$，k 是修正系数，它取决于堰口的形状和过流断面的变化，α_0 与 α 为相应断面的动能修正系数，ζ 是局部阻力系数，代入上式，得

$$v_1=\frac{1}{\sqrt{\alpha+\zeta}}\sqrt{1-k}\sqrt{2gH_0}=\varphi\sqrt{1-k}\sqrt{2gH_0}\tag{9.12}$$

$$q_v=v_1h_1b=v_1kH_0b=\varphi k\sqrt{1-k}b\sqrt{2g}H_0^{3/2}=mb\sqrt{2g}H_0^{3/2}\tag{9.13}$$

式中，b 为堰宽，φ 为流速系数，$\varphi=\frac{1}{\sqrt{\alpha+\zeta}}$，$m$ 为流量系数，$m=\varphi k\sqrt{1-k}$。

(2) 淹没式出流。当堰流下游水位较高，下游水流顶部高过堰上水流顶部，堰上水深由小于临界水深变为大于临界水深，水流由急流变为缓流。下游干扰波向上游传播。称为淹没式溢流，如图 9.6 所示。

形成淹没溢流的必要条件：下游水位高于堰顶。即

$$h_s = h - h'_p > 0 \tag{9.14}$$

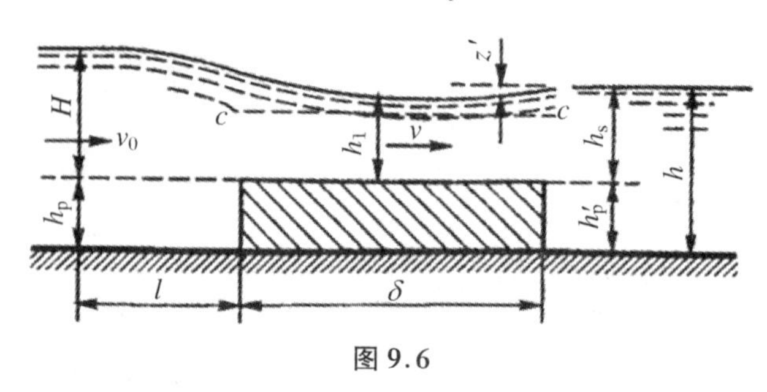

图 9.6

形成淹没堰流溢流的充分条件：

$$h_s = h - h'_p > 0.8H_0 \tag{9.15}$$

淹没宽顶堰出流的溢流量：

$$q_v = \sigma mb\sqrt{2g}H_0^{3/2} \tag{9.16}$$

式中，σ 为淹没因数，随淹没程度 h_s/H_0 的增大而减小。

3. 矩形薄壁堰

矩形薄壁堰溢流如图 9.7 所示，自由式溢流的基本公式为

$$q_v = mb\sqrt{2g}H^{3/2} \tag{9.17}$$

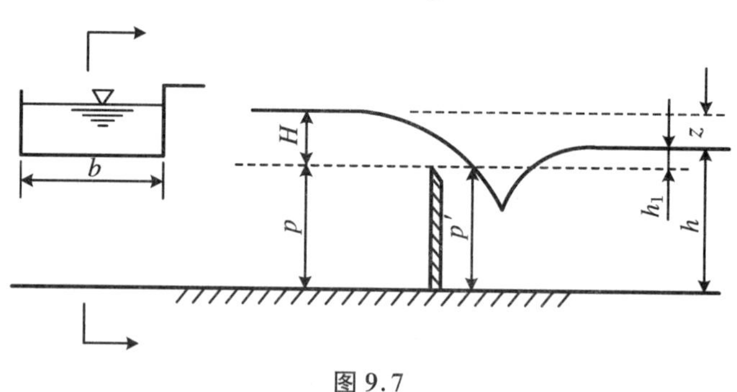

图 9.7

若将行近流速水头$\frac{av_0^2}{2g}$的影响计入流量系数内，则基本公式改写为

$$q_v = m_0 b\sqrt{2g}H^{3/2} \tag{9.18}$$

式中，H 为堰上水头，m_0 为计入流速水头影响的流量系数，由巴赞公式确定：

$$m_0 = \left(0.405 + \frac{0.0027}{H}\right)\left[1 + 0.55\left(\frac{H}{H+p}\right)^2\right] \tag{9.19}$$

式中，H、p 均以“m”计，公式适用范围为 $H \leqslant 1.24$ m，$p \leqslant 1.13$ m，$b \leqslant 2$ m。淹没影响和侧收缩的影响：① 当下游水位超过堰顶 $h_s > h - p' > 0(h_s > 0)$ 且 $z/p' < 0.7$ 时，形成淹没溢流，此时堰的过水能力降低；②当堰宽小于上游渠道的宽度，即 $b < B$ 时，流量系数可用修正的巴赞公式计算：

$$m_c = \left(0.405 + \frac{0.0027}{H} - 0.03\frac{B-b}{B}\right)\left[1 + 0.55\left(\frac{H}{H+p}\right)^2\left(\frac{b}{B}\right)^2\right] \tag{9.20}$$

4. 实用薄堰

实用堰是水力学工程中用来挡水同时又能泄水的水工建筑物，按剖面形状分为曲线型实用堰和折线形实用堰。实用堰基本公式仍为

$$q_v = mb\sqrt{2g}H_0{}^{3/2}$$

曲线型实用堰取 $m=0.45$,折线形实用堰取 $m=0.35\sim0.42$。

(1) 淹没影响。当下游水位超过堰顶($h_s>0$)时,实用堰成为淹没溢流:

$$q_v = \sigma_s mb\sqrt{2g}H_0^{3/2} \tag{9.21}$$

式中,σ_s 为淹没系数,随淹没程度 h_s/H_0 的增大而减小。

(2) 侧收缩影响。当堰宽小于上游渠道的宽度($b<B$)时,过堰水流发生侧收缩,造成过流能力降低,其计算公式为

$$q_v = \varepsilon mb\sqrt{2g}H_0^{3/2} \tag{9.22}$$

式中,ε 为侧收缩系数,工程中取 $\varepsilon=0.85\sim0.95$。

9.1.3　渗流

1. 概述

流体在土壤、岩层等多孔隙介质中的流动称为渗流。水在土壤或岩石等孔隙中的存在状态有气态水、附着水、薄膜水、毛细水和重力水等不同状态。气态水以蒸汽状态散逸于土孔隙中,存量极少,不需考虑。附着水和薄膜水也称结合水,其中附着水以极薄的分子层吸附在土颗粒表面,呈现固态水的性质;薄膜水则以厚度不超过分子作用半径的薄层包围土颗粒,性质和液态水近似,结合水数量很少,在渗流运动中可以不考虑。毛细水因毛细管作用保持在土孔隙中,除特殊情况外,一般可以忽略。当土含水量很大时,除少许结合水和毛细水外,大部分水是在重力的作用下在土孔隙中运动,这种水就是重力水。渗流研究的主要对象是重力水在岩石或土壤中的运动规律,水在岩石或土壤中流动是渗流中的一个重要部分,也称为地下水运动。

2. 渗流模型

由于土孔隙的形状、大小和分布很不规律,相差悬殊,水在土壤等介质中的运动很复杂。工程中引入简化的渗流模型,分析渗流的宏观平均效果。

渗流模型指不考虑渗流的实际路径和土壤颗粒,只考虑主要流向,认为渗流区连续充满流体。渗流模型将渗流作为连续空间内连续介质的运动,连续介质模型中的方法和概念,如流线、元流、定常流、均匀流等,可直接应用于渗流中。

设渗流模型中某一过水面积 ΔA 通过的实际流量为 Δq_v,则 ΔA 上的平均速度简称为渗流速度,为 $v=\Delta q_v/\Delta A$,而水在孔隙中的实际平均速度为

$$v' = \frac{\Delta q_v}{\Delta A'} = \frac{v\Delta A}{\Delta A'} = \frac{1}{n}v > v \tag{9.23}$$

式中,$\Delta A'$为 ΔA 中的孔隙面积,n 为土壤的孔隙度,$n=(\Delta A/\Delta A')<1$。

可见,渗流速度小于土壤孔隙中的实际速度。

渗流的速度很小,流速水头 $\alpha v^2/2g$ 更小,可忽略不计,则过流断面的总水头等于测压管水头,即

$$H = H_p = z + \frac{p}{\rho g} \tag{9.24}$$

或者说,渗流的测压管水头等于总水头,测压管水头差就是水头损失,测压管水头线的坡度就是水力坡度,即:$J_p=J$。

3. 渗流达西定律

为研究水在沙层中的渗流规律,达西采用一充填沙土的竖直圆筒进行大量实验,如图9.8所示。实验结果表明,渗流的流量 q_v 与水头损失(H_1-H_2)以及圆筒断面面积 A 成正比,与沙层的厚度(即渗流通过的长度)l 成反比,即

$$q_v = kA\frac{H_1 - H_2}{l} \tag{9.25}$$

式中，k 称为渗透系数，表示孔隙介质在透水方面的物理性质，具有速度的量纲。

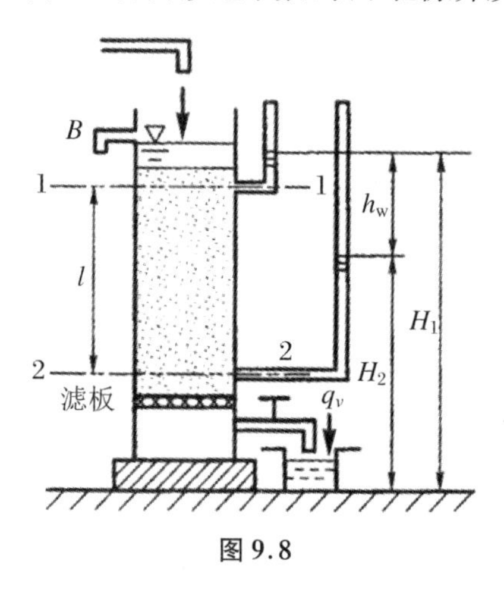

图 9.8

假设水头损失沿沙层长度是均匀分布的，则两端面间的水力坡度 J（即测压管坡度）为

$$J = \frac{h_w}{l} = \frac{H_1 - H_2}{l} \tag{9.26}$$

将式(9.26)代入 $q_v = kA\dfrac{H_1 - H_2}{l}$，得

$$q_v = kAJ$$

则渗流的断面平均流速为

$$V = \frac{q_v}{A} = kJ \tag{9.27}$$

式(9.27)称为达西定律的表达式，它表明渗流速度与水力坡度的一次方成正比，比例常数 k 仅与孔隙介质渗透物理性质有关，由此可知，地下水流动遵循层流运动的规律，所以达西定律也称为渗流线性定律。

对于均质为各向同性的渗流模型，如图 9.9 所示。达西定律（公式）还可写成：

$$v = kJ = -k\frac{dH}{ds} \tag{9.28}$$

式中，v 表示任一点的渗流流速，$J = -\dfrac{dH}{ds}$ 为元流上所求点的水力坡度，dH 为元流流段 ds 的测压管水头差。

一般土壤中地下水的流动是很缓慢的，处于层流状态。但在某些状态中，例如在有砾石、碎石等大孔隙介质中，由于渗水性能较好，地下水渗流速度可以达到较大值，以至于其流动状态将由层流转变为湍流，此时达西定律也将不再适用。

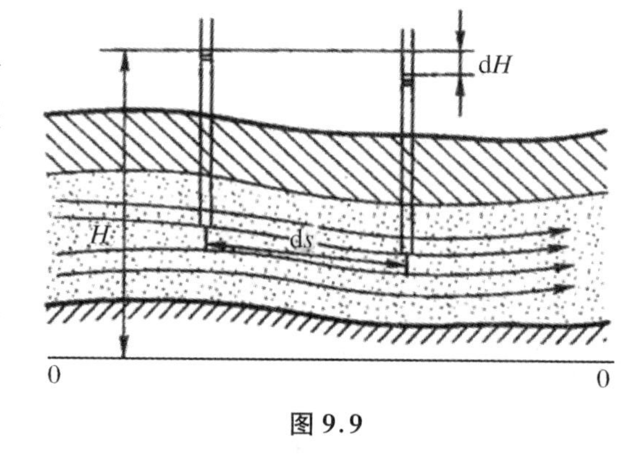

图 9.9

判断渗流是否进入湍流状态有多种方法，这里介绍的是直接采用雷诺数的通常表达式的判断方法：

$$Re = \frac{Vd}{\nu}$$

式中，V 是渗流断面平均流速；d 为土壤的有效粒径，一般可用 d_{10} 来表示；ν 为运动黏度。

按上式计算得雷诺数的临界值 $Re_c = 1 \sim 10$，即当 $Re \leqslant 1 \sim 10$ 时，渗流仍能处于层流状态，属于线性渗流，也即达西定律成立。为安全起见，可把 $Re_c = 1$ 作为渗流线性定律适用范围的上限值。对非线性渗流（$Re > 10$），达西定律不再适用。

9.2　习题解析

9.2.1　选择、判断与填空

1. 宽顶堰流流量系数的最大值是（　　）。

A. 0.32　　B. 0.36　　C. 0.385　　D. 0.502

答案：C

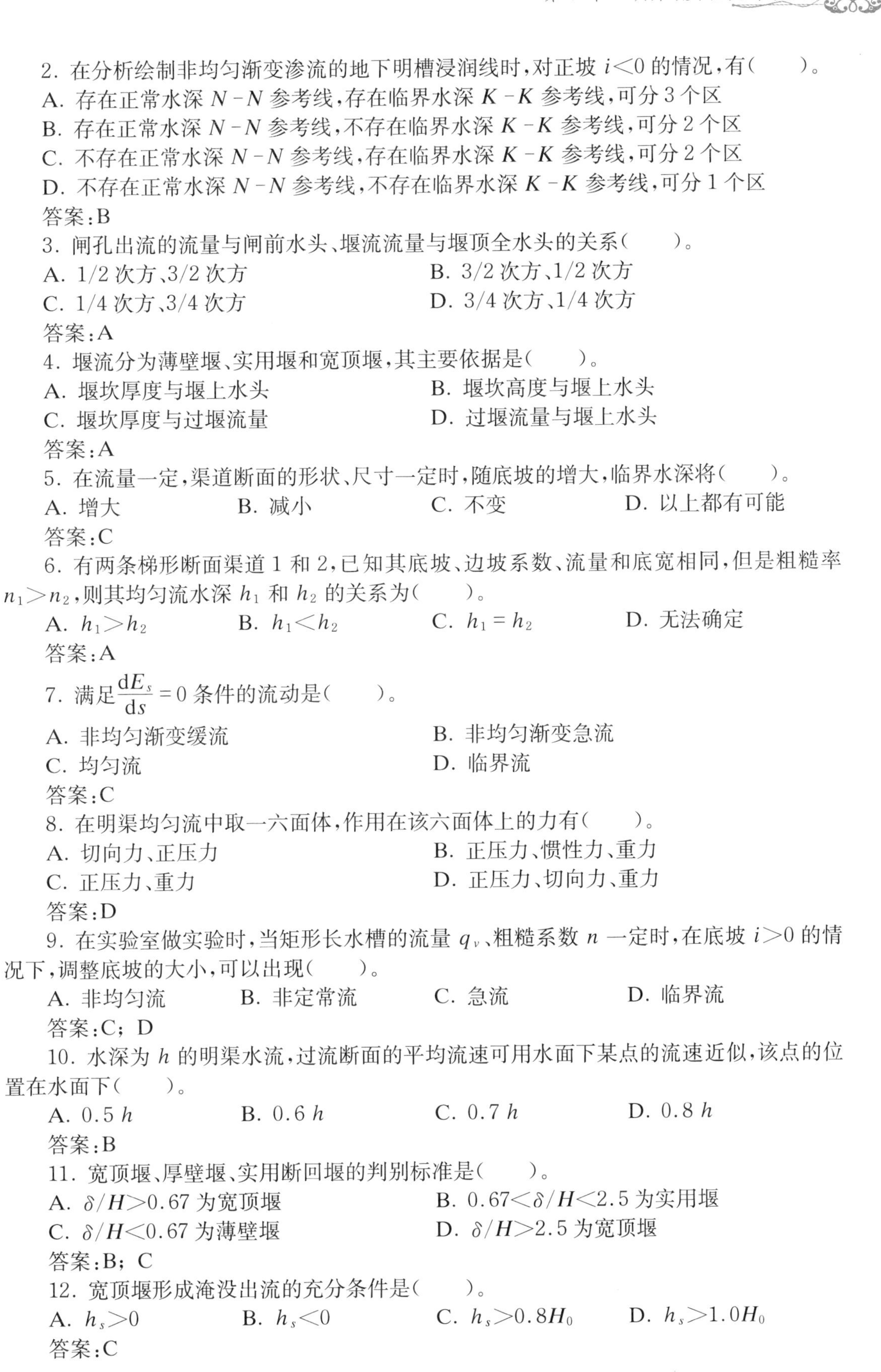

2．在分析绘制非均匀渐变渗流的地下明槽浸润线时，对正坡 $i<0$ 的情况，有（　　）。

A．存在正常水深 $N-N$ 参考线，存在临界水深 $K-K$ 参考线，可分3个区

B．存在正常水深 $N-N$ 参考线，不存在临界水深 $K-K$ 参考线，可分2个区

C．不存在正常水深 $N-N$ 参考线，存在临界水深 $K-K$ 参考线，可分2个区

D．不存在正常水深 $N-N$ 参考线，不存在临界水深 $K-K$ 参考线，可分1个区

答案：B

3．闸孔出流的流量与闸前水头、堰流流量与堰顶全水头的关系（　　）。

A．1/2次方、3/2次方　　B．3/2次方、1/2次方

C．1/4次方、3/4次方　　D．3/4次方、1/4次方

答案：A

4．堰流分为薄壁堰、实用堰和宽顶堰，其主要依据是（　　）。

A．堰坎厚度与堰上水头　　B．堰坎高度与堰上水头

C．堰坎厚度与过堰流量　　D．过堰流量与堰上水头

答案：A

5．在流量一定，渠道断面的形状、尺寸一定时，随底坡的增大，临界水深将（　　）。

A．增大　　B．减小　　C．不变　　D．以上都有可能

答案：C

6．有两条梯形断面渠道1和2，已知其底坡、边坡系数、流量和底宽相同，但是粗糙率 $n_1>n_2$，则其均匀流水深 h_1 和 h_2 的关系为（　　）。

A．$h_1>h_2$　　B．$h_1<h_2$　　C．$h_1=h_2$　　D．无法确定

答案：A

7．满足 $\frac{\mathrm{d}E_s}{\mathrm{d}s}=0$ 条件的流动是（　　）。

A．非均匀渐变缓流　　B．非均匀渐变急流

C．均匀流　　D．临界流

答案：C

8．在明渠均匀流中取一六面体，作用在该六面体上的力有（　　）。

A．切向力、正压力　　B．正压力、惯性力、重力

C．正压力、重力　　D．正压力、切向力、重力

答案：D

9．在实验室做实验时，当矩形长水槽的流量 q_v、粗糙系数 n 一定时，在底坡 $i>0$ 的情况下，调整底坡的大小，可以出现（　　）。

A．非均匀流　　B．非定常流　　C．急流　　D．临界流

答案：C；D

10．水深为 h 的明渠水流，过流断面的平均流速可用水面下某点的流速近似，该点的位置在水面下（　　）。

A．$0.5h$　　B．$0.6h$　　C．$0.7h$　　D．$0.8h$

答案：B

11．宽顶堰、厚壁堰、实用断回堰的判别标准是（　　）。

A．$\delta/H>0.67$ 为宽顶堰　　B．$0.67<\delta/H<2.5$ 为实用堰

C．$\delta/H<0.67$ 为薄壁堰　　D．$\delta/H>2.5$ 为宽顶堰

答案：B；C

12．宽顶堰形成淹没出流的充分条件是（　　）。

A．$h_s>0$　　B．$h_s<0$　　C．$h_s>0.8H_0$　　D．$h_s>1.0H_0$

答案：C

13. 明渠流道中发生 b_2 型水面曲线，则该水流为(　　)。

A. 均匀的缓流　B. 均匀的急流　C. 非均匀的缓流　D. 非均匀的急流

答案：D

14. 天然沙的粒径分布范围极广，既有 $D=0.001$ mm 的黏粒，也有 $D=100$ mm 的卵石。其中最容易动起的是(　　)。

A. 砾石　B. 黏粒　C. 粉沙　D. 岩石

答案：C

15. 同一渠道中有1、2两个渠段，其粗糙率 $n_1<n_2$，其他参数均相同。当通过一定流量时，则两渠段的临界水深 h_{c1}、h_{c2} 和正常水深 h_{o1}、h_{o2} 的关系分别为(　　)。

A. $h_{c1}=h_{c2}, h_{o1}=h_{o2}$　B. $h_{c1}=h_{c2}, h_{o1}<h_{o2}$

C. $h_{c1}>h_{c2}, h_{o1}>h_{o2}$　D. $h_{c1}=h_{c2}, h_{o1}>h_{o2}$

答案：B

16. 有一溢流堰，堰顶厚度为2 m，堰上水头为2 m，则该堰流属于(　　)。

A. 薄壁堰流　B. 宽顶堰流　C. 实用堰流　D. 明渠堰流

答案：C

17. 渠道中出现 S_2 型水面曲线，则水流为(　　)。

A. 缓流　B. 均匀流　C. 急流　D. 急交流

答案：C

18. 闸坝下有压渗流，流网的形状与下列哪些因素有关。(　　)

A. 上游水位　B. 渗流系数　C. 上下游水位差　D. 边界的几何形状

答案：D

19. 明渠均匀流的断面单位能量中，单位势能与单位动能相等，则可判定此水流为(　　)。

A. 缓流　B. 急流　C. 临界流　D. 无法判定

答案：B

20. 当实用堰水头 H 大于设计水头 H_d 时，其流量系数 m 与设计流量系数 m_d 的关系是(　　)。

A. $m=m_d$　B. $m>m_d$　C. $m<m_d$　D. 不能确定

答案：B

21. 试验表明，消力池中淹没水跃的长度 L_s 与平底渠道中自由水跃长度 L_j 相比(　　)。

A. $L_s=L_j$　B. $L_s<L_j$　C. $L_s>L_j$　D. 无法确定

答案：B

22. 随明渠水流中发生 S_2 型水面曲线，则该水流为(　　)。

A. 均匀的急流　B. 均匀的缓流　C. 非均匀的急流　D. 非均匀的缓流

答案：A

23. 明渠水流为急流时(　　)。

A. $f_r>1$　B. $h>h_c$　C. $v<c$　D. $\mathrm{d}E_s/\mathrm{d}h>0$

答案：A

24.弗劳德数的定义是 $Fr=$(　　)。

A. $v/\sqrt{gL}$　B. $v^2/(gL)$　C. $L/\sqrt{gv}$　D. $L^2/(gv)$

答案：A

25. $E_s=h+\alpha v^2/(2g)$ 称为断面比能。在急流中，如果 $E_{s2}>E_{s1}$，则 h_2(　　)h_1。

A. $>$　B. $=$　C. $<$　D. $\geqslant$

答案：C

26. 以下标 c_w 表示明渠流的临界状态。陡坡的特征是(　　)。

A. $h_0<h_c$　B. $i<i_c$　C. $v<c_w$　D. $v>c_w$

答案:A

27. 缓坡明渠有(　　)条壅水曲线。

A. 1　　B. 2　　C. 3　　D. 4

答案:B

28. 普通完全井的出水量(　　)。

A. 与渗透系数成正比　　B. 与井的半径成正比

C. 与含水层的厚度成正比　　D. 与影响半径成正比

答案:A

29. 当溢流坝的作用水头增加时,流量系数(　　)。

A. 增大　　B. 不变　　C. 减小　　D. 等于零

答案:A

30. 在水工设计中,发生在泄水建筑物下游的消能池内的水跃属于(　　)水跃。

A. 远驱　　B. 临界　　C. 淹没　　D. 稍有淹没的

答案:D

31. 渗流达西定律表示渗流速度与渗流的水力坡度的(　　)次方成正比。

A. −1　　B. 1　　C. 1.75　　D. 2

答案:B

32. 水工模型实验需要满足重力相似准则。模型与原型的流量比 q_{v1}/q_{v2} 等于长度比 l_1/l_2 的(　　)次方。

A. 1　　B. 1.5　　C. 2　　D. 2.5

答案:D

33. 明渠均匀流可能发生在(　　)渠道。

A. 平坡棱柱体　　B. 逆坡棱柱体　　C. 顺坡棱柱体　　D. 顺坡非棱柱体

答案:C

34. 水力最优矩形断面的宽深比是(　　)。

A. 1　　B. 0.5　　C. 2　　D. 4

答案:C

35. 明渠流为急流时,(　　)。

A. 弗劳德数大于1　　B. 水深大于临界水深

C. 流速小于临界流速　　D. 断面比能随水深的增加而增加

答案:A

36. 明渠水流由急流过渡到缓流时(　　)。

A. 发生跌水　　B. 发生水跃　　C. 出现壅水曲线　　D. 出现降水曲线

答案:B

37. 堰流的水力现象是(　　)。

A. 缓流穿过障壁　　B. 缓流溢过障壁　　C. 急流穿过障壁　　D. 急流溢过障壁

答案:B

38. 渗流模型与实际渗流相比较,(　　)。

A. 流量相同　　B. 流速相同　　C. 各点压强不同　　D. 渗流阻力不同

答案:A

39. 渗流速度与(　　)成正比。

A. 不透水层的坡底　　B. 渗流压强

C. 渗流水力坡度　　D. 渗流流量

答案:C

40. 明渠中水深等于临界水深时,(　　)。

A. 断面比能达极小值　　B. 断面比能达极大值
C. 水跃函数达极小值　　D. 水跃函数达极大值
答案:A; C
41. 闸下有压渗流流网的形状与下列哪个因素有关。(　　)
A. 上游水位　　B. 水力坡度　　C. 下游水位　　D. 边界的几何形状
答案:D
42. 在同一种土壤中,当渗流流程不变时,上下游水位差减小,渗流流速(　　)。
A. 增大　　B. 减小　　C. 不变　　D. 不能确定
答案:B
43. 在均匀各向同性土壤中,渗流系数 k(　　)。
A. 在各点处数值不同　　B. 是个常数
C. 数值随方向变化　　D. 以上都不对
答案:B
44. 在明渠均匀流中取一六面体,其所受的外力作用在该六面体上有(　　)。
A. 切向力、正压力　　B. 正压力、摩擦力
C. 正压力、黏性力　　D. 正压力、切向力、重力
答案:D
45. 动床河流中床面形态的出现使得水流流动中(　　)。
A. 产生附面摩擦阻力　　B. 产生压差阻力
C. 没有对水流阻力产生影响　　D. 以上都不对
答案:B
46. 闸坝下有压渗流流网的开头与下列哪个因素有关。(　　)。
A. 上下游水位差　　B. 渗流系数
C. 边界的几何形状　　D. 与以上因素都有关系
答案:C
47. 谢才系数 C 的量纲是(　　)。
A. L　　B. $L^{-1}T^{1/2}$　　C. $L^{1/2}T^{-1}$　　D. 无量纲量
答案:C
48. 水力最优梯形断面渠道的水力半径 $R=$(　　)。
A. $h/4$　　B. $h/3$　　C. $h/2$　　D. h
答案:C
49. 渗流的达西定律适用的条件,除渗透介质是均质各向同性外,还要满足(　　)。
A. 定常非均匀渐变流　　B. 定常非均匀层流
C. 定常均匀湍流　　D. 定常均匀层流
答案:D
50. 完全潜水井的产生水量 q_v 与(　　)。
A. 渗流系数 k 成正比　　B. 井的半径 r_0 成正比
C. 含水层厚度 H 成正比　　D. 影响半径 R 成正比
答案:A
51. 水在土壤中存在的形式主要有(　　)。
A. 气态水　　B. 重力水　　C. 毛细水
D. 薄膜水　　E. 吸附水
答案:A; B; C; D; E
52. 有两条梯形断面渠道 1 和 2,已知其底坡、边坡系数、粗糙率和底宽相同,但流量 $q_{v1}>q_{v2}$,则其均匀流水深 h_1 和 h_2 的关系为(　　)。

A. $h_1>h_2$　　B. $h_1<h_2$　　C. $h_1=h_2$　　D. 无法确定

答案:A

53. 临界坡明渠中的均匀流是(　　)。

A. 缓流　　B. 急流　　C. 临界流　　D. 可以是急流或缓流

答案:C

54. 渗流中不透水边界线是一条(　　)。

A. 流线　　B. 等压线　　C. 等势线　　D. 以上都不是

答案:A

55. 在棱柱体逆坡明渠中(不考虑流量的输入或输出),断面比能沿流程(　　)。

A. 减少　　B. 不变　　C. 增加　　D. 以上均有可能

答案:A

56. 判断题:明渠均匀流一定是定常流。

答案:对

57. 判断题:对于明渠均匀流,总水头线、水面线、底坡线三者相互平行。

答案:对

58. 判断题:在无压渗流的自由表面线上,各点的压强相等,所以它是一根等水头线。

答案:错。在无压渗流的自由表面线(又称浸润线)上,各点的压强相等。因为断面总能量 $E_s=z+\dfrac{p}{\rho g}+\dfrac{\alpha v^2}{2g}$,其中$\dfrac{\alpha v^2}{2g}$很小,可以忽略,故断面总能量 $E_s=z+\dfrac{p}{\rho g}$。虽然各点压强相等,但由于势能不同,故不是等水头线。

59. 判断题:地下水中无压渐变渗流的流速分布为对数分布。

答案:错。地下水无压非均匀(渐变)渗流的流速成矩形分布。

60. 判断题:对于矩形断面的明渠,断面比能的最小值是临界水深的 1.5 倍。

答案:对

61. 判断题:在缓坡上发生的棱柱体明渠定常渐变流动,一定是缓流。

答案:错

62. 判断题:渗流模型流速与真实渗流流速数值相等。

答案:错

63. 判断题:渗流模型流量与真实渗流流量数值相等。

答案:对

64. 判断题:渐变无压渗流中任意过水断面各点的渗流流速相等,且等于断面平均流速。

答案:错

65. 判断题:对于已经建成的渠道,无论其过流量是多少,底坡的性质(缓坡、陡坡或临界坡)均已确定。

答案:错

66. 判断题:达西定律既适用于层流渗流,又适用于湍流渗流。

答案:错

67. 判断题:在无压渗流的自由表面线上,各点的压强相等,所以它是一条等势线。

答案:错

68. 判断题:在底流消能设计中,要求最大的池深和池长的流量作为消力池的设计流量。

答案:错。根据通过几个不同的流量计算相应的 h_{co}、h_{co2},并确定 h_t,使$(h_{co2}-h_t)$为最大值所对应的流量作为计算消力池深度 d 的设计流量,而消力池长度则取最大流量作为设计流量。

69. 判断题:棱柱形明渠中形成 A_2 型水面曲线时,其断面单位能量 E_s 沿程增大。

答案:错

70. 判断题:当下游水位高于薄壁堰顶时,一定是淹没出流。

答案:错。淹没出流的条件有两个(适用于薄壁堰和实用堰):① 下游水位高于堰顶;② 堰下游发生淹没水跃。要同时满足这两个条件,则发生淹没出流。

71. 判断题:陡坡上出现均匀流必为急流,缓坡上出现均匀流必为缓流。

答案:对

72. 判断题:明渠的临界水深与底坡无关。

答案:对

73. 判断题:明渠水力最佳断面是造价最低的渠道断面。

答案:错。断面大多窄而深,造成施工不便,经济上反而不利,往往并不是造价最低的渠道断面。

74. 判断题:均质各向同性的土壤中有压渗流的流网形状与上、下游水位无关,与渗透系数也无关。

答案:对

75. 判断题:当泄水建筑物下游收缩水深相应的跃后水深小于泄水渠尾水水深,则应在建筑物下游采取消能防护措施。

答案:错

76. 判断题:棱柱形明渠中形成 S_2 型水面线时,其弗劳德数 Fr 沿程增加。

答案:对

77. 判断题:当水头及其他条件相同时,薄壁堰的流量大于实用堰的流量。

答案:错

78. 判断题:水力最佳断面是进行渠道设计必须遵循的标准。

答案:错

79. 判断题:明渠非定常流必是非均匀流。

答案:对

80. 判断题:当下游水位超过堰顶时,一定会出现淹没式堰流。

答案:错。可能会出现但未必一定会出现。

81. 判断题:堰流是一种急变流。

答案:对

82. 判断题:上游面垂直的高 WES 实用堰,当水头 H 大于设计水头 H_d 时,其流量系数 m 大于设计流量系数 m_d。

答案:对

83. 判断题:明渠均匀流的渠底坡度、水面线坡度和总水头线坡度恒相等。

答案:对

84. 判断题:宽顶堰的作用水头大于设计水头时,流量系数会大于 0.385。

答案:错

85. 判断题:设计渠道时糙率系数 n 选大了会导致实际建造的渠道流量大于设计流量。

答案:对

86. 判断题:水力坡度是指单位长度流程的水头损失。

答案:对

87. 判断题:只要下游水位超过实用堰顶则一定是淹没出流。

答案:错

88. 明渠均匀流只能发生在________________________________。

答案:底坡不变,断面形状,尺寸,壁面粗糙系数不变的长直顺坡渠道中

89. 渠道的设计流速应大于不淤允许流速和小于__________。

答案:冲刷破坏最大容许流速

90. 若矩形断面渠道的临界水深为2 m,则断面单位能量的极小值为__________。

答案:3 m

91. 已知矩形明渠的底宽 $b=6$ m,通过的流量 $q_v=12\ \mathrm{m^3/s}$,渠中水深 $h=0.5$ m时,该明渠的临界水深 $h_c=$__________,水流为__________流。

答案:0.74 m; 急

92. 平底水闸闸下出流的水跃淹没系数表示的是__________和__________比值。

答案:下游水深; 收缩断面跃后水深

93. 矩形断面平底渠道,底宽 $b=10$ cm,通过流量 $q_v=30\ \mathrm{m^3/s}$,已知跃前水深 $h_1=0.8$ m,问跃后水深 $h_0=$__________。

答案:1.168 m

94. 堰壁厚度和堰顶水头满足__________的堰称为薄壁堰。

答案:$\delta<0.67H$

95. 有一溢流堰,堰顶厚度为10 m,堰上水头为2 m,则该堰流属于__________;堰上总水头 $H_0=2$ m,下游水位超过堰顶的高度 $h_s=1.4$ m,此时堰流为__________出流。

答案:宽顶堰; 自由

96. 渗流达西公式的适用条件为__________,渗流杜比公式与渗流达西公式的区别在于____________________。

答案:层流均匀渗流; 达西公式适用于均匀渗流而杜比公式适用于非均匀渐变渗流

97. 宽顶堰淹没溢流的堰上水深________临界水深。

答案:大于

98. 当底坡,粗糙系数和断面面积一定时,使__________的断面形状,称为水力最优断面。

答案:流量最大

99. 若正常水深正好等于该流量下的__________,相应的渠道底坡为临界底坡。

答案:临界水深

100. 从水跃发生的位置、水跃的稳定性以及消能效果综合考虑,底流消能的水跃形态以__________为佳,应该避免__________。

答案:稍有淹没的水跃; 远离水跃

101. 在水工建筑物下游,根据水跃发生的位置不同,可将水跃分为____________、__________、__________三种形式,底流式消能要求下游发生淹没度 $\sigma'=$__________的__________水跃。

答案:远离水跃; 临界水跃; 淹没水跃; 1.05; 临界

102. H_2 型水面曲线发生在__________坡上,其水流属于__________流,曲线特征是__________。

答案:平; 缓; 降水曲线

103. 急流时 h __________ h_c,Fr __________ 1,$\mathrm{d}E_s/\mathrm{d}h$ __________ 0。

答案:小于; 大于; 小于

104. 当堰顶厚度与堰上水头的比值介于0.67与2.5之间时,这种堰称为________。

答案:实用堰

105. 已知长直棱柱体渠道的底坡为 i,粗糙率为 n,其过水断面为等腰梯形,底宽为 b,边坡系数为 m,均匀流水深为 h,则其流量 $q_v=$______________。

答案:$q_v=\dfrac{\sqrt{i}}{n}\times\dfrac{[(b+mh)h]^{5/3}}{(b+2h\sqrt{1+m^2})^{2/3}}$

106. 一粗沙和一细沙潜水含水层相比，＿＿＿＿＿＿的渗流系数较大，＿＿＿＿＿＿的平均水力坡度较大，＿＿＿＿＿＿的井影响半径较大。

答案：粗沙；细沙；粗沙

107. 渗流流量与过流断面面积、＿＿＿＿＿＿成正比，并与土壤的透水性能有关。

答案：平均水力坡度

108. 当明渠从＿＿＿＿＿＿过渡到＿＿＿＿＿＿时，将产生水跃。当流量及渠道断面形式、尺寸一定时，水跃的越后水深越大，对应的跃前共轭水深＿＿＿＿＿＿。

答案：急流；缓流；越小

109. 对设计水头为 H_d 的 WES 型实用堰，当上游堰高 $P \geqslant 1.33H_d$ 时，其设计条件下的流量系数 m_d 为＿＿＿＿＿，若实际作用水头 $H > H_d$，则其流量系数 m ＿＿＿＿＿ m_d。

答案：0.502；大于

110. 水跃函数相等的两个不同水深称为＿＿＿＿＿＿。

答案：共轭水深

111. 有一宽顶堰式的水闸，当闸门开度为 3 m，闸上水头为 4 m 时，水闸泄流属于＿＿流。

答案：堰

112. 渗流杜比公式和达西公式的形式相同，不同之处在于杜比公式适合于＿＿＿＿＿渗流，达西公式适用于＿＿＿＿＿＿＿。

答案：定常渐定；定常均匀渗流

113. 明渠层流的流速分布为＿＿＿＿＿形；而定常渐变渗流的流速分布为＿＿＿形。

答案：抛物线；矩

114. 正坡明渠渐变水流的水面曲线共＿＿＿条，而正坡地下河槽中渐变渗流的浸润曲线共＿＿＿条。

答案：8；2

115. 明槽水流雷诺数的表达式为 $Re=$＿＿＿＿＿＿。

答案：vR/ν

116. 沿程水头损失系数 λ 与谢才系数 C 之间的关系式为＿＿＿＿＿＿。

答案：$\lambda C^2=8g$

117. 宽顶堰流量系数的最大值为＿＿＿＿＿＿。

答案：0.385

118. 非矩形断面临界流基本方程为＿＿＿＿＿＿。

答案：$\dfrac{\alpha q_v^2}{g}=\dfrac{A_c^3}{B_c}$

119. 进行堰流模型试验时，要使模型水流与原型水流相似，必须满足的条件是＿＿＿＿＿＿。若模型长度比例选用 $\lambda_l=100$，则当原型流量 $q_{vp}=1000\ \mathrm{m^3/s}$ 时，模型流量 $q_{vm}=$＿＿＿＿＿＿。

答案：重力相似；$10^{-2}\ \mathrm{m^3/s}$

120. 渗流模型流速与真实渗流流速的关系是＿＿＿＿＿＿＿＿。

答案：模型流速小于真实流速

121. 泄水建筑物下游通常有＿＿＿＿＿＿、＿＿＿＿＿＿、＿＿＿＿＿＿等三种消能措施。

答案：底流型衔接消能，挑流型衔接消能，面流型衔接消能

122. 缓流时，h ＿＿＿＿ h_c，v ＿＿＿＿ v_c，Fr ＿＿＿＿ 1，$\dfrac{\mathrm{d}E_s}{\mathrm{d}h}$ ＿＿＿＿ 0。（填写>；=；<）

答案：>；<；<；>

123. 矩形断面渠道中，水深 $h=1$ m，单宽流量 $q=1\ \mathrm{m^2/s}$，则该水流的 $Fr=$ ________，属于________流。

答案：0.32；缓

9.2.2　思考简答

1. 名词解释：缓流。

答案：当明渠中水流受到干扰微波后，若干扰微波既能顺水流方向朝下游传播，又能逆水流方向朝上游传播，造成在障碍物前长距离的水流壅起，这时渠中水流就称为缓流。此时水流流速小于干扰微波的流速，即缓流。

2. 名词解释：临界底坡。

答案：正常水深与该流量下的临界水深相等，相应的渠道底坡称为临界坡度。

3. 明渠均匀流有什么特点？

答案：明渠均匀流的特点是：水深沿流程不变，水力坡度等于底坡。

4. 什么是明渠的正常水深？当粗糙率增加时，正常水深是增加还是减小？为什么？

答案：明渠均匀水流的水深称为正常水深。当粗糙率增加时，正常水深将会增加。这是因为，粗糙率增加时，流动阻力将加大，流速减小，为了通过一定的水流量，水深必然会增大。

5. 为什么只有在正坡渠道上才能产生均匀流，而平坡和逆坡则没有可能？

答案：水流由于黏性在流动过程中产生了阻力，阻力作负功消耗能量，而在正坡渠道中，因高程降低，重力势能降低可用来克服阻力所损耗的能量。在平坡和逆坡中重力是不做功或做负功无法来提供阻力所损耗的能量，所以不可能产生均匀流。

6. 如果正坡棱柱形明渠水流的 E_s 沿程不变，那么水流是否为均匀流？如果 E_s 沿程增加，那么水力坡度和底坡是否相同？

答案：均匀流；不相同，非均匀流。

7. 底坡一定的渠道，是否就能肯定它是陡坡或缓坡？为什么？

答案：不能，临界底坡的大小与流量断面形状尺寸有关。对一给定渠道，当流量发生变化时，它可以由陡坡变成缓坡，也可以由缓坡变成陡坡。

8. 陡坡渠道只能产生急流，这个结论对吗？为什么？

答案：此结论不对。在陡坡渠道的非均匀流中，水深可能大于临界水深，此时的明渠流属于缓流。

9. 简述明渠均匀流发生的条件和特征。

答案：明渠均匀流发生的条件是，明渠均匀流只能出现在底坡不变，断面形状、尺寸、壁面粗糙系数都不变的长直顺坡渠道中。明渠均匀流的流线是相互平行的直线，因此具有以下特征：① 过水断面的形状，尺寸及水深沿程不变。② 过水断面上的流速分布，断面平均流速沿程不变。③ 总水头线、水面线及渠底线相互平行。所以，总水头线坡度（水力坡度）J、水面线坡度（测压管水头线坡度）J_p 和渠道底坡 i 彼此相等，即 $J=J_\mathrm{p}=i$。

10. 流量、渠道断面形状尺寸一定时，随底坡的增大，正常水深和临界水深分别如何变化？

答案：减小；不变。

11. 淹没式宽顶坡判别的充分必要条件是什么？

答案：下游水深 $H_s>0.8H_0$，$H_0=H+\dfrac{\alpha_0 v_0^2}{2g}$，$H$ 为堰上水头，$\dfrac{\alpha_0 v_0^2}{2g}$ 为行进流速水头，H_0 为堰顶全水头。下游水位只有升高到足以使收缩断面水深 h_c 增大时，宽顶堰才会形成淹没出流。

12. 水力最优断面有何特点？它是否一定是渠道设计中的最佳断面？为什么？

答案：水力最优断面的水力半径是水深的一半，即 $R=h/2$，而对于梯形断面有：$\left(\dfrac{b}{h}\right)_m=2(\sqrt{1+m^2}-m)$，矩形断面有 $b=2h$。由于在实际中一般 $m\geqslant1$，这时 $\beta_m<1$ 即 $b<h$ 是一种窄深式断面，施工开挖、维修管理都不经济，所以它只是水力最优，不一定是设计中的最佳断面。

13. 圆形无压管道中，为什么其流量在满管流之前即已达到最大值？

答案：这是由于水深 h 增大到一定程度后，过水断面面积的增长率小于湿周的增长率，从而使无压圆管流中通过的流量相对减小。

14. 明渠非均匀流的水力特征是什么？

答案：非均匀流水力特征：$J\neq J_p\neq i$。

15. 何谓断面单位能量(断面比能)？

答案：把参考基准面选在渠底这一特殊位置，把对通过渠底的水平面 $0'-0'$所计算得到的单位能量称为断面比能，并以 E_s 表示，则 $E_s=h\cos\theta+\dfrac{\alpha v^2}{2g}$。

16. 试简述断面比能曲线特性及意义。

答案：比能曲线的特点及意义：① 比能曲线是一条二次抛物线，曲线下端以 E_s 轴为渐近线，上端以 45°直线为渐近线，曲线两端向右方无限延伸，中间必然存在极小点。② 断面比能 E_s 最小时对应的水深为临界水深。③ 曲线上支，随着水深 h 的增大，断面比能 E_s 值增大，为增函数，$(\mathrm{d}E_s/\mathrm{d}h)>0$，$Fr<1$，表示水流为缓流，即比能曲线的上支代表着水流为缓流。在曲线下支，随着水深 h 的增大，断面比能 E_s 值减小，为减函数，$\mathrm{d}E_s/\mathrm{d}h<0$，则有 $Fr>1$，表示水流为急流，即比能曲线的下支代表着水流为急流。而极值点对应的水流就为临界流。④ 比能曲线的上支和下支分别代表不同的水流流态，而比能曲线上上支和下支的分界点处的水深又为临界水深，显然，也可以用临界水深来判别水流流态。$h>h_k$，相当于比能曲线的上支，水流为缓流；$h<h_k$，相当于比能曲线的下支，水流为急流；$h=h_k$，相当于比能曲线的极值点，水流为临界流。

17. 堰流流量公式中的流量系数 m 和 m_0 有什么区别？

答案：流量 $q_v=mb\sqrt{2g}H_0^{3/2}$ 中 m 没有计及行近流速；流量 $q_v=m_0b\sqrt{2g}H_0^{3/2}$ 中 m_0 考虑了行近流速的影响。

18. 薄壁堰、实用堰、宽顶堰的淹没出流判别条件有什么区别？

答案：三者淹没出流的必要条件相同：堰下游水位高出堰顶标高；但充分条件不同，薄壁堰、实用堰是：下游发生淹没式水跃衔接。宽顶堰是：下游水位影响到堰上水流由急流变为缓流即 $h_s<0.8H$。

19. 按最大流量设计无压管流，工程中是否合理？

答案：不合理，会造成有压无压交替的不稳定流。

20. 断面单位能量和单位重量水体总机械能有何相同？

答案：断面单位能量的基准面选在过水断面最低点，且$\dfrac{\mathrm{d}E_s}{\mathrm{d}s}>0$；可$\dfrac{\mathrm{d}E_s}{\mathrm{d}s}<0$；或$\dfrac{\mathrm{d}E_s}{\mathrm{d}s}=0$。单位重量水体机械能基准面可任取，且$\dfrac{\mathrm{d}E_s}{\mathrm{d}s}<0$。

21. 在所有堰流中，哪种堰流的流量系数最大，哪种堰流的流量系数最小？

答案：实用堰流量系数最大，宽顶堰流量系数最小。

22. 堰壁的厚度对堰流有何影响？

答案：堰壁的厚度与堰上水头比值的大小决定了水流过流能力的大小，并派生出不同堰型。

23. 简述渗流模型的实质。

答案：设想流体作为连续介质充满渗流区的全部空间，包括土壤颗粒骨架所占的空间，渗流的运动要素可作为渗流全部空间的连续函数来研究。

9.2.3 应用解析

1. 已知甲、乙两河的流量、流速和水面宽，试判断其水流的状态。(1) 甲河：$q_{v1}=130\ \mathrm{m^3/s}$，$v_1=1.6\ \mathrm{m/s}$，$B_1=80\ \mathrm{m}$；(2) 乙河：$q_{v2}=1530\ \mathrm{m^3/s}$，$v_2=5.6\ \mathrm{m/s}$，$B_2=90\ \mathrm{m}$。

解

(1) 甲河：$A_1=q_{v1}/v_1=81.25\ \mathrm{m^2}$，$c_{w1}=\sqrt{gA_1/B_1}=3.16\ \mathrm{m/s}>v_1$，缓流。

(2) 乙河：$A_2=q_{v2}/v_2=273.2\ \mathrm{m^2}$，$c_{w2}=\sqrt{gA_2/B_2}=5.46\ \mathrm{m/s}<v_2$，急流。

2. 有一浆砌块石矩形断面渠道。已知粗糙系数 $n=0.017$，宽度 $b=5\ \mathrm{m}$，正常水深 $h_0=1.85\ \mathrm{m}$ 时，通过流量 $q_v=10\ \mathrm{m^3/s}$，试判别明渠水流的缓、急状态。

解 用弗劳德数法判别

$$A=A_0=bh_0=9.25\ \mathrm{m^2};\quad B=b=5\ \mathrm{m}$$

$$Fr=\sqrt{\frac{\alpha q_v^2 B}{gA^3}}=0.254$$

因 $Fr<1$，故此明渠水流为缓流。

3. 梯形断面渠道，边坡系数 $m=1.5$，底坡 $i=0.0005$，粗糙系数 $n=0.025$，设计流量 $q_v=2.0\ \mathrm{m^3/s}$。按水力最优条件设计渠道断面尺寸。

解 设矩形断面宽为 b，高为 h。根据水力最优条件设计，有

$$\frac{b}{h}=2(\sqrt{1+m^2}-m)=0.61$$

整理得

$$b=0.61h \tag{1}$$

又可知

$$q_v=CA\sqrt{Ri}=\frac{\sqrt{i}}{n}\frac{A^{5/3}}{\chi^{2/3}} \tag{2}$$

由题意可知

$$A=(b+mh)h,\quad \chi=b+2\sqrt{1+m^2}\,h \tag{3}$$

联立式(1)、式(2)、式(3)，并代入数据，得

$$b=0.742\ \mathrm{m},\quad h=1.216\ \mathrm{m}$$

4. 有一灌溉干渠，断面为梯形，底宽 $b=2.2\ \mathrm{m}$，边坡系数 $m=1.5$，实测均匀流水深为2 m，流量 $q_v=8.11\ \mathrm{m^3/s}$，在1800 m长的顺直渠段，测得水面落差为0.5 m，求渠道的糙率 n。

解 $A=(b+mh)h=(2.2+1.5\times2)\times2=10.4\ \mathrm{m^2}$

$$\chi=b+2h\sqrt{1+m^2}=2.2+2\times2\sqrt{1+1.5^2}=9.411\ \mathrm{m},\quad R=A/\chi=1.105\ \mathrm{m}$$

明渠均匀流三线平行，所以

$$J=J_w=i=0.5/1800=0.0002778$$

$$n=\frac{AR^{2/3}\sqrt{i}}{q_v}=\frac{10.4\times1.105^{2/3}\times0.0002778^{1/2}}{8.11}=0.0228$$

5. 有一长直棱柱型渠道，断面为矩形，流量恒定，水深 $h_0=0.8$，单宽流量 $q=3\ \mathrm{m^3/(s\cdot m)}$，试判断该水流是急流，还是缓流？

解 因为 $h_k=\sqrt[3]{\dfrac{aq^2}{g}}=\sqrt[3]{\dfrac{3^2}{9.8}}=0.97\ \mathrm{m}>h_0=0.8\ \mathrm{m}$，所以为急流。

6. 有一长直棱柱型渠道，断面为矩形，流量定常，水深 $h_0=0.8\ \mathrm{m}$，单宽流量 $q=$

1.2 $m^3/(s \cdot m)$，试判断该水流是急流，还是缓流？

解 由题意知，$h_k=\sqrt[3]{\dfrac{aq^2}{g}}=\sqrt[3]{\dfrac{1\times 1.2^2}{9.8}}=0.53\ m<h_0=0.8\ m$，为缓流。

7. 有一矩形断面渠道，宽度 $b=8\ m$，糙率 $n=0.020$，流量 $q_v=20\ m^3/s$，求临界水深 h_c 和临界坡度 i_c。

解 $q=q_v/b=2.5\ m^2/s$；$h_c=\sqrt[3]{\dfrac{\alpha q^2}{g}}=0.86\ m$；$A_c=8\times 0.86=6.88\ m^2$；则$\chi_c=8+2\times 0.86=9.72\ m$；$R_c=A_c/\chi_c=0.708\ m$；$C_c=R_c{}^{1/6}/n=47.2$，故临界坡度

$$i_c=\frac{q_v^2}{A_c^2C_c^2R_c}=\frac{20^2}{6.88^2\times 47.2^2\times 0.708}=0.0054$$

8. 设计流量 $q_v=10\ m^3/s$ 的矩形渠道 $i=0.0001$，采用一般混凝土护面，$n=0.014$，宽深比 $\beta=b/h_0$，试求正常水深 h_0。

解 由流量公式知，$q_v=\dfrac{i^{1/2}}{n}A^{5/3}\chi^{-2/3}$。又 $A=bh_0=2h_0{}^2$，$\chi=b+2h_0=4h_0$，代入数据，得

$$10=\frac{0.0001^{1/2}}{0.014}(2h_0^2)^{5/3}(4h_0)^{-2/3}$$

可得

$$h_0=2.467\ m$$

9. 有一梯形渠道，在土层中开挖，边坡系数 $m=1.5$，底坡 $i=0.0005$，粗糙系数 $n=0.025$，设计流量 $q_v=1.5\ m^3/s$。按水力最优条件设计渠道断面尺寸。

解 水力最优宽深比

$$\frac{b}{h}=2(\sqrt{1+m^2}-m)=2(\sqrt{1+1.5}-1.5)=0.606$$

$$b=0.606h$$

$$A=(b+mh)h=(0.606h+1.5h)h=2.106h^2$$

水力最优断面的水力半径 $R=0.5h$，将 A、R 代入基本公式

$$q_v=AC\sqrt{Ri}=\frac{A}{n}R^{2/3}i^{1/2}=1.188h^{8/3}$$

解得

$$h=(q_v/1.188)^{3/8}=1.09\ m;\quad b=0.606\times 1.09=0.66\ m$$

10. 要使流量 $q_v=0.64\ m^3/s$ 的水通过一按水力最优断面设计的矩形渠道，渠道断面尺寸 b、h 应为多大？已知渠底坡度 $i=0.009$，粗糙系数 $n=0.020$。

解 由于矩形断面水力最优时其宽深比 $\beta_m=\dfrac{b}{h}=2$，即 $b=2h$。由谢才公式 $q_v=CA\sqrt{Ri}$，其中：$C=\dfrac{1}{n}R^{\frac{1}{6}}$，$R=\dfrac{A}{\chi}$，$\chi=3b$，$A=b^2$，可得

$$q_v=CA\sqrt{Ri}=\frac{i}{n}\frac{A^{5/3}}{\chi^{2/3}}=\frac{\sqrt{i}}{n}\times 3^{3/2}\times b^{8/3}$$

代入得

$$b=0.254\ m,\quad h=0.127\ m$$

11. 已知梯形断面的土壤渠道，通过流量 $q_v=10.5\ m^3/s$，底宽 $b=8.9\ m$，$h=1.25\ m$，$m=1.5$，糙率 $n=0.025$，求底坡 i 及流速 v。

解

$$A=h(b+mh)=1.25\times(8.9+1.5\times 1.25)=13.47\ m^2$$

$\chi = b + 2h\sqrt{1+m^2} = 8.9 + 2\times 1.25\times\sqrt{1+1.5^2} = 13.41\ \text{m}$

$R = A/\chi = 13.47/13.41 = 1.004\ \text{m}$

$C = (1/n)R^{1/6} = (1/0.025)\times 1.004^{1/6} = 40.03\ \text{m}^{1/2}/\text{s}$

$i = \left(\dfrac{q_v}{AC\sqrt{R}}\right)^2 = \left(\dfrac{10.5}{13.47\times 40.03\sqrt{1.004}}\right)^2 = 0.00038$

$v = q_v/A = 10.5/13.47 = 0.78\ \text{m/s}$

12. 钢筋混凝土圆形污水管，管径 d 为 1000 mm，管壁粗糙系数 n 为 0.014，管道坡度 i 为 0.002。求最大设计充满度时的流速和流量。

解　由题 9.12 表查得管径为 1000 mm 的污水管最大设计充满度为 $\alpha = h/d = 0.75$。再由圆管过流断面几何要素表查得 $\alpha = 0.75$ 时过流断面的几何要素为：

$A = 0.6319d^2 = 0.6319\ \text{m}^2$

$R = 0.3017d = 0.3017\ \text{m}$（其中，$A$ 为过流断面面积，R 为水力半径）

题 9.12 表　最大设计充满度

管径(d)或暗渠高(H)(mm)	最大设计充满度($\alpha = h/d$ 或 h/H)
150～300	0.55
350～450	0.65
500～900	0.70
≥1000	0.75

谢才系数

$$C = \frac{1}{n}R^{1/6} = \frac{1}{0.014}(0.3017)^{1/6} = 58.5\ \text{m}^{0.5}/\text{s}$$

流速

$$v = C\sqrt{Ri} = 58.5\sqrt{0.3042\times 0.002} = 1.44\ \text{m/s}$$

流量

$$q_v = vA = 1.44\times 0.6319 = 0.91\ \text{m}^3/\text{s}$$

在实际工程中，还需验算流速 v 是否在设计流速范围之内。本题为钢筋混凝土管，最大设计流速$[v]_{max}$为 5 m/s，最小设计流速$[v]_{min}$为 0.6 m/s，管道流速 v 在允许范围之内，$[v]_{max} > v > [v]_{min}$。

13. 有一浆砌块石的矩形断面渠道。已知渠道长 $l = 500$ m，底宽 $b = 3.2$ m，渠中水深 $h_0 = 1.6$ m，粗糙系数 $n = 0.025$，通过的流量 $q_v = 6\ \text{m}^3/\text{s}$，试求：(1) 沿程水头损失；(2) 弗劳德数及临界水深。

解　(1) 由题意可得 $R = \dfrac{bh_0}{b+2h_0} = \dfrac{3.2\times 1.6}{3.2+2\times 1.6} = 0.8$ m，则

$$C = \frac{1}{n}R^{1/6} = \frac{1}{0.025}\times 0.8^{1/6} = 38.54\ \text{m}^{\frac{1}{2}}/\text{s}$$

又 $A = bh_0 = 5.12\ \text{m}^2$，$v = q_v/A = 6/5.12 = 1.17$ m/s，$v = C\sqrt{RJ}$，则

$$J = \frac{v^2}{C^2R} = \frac{1.17^2}{38.54^2\times 0.8} = 0.00115$$

所以，沿程水头损失为

$$h_f = Jl = 0.00115\times 500 = 0.576\ \text{m}$$

(2) 弗劳德数及临界水深分别为：

$$Fr = \frac{v}{\sqrt{hg}} = \frac{1.17}{\sqrt{9.8 \times 1.6}} = 0.295, \quad h_k = \sqrt[3]{\frac{(hv)^2}{g}} = \sqrt[3]{\frac{(1.6 \times 1.17)^2}{9.8}} = 0.71 \text{ m}$$

14. 某工程施工截流时，流量 $q_v = 1730 \text{ m}^3/\text{s}$，矩形断面龙口宽度 $b = 87$ m，流速 $v = 6.9$ m/s，试计算龙口处微幅波向上游和向下游传播的绝对波速，并判断水流是急流还是缓流。

解

$$h = q_v/(bv) = 1730/(87 \times 6.9) = 2.88 \text{ m}$$

$$c_w = \sqrt{gh} = \sqrt{9.81 \times 2.88} = 5.3 \text{ m/s}$$

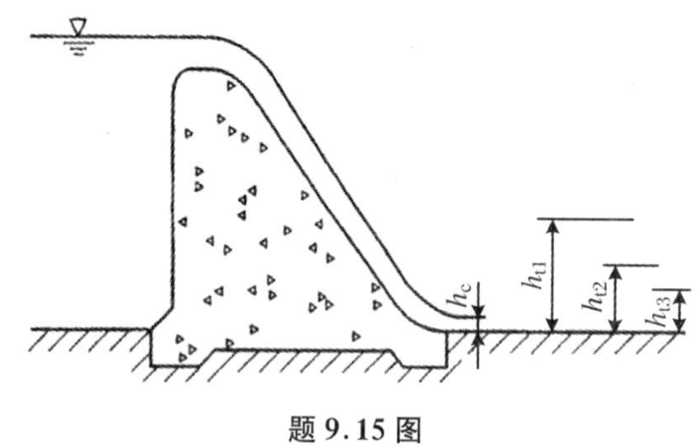

题 9.15 图

向下游传播的波速

$$c_{w下} = v + c_w = 12.2 \text{ m/s}$$

向上游传播的波速

$$c_{w上} = c_w - v = -1.6 \text{ m/s} < 0$$

可见微幅波不能向上游传播，流态为急流。

15. 如图(题 9.15 图)所示，一无侧收缩高实用堰溢流，已知过堰单宽流量 $q = 9 \text{ m}^3/(\text{s} \cdot \text{m})$，堰下游收缩断面水深 $h_c = 0.55$ m，当下游渠道水深分别为 $h_{t1} = 7$ m、$h_{t2} = 3$ m、$h_{t3} = 1$ m 时，试判别其水流衔接形式。

解 若收缩断面水深为跃前水深，则可以根据跃后水深的计算公式，可得跃后水深为

$$h'' = \frac{1}{2} h_c \left(\sqrt{1 + 8 \frac{q^2}{gh_c^3}} - 1 \right) = \frac{0.55}{2} \left(\sqrt{1 + 8 \frac{9^2}{g \times 0.55^3}} - 1 \right) = 5.214 \text{ m}$$

又因为有 $h_k = \sqrt[3]{\frac{aq^2}{g}} = \sqrt[3]{\frac{1 \times 9^2}{g}} = 2.02$ m，则可知：$h_{t1} = 7\text{m} > h'' > h_k$，为淹没水跃衔接；$h_k < h_{t2} = 3 \text{ m} < h''$，为远驱水跃衔接；$h_c < h_{t3} = 1 \text{ m} < h_k$，为急流衔接，无水跃发生。

16. 某泄水建筑物下游矩形断面渠道，泄流单宽流量 $q = 15 \text{ m}^2/\text{s}$。产生水跃，跃前水深 $h' = 0.8$ m。试求：(1) 跃后水深 h''；(2) 水跃长度 l；(3) 水跃消能率 ΔE_j 比 E_1。

解 (1)

$$Fr_1^2 = \frac{q^2}{gh'^3} = \frac{15^2}{9.8 \times 0.8^3} = 44.84$$

$$h'' = \frac{h'}{2}(\sqrt{1 + 8Fr_1^2} - 1) = 7.19 \text{ m}$$

(2)

$$l_1 = 6.1h'' = 6.1 \times 7.19 = 43.86 \text{ m}$$

$$l_2 = 6.9(h'' - h') = 6.9 \times 6.39 = 44.09 \text{ m}$$

$$l_3 = 9.4(Fr_1 - 1)h' = 42.83 \text{ m}$$

(3)

$$\Delta E_j = \frac{(h'' - h')^3}{4h'h''} = \frac{(7.10 - 0.8)^3}{4 \times 0.8 \times 7.19} = 11.34 \text{ m}$$

$$\frac{\Delta E_j}{E_1} = \frac{\Delta E_j}{h' + \frac{q^2}{2gh'^2}} = 0.61 = 61\%$$

17. 如图(题9.17图)所示，矩形断面棱柱形渠道底宽 $b=3$ m、粗糙率 $n=0.013$，底坡由 $i_1=0.015$ 突变为 $i_2=0.0025$，因而出现非均匀流段。已知流量 $q_v=27\ \mathrm{m^3/s}$，试分析非均匀流段的水面曲线型式。

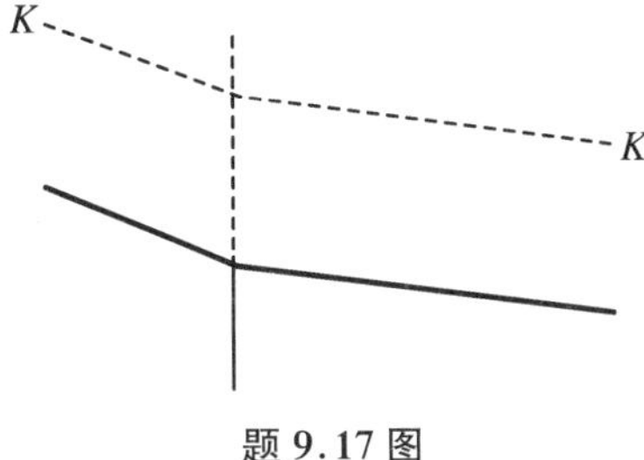

题9.17图

解　由题意，$h_k=\sqrt[3]{\dfrac{\alpha q_v^2}{gb^2}}=\sqrt[3]{\dfrac{27^2}{9.8\times 3^2}}=2.022$ m；所以有 $B_k=b=3$ m；于是有 $x_k=b+2h_k=7.044$ m；由谢才公式知：

$$C_k=\frac{1}{n}R_k^{1/6}=\frac{1}{n}\left(\frac{b\times h_k}{x_k}\right)^{1/6}=\frac{1}{0.013}\times\left(\frac{3\times 2.022}{7.044}\right)^{1/6}=75.03\ \mathrm{m^{1/2}/s}$$

所以有

$$i_k=\frac{gx_k}{\alpha C_k B_k}=\frac{9.8\times 7.044}{75.03^2\times 3}=0.0041$$

则 $i_1>i_k$，$i_2<i_k$，所以有 $h_{01}<h_k$，$h_{02}>h_k$；再根据 $q_v=\dfrac{\sqrt{i}}{n}\times\dfrac{A^{5/3}}{x^{2/3}}$，由于 $A=Bh$，可得 $x=B+2h$；$h_1=1.23$ m，$h_2=2.45$ m；所以 $h_1<h_k$，$h_2>h_k$；h_1 的共轭水深：

$$h_1=\frac{h_1}{2}(\sqrt{1+8Fr_1^2}-1)=\frac{h_1}{2}\left(\sqrt{1+8\frac{q_1^2}{gh_1^3}}-1\right)=3.06\ \mathrm{m}>h_2$$

所以发生的是远驱水跃。

18. 梯形断面渠道，底宽 $b=5$ m，边坡系数 $m=1.0$，通过流量 $q_v=8\ \mathrm{m^3/s}$，试求临界水深 h_c。

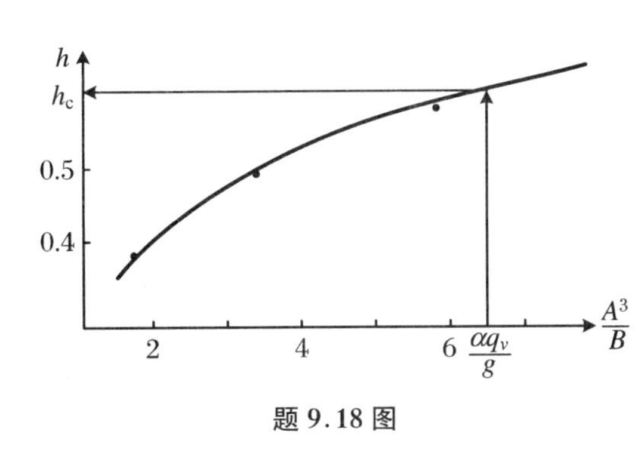

题9.18图

解　由临界水深计算公式

$$\frac{\alpha q_v}{g}=\frac{A_c^3}{B_c}$$

其中，α 为充满度；A_c 为临界水深过流断面面积；B_c 为相应的水面宽度。

$$\frac{\alpha q_v}{g}=6.53\ \mathrm{m}$$

为免去直接由上式求解 h_c 的困难，给 h 以不同值，计算相应的 A^3/B，列入题9.18表中，并作 h-(A^3/B) 关系曲线，如图(题9.18图)所示。在图上找出 $\dfrac{\alpha q_v}{g}=6.53\ \mathrm{m^5}$ 对应的水深，就是所求的临界水深 $h_c=0.61$ m。

题9.18表

h(m)	b(m)	A($\mathrm{m^2}$)	A^3/B($\mathrm{m^5}$)
0.40	5.8	2.16	1.74
0.50	6.0	2.75	3.74
0.60	6.2	3.36	6.12
0.65	6.3	3.67	7.86

19. 如图(题 9.19 图)所示,高速水流在浅水明渠中流动,当遇到障碍物时会发生水跃现象,其水位将急剧上升如题 9.19 图(a)所示,其简化模型如题 9.19 图(b)所示。设水跃前后流速在截面上分布是均匀的,压力沿水深的变化与静水相同。如果流动是定常的,壁面上的摩阻可以不考虑。求证:

(1) $\dfrac{h_2}{h_1}=\dfrac{1}{2}\left(-1+\sqrt{1+\dfrac{8v_1^2}{gh_1}}\right)$;

(2) 水跃只有在 $v_1 \geqslant \sqrt{gh_1}$ 时才有可能发生;

(3) 水跃过程中单位质量流体的机械能损失为 $\dfrac{(h_2-h_1)^3}{4h_1h_2}g$。

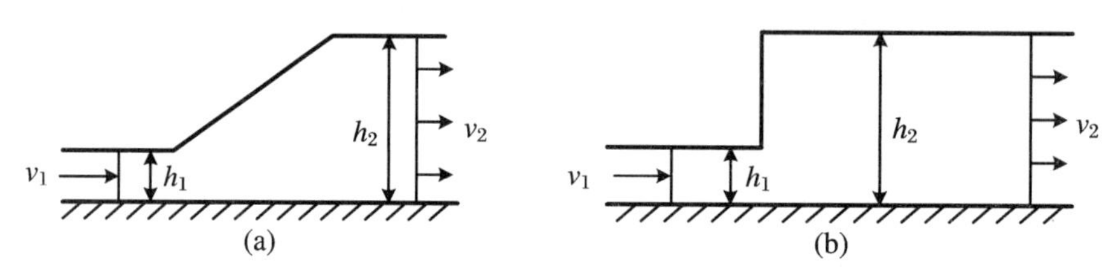

题 9.19 图

证明 (1) 水跃前后 1、2 截面为缓变流,压强分布服从力学规律,根据动量方程可得

$$\frac{1}{2}\rho g(h_1^2-h_2^2)=\rho v_2^2h_2-\rho v_1^2h_1$$

由连续性方程:

$$q_v=v_2h_2=v_1h_1 \quad \Rightarrow \quad v_2=v_1h_1/h_2$$

解关于 $\dfrac{h_2}{h_1}$ 的方程式,可得

$$\frac{h_2}{h_1}=\frac{1}{2}\left(-1+\sqrt{1+\frac{8v_1^2}{gh_1}}\right)$$

(2) 由于发生水跃时,$\dfrac{h_2}{h_1}\geqslant 1$,即

$$\frac{h_2}{h_1}=\frac{1}{2}\left(-1+\sqrt{1+\frac{8v_1^2}{gh_1}}\right)\geqslant 1$$

因此可得

$$1+\frac{8v_1^2}{gh_1}\geqslant 9 \quad \Rightarrow \quad \frac{v_1^2}{gh_1}\geqslant 1 \quad \Rightarrow \quad v_1\geqslant\sqrt{gh_1}$$

所以水跃只有在 $v_1\geqslant\sqrt{gh_1}$ 时才有可能发生。

(3) 水跃前后的机械能损失为

$$\Delta E=\int_0^{h_1}\left(\frac{p_1}{\rho}+\frac{v_1^2}{2}+gz\right)\rho v_1\mathrm{d}z-\int_0^{h_2}\left(\frac{p_2}{\rho}+\frac{v_2^2}{2}+gz\right)\rho v_2\mathrm{d}z$$

可知 $p_1=(h_1-z)\rho g$, $p_2=(h_2-z)\rho g$,因此有

$$\begin{aligned}\Delta E&=\int_0^{h_1}\left((h_1-z)g+\frac{v_1^2}{2}+gz\right)\rho v_1\mathrm{d}z-\int_0^{h_2}\left((h_2-z)g+\frac{v_2^2}{2}+gz\right)\rho v_2\mathrm{d}z\\&=\rho v_1h_1\left(gh_1+\frac{v_1^2}{2}\right)-\rho v_2h_2\left(gh_2+\frac{v_2^2}{2}\right)\end{aligned}$$

整理得

$$\Delta E = \rho h_1 v_1 (h_2 - h_1)\left[\frac{v_1^2(h_2 + h_1)}{2h_2^2} - g\right]$$

由(1)的结论整理后得

$$v_1^2 = \frac{(h_2^2 + h_2 h_1)}{2h_1} g, \quad \Delta E = \rho h_1 v_1 \frac{(h_2 - h_1)^3}{4h_1 h_2} g$$

即水跃过程中单位质量流体的机械能损失为$\frac{(h_2 - h_1)^3}{4h_1 h_2} g$。

20. 如图(题9.20图)所示,矩形断面的平底渠道,其宽度 $B = 2.7$ m。渠底在某断面处抬高0.5 m,抬高前的水深为2 m,抬高后的水面降低0.15 m,若忽略边壁和底部阻力。试求:

(1) 渠道的流量;

(2) 水流对底坎的推力 F。

解 (1) 列连续性方程和能量方程:

$$\begin{cases} v_1 A_1 = v_2 A_2 \quad \Rightarrow \quad v_1 \times 2 = v_2 \times 1.35 \\ \dfrac{v_1^2}{2g} + 0.15 = \dfrac{v_2^2}{2g} \end{cases}$$

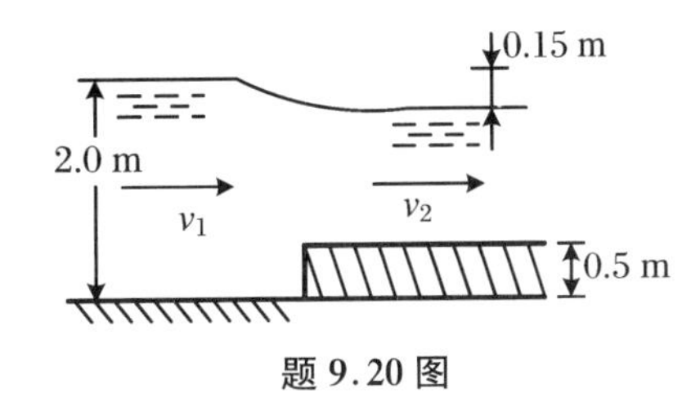

题 9.20 图

联立解得

$$\begin{cases} v_1 = 1.57 \text{ m/s} \\ v_2 = 2.32 \text{ m/s} \end{cases}$$

所以可得

$$q_v = v_1 A_1 = 1.57 \times 2 \times 2.7 = 8.48 \text{ m}^3/\text{s}$$

(2) 底坎对水流的作用力为 F',取水流为控制体,列能量方程(设 F'向左)

$$v \times 1 \times (2 \times 2.7) + pq_v v_1 = F' + v \times (1.35/2) \times (1.35 \times 2.7) + pq_v v_2$$

代入数据:$9.8 \times 2 \times 2.7 + 8.48 \times 1.57 = F' + 9.8 \times (1.35/2) \times 1.35 \times 2.7 + 8.48 \times 2.32$,解得:

$$F' = 22.4 \text{ kN}$$

则水流对底坎的推力为 $F = -F' = -22.4$ kN。即推力大小为22.4 kN,方向向右。

21. 试按允许流速及水力最优条件,分别设计一土质为细沙土的梯形断面渠道的断面尺寸,并考虑渠道是否需要加固。已知设计流量 $q_v = 3.5 \text{ m}^3/\text{s}$,坡底 $i = 0.005$,边坡因数 $m = 1.5$,粗糙系数 $n = 0.025$,免冲允许流速 $v_{\max} = 0.5$ m/s。

解 (1) 按允许流速 $v_{\max} = 0.5$ m/s 进行设计:

根据连续性方程得

$$A = q_v / v_{\max} = 7 \text{ m}^2$$

由谢才公式、曼宁公式得

$$R = (n v_{\max} / i^{1/2})^{3/2} = 0.074 \text{ m}$$

将 A、R 值代入梯形断面几何尺寸表达式,得

$$A = (b + mh)h = 0.7 \text{ m}^2$$

$$R = \frac{A}{b + 2h\sqrt{1 + m^2}} = 0.074 \text{ m}$$

两式联立,得 $h = 44.76$ m,$b = -66.98$ m;$h = 0.0742$ m,$b = 94.33$ m。第一组解没有意义,可舍去;第二组解中的水深太小,也没有实际意义。说明此渠道水流不可能以 $v_{\max}$通过。

(2) 按水力最优条件进行设计：

$$\beta_b = 2(\sqrt{1+m^2} - m) = 0.61, \quad 即 \quad b = 0.61h$$

$$A = (b + mh)h = 2.11\,h^2$$

又水力最优时 $R = R_h = 0.5h$，将 A、R 值代入流量公式，得

$$q_v = AC\sqrt{Ri} = (AR^{2/3}i^{1/2}/n) = 3.77h^{8/3}$$

将 $q_v = 3.5\ \mathrm{m^3/s}$ 代入上式，便得

$$h = 0.97\ \mathrm{m}, \quad b = 0.61h = 0.59\ \mathrm{m}$$

断面尺寸算出后，还须检验 v 是否在许可范围之内。因

$$v = C\sqrt{Ri} = R^{2/3}i^{1/2}/n = 1.75\ \mathrm{m/s}$$

这一流速比允许流速 $v_{max} = 0.5\ \mathrm{m/s}$ 大得多，说明渠道需要加固，因此还应进行加固设计。

22. 如图(题 9.22 图)所示为一边长 $a = 10\ \mathrm{cm}$ 的正方形管，长 $l = 100\ \mathrm{cm}$，连通两贮水容器，管中填充均质各向同性的细沙与粗沙。上层细沙的渗透系数 $k_1 = 0.002\ \mathrm{cm/s}$，下层粗沙的渗透系数 $k_2 = 0.05\ \mathrm{cm/s}$，两容器中水深 $H_1 = 100\ \mathrm{cm}$，$H_2 = 50\ \mathrm{cm}$。求管中的渗透流量。

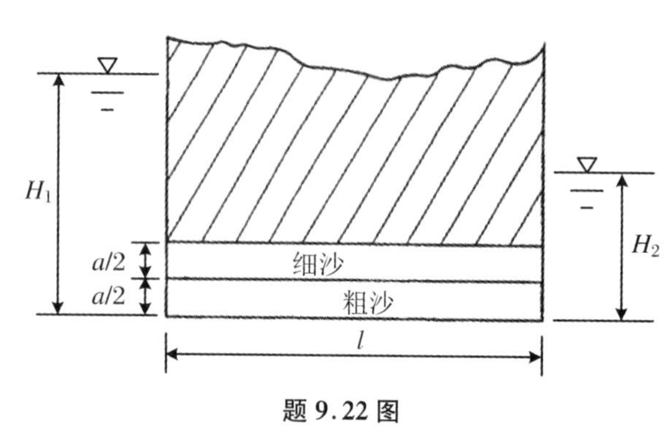

题 9.22 图

解 由题意可知，水力坡度为

$$J = \frac{H_1 - H_2}{l}, A_1 = A_2 = 0.5a^2$$

在细沙中

$$q_{v1} = k_1A_1J = 0.002 \times 0.5a^2 \times 0.5 = 5 \times 10^{-6}\ \mathrm{m^3/s} = 0.005\ \mathrm{L/s}$$

在粗沙中

$$q_{v2} = k_2A_2J = 0.05 \times 0.5a^2 \times 0.5 = 1.25 \times 10^{-4}\ \mathrm{m^3/s} = 0.125\ \mathrm{L/s}$$

则可知所求流量：

$$q_v = 0.130\ \mathrm{L/s}$$

23. 如图(题 9.23 图)所示为一利用静水压力自动开启的矩形翻板闸门。当上游水深超过工作水深 H 时，闸门即自动绕转轴向顺时针方向倾倒，如不计闸门重量和摩擦力的影响，试求转轴的位置高度 a。

解 依据题意，当支墩高度在闸前水位下闸门的压力点之下时，闸门就会倾倒，所以

$$a = H/3$$

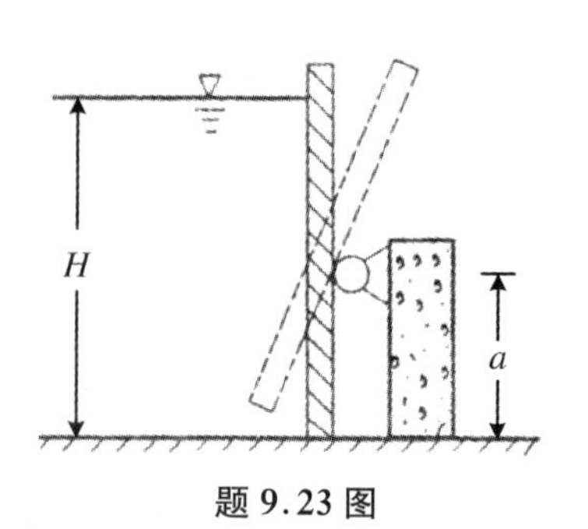

题 9.23 图

24. 长直的矩形断面渠道，底宽 $b = 1\ \mathrm{m}$，粗糙系数 $n = 0.014$，底坡 $i = 0.0004$，渠内均匀流正常水深 $h_0 = 0.6\ \mathrm{m}$，试判别水流的流动状态。

解 (1) 用微波速度判别，断面平均流速

$$v = C\sqrt{Ri}$$

式中，C 为谢才系数，$C=(1/n)R^{1/6}=57.5\ \mathrm{m^{0.5}/s}$；$R$ 为水力半径，$R=\dfrac{bh_0}{b+2h_0}=0.273\ \mathrm{m}$；得 $v=0.601\ \mathrm{m/s}$，故微波速度

$$c_w = \sqrt{gh} = 2.43\ \mathrm{m/s}$$

$v<c_w$，流动为缓流。

(2) 用弗劳德数判别：

弗劳德数

$$Fr = \frac{v}{\sqrt{gh}} = 0.25$$

$Fr<1$，流动为缓流。

(3) 用临界水深判别：

由临界水深计算公式

$$h_c = \sqrt[3]{\frac{\alpha q^2}{g}}$$

其中，α 为充满度；q 为单宽流量，$q=vh_0=0.361\ \mathrm{m^2/s}$，得 $h_c=0.237\ \mathrm{m}$；实际水深(均匀流即正常水深)

$$h_0 > h_c \quad \text{流动为缓流}$$

(4) 用临界底坡判别：

由临界水深 $h_c=0.237\ \mathrm{m}$，计算相应量

$$B_c = b = 1\ \mathrm{m}$$

$$\chi_c = b + 2h_c = 1.474\ \mathrm{m}$$

$$R_c = bh_c/\chi_c = 0.1608\ \mathrm{m}$$

$$C_c = \frac{1}{n}R_c^{1/6} = 52.7\ \mathrm{m^{0.5}/s}$$

其中，B_c 为临界水深水面宽度；χ_c 为湿周。

利用临界坡底计算公式计算：

$$i_c = \frac{g}{\alpha C_c^2}\frac{\chi_c}{B_c} = 0.0052$$

可见 $i<i_c$，故此为缓坡渠道，均匀流是缓流。

25. 如图(题 9.25 图)所示，一条宽度 $b=3\ \mathrm{m}$ 的矩形断面平底渠道，渠底在某处有一个抬高 $d=0.4\ \mathrm{m}$ 的底坎，此坎的流速因数 $\varphi=0.90$。测得上游水深 $h_1=2\ \mathrm{m}$，底坎下游的水面降低 $\Delta h=0.1\ \mathrm{m}$。试求渠道的单宽流量 q。

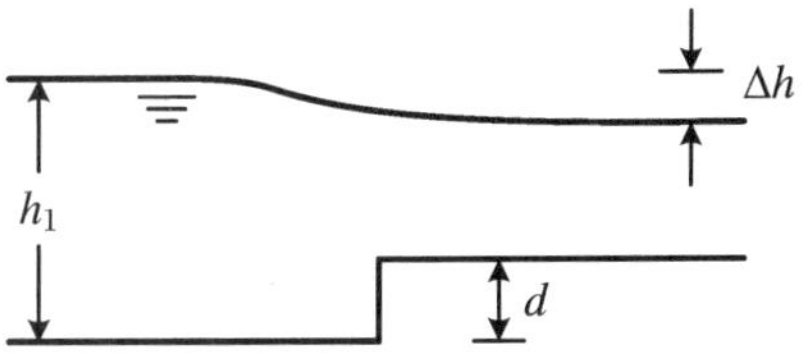

Δh
h_1
d

题 9.25 图

解　坎顶水深 $h_2=h_1-d-\Delta h=1.5\ \mathrm{m}$；对上、下游断面应用伯努利方程和连续性方程，有

$$h_1 + \frac{v_1^2}{2g} = h_2 + d + \frac{v_2^2}{2g\varphi^2}, \quad v_1h_1 = v_2h_2$$

则有

$$\frac{v_2^2}{2g}\left[\frac{1}{\varphi^2} - \left(\frac{h_2}{h_1}\right)^2\right] = h_1 - h_2 - d$$

$$\frac{v_2^2}{2g} = 0.1488\ \mathrm{m},\quad v_2 = 1.708\ \mathrm{m/s}$$

$$q = v_2 h_2 = 2.562\ \mathrm{m^3/(s \cdot m)}$$

26. 贮水池引出的输水长渠道，中间设有闸门，末端为跌坎，试画出：

(1) 输水渠道为缓坡，闸门开启高度小于临界水深[题 9.26 图(a)]，水面曲线示意图；

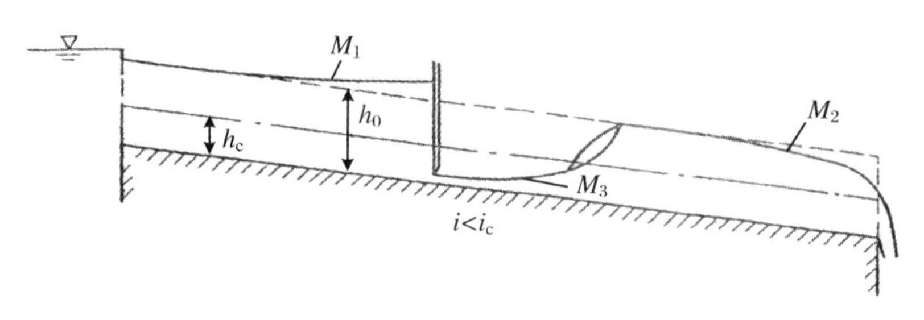

题 9.26 图(a)

(2) 输水渠道为陡坡，闸门开启高度小于正常水深[题 9.26 图(b)]，水面曲线示意图。

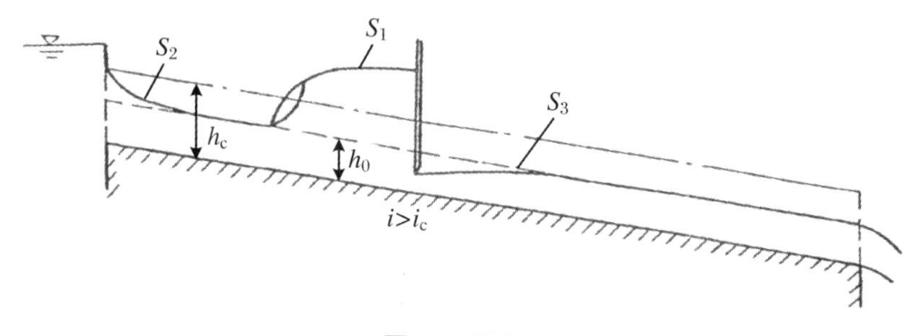

题 9.26 图(b)

解 (1) 缓坡($0<i<i_c$)渠道：

绘 $N-N$、$C-C$ 线将流动空间分区，找出闸前水深、闸下出流收缩水深及渠道末端临界水深为各渠段水面线的控制水深。闸前段：因闸门阻水，闸前水面升高超过 $N-N$ 线，闸前段为 M_1 型壅水曲线，向上延伸到贮水池出口，影响水池出流。闸后端：闸下水深小于临界水深，自收缩断面向下为 M_3 型壅水曲线，又渠道末端为临界水深，向上为 M_2 型降水曲线，在与 M_3 型水面曲线的水深成共轭水深的断面间发生水跃。水面曲线示意图如题 9.26 图(a)所示。

(2) 陡坡($i>i_c$)渠道：

绘 $N-N$、$C-C$ 线将流动空间分区，找出渠道进口水深、闸前水深及闸下出流收缩水深为各渠段水面线的控制水深。闸前段：因闸门阻水，闸前水面升高超过 $C-C$ 线，闸前段为 S_1 型壅水曲线，向上延伸到 $C-C$ 线，不影响贮水池出流，输水渠道自进口向下为 S_2 型降水曲线，在与 S_1 型水面曲线的水深成共轭水深的断面间发生水跃。闸后段：自收缩断面向下为 S_3 型壅水曲线，下游以 $N-N$ 线为渐近线流出跌坎。水面曲线示意图如题 9.26 图(b)所示。

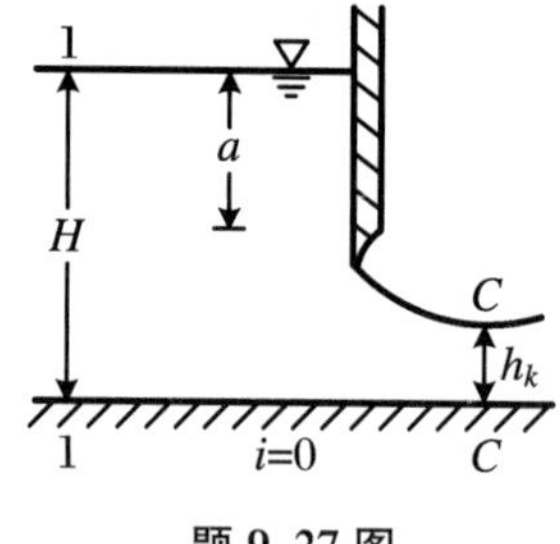

题 9.27 图

27. 如图(题 9.27 图)所示为平底矩形渠道中一平板闸门，水面以下门高 $a=3.2$ m，门于渠道同宽，$b=4$ m。当流量 $q_v=16\ \mathrm{m^3/s}$ 时，闸前水深 $H=4$ m，闸后收缩断面水深 $h_k=0.5$ m。不计摩擦力，取动量修正系数为 1.0。求作用在闸门上的动水总压力。如果水是静止的。门高 a 仍不变,此时闸门所受的静水总压力是多少?

解 取1-1断面和 $C-C$ 断面间水体为控制体,则

$$F_1 = \frac{1}{2}\rho g H^2 b = \frac{1}{2} \times 10^3 \times 9.8 \times 4^2 \times 4 = 313.6\ \text{kN}$$

$$F_2 = \frac{1}{2}\rho g h_k^2 b = \frac{1}{2} \times 10^3 \times 9.8 \times 0.5^2 \times 4 = 4.9\ \text{kN}$$

列 x 方向动量方程

$$F_1 - F_x - F_2 = \rho q_v(\alpha_2 v_2 - \alpha_1 v_1) \tag{1}$$

由连续性方程,有

$$v_2 = \frac{q_v}{h_k b} = \frac{16}{0.5 \times 4} = 8\ \text{m/s}; \quad v_1 = \frac{q_v}{hb} = \frac{16}{4 \times 4} = 1\ \text{m/s} \tag{2}$$

取动量修正系数均为1,将式(2)代入式(1)后得

$$F_x = 196.7\ \text{kN}$$

作用在闸门上的动水总压力与 F_x 大小相等,方向相反。

在相同开度下,作用在闸门上的静水总压力

$$F = \frac{1}{2}\rho g a^2 b = \frac{1}{2} \times 10^3 \times 3.2^2 \times 4 \times 9.8 = 200.704\ \text{kN}$$

可见,在相同开度下动水总压力小于静水总压力。

28. 如图(题9.28图)所示由陡坡变为缓坡的长渠道,试分析水面曲线可能的衔接形式。

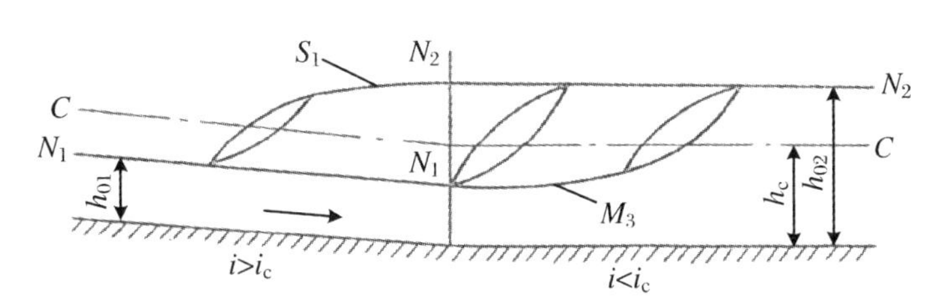

题9.28图

解 绘出陡坡渠段的正常水深(h_{01})线 N_1-N_1,缓坡渠段的正常水深(h_{02})线 N_2-N_2,临界水深线 $C-C$,将流动空间分区。渠道变底坡在一定范围内造成非均匀流,再远处不受变坡影响仍为均匀流,故渠中水流是从上渠远处均匀流的急流(水深 h_{01})过渡到下渠远处均匀流的缓流(h_{02})。急流向缓流过渡要发生水跃,水跃的位置将决定水面曲线衔接的形式,以水深 h_{01} 的共轭水深 h''_{01} 与水深 h_{02} 相比较:

(1) $h''_{01} = h_{02}$,水跃发生在变坡断面,称为临界水跃,水跃前后为均匀流急流和均匀流缓流;

(2) $h''_{01} > h_{02}$,急流冲入缓坡渠段,形成 M_3 型壅水曲线,水深沿程增加,增至与水深 h_{02} 成共轭水深时发生水跃,此时水跃远离变坡断面,称为远驱式水跃;

(3) $h''_{01} < h_{02}$,缓流淹没变坡断面,将水跃阻挡在陡坡渠段,跃前为均匀流急流,跃后以 S_1 型壅水曲线与缓坡渠段均匀流缓流衔接,这样的水跃称为淹没水跃。水面曲线衔接形式如题9.28图所示。

29. 解释渗流模型,并写出均匀渗流和渐变渗流的基本计算公式。

解　渗流模型是指，在保持渗流区原有边界条件和渗透流量不变的条件下，把渗流看成是由液体质点充满全部渗流区的连续总流流动。

均匀渗流基本公式：

$$q_v = vA = Aki, \quad v = v' = ki$$

渐变渗流的基本公式：

$$q_v = vA = bhk\left(i - \frac{\mathrm{d}h}{\mathrm{d}s}\right), \quad v = kJ = k\left(i - \frac{\mathrm{d}h}{\mathrm{d}s}\right)$$

30. 如图[题 9.30 图(a)]，灌溉渠道经过密实沙壤土地段，断面为梯形，边坡系数 $m = 1.5$，粗糙系数 $n = 0.025$，根据地形底坡采用 $i = 0.0003$，设计流量 $q_v = 9.68\ \mathrm{m^3/s}$，选定底宽 $b = 7\ \mathrm{m}$。试确定断面深度 h。

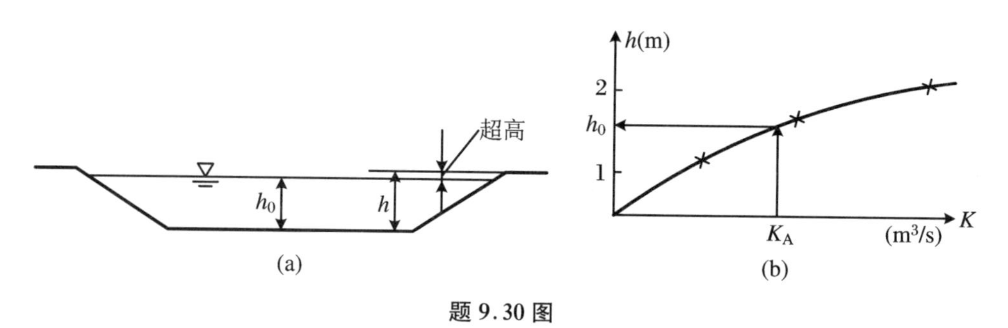

题 9.30 图

解　断面深度等于正常水深加超高。设不同的正常水深 h_0，计算相应的流量模数 $K = AC\sqrt{R}$（其中 A 为过流断面面积，C 为谢才系数，χ为湿周，R 为水力半径）。列入题 9.30 表中，并作 $K = f(h)$曲线，如题 9.30 图(b)所示。

题 9.30 表　$K = AC\sqrt{R}$计算

h(m)	A(m²)	χ(m)	R(m)	C(m^0.5/s)	K(m³/s)
1.0	8.5	10.6	0.8	38.5	292.7
1.5	13.87	12.4	1.12	40.6	595.95
2.0	20.0	14.2	1.43	42.5	1016.45

根据已知 q_v、i 计算所需流量模数

$$K_A = \frac{q_v}{\sqrt{i}} = \frac{9.68}{\sqrt{0.0003}} = 558.88\ \mathrm{m^3/s}$$

由题 9.30 图(b)找出 K_A 相对应的 $h_0 = 1.45\ \mathrm{m}$。

超高与渠道的级别和流量有关，本题取 0.25 m，断面深度

$$h = h_0 + 0.25 = 1.70\ \mathrm{m}$$

31. 两段底坡不同的矩形断面渠道相连，渠道底宽均为 7 m，上游渠道中水流作均匀流动，水深为 0.7 m。下游渠道为平坡渠道，在连接处附近水深约为 6.5 m，通过流量为 50 m³/s。

(1) 试判断在两段渠道连接处是否会发生水跃？

(2) 若发生水跃，试以上游渠中水深为跃前水深，计算其共轭水深。

(3) 计算水跃段长度和水跃能量损失。

解　(1) 判别是否发生水跃：

$$h_c = \sqrt[3]{\frac{\alpha q_v^2}{gb^2}} = 1.733 \text{ m}$$

上游 $h_1 = 0.7$ m<1.733 m 为急流，下游 $h_2 = 6.5$ m>1.733 m 为缓流，水流由急流转变为缓流，必将发生水跃。

(2) 以 $h' = 0.7$ m 计算共轭水深：

$$h'' = \frac{h'}{2}[\sqrt{1 + 8(h_c/h')^3} - 1] = 3.522 \text{ m}$$

(3) 计算水跃段长度：$l_y = 4.5h'' = 15.85$ m，计算水跃能量损失：

$$\Delta h_w = \frac{(h'' - h')^3}{4h'h''} = 2.279 \text{ m}$$

32. 如图(题 9.32 图)所示，设在两水箱之间，连接一条水平放置的正方形管道，管道边长 $a = b = 20$ cm，长 $L = 1.0$ m。管道的前半部分装满细沙，后半部分装满粗沙，细沙和粗沙的渗透系数分别为 $k_1 = 0.002$ cm/s，$k_2 = 0.050$ cm/s。两水箱的水深分别为 $H_1 = 80$ cm，$H_2 = 40$ cm。试计算管中的渗透流量。

解 设沿管长 $\frac{L}{2}$ 处过水断面上测管水头为 H，可知：

$$q_{v1} = k_1 A \frac{H_1 - H}{\frac{1}{2}L}, \quad q_{v2} = k_2 A \frac{H - H_2}{\frac{1}{2}L}$$

则有

$$q_v = q_{v1} = k_1 A \frac{H_1 - H}{\frac{1}{2}L} = 0.002 \times 10^{-2} \times 0.2^2 \frac{80 - 41.54}{0.5} = 0.615 \times 10^{-4} \text{ m}^3/\text{s}$$

即渗流量为 0.615×10^{-4} m³/s。

33. 如图(题 9.33 图)所示为某矩形断面渠道里的直角进口无侧收缩潜水坝。已知坝长 $\delta = 2.5$ m，坝顶水头 $H = 0.85$ m，坝高 $h_p = h'_p = 0.5$ m，坝下游水深 $h = 1.10$ m，坝宽 $b = 1.28$ m，试求过坝流量 q_v。取动能修正因数 $\alpha = 1.0$。

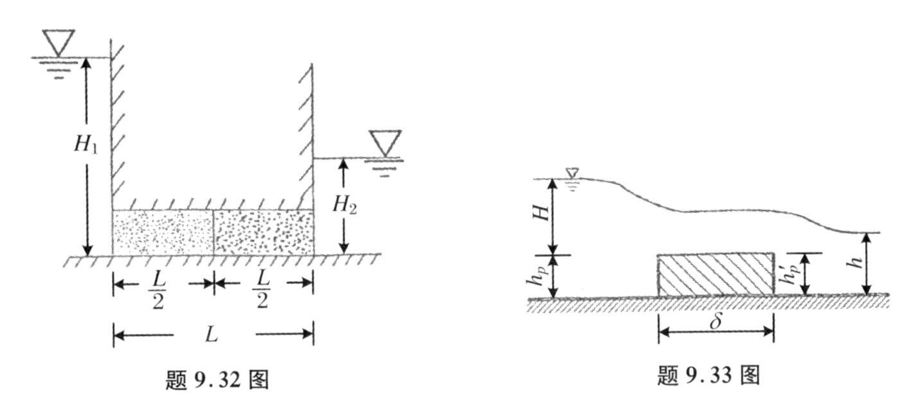

题 9.32 图　　题 9.33 图

解 因 $\delta/H = 2.94 \in (2.5, 10)$，故该潜水坝属于宽顶堰。

(1) 判别出流形式：因

$$h_s = h - h'_p = 0.60 \text{ m} > 0$$

$$0.8H_0 > 0.8H = 0.68 \text{ m} > h_s$$

满足宽顶堰淹没溢流的必要条件，但不满足充分条件，故为自由式溢流。

(2) 计算流量因数 m：因 $h_p/H=0.588<3$，故由宽顶堰流量系数计算公式，得

$$m = 0.32 + 0.01\frac{3 - h_p/H}{0.46 + 0.75h_p/H} = 0.347$$

(3) 计算流量 q_v：

宽顶堰流量计算式为高次超越方程，计算中常用迭代法求解。将 $H_0 = H + \dfrac{\alpha q_v^2}{2g[b(H+h_p)]^2}$ 代入堰流流量计算公式，并写成迭代式为

$$q_{v(n+1)} = mb\sqrt{2g}\left[H + \frac{\alpha q_{v(n)}^2}{2gb^2(H+h_p)^2}\right]^{1.5}$$

式中，下标 n 为迭代循环变量。现取初值 $q_{v(0)}=0$，并代入有关数据进行迭代，有：

第一次迭代($n=0$)：$q_{v(1)}=1.54\ \mathrm{m^3/s}$；第二次迭代($n=1$)：$q_{v(2)}=1.65\ \mathrm{m^3/s}$；第三次迭代($n=2$)：$q_{v(3)}=1.67\ \mathrm{m^3/s}$，现已

$$\left|\frac{q_{v(3)} - q_{v(2)}}{q_{v(3)}}\right| \approx 1\%$$

若此计算误差小于要求的误差限制，则过坝流量 $q_v \approx q_{v(3)} = 1.67\ \mathrm{m^3/s}$。

(4) 校核潜水坝上游流动状态：

$$v_0 = \frac{q_v}{b(H+h_p)} = 0.97\ \mathrm{m/s}$$

$$Fr = \frac{v_0}{\sqrt{g(H+h_p)}} = 0.267 < 1$$

故上游水流确为缓流，因此上述计算有效。

34. 如图(题 9.34 图)所示实验水槽中的水流现象，且流量不变，若提高或降低尾门，试分析水跃位置向哪边移动？为什么？

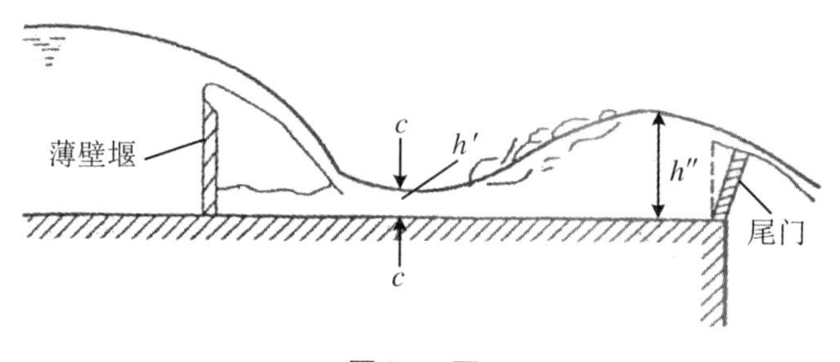

题 9.34 图

解 如题 9.34 图所示，收缩断面下游有壅水曲线段，末端有水跃与尾水衔接。

根据水跃函数的性质有如下分析：

(1) 提高尾门，则尾水水位提高，跃后水深 h''增加，跃前水深 h'减小，水跃位置向上游移动。

(2) 降低尾门，则尾水水位降低，跃后水深 h''减小，跃前水深 h'增大，水跃位置向下游移动。

(3) 尾门很低时，水槽中将不会发生水跃。

35. 作图题：定性绘制题9.35图(a)所示明渠水面曲线。

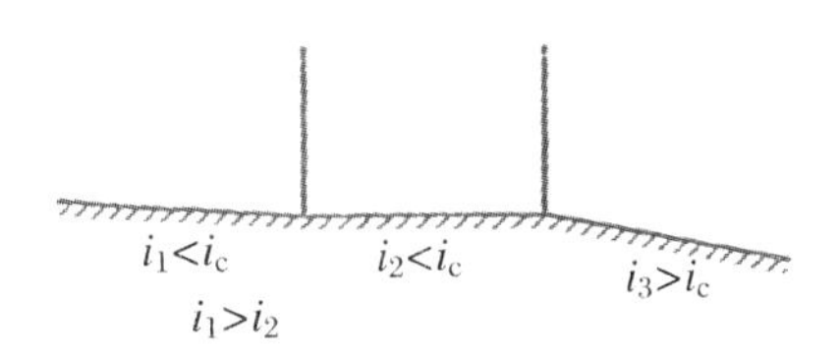

题9.35图(a)

解　明渠水面曲线如题9.35图(b)所示

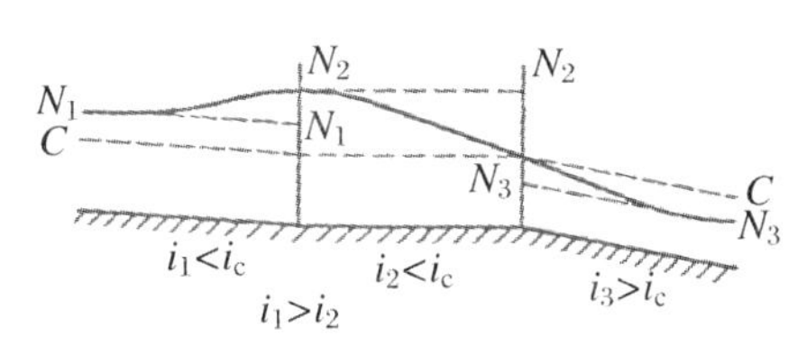

题9.35图(b)

36. 矩形断面渠道，上、下两段宽度相等，底坡 $i_1>i_2$，当单宽流量 $q=4\ \mathrm{m^2/s}$ 时，正常水深分别为 $h_{01}=0.66\ \mathrm{m}$ 和 $h_{02}=1.55\ \mathrm{m}$。试问：

(1) 该渠道能否发生水跃?

(2) 若能发生，确定水跃发生在哪段渠道中?

解　(1) $h_c=\sqrt[3]{\dfrac{1\times 4^2}{9.8}}=1.18\ \mathrm{m}$

渠道1：$h_{01}=0.66\ \mathrm{m}<h_c$，陡坡，远处均匀流为急流；

渠道2：$h_{02}=1.55\ \mathrm{m}>h_c$，缓坡，远处均匀流为缓流。

急流、缓流必以水跃衔接。

(2) 取跃前水深 $h'=h_{01}=0.66\ \mathrm{m}$，则

$$Fr_1=\sqrt{\alpha q^2/gh'^3}=2.383$$

故跃后水深

$$h''=\frac{1}{2}h'(\sqrt{1+8Fr_1^2}-1)=1.92\ \mathrm{m}$$

$$h''>h_{02}$$

根据水面线理论和水跃共轭水深变化规律可知，水跃将发生在渠道2上。若以 h_{02} 为跃后水深，则

$$Fr_2=\sqrt{\alpha q^2/gh''^3}=0.662$$

$$h'=\frac{1}{2}h''(\sqrt{1+8Fr_2^2}-1)=0.87\ \mathrm{m}$$

则跃前水深为0.87 m。

37. 如图(题9.37图)所示一矩形断面渠道，底宽 $b=5\ \mathrm{m}$，底坡 $i=0.005$，分为充分长的两段，糙率分别为 $n_1=0.0225$ 和 $n_2=0.0150$。当流量 $q_v=5\ \mathrm{m^3/s}$ 时，试判断两段渠道底坡的性质，并定性绘出水面曲线。

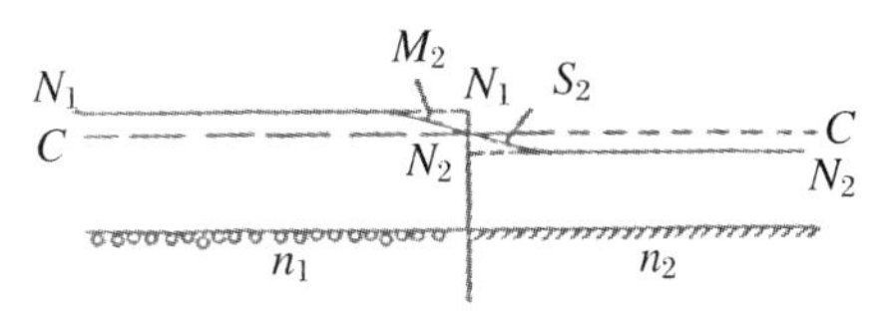

题9.37图

解 $q=q_v/b=1\ \text{m}^2/\text{s}$，$h_c=\sqrt[3]{\alpha q^2/g}=0.467\ \text{m}$

求渠道1的正常水深，用试算法，取 $h=0.544\ \text{m}$，则

$$A=5\times 0.544=2.72\ \text{m}^2$$

$$\chi=5+2\times 0.544=6.088\ \text{m}$$

$$R=2.72/6.088=0.447\ \text{m}$$

$$q_{v1}=(2.72\times 0.447^{2/3}\times 0.005^{1/2})/0.0225=4.997\ \text{m}^3/\text{s}$$

故渠道1的正常水深为 $h_{01}=0.544\ \text{m}>h_c$，缓坡。

求渠道2的正常水深，用试算法，取 $h=0.42\ \text{m}$，则

$$A=5\times 0.42=2.1\ \text{m}^2$$

$$\chi=5+2\times 0.42=5.84\ \text{m}$$

$$R=2.1/5.84=0.36\ \text{m}$$

$$q_{v2}=(2.1\times 0.36^{2/3}\times 0.005^{1/2})/0.015=5.01\ \text{m}^3/\text{s}$$

故渠道2的正常水深为 $h_{02}=0.420\ \text{m}<h_c$，陡坡。

水面曲线如题9.37图所示。

38. 一条矩形断面水渠，底坡 $i=2\times 10^{-3}$，底宽 $b=18\ \text{m}$，流量 $q_v=54\ \text{m}^3/\text{s}$，上半段的糙率 $n_1=0.025$，下半段的糙率 $n_2=0.012$。试求临界水深 h_c 和临界坡度 i_c，并判断此渠的上半段和下半段是陡坡还是缓坡。

解 弗劳德数 $Fr^2=\dfrac{v^2}{gh}=\dfrac{q_v^2}{gb^2h^3}$，当 $Fr=1$ 时

$$h_c^3=\frac{q_v^2}{gb^2},\quad h_c=\left(\frac{q_v^2}{gb^2}\right)^{1/3}=0.972\ \text{m}$$

$$A_c=bh_c=17.39\ \text{m}^2$$

$$\chi_c=b+2h_c=19.94\ \text{m}$$

$$q_v=\frac{\sqrt{i_c}}{n}\frac{A^{5/3}}{\chi_c^{2/3}}$$

当 $n_1=0.025$ 时，$i_{c1}=7.1\times 10^{-3}$，渠道上半段为缓坡。当 $n_2=0.012$ 时，$i_{c2}=1.6\times 10^{-3}$，渠道下半段为陡段。

39. 如图（题9.39图）所示，厚度 $t=15\ \text{m}$ 的含水层，设有两个观测井（两井沿渗流方向的距离为 $l=300\ \text{m}$），测得观测井1中的水位为64.22 m，观测井2中的水位为63.44 m。含水层由粗沙组成，已知渗透系数 $k=50\ \text{m/s}$。试求含水层单位宽度（每米）的渗流量 q。

解 由题意知，该流动问题属于有压均匀渗流问题，引用达西公式计算流速，知单宽流量 q 为：

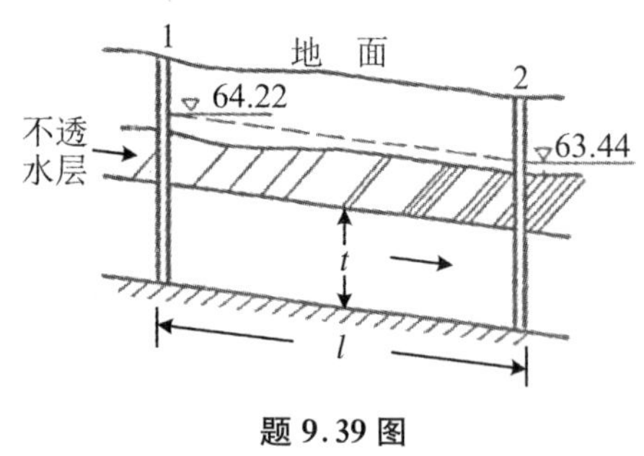

题9.39图

$$q=ktJ$$

式中，$J=(64.22-63.44)/300=0.0026$，代入上式得

$$q=(50\times 15\times 0.0026)=1.95\ \text{m}^2/\text{s}$$

40. 如图（题9.40图）所示的矩形断面土堤，将内外两河分开。土堤宽度 $L=20\ \text{m}$，土堤长（垂直纸面方向）为100 m，外河水深 $h_1=5\ \text{m}$，内河水深 $h_2=1\ \text{m}$，土的渗透系数 $k=5\times 10^{-5}\ \text{cm/s}$。试

计算由外河向内河经过土堤的渗透流量 q_v。

解　渗透流量

$$q_v = ql = \frac{k}{2L}(h_1^2 - h_2^2)l = \frac{5\times 10^{-5}}{2\times 20}(25-1)\times 100$$
$$= 3\times 10^{-3}\ \mathrm{m^3/s}$$

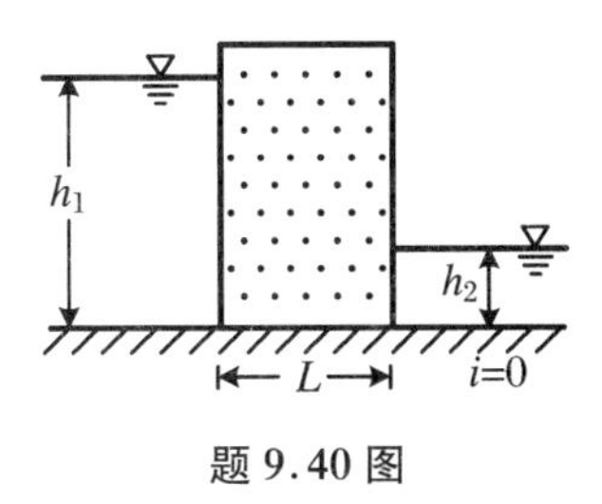

题 9.40 图

41. 如图(题 9.41 图)所示,某工厂为降低地下水位,在水平不透水层上修建了一条长 100 m 的地下集水廊道,然后经排水沟排走。经实测,在距廊道边缘的距离 s 为 80 m 处,地下水位开始下降,该处地下水水深 H 为 7.6 m,廊道中水深 h 为 3.6 m,由廊道排出的总流量 q_v 为 2.23 $\mathrm{m^3/s}$,试求土层的渗透系数 k 值。

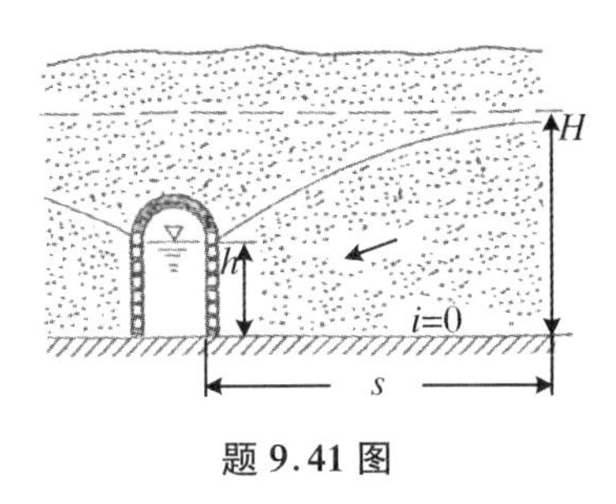

题 9.41 图

解　廊道中所汇集的地下水流量是由两侧土层中渗出的,故每一侧渗出单宽流量为

$$q = \frac{q_v}{2l} = \frac{2.23}{2\times 100}\ \mathrm{m^3/(s\cdot m)} = 0.01115\ \mathrm{m^2/s}$$

由渐变渗流平底地下河槽浸润线计算公式,有

$$\frac{qs}{k} = \frac{1}{2}(h_1^2 - h_2^2)$$

令 $h_1 = H = 7.6$ m,$h_2 = h = 3.6$ m,可解出

$$k = \frac{2qs}{H^2 - h^2} = \frac{2\times 0.01115\times 80}{7.6^2 - 3.6^2} = 4\times 10^{-2}\ \mathrm{m/s}$$

42. 如图(题 9.42 图)所示有一完全自流井,已知 $r_0 = 100$ mm,含水层厚度 $t = 7.5$ m,在离井中心 $r_1 = 20$ m 处钻有一观测井。现做抽水试验,当抽水至稳定时,井中水位降深 $S = 4$ m,而观测井中水位降深 $S_1 = 1.5$ m,试求该井的影响半径 R。

解　据题意,由自流井产水量计算公式,有

$$S = \frac{q_v}{2\pi tk}\ln\frac{R}{r_0}$$

$$S_1 = \frac{q_v}{2\pi tk}\ln\frac{R}{r_1}$$

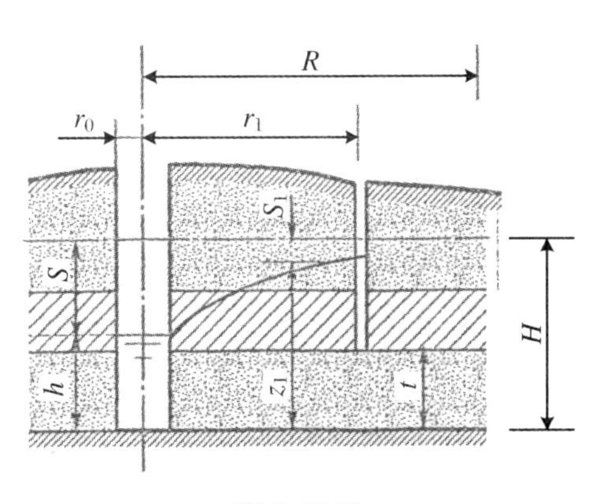

题 9.42 图

两式联立,可得

$$\ln R = \frac{S}{S - S_1}(\ln r_1 - \ln r_0) + \ln r_0 = 6.175$$

因此井的影响半径 $R \approx 480$ m。

43. 有一普通完整井,其半径 $r_0 = 0.1$ m,含水层厚度(即水深)$H = 8$ m,土的渗透系数 $k = 0.001$ m/s,抽水时井中水深 $h = 3$ m,试估算井的出流量。

解　最大抽水降深 $S = H - h = 8 - 3 = 5$ m。井影响半径

$$R = 3000S\sqrt{k} = 3000\times 5\sqrt{0.001} = 474.3\ \mathrm{m}$$

求井的出水量:

$$q_v = 1.366\frac{k(H^2-h^2)}{\lg\frac{R}{r_0}} = 1.366\times\frac{0.001\times(8^2-3^2)}{\lg\frac{474.3}{0.1}} = 0.02\ \mathrm{m^3/s}$$

44. 如图(题9.44图)所示,一正方形管接于两容器之间,管长 $l=200$ cm,高宽均为 $h=20$ cm。管内按图示的(a)、(b)、(c)、(d)四种方式填充,填充的物质为均质各向同性的粗沙和细沙。粗沙的渗透系数 $k_1=0.05$ cm/s,细沙的渗透系数 $k_2=0.002$ cm/s,容器的水深为 $H_1=80$ cm,$H_2=40$ cm,计算并比较四种填充情况的渗透流量的大小。

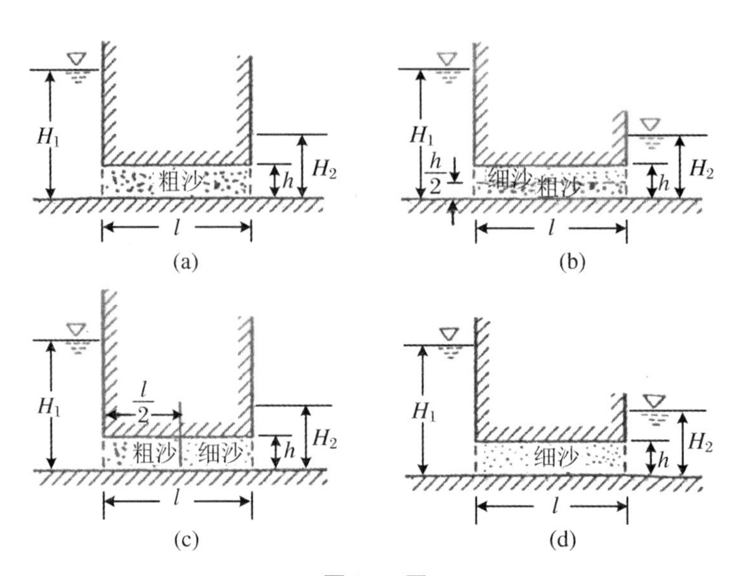

题9.44图

解 由达西定律计算如下:

图(a):

$$q_{v1} = k_1AJ = k_1h^2\times\frac{H_1-H_2}{l} = 0.05\times10^{-2}\times0.2^2\times\frac{(0.8-0.4)}{2}$$

$$= 4\times10^{-6}\ \mathrm{m^3/s} = 4\ \mathrm{cm^3/s}$$

图(b):

$$q_{v2} = k_1AJ + k_2AJ = 0.05\times\frac{h^2}{2}\times\frac{H_1-H_2}{l} + 0.002\times\frac{h^2}{2}\times\frac{H_1-H_2}{l}$$

$$= 0.05\times\frac{20^2}{2}\times\frac{80-40}{200} + 0.002\times\frac{20^2}{2}\times\frac{80-40}{200} = 2.08\ \mathrm{cm^3/s}$$

图(c):设管道中点过流断面上的测压管水头为 H,则根据达西定律有

$$q'_{v1} = k_1\frac{H_1-H}{0.5l}A,\quad q'_{v2} = k_2\frac{H-H_2}{0.5l}A$$

由连续原理 $q'_{v1}=q'_{v2}$,即

$$k_1\frac{H_1-H}{0.5l}A = k_2\frac{H-H_2}{0.5l}A$$

可得

$$H = \frac{k_1H_1+k_2H_2}{k_1+k_2} = \frac{0.05\times80+0.002\times40}{0.05+0.002} = 78.46\ \mathrm{cm}$$

渗透流量

$$q_{v3} = q'_{v1} = k_1 \frac{H_1 - H}{0.5l}A = 0.05 \times \frac{80 - 78.46}{0.5 \times 200} \times 20^2 = 0.308\ \mathrm{cm^3/s}$$

图(d)：

$$q_{v4} = k_2 AJ = k_2 h^2 \cdot \frac{H_1 - H_2}{l} = 0.002 \times 20^2 \times \frac{80 - 40}{200} = 0.16\ \mathrm{cm^3/s}$$

由以上的计算结果可看出：

$$q_{v1} > q_{v2} > q_{v3} > q_{v4}$$

45. 如图[题9.45图(a)]所示，挡水平板闸门的转动铰轴到渠底的距离为 l。设计要求超高水位 h 大于挡水位 H 的1/6时，$h \geqslant H/6$，闸门可自动翻转而开启。试确定 l/H 的值。

解　如图[题9.45图(b)]所示，平板上的静水压强可分解为均布载荷(合力为 F_1)和三角分布荷载(合力为 F_2)，设平板宽度(垂直于纸面)为 B，则有

$$F_1 = \rho ghBH, \quad F_2 = 0.5\rho gHBH$$

$$F_1\left(l - \frac{H}{2}\right) + F_2\left(l - \frac{H}{3}\right) = 0$$

$$\frac{l}{H} = \frac{(h/H) + 1/3}{(2h/H) + 1} = \frac{3}{8}$$

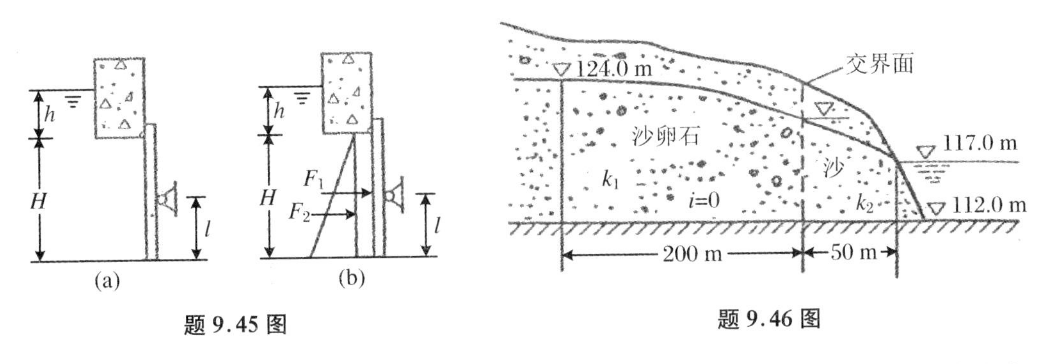

题9.45图　　题9.46图

46. 如图(题9.46图)所示，河道岸滩由两种土壤组成，图中高程与长度单位均为m。求两层土壤交界面处的水位。已知沙卵石 $k_1 = 50$ m/s，沙 $k_2 = 2$ m/s。

解　对于平底无压恒定渗流，设交界面处的水深为 H。由渐变渗流计算式及连续原理，有

$$\frac{k_1}{2l_1}(H_1^2 - H^2) = \frac{k_2}{2l_2}(H^2 - H_2^2)$$

由题9.46图，有

$$H_1 = (124 - 112)\ \mathrm{m} = 12\ \mathrm{m}$$

$$H_2 = (117 - 112)\ \mathrm{m} = 5\ \mathrm{m}$$

则

$$\left(\frac{k_1}{2l_1} + \frac{k_2}{2l_2}\right)H^2 = \frac{k_1}{2l_1}H_1^2 + \frac{k_2}{2l_2}H_2^2$$

即

$$\left(\frac{50}{2 \times 200} + \frac{2}{2 \times 50}\right)H^2 = \frac{50}{2 \times 200} \times 12^2 + \frac{2}{2 \times 50} \times 5^2$$

解得

$$H = 11.3\ \text{m}$$

故交界面处的水位为

$$(11.3 + 112.0)\ \text{m} = 123.3\ \text{m}$$

47. 如图(题 9.47 图)所示,地下不透水层为水平走向,高程为 60 m,河道的水面高程为 68 m,土层的渗透系数 $k = 8\times10^{-3}$ cm/s。在距河岸 $l = 1000$ m 处开挖一个水井,井的水面高程为 67 m。求地下水的单宽渗流量。

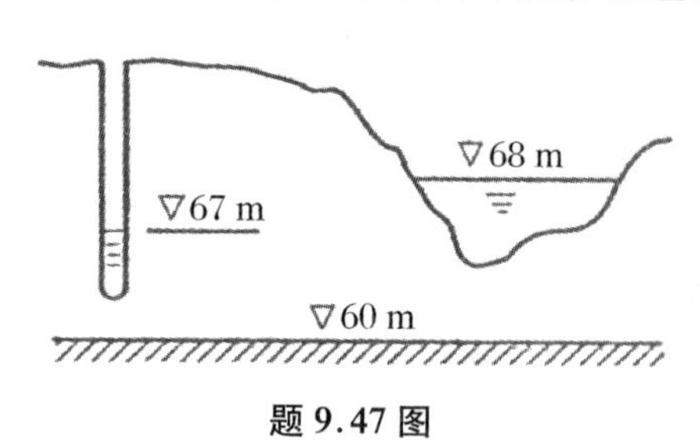

题 9.47 图

解 $v = k\dfrac{\mathrm{d}h}{\mathrm{d}s}$,$q = vh = kh\dfrac{\mathrm{d}h}{\mathrm{d}s}$,则

$$q\int_0^l \mathrm{d}s = k\int_{h1}^{h2} h\mathrm{d}h$$

$$q = \frac{k}{2l}(h_2^2 - h_1^2)$$

因为 $h_1 = 7$ m,$h_2 = 8$ m,所以

$$q = 6\times10^{-7}\ \text{m}^3/(\text{s}\cdot\text{m}) = 0.6\ \text{cm}^3/(\text{s}\cdot\text{m})$$

第 10 章　可压缩流体一维流动

10.1　学习指导

10.1.1　气体的压缩性与状态方程

1. 可压缩与不可压缩概念

流速为每秒百米左右的空气流，其中可能出现的密度变化率 $\Delta\rho/\rho$ 不超出 5%，气体的压缩性并不显著，气流作为不可压缩流体处理是可行的。当气流速度的马赫数 $Ma>0.3$ 时，流动就必须考虑可压缩性的影响了。

气体压缩性的影响将反映在两个方面：一是流速和流道截面积之间的关系不再保持为简单的反比关系；二是同样大小的加速度所对应的压力差在气流中也不是处处都相等。由于压缩性的影响，高速气流和低速气流之间存在着许多差异，不仅是数量上的差异，还有本质上的差异。

由于气体密度的变化，气流中的温度在随时随地发生变化，气体本身的热能和气流的流动能之间也进行着交换，在可压缩流体的流动中既包含着力学问题，又包含着热力学问题。

2. 气体状态方程

气体状态方程形式：$pV=mR_gT$，或写成

$$pu=R_gT \qquad 及 \qquad \frac{p}{\rho}=R_gT \tag{10.1}$$

式中，绝对压强 p，单位是 MPa 或 Pa；热力学温度或称绝对温度 T，单位是 K(开尔文)，$T=t+273.15$（t 摄氏温度℃）；气体比体积或称比容 u，单位是 m^3/kg，$u=V/m=1/\rho$；气体常数 R_g，单位 J/(kg・K)。

能遵循状态方程(10.1)的气体将称之为理想气体或完全气体。空气的气体常数 $R_g=287$ J/(kg・K)。

单位质量物质所含的全部热能叫做焓，用字母 h 来表示；单位质量气体内能称为质量热力学能，用字母 e 来表示，单位是 J/kg。对于理想气体，内能仅取决于温度。

用温度除热能所得的商 T/e 称之为熵，用字母 s 来表示。理想气体内能变化为

$$\mathrm{d}e=C_v\mathrm{d}T \tag{10.2}$$

其中，C_v 是气体的比定容热容，单位是 J/(kg・K)，表明 1 kg 气体在容积不变的条件下，把温度升高 1 ℃所需要的热量。

气体常数 R_g 为

$$R_g=C_p-C_v \tag{10.3}$$

其中，C_p 是比定压热容，单位是 J/(kg・K)。气体在定压下加热时，温度升高 1 ℃，比定容加热需要更多的热量。C_p 与 C_v 的比值称为绝热指数 γ，$\gamma=C_p/C_v$，空气绝热指数 $\gamma=1.4$。

没有热量交换的变化过程叫做绝热过程。绝热过程中气体的单位质量热力学能不变。一个既无黏性又无热传导的理想气流，如果在流动中又是绝热的话，那么称这种流动为等熵流动，也就是流体的熵沿迹线不变的流动称为等熵流动，即没有总压损失的绝热流动是等熵流动。等熵流动的结果可作为有摩擦和非绝热流动的一次近似。微小扰动给气体带来的热力变化也是微小的，不会出现黏性损耗或是热传导现象，所以说气流扰动的传播过程是个等熵过程。

热力学第一定律指出：能量可以从一种形态变成另一种形态，在转变过程中，一定量的一种形态的能量总是确定地变为一定量的另一种形态的能量。即

$$\mathrm{d}q = \mathrm{d}e + p\mathrm{d}u \tag{10.4}$$

$$h = e + pu = C_p T \tag{10.5}$$

其中，$\mathrm{d}q$ 为外部加给单位质量静止气体的热量，单位是 J/kg；$\mathrm{d}e$ 是单位质量气体的内能增量；$p\mathrm{d}u$ 则是单位质量气体在容积变化时对外所做的功；h 为状态参数焓，单位是 J/kg。

对于理想气体，$e = e(T)$，焓 h 是温度 T 的一个函数。则

$$\mathrm{d}h = C_p \mathrm{d}T = \mathrm{d}q + u\mathrm{d}p \tag{10.6}$$

绝热过程中 $\mathrm{d}q = 0$。

10.1.2 声速与马赫数及扰动传播

在可压缩气流中，一个微小的扰动（微小的压力变化）将以一定的速度传播出去，这个速度称之为声速 c。声速方程式

$$c = \sqrt{\frac{\mathrm{d}p}{\mathrm{d}\rho}} = \sqrt{\frac{\gamma p}{\rho}} = \sqrt{\gamma R_g T} \tag{10.7}$$

因为$\frac{\mathrm{d}\rho}{\mathrm{d}p}$代表密度随压强的变化率，可压缩性越大，其倒数$\frac{\mathrm{d}p}{\mathrm{d}\rho}$则越小，因而 $c = \sqrt{\frac{\mathrm{d}p}{\mathrm{d}\rho}}$ 也越小，说明声速大小可以作为流体压缩性大小的标志。越是难以压缩的流体在其中扰动的传播速度就越大。声音在水中的传播速度是 1460 m/s，而在空气中的传播速度只有 340 m/s，就是因为水比空气难于压缩的缘故。

气流流速 v 和声速 c 的比值叫做马赫数，用 Ma 来表示，即

$$Ma = \frac{v}{c} \tag{10.8}$$

物体在气体中运动，或者流体绕物体流动，物体将对气体产生扰动，扰动波将以声速向四周传播。在超声速流动中，扰动波传播范围局限在扰动源运动点后面一个锥形空间内，锥形空间外是不受扰动的区域，这个空间称为马赫锥，其圆锥顶角 φ 称为扰动角，亦叫马赫角。则有

$$\sin\varphi = \frac{c}{v} = \frac{1}{Ma} \tag{10.9}$$

马赫数 Ma 越大，马赫角 φ 越小。超声速流动 $Ma>3$，$2\varphi<40^\circ$。

10.1.3 一维定常气流基本方程

连续方程：

$$\frac{\mathrm{d}\rho}{\rho} + \frac{\mathrm{d}v}{v} + \frac{\mathrm{d}A}{A} = 0 \tag{10.10}$$

公式表明沿流管流体的密度 ρ、速度 v 和断面积 A 三者的相对变化量之代数和必须为零。

运动方程：

$$-\frac{\mathrm{d}p}{\rho} = v\mathrm{d}v \tag{10.11}$$

$$\frac{\mathrm{d}\rho}{\rho} = -Ma^2\frac{\mathrm{d}v}{v} \tag{10.12}$$

密度变化和流速变化的方向是相反的，速度在增加，密度则在减小。在亚声速（$Ma<1$）气流中，密度的相对变化量总是小于速度的相对变化量；当 $Ma=1$ 时，气流的密度变化和速度变化在数值上彼此相等；超声速流动（$Ma>1$）中，密度的变化量大于速度的变化量。超声速气流和亚声速气流有着实质性的差别。

两个等熵气流运动相似，则

$$\left.\begin{aligned}\frac{v_1}{c_1} &= \frac{v_2}{c_2}\\ Ma_1 &= Ma_2\end{aligned}\right\} \tag{10.13}$$

两个等熵气流成为流动相似的条件是，绝热指数相同外，还要求气流马赫数也相同。

熵的表达式：

$$s = C_v\ln\frac{p}{\rho^{\gamma}} + C\ (\text{常数}) \tag{10.14}$$

绝热流动中的能量方程：

$$\frac{c^2}{\gamma-1} + \frac{v^2}{2} = \frac{\gamma}{\gamma-1}R_gT + \frac{v^2}{2} = C(\text{常数}),\quad \text{或}\quad C_pT + \frac{v^2}{2} = C(\text{常数}) \tag{10.15}$$

一维等熵流动基本关系式：

$$\frac{p}{\rho^{\gamma}} = C(\text{常数}),\quad \frac{p_1}{p_2} = \left(\frac{\rho_1}{\rho_2}\right)^{\gamma},\quad \frac{\rho_1}{\rho_2} = \left(\frac{T_1}{T_2}\right)^{\frac{1}{\gamma-1}},\quad \frac{p_1}{p_2} = \left(\frac{T_1}{T_2}\right)^{\frac{\gamma}{\gamma-1}} \tag{10.16}$$

气体 T_0/T，ρ_0/ρ，p_0/p 与马赫数（Ma）的动力学函数关系：

$$\frac{T_0}{T} = 1 + \frac{\gamma-1}{2}Ma^2 \tag{10.17}$$

$$\frac{\rho_0}{\rho} = \left(1 + \frac{\gamma-1}{2}Ma^2\right)^{\frac{1}{\gamma-1}} \tag{10.18}$$

$$\frac{p_0}{p} = \left(1 + \frac{\gamma-1}{2}Ma^2\right)^{\frac{\gamma}{\gamma-1}} \tag{10.19}$$

10.1.4　变截面管道中的等熵气流

1. 一维气流流动特性

气流流速 v 与流道截面面积 A 的关系：

$$(Ma^2-1)\frac{\mathrm{d}v}{v} = \frac{\mathrm{d}A}{A} \tag{10.20}$$

气流密度 ρ 与流道截面面积 A 的关系：

$$\left(\frac{1}{Ma^2}-1\right)\frac{\mathrm{d}\rho}{\rho} = \frac{\mathrm{d}A}{A} \tag{10.21}$$

当 $Ma<1$ 时，$\mathrm{d}A$ 和 $\mathrm{d}v$ 异号，这表明在亚声速气流中，流道截面的减小将促使气流流

速增加；当 $Ma>1$，$\mathrm{d}A$ 和 $\mathrm{d}v$ 同号，这又表明在超声速气流中，随着流道截面的增加，流速不是减小，反而也随着增加了。此外，当 $Ma<1$ 时，$\mathrm{d}A$ 和 $\mathrm{d}\rho$ 同号，这表明在亚声速流中，随着管截面的减小，气流密度也在减小；当 $Ma>1$ 时，$\mathrm{d}A$ 和 $\mathrm{d}\rho$ 异号，这又表明在超声速气流中，随着管截面的增加，密度在减小，而且密度减小的程度超过了面积增加的程度，这个变化关系反映在当 $Ma>1$ 时，下式成立。即

$$\frac{|\mathrm{d}\rho/\rho|}{|\mathrm{d}A/A|} = \left|\frac{-Ma^2}{Ma^2-1}\right| > 1 \tag{10.22}$$

当 $Ma=1$ 时，$\mathrm{d}A=0$，这是说在声速流时，任何微小的流速变化 $\mathrm{d}v$ 都不需要改变截面的大小去适应它。

2. 拉瓦尔喷管

如图 10.1 所示，拉瓦尔喷管由收缩段、喉部及扩散段所组成。拉瓦尔喷管收缩段的型线一般根据理想不可压缩轴对称流动理论进行设计。其型线计算公式为：

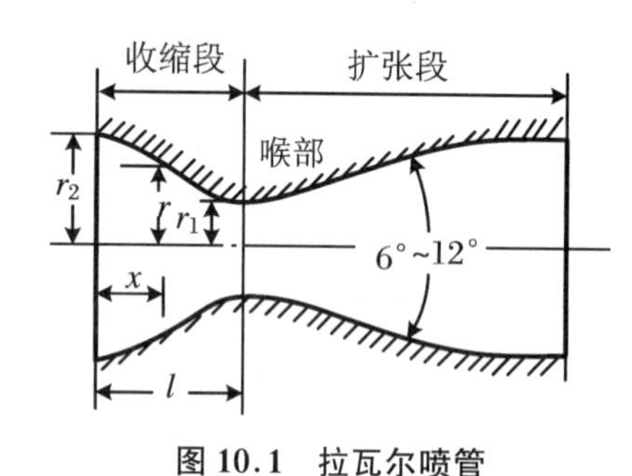

图 10.1 拉瓦尔喷管

$$r = \frac{r_1}{\sqrt{1-\left[1-\left(\frac{r_1}{r_2}\right)^2\right]\frac{\left(1-\frac{x^2}{l^2}\right)^2}{\left(1+\frac{x^2}{3l^2}\right)^3}}} \tag{10.23}$$

式中，r_2、r_1、r 分别为 $x=0$、l（喉部）、x 处的半径。扩散段一般可用 $6°\sim12°$ 的扩散锥形，以避免流体从管壁边界层分离。喉部断面与出口断面大小则需按所要求的流量和马赫数计算。

10.1.5 等截面管道中的绝热黏性气流

绝热黏性管流运动方程：

$$\frac{\mathrm{d}v}{v} + \frac{1}{Ma^2}\frac{\mathrm{d}p}{p} + \zeta\frac{2}{D}\mathrm{d}x = 0 \tag{10.24}$$

式中，ζ 为黏性阻力系数；D 为管道直径。

绝热黏性管流能量方程：

$$\frac{\mathrm{d}T}{T} + (\gamma-1)Ma^2\frac{\mathrm{d}v}{v} = 0 \tag{10.25}$$

绝热黏性管流状态方程：

$$\frac{\mathrm{d}p}{p} = -\frac{\mathrm{d}v}{v} - (\gamma-1)Ma^2\frac{\mathrm{d}v}{v} = -\left[1+(\gamma-1)Ma^2\right]\frac{\mathrm{d}v}{v} \tag{10.26}$$

管道进、出口马赫数的关系：

$$\lambda\frac{l}{D} = \frac{1}{\gamma}\left(\frac{1}{Ma_1^2}-\frac{1}{Ma_2^2}\right) + \frac{\gamma+1}{2\gamma}\ln\left[\left(\frac{Ma_1}{Ma_2}\right)^2\frac{1+\frac{\gamma-1}{2}Ma_2^2}{1+\frac{\gamma-1}{2}Ma_1^2}\right] \tag{10.27}$$

式中，λ 为沿程损失系数；D 为管道直径。

10.1.6 有热交换的管流

热量对气流流速的影响：

$$\frac{\mathrm{d}q}{h} = (1 - \gamma Ma^2)\frac{\mathrm{d}v}{v} + (\gamma - 1)Ma^2\frac{\mathrm{d}v}{v} = (1 - Ma^2)\frac{\mathrm{d}v}{v} \tag{10.28}$$

其中，$\mathrm{d}q$ 表示传递给单位质量气体的热量。

热量对气流流速的影响表现在：加热气流 $\mathrm{d}q>0$ 时，将使亚声速气流（$1-Ma^2>0$）的流速加快 $\mathrm{d}v>0$，而使超声速气流（$1-Ma^2<0$）的流速减慢 $\mathrm{d}v<0$；在声速流时（$1-Ma^2=0$），$\mathrm{d}q=0$，这就是说加进气流中去的热量已达到了限度，无法再添加进去了。

绝热气体的热力变化一般可表达为

$$\frac{p}{\rho^{\gamma Ma^2}} = C（常数） \tag{10.29}$$

压强关系

$$\frac{p_2}{p_1} = \frac{1 + \gamma Ma_1^2}{1 + \gamma Ma_2^2} \tag{10.30}$$

温度关系

$$\frac{T_2}{T_1} = \left(\frac{p_2 Ma_2}{p_1 Ma_1}\right)^2 = \left(\frac{Ma_2}{Ma_1}\frac{1 + \gamma Ma_1^2}{1 + \gamma Ma_2^2}\right)^2 \tag{10.31}$$

密度与速度关系

$$\frac{\rho_2}{\rho_1} = \frac{v_1}{v_2} = \frac{p_2 T_1}{p_1 T_2} \tag{10.32}$$

单位质量流体的加热量

$$q = C_p(T_{02} - T_{01}) \tag{10.33}$$

式中，T_{01} 和 T_{02} 是滞止温度，其比值为

$$\frac{T_{02}}{T_{01}} = \left(\frac{Ma_2}{Ma_1}\frac{1 + \gamma Ma_1^2}{1 + \gamma Ma_2^2}\right)^2 \frac{1 + \frac{\gamma - 1}{2}Ma_2^2}{1 + \frac{\gamma - 1}{2}Ma_1^2} \tag{10.34}$$

10.2 习题解析

10.2.1 选择、判断与填空

1. 在理想气体中，声速正比于气体的（　　）。

A. 密度　　B. 压强　　C. 热力学温度　　D. 以上都不是

答案：C

2. 马赫数 Ma 等于（　　）。

A. $\frac{v}{c}$　　B. $\frac{c}{v}$　　C. $\sqrt{k\frac{p}{\rho}}$　　D. $\frac{1}{\sqrt{k}}$

答案：A

3. 在变截面喷管内，亚声速等熵气流随截面面积沿程减小，(　　)。

A. v 减小　　B. p 增大　　C. ρ 增大　　D. T 下降

答案：D

4. 有摩阻的等温管流($Ma<\frac{1}{\sqrt{k}}$)沿程(　　)。

A. v 减小　　B. p 增大　　C. ρ 增大　　D. Ma 增大

答案：D

5. 在有摩阻的超声速绝热管流，沿程(　　)。

A. v 增大　　B. p 减小　　C. ρ 增大　　D. T 下降

答案：C

6. 当收缩喷管出口处气流速度达到临界声速时，若进一步降低出口外部的背压，喷管内气流速度将(　　)。

A. 增大　　B. 减小　　C. 不变　　D. 不能确定

答案：C

7. 温度升高时，气体的黏性(　　)。

A. 增强　　B. 不变　　C. 减弱　　D. 不确定

答案：A

8. 判断题：随着温度的升高，液体的黏度降低，气体的黏度升高。

答案：对

9. 判断题：采用毕托管测量气体流速时，其测量位置一般位于管内中心位置，此时测量得到的速度即管内的平均流速。

答案：错

10. 声速方程式微分形式可以说明，声速________可以作为流体压缩性大小的标志，声速在哪一种介质中传播的________，说明这种介质的可压缩性________。

答案：大小；越快(慢)；越小(大)

11. 用声呐探测仪探测水下物体，已知水温 10 ℃，水的体积模量为 2.11×10^{9} N/m^2，密度为 999.1 kg/m^3，今测得往返时间为 6 s，求声源到该物体的距离________。

答案：4360 m

12. 液体的温度越高，黏性系数值越______气体温度越高，黏性系数值越______。

答案：低；高

10.2.2 思考简答

1. 声速的物理意义如何？

答案：声速是微弱扰动波的传播速度。声音的传播是等熵过程，声速大小与当地温度有关。

2. 声速在水中和在空气中哪个大？为什么？

答案：在水中大；因为声速与流体的压缩性成反比，水的压缩性比空气要小，所以声波在水中的传播速度远远大于在空气中的速度。

3. 在收缩喷管的出口截面上，能否获得超声速气流？

答案：亚声速气流进入收缩喷管时，在出口截面不能得到超声速，充其量在出口也只能达到声速。

10.2.3　应用解析

1. 将一容器内的空气压缩，使其压强从 $p_1=0.98\times10^5$ Pa 增至 $p_2=5.88\times10^5$ Pa，温度从 20 ℃升至 78 ℃，问容器内空气的体积减少了多少？

解　由气体状态方程 $pV=mR_gT$ 得

$$\frac{V_2}{V_1}=\frac{p_1T_2}{p_2T_1}=0.1997$$

$$\frac{V_1-V_2}{V_1}=0.8003$$

2. 空气气流在两处的参数分别为：$p_1=3\times10^5$ Pa，$t_1=100$ ℃，$p_2=10^5$ Pa，$t_2=19$ ℃，求熵增 s_2-s_1。[空气的气体参数为：$\gamma=1.4$，$R_g=287$ J/(kg·K)，$c_p=1003$ J/(kg·K)，$c_v=716$ J/(kg·K)]

解　$T_1=373$ K，$p_1=3\times10^5$ Pa，$T_2=283$ K，$p_2=10^5$ Pa

$$s_2-s_1=c_v\ln\frac{p_2}{p_1}\left(\frac{\rho_1}{\rho_2}\right)^{\gamma}$$

因为$\dfrac{\rho_1}{\rho_2}=\dfrac{p_1}{T_1}\dfrac{T_2}{p_2}$，所以

$$s_2-s_1=c_v\ln\frac{p_2}{p_1}\left(\frac{p_1}{T_1}\frac{T_2}{p_2}\right)^{\gamma}=37.7955\ \text{J/(kg·K)}$$

3. 某飞机在海平面和 11000 m 的高空均以 1200 km/h 的速度飞行，求这架飞机在海平面和 11000 m 的高空飞行的马赫数是否相同？

解　飞机的飞行速度 $v=\left(1200\times\dfrac{1000}{3600}\right)$ m/s $=333.3$ m/s。由于海平面上的声速为 340 m/s，所以在海平面上的马赫数为 $Ma=\dfrac{333.3}{340}=0.98$，即亚声速飞行。

由于在 11000 m 高空的声速为 295 m/s，所以在 11000 m 的高空的马赫数为 $Ma=\dfrac{333.3}{295}=1.13$，即超声速飞行。

4. 高速水流的压强很低，水容易汽化成气泡，对水工建筑物产生气蚀。拟将小气泡合并在一起，减少气泡的危害。现将 10 个半径 $R_1=0.1$ mm 的气泡合并成一个较大的气泡。已知气泡周围的水压强 $p_0=6000$ Pa，水的表面张力 $\sigma=0.072$ N/m。试求合成后的气泡半径 R。

解　小泡和大泡均满足拉普拉斯方程，即

$$p_1-p_0=\frac{2\sigma}{R_1},\quad p-p_0=\frac{2\sigma}{R}$$

设大、小气泡的密度、体积分别为 ρ，V 和 ρ_1，V_1。大气泡的质量等于小气泡的质量和，即

$$\rho V=10\rho_1V_1$$

利用气体状态方程求密度，即

$$\frac{p}{p_1}=\frac{\rho T}{\rho_1T_1}=10\frac{TV_1}{T_1V}$$

合成过程是一个等温过程，$T=T_1$。球的体积为 $V=\dfrac{4}{3}\pi R^3$，因此

$$\left(p_0+\frac{2\sigma}{R}\right)R^3 = 10\left(p_0+\frac{2\sigma}{R_1}\right)R_1^3$$

令 $x=R/R_1$，将已知数据代入上式，化简得

$$x^3+0.24x^2-12.4=0$$

上式为高次方程，可用迭代法求解，例如

$$x=\sqrt[3]{12.4-0.24x_0^2}$$

以 $x_0=2$ 作为初值，三次迭代后得 $x=2.2372846$，误差小于 10^{-5}，因此，合成气泡的半径为

$$R = xR_1 = 0.2237\ \text{mm}$$

还可以算得大、小气泡的压强分别为 $p=6643$ Pa，$p_1=7440$ Pa。

5. 如图(题 10.5 图)所示，气化器喉部真空度用汞 U 形计测得 h 为 70 mmHg，如果空气温度为 15 ℃，外界为 1 标准大气压，试求气化器喉部空气的绝对压强及密度。

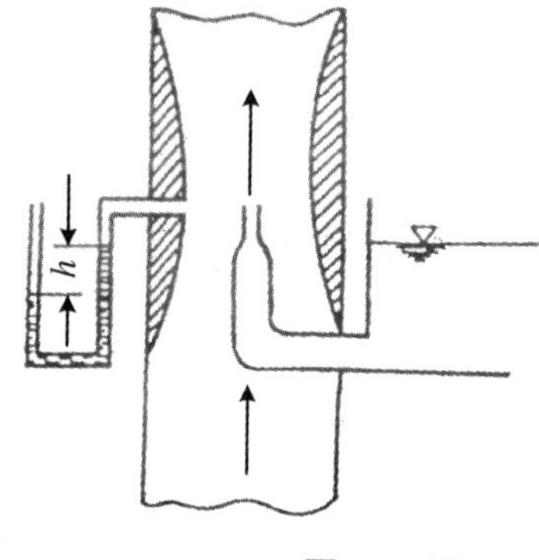

题 10.5 图

解 标准大气压 $p_a=760$ mmHg，气化器喉部绝对压强为

$$p=760-70=690\ \text{mmHg}=690\times 133=91800\ \text{Pa} = 91.8\ \text{kPa}$$

由气体状态方程得

$$\rho=\frac{p}{R_g T}=\frac{91800}{287\times(273+15)}=1.11\ \text{kg/m}^3$$

6. 试证明熵增：$s_2-s_1=R_g\ln(p_{01}/p_{02})$

解

$$s_2-s_1=c_v\ln\frac{p_2}{p_1}\left(\frac{\rho_1}{\rho_2}\right)^\gamma$$

$$\frac{p_2}{p_1}\left(\frac{\rho_1}{\rho_2}\right)^\gamma=\frac{p_2}{p_{02}}\,\frac{p_{02}}{p_{01}}\,\frac{p_{01}}{p_1}\left(\frac{\rho_1}{\rho_{01}}\,\frac{\rho_{01}}{\rho_{02}}\,\frac{\rho_{02}}{\rho_2}\right)^\gamma$$

因为

$$\left(\frac{\rho_1}{\rho_{01}}\right)^\gamma=\frac{p_1}{p_{01}},\quad \left(\frac{\rho_{02}}{\rho_2}\right)^\gamma=\frac{p_{02}}{p_2}$$

所以

$$\frac{p_2}{p_1}\left(\frac{\rho_1}{\rho_2}\right)^\gamma=\frac{p_{02}}{p_{01}}\left(\frac{\rho_{01}}{\rho_{02}}\right)^\gamma=\frac{p_{02}}{p_{01}}\left(\frac{p_{01}}{R_gT_{01}}\,\frac{R_gT_{02}}{p_{02}}\right)^\gamma$$

对于绝热流动，总温不变，$T_{01}=T_{02}$，注意到 $c_v=\dfrac{1}{\gamma-1}R_g$，则有

$$s_2-s_1=R_g\ln\frac{p_{01}}{p_{02}}$$

7. 同样在海平面上，纯氢气的温度也是 288.2 K，求氢气中的声速 c。

解 氢气是双原子气体，绝热指数为 $\gamma=1.4$，氢气的相对原子分子质量 $m=2\times1.008=2.016$，所以气体常数为

$$R_g = \frac{8314}{m} = \frac{8314}{2.016} = 4124\ \mathrm{J/(kg \cdot K)}$$

$$c = \sqrt{\gamma R_g T} = \sqrt{1.4 \times 4124 \times 288.2} = 1290\ \mathrm{m/s}$$

显然声速与气体种类有关。

8. 空气进入一台静止的涡轮发动机的压气机中，空气的静温度是 300 K，平均速度是150 m/s。空气从压气机中排出时，平均速度是 50 m/s。压气机从涡轮上接收100000 N・m/(kg・K)的功，对外界的热损失是 10000 N・m/kg。假定流动是定常的，不考虑空气比热随温度变化，且已知定压比热 $C_p = 1.0083\ \mathrm{kN \cdot m/(kg \cdot K)}$。试计算空气离开压气机时的焓和温度($h_2$ 和 T_2)。

解　以压气机进、出口截面和整机侧面所包围的区域作为控制体，把能量方程应用于此开口系统中(因为假定流动定常，所以$\frac{\partial}{\partial t} = 0$)：

$$\frac{\Delta q_v}{\Delta t} - \frac{\Delta W_m}{\Delta t} - \frac{\Delta W_s}{\Delta t} = \int_A \left(h + \frac{v^2}{2} + gz\right)(\rho v \cdot \mathrm{d}A) \tag{1}$$

由于压气机是静止的，进出口是过流断面，所以$\frac{\Delta W_s}{\Delta t} = 0$，又对流体机械系统近似认为位能项 $gz = 0$，所以式(1)简化为

$$\frac{\Delta q_v}{\Delta t} - \frac{\Delta W_m}{\Delta t} = \int_A \left(h + \frac{v^2}{2}\right)(\rho v \cdot \mathrm{d}A) \tag{2}$$

假设在压气机进口 1 和出口 2 的流动是均匀的，则方程式(2)为

$$\frac{\Delta q_v}{\Delta t} - \frac{\Delta W_m}{\Delta t} = m\left(h_2 + \frac{v_2^2}{2} - h_1 - \frac{v_1^2}{2}\right) \tag{3}$$

式(3)两边都除以 m，解出 h_2 有

$$h_2 = q - W_m + h_1 + \frac{v_1^2 - v_2^2}{2}$$

$$h_2 = (-10000) - (-100000) + 1008.3 \times 300 + \frac{150^2 - 50^2}{2} = 402490\ \mathrm{N \cdot m/kg}$$

$$h_2 = c_p T_2$$

$$T_2 = \frac{h_2}{c_p} = \frac{402490}{1008.3} = 399.18\ \mathrm{K}$$

9. 一离心压缩机的第一级工作轮出口处的出流速度 $v_2 = 200$ m/s，出流温度 $T_2 = 55$ ℃，气流的气体常数 $R_g = 287\ \mathrm{J/(kg \cdot K)}$，绝热指数 $\gamma = 1.4$，试求此离心压缩机第一级工作轮出口处的马赫数 Ma_2。

解　此离心压缩机的第一级工作轮出口处的热力学温度为

$$T_2 = 273 + 55 = 328\ \mathrm{K}$$

工作轮出口处的声速

$$c_2 = \sqrt{\gamma R_g T} = \sqrt{1.4 \times 287 \times 328} = 362.2\ \mathrm{m/s}$$

故，该工作轮出口处的马赫数为

$$Ma_2 = \frac{v_2}{c_2} = \frac{200}{362.2} = 0.5522$$

10. 如图(题 10.10 图)所示，模型实验中气流温度为 15 ℃，而驻点 P 的温度为 40 ℃，流

动可视为绝热，试求：

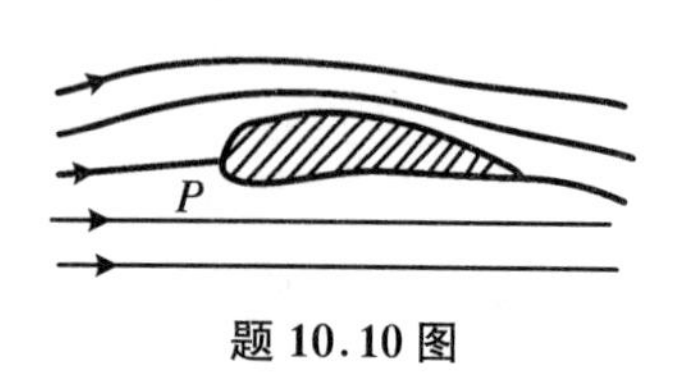

题 10.10 图

(1) 气流的马赫数。

(2) 气流速度。

(3) 驻点压强比气流压强增大的百分数。

解 公式 $\frac{T}{T_0}=\left(1+\frac{\gamma-1}{2}Ma^2\right)^{-1}$，可得马赫数

$$Ma=\sqrt{\frac{2}{\gamma-1}\left(\frac{T_0}{T}-1\right)}=\sqrt{\frac{2}{1.4-1}\left(\frac{273+40}{273+15}-1\right)}=0.658$$

气流速度

$$v=Mac=Ma\sqrt{\gamma R_g T}=0.658\sqrt{1.4\times287\times(273+15)}=222\ \mathrm{m/s}$$

气流压强

$$\frac{p_0}{p}=\left(1+\frac{\gamma-1}{2}Ma^2\right)^{\frac{\gamma}{\gamma-1}}=\left(1+\frac{1.4-1}{2}\times0.658^2\right)^{\frac{1.4}{0.4}}=1.34$$

$$\frac{p_0-p}{p}=1.34-1=0.34=34\%$$

11. 可压缩流体作等温流动，试证明：

$$\frac{\rho}{\rho_*}=\exp\left[\frac{\gamma}{2}(1-Ma^2)\right];\quad \frac{A}{A_*}=\frac{1}{Ma}\exp\left[\frac{\gamma}{2}(Ma^2-1)\right]$$

证明 等温流动中，温度 T 及声速 c 皆为常数，运动方程：

$$v\mathrm{d}v=-\frac{\mathrm{d}p}{\rho}$$

因为 $\frac{p}{\rho}=R_gT=$ 常数，所以 $\ln p=\ln\rho+$ 常数，得

$$\frac{\mathrm{d}p}{p}=\frac{\mathrm{d}\rho}{\rho}$$

$$v\mathrm{d}v=-\frac{\mathrm{d}p}{p}=-\frac{p}{\rho}\frac{\mathrm{d}\rho}{\rho}=-\frac{c^2}{\gamma}\frac{\mathrm{d}\rho}{\rho}$$

两边同除声速 c^2（常数），有

$$\gamma Ma\,\mathrm{d}Ma=-\frac{\mathrm{d}\rho}{\rho}$$

积分得

$$\ln\rho=-\frac{\gamma}{2}Ma^2+C$$

积分常数 C 可以这样确定：

$$\ln\rho_*=-\frac{\gamma}{2}+C$$

因此

$$\ln\frac{\rho}{\rho_*}=\frac{\gamma}{2}(1-Ma^2)$$

$$\frac{\rho}{\rho_*}=\exp\left[\frac{\gamma}{2}(1-Ma^2)\right]$$

利用连续性方程 $\rho vA=\rho_* v_* A_*$ 推导 A/A_* 的表达式。$v_*=c_*$ 是临界声速，由于等温，$T=T_*$，因此，$c_*=c$，则

$$\frac{A}{A_*}=\frac{\rho_* v_*}{\rho v}=\frac{\rho_*}{\rho}\frac{c}{v}=\frac{1}{Ma}\exp\left[\frac{\gamma}{2}(Ma^2-1)\right]$$

12. 过热水蒸气[$\gamma=1.33, R_g=462\ \mathrm{J/(kg\cdot K)}$]在管道中等熵流动，在截面 1 上的参数为：$t_1=50\ ℃, p_1=10^5\ \mathrm{Pa}, v_1=50\ \mathrm{m/s}$。如果截面 2 上的速度为 $v_2=100\ \mathrm{m/s}$，求该处的压强 p_2。

解

$$c_p=\frac{\gamma}{\gamma-1}R_g=1862\ \mathrm{J/(kg\cdot K)}$$

$$T_2=T_1+\frac{1}{2c_p}(v_1^2-v_2^2)=321\ \mathrm{K}$$

$$\frac{p_2}{p_1}=\left(\frac{T_2}{T_1}\right)^{\frac{\gamma}{\gamma-1}}=0.9753,\quad p_2=0.9753\times10^5\ \mathrm{Pa}$$

13. 已知空气在海平面上温度为 288.2 K，而在 $H=11000\sim24000$ m 高空温度为 216.7 K，计算该两处空气中的声速值。

解　在海平面处空气中的声速为 c_1，空气绝热指数 $\gamma=1.4$，气体常数 $R_g=287\ \mathrm{J/(kg\cdot K)}$，则

$$c_1=\sqrt{\gamma R_g T_1}=\sqrt{1.4\times287\times288.2}=340.3\ \mathrm{m/s}$$

在 11000～24000 m 处空气中的声速为 c_2：

$$c_2=\sqrt{\gamma R_g T_2}=\sqrt{1.4\times287\times216.7}=295.1\ \mathrm{m/s}$$

从而说明声速具有当地性。

14. 如图(题 10.14 图)所示，用皮托静压管测量风洞中的气流速度，测得 $h=120$ mmHg，$H=600$ mmHg，驻点温度 $t_0=40\ ℃$。试求气流速度和马赫数。

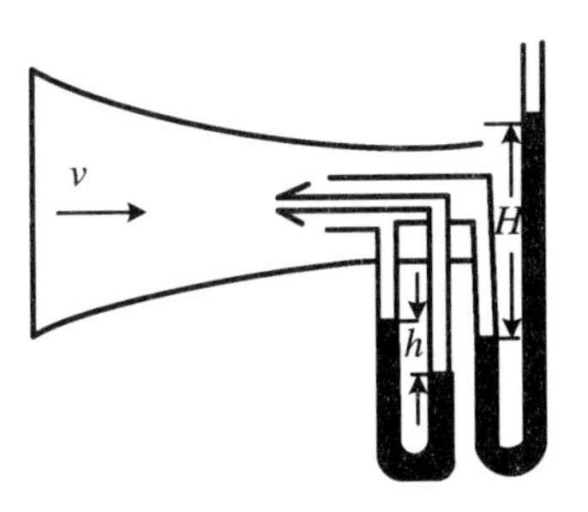

题 10.14 图

解　H 为表达气流的绝对压强，则

$$p=g\rho_{Hg}H=0.6g\rho_{Hg}$$

h 表达驻点压强与气流压强之差，于是驻点压强为

$$p_0=p+g\rho_{Hg}h=(0.6+0.12)g\rho_{Hg}=0.72g\rho_{Hg}$$

$$\frac{p}{p_0}=\frac{0.6}{0.72}=0.8333$$

由 $\frac{p}{p_0}=\left(1+\frac{\gamma-1}{2}Ma^2\right)^{-\frac{\gamma}{\gamma-1}}$，得

$$1+\frac{\gamma-1}{2}Ma^2=\left(\frac{p}{p_0}\right)^{-\frac{\gamma}{\gamma-1}}$$

即

$$Ma=\sqrt{\frac{2}{\gamma-1}\left[\left(\frac{p}{p_0}\right)^{-\frac{\gamma}{\gamma-1}}-1\right]}=\sqrt{\frac{2}{0.4}\times[(0.8333)^{-3.5}-1]}=2.113$$

又由 $\frac{T}{T_0}=\left(1+\frac{\gamma-1}{2}Ma^2\right)^{-1}$,可得

$$\frac{T}{T_0}=\left(1+\frac{0.4}{2}\times 2.113^2\right)^{-1}=0.528$$

$$T=T_0\times 0.528=(273+40)\times 0.528=165\ \text{K}$$

$$c=\sqrt{\gamma R_g T}=\sqrt{1.4\times 287\times 165}=257.5\ \text{m/s}$$

气流速度

$$v=Mac=2.113\times 257.5=544\ \text{m/s}$$

15. 试证明:亚声速气流进入收缩喷管后,在收缩喷管内不可能出现超声速流。

证明 假定气体在收缩喷管中作等熵流动,速度与面积的关系为

$$(Ma^2-1)\frac{\mathrm{d}v}{v}=\frac{\mathrm{d}A}{A} \tag{1}$$

再假定在喷管的某个截面上气流达到临界状态,$Ma=1$,并在其下游的邻域里达到超声速状态 $Ma>1$。

由于收缩的面积沿程减小 $\mathrm{d}A<0$,而超声速流 $Ma^2-1>0$。因此必有 $\mathrm{d}v<0$,好不容易加速到超声速状态的气流立刻发生减速运动,马赫数又变为 $Ma<1$。因此,收缩喷管内不可能出现超声速流。

由式(1)还可以看出,亚声速气流在收缩管内作加速运动,马赫数不断增大,但马赫数 Ma 增大的极限值只能是 $Ma=1$,即达到临界状态,而且 $Ma=1$ 的气流只能出现在 $\mathrm{d}A=0$,即达到极小值的出口截面上。.

16. 已知空气的绝热指数 $\gamma=1.4$,气体常数 $R_g=287\ \text{J/(kg·K)}$。求空气绝热流动(无摩擦阻力损失)时,两断面间流速与热力学温度的关系。

解 由于$\frac{p}{\rho}=R_g T$,则

$$\frac{\gamma}{\gamma-1}R_g T+\frac{v^2}{2}=\text{常数}$$

将已知条件代入上式,列两断面间流速与热力学温度的关系式为

$$2009T_1+v_1^2=2009T_2+v_2^2$$

所以有

$$v_2=\sqrt{2009(T_1-T_2)+v_1^2}$$

17. 飞行的子弹头在大气中产生小扰动波,从纹影图上测出马赫角为 50°,当地气温为 25 ℃,求弹头的飞行速度。

解 弹头的马赫数

$$Ma=\frac{1}{\sin\alpha}=\frac{1}{\sin 50^\circ}=1.305$$

当地声速

$$c=\sqrt{\gamma R_g T}=\sqrt{1.4\times 287\times(273+25)}=346.03\ \text{m/s}$$

弹头飞行速度

$$v=Ma\cdot c=451.57\ \text{m/s}$$

18. 用长度比例尺 $\lambda=10$ 的模型实验炮弹的空气动力特性,已知炮弹的飞行速度为

1000 m/s，空气温度为 40 ℃，空气的动力黏性系数为 19.2×10^{-6} Pa·s；模型空气温度为 10 ℃，空气动力黏性系数为 17.8×10^{-6} Pa·s，试求同时满足弹性力相似和黏性力相似的模型风速和风压。

解　此题是马赫模型律和雷诺模型律综合应用问题，两个都是决定性相似准则，根据已知条件（$T_{\mathrm{I}}=313$ K，$T_{\mathrm{II}}=283$ K，这就等于给出求模型风速度的条件），应先由马赫模型律求 v_{II}，然后应用雷诺模型律求风压 p_{II}，中间桥梁是理想气体状态方程$\dfrac{p}{\rho T}=R_{\mathrm{g}}$。

(1) 首先由马赫相似准则，求模型风速 v_{II}：

$$Ma_{\mathrm{I}} = Ma_{\mathrm{II}}$$

$$\frac{v_{\mathrm{I}}}{c_{\mathrm{I}}}=\frac{v_{\mathrm{II}}}{c_{\mathrm{II}}}\Rightarrow\frac{v_{\mathrm{I}}}{v_{\mathrm{II}}}=\frac{c_{\mathrm{I}}}{c_{\mathrm{II}}}=\frac{\sqrt{\gamma R_{\mathrm{g}}T_{\mathrm{I}}}}{\sqrt{\gamma R_{\mathrm{g}}T_{\mathrm{II}}}}$$

对空气 $\gamma=1.4$，$R_{\mathrm{g}}=287$ J/kg·K，故有

$$v_{\mathrm{II}} = v_{\mathrm{I}}\frac{20.1\sqrt{T_{\mathrm{II}}}}{20.1\sqrt{T_{\mathrm{I}}}}=1000\sqrt{\frac{283}{313}}=950.87\ \mathrm{m/s}$$

(2) 由理想气体状态方程$\dfrac{p}{\rho T}=R_{\mathrm{g}}$，求 λ_p。

因为$\dfrac{\lambda_p}{\lambda_\rho\lambda_T}=1$，故

$$\lambda_p = \lambda_\rho\lambda_T \tag{1}$$

(3) 由雷诺准则求 λ_ρ：

因为$Re_{\mathrm{I}}=Re_{\mathrm{II}}$，所以

$$\frac{\rho_{\mathrm{I}}v_{\mathrm{I}}l_{\mathrm{I}}}{\mu_{\mathrm{I}}}=\frac{\rho_{\mathrm{II}}v_{\mathrm{II}}l_{\mathrm{II}}}{\mu_{\mathrm{II}}} \tag{2}$$

故有 $\lambda_\rho=\lambda_\mu\lambda_v^{-1}\lambda_l^{-1}$，把式(2)代入式(1)，则有

$$\lambda_p = \lambda_\rho\lambda_T = \lambda_\mu\lambda_v^{-1}\lambda_l^{-1}\lambda_T$$

又因为 $\lambda_p=\dfrac{p_{\mathrm{I}}}{p_{\mathrm{II}}}$，所以

$$p_{\mathrm{II}} = \frac{p_{\mathrm{I}}}{\lambda_p} = p_{\mathrm{I}}\lambda_\mu^{-1}\lambda_v\lambda_l\lambda_T^{-1} = \frac{17.8\times10^{-6}}{19.2\times10^{-6}}\times\frac{1000}{950.87}\times10\times\frac{283}{313}p_{\mathrm{I}} = 8.82p_{\mathrm{I}}$$

19. 高压气罐中空气的压力为 2.5×10^5 N/m²，密度为 2.64 kg/m³，温度为 300 K，容器壁接一收缩形喷管，出口面积 $A_e=20$ cm²，出口处的背压 $p_B=10^5$ N/m²，试问：

(1) 此收缩形喷管的出口断面处能否达到声速？

(2) 出流速度 v_e 多大？

(3) 喷管的质量流量 q_m 有多大？

解　本题气罐中空气的压力可作为滞止压（总压）看待，背压和总压之比

$$\frac{p_e}{p_0}=\frac{10^5}{2.5\times10^5}=0.4<0.5283=\frac{p_*}{p_0}$$

现背压与总压之比小于 0.5283，若是缩扩形喷管，在出口处可达超声速，而对收缩形喷管，它的出口处是不可能达到超声速的，只能达到声速，即此收缩形喷管出口处为 $Ma=1$，为此，喷管出口断面作临界断面计算，于是

$$T_* = T_0 \times 0.8333 = 330 \times 0.8333 = 275.0 \text{ K}$$

$$\rho_* = \rho_0 \times 0.6339 = 2.64 \times 0.6339 = 1.673 \text{ kg/m}^3$$

此收缩喷管的出口速度为

$$v_e = c_* = \sqrt{\gamma R_g T_*} = \sqrt{1.4 \times 287 \times 275} = 332.4 \text{ m/s}$$

质量流量为

$$q_m = \rho_* c_* A_* = 1.673 \times 332.4 \times 20 \times 10^{-4} = 1.122 \text{ kg/s}$$

本题中喷管出口处的压力为临界压

$$p_e = p_* = p_0 \times 0.5283 = 2.5 \times 10^5 \times 0.5283 = 1.321 \times 10^5 \text{N/m}^2$$

现背压比它小，气流流出喷管后还会膨胀，压力值由出口处的 132100 Pa 降低到背压值 100000 Pa。

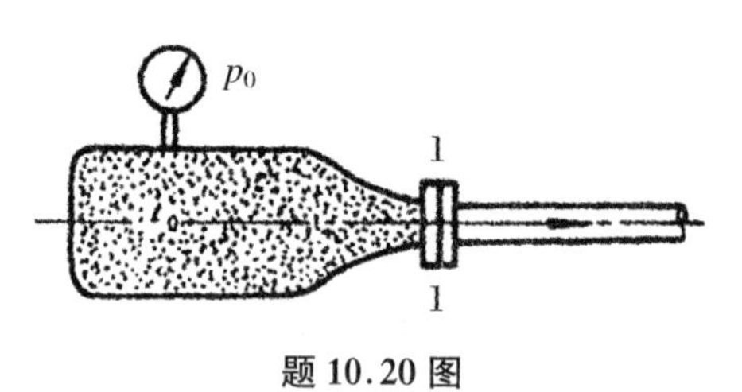

题 10.20 图

20. 如图(题 10.20 图)所示，压缩空气从气罐流入管道，已知气罐中绝对压强 $p_0 = 709.1$ kPa，$t_0 = 70$ ℃，气罐出口处 $Ma = 0.6$，试求气罐出口处的速度、温度、压强和密度。

解 由 p_0、T_0 可以求出气罐中的滞止密度

$$\rho_0 = \frac{p_0}{R_g T_0} = \frac{709100}{287 \times (273 + 70)} = 7.2 \text{ kg/m}^3$$

根据气罐中的滞止参数可以求气罐出口处的流动参数

$$T = T_0\left(1 + \frac{\gamma - 1}{2}Ma^2\right)^{-1} = 343 \times \left(1 + \frac{1.4 - 1}{2} \times 0.6^2\right)^{-1} = 320 \text{ K}$$

$$t = 320 - 273 = 47 \text{ ℃}$$

$$\rho = \rho_0\left(1 + \frac{\gamma - 1}{2}Ma^2\right)^{-\frac{1}{\gamma-1}} = 7.2\left(1 + \frac{1.4 - 1}{2} \times 0.6^2\right)^{-\frac{1}{0.4}} = 0.05 \text{ kg/m}^3$$

$$p = p_0\left(1 + \frac{\gamma - 1}{2}Ma^2\right)^{-\frac{\gamma}{\gamma-1}} = 709100\left(1 + \frac{1.4 - 1}{2} \times 0.6^2\right)^{-\frac{1.4}{0.4}} = 5.56 \times 10^5 \text{ Pa}$$

出口处的声速

$$c = \sqrt{\gamma R_g T} = \sqrt{1.4 \times 287 \times 320} = 358.6 \text{ m/s}$$

出口处的速度

$$v = Mac = 0.6 \times 358.6 = 215 \text{ m/s}$$

21. 大体积容器中的压缩空气，经一收缩喷嘴喷出，喷嘴出口处的压强为 100 kN/m²(绝对)，温度为 −30 ℃，流速为 250 m/s，试求容器中的压强和温度。

解 容器中空气的速度近于 0，其流动参数为滞止参数。喷口处声速

$$c = \sqrt{\gamma R_g T} = \sqrt{1.4 \times 287 \times (273 - 30)} = 312.5 \text{ m/s}$$

马赫数

$$Ma = \frac{v}{c} = \frac{250}{312.5} = 0.8$$

容器中的压强

$$p_0 = p\left(1 + \frac{\gamma - 1}{2}Ma^2\right)^{\frac{\gamma}{\gamma-1}} = 152.4 \text{ kN/m}^2$$

容器中的温度

$$T_0 = T\left(1+\frac{\gamma-1}{2}Ma^2\right) = 274.1\ \mathrm{K} = 1.1\ ℃$$

22. 已知收缩喷管某断面上 $v=100\ \mathrm{m/s}$，$p=2\times10^5\ \mathrm{N/m^2}$，$T=300\ \mathrm{K}$，该断面的面积为 A，现使此喷管的出口达临界状态，问：出口断面积比该断面的面积减小了多少？

解　该断面上的马赫数为

$$Ma = \frac{v}{c} = \frac{v}{\sqrt{\gamma R_g T}} = \frac{100}{\sqrt{1.4\times287\times300}} = 0.288$$

出口断面处临界状态 $Ma=1$，可由下式求得该断面和出口的面积比

$$\frac{A}{A_*} = \frac{(1+0.2Ma^2)^3}{1.728Ma} = 2.109,\quad 即\frac{A_*}{A} = \frac{1}{2.109} = 0.4742$$

$$\frac{A-A_*}{A} = 1-\frac{A_*}{A} = 1-0.4742 = 0.5258 = 52.58\%$$

所以，出口断面比该断面的面积减小了 52.58%。

23. 空气气流在收缩管内作等熵流动，截面 1 处的马赫数为 $Ma_1=0.3$，截面 2 处的马赫数为 $Ma_2=0.7$，试求面积比 A_2/A_1。

解　利用连续性方程可以求出面积比。

$$\rho_2 v_2 A_2 = \rho_1 v_1 A_1$$

$$\frac{A_2}{A_1} = \frac{\rho_1 v_1}{\rho_2 v_2} = \frac{\rho_1}{\rho_2}\frac{Ma_1 c_1}{Ma_2 c_2} = \frac{Ma_1}{Ma_2}\left(\frac{T_1}{T_2}\right)^{\frac{1}{\gamma-1}}\sqrt{\frac{T_1}{T_2}} = \frac{Ma_1}{Ma_2}\left(\frac{T_1}{T_2}\right)^3$$

已知 $Ma_1=0.3$，$Ma_2=0.7$，因此

$$\frac{T_1}{T_2} = \frac{T_1}{T_0}\frac{T_0}{T_2} = \frac{1+0.2Ma_2^2}{1+0.2Ma_1^2} = 1.0786$$

$$\frac{A_2}{A_1} = 0.5378$$

24. 煤气管道的直径 200 mm，长 3000 m，入口压强 $p_1=980\ \mathrm{kPa}$，出口压强 $p_2=400\ \mathrm{kPa}$，地温 15 ℃，管道不保温。已知摩阻系数 $\lambda=0.012$，气体常数 $R_g=490\ \mathrm{J/kg\cdot K}$，绝热指数 $\gamma=1.3$，求质量流量。

解　本题按等温管流计算，质量流量

$$q_m = \sqrt{\frac{\pi^2 D^5}{16\lambda l R_g T}(p_1^2-p_2^2)} = 5.288\ \mathrm{kg/s}$$

验算管道出口马赫数

$$c = \sqrt{\gamma R_g T} = 428.3\ \mathrm{m/s}$$

$$\rho_2 = \frac{p_2}{R_g T} = 3.47\ \mathrm{kg/m^3}$$

$$v_2 = \frac{4q_m}{\rho_2\pi D^2} = 48.53\ \mathrm{m/s}$$

$$Ma_2 = \frac{v_2}{c} = 0.11$$

$$Ma_2 < \sqrt{\frac{1}{\gamma}} = 0.88$$

计算有效。

25. 空气气流在收缩喷管截面1上的参数为 $p_1 = 3\times10^5$ Pa，$T_1 = 340$ K，$v_1 = 150$ m/s，$d_1 = 46$ mm，在出口截面上马赫数为 $Ma = 1$，试求出口的压强、温度和直径。

解 出口处气流达到临界状态。

$$Ma_1 = \frac{v_1}{\sqrt{\gamma R_g T_1}} = 0.4058$$

$$\frac{T_0}{T_1} = 1 + 0.2Ma_1^2 = 1.0329,\quad T_0 = 351.2\ \text{K}$$

$$\frac{T_0}{T_*} = 1 + 0.2,\quad T_* = 292.66\ \text{K}$$

$$\frac{p_0}{p_1} = \left(\frac{T_0}{T_1}\right)^{3.5} = 1.1201,\quad p_0 = 3.3604\times10^5\ \text{Pa}$$

$$\frac{p_0}{p_*} = \left(\frac{T_0}{T_*}\right)^{3.5} = 1.8929,\quad p_* = 1.775\times10^5\ \text{Pa}$$

$$\rho_* = \frac{p_*}{R_g T_*} = 2.1132\ \text{kg/m}^3$$

$$v_* = c_* = \sqrt{\gamma R_g T_*} = 342.92\ \text{m/s}$$

$$\rho_1 = \frac{p_1}{R_g T_1} = 3.0744\ \text{kg/m}^3$$

由连续性方程求出口直径 d_*：

$$\rho_* v_* \frac{\pi d_*^2}{4} = \rho_1 v_1 \frac{\pi d_1^2}{4}$$

$$\frac{d_*}{d_1} = \sqrt{\frac{\rho_1 v_1}{\rho_* v_*}} = 0.7977,\quad d_* = 36.7\ \text{mm}$$

26. 某收缩喷管中气流作恒定等熵流动处理，现已知该喷管中某一断面处气流的速度为 $v = 100$ m/s，压力 $p = 200$ kPa，温度 $T = 300$ K，试求：

(1) 该管流的总压 p_0 和总温度 T_0；

(2) 临界压力 p_* 和临界温度 T_*。

解 该断面上气流的声速

$$c = \sqrt{\gamma R_g T} = \sqrt{1.4\times287\times300} = 347.2\ \text{m/s}$$

该断面上气流的马赫数

$$Ma = v/c = 100/347.2 = 0.288$$

因此，该断面上气流的滞止压力（总压）为

$$p_0 = p\left(1 + \frac{\gamma-1}{2}Ma^2\right)^{\frac{\gamma}{\gamma-1}} = 200\times10^3\times\left(1 + \frac{1.4-1}{2}\times0.288^2\right)^{\frac{1.4}{1.4-1}} = 211.9\ \text{kPa}$$

滞止温度（总温度）为

$$T_0 = T\left(1 + \frac{\gamma-1}{2}Ma^2\right) = 300\times\left(1 + \frac{1.4-1}{2}\times0.288^2\right) = 305.9\ \text{K}$$

而对应于临界断面上的临界压力为

$$p_* = p_0\times0.5283 = 211.9\times1000\times0.5283 = 111.9\ \text{kPa}$$

临界温度为

$$T_* = T_0 \times 0.833 = 305.9 \times 0.833 = 254.2\ \text{K}$$

27. 用绝热良好的管道输送空气，管道直径为 100 mm，长度为 300 m，进口断面压强为 1 MPa，温度为 20 ℃，送气的质量流量为 2.8 kg/s，已知管道摩阻系数 $\lambda = 0.016$，求出口断面的压强。

解　本题按绝热管流计算

$$\rho_1 = \frac{p_1}{R_g T} = \frac{10^6}{287 \times 293} = 11.89\ \text{kg/m}^3$$

$$v_1 = \frac{4q_m}{\rho_1 \pi D^2} = \frac{4 \times 2.8}{11.89 \times 3.14 \times 0.1^2} = 30\ \text{m/s}$$

$$\frac{1}{\rho_1 v_1^2 p_1^{1/\gamma}} \frac{\gamma}{\gamma+1}\left(p_1^{\frac{\gamma+1}{\gamma}} - p_2^{\frac{\gamma+1}{\gamma}}\right) = \frac{\lambda l}{2D}$$

解得

$$p_2 = p_1\left(1 - \frac{\gamma+1}{\gamma}\frac{\lambda l v_1^2}{2DR_g T_1}\right)^{\frac{\gamma}{\gamma+1}} = 0.712\ \text{MPa}$$

验算管道出口断面的马赫数：

$$\rho_2 = \left(\frac{p_2}{p_1}\right)^{\frac{1}{\gamma}} \rho_1 = 9.33\ \text{kg/m}^3$$

$$T_2 = \frac{p_2}{\rho_2 R_g} = 265.9\ \text{K}$$

$$c_2 = \sqrt{\gamma R_g T_2} = 326.86\ \text{m/s}$$

$$v_2 = \frac{\rho_1}{\rho_2} v_1 = 38.23\ \text{m/s}$$

出口马赫数 $Ma = \frac{v_2}{c_2} = 0.12 < 1$，计算有效。

28. 如图(题 10.28 图)所示，空气从一个大容器经收缩喷管流出，容器内空气的压强为 1.5×10^5 Pa，温度为 27 ℃，喷管出口的直径为 $d = 20$ mm，出口外部的环境压强为 $p_e = 10^5$ Pa，如果用一块平板垂直地挡住喷管出口的气流，试求固定住此平板所需的外力 F 的值。

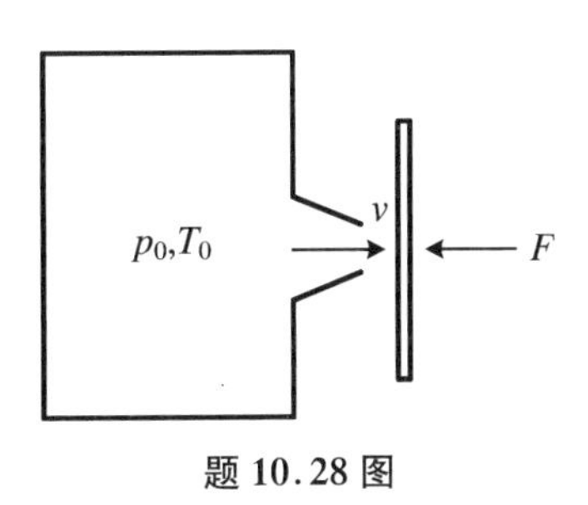

题 10.28 图

解　喷管出口的气流参数按等熵公式计算，平板的受力可用动量方程求出。

$$\frac{T_0}{T_*} = 1 + \frac{\gamma - 1}{2} = 1.2$$

$$\frac{p_0}{p_*} = \left(\frac{T_0}{T_*}\right)^{3.5} = 1.8929$$

$$p_* = 0.7924 \times 10^5\ \text{Pa}$$

由于 $p_e > p_*$，因而出口压强等于背压，即

$$p = p_e = 10^5\ \text{Pa}$$

$$\frac{T_0}{T} = \left(\frac{p_0}{p}\right)^{1/3.5} = 1.1228,\quad T = 267.18\ \text{K}$$

$$\rho = \frac{p}{R_g T} = 1.3041\ \text{kg/m}^3$$

$$v = \sqrt{2c_p(T_0 - T)} = 256.78\ \text{m/s}$$

根据动量定理得

$$F = \rho v^2 A = \rho v^2 \frac{\pi d^2}{4} = 27\ \text{N}$$

29. 滞止压强 $p_0 = 3\times10^5$ Pa,滞止温度 $T_0 = 330$ K 的空气流经一个拉瓦尔喷管,出口处温度 -13 ℃,求出口马赫数 Ma。又若喉部面积为 $A_* = 10\ \text{cm}^2$,求喷管的质量流量。

解 出口参数计算:

$$T = (273 - 13)\ \text{K} = 260\ \text{K}$$

$$\frac{T_0}{T} = 1 + 0.2Ma^2,\quad Ma = 1.1602\ (\text{出口马赫数})$$

显然,喉部达临界状态。

$$\frac{T_0}{T_*} = 1 + \frac{\gamma - 1}{2} = 1.2,\quad T_* = 275\ \text{K}$$

$$v_* = c_* = \sqrt{\gamma R_g T_*} = 332.41\ \text{m/s}$$

$$\frac{p_0}{p_*} = \left(\frac{T_0}{T_*}\right)^{3.5} = 1.8929,\quad p_* = 1.5848\times10^5\ \text{Pa}$$

$$\rho_* = \frac{p_*}{R_g T_*} = 2.008\ \text{kg/m}^3$$

$$q_m = \rho_* v_* A_* = 0.6675\ \text{kg/s}$$

30. 一气罐侧壁开孔装上一个喷管,气罐内空气的压力为101.3 kPa,密度为1.5 kg/m³,若气流通过喷管的流动损失不计,且假定喷管出口处的压力为零(绝对真空),问:此时喷管出口处的气流极限速度可达多大?

解 气罐内的空气可视为滞止状态($v = 0$),故 $p_0 = 101.3$ kPa,$\rho_0 = 1.5\ \text{kg/m}^3$,则

$$T_0 = \frac{p_0}{\rho_0 R_g} = \frac{101.3\times10^3}{1.5\times287} = 235.3\ \text{K}$$

滞止声速

$$c_0 = \sqrt{\gamma R_g T_0} = \sqrt{1.4\times287\times235.3} = 307.5\ \text{m/s}$$

于是,可得此喷管出口处的极限速度为

$$v_{\max} = \sqrt{\frac{2}{\gamma - 1}}c_0 = \sqrt{\frac{2}{1.4 - 1}}\times307.5 = 687.6\ \text{m/s}$$

31. 0 ℃和 30 ℃时空气的声速各为多大?

解

$$c = \sqrt{\gamma R_g T} = \sqrt{1.4\times287T} = 20\sqrt{T}$$

故 0 ℃和 30 ℃空气的速度分别为

$$c_0 = 20\sqrt{273 + 0}\ \text{m/s} = 330.5\ \text{m/s}$$

$$c_{30} = 20\sqrt{273 + 30}\ \text{m/s} = 348.1\ \text{m/s}$$

可见，不同的流体的声速值是不相等的，而对于同一种流体，则在不同温度时的声速值也是不相等的。

32. 空气在缩放管流动，进口处，$p_1=3\times10^5$ Pa，$T_1=400$ K，面积 $A_1=20$ cm²，出口压强 $p_2=0.4\times10^5$ Pa，设计质量流量为 0.8 kg/s，求出口和喉部面积 A_2、A_*。

解　进口截面的参数计算：

$$\rho_1=\frac{p_1}{R_gT_1}=2.6132\ \text{kg/m}^3$$

$$v_1=\frac{q_m}{\rho_1A_1}=153.067\ \text{m/s}$$

$$Ma_1=\frac{v_1}{\sqrt{\gamma R_gT_1}}=0.3818$$

出口截面的参数计算：

$$\frac{T_2}{T_1}=\left(\frac{p_2}{p_1}\right)^{1/3.5}=0.5623$$

$$\frac{T_2}{T_1}=\frac{1+0.2Ma_1^2}{1+0.2Ma_2^2}\tag{1}$$

将 T_2/T_1 和 Ma_1 的值代入式(1)，得

$$Ma_2=2.0374$$

$$\frac{A_2}{A_1}=\frac{\rho_1v_1}{\rho_2v_2}=\frac{\rho_1}{\rho_2}\frac{Ma_1c_1}{Ma_2c_2}=\frac{Ma_1}{Ma_2}\left(\frac{T_1}{T_2}\right)^3=1.0540$$

$$A_2=1.0540A_1=21.08\ \text{cm}^2$$

喉部面积的计算：

$$\frac{A_*}{A_1}=Ma_1\left(\frac{T_1}{T_*}\right)^3=Ma_1\left(\frac{1+0.2}{1+0.2Ma_1^2}\right)^3=0.6053$$

$$A_*=0.6053A_1=12.11\ \text{cm}^2$$

33. 大体积空气罐内的压强为 2×10^5 Pa，温度为 57 ℃，空气经一个收缩喷管出流，喷管出口面积为 12 cm²，试求：在喷管外部环境的压强为 1.2×10^5 Pa 和 0.8×10^5 Pa 两种情况下喷管的质量流量。

解　(1) 外部环境的压强为 1.2×10^5 Pa 时的流量计算，喷管出口面的马赫数：

$$Ma_2=\sqrt{\left[\left(\frac{p_0}{p_b}\right)^{\frac{\gamma-1}{\gamma}}-1\right]\frac{2}{\gamma-1}}$$

式中，$p_0=2\times10^5$ Pa，$p_b=1.2\times10^5$ Pa，$\gamma=1.4$，得

$$Ma_2=0.89<1$$

$Ma_2<1$，喷管的质量流量 q_m：

$$\rho_0=\frac{p_0}{R_gT_0}=\frac{2\times10^5}{287\times(273+57)}=2.11\ \text{kg/m}^3$$

$$q_m=A_2\sqrt{\gamma p_0\rho_0}Ma_2\left(1+\frac{\gamma-1}{2}Ma^2\right)^{-\frac{\gamma+1}{2(\gamma-1)}}=0.527\ \text{kg/s}$$

(2) 外部环境的压强为 0.8×10^5 Pa 时的流量：

$$Ma_2 = \sqrt{\left[\left(\frac{p_0}{p_b}\right)^{\frac{\gamma-1}{\gamma}} - 1\right]\frac{2}{\gamma-1}}$$

式中，$p_0=2\times10^5$ Pa，$p_b=0.8\times10^5$ Pa，$\gamma=1.4$，得

$$Ma_2 = 1.22 > 1$$

通过的流量为最大流量 $q_{m\max}$：

$$q_{m\max} = A_2\sqrt{\gamma p_0\rho_0}\left(\frac{2}{\gamma+1}\right)^{-\frac{\gamma+1}{2(\gamma-1)}} = 0.533\ \text{kg/s}$$

34. 空气与燃料的气态混合物以 $v_1=62.1$ m/s 的速度进入发动机的燃烧室，其温度 $T_1=323$ K，压强 $p_1=0.4\times10^5$ Pa，混合气的反应热 $\delta Q=1088$ kJ/kg。假设可以近似地把燃烧室当作等截面加热管流来计算，混合气燃烧成燃气过程中的平均比定压热容 $c_p=1088$ J/(kg·K)，气体常数 $R_g=287.4$ J/(kg·K)，绝热指数 $\gamma=1.33$，试求燃烧室出口截面对应的气流参数和临界加热量。

解　由已知的气流参数可以求出进口截面气流的其他参数为

$$c_1 = (\gamma R_g T_1)^{1/2} = (1.33\times287.4\times323)^{1/2} = 351.4\ \text{m/s}$$

$$Ma_1 = \frac{v_1}{c_1} = \frac{62.1}{351.4} = 0.1767,\quad M_{*1} = 0.1902$$

$$T_{T1} = T_1\left(1+\frac{\gamma-1}{2}Ma_1^2\right) = 323\times\left(1+\frac{1.33-1}{2}\times0.1767^2\right) = 324.7\ \text{K}$$

出口截面燃气的气流参数为

$$T_{T2} = T_{T1} + \frac{\delta Q}{c_p} = 324.7 + \frac{1088\times10^3}{1088} = 1324.7\ \text{K}$$

按等截面换热管流计算

$$\frac{M_{*2}}{M_{*1}}\frac{1+M_{*1}^2}{1+M_{*2}^2} = \left(\frac{T_{T2}}{T_{T1}}\right)^{1/2},\quad \frac{M_{*2}}{0.1902}\frac{1+0.1902^2}{1+M_{*2}^2} = \left(\frac{1324.7}{324.7}\right)^{1/2}$$

可得

$$M_{*2} = 0.4438,\quad Ma_2 = 0.4170$$

$$v_2 = v_1\left(\frac{M_{*2}}{M_{*1}}\right)^2\frac{1+M_{*1}^2}{1+M_{*2}^2} = 62.1\times\left(\frac{0.4438}{0.1902}\right)^2\times\frac{1+0.1902^2}{1+0.4438^2} = 292.7\ \text{m/s}$$

$$T_2 = T_1\left(\frac{Ma_2}{Ma_1}\frac{1+\gamma Ma_1^2}{1+\gamma Ma_2^2}\right)^2 = 323\times\left(\frac{0.4170}{0.1767}\times\frac{1+1.33\times0.1767^2}{1+1.33\times0.4170^2}\right)^2 = 1287\ \text{K}$$

$$p_2 = p_1\left(\frac{1+\gamma Ma_1^2}{1+\gamma Ma_2^2}\right)^2 = 0.4\times10^5\times\left(\frac{1+1.33\times0.1767^2}{1+1.33\times0.4170^2}\right) = 0.3384\times10^5\ \text{Pa}$$

与进口气流参数相对应的临界加热量为

$$\delta Q_{cr} = c_pT_T\left[\left(\frac{1}{M_*}\frac{1+M_*^2}{2}\right)^2 - 1\right] = 1088\times324.7\times\left[\left(\frac{1}{0.1902}\times\frac{1+0.1902^2}{2}\right)^2 - 1\right]$$
$$= 2.268\times10^6\ \text{J/kg}$$

35. 空气在管道中作等熵流动，在截面 1 上的参数为 $T_1=350$ K，$v_1=60$ m/s，如果截面 2 上的温度为 $T_2=300$ K，求 v_2。

解

$$v_2^2/2 = c_p(T_1 - T_2) + v_1^2/2 = 52025$$
$$v_2 = 322.56\ \text{m/s}$$

36. 空气作一维等熵流动，截面 1 的参数为 $p_1=2\times10^7$ Pa，$T_1=290$ K，$v_1=80$ m/s，截面2的压强为 $p_2=10^5$ Pa，试求截面 2 的速度 v_2。

解

$$\frac{T_2}{T_1}=\left(\frac{p_2}{p_1}\right)^{1/3.5}=0.8203,\quad T_2=237.9\ \mathrm{K}$$

$$v_2=\sqrt{2c_p(T_1-T_2)+v_1^2}=332.27\ \mathrm{m/s}$$

37. $\gamma=1.4$ 的空气在一渐缩管道中流动，在进口 1 处的平均流速为 152.4 m/s，气温为 333.3 K，气压为 2.086×10^5 Pa，在出口 2 处达到临界状 $Ma=1$。如不计摩擦，试求出口气流的平均流速、气温、气压和密度。

解　进口 1 处的声速、马赫数、总温和总压强分别为：

$$c_1=(\gamma R_g T_1)^{1/2}=(1.4\times287.1\times333.3)^{1/2}=366.0\ \mathrm{m/s}$$

$$Ma_1=\frac{v_1}{c_1}=\frac{152.4}{366}=0.4164$$

$$T_T=T_1\left(1+\frac{\gamma-1}{2}Ma_1^2\right)=333.3\times\left(1+\frac{1.4-1}{2}\times0.4164^2\right)=344.9\ \mathrm{K}$$

$$p_T=p_1\left(\frac{T_T}{T_1}\right)^{\frac{\gamma}{\gamma-1}}=2.068\times10^5\times\left(\frac{344.9}{333.3}\right)^{\frac{1.4}{1.4-1}}=2.331\times10^5\ \mathrm{Pa}$$

在出口 2 处，$Ma_2=1$，气流的温度、流速、气压和密度分别为：

$$T_2=T_{cr}=\frac{2}{\gamma+1}T_T=0.8333\times344.9=287.4\ \mathrm{K}$$

$$v_2=c_{cr}=(\gamma R_g T_{cr})^{1/2}=(1.4\times287.1\times287.4)^{1/2}=339.9\ \mathrm{m/s}$$

$$p_2=p_{cr}=\left(\frac{2}{\gamma+1}\right)^{\frac{\gamma}{\gamma-1}}p_T=0.5283\times2.331\times10^5=1.231\times10^5\ \mathrm{Pa}$$

$$\rho_2=\rho_{cr}=\frac{p_{cr}}{R_g T_{cr}}=\frac{1.231\times10^5}{287.1\times287.4}=1.492\ \mathrm{kg/m^3}$$

38. 过热水蒸气[$\gamma=1.33$，$R_g=462$ J/(kg·K)]在拉瓦尔管流动，入口处的气流速度可以忽略不计，其压强为 6×10^6 Pa，温度为 743 K，测得某截面上的压强为 $p=2\times10^6$ Pa，直径为 $d=10$ mm，试求该截面上的速度、马赫数和质量流量。

解

$$c_p=\frac{\gamma}{\gamma-1}R_g=1862\ \mathrm{J/(kg\cdot K)}$$

$$p_0=6\times10^6\ \mathrm{Pa},\quad T_0=743\ \mathrm{K}$$

$$\frac{T_0}{T}=\left(\frac{p_0}{p}\right)^{\frac{\gamma-1}{\gamma}}=1.3134,\quad T=565.72\ \mathrm{K}$$

因为$\frac{T_0}{T}=1+\frac{\gamma-1}{2}Ma^2$，所以

$$Ma=1.3781$$

$$v=\sqrt{2c_p(T_0-T)}=812.52\ \mathrm{m/s}$$

$$\rho=\frac{p}{R_g T}=7.6522\ \mathrm{kg/m^3}$$

$$q_m = \rho v \frac{\pi d^2}{4} = 0.4883 \text{ kg/s}$$

39. 用水银温度计测通风管中气流温度是 30 ℃，管道中气流速度为 250 m/s，问气流的真实温度为多少？马赫数为多少？

解 应用温度计测得的温度是气流的滞止温度，本题是同一截面气流的滞止参数与静参数之间关系问题。略去水银温度计的摩擦损失，近似按等熵流动计算，有

$$\frac{\gamma}{\gamma-1}R_g T_0 = \frac{\gamma}{\gamma-1}R_g T + \frac{v^2}{2}$$

$$T = T_0 - \frac{\gamma-1}{2\gamma R_g}v^2 = 303 - \frac{1.4-1}{2\times 1.4\times 287}\cdot(250)^2 = 271.9 \text{ K}$$

$$Ma = \frac{v}{c} = \frac{250}{20.1\sqrt{271.9}} = 0.754$$

40. 过热水蒸气[$\gamma = 1.33, R_g = 462$ J/(kg・K)]的来流，其参数为 $T = 600$ K，$p = 40\times 10^5$ Pa，$v = 400$ m/s，此气流绕叶片流动，试求叶片驻点上的压强 p_0 和温度 T_0，以及临界压强 p_* 和温度 T_*。

解

$$T_0 = T + v^2/(2c_p) = 642.96 \text{ K}$$

$$\frac{T_0}{T_*} = 1 + \frac{\gamma-1}{2} = 1.165, \quad T_* = 551.91 \text{ K}$$

$$\frac{p_0}{p} = \left(\frac{T_0}{T}\right)^{\frac{\gamma}{\gamma-1}} = 1.3214, \quad p_0 = 52.86\times 10^5 \text{ Pa}$$

$$\frac{p_0}{p_*} = \left(\frac{T_0}{T_*}\right)^{\frac{\gamma}{\gamma-1}} = 1.8506, \quad p_* = 28.56\times 10^5 \text{ Pa}$$

41. 如图(题 10.41 图)所示一个暂冲式超声速风洞。它主要由拉瓦尔喷管、等截面实验段、阀门和真空箱组成。实验时，先把真空箱内空气抽走，造成低压。当把阀门打开时，大气从周围空间吸入喷管并得到加速，在实验段形成超声速气流。近似地认为实验段出口背压 p_b 就是真空箱内气体的压强，随着试验的进行，气体不断被吸入真空箱，因而真空箱内气体的压强不断升高，形成变化着的背压 p_b。假如实验所需要的超声速气流马赫数 $Ma_e = 2.23$，试问：

(1) 喷管面积比 A_e/A_{cr} 为何值？

(2) 真空箱内气体压强升高到多大时，实验就不能形成超声速气流？(设大气的压强为 $p_a = 1\times 10^5$ Pa)

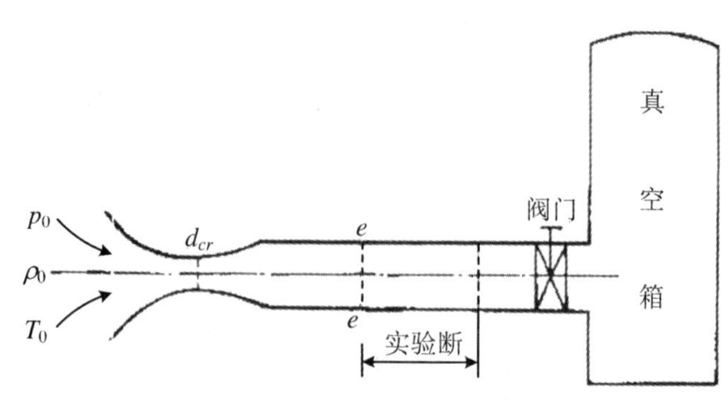

题 10.41 图

解　(1) 求面积比 A_e/A_{cr}。因实验段所需的气流的 Ma 就是拉瓦尔喷管出口截面的气流 Ma 数,即 $Ma_e=2.23$,应用等熵流动面积公式有

$$\frac{A_e}{A_{cr}}=\frac{1}{Ma_e}\left[\left(1+\frac{\gamma-1}{2}Ma_e^2\right)\left(\frac{2}{\gamma+1}\right)\right]^{\frac{\gamma+1}{2(\gamma-1)}}$$

$$=\frac{1}{2.23}\left[\left(1+\frac{1.4-1}{2}\times(2.23)^2\right)\left(\frac{2}{1.4+1}\right)\right]^{\frac{1.4+1}{2(1.4-1)}}=2.059$$

(2) 由拉瓦尔喷管流动类型分析已知,当 $p_b=p_2$ 时,在喷管出口处产生贴口正激波,激波之后是亚声速气流,实验段便不能形成超声速气流了,故应该求压强 p_2。

$$p_2=\frac{p_2}{p_1}\cdot\frac{p_1}{p_0}\cdot p_0$$

式中,$\frac{p_2}{p_1}$是正激波前后的压强比,计算得

$$\frac{p_2}{p_1}=\left(\frac{2\gamma}{\gamma+1}Ma_e^2-\frac{\gamma-1}{\gamma+1}\right)=\left(\frac{2\times1.4}{1.4+1}\times(2.23)^2-\frac{1.4-1}{1.4+1}\right)=5.635$$

式中,$\frac{p_1}{p_0}$是喷嘴出口超声速气流的压强;p_0 在本题是标准大气压;p_1 是对应 $Ma_e=2.23$ 的出口压强 p_e,即 $p_1=p_e$,计算得

$$\frac{p_0}{p_e}=\left(1+\frac{\gamma-1}{2}Ma_e^2\right)^{\frac{\gamma}{\gamma-1}}=\left(1+\frac{1.4-1}{2}\times(2.23)^2\right)^{3.5}=11.207$$

所以

$$\frac{p_1}{p_0}=\frac{p_e}{p_0}=0.0892$$

$$p_2=\frac{p_2}{p_1}\cdot\frac{p_1}{p_0}\cdot p_0=5.635\times0.0893\times10^5=0.5028\times10^5\ \text{Pa}$$

所以真空箱内压强为 0.5028×10^5 Pa,就不能形成超声速气流。

42. 空气在一条管道中作绝热摩擦流动,管长 $l=20$ m,管径 $d=0.06$ m,管道的沿程损失系数 $\lambda=0.02$,管道出口的压强为 $p_2=1.2\times10^5$ Pa,若要求出口马赫数 $Ma_2=1$,则管道入口压强 p_1 应为多少?

解　将 λ,l,d 以及 $Ma_2=1$ 代入等截面绝热摩擦管流计算式

$$\frac{30}{3}=\frac{1}{1.4}\left(\frac{1}{Ma_1^2}-1\right)+\frac{6}{7}\ln\left(\frac{1.2Ma_1^2}{1+0.2Ma_1^2}\right)$$

令 $x=1/Ma_1^2$,则上式可化简为

$$f(x)=\frac{x-1}{1.4}+\frac{6}{7}\ln\frac{1.2}{x+0.2}-\frac{20}{3}=0$$

用迭代法求解:

$$x=x_0-\frac{f(x_0)}{f'(x_0)}$$

式中,$f'(x)=\frac{1}{1.4}-\frac{6}{7(x+0.2)}$,以 $Ma_1=0.3,x_0=10$ 作为初值,几次迭代后得

$$x=13.2317,\quad Ma_1=0.2749$$

已知 Ma_1 和 Ma_2,可以计算出 p_1:

$$\frac{p_2}{p_1}=\frac{\rho_2 T_2}{\rho_1 T_1}$$

$$\frac{T_2}{T_1}=\frac{1+0.2Ma_1^2}{1.2}=0.8459$$

$$\frac{\rho_2}{\rho_1}=\frac{v_1}{v_2}=\frac{Ma_1 c_1}{Ma_2 c_2}=Ma_1\sqrt{\frac{T_1}{T_2}}=0.2528$$

$$\frac{p_2}{p_1}=0.2139,\quad p_1=4.6751p_2=5.6101\times10^5\ \text{Pa}$$

43. 空气在管道中作等熵流动,测得某截面上的流动参数为 $p=1.5\times10^5$ Pa,$T=300$ K,$v=160$ m/s,试求临界参数 p_*,T_*。

解

$$Ma=\frac{v}{\sqrt{\gamma R_g T}}=0.4608$$

$$\frac{T_0}{T}=1+0.2Ma^2=1.0425$$

$$T_0=312.74\ \text{K}$$

$$\frac{T_0}{T_*}=1.2,\quad T_*=260.62\ \text{K}$$

$$\frac{p_0}{p}=\left(\frac{T_0}{T}\right)^{3.5}=1.1567,\quad p_0=1.7351\times10^5\ \text{Pa}$$

$$\frac{p_0}{p_*}=\left(\frac{T_0}{T_*}\right)^{3.5}=1.8929,\quad p_*=0.9166\times10^5\ \text{Pa}$$

44. 按 500 m 间距配置输电塔,两塔间架设 20 根直径 2 cm 的电缆线,若风速为 80 km/h,横向吹过电缆,求电塔承受的力。已知空气的密度为 1.2 kg/m^3,空气的动力黏度为 1.7×10^{-5} Pa·s,假定电缆之间无干扰。

解 (1)计算雷诺数 Re,确定绕流阻力系数 C_D 值:

$$Re=\frac{\rho vd}{\mu}=\frac{1.2\times80000\times0.02}{3600\times1.7\times10^{-5}}=3.13\times10^4$$

根据 Re,查得 C_D 约为 1.2。

(2) 计算输电塔受力:

单根电缆迎流投影面积

$$A=dl=0.02\times500=10\ \text{m}^2$$

单根电缆上阻力

$$f=C_D\frac{\rho v^2}{2}A=1.2\times1.2\times\frac{1}{2}\left(\frac{80000}{3600}\right)^2\times10=3556\ \text{N}$$

每座电塔承受的力

$$F=nf=20\times3556=71.12\ \text{kN}$$

45. $Ma_1=3$ 的空气超声速气流进入一条沿程损失系数 $\lambda=0.02$ 的绝热管道,其直径 $d=200$ mm,如果要求出口马赫数 $Ma_2=2$,试求管长 l。

解 该题为等截面绝热摩擦管流问题,对于空气,$\gamma=1.4$,因而

$$\lambda\frac{l}{d}=\frac{1}{1.4}\left(\frac{1}{Ma_1^2}-\frac{1}{Ma_2^2}\right)+\frac{6}{7}\ln\left[\left(\frac{Ma_1}{Ma_2}\right)^2\frac{1+0.2Ma_2^2}{1+0.2Ma_1^2}\right]$$

将 $d=0.2\ \text{m}$ 以及其他数据代入上式，得

$$\lambda\frac{l}{d}=0.21716$$

$$l=2.1716\ \text{m}$$

46. 如图（题10.46图）所示，空气从收缩喷管射出时，稳定段空气的压强 $p_1=1.47\times10^5\ \text{Pa}$，温度为 $T_1=293\ \text{K}$，在喷管出口处，气流的压强等于外界大气压强（设为 $1.0133\times10^5\ \text{Pa}$）。忽略空气在喷管内流动时的摩擦影响，并假定在流动中与外界无热量交换，空气比热容为常数，求喷管出口截面上空气的速度、温度和马赫数。

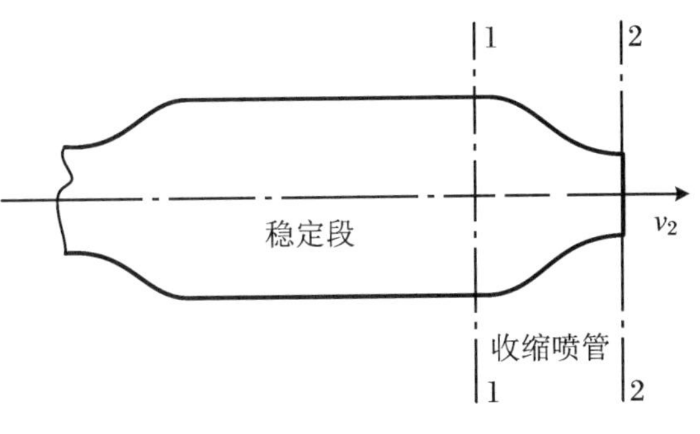

题10.46图

解　由于稳定段直径比喷管出口直径大得多，所以稳定段中的气流速度相当小，即认为 $v_1\approx0$，则由

$$\frac{\gamma}{\gamma-1}R_gT_1+\frac{v_1^2}{2}=\frac{\gamma}{\gamma-1}R_gT_2+\frac{v_2^2}{2}$$

得

$$v_2=\sqrt{2\frac{\gamma}{\gamma-1}R_gT_1\left(1-\frac{T_2}{T_1}\right)}\tag{1}$$

忽略空气在喷管中流动的摩擦损失，且与外界无热交换，即为无摩擦的绝热流动，认为空气在喷管中的流动为等熵过程，故

$$\frac{T_2}{T_1}=\left(\frac{p_2}{p_1}\right)^{\frac{\gamma}{\gamma-1}}\tag{2}$$

把式(2)代入式(1)，有

$$v_2=\sqrt{2\frac{\gamma}{\gamma-1}R_gT_1\left[1-\left(\frac{p_2}{p_1}\right)^{\frac{\gamma}{\gamma-1}}\right]}\tag{3}$$

将已知数据代入式(3)，有

$$v_2=\sqrt{\frac{2\times1.4}{1.4-1}\times287\times293\left[1-\left(\frac{1.0133\times10^5}{1.47\times10^5}\right)^{\frac{1.4}{1.4-1}}\right]}=244\ \text{m/s}$$

$$T_2=T_1\left(\frac{p_2}{p_1}\right)^{\frac{\gamma}{\gamma-1}}=293\left(\frac{1.0133\times10^5}{1.47\times10^5}\right)^{\frac{1.4}{1.4-1}}=263.7\ \text{K}$$

$$Ma_2=\frac{v_2}{c_2}=\frac{244}{20.1\sqrt{263.7}}=0.748$$

47. 已知大容器内的过热蒸汽参数为 $p_T=2.94\times10^6\ \text{Pa}$，$T_T=773\ \text{K}$，$\gamma=1.30$，$R_g=462\ \text{J/(kg·K)}$，拟用喷管使过热蒸汽的热能转换成高速气流的动能。如果喷管出口的环境背压 $p_{amb}=9.8\times10^5\ \text{Pa}$，试分析应采用何种形式的喷管？若不计蒸汽流过喷管的损失，试求蒸汽的临界流速、出口流速和马赫数。欲使通过喷管的流量 $q_m=8.5\ \text{kg/s}$，试求喷管喉部

和出口截面的直径。

解 计算蒸汽的临界压强：

$$p_{cr} = \left(\frac{2}{\gamma+1}\right)^{\frac{\gamma}{\gamma-1}} p_T = \left(\frac{2}{1.3+1}\right)^{\frac{1.3}{1.3-1}} 2.94 \times 10^6 = 1.604 \times 10^6 \text{ Pa} > p_{amb}$$

故应采用缩放喷管。这时喷管出口的气流压强应等于环境压强，即 $p_1 = p_{amb}$，故可求得蒸汽经喷管喉部的临界流速、出口流速和马赫数分别为：

$$v_{cr} = c_{cr} = \left(\frac{2\gamma}{\gamma+1} R_g T_T\right)^{1/2} = \left(\frac{2\times1.3}{1.3+1} \times 462 \times 773\right)^{1/2} = 635.4 \text{ m/s}$$

$$v_1 = \left\{\frac{2\gamma}{\gamma+1} R_g T_T \left[1 - \left(\frac{p_1}{p_T}\right)^{\frac{1.3-1}{1.3}}\right]\right\}^{1/2}$$

$$= \left\{\frac{2\times1.3}{1.3+1} \times 462 \times 773 \times \left[1 - \left(\frac{9.8\times10^5}{2.94\times10^6}\right)^{\frac{1.3-1}{1.3}}\right]\right\}^{1/2} = 832.5 \text{ m/s}$$

$$Ma_1 = \left\{\frac{2}{\gamma-1}\left[\left(\frac{p_T}{p_1}\right)^{\frac{\gamma-1}{\gamma}} - 1\right]\right\}^{1/2} = \left\{\frac{2}{1.3-1} \times \left[\left(\frac{2.94\times10^6}{9.8\times10^5}\right)^{\frac{1.3-1}{1.3}} - 1\right]\right\}^{1/2} = 1.387$$

可求得喷管喉部和出口截面的直径分别为：

$$d_{cr} = \left\{4q_{mcr}\left[\pi\left(\frac{2}{\gamma+1}\right)^{\frac{\gamma+1}{2(\gamma-1)}}\left(\frac{\gamma}{R_g T_T}\right)^{\frac{1}{2}} p_T\right]^{-1}\right\}^{1/2}$$

$$= \left\{4 \times 8.5 \times \left[\pi \times \left(\frac{2}{1.3+1}\right)^{\frac{1.3+1}{2(1.3-1)}} \sqrt{\frac{1.3}{462\times773}} \times 2.94 \times 10^6\right]^{-1}\right\}^{1/2}$$

$$= 0.05742 \text{ m} = 5.472 \text{ cm}$$

$$d_1 = \left[\left(\frac{2}{\gamma+1}\right)^{\frac{1}{\gamma-1}} d_{cr}^2\right]^{1/2} \left\{\frac{\gamma+1}{\gamma-1} \times \left[\left(\frac{p_1}{p_T}\right)^{\frac{2}{\gamma}} - \left(\frac{p_1}{p_T}\right)^{\frac{\gamma+1}{\gamma}}\right]\right\}^{-1/4}$$

$$= \left[\left(\frac{2}{1.3+1}\right)^{\frac{1}{1.3-1}} \times 0.05742^2\right]^{1/2} \left\{\frac{1.3+1}{1.3-1} \times \left[\left(\frac{9.8\times10^5}{2.94\times10^6}\right)^{\frac{2}{1.3}} - \left(\frac{9.8\times10^5}{2.94\times10^6}\right)^{\frac{1.3+1}{1.3}}\right]\right\}^{-1/4}$$

$$= 0.06063 \text{ m} = 6.063 \text{ cm}$$

48. 空气在一条直径 $d = 0.3$ m 的管道内作绝热摩擦流动，质量流量为 40.79 kg/s，已知截面 1 的压强和温度分别为 $p_1 = 9.8\times10^5$ Pa，$T_1 = 333$ K，截面 2 的气体密度是截面 1 的密度的 0.8 倍，即 $\rho_2 = 0.8\rho_1$，如果沿程损失系数 $\lambda = 0.02$，试求两截面的相距长度。

解 由截面上的 p_1 和 T_1 可求出 Ma_1：

$$\rho_1 = \frac{p_1}{R_g T_1} = 10.2542 \text{ kg/m}^3$$

$$v_1 = \frac{q_m}{\rho_1 A} = 56.2758 \text{ m/s}, \quad Ma_1 = \frac{v_1}{\sqrt{\gamma R_g T_1}} = 0.1538$$

由比值 $\rho_{2/}\rho_1$ 可以计算截面 2 的 Ma_2：

$$\frac{\rho_2}{\rho_1} = \frac{Ma_1 c_1}{Ma_2 c_2} = \frac{Ma_1}{Ma_2}\sqrt{\frac{T_1}{T_2}} = \frac{Ma_1}{Ma_2}\sqrt{\frac{1+0.2Ma_2^2}{1+0.2Ma_1^2}}$$

以 $\rho_{2/}\rho_1 = 0.8$，$Ma_1 = 0.1538$ 代入上式，得

$$Ma_2 = 0.1921$$

以 Ma_1，Ma_2 的值代入等截面绝热摩擦管流计算式：

$$\lambda \frac{l}{d} = 10.4617$$

$$l = 156.93 \text{ m}$$

49. 如图(题 10.49 图)所示为某涡轮喷气发动机的尾喷管,进口燃气参数为 $p_{01} = 2.36 \times 10^5$ Pa,$T_{01} = 790$ K,出口处于临界状态,尾喷管总压(滞止压强)恢复系数为 $\sigma = 0.98$。试求出口处的流速、静温和静压。设燃气的绝热指数 $\gamma = 1.33$,气体常数 $R_g = 287.4$ J/(kg·K)。

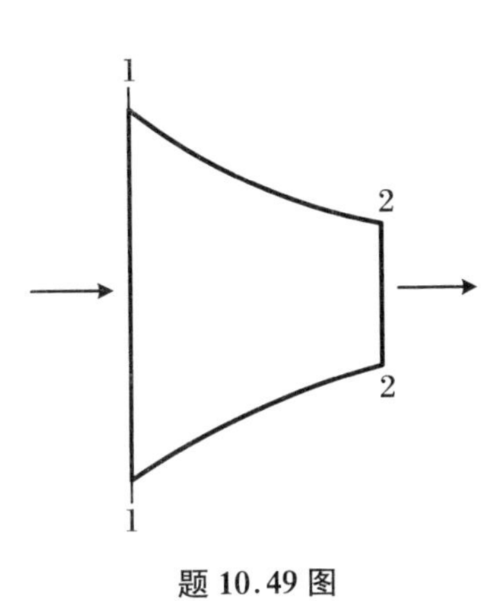

题 10.49 图

解　此题属临界参数与滞止参数间关系的应用题,尾喷管内气体做绝能不等熵(绝热)流动,滞止温度不变,$T_{02} = T_{01} = 790$ K,又因出口处于临界状态,即 $\lambda_2 = 1$ 故有:

(1) 流速为 $v_{2cr} = c_{cr}$,则

$$v_{2cr} = c_{cr} = \sqrt{2\frac{\gamma}{\gamma+1}R_g T_{02}} = \sqrt{2 \times \frac{1.33}{1.33+1} \times 287.4 \times 790} = 509 \text{ m/s}$$

(2) 出口静温度由 $Ma = 1$ 临界状态温度比公式得

$$T_{2cr} = T_{20}\frac{2}{\gamma+1} = 790 \times \frac{2}{1.33+1} = 678 \text{ K}$$

(3) 出口静压强由 $Ma = 1$ 临界状态压力比公式得

$$p_{2cr} = p_{02}\left(\frac{2}{\gamma+1}\right)^{\frac{\gamma}{\gamma-1}}$$

式中,$p_{02} = \sigma p_{01} = 0.98 \times 2.36 \times 10^5 = 2.31 \times 10^5$ Pa,所以

$$p_{2cr} = p_{02}\left(\frac{2}{\gamma+1}\right)^{\frac{\gamma}{\gamma-1}} = 2.31 \times 10^5\left(\frac{2}{1.33+1}\right)^{\frac{1.33}{1.33-1}} = 1.248 \times 10^5 \text{ Pa}$$

50. 空气在管道中作绝热非等熵流动,已知两截面的参数分别为 $p_1 = 2.5 \times 10^5$ Pa,$T_1 = 320$ K,$v_1 = 150$ m/s,$p_2 = 10^5$ Pa,$v_2 = 300$ m/s,试求两处滞止压强之差 $p_{01} - p_{02}$。

解

$$Ma_1 = \frac{v_1}{\sqrt{\gamma R_g T_1}} = 0.4183$$

$$\frac{T_{01}}{T_1} = 1 + 0.2Ma_1^2 = 1.0350$$

$$\frac{p_{01}}{p_1} = \left(\frac{T_{01}}{T_1}\right)^{3.5} = 1.1279, \quad p_{01} = 2.8199 \times 10^5 \text{ Pa}$$

$$T_2 = T_1 + \frac{v_1^2 - v_2^2}{2c_p} = 286.4 \text{ K}, \quad Ma_2 = \frac{v_2}{\sqrt{\gamma R_g T_2}} = 0.8844$$

$$\frac{T_{02}}{T_2} = 1 + 0.2Ma_2^2 = 1.1564, \quad \frac{p_{02}}{p_2} = \left(\frac{T_{02}}{T_2}\right)^{3.5} = 1.6630$$

$$p_{02} = 1.6630 \times 10^5 \text{ Pa}, \quad p_{01} - p_{02} = 1.1569 \times 10^5 \text{ Pa}$$

51. 如图(题 10.51 图)所示用皮托管测量空气的点流速,实测静压 p,全压 p',求证按不可压缩流体计算流速的误差。

证明 按不可压缩流体计算，由伯努利方程：

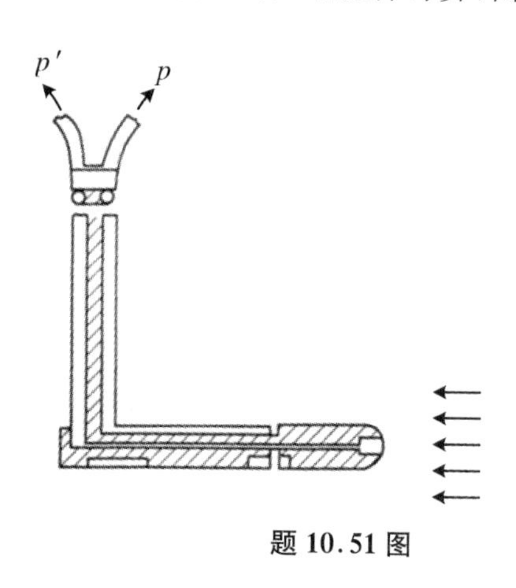

题 10.51 图

$$\frac{p}{\rho}+\frac{v_{\text{inc}}}{2}=\frac{p'}{\rho},\quad p'=p_0\ （滞止压强）$$

$$v_{\text{inc}}=\sqrt{\frac{2(p_0-p)}{\rho}}$$

按可压缩流体计算，由等熵过程，滞止参数比公式

$$\frac{p_0}{p}=\left(1+\frac{\gamma-1}{2}Ma^2\right)^{\frac{\gamma}{\gamma-1}}$$

上式右边按第二项展开取前三项，整理得

$$\frac{p_0}{p}=1+\frac{\gamma}{2}Ma^2\left(1+\frac{1}{4}Ma^2\right)$$

$$\frac{p_0-p}{\rho}=\frac{1}{2}\frac{\gamma p}{\rho}\frac{v^2}{c^2}\left(1+\frac{1}{4}Ma^2\right)$$

解得

$$v=\sqrt{\frac{2(p_0-p)}{\rho}}\left(1+\frac{1}{4}Ma^2\right)^{-\frac{1}{2}}$$

$$\frac{v_{\text{inc}}}{v}=\sqrt{1+\frac{1}{4}Ma^2},\quad Ma>0,\quad \frac{v_{\text{inc}}}{v}>1$$

用皮托管测量气流速度，按不可压缩流体计算的速度大于实有速度，差值决定于气流的马赫数。算例：20 ℃气流，声速 $c=\sqrt{\gamma R_g T}=\sqrt{1.4\times287\times293}=343$ m/s，当气流速度

$v=50$ m/s， $Ma=0.15$， $\dfrac{v_{\text{inc}}}{v}=1.003$， v_{inc}比实有速度大 0.3%；

$v=100$ m/s， $Ma=0.29$， $\dfrac{v_{\text{inc}}}{v}=1.01$， v_{inc}比实有速度大 1%；

$v=240$ m/s， $Ma=0.7$， $\dfrac{v_{\text{inc}}}{v}=1.06$， v_{inc}比实有速度大 6%。

综上，对于 $Ma\leqslant0.3$ 的低马赫数气流，按不可压缩流体处理是合理的。

52. 如图(题 10.52 图)所示，$\gamma=1.3$，$R_g=287$ J/(kg・K)的气体在等截面管道中流动，不计流体与管壁的摩擦损失，初始总温度为 310 K，流动中给流体加热，使之温度达到 930 K，希望由此造成的马赫数不超过 0.8，试求：

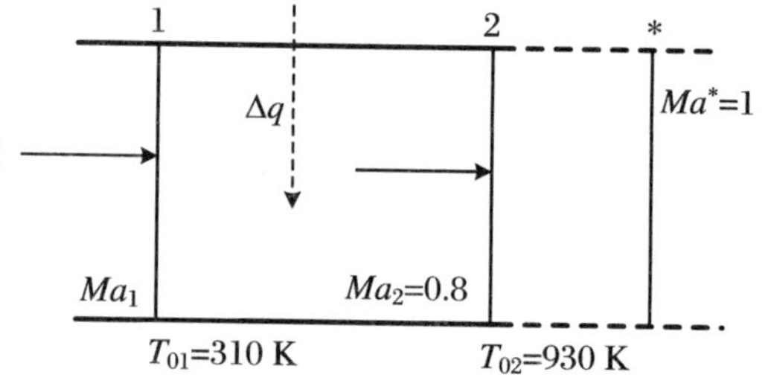

题 10.52 图

(1) 初始马赫数值。

(2) 能加给的热量。

解 设初始马赫数为 Ma_1，初始总温度为 T_{01}，加热后的马赫数为 Ma_2，总温度为 T_{02}，则

$$T_0^*=T_{02}\times\frac{(1+\gamma Ma_2^2)^2}{Ma_2^2(1+\gamma)[2+(\gamma-1)Ma_2^2]}$$

$$=930\times\frac{(1+1.3\times0.8^2)^2}{0.8^2(1+1.3)(2+0.3\times0.8^2)}=967.4\text{ K}$$

由有热交换的管流计算式可得到

$$\frac{T_{01}}{T_0^*}\gamma^2 + 1 - \gamma^2 Ma_1^4 + 2\left(\gamma\frac{T_{01}}{T_0^*} - 1 - \gamma\right)Ma_1^2 + \frac{T_{01}}{T_0^*} = 0$$

用 β 表示

$$\beta = 1 - \frac{T_{01}}{T_0^*} = 1 - \frac{310}{967.4} = 0.6795$$

则上式可写成

$$Ma_1^2 = \frac{1 + \beta\gamma - (1 + \gamma)\sqrt{\beta}}{1 - \beta\gamma^2} = \frac{1 + 1.3 \times 0.6795 - 2.3\sqrt{0.6795}}{1 - 1.3^2 \times 0.6795} = 0.0848$$

由此解得初始马赫数为

$$Ma_1 = \sqrt{0.0848} = 0.291$$

所需加入的热量为

$$\Delta q = \Delta h_0 = C_p(T_{02} - T_{01}) = \frac{\gamma R_g}{\gamma - 1}\left(\frac{T_{02}}{T_{01}} - 1\right)$$

$$= \frac{1.3 \times 287}{1.3 - 1} \times 310 \times (3 - 1) = 7.712 \times 10^5\ \text{J/kg}$$

参 考 文 献

[1] 沙毅. 流体力学[M]. 合肥:中国科学技术大学出版社,2016.
[2] 沙毅,闻建龙. 泵与风机[M]. 合肥:中国科学技术大学出版社,2005.
[3] 张也影. 流体力学[M]. 2版. 北京:高等教育出版社,1999.
[4] 毛根海. 应用流体力学[M]. 北京: 高等教育出版社,2006.
[5] 罗惕乾. 流体力学[M]. 北京: 机械工业出版社,1999.
[6] 金圣才. 流体力学知识精要与真题详解[M]. 北京:中国水利水电出版社,2011.
[7] 张鸣远,景思睿,李国君. 高等工程流体力学[M]. 北京:高等教育出版社,2012.
[8] 杨建国,等. 工程流体力学 [M]. 北京: 北京大学出版社,2010.
[9] 段文义,郭仁东,李亚峰. 流体力学[M]. 沈阳:东北大学出版社,2001.
[10] 刘鹤年. 流体力学[M]. 北京: 中国建筑工业出版社,2001.
[11] 张也影,王秉哲. 流体力学题解[M]. 北京: 北京理工大学出版社,1996.
[12] 莫乃榕,槐文信. 流体力学水力学题解[M]. 武汉:华中科技大学出版社,2006.
[13] 刘鹤年,刘京. 流体力学[M]. 3版. 北京: 中国建筑工业出版社,2016.
[14] 孔珑. 流体力学:Ⅰ;Ⅱ[M]. 2版. 北京:高等教育出版社,2003.
[15] 禹华谦. 工程流体力学[M]. 北京:高等教育出版社,2004.
[16] 韩国军. 流体力学基础与应用[M]. 北京: 机械工业出版社,2012.